普通高等教育"新工科"系列精品教材

低碳资源
催化转化基础

Catalytic Conversion
of Low Carbon
Resources

陆安慧　主编

U0222706

化学工业出版社
·北京·

内容简介

低碳资源的高值化利用已成为替代石油基原料制备基础大宗化学品的重要途径之一,其实现的核心和关键技术是高效催化过程的开发,包括催化新反应、催化新材料和催化新工艺。《低碳资源催化转化基础》针对低碳烷烃、含氧低碳分子等低碳资源的高值化利用,概述了近年来该领域的重要进展与发展趋势。以催化剂设计、催化剂构效关系及工业应用为主线,着重介绍了低碳资源高值化利用的催化反应过程、催化原理及工艺集成的新方法。同时本书还重点介绍了二氧化碳的捕集与分离、气基资源脱硫等化工新技术。

《低碳资源催化转化基础》可作为高等院校化学、化工、材料、制药、环境等相关专业研究生或本科生的教材,同时可为相关领域从事科研、开发及生产的工作者提供参考。

图书在版编目(CIP)数据

低碳资源催化转化基础 / 陆安慧主编. -- 北京:
化学工业出版社,2024.4
普通高等教育"新工科"系列精品教材
ISBN 978-7-122-44744-9

Ⅰ. ①低… Ⅱ. ①陆… Ⅲ. ①催化-化学反应工程-
高等学校-教材 Ⅳ. ①TQ032

中国国家版本馆 CIP 数据核字(2024)第 053850 号

责任编辑: 丁建华 徐雅妮　　　　　　文字编辑: 胡艺艺
责任校对: 王鹏飞　　　　　　　　　　装帧设计: 关 飞

出版发行: 化学工业出版社
　　　　　(北京市东城区青年湖南街 13 号　邮政编码 100011)
印　　装: 北京天宇星印刷厂
787mm×1092mm　1/16　印张 21　字数 525 千字
2024 年 10 月北京第 1 版第 1 次印刷

购书咨询: 010-64518888　　　　　　售后服务: 010-64518899
网　　址: http://www.cip.com.cn
凡购买本书,如有缺损质量问题,本社销售中心负责调换。

定　　价: 69.00 元　　　　　　　　　　版权所有　违者必究

前　言

　　为应对新一轮科技革命与产业变革，教育部推出"新工科"计划，各级政府、高校和相关企业都在积极探索如何建设新工科。新工科建设中"复旦共识""天大行动""北京指南"等对于理解新工科理念发挥了引领性作用。概括地说，新工科理念是面向当前急需和未来产业发展，提前进行人才布局，培养具有创新创业意识、数字化思维和跨界整合能力的新工科人才。新工科建设过程形成的"天大六问"为如何建设新工科专业指出了方向，即问产业需求建专业，问技术发展改内容，问学校主体推改革，问学生志趣变方法，问内外资源创条件，问国际前沿立标准。

　　配合"新工科"专业建设，大连理工大学推出建设特色学科"新工科"教材，加强新工科教材研究，实现理论体系向教材体系转化、教材体系向教学体系转化、教学体系向学生的知识体系和价值体系转化，进一步增强教材针对性和实效性，加快形成高水平人才培养体系。作为新工科系列教材之一，本书以着眼产业需求、定位技术发展、培养学生专业能力与环保意识为初衷编撰而成。

　　以石油、煤炭大分子为原料制备大宗化学品是现代工业的基石。但伴随着我国石油资源日渐枯竭，对外依存度不断攀升，烯烃、芳烃等高值化学品的生产将面临供需矛盾更加突出的挑战。低碳烷烃作为一种低碳含量的小分子，在天然气等气基资源中蕴藏丰富，将低碳烷烃经由催化反应过程转化为低碳烯烃等高值化学品，既可缓解我国低碳烯烃原料对石油资源的强依赖性，又可实现低碳烷烃的高值化利用。近年来，生物质资源高效转化技术发展迅速，以乙醇为代表的低碳醇分子在局部区域的生产已相对过剩，可为低碳烯烃、醛、芳香醇等高值化学品的生产提供廉价原料，具有高经济可行性。此外，化石能源的过度使用导致二氧化碳的排放与循环严重失衡，大气中二氧化碳浓度不断增加，作为廉价易得的碳一资源，发展高效分离和催化转化技术，将二氧化碳分离纯化并转化为基础化学品，对于资源的可持续利用、生态文明的和谐发展会产生积极的促进作用。因此，发展以低碳资源替代或部分替代油基原料制备大宗化学品的路线，对于解决经济、资源、环境三者之间的矛盾，推动可持续发展进程有重大战略意义。

　　催化转化与吸附分离是推动低碳资源高值化利用的主要支撑技术，

实现的核心和关键技术则是高效催化过程开发，包括催化新反应、催化新材料、催化新工艺。本书的主要内容包括甲烷、乙烷、丙烷等低碳烷烃以及甲醇、乙醇和二氧化碳等含氧低碳分子的催化转化，以及对气基原料和废气脱硫工艺的介绍。此外考虑到化工过程的控制排放和环保意识，本书对二氧化碳的捕集与分离进行介绍。通过对国内外科研成果与产业发展的文献收集和数据整理，总结了各低碳资源催化转化的路径与发展瓶颈、催化原理解析与催化剂结构及功能创新。

本书写作团队来自大连理工大学化工学院。全书共分为9章：陆安慧教授主编，并撰写了第1章、第4章及第6章；郭洪臣教授与易颜辉副教授撰写第2章；李钢教授与易颜辉副教授撰写第3章；王安杰教授撰写第5章；赵忠奎教授撰写第7章；郝广平教授与陈绍云高级工程师撰写第8章；孙志超副教授撰写第9章。感谢大连理工大学工业催化系郑跃楠博士为修订整理资料所做的大量工作。本书在写作过程中参考了国内外相关文献，特向各位原文献作者致以诚挚的感谢。

本书旨在提供一本关于低碳资源催化原理的教材，并兼顾化工、化学、材料等领域科研人员的学习参考以及相关产业发展与政策制定的借鉴。感谢读者厚爱，并诚恳希望各位专家和读者对书中疏漏与不足之处不吝指出，携手共同努力，促进我国低碳资源催化转化技术及产业的发展。

编　者
2024 年 2 月

目　录

第 1 章

绪论

　　能源是现代经济发展的重要支撑，是人类生存的坚实基础，对经济、社会发展起着重要作用。从短期视角来看，煤炭、石油等仍为我国能源供应的核心，但主要存在三个问题：一是能源供应量难以满足经济发展的需求；二是化石能源价格总体不断上涨；三是化石燃料燃烧产生大量有害气体，如硫化物，同时产生 CO_2 等温室气体，带来严重的环境问题和巨大的碳减排压力，对社会发展、人民生活造成不利影响。从可持续发展角度来看，低碳能源结构具有清洁、友好的优势，不仅可缓解我国能源短缺问题，而且能够改善我国生态环境污染状况，同时也满足了发展新型工业化道路的基本要求，将是未来发展的主要趋势。

　　生态文明主要指在发展经济的同时不忘记尊重和保护自然，不以破坏自然环境为代价来发展经济，使经济和环境共同向良好方向发展，时刻注意把科学的发展理念贯穿到整个经济社会的发展过程中。发展低碳经济，充分利用低碳资源，减少碳排放，控制环境污染，降低能源消耗，进而推动生态文明发展。

　　石油化学工业是国民经济的支柱产业，其发展关系到国家能源安全和国计民生。从石油原料出发制备低碳烯烃、芳烃、含氧有机化合物等基础化学品是现代工业的基石。烯烃（如乙烯、丙烯）、芳烃（如苯、二甲苯）及其衍生物等大宗化学品是生产合成树脂、合成纤维和合成橡胶等合成材料的基本原料，其生产能力和技术水平是石油化工产业整体水平的重要标志。但我国石油资源日渐匮乏，大量依赖进口，目前烯烃、芳烃及其衍生物等大宗化学品的生产面临着供需矛盾突出、环保压力日益严峻的挑战，因此，发展能够替代或部分替代油基原料制备化学品的路线具有重大战略意义。

　　现阶段，我国天然气、石油裂解气、煤层气、生物质分解气等资源中的低碳烷烃基本被作为低价值燃料使用。若能够将这些低碳烷烃通过催化脱氢工艺高效转化为低碳烯烃，不仅可以解决我国低碳烯烃原料对石油资源依赖性强的问题，还可以提升低碳烷烃的利用价值。伴随着生物质资源高效转化技术的快速发展，乙醇、甘油等低碳醇分子在某些地区的生产已相对过剩。从这些生物质衍生物出发制备基础化学品，有利于我国能源经济的可持续发展。此外，我国以煤炭为主的能源结构导致了巨量二氧化碳的排放，这些二氧化碳分子同样是碳资源的载体，发展高效分离和催化转化技术，将二氧化碳分离纯化并转化为基础化学品对于保护生态环境、缓解能源短缺具有重大意义。

　　催化转化与吸附分离是推动低碳资源高值化利用的主要支撑技术，而催化剂和吸附剂的结构与功能创新是驱动该领域跨越式发展的核心。本书宗旨为面向能源资源的可持续发展，聚焦低碳烷烃、低碳醇、二氧化碳三类低碳资源，以大宗化学品、高值化学品的生产为目标，以催化转化新技术开发为主线，以控制排放为责任，以功能材料创新为突破，拟通过对催化和吸附新材料的结构功能创新，精准调控低碳分子的吸附/脱附、活化、定向转化等过程及反应途径，集成吸附分离和催化转化过程，打通从低碳分子到化学品的绿色转化和分离纯化通道，推动低碳资源的高值转化利用，发展替代或者部分替代以石油为原料生产化学品的路线。

1.1 引言

1.1.1 低碳资源的概念及种类

低碳资源，顾名思义，其指的是某种含碳分子少或没有碳分子结构的资源。"低碳产业"是以低能耗、低污染为基础的产业。在全球气候变化的背景下，"低碳经济""低碳技术"日益受到世界各国的关注。低碳技术涉及电力、交通、建筑、冶金、化工等各个行业，包括可再生能源及新能源、煤的清洁高效利用、油气资源和煤层气的勘探开发、二氧化碳捕获（捕集）与封存等领域开发的有效控制温室气体排放的新技术。

在化工领域，低碳资源主要是指碳原子数在 $1 \sim 4$ 之间的能源，根据元素种类可分为低碳烃类和含氧低碳分子。低碳烃类是指碳、氢两种元素以不同的比例混合而成的小分子烃类物质，如甲烷、乙烷、丙烷、乙烯和丙烯等，在常温常压下呈气态。低碳烷烃广泛存在于天然气和石油伴生气中，其资源丰富，价格低廉，有望在未来取代石油成为更加绿色、经济的新型能源和化工原料。以乙烯、丙烯为代表的低碳烯烃是化学工业的基本原料之一，主要是以某些石油馏分为原料，经裂解制得或是某些石油加工过程的副产品[1,2]。

含氧低碳分子是指含有碳、氢、氧元素的小分子化合物，如甲醇、乙醇、二氧化碳等。其中甲醇是结构最为简单的饱和一元醇，是重要的有机化工原料，在有机合成、医药、染料、塑料、合成纤维、农药等领域具有广泛的用途。同样地，乙醇不仅可以用作消毒剂，还可以制造染料、燃料、橡胶等，是重要的化工原料。二氧化碳为一种 C_1 资源，捕捉和有效利用二氧化碳合成甲烷、甲醇等对资源循环利用和环境保护具有重要意义。

1.1.2 低碳资源催化转化的意义

随着工业经济的飞速发展，人们对能源的需求也日益增加。煤、石油和天然气等矿物资源是世界能源和现代化学工业的主要支柱。石油和煤炭资源逐渐枯竭且价格持续上涨，使用时对环境污染严重。因此亟须利用低碳清洁资源，减少碳排放，大力推动经济和生态文明发展。

2010 年以来，随着美国页岩气的大量开采和推广，基于页岩气的炼油化工和精细化工导致了世界范围内油品和重大基础化工原料（低碳烯烃）的生产技术重新"洗牌"，以天然气和页岩气为资源的化学工业越来越受到人们的关注。中国页岩气可开采储量为 5605.59 亿立方米，是世界上可开采储量最大的国家，潜力非常巨大。我国天然气和页岩气等资源丰富且此类资源中含有大量的低碳烷烃，包括甲烷、乙烷、丙烷等[3]。随着煤炭、石油等化石燃料的不断消耗，它们将成为最具潜力的替代能源和化工原料。目前为止，由于运输费用和二次加工利用的困难，甲烷和乙烷等饱和烷烃基本作为低价值燃料使用。如果能够将这些低碳烷烃催化脱氢高效转化为低碳烯烃，或通过适当的方式将甲烷、乙烷转化为便于储藏和运输且更具应用价值的液态化工产品，不仅可以解决我国低碳烯烃原料对石油资源依赖性强的问题，同时也可推动低碳烷烃的高值化利用，将对我国石油及煤化工下游产业的优化升级和可持续发展产生积极影响。

低碳烯烃是重要的化工原料，可以生产许多高附加值化工产品，油气资源的匮乏极大限制了石油裂解路线制低碳烯烃的生产能力。随着我国甲醇生产规模不断扩大，甚至在 2013 年左右出现严重的产能过剩，为了解决这个问题，开发甲醇向下游产品的工艺显得尤为重要。甲醇制烃正在成为新一轮甲醇消费的增长点，大力发展甲醇制烃反应能有效解决我国甲醇产能过剩，是创造经济与社会价值的有效手段。

工业上采用生物发酵法可以将各种淀粉质和糖类生物质原料转化为生物乙醇，以纤维素（包括农作物秸秆、林业加工废料、甘蔗渣及城市垃圾等）为原料的第二代生物乙醇生产技术也日趋成熟，而煤制乙醇技术也成功地实现了产业化开发。随着生物乙醇生产技术的不断进步及全球生物乙醇产量的不断攀升，通过催化转化法将生物乙醇转变成高附加值化学品已经成为具有良好前景的技术开发方向。

在过去几个世纪中，人类大量利用化石燃料，CO_2 排放持续增加，导致全球气候发生变化。因此可将 CO_2 捕集利用，将其"变废为宝"，催化加氢转化成各种高附加值碳氢化合物如甲醇、低碳烯烃、汽油、芳烃等。研究和开发 CO_2 资源化利用，具有重要的经济价值和现实意义。

在大宗化学品催化新工艺中，发展替代石油路线生产烯烃、芳烃技术和节能降耗、环境友好催化技术是近年来国际石油化工行业备受关注和大力开发的新技术，也是目前知识产权竞争与保护的焦点。我国"十三五"规划提出"推进能源革命，加快能源技术创新，建设清洁低碳、安全高效的现代能源体系"的战略要求。将低碳烷烃、生物醇、二氧化碳等为代表的低碳资源催化转化为高附加值的烯烃、芳烃、含氧有机物等化学品，既可以缓解化石能源的紧缺形势，实现低碳资源的提质利用，又可以控制二氧化碳的排放，保护生态环境，是未来化工行业发展的技术支撑和战略储备。

1.2　低碳资源催化转化过程

1.2.1　低碳烃分子的催化转化

低碳烯烃是化学工业的重要原料，制备低碳烯烃的原料从重质的油基原料向低碳的气基资源转变，具有更高的原子经济性。通过脱氢反应将低碳烷烃转化为同碳数的烯烃是烷烃高值化利用和烯烃原料多元化的重要途径，对于缓解我国能源及化学品供需矛盾、优化能源和化工产业结构等具有重要的战略意义。实现这一过程的核心和关键技术是高效催化过程的开发，其中包括甲烷定向催化转化、乙烷脱氢转化、丙烷脱氢转化等关键技术的研究。

1.2.1.1　甲烷定向催化转化

天然气是当今世界上公认的清洁能源，燃烧后产生的 CO_2 和氮氧化合物仅为煤的 50％ 和 20％，污染为石油的 1/40、煤的 1/800。天然气供应量的增长为发展天然气化工创造了良好条件。天然气主要由甲烷（85％）和少量乙烷（9％）、丙烷（3％）、氮（2％）和丁烷（1％）组成，主要成分为甲烷，因此甲烷的转化和利用成为天然气化工的主要研究内容。

通常甲烷的转化和利用包括以甲烷为原料合成燃料和基础化学品的一切过程。从已有的天然气化工利用技术来看，甲烷的转化和利用途径可以分为两大类，即直接转化和间接转化（图 1-1），两者的核心都是与催化相关的技术[4]。甲烷作为化工原料，目前工业化大规模应用主要集中在甲烷的间接转化，其过程是将甲烷首先转化为合成气（CO＋H₂），然后将其转化为甲醇、氨、二甲醚、低碳混合醇、低碳烯烃等重要的基础化工原料或合成液体燃料等。甲烷的直接转化无须经过合成气，在理论上有潜在的优势，其传统应用领域包括甲烷直接生产乙炔、氢气、炭黑、氯甲烷、氢氰酸、硝基甲烷或二硫化碳等化工产品。由于甲烷分子非常稳定，C—H 键的键能达 435 kJ/mol，因此上述产品都是在高温、高压、高能耗的苛刻条件下进行的，极大地限制了甲烷的直接转化。随着科学的发展及催化活化技术的进步，人们对甲烷的直接转化途径进行了深入的研究和探索，拓展了研究范围，产生了新的内容，如甲烷直接制甲醇和甲醛、甲烷氧化偶联制乙烯、甲烷无氧芳构化、甲烷无氧低温制乙烷、甲烷直接转化制燃料等。

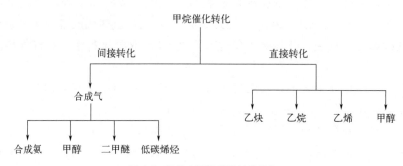

图 1-1　甲烷主要的催化转化路径

1.2.1.2　乙烷脱氢转化

目前，制备低碳烯烃的常规方法以蒸汽裂解和石脑油催化裂解为主。在反应中会同时产生乙烯、丙烯、甲烷和焦炭等，低碳烯烃选择性不高。针对低碳烯烃的低选择性问题，以及实现低碳烷烃高附加值利用的目标，石化行业开始考虑低碳烷烃脱氢制烯烃[5]。

页岩气中大多含有乙烷，摩尔分数在 3%～4%，用页岩气副产的大量乙烷作为原料生产乙烯的成本仅为传统石脑油工艺的一半。乙烷脱氢主要包括催化脱氢和氧化脱氢[6]。就乙烷的催化脱氢而言，其属于强吸热反应，且受热力学平衡限制，为达到工业生产需求的单程转化率需要提供较高的反应温度，能耗高的同时催化剂易结焦失活。为了解决直接脱氢带来的问题，研究者开始探索乙烷氧化脱氢。氧化剂的引入打破了热力学平衡的限制，同时能够有效抑制焦炭的生成。但引入氧化剂时，氧化深度难以控制，存在乙烯选择性低的问题。为了解决以上问题，需要研制出合适的高活性、高选择性以及高稳定性乙烷氧化脱氢催化剂。

1.2.1.3　丙烷脱氢转化

在化学工业中，丙烯有着重要的地位，不仅拥有多元化的生产工艺，也具有丰富的下游产业链条。近年来，伴随着下游聚丙烯、环氧丙烷、丙烯腈、丙烯酸及酯、环氧氯丙烷等产品的发展，丙烯作为主要原料，需求量也在不断扩大。2019 年，国内新增丙烯产能达到 3.66 Mt，同比增长 10.6%。在新增产能中，传统石化路线占比明显下降，新兴工艺产能增长迅猛，占新增产能的 81.15%。随着世界范围内对页岩气的开发利用及对丙烯需求量的不断增长，丙烷脱氢制丙烯成为一种增产丙烯的高效经济的手段[7,8]。

目前，丙烷脱氢制丙烯有三种技术路线，分别为临氢脱氢、氧化脱氢和膜催化反应脱氢。氧化脱氢和膜催化反应脱氢不受反应平衡限制，从而可以获得较高的丙烷转化率，但是这两种技术存在反应控制难度大和产物中烯烃选择性差等问题，还处于研究开发阶段。临氢脱氢又叫直接脱氢，该技术具有丙烯选择性高和操作工艺安全易控制的优点，是当前唯一实现工业化生产的脱氢技术。

1.2.2 含氧低碳分子的催化转化

1.2.2.1 甲醇的催化转化

在 20 世纪 70 年代，埃克森美孚（Exxon Mobil）公司的科研人员偶然发现分子筛可以催化甲醇转化为烯烃产品[9,10]。甲醇制烯烃路线是一条重要的烯烃生产的非石油路线，其原料甲醇可经由煤转换的合成气（$CO+H_2$）催化合成得到。相比于合成气直接合成低碳烯烃（费托合成），甲醇制烯烃具有转化率高、低碳烯烃选择性高等优点，截至 2022 年底国内已建成煤制烯烃（CTO）/甲醇制烯烃（MTO）产能为 1772 万吨/年，占烯烃总产能的 20% 左右。其中中国石油化工集团有限公司（中石化）、中国中煤能源集团有限公司（中煤）等国企的 CTO/MTO 产能占比达到 50% 左右；民营企业中以宁夏宝丰能源集团股份有限公司规模最大，产能占比超过 10%。甲醇转化为碳氢化合物的步骤主要为：甲醇脱水形成二甲醚；甲醇、二甲醚、水的平衡混合物转化成低碳烯烃；低碳烯烃之间的二次反应如氢转移、甲基化、缩聚反应等可生成烷烃、芳香族化合物和高碳数烯烃[11-13]。

1.2.2.2 乙醇的催化转化

乙醇是重要的基本有机化工原料，作为生物质平台分子，其结构中含有 C—C、C—H、C—O 和 O—H 化学键，通过脱氢、脱水、碳-碳偶联、芳构化等反应可以生成乙烯、乙醛、正丁醇、芳香醇/醛等高附加值化学品，如图 1-2[14,15]（微信扫码观看彩图，余同）。乙醇在铜基催化剂上可以选择性生成乙醛，用于生产食品添加剂等精细化工产品；乙醇或乙醛在酸碱双功能催化剂上发生碳-碳偶联，反应生成高碳脂肪醇/醛，可用于生产基础原料或用作高密度清洁燃料；乙醇或乙醛发生碳-碳偶联和芳构化反应生成医药前体芳香醇/醛。通

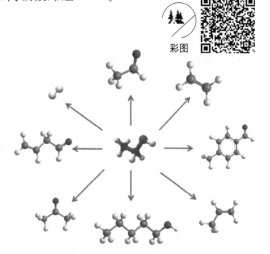

图 1-2 乙醇转化制备高值化学品[14, 15]

常，乙醇或其衍生物在催化剂表面可同时发生脱氢、偶联、酯化等过程，反应网络复杂，因此为实现乙醇高值转化生成特定含氧化学品，需要精准控制 C—H、C—O 和 O—H 键的选择性活化、断裂或 C—C 重组。

1.2.3 CO₂ 的催化加氢

CO_2 是直线型的共价分子，其标准生成热为 394.38 kJ/mol，C=O 键能高达 799 kJ/mol，表明 CO_2 分子非常稳定，不易活化。因此将 CO_2 加氢转化为含碳化学品面临着巨大的挑战，通常 CO_2 加氢反应需要在高温高压条件下进行，高性能的催化剂有助于实现 CO_2 温和条件下的高效转化。

催化 CO_2 加氢转化利用主要分为直接加氢转化和间接加氢转化，如图 1-3[16,17]。直接加氢转化是指将 CO_2 直接转化为化工产品（如甲烷、甲醇、甲酸等）的转化路径[18,19]。CO_2 制甲醇技术种类繁多，如基于均相或非均相催化剂的直接法，基于 CO_2 衍生物的间接法，以及电、光和生物催化法等。光催化技术不但可以光降解污染物减轻环境压力，更可以有效地实现 CO_2 资源利用。而间接加氢转化则是先将 CO_2 转化为 CO（合成气），再经费托（Fischer-Tropsch，F-T）合成等成熟工艺获得高附加值产品（如液体燃料）的转化路径。

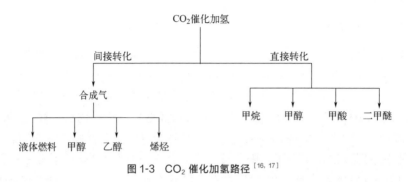

图 1-3　CO_2 催化加氢路径[16, 17]

1.3　低碳资源催化转化过程中的废气排放与处理

气候变化是当今人类面临的重大全球性挑战。自工业革命以来，全球平均温度和海平面的变化趋势与空气中 CO_2 浓度的变化趋于一致，CO_2 作为最主要的温室气体被广泛认为是全球气候变暖的元凶。当人们认识到"温室效应"所带来的严重威胁时，必须努力解决 CO_2 带来的问题。CO_2 的含碳量远远大于石油、天然气以及煤的含碳量，从这一点出发，科学家认为把 CO_2 作为碳源将是人类利用碳资源的必然发展趋势。为了减少 CO_2 排放、缓解全球气候变暖，能源系统各个行业需要加快绿色转型步伐。

面对严峻的 CO_2 减排压力，在 2015 年巴黎气候大会上，中国提出 CO_2 排放量最晚于 2030 年前后达到峰值，同期单位国内生产总值 CO_2 排放较 2005 年下降 60%～65%。这意味着 CO_2 减排将在未来成为机遇与挑战。长期发展的战略是从根本上优化我国产业结构和能源结构。而且，我们不能以放慢社会经济发展为代价来单方面实现 CO_2 排放量的下降。从中、短期的需求出发考虑，在能根本解决对化石燃料和原材料的依赖之前，只有通过合适的碳捕集和转化技术，对大量排放的 CO_2 进行规模化捕集与高效资源化，才能在减少 CO_2 排放的同时保持经济、社会、资源、环境等的可持续发展。

化工行业原料来源广泛、工艺种类繁多，同时其废气种类多、成分复杂、污染面广、污染物浓度高、危害较大。低碳资源催化转化过程中产生的废气以有机污染物为主，并且含硫化合物是其最主要的成分之一。含硫废气污染物的存在会给工业生产和人民生活带来多种危害。因此，有效脱除低碳资源催化转化过程所产生的含硫化合物，减少废气污染物排放，是改善我国生态环境污染状况，同时满足发展新型工业化道路的基本要求，也是未来发展的主要趋势。

"高能耗、高污染"经济模式和生活方式正在成为地球和人类自身的杀手，低碳型经济发展模式成为人类的必然选择。走低碳产业道路，是人类与自然和谐相处的需要，是保护地球的需要，也是人类可持续发展的需要，更是人类自身生存发展的需要。"低碳经济"将是世界经济的一次重要转型，是一次重要的世界经济革命，无论是从国内而言，还是从全球而言，低碳产业将成为各国经济长远发展的战略选择，同时它也有着巨大的经济、环境、社会效益。

参考文献

[1] 智研咨询. 2018年中国丙烯产量、消费量、进口量及价格走势分析 [EB/OL]. 2018-05-28 [2023-08-06]. https://www.chyxx.com/research/201805/644700.html.

[2] 吴志杰. 能源转化催化原理 [M]. 东营：中国石油大学出版社，2018.

[3] Sheng J, Yan B, Lu W D, et al. Oxidative dehydrogenation of light alkanes to olefins on metal-free catalysts [J]. Chem. Soc. Rev., 2021, 50: 1438-1468.

[4] 贺黎明，沈召军. 甲烷的转化和利用 [M]. 北京：化学工业出版社，2005.

[5] Zhang Y, Xu X, Jiang H Q. Improved ethane conversion to ethylene and aromatics over a Zn/ZSM-5 and CaMnO$_{3-\delta}$ composite catalyst [J]. J. Energy Chem., 2020, 51: 161-166.

[6] Morales E, Lunsford J H. Oxidative dehydrogenation of ethane over a lithium-promoted magnesium-oxide catalyst [J]. J. Catal., 1989, 118: 255-265.

[7] Li Z Y, Peters A W, Platero-Prats A E, et al. Fine-tuning the activity of metal-organic framework-supported cobalt catalysts for the oxidative dehydrogenation of propane [J]. J. Am. Chem. Soc., 2017, 139: 15251-15258.

[8] Li G M, Liu C, Cui X J, et al. Oxidative dehydrogenation of tight alkanes with carbon dioxide [J]. Green Chem., 2021, 23: 689-707.

[9] 刘中民. 甲醇制烯烃 [M]. 北京：科学出版社，2015.

[10] Chen D, Moljord K, Holmen A. A methanol to olefins review: diffusion, coke formation and deactivation on SAPO type catalysts [J]. Microporous Mesoporous Mater., 2012, 164: 239-250.

[11] 谢克昌，李忠. 甲醇及其衍生物 [M]. 北京：化学工业出版社，2002.

[12] Peng S C, Gao M B, Li H, et al. Control of surface barriers in mass transfer to modulate methanol-to-olefins reaction over SAPO-34 zeolites [J]. Angew. Chem. Int. Ed., 2020, 59: 21945-21948.

[13] Bhawe Y, Moliner-Marin M, Lunn J D, et al. Effect of cage size on the selective conversion of methanol to light olefins [J]. ACS Catal., 2012, 2: 2490-2495.

[14] Hanukovich S, Dang A, Christopher P. Influence of metal oxide support acid sites on Cu-catalyzed nonoxidative dehydrogenation of ethanol to acetaldehyde [J]. ACS Catal., 2019, 9: 3537-3550.

[15] Wang Q N, Shi L, Lu A H. Highly selective copper catalyst supported on mesoporous carbon for dehydrogenation of ethanol to acetaldehyde [J]. ChemCatChem, 2015, 7: 2846-2852.

[16] 刘凤丽. 基于燃煤烟气中 CO_2 催化重整 CH_4 制合成气的研究 [M]. 徐州：中国矿业大学出版社，2006.

[17] 张阿玲，方栋. 温室气体 CO_2 的控制和回收利用 [M]. 北京：中国环境科学出版社，1996.

[18] Chen P J, Zhao G F, Liu Y, et al. Monolithic Ni$_5$Ga$_3$/SiO$_2$/Al$_2$O$_3$/Al-fiber catalyst with enhanced heat transfer for CO_2 hydrogenation to methanol at ambient pressure [J]. Appl. Catal. A: Gen., 2018, 562: 234-240.

[19] Chen J Y, Wang X, Wu D K, et al. Hydrogenation of CO_2 to light olefins on CuZnZr@ (Zn-) SAPO-34 catalysts: strategy for product distribution [J]. Fuel, 2019, 239: 44-52.

●·················· 思考题 ··················●

1. 煤炭及石油作为我国能源供应的核心，主要存在什么问题？

2. 低碳技术所涉及的领域主要有哪些？

3. 低碳资源主要包含哪几类？其代表性物质有哪几种？

4. 推动低碳资源转化有哪些重要意义？

第 2 章

甲烷的催化转化

2.1 引言

2.1.1 甲烷的资源分布

甲烷是天然气的主要成分。目前，天然气除了作为能源以外，还作为重要的化工原料使用。据预测，21 世纪前半叶，天然气将在世界能源生产中占据重要地位[1]。到 2050 年以后，天然气可能会取代煤炭成为继石油之后的世界主要能源。

目前，我国自产天然气远不能满足民用和工业需求，每年都需要大量进口。为了满足日益增长的天然气需求，我国一方面加大进口天然气的海运能力，另一方面也开工建设了中俄、中亚等天然气陆上输送管线，同时还加快了天然气勘探步伐。随着我国油气勘探能力的提高，人们寻找油气的工作已经由简单的构造油气藏和中浅层油气藏，向着复杂构造油气藏和深层-超深层油气藏扩展。近年来，非常规天然气，如天然气水合物、致密砂岩气、煤层气和页岩气的勘探开发和综合利用也越来越引人注目。

2.1.2 甲烷的利用现状

目前，以天然气为原料生产的产品已达到 2×10^8 t/a，在化学工业中占有重要地位。以天然气为原料的一次化工产品有氨、甲醇、合成油、氢气、乙炔、氯甲烷、二氯甲烷、三氯甲烷、四氯化碳、炭黑、氢氰酸、二硫化碳、硝基甲烷等。其中以合成氨和甲醇最为重要，全世界超过 84% 的氨和 90% 的甲醇都是以天然气为原料生产的。氨、甲醇、乙炔是天然气化工的三大基础产品，由这三大产品和其他一次产品又可以生产出大量的二次、三次产品，如图 2-1 所示。与其他原料（煤、焦油等）相比，以天然气为原料生成氨、甲醇等产品，装置投资将大幅度节省，能耗显著降低。

在天然气生产各种化工产品的有关文献中，经常会看到甲烷的直接转化和间接转化、碳一化学品、碳一化学和碳一化工等提法。甲烷的间接转化指的是首先将甲烷转化为合成气（CO 和 H_2），然后再用合成气合成目的产品的化工过程；甲烷的直接转化指的是甲烷不经由合成气的中间环节，而通过直接脱氢、硝化、卤化、氨氧化、氧化偶联和部分氧化等化学反应转化为目的产品的化工过程。碳一化学品是指含有一个碳原子的化学品。碳一化学是由碳一化学品经化学加工合成含有两个或两个以上碳原子的有机化工产品及燃料的化学过程。碳一化工是实现碳一化学的化工工艺。碳一化学品、碳一化学和碳一化工都与使用合成气

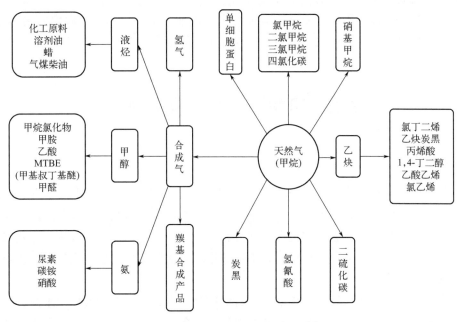

图 2-1 以天然气为原料生产的产品 [1]

（CO+H$_2$）有关，而合成气可由煤、石油、天然气、农副产品甚至城市垃圾等转化生产出来。在天然气转化的范畴里，碳一化学品、碳一化学和碳一化工都与甲烷的间接转化有关。

总而言之，天然气作为化工原料，目前其工业大规模应用主要集中在甲烷的间接转化方面。全球约有 75% 的化肥和 80% 的甲醇是以天然气为原料生产的。与石油化工路线相比，用天然气合成氨和甲醇具有明显优势。在甲烷的间接转化技术中，合成气制备十分重要。一般来说，合成气的制备约占甲烷间接转化过程总投资的 60% 和总生产成本的 60%。因此，天然气制合成气技术的进步对于甲烷的间接转化意义重大。目前已经工业化和正在开发的天然气制合成气工艺主要包括：甲烷水蒸气重整、甲烷二氧化碳重整、甲烷部分氧化、联合重整以及自热转化等。

在众多的甲烷直接转化利用研究课题中，甲烷无氧芳构化、甲烷氧化偶联制乙烯、甲烷部分氧化制甲醇和甲醛等都是研究热点。以甲烷氧化偶联反应为例，为了获得甲烷转化率与 C$_2$ 烃选择性之和超过 100% 的转化目标，人们已经对周期表中的大部分元素进行了催化作用的筛选研究。而在甲烷直接氧化合成甲醇的研究中，人们分别开展了甲烷气相均相氧化、气固多相催化氧化和液相催化氧化三方面的研究工作。甲烷的气相均相氧化法采用非催化氧化工艺，典型的反应条件为反应压力 4 MPa、反应温度 450～500 ℃。人们发现，甲烷的气相均相氧化反应不仅受氧浓度和反应工艺条件的影响，还会受反应器材质（如玻璃、不锈钢等）的影响。甲烷的气固多相催化氧化是甲烷直接转化合成甲醇的研究热点，多采用 SiO$_2$ 和 Al$_2$O$_3$ 负载的 MoO$_3$、V$_2$O$_3$ 为催化剂，常用的反应温度范围为 400～700 ℃。甲烷的气固多相催化氧化反应目前存在的问题主要是甲醇的收率低（一般不足 5%），不具有工业化价值。据估计，只有选择性不低于 80%、转化率不低于 10%，才可能用此直接法工艺合成甲醇。甲烷液相催化氧化直接合成甲醇通常以过渡金属络合物为催化剂，以强酸、超强酸、超临界流体为溶剂，所用的氧化剂包括 O$_2$、H$_2$O$_2$ 等。上述甲烷直接氧化合成甲醇课题面临的挑战是甲烷转化率和甲醇选择性基本上成反比关系。其根本问题在于甲烷的活化能很高，而甲醇又比较活泼。因此，甲烷一旦被活化，很难控制反应深度，深度氧化不可避免。甲烷选择氧化制甲醇的相关研究进展将在 2.3 节进行详细介绍。

2.2 甲烷催化转化制合成气

2.2.1 概述

合成气（syngas）是指一氧化碳和氢气的混合气。通常，合成气中 H_2 与 CO 的比值（氢碳比）会在 $1/2 \sim 1/3$ 之间变化，这与合成气的用途以及制造合成气所用的原料和生产工艺有直接关系。如前所述，合成气是甲烷间接转化的必经之路。同时，合成气也是氢气和一氧化碳的来源。因此，合成气的生产在化学工业中有着重要地位，且合成气的组成须根据不同的用途来调节氢碳比。[2]

一般来说，合成气可以用煤、天然气、石油馏分、生物质甚至城市垃圾来制造。以煤为原料制造合成气的工艺也称煤气化，它是合成气的重要来源。但由于煤中的氢含量很低，导致以煤为原料制得的合成气氢碳比较低。与煤相比，甲烷因氢含量高更适合制取高氢碳比的合成气。因此，甲烷制合成气是目前工业上获得合成气的重要途径。

工业上由天然气制合成气的技术主要有蒸汽转化法和部分氧化法。蒸汽转化法即水蒸气重整，是甲烷等烃类和水蒸气在高温条件下在催化剂上进行的转化反应，反应产物为 H_2 和 CO。水蒸气重整是一个强吸热反应，需要及时提供大量的热量来维持反应进行。该方法技术成熟，已经广泛应用于制氢和合成氨工业。部分氧化法是利用甲烷等烃类与氧气的不完全氧化反应来生产合成气的工艺。该反应过程可自热进行，无须外界供热，热效率高。通过蒸汽转化法每转化 1 mol 甲烷，可生成 1 mol CO 和 3 mol H_2，合成气中 H_2 与 CO 比值高达 3，适宜生产纯氢和合成氨。但对于合成有机化合物而言，甲烷水蒸气重整产生的合成气中 H_2 与 CO 比值太高。部分氧化法一般得到 H_2/CO 为 2 左右的合成气。因此，为了提高合成气中 CO 的含量，国内外正在研究和开发既节能又能灵活调节 H_2 与 CO 比值的新工艺。其中，自热重整（催化式催化部分氧化法）和干重整（甲烷-二氧化碳催化转化法，SPARG）为合成气先进制造技术的代表。

工业合成氨、合成甲醇和费托合成油都属于合成气的大型"用户"。例如，一套合成氨工业装置可以达到年产 60 万～80 万吨的规模；一套大型费托合成油装置标准状态下每小时消耗的天然气量可达 250000 m^3/h，单条生产线每年的合成油产量可达 100 万吨左右。氢燃料电池可以算是合成气的超小型"用户"。一台输出电功率为 1 kW 的质子交换膜氢燃料电池每小时消耗的氢气折合成标准状态下的天然气仅有 250 L。在合成氨等工业中，天然气（甲烷）或其他烃类（C_nH_n）转化为合成气的过程，一般都是通过水蒸气重整、空气部分氧化重整、选择氧化重整和自热重整等反应工段完成的。从中可以看出：烃类原料在重整之前都要进行脱硫处理（加氢脱硫）；有时会采用组合式的重整工艺来获得合成气；在以制氢为目的的重整反应之后都会有水煤气变换反应工段，有时还需要设置甲烷化反应工段。

以合成氨工业为例来说明蒸汽重整的化工工艺过程[3]。天然气中一般含有极少量的硫化物，为将其脱除，通常加入少量的氢气进行加氢反应，使硫化物生成 H_2S，然后进入 ZnO 脱硫槽进行脱硫。脱硫后的天然气进入管式炉中在 Ni 基催化剂的催化作用下进行水蒸气重整。水蒸气重整的典型原料气组成为 H_2O 与 CH_4 摩尔比 2～6、反应温度 800～1000 ℃、反应压力 1.6～2.0 MPa。水蒸气重整反应是强吸热过程，理论上生成的合成气 $n(H_2)$：$n(CO)=3:1$。水蒸气重整物接着在 Ni 基催化剂上再进行空气部分氧化重整。由于合成氨不需要 CO，只需要 H_2，所以经过两次重整的合成气需再通过水煤气变换反应将 CO 转化为 CO_2，同时生成更多 H_2，最终 H_2 与 CO 的摩尔比可以高达 4.9。水煤气变换反应生成的 CO_2 通过碱洗脱除，氢气中的少量 CO 通过甲烷化脱除以免合成氨催化剂中毒。经过脱 CO_2 和甲烷化（脱 CO）处理的氢气与氮气（在二次部分氧化重整中由空气带入）组成了合成氨的原料气[$n(H_2):n(N_2)=3:1$]。

值得一提的是，用于氢燃料电池的氢气也需要通过甲烷化处理脱除 CO，这是因为氢燃料电池在低温下工作，铂电极对 CO 敏感。如果采用高温燃料电池，如磷酸燃料电池，则无须严格控制氢气中的 CO。这是因为磷酸燃料电池的工作温度在 200 ℃左右，对 CO 的耐受能力有所提高。对于固体氧化物和熔融碳酸盐之类的高温型燃料电池而言，则可以直接以 CO 为燃料，甚至可以把此类燃料电池的阳极室设计成甲烷水蒸气重整反应的反应器。这样水蒸气重整反应就可以利用电化学反应产生的热量，这种耦合技术会显著提高高温燃料电池的能效。

2.2.2　甲烷水蒸气重整技术

水蒸气重整是多相催化技术首先介入的应用领域之一。目前，水蒸气重整不仅用于转化甲烷，还可用于转化醇类（甲醇、乙醇）以及其他碳水化合物和生物基油品。水蒸气重整的本质是对烃类进行氧化分解，这是因为反应过程中涉及用含氧物种断开 C—H 和 C—C 键，并形成 C＝O 键和 H—H 键。从氧化分解的角度看，水蒸气重整与 CO_2 干法重整、部分氧化重整和自热重整在本质上是一致的。但是，由于水蒸气重整在甲烷间接转化中的重要性，以及甲烷在全世界的广泛分布和巨大蕴藏量，水蒸气重整技术备受重视。

据报道，1912 年出现了首个水蒸气重整制合成气的专利，该专利涉及负载型镍催化剂和管式重整反应器。20 世纪初，德国开发了水蒸气重整技术并将其用于合成氨。1930 年世界首套水蒸气重整制合成气装置在美国路易斯安那州 Baton Rouge 建成投产。1962 年水蒸气重整工艺在工业化的道路上取得突破，主要标志是英国帝国化学工业集团（Imperial Chemical Industries，ICI）公司的石脑油水蒸气重整技术在两套管式重整装置上开车成功。Topsøe 石脑油水蒸气重整工艺的首套装置于 1956 年投产。与之配套的用于合成氨目的的氢气工厂于 1966 年投产。在 1960 年代中期，美国以天然气为原料建成了许多水蒸气重整工厂。

对于从合成气生产甲醇、羰基合成产物如乙酸和高碳醛、醇以及其他石化产品而言，水蒸气重整是生产合成气的首选工艺。在 1970 年代的能源危机期间，人们曾用低温水蒸气重整和甲烷化工艺将石脑油转化为合成天然气。在 1970 和 1980 年代，人们还曾将天然气的水蒸气重整工艺应用于铁矿石的直接还原，但是这种工业应用并未得到普及。目前，90% 的合成气来自水蒸气重整。

在当今社会，甲烷水蒸气重整已经成为用合成气生产大宗化学品的首选工艺。同时，甲烷水蒸气重整制氢对于用原油生产常规液体燃料和化学品的石油加工行业来说也具有很大的吸引力。炼油厂在汽油、柴油和航煤等常规燃料的质量升级过程中越来越依赖加氢精制技术来控制油品中的硫、氮和芳烃含量，同时在重油轻质化过程中越来越多地采用加氢裂化技术，这些技术的运用都以充足和廉价的氢气供应为前提。另外，由于制氢效率高，甲烷的水蒸气重整在氢燃料电池技术的推广应用方面也将起到关键作用。在这方面，人们已经有很多方案上的考虑。比如，可以在汽车上安装小型重整装置为燃料电池提供移动制氢服务，或者在加气站就地安装重整单元进行现场制氢服务。此外，甲烷的水蒸气重整制氢技术还可以用在备用发电机上。总之，甲烷水蒸气重整作为一个典型的多相催化技术，其潜在应用远不止以上所述。

2.2.2.1 水蒸气重整反应路线

(1) 主副反应

水蒸气重整反应是一个复杂反应，其主反应如式(2-1) 和式(2-2)。

$$CH_4 + H_2O \longrightarrow 3H_2 + CO \qquad \Delta H_{298\,K}^{\ominus} = 206.3 \text{ kJ/mol} \qquad (2\text{-}1)$$

$$CO + H_2O \longrightarrow CO_2 + H_2 \qquad \Delta H_{298\,K}^{\ominus} = -41.3 \text{ kJ/mol} \qquad (2\text{-}2)$$

式中，$\Delta H_{298\,K}^{\ominus}$ 为 298 K、标准状态下该反应的焓变，kJ/mol。由于天然气中除甲烷以外还有少量乙烷、丙烷和乙烯等。这些烃类在甲烷水蒸气重整过程中也能够发生类似的转化反应生成合成气，如式(2-3)、式(2-4) 和式(2-5)。

$$C_2H_6 + 2H_2O \longrightarrow 5H_2 + 2CO \qquad \Delta H_{298\,K}^{\ominus} = 347.5 \text{ kJ/mol} \qquad (2\text{-}3)$$

$$C_3H_8 + 3H_2O \longrightarrow 7H_2 + 3CO \qquad \Delta H_{298\,K}^{\ominus} = 498.2 \text{ kJ/mol} \qquad (2\text{-}4)$$

$$C_2H_4 + 2H_2O \longrightarrow 4H_2 + 2CO \qquad \Delta H_{298\,K}^{\ominus} = 226.5 \text{ kJ/mol} \qquad (2\text{-}5)$$

$C_2 \sim C_3$ 烃类水蒸气重整反应，可用下面的通式(2-6) 表示：

$$C_nH_m + nH_2O \longrightarrow (n + m/2)H_2 + nCO \qquad (2\text{-}6)$$

当然，上述 $C_2 \sim C_3$ 烃类也能在镍催化剂上先发生如式(2-7) 和式(2-8) 的氢解反应生成甲烷，然后通过甲烷水蒸气转化反应生成合成气。

$$C_2H_6 + H_2 \longrightarrow 2CH_4 \qquad (2\text{-}7)$$

$$C_3H_8 + 2H_2 \longrightarrow 3CH_4 \qquad (2\text{-}8)$$

$$C_2H_4 + H_2 \longrightarrow C_2H_6 \qquad (2\text{-}9)$$

由于 $C_2 \sim C_3$ 烃类比甲烷活泼，通常认为这些分子在甲烷水蒸气重整的高温条件下能够被完全转化。

水蒸气重整的副反应主要是析碳反应，如式(2-10)～式(2-13)。

$$2CO \longrightarrow CO_2 + C \qquad \Delta H_{298\,K}^{\ominus} = -173.0 \text{ kJ/mol} \qquad (2\text{-}10)$$

$$CH_4 \longrightarrow 2H_2 + C \qquad \Delta H_{298\,K}^{\ominus} = 75.0 \text{ kJ/mol} \qquad (2\text{-}11)$$

$$CO + H_2 \longrightarrow H_2O + C \qquad \Delta H_{298\,K}^{\ominus} = -131.0 \text{ kJ/mol} \qquad (2\text{-}12)$$

$$CO_2 + 2H_2 \longrightarrow 2H_2O + C \qquad \Delta H_{298\,K}^{\ominus} = -91.0 \text{ kJ/mol} \qquad (2\text{-}13)$$

上述析碳副反应会加速催化剂失活，是需要尽量抑制的。

(2) 热力学特点

从以上的反应方程式可以看出，甲烷的水蒸气转化反应是一个分子数增加的强吸热反应，因此高温和低压有利于反应进行。为了全面了解甲烷水蒸气重整反应的热力学特点，下面详细介绍甲烷水蒸气重整反应的化学平衡及其影响因素。

甲烷水蒸气重整的两个主反应的平衡常数可表示为式（2-14）和式（2-15）。

$$K_{p1} = p_{CO} \times p_{H_2}^3 / (p_{CH_4} \times p_{H_2O}) \tag{2-14}$$

$$K_{p2} = p_{CO_2} \times p_{H_2} / (p_{CO} \times p_{H_2O}) \tag{2-15}$$

式中，K_{p1}、K_{p2} 为反应的平衡常数；p 为各组分的分压。在反应压力不是非常高的情况下，可以不考虑压力对平衡常数的影响，因而 K_{p1} 和 K_{p2} 可以用关于热力学温度的多项式进行计算，这些公式可以从各种手册或专著中查到，如式（2-16）和式（2-17）所示。

$$\ln K_{p1} = -23829.1/T + 3.3066\ln T + 2.2103 \times 10^{-3} T - 1.2881 \times 10^{-6} T^2 + 1.2099 \times 10^{-10} T^3 + 3.2538 \tag{2-16}$$

$$\ln K_{p2} = 4865.8/T - 1.1187\ln T + 3.6574 \times 10^{-3} T - 1.2817 \times 10^{-6} T^2 + 2.1845 \times 10^{-10} T^3 + 0.5686 \tag{2-17}$$

式中，T 为反应温度。利用有关的温度多项式，可以计算出不同反应温度下主反应式（2-1）和式（2-2）的平衡常数，也可以计算出不同反应温度下的反应热效应数据。表 2-1 中给出了一组平衡常数和热效应随反应温度变化的数值。由表 2-1 可见，在低于 900 K 的温度下进行甲烷的水蒸气重整反应时，水煤气变换反应在热力学上优势较大；而在高于 900 K 的温度下进行甲烷的水蒸气重整反应时，水煤气变换反应在热力学上处于明显劣势。

表 2-1　不同温度下反应式（2-1）和反应式（2-2）的平衡常数和热效应

温度/K	式（2-1）		式（2-2）	
	$\Delta H/(kJ/mol)$	K_{p1}	$\Delta H/(kJ/mol)$	K_{p2}
400	211	2.45×10^{-16}	-41	1.48×10^3
500	215	8.73×10^{-11}	-40	1.26×10^2
600	218	5.06×10^{-7}	-39	2.70×10^1
700	221	2.69×10^{-4}	-38	9.02
800	223	3.12×10^{-2}	-37	4.04
900	224	1.31	-36	2.20
1000	226	2.66×10^1	-35	1.37
1100	227	3.13×10^2	-34	0.94

假设反应物只有甲烷和水蒸气，在此情况下设甲烷和水蒸气的进料物质的量分别为 n_m 和 n_w，甲烷在式（2-1）中的转化量为 x 摩尔，CO 在式（2-2）中的转化量为 y 摩尔，则反应体系中的初始组成、平衡组成和平衡浓度如表 2-2 所示。

表 2-2　不同温度下式（2-1）式（2-2）的初始组成、平衡组成和平衡浓度

项目	CH_4	H_2O	CO	CO_2	H_2	Σ
起始物质的量	n_m	n_w				
平衡物质的量	$n_m - x$	$n_w - x - y$	$x - y$	y	$3x + y$	$n_m + n_w + 2x$
平衡浓度	$\dfrac{n_m - x}{n_m + n_w + 2x}$	$\dfrac{n_w - x - y}{n_m + n_w + 2x}$	$\dfrac{x - y}{n_m + n_w + 2x}$	$\dfrac{y}{n_m + n_w + 2x}$	$\dfrac{3x + y}{n_m + n_w + 2x}$	

结合式（2-14）和式（2-15）及表 2-2 可得出平衡常数 K_{p1} 和 K_{p2} 的表达式，如式（2-18）和式（2-19）所示。

$$K_{p1} = \frac{p_{CO} p_{H_2}^3}{p_{CH_4} p_{H_2O}} = \frac{(x-y)(3x+y)^3 p^2}{(n_m + n_w + 2x)^2 (n_m - x)(n_w - x - y)} \tag{2-18}$$

$$K_{p2} = \frac{p_{CO_2} p_{H_2}}{p_{CO} p_{H_2O}} = \frac{y(3x+y)}{(x-y)(n_w - x - y)} \tag{2-19}$$

式中，p 为反应达到平衡时系统的压力；n_m 和 n_w 分别为甲烷和水蒸气的进料物质的量；x 为转化的甲烷物质的量；y 为生成的 CO_2 物质的量。由此可计算在指定温度、压力和已知进料水碳比条件下的热力学平衡组成。表 2-3 是反应压力为 3.0 MPa 下，进料水碳比为 3.0 时反应温度与平衡组成的对应关系。由表 2-3 可进一步看出，甲烷的水蒸气重整反应必须在尽可能高的温度下进行，这样才能获得尽可能高的甲烷转化率和合成气产率，同时使合成气中的甲烷残余量降到最少。在高温条件下，水煤气变换反应也会受到抑制，这有利于减少合成气中的 CO_2 含量。但是，当以合成氨和制氢为目的时，需要利用水煤气变换反应来多产 H_2，很明显在此情况下不能期望通过把甲烷的水蒸气重整反应和 CO 的水煤气变换反应耦合在一起来达到目的，必须将甲烷的水蒸气重整反应（高温反应）和 CO 的水煤气变换反应（低温反应）分开进行，以使两个反应均在各自有利的热力学条件下进行。

表 2-3　不同温度下式（2-1）和式（2-2）的平衡组成（反应压力 3.0MPa，水碳比 3.0）

温度/K	平衡常数		平衡组成（物质的量分数）/%				
	K_{p1}	K_{p2}	CH_4	H_2O	H_2	CO_2	CO
673	5.74×10^{-5}	11.70	20.85	74.42	3.78	0.94	0.00
773	9.43×10^{-3}	4.88	19.15	70.27	8.45	2.07	0.05
873	0.50	2.53	16.54	64.13	15.39	3.59	0.34
973	1.21×10^1	1.52	13.00	56.48	24.13	4.98	1.40
1073	1.65×10^2	1.02	8.74	48.37	33.56	5.55	3.79
1173	1.44×10^3	0.73	4.55	41.38	41.84	5.14	7.09
1273	8.98×10^3	0.56	1.69	37.09	47.00	4.36	9.85
1373	4.28×10^4	0.45	0.49	35.61	48.85	3.71	11.33

（3）平衡组成的影响因素

① 温度　甲烷与水蒸气反应生成 CO 与 H_2 是强吸热的可逆反应，高温对平衡有利，H_2 及 CO 的平衡产率提高，CH_4 平衡浓度降低。反应温度每降低 10 ℃，甲烷的平衡浓度可增加 1%～1.3%。在压力为 3.5 MPa、水碳比为 3 时，温度从 800 ℃ 降到 700 ℃，甲烷平衡浓度大约从 12% 增加到 25%。因此，从降低残余甲烷平衡浓度上考虑，操作温度应尽可能高一些。在水碳比为 2、压力为 1～4 MPa 的条件下，如果要想使甲烷的平衡浓度低于0.5%，则反应温度至少要达到 950 ℃ 以上。高温反应还有以下好处：抑制一氧化碳水煤气变换反应，减少 CO_2 的生成；抑制一氧化碳歧化和还原析碳副反应，有利于减缓催化剂的积炭失活。

但反应温度过高，也会促进甲烷的裂解析碳副反应。而且，甲烷水蒸气重整反应的操作温度选择往往要受到反应器管材质的限制。因此，在实际工作中，一般还需要借助于提高水碳比等办法来降低重整气体中的甲烷平衡浓度。另外，在合成氨生产流程中，采用二段转化工艺来降低甲烷的残余浓度。当一段转化炉出口气体中残余甲烷浓度在 10%（干基）左右时，通过第二段炉中的转化反应，可使二段炉出口的甲烷降至 0.3%。

② 水碳比　水碳比是指转化炉进口气体中，水蒸气与烃类原料中碳物质的物质的量之比，它表示转化操作所用的工艺蒸汽量。在一定温度和压力下，高水碳比有利于降低甲烷水蒸气转化反应的甲烷平衡浓度。例如，在 800 ℃和 2 MPa 条件下，当水碳比由 3 提高到 4 时，甲烷平衡浓度由 8%降至 5%。由此可见，提高水碳比是降低甲烷平衡浓度的一个重要途径。因此，当提高温度受限时，工业上一般都采取提高水碳比的办法来提高甲烷的转化率，进而降低残余甲烷浓度。此外，增加水碳比对析碳反应也有抑制作用（$H_2O+C \longrightarrow CO+H_2$）。在实际工作中，一般将水碳比的范围控制在 2.0~5.0。水碳比过大，不仅经济性和能量利用率不合理，而且高水碳比有利于水煤气变换反应，导致转化气中的氢碳比增大，不利于甲醇合成等下游化工过程的进行。

③ 反应压力　由于甲烷水蒸气转化反应是体积增大的反应，所以反应达到平衡时，甲烷平衡浓度大致与反应压力的平方成正比。增加反应压力，甲烷的平衡浓度随之增大，而降低反应压力，甲烷的平衡浓度会随之降低。例如，在温度 800 ℃和水碳比为 4 的条件下，当反应压力由 2 MPa 降至 1 MPa 时，甲烷平衡浓度由 5%降至 2.5%。低压也可抑制一氧化碳的析碳反应，但是低压对甲烷裂解析碳反应平衡有利，适当加压可抑制甲烷裂解。压力对一氧化碳变换反应平衡无影响。由于加压反应比常压反应的经济效益好，所以工业上一般采用的反应压力为 3.0~4.0 MPa。

2.2.2.2　水蒸气重整催化剂

甲烷水蒸气重整是可逆吸热反应，提高反应温度对化学平衡是有利的，但若不采用催化剂，即使在 1000 ℃的温度下反应速率也很慢。除非反应温度达到 1300 ℃以上，否则甲烷水蒸气重整的反应速率没有工业应用价值。但在如此高的温度条件下，甲烷很容易直接脱氢生碳，因此水蒸气转化反应的选择性极差。元素周期表中Ⅷ族金属对于水蒸气重整反应都是活泼的。但迄今为止，镍是最有效的甲烷水蒸气重整反应的催化剂。贵金属铑和钌比镍活泼得多，但其价格昂贵。钴和铁虽然既活泼又便宜，但它们在正常的水蒸气重整条件下容易被水蒸气氧化而失去催化作用。此外，铁还很难还原。

镍催化剂由金属活性组分、助剂和载体三部分构成。镍催化剂的使用环境恶劣，温度高于 800 ℃，水蒸气分压可达 3.0 MPa，且催化剂床层气体线速度很高。因此，对镍催化剂的要求是应有足够高的机械强度和耐磨强度，且抗积炭、抗烧结、耐老化。催化剂中不能有氧化硅。这是因为在反应条件下，氧化硅可以被转化为 $Si(OH)_4$ 或 SiH_4 挥发组分。另外，催化剂颗粒度和颗粒形状的选择必须在减小内扩散阻力和降低床层压力降之间进行折中。总之，高活性、高强度与抗积炭是天然气蒸汽转化催化剂的必备条件。下面对镍催化剂的金属活性组分、助剂、载体、制备和活化方法、活性中心、催化剂的毒物进行简要介绍。

（1）金属活性组分

在制备好的镍催化剂中，镍以 NiO 态存在，质量分数一般为 4%~30%。提高镍含量，催化剂的活性也相应提高。但镍含量过高时，催化剂成本过高。用不同方法制备的催化剂上镍的比活性是不同的，因此其最佳镍含量也就不一样。例如，用浸渍法制备的氧化镍质量分数为 10%~14%的镍催化剂，其活性相当于用沉淀法制备的氧化镍质量分数为 30%~35%

的催化剂的催化活性。一般来说，负载于载体上的镍要求呈高分散状态，否则活性不高。

（2）助剂

从根本上说，镍催化剂的活性不是由催化剂的总表面积决定的，也不是由催化剂的镍含量决定的，而是由镍的活性表面积决定的（一般为几平方米每克）。因此，活性组分镍的分散状况对催化剂性能的影响很大。在镍催化剂中添加助剂（也称助催化剂）是为了抑制镍晶粒因烧结而长大（长大会减少活性表面积），从而使它有较稳定的高活性，延长使用寿命并提高抗硫、抗积炭能力。许多金属氧化物可作为镍催化剂的助剂，如 Cr_2O_3、Al_2O_3、MgO、TiO_2、La_2O_3 等。在大致相同的甲烷水蒸气重整反应条件下，一种不加助剂的镍催化剂（5%Ni、95%Al_2O_3）的甲烷转化率为 49%，而分别加入 1% 的 MgO、Cr_2O_3、CaO、Ce_2O_3、B_2O_3 和 ZrO_2 助剂后（5%Ni、94%Al_2O_3、1% 助剂）所得催化剂的甲烷转化率依次变成 98%～99%、88%、82%、71%、67% 和 58%。可见，助剂具有重要作用。

当然，工业催化剂不仅要有理想的活性，还要有令人满意的综合性能，包括抗积炭失活性能和热稳定性等。欲制备出综合性能好的催化剂，同样可以通过选用助剂达到目的。目前，镍催化剂的助剂已从利用碱金属和碱土金属、稀有金属氧化物发展到利用稀土金属氧化物来改善催化剂的活性、抗积炭性和热稳定性。碱金属助剂的问题在于对Ⅷ族金属的活性有抑制作用，即碱金属助剂通过增强 CO 在镍催化剂上的吸附，导致水蒸气重整催化剂因 CO 中毒而失活。

（3）载体

催化剂中的载体应当具有使镍的晶粒尽量分散，达到较大比表面积以及阻止镍晶体烧结的作用。镍催化剂的载体都是熔点在 2000 ℃ 以上的金属氧化物，它们能耐高温而且有很高的机械强度。常用的载体有 Al_2O_3、MgO 和 Al_2MgO_4 尖晶石等。

（4）制备和活化方法

镍催化剂可用共沉淀、机械混合和浸渍等方法制备，经过高温焙烧过程，获得机械强度。通常，焙烧温度越高、时间越长，形成固溶体程度就越大，催化剂耐热性就越好。由于共沉淀法可以得到晶粒小、分散度高的催化剂，因而目前被广泛采用。制备好的镍催化剂中镍通常以 NiO 的形式存在，没有催化活性，使用前必须进行还原。氢气、甲烷或一氧化碳均可作为还原气使用。纯氢还原固然可得到很高的镍表面积，但所得催化剂镍表面积不稳定，遇水蒸气会使表面积减小从而引起老化。工业上的做法是，通入水蒸气并升温到 500 ℃以上，再添加一定量的天然气和少量的氢气来进行活性组分的还原。水蒸气的存在具有稀释氢气和天然气的作用。它虽使镍表面积有所减小，但具有将催化剂中的微量硫化物转化为硫化氢而脱除，同时将催化剂中的石墨（成型润滑剂）气化而除去，以及维持反应器内温度均匀和稳定，避免热点产生等益处。一般控制还原气中 H_2O/CH_4 为 4～8，以免水蒸气过多，镍表面积减小过多，影响催化剂活性。还原终温大约在 800 ℃，操作压力 0.5～0.8 MPa。为保证还原彻底，还原终温一般会高于水蒸气重整反应温度。已还原的活性镍催化剂在设备停车或开炉检查时，为防止被氧化剂（水蒸气或氧气）迅速氧化而放热熔结，应当有控制地让其缓慢降温和氧化。

（5）活性中心

镍催化剂上有多种活性中心。人们发现，当向镍催化剂中引入碱金属元素时，镍催化剂活化甲烷时能垒增加。这表明，碱金属阻断了甲烷在最活泼的镍中心上的活化。借助于氢气吸附实验进一步发现，镍催化剂上存在一种"B5"活性中心，该活性中心与甲烷水蒸气重整活性有关。在镍催化剂中引入碱金属元素后，催化剂水蒸气重整活性的急剧下降与"B5"活性中心的消失相关联。后来，人们在模型镍催化剂的研究中发现，甲烷容易在 Ni(110) 和 Ni(100) 等开阔的晶面上活化，而不易于在拥挤的 Ni(111) 晶面上活化。此外，人们通过密度泛函理论（DFT）计算研究还提出，Ni(211) 的台阶上可能具有对甲烷初始解离（离解）活化最活泼的位点。

(6) 催化剂的毒物

硫、砷、氯、溴、铅、钒、铜等的化合物，是水蒸气重整催化剂的毒物，其中硫是镍催化剂的重要毒物。原料气中有机硫在甲烷蒸汽转化条件下会与水蒸气作用生成硫化氢。硫的中毒是因为硫与催化剂中暴露的镍原子发生化学吸附生成硫化镍。硫化镍的生成破坏了镍晶体表面活性中心。原料气中即使残留 10^{-6} 数量级的硫，也能使催化剂活性明显降低、气体产物中残余甲烷含量显著增加和反应器炉管温度明显升高。原料气中硫化物含量允许值随催化剂和反应条件的不同而不同。一般来说，催化剂活性越高，原料气中硫含量的允许值就越低；温度越低，硫的毒害也越大。管式反应器催化床进口端温度为 $550 \sim 650\ ^\circ\mathrm{C}$，比较低。为使这段催化剂不中毒，通常要求原料气总含硫量在 0.5×10^{-6} 以下，长期操作时最好控制在 0.1×10^{-6} 以下。硫对催化剂的中毒是可逆的暂时中毒，可以通过烧炭再生使催化剂的活性得到恢复。然而，频繁的中毒和再生，不可避免地造成镍活性相的晶粒长大，影响催化剂寿命。因此，甲烷蒸汽转化前，天然气的脱硫预处理非常重要。在实际生产中，如果由于天然气的脱硫预处理工序出现波动导致原料中硫含量超标和水蒸气重整催化剂出现硫中毒，只要原料中含硫量能够重新到规定标准以下，则水蒸气重整催化剂的活性是可恢复的。与硫的危害相比，砷对水蒸气重整催化剂的影响更显著。当原料气体中的砷化物浓度高于 1×10^{-9} 时，就会引起催化剂的不可逆性中毒。中毒严重的催化剂无法通过再生恢复活性，只能更换催化剂。由于砷化物极易沉积在反应器壁上，更换催化剂的同时必须清理反应器内壁。原料气中卤素的毒害作用在于导致催化剂烧结，且造成的失活是永久性的。因此要求原料气中含氯量应该小于 5×10^{-9}。氯化物往往出现在水中，故要严格控制和监测工艺蒸汽和锅炉给水的氯含量。

2.2.2.3　水蒸气重整的反应动力学和催化机理

在工业反应器中，甲烷的水蒸气重整反应在反应管的大部分催化剂床层中都很接近热力学平衡。由于在镍催化剂上进行的甲烷水蒸气重整反应是一个复杂反应体系，加之强吸热、孔道扩散和炭沉积等因素的影响，开展本征动力学研究比较困难。已有的研究表明，甲烷的活化是水蒸气重整反应的速控步骤。尽管人们一直希望能够从微观动力学出发建立甲烷水蒸气重整反应的动力学方程，但实际上从宏观动力学入手问题会变得比较简单。事实证明，宏观动力学方程完全能够满足开发管式重整反应器之需。

根据热力学分析可知，甲烷水蒸气重整反应体系中存在两个独立反应。不少文献认为，CO 和 CO_2 均是甲烷水蒸气重整反应的一次初级产物。甲烷水蒸气重整反应表观活化能的测定结果为 $20 \sim 160\ \mathrm{kJ/mol}$，孔扩散和热效应的影响是测定结果相差较大的主要原因。科学研究与工业生产实践均表明，催化剂颗粒内的传质和传热过程对宏观反应速率有严重影响，是控制宏观反应速率的关键步骤。减小催化剂粒度，能够提高催化剂颗粒的内表面利用率（催化剂的效率因子一般小于 5%）。因此，工业催化剂制备很重视通过减小催化剂粒径、改变催化剂形状和选择合适微孔结构等措施，来增大孔内扩散能力和孔内活性表面的利用率，从而达到提高宏观反应速率的目的。但正如前面所述，工业催化剂的粒径不能太小，否则管式反应器内的压降过大。

到目前为止，甲烷水蒸气重整反应的机理仍不能确定。但是，下面几种推测可供参考。Bodrov 等在 α-Al_2O_3 负载的镍催化剂上研究了甲烷水蒸气重整反应，在 400 ℃下得到的反应动力学方程如式(2-20) 所示。

$$r=k(p_{CH_4})^m(p_{H_2})^n \tag{2-20}$$

式中，$m=1$，$n=-1$；r 为反应速率；k 为速率常数；p 为各组分分压。但是随着温度升高，n 接近于零，氢气的抑制作用消失。根据实验结果提出的甲烷蒸汽重整机理如反应式(2-21)~式(2-25) 所示，其中式(2-22) 为速控步骤。

$$CH_4 + * \longrightarrow CH_2^* + H_2 \tag{2-21}$$

$$CH_2^* + H_2O \longrightarrow CO^* + 2H_2 \tag{2-22}$$

$$CO^* \longrightarrow CO + * \tag{2-23}$$

$$H_2O + * \longrightarrow H_2 + O^* \tag{2-24}$$

$$CO + O^* \longrightarrow CO_2 + * \tag{2-25}$$

Froment 等对甲烷水蒸气重整反应的动力学进行了详细研究。他们以 $Ni/MgAl_2O_4$ 为催化剂，并将催化剂颗粒度控制在 $0.17\sim0.25$ mm 范围内，以消除内扩散的影响。在反应温度为 $500\sim573$ ℃、压力为 $0.5\sim1.5$ MPa 的条件下测得甲烷水蒸气重整生成 CO 和 H_2 的活化能为 240.1 kJ/mol，而甲烷水蒸气重整生成 CO_2 和 H_2［反应式(2-26)］的活化能为 243.9 kJ/mol，二者相当接近。

$$CH_4 + 2H_2O \longrightarrow CO_2 + 4H_2 \tag{2-26}$$

基于此提出了甲烷水蒸气重整反应的可能反应机理为式(2-27) 至式(2-33) 所示。

$$H_2O + * \longrightarrow H_2 + O^* \tag{2-27}$$

$$CH_4 + 2* \longrightarrow CH_3^* + H^* \tag{2-28}$$

$$CH_3^* + * \longrightarrow CH_2^* + H^* \tag{2-29}$$

$$CH_2^* + * \longrightarrow CH^* + H^* \tag{2-30}$$

$$CH^* + O^* \longrightarrow CO^* + H^* \tag{2-31}$$

$$CO^* \longrightarrow CO + * \tag{2-32}$$

$$H^* + H^* \longrightarrow H_2 + 2* \tag{2-33}$$

式中，$*$ 表示镍表面活性中心。根据这一机理，水分子和表面镍原子反应生成氧原子和氢，而甲烷分子在催化剂的作用下解离，所形成的 CH 分子片与吸附氧反应生成气态的 CO 和氢气。另外，人们还通过理论计算研究给出了甲烷水蒸气重整反应的可能机理，如反应式(2-34) 至式(2-42) 所示。

$$CH_4 + 2* \longrightarrow CH_3^* + H^* \tag{2-34}$$

$$CH_3^* + * \longrightarrow CH_2^* + H^* \tag{2-35}$$

$$CH_2^* + * \longrightarrow CH^* + H^* \tag{2-36}$$

$$CH^* + * \longrightarrow C^* + H^* \tag{2-37}$$

$$H_2O + 2* \longrightarrow HO^* + H^* \tag{2-38}$$

$$HO^* + * \longrightarrow O^* + H^* \tag{2-39}$$

$$C^* + O^* \longrightarrow CO^* + * \tag{2-40}$$

$$CO^* \longrightarrow CO + * \tag{2-41}$$

$$H^* + H^* \longrightarrow H_2 + 2* \tag{2-42}$$

2.2.2.4　水蒸气重整的工艺

(1) 管式重整反应器[4]

在工业上，水蒸气重整反应通常在一个装有镍催化剂的加热炉中进行。催化剂以固定床的方式装填在一排反应管中。一般来说，反应管的外径为 $100 \sim 150$ mm，长度为 $10 \sim 13$ m。反应管入口端温度为 $450 \sim 650$ ℃，反应器出口温度为 $850 \sim 950$ ℃。管式重整反应器在高质量流速下操作，对应的雷诺数可达 $7500 \sim 10000$。管式重整反应器内部的反应管和加热火嘴设计千差万别。但从外观上看，加热炉呈箱式结构，由一个辐射段（内有加热火嘴）和一个对流段（回收余热）组成。对于合成氨装置的水蒸气重整反应器来说，反应管获得的热量当中，60%用于反应吸热，其余 40%用于提高反应气体的温度，总的传热系数一般在 $300 \sim 500$ W/(m$^2 \cdot$ K)，重整反应器的总热效率可达 95%。热效率的提高得益于废热回收用于产生蒸汽、预热原料和空气等。

然而，管式重整反应器造价昂贵。这是人们长期致力于提高反应器传热效率和减少反应管数目，从而减小反应器尺寸的动力。对于管式重整反应器来说，反应管壁材质的耐热温度是一个关键参数，好的合金钢允许反应管壁温度达到 1000 ℃以上。反应管的使用寿命取决于反应管的蠕变现象，而反应管的蠕变与受热温度有关。值得特别注意的是，反应管温度高 10 ℃可能意味着反应管使用寿命将减半。因此，仅从催化的角度看，水蒸气重整工艺无非就是一个由热力学主导的反应过程，最多不过是要考虑进料气体组成和总的热平衡问题。但实际上，水蒸气重整工艺中催化反应、热传递和机械设计问题三位一体，牵一发而动全身，十分复杂。

目前，一套管式重整反应器的氢气或合成气产能标准状态下可达 300000 m^3/h，其造价主要与反应管数及其附件有关。反应器规模越大，造价也越高。因此对于日产甲醇 2500 t 的小型装置而言采用水蒸气重整工艺投资最小，但对于甲醇日产量高达 7000 t 的大型装置来说，采用自热重整工艺最省钱。自热重整工艺中需要使用氧气作为氧化剂，空分制氧装置的投资是装置总投资的重要组成部分。但是，与管式重整反应器相比，大型空分制氧装置的投资相对较小。

(2) 甲烷水蒸气转化的工艺流程[5]

目前采用的甲烷水蒸气转化法有美国凯洛格法、美国布朗工艺、英国 ICI 法、丹麦托普索工艺等。这些工艺都基于甲烷和水蒸气二段转化法。除一段转化炉和烧嘴结构不同外，其余均大同小异。总的来说，甲烷水蒸气转化的工艺流程主要包括一段转化炉、二段转化炉、原料预热和余热回收等单元。

甲烷和水蒸气在催化剂作用下生成 CO 和 H_2，产物 H_2 和 CO 的摩尔比约为 3，适合于制氢和合成氨。在合成氨生产中，要求合成气中甲烷体积分数小于 0.5%。要使甲烷有高的转化率，就需要 1000 ℃以上的较高反应温度，而目前耐热合金钢管只能达到 $800 \sim 900$ ℃。因此甲烷水蒸气转化时，生产上必须采用两段转化工艺。一段转化炉温度在 $600 \sim 800$ ℃，催化剂填充在炉膛内的若干根直径 $80 \sim 150$ mm、长度为 6000 mm 的换热合金钢管中。反应气体自上而下通过催化剂床层。在第二段转化炉中，催化剂直接堆砌在炉膛内，炉膛内壁衬耐火砖，反应温度可达 $1000\sim1200$ ℃，以保证甲烷完全转化。

为了能使二段转化炉的温度达到 $1000\sim1200$ ℃，从一段转化炉出来的转化气要首先掺和一些加压空气再进入堆砌催化剂的二段转化炉。空气用量要满足最终转化气中的（CO+H_2）与 N_2 摩尔比为 $3\sim3.1$ 的要求。在二段转化炉中，首先发生的是部分氧化反应。由于氢、氧之间有极快的反应速率，因此氧气在进入催化剂床层之前在反应器的上部空间内就差不多全部被氢气消耗，反应释放的热量迅速提高炉膛温度，使反应温度可以达到 1200 ℃。随即转化气继续在二段炉的催化剂床层进行 CH_4 和 CO 与水蒸气的转化反应。二段炉相当于绝热反应器，总过程是自热平衡的。由于二段炉中反应温度超过了 1000 ℃，因此即使在稍高的转化压力下，CH_4 也可以完全转化，保证最终合成气中的 CH_4 体积分数小于 0.5%。

图 2-2 是凯洛格法的工艺流程。天然气经脱硫后，达到含硫量小于 0.5×10^{-6} 的指标要求，然后在压力 3.6 MPa、温度 380 ℃ 左右配入中压蒸汽，达到一定的水碳比（约 3.5），进入一段转化炉的对流段预热到 $500\sim520$ ℃，然后送到一段转化炉的辐射段顶部，分配进入各反应管，从上而下流经催化剂层。转化管直径一般为 $80\sim150$ mm，加热段长度为 $6\sim12$ m。气体在转化管内进行水蒸气转化反应，从各转化管出来的气体由底部汇集到集气管，再沿集气管中间的上升管上升，温度升到 $850\sim860$ ℃ 时，送去二段转化炉。

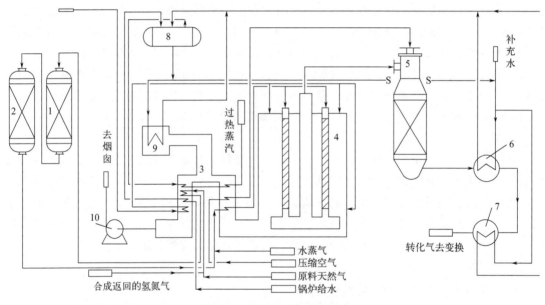

图 2-2 凯洛格法的工艺流程

1—钴钼加氢反应器；2—氧化锌脱硫罐；3—对流段；4—辐射段；5—二段转化炉；
6—第一废热锅炉；7—第二废热锅炉；8—汽包；9—辅助锅炉；10—排风机

空气经过加压到 $3.3\sim3.5$ MPa，配入少量水蒸气，并在一段转化炉的对流段预热到 450 ℃ 左右，进入二段转化炉顶部与一段转化气汇合并燃烧，使温度升至 1200 ℃ 左右，再通过催化剂层，出二段转化炉的气体温度约 1000 ℃，压力为 3.0 MPa，残余甲烷体积分数在 0.3% 左右。

从二段转化炉出来的转化气依次送入两台串联的废热锅炉以回收热量，产生蒸汽。从第二废热锅炉出来的气体温度约为 370 ℃，送往水煤气变换工序。用于供热的天然气燃料从辐射段顶部喷嘴喷入并燃烧，烟道气的流动方向自上而下，与管内的气体流向一致。离开辐射段的烟道气温度在 1000 ℃ 以上。进入对流段后，依次流过混合原料气、空气、蒸汽、原料天然气、锅炉给水和天然气燃料各个盘管，温度降到 250 ℃ 时，用排风机排往大气。

（3）工艺条件

工艺条件对甲烷水蒸气转化反应的平衡组成有明显的影响。在原料一定的条件下，平衡组成主要由温度、压力和水碳比决定。反应速率还受催化剂的影响。此外，原料的进料空速决定其在催化剂床层的停留时间，从而影响到转化气的实际组成。用于不同目的的甲烷水蒸气重整反应的条件不尽相同。这可能与合成气产品的组成以及其中杂质含量（尤其是甲烷含量）限制有关。

① 反应温度　一般来说，升高温度能加快反应速率，也有利于甲烷转化反应。但工业生产中，操作温度还应考虑生产过程的要求、催化剂的特征和转化炉材料的耐热能力等。

提高一段转化炉的反应温度，可以降低一段转化气中的剩余甲烷含量。但是因受转化反应管材料耐热性能的限制，一段转化炉出口温度不能过高，否则将大大缩短炉管的使用寿命。目前，一段转化炉使用的合金钢管的使用温度一般限制在 700～800 ℃。二段转化炉出口温度不受金属材料限制，主要依据转化气中的残余甲烷体积分数设计。如果要求二段转化炉出口气体甲烷体积分数小于 0.5%，出口温度应在 1000 ℃ 左右。

工业生产表明，一、二段转化炉出口温度都比出口气体组成相对应的平衡温度高，出口温度与平衡温度之差称为"接近平衡温度差"，简称"平衡温距"。平衡温距与催化剂活性和操作条件有关，其值愈低，说明催化剂的活性愈好。工业设计中，一、二段转化炉平衡温距通常分别在 10～15 ℃ 和 15～30 ℃。

② 反应压力　升高压力对体积增加的甲烷水蒸气转化反应不利，平衡转化率随压力的升高而降低。但工业生产中，转化反应一般都在 3～4 MPa 的加压条件下进行，其主要原因如下。首先，烃类水蒸气转化是体积增加的反应，而气体压缩功是与体积成正比的，因此压缩原料气要比压缩转化气节省压缩功。其次，由于转化是在过量水蒸气条件下进行的，经 CO 变换冷却后，可回收原料气大量余热，其中水蒸气冷凝热占很大比重。压力愈高，水蒸气分压也愈高，其冷凝温度也愈高，利用价值和热效率也较高。另外，由于水蒸气转化加压后，变换、脱碳以至到氢氮混合气压缩机以前的全部设备的操作压力都随之提高，可减小设备体积，降低设备投资费用。最后，加压情况下可提高转化反应和变换反应的速率，减少催化剂用量和减小反应器体积。

③ 水碳比　适当增大原料气中的水碳比，对转化反应有利，并能防止积炭副反应的发生。但水蒸气用量过大，增大了气流总量和热负荷，且降低了甲烷分压，并非总对甲烷转化有利。另外，过高的水碳比，还会使炉管的工作条件（热流密度和流体阻力）恶化。工业上比较适宜的水碳比为 3～4，并视其他条件和转化条件而定。

④ 进料空速　空速表示催化剂处理原料气的能力。催化剂活性高，反应速率快，空速可以大些。气态烃类催化转化的空间速度有以下几种表示方式。

原料空速：以干气或湿气为基准，每立方米催化剂每小时通过的含烃原料的体积（m^3）。

碳空速：以碳数为基准，将含烃原料中所有烃类的碳数都折算为甲烷的碳数，即每立方米催化剂每小时通过的甲烷的体积（m^3）。

理论氢空速：是指每立方米催化剂每小时通过理论氢的体积（m^3）。

在保证出口转化率达到要求的情况下，提高空速可以增大产量，但同时也会增大流体阻力和炉管的热负荷。因此，空速的确定应综合考虑各种因素。一般说来，一段转化炉不同炉型采用的空速有很大差异。二段转化炉为保证转化气中残余甲烷的含量在催化剂使用的后期仍能符合要求，应该选择低一些的空速。

在实际生产中，除了要熟知改变上述反应条件对甲烷转化率的影响，还要非常清楚这些反应条件的变化，可能对积炭副反应产生的影响。

在讨论反应热力学的部分已经指出，甲烷水蒸气重整过程中的积炭副反应主要有 CO 歧化式(2-10)、甲烷裂解式(2-11) 与 CO 加氢或者说逆水蒸气转化式(2-12) 和式(2-13) 等。很显然，从热力学的角度分析，反应温度和压力对上述积炭反应的影响是不同的。如果提高温度或减小体系压力，CO 歧化反应式(2-10) 和 CO 逆水蒸气转化反应式(2-12) 的积炭作用会减弱，但 CH_4 裂解反应式(2-11) 的积炭作用会增强；反之，如果降低温度或增加体系压力的话，则式(2-11) 会被抑制，而式(2-10) 和式(2-12) 会被促进。如前所述，积炭副反应对甲烷水蒸气重整制合成气的生产平稳具有巨大破坏作用。概括而言，积炭会覆盖催化剂表面，堵塞其微孔，使甲烷转化率下降而使出口气体中残余甲烷增多，同时使局部反应区产生过热而缩短反应管使用寿命，甚至还会使催化剂粉碎而增大床层阻力。

在生产过程中防止催化剂积炭过快是重要任务。首先，选择适宜的催化剂并保持其处于活性良好状态是需要优先考虑的。前面提到的三个积炭副反应（CO 歧化、甲烷裂解和 CO 加氢）都是可逆的。其正反应是积炭反应，逆反应就是脱碳反应。如果能通过选择高活性的催化剂来加快反应式(2-10) 和反应式(2-12) 的逆反应，则可以减少催化剂上的积炭量。因此，从动力学上讲，催化剂的活性越高越有利于减少积炭。其次，实际工作中通常把适当提高水蒸气用量和控制含烃原料的预热温度不要太高作为防止积炭的主要措施。生产中常在距离反应管进口 30%～40% 的部位出现积炭。由于炭沉积在催化剂表面，有碍甲烷水蒸气转化反应（吸热）进行，因而在管壁会出现高温区，称为"热带"。可通过观察管壁颜色，或由反应管阻力变化加以判断。若已有积炭，可采取加大水蒸气用量、降压、降低进料空速等紧急措施来除炭。当积炭较重时，可停止甲烷进料，保留水蒸气，提高床层温度，利用水蒸气使炭气化。也可采用空气与水蒸气的混合物"烧炭"。

2.2.2.5 甲烷水蒸气重整路线面临的主要挑战

甲烷水蒸气重整路线面临的主要挑战是如何保证催化剂高活性的同时提高催化稳定性。甲烷水蒸气重整催化剂首先应该具有足够高的催化活性，以便使甲烷转化率尽可能高。由于甲烷转化属于强吸热反应，因此甲烷转化率高可使反应管壁温度保持在较低水平上，有利于延长反应管寿命。其次，甲烷水蒸气重整催化剂要具有适宜的颗粒度和颗粒形状，其床层阻力不能太大，不然的话会造成床层压力降过大。此外，催化剂在使用中（尤其是开停车和反应器操作不稳定时）还必须能够保持其颗粒形状和化学组成的稳定性。否则的话，反应管内部流体分布的均匀性很容易遭到破坏甚至使反应器发生堵塞，进而导致反应管局部或整管过热，缩短寿命。

但是，研制甲烷水蒸气重整催化剂的更大挑战在于解决催化剂活性组分的抗烧结问题和抗积炭问题。由于甲烷水蒸气重整催化剂的操作温度远高于镍的 Tammann 温度（$T_{Tammann} = 1/2 T_{melt}$，$T_{melt}$ 为熔融温度），所以镍催化剂活性组分的烧结是不可避免的，其后果是导致镍颗粒逐渐长大（小颗粒在载体表面迁移和合并），镍表面不断减小和催化剂活性不断下降。在反应器的高温区，催化剂的烧结机理由表面上的金属粒子迁移变为金属粒子表面上的金属原子升华和气相中的金属原子迁移（ostwald ripening）。甲烷水蒸气重整催化剂须在高 H_2O/H_2 下操作，否则催化剂积炭速度很快。但在高 H_2O/H_2 条件下，水分子中氧原子的氧化作用能使镍表面产生 Ni_2-OH 络合物，后者会加剧催化剂烧结过程。

研究表明，积炭物种与镍催化剂表面上台阶活性位结合的强度，远大于与平坦表面上活性位结合的强度。人们由此认为，镍催化剂表面的台阶活性位可能是表面炭沉积的炭核形成中心。甲烷水蒸气重整催化剂的积炭过程可能以碳须生长、无定形炭块形成和热解炭沉积的方式发生。但在高温下，碳须是镍催化剂上积炭物的典型形貌。碳须是烃类分子和 CO 在镍催化剂表面解离生碳所致。碳须实际上就是碳纤维或碳纳米管，其直径的大小取决于其赖以生长的镍微晶尺寸。众所周知，碳纳米管的机械强度极高，因此它在生长过程中会撑破催化剂颗粒。人们利用电子显微镜已经观察到机械强度很高的甲烷水蒸气重整催化剂颗粒在积炭反应过程中解体的过程。需要指出的是，如果大量的催化剂颗粒因积炭反应而解体，必然造成催化剂床层堵塞，继而引发催化剂床层出现热点（没有反应吸热的后果），热点处的高温又进一步加剧积炭反应，以致反应器被迫停车。在实际生产中，一般来说都采取适当增加水蒸气用量的办法来抑制积炭反应，但这样做不但会增加能耗和生产成本，而且会促进甲烷水蒸气重整催化剂中高分散镍纳米粒子的烧结。

由此不难看出，通过调节反应的条件参数来抑制积炭非常受限。实际上，在工业管式反应器中，反应温度和反应物组成不但存在轴向变化，也存在径向变化。这大大降低了运用反应温度和反应物组成（如水蒸气和烃类摩尔比）调节手段的有效性。对于甲烷水蒸气重整反应来说，炭沉积可以看成是一个反应选择性问题。从宏观角度看，研制高选择性的水蒸气重整催化剂，是可以解决催化剂积炭问题的。

20 世纪 80 年代，丹麦托普索（Topsøe）公司的科学家们在实验中发现，甲烷的水蒸气重整反应属于多位催化反应[6]。但相比之下，积炭副反应需要较多的表面镍原子活性中心同时参与才能发生。这些活性中心组成了相对较大的活性中心基团。基于上述实验发现，托普索公司开发出了选择性硫中毒重整工艺。该工艺的核心是通过对镍催化剂表面的选择性硫中毒，将镍催化剂表面的活性中心进行分割，构成由数量较少活性中心组成的较小活性中心基团。这样的较小活性中心基团能够选择性催化甲烷水蒸气重整主反应，但不能催化生成碳须的积炭副反应。经过选择性硫中毒的催化剂可以在通常极易发生积炭的操作条件下进行正常使用。因而，用选择性硫中毒的方法来控制催化剂表面活性中心基团大小被证明是一种非常有效的抑制积炭技术。在硫中毒催化剂上，炭沉积速率和甲烷水蒸气重整反应速率都可以近似地表示为未被硫中毒的活性中心数量（$1-\theta_s$）的幂函数，如式（2-43）所示：

$$r = r_0(1-\theta_s)^\alpha \tag{2-43}$$

式中，r_0 表示无硫催化剂表面的反应速率；θ_s 表示硫的表面覆盖度；α 表示多位催化反应涉及的活性中心数量。对于积炭副反应来说，$\alpha \approx 6$；而对于水蒸气重整主反应来说，$\alpha \approx 3$。随着催化剂表面硫覆盖度的增加，积炭副反应和水蒸气重整主反应的速率都会迅速降低，这与前面所说的硫是镍催化剂的重要毒物的说法相符。但不难理解，由于积炭副反应的指数 $\alpha \approx 6$，而水蒸气重整主反应的指数 $\alpha \approx 3$，因此随着硫在催化剂表面覆盖度的增加，积炭副反应速率的下降程度要远远大于水蒸气重整主反应。因此，通过选择性硫中毒，可以显著抑制催化剂的积炭反应，提高水蒸气重整反应的选择性。理论上来说，选择性硫中毒丧失的主反应活性可以通过制备高活性催化剂和适当采用高温反应条件来弥补。但需要说明的是，由于在水蒸气重整条件下硫中毒的可逆性，在 SPARG 工艺中，催化剂表面的硫覆盖度是需要在原料中连续地加入数十立方厘米每立方米的 H_2S 来维持的。因此，SPARG 工艺的粗合成气体中总是含有一定量的 H_2S，需要经过额外的脱硫处理才能使用，这一点限制了工业应用。

为了从催化剂制备和改性上解决问题，人们倾注了大量心血。研究表明，以氧化镁为载体有利于抑制积炭。碱金属改性的镍催化剂也表现出明显的抑制积炭作用。一般认为，碱金属离子的改性作用可归因于其改善了水蒸气在催化剂上的吸附，从而促进催化剂表面积炭和积炭前驱体物种的气化反应。不过，碱金属改性有一些副作用：一方面，碱金属离子改性催化剂在使用过程中会出现碱金属离子流失问题，这不仅会造成催化剂性能衰退，而且严重时会导致下游管路堵塞；另一方面，碱金属离子改性会降低催化剂的催化活性，有可能限制催化剂的低温操作。

另外，人们已经发现在水蒸气重整催化剂中添加 La、Ce、Ti、Mo 和 W 的氧化物，尤其是向镍催化剂中引入第二金属组分制备合金化催化剂，也能够有效地抑制积炭。不同合金催化剂中的助剂金属一般都具有上述作用。在石脑油铂重整 Pt-Re 和 Pt-Sn 催化剂中的助剂金属 Re 和 Sn 便是如此。对于水蒸气重整镍催化剂来说，镍与金属铋和铜形成的合金也具有抑制积炭作用，但与金和铋有所不同。将 Cu 引入 Ni 金属中形成 Ni-Cu 合金，虽然也能降低催化剂在甲烷水蒸气重整中的积炭速率，但铜在镍表面的覆盖度较小。实际上，铜与镍形成的是体相合金，其表面组成在较大的合金组成范围内都基本不变。

值得一提的是，学术界关于选择性硫中毒和合金化提高镍催化剂选择性还有如下解释：阻塞了镍催化剂表面晶阶活性位。位于晶阶上的金属原子配位不饱和度大、活性高，可能是甲烷和 CO 解离析碳的重要场所。研究表明，硫原子与催化剂晶阶活性位的结合强于晶面活性位。因此选择性硫中毒对催化剂的积炭抑制作用也可能与消除了催化剂上晶阶活性中心有关。换言之，硫化物在晶阶活性位上的竞争吸附可能减少了积炭前驱体物种在这些活性位上的成核和生长。DFT 计算研究表明，当把金原子引入镍催化剂时，金原子会优先占据晶阶活性位，同时会导致甲烷在金原子周围的镍原子上吸附活化的能垒增高。

2.2.3 甲烷的其他重整技术

2.2.3.1 甲烷的部分氧化重整

甲烷部分氧化制合成气的反应机理比较复杂，至今存在争议。目前，人们对负载型金属催化剂上的甲烷部分氧化反应机理主要有两种观点，即间接氧化机理（也称燃烧-转化机理）和直接氧化机理，如图 2-3 所示。间接氧化机理认为，甲烷先与氧气燃烧生成水和二氧化碳，在燃烧过程中氧气完全消耗，剩余的甲烷再与水和二氧化碳进行转化反应生成氢气和一氧化碳；直接氧化机理认为，甲烷直接在催化剂上分解生成氢气和表面碳物种（CH_x），表面碳物种再与表面氧反应生成一氧化碳。这两种反应机理都有实验依据。

甲烷部分氧化反应过程中可能的积炭反应包括反应式(2-44) 和式(2-45)，消炭反应如式(2-46) 所示。它们都是可逆反应。从热力学上判断，如果增加温度或降低体系压力，CH_4 裂解反应式(2-44) 产生积炭的可能性增大，CO 歧化反应式(2-45) 产生积炭的可能性减小，消炭反应式(2-46) 的程度增加，反而能够起到消炭的作用。如果降低温度或增加体系压力，则结果正好相反。

$$CH_4 \longrightarrow 2H_2 + C \qquad \Delta H_{298\,K}^{\ominus} = 75.0 \ kJ/mol \qquad (2\text{-}44)$$

$$2CO \longrightarrow CO_2 + C \qquad \Delta H_{298\,K}^{\ominus} = -173.0 \ kJ/mol \qquad (2\text{-}45)$$

$$C + H_2O \longrightarrow CO + H_2 \qquad \Delta H_{298\,K}^{\ominus} = -131.4 \ kJ/mol \qquad (2\text{-}46)$$

不仅温度对积炭反应的影响非常大，而且体系中的 CH_4、CO_2、H_2O 分压都对积炭有很大的影响。要避免催化剂积炭，必须根据不同的物料配比，选择适宜的温度，避免热力学积炭区。在实际操作中，可根据不同的温度条件选择适宜的原料配比，或根据不同的原料配比，选择适宜的反应温度，以尽量减少催化剂积炭。

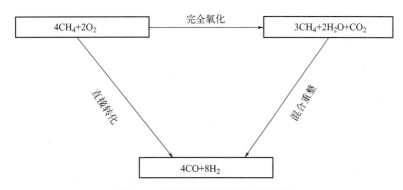

图 2-3　甲烷部分氧化的两种反应机理

甲烷部分氧化制合成气为弱放热反应。但当采用固定床反应器来实现甲烷部分氧化制合成气时，由于进料空速大，放热密度高，反应释放的热量不易散去，易于在催化剂床层形成热点和出现飞温，反应很难控制。为此，工业上采用氧气分段进料的办法来化解这个问题。通过分段进氧，一方面使整个反应器中的甲烷与氧气的比例远离爆炸极限区，另一方面使得一段反应器能够进行甲烷的低温催化燃烧，消耗部分氧气，同时为二段反应器的进料预热，从而使部分氧化反应自热进行。整个反应分两段进行，利用燃烧反应生成的少量 CO_2、H_2O 在二段反应器中进行的吸热量转化反应与温和放热的部分氧偶合，实现绝热反应，解决了高温热点问题。

Exxon Mobil 公司用流化床代替固定床，开发出了甲烷部分氧化反应制合成气新工艺。在流化床工艺中，CH_4 和 H_2O 的混合气与 O_2 分别进料。在反应温度为 900 ℃、压力约为 2.6 MPa、催化剂为 $20 \sim 100 \ \mu m$ 的 Ni/Al_2O_3 条件下进行反应，可得到甲烷的转化率为 90%，CO 和 H_2 的选择性分别为 86% 和 100%。与固定床反应器相比，流化床反应器用于甲烷部分氧化制合成气具有优势。因为在流化床中混合气体在翻腾的催化剂里充分和催化剂接触，热传递好，确保催化剂床层温度均衡。流化床反应器可以提供绝热、低积炭下的稳定操作，但是粉化的催化剂容易随反应产物被带离流化态区域，从而导致反应温度下降，催化剂上发生甲烷化反应使转化率和选择性下降。因此要选择合适的流化条件，减少催化剂被带离流化态区域的量，保持较高的转化率和选择性。此外，部分氧化反应需用纯氧作氧源，而用传统的空气分离方法制纯氧工艺能耗提高，且设备庞大，成为部分氧化重整的弱点。

2.2.3.2　二氧化碳重整

CO_2 是一个热力学较稳定的分子，第一电离能为 13.8 eV，CO_2 虽是一个相当弱的电子给予体，但却是较强的电子接受体分子。因此，CO_2 易还原，难以氧化，可通过电子供给而得以活化。研究表明，在 H_2 存在下，CO_2 和 H_2 可以发生逆水煤气变化反应而被活化。

CH_4-CO_2 干重整体系中可能发生反应包括主反应式（2-47）和副反应式（2-48）～式（2-50）。主反应式（2-47）是一强吸热反应，因此高温有利于该反应。副反应式（2-48），即逆水煤气变换反应是弱吸热反应，高温也有利于该反应，但此反应消耗 H_2 产生 CO，减小 H_2 与 CO 的摩尔比，对主反应的影响非常大，通常可以导致 H_2 与 CO 的摩尔比小于 1。由于存在副反应，CH_4-CO_2 转化过程中，CO_2 的平衡转化率总是大于 CH_4 的平衡转化率；而转化气中 H_2 与 CO 的摩尔比总是小于或等于 1，这种合成气非常适合用作羟基合成、二甲醚合成和 F-T 合成油的原料气。

$$CH_4 + CO_2 \longrightarrow 2CO + 2H_2 \qquad \Delta H^{\ominus}_{298\,K} = 247.3 \text{ kJ/mol} \qquad (2\text{-}47)$$

$$CO_2 + H_2 \longrightarrow CO + H_2O \qquad \Delta H^{\ominus}_{298\,K} = 41.2 \text{ kJ/mol} \qquad (2\text{-}48)$$

$$CO + CO \longrightarrow CO_2 + C \qquad \Delta H^{\ominus}_{298\,K} = -171.7 \text{ kJ/mol} \qquad (2\text{-}49)$$

$$CO + H_2 \longrightarrow H_2O + C \qquad \Delta H^{\ominus}_{298\,K} = 131.5 \text{ kJ/mol} \qquad (2\text{-}50)$$

由表 2-4 可见，在 900 K 以下，副反应式（2-48）占优势，CH_4-CO_2 转化产物中 H_2 与 CO 的摩尔比较小；900 K 以上时反应式（2-47）才占优势，反应产物中 H_2 与 CO 的摩尔比逐渐增大。

表 2-4 不同温度下反应式（2-47）和式（2-48）的平衡常数（分别为 K_{p1} 和 K_{p2}）

温度/K	K_{p1}	K_{p2}
600	1.868×10^{-5}	3.634×10^{-2}
700	2.978×10^{-5}	0.109
800	7.722×10^{-3}	0.244
900	0.593	0.448
1000	1.932×10^{1}	0.718
1100	3.316×10^{2}	1.045
1200	3.548×10^{3}	1.415
1300	2.626×10^{4}	1.817
1400	1.452×10^{5}	2.233

人们比较详细地研究了 CH_4-CO_2 在镍催化剂上的转化，提出如下反应机理：

$$CH_4 + 2* \longrightarrow CH_3^* + H^* \qquad (2\text{-}51)$$

$$CH_3^* + * \longrightarrow CH_2^* + H^* \qquad (2\text{-}52)$$

$$CH_2^* + * \longrightarrow CH^* + H^* \qquad (2\text{-}53)$$

$$CH^* + * \longrightarrow C^* + H^* \qquad (2\text{-}54)$$

$$H^* + H^* \longrightarrow H_2 + 2* \qquad (2\text{-}55)$$

$$CO_2^* + CH_x^* \longrightarrow OCH_x^* + CO^* \qquad (2\text{-}56)$$

$$OCH_x^* + x* \longrightarrow xH^* + CO^* \qquad (2\text{-}57)$$

$$CO_2^* + H^* \longrightarrow OH^* + CO^* \qquad (2\text{-}58)$$

$$OH^* + * \longrightarrow H^* + O^* \qquad (2\text{-}59)$$

$$O^* + CH_x^* \longrightarrow OCH_x^* + * \qquad (2\text{-}60)$$

$$CO^* \longrightarrow CO + * \qquad (2\text{-}61)$$

$$CO^* + CO^* \longrightarrow CO_2 + C^* + * \tag{2-62}$$

式中，"$*$"表示镍表面活性中心；上标"$*$"表示该组分被活性中心吸附。该机理认为，CH_4-CO_2 转化反应是通过 CH_4 在金属活性中心逐步分解脱氢进行的，且 CH_4 解离是反应的速率控制步骤，该观点也被很多实验所证实。吸附态 CO 的歧化反应式（2-62）是催化剂表面积炭的主要来源，是催化剂失活的主要原因。

贵金属，如铑（Rh）、钌（Ru）、铱（Ir）和大多数的第Ⅷ族过渡金属如镍（Ni）、钴（Co）、铁（Fe）都对 CH_4-CO_2 转化反应具有催化活性，而所用载体多为 Al_2O_3、SiO_2、TiO_2、ZrO_2、MgO、CaO 等氧化物或复合氧化物。

贵金属催化剂具有最佳的催化活性和抗积炭的综合性能，但贵金属昂贵难得。因此对 CH_4-CO_2 重整反应催化剂的研究集中在对过渡金属催化剂的改进，尤其是 Ni 基催化剂的改进上。CH_4-CO_2 转化反应的关键是催化剂，CH_4-CO_2 转化至今未能实现工业化的一个主要障碍就是催化剂极易因积炭而失去活性，因而开发抗积炭能力强的高活性催化剂是 CH_4-CO_2 转化反应实现工业化的关键。通过加深对催化剂上积炭机理的深入理解，添加助剂，改进催化剂及载体的制备方法以提高催化剂的抗积炭性能是未来 CH_4-CO_2 干重整制合成气的主要挑战。

2.2.4　甲烷联合转化技术

为克服甲烷水蒸气重整、CO_2 干重整、甲烷部分氧化转化等单一转化工艺中的不足，研究人员将甲烷的水蒸气转化、部分氧化、非催化氧化相互结合。已工业化的有甲烷水蒸气转化与部分氧化相结合的联合转化工艺、非催化氧化和水蒸气转化相结合的自热重整工艺。在合成氨生产中，由于对合成气中甲烷残量有严格的限制（甲烷体积分数不得超过 0.5%），在工艺上一般采用管式转化炉中进行的甲烷水蒸气二段转化工艺，即水蒸气转化和部分氧化结合的联合转化工艺。

非催化部分过程以甲烷、氧的混合气为原料，在温度为 1000～1500 ℃、压力为 14 MPa 的条件下反应，O_2 与 CH_4 摩尔比为 0.75，耗氧量高于反应的计量比 50%，产品气中 H_2 与 CO 摩尔比在 2 左右，适于甲醇的合成。该工艺需要很高的反应温度，同时反应过程中伴有强放热的燃烧反应发生，反应出口温度通常高达 1400 ℃。非催化氧化工艺包括甲烷的火焰式燃烧，这种燃烧是在高于化学计量的氧气量下进行的，因此反应生成 CO_2 和水蒸气，紧接着这种生成气与未反应的甲烷反应生成 CO 和 H_2。该工艺的主要优点是能避免 NO_x、SO_x 的生成，排出的气体量很少，在对环境保护日益严格的今天，这非常有意义。该工艺的缺点在于能耗高，反应原料气中不加入水蒸气，有烟尘产生，因而需要复杂的热回收装置来回收反应热和除尘。此外，因为需要纯氧，投资很大。非催化部分氧化工艺的典型代表是 Texaco 法和 Shell 法。为节约后续加工过程的压缩机能量，它们都以高压汽化为目标，不断进行着改进。其区别主要在设备结构、余热利用、炭黑的清除和回收等方面。非催化部分氧化除了用天然气作原料外，还可用重油作原料。

自热重整是工业上生产合成气的另一个重要方法，目前已用于合成氨及甲醇的合成中，此过程是将均相非催化部分氧化和水蒸气转化相结合。由于水蒸气转化反应为强吸热反应，热量由管外提供；同时，由于受到化学平衡的影响，残余甲烷的含量相对而言相当高。部分氧化反应为放热反应。为了更好地利用热量以及甲烷，将这两种工艺结合起来。最早由丹麦

Topsøe 公司在 20 世纪 50 年代后期开发，目的是在单一反应器中进行转化。自热反应器是一个类似于联合转化反应器的二级氧化反应器的陶瓷反应器。预热的原料气（H_2O、CH_4 和 O_2）在一个燃烧器顶部的反应器中混合，在反应器上部区域发生部分燃烧反应。水蒸气转化发生于燃烧器下部的催化剂床层。正常操作下，自热转化发生于 2200 K 的燃烧区和 1200～1400 K 的催化区。气体离开燃烧区的温度为 1400～1500 K，总氧量和烃摩尔比为 0.55～0.60。由于一级氧化产物 CO 再氧化为 CO_2 的速度较慢，因此部分氧化反应有很高的选择性。下部区域是固定床水蒸气转化反应，利用燃烧段释放的热量进行水蒸气转换反应。使用负载型镍催化剂，气体离开催化剂床层的温度为 1100～1300 K。通过改变原料气的甲烷、氧、水蒸气的比例可一步制得多数后续化工过程所需的合成气，在 2.5～3.5 的高 H_2O 与 CH_4 摩尔比下操作可生产富氢合成气；控制 CO_2 的循环比可生产不同的 H_2 与 CO 摩尔比的合成气；在 1.35～2.0 的低 H_2O 与 CH_4 摩尔比下操作可生产富 CO 合成气。该工艺过程的缺点是：燃烧区形成积炭和烟气，导致催化剂因炭沉积而失活；烟气中炭在反应流程的下游可引起设备损坏和热传递困难；局部温度过高也会导致燃烧器被烧坏。因而对催化剂的热稳定性和机械强度要求较高。

2.2.5 甲烷水煤气变换反应

水煤气变换反应，即 CO 变换反应，是合成氨过程的重要工段。合成氨所用的氢气主要来自甲烷水蒸气重整，但甲烷水蒸气重整生成的一氧化碳不是合成氨的直接原料，而且 CO 能使合成氨催化剂中毒。因此，用于合成氨的甲烷水蒸气重整单元，后面必须与水煤气变换反应单元衔接以便将合成气中的一氧化碳脱除。水煤气变换反应单元利用 CO 与水蒸气反应除去 CO，同时生成 CO_2 和氢气。水煤气变换反应不仅对合成氨很重要，它也是用高 H_2/CO 合成气生产其他大宗化工产品过程中不可缺少的原料气组成调节手段。由于水煤气变换反应的本质是用碳基燃料制氢，所以它也是许多化工企业获得氢气的重要途径。氢能经济时代的到来，还可能为水煤气变换反应带来新机遇。目前，有关水煤气变换反应的科学研究仍很活跃。

水煤气变换属于催化反应。根据反应温度不同，变换工艺分为中温变换和低温变换。中温变换的反应温度为 350～550 ℃，催化剂以三氧化二铁为主。中温变换反应后的气体中仍含有 3% 左右的 CO，需要进一步用低温变换反应加以去除，这种工艺安排叫作中-低变串联工艺。低温变换反应在 180～280 ℃下进行，以铜为催化剂主体。经过低温变换后气体中残余一氧化碳可降到 0.3% 左右。前面已提到，水煤气变换反应是一个放热反应，在低温下进行时热力学上更加有利。所以，为了提高 CO 的转化率，水煤气变换工艺除了有上述中-低变串联方案以外，还有低-低变和中-低-低变串联方案。从水煤气变换反应方程式的化学计量系数可以看出，水煤气变换反应前后分子数不变，反应的平衡组成与总压无关。因此，在工业上，水煤气变换反应的生产单元操作压力有高有低（在 0.3～4 MPa 范围内），取决于上下游关联装置的需要。

2.2.5.1 高温变换反应

（1）Fe-Cr 催化剂

高温变换反应装置采用的都是氧化铁基催化剂。该催化剂主要用氢氧化钠沉淀硫酸亚铁溶液来制备。除了氧化铁以外，商品化高温变换反应催化剂中还含有 8%～12%（质量分数）Cr_2O_3，常见颗粒度为 6 mm×6 mm、9 mm×6 mm 和 9 mm×9 mm。高温变换反应催化剂是非负载的体相催化剂，可以看成 $\alpha-Fe_2O_3$ 的固体溶液，Fe_3O_4 相与催化活性有关。高温变换反应催化剂中之所以要加入一定量的 Cr_2O_3，主要是为了防止活性相的高温烧结失活。研究表明，在 Fe-Cr 催化剂中，Cr^{3+} 可能位于 Fe_3O_4 的反尖晶石结构中并在催化剂颗粒表面富集，从而在催化剂的使用中起到了抑制活性相烧结的作用。除了 Cr_2O_3 以外，高温变换反应催化剂中还经常加入少量 CuO、MgO 和 ZnO 用于提高反应选择性、抗硫能力和机械强度。一些研究者曾试图通过负载提高氧化铁基催化剂的催化性能，但有意思的是，在常用的 Al_2O_3、TiO_2 和 SiO_2 载体上负载 Fe_3O_4 都导致催化剂的活性低于体相 Fe_3O_4 催化剂，载体的酸性越大，负载型催化剂的活性越低。

市售的 Fe-Cr 催化剂是氧化态（Fe_2O_3-Cr_2O_3），在使用之前需要用氢气或合成气进行活化，活化温度通常为 315～460 ℃。需要强调的是：首先，在活化催化剂的过程中，Fe_2O_3 发生还原反应［式(2-63)、式(2-64) 和式(2-65)］，放出的热量必须及时撤出，否则局部温度升高导致的过度还原不利于催化剂的活性。其次，不管是用氢气还是合成气来活化催化剂，其中都需要掺入大约 10%（体积分数）的水蒸气。在活化气氛中引入水蒸气也是为了防止 Fe_2O_3 还原过度，导致 Fe_3O_4 向 FeO 或金属态 Fe 转化。与氢气相比，CO 是更强的还原剂，其在 400 ℃时还原氧化态 Fe-Cr 催化剂时就可能生成金属态 Fe，因此必须通入足够的水蒸气作为防范措施。

$$3Fe_2O_3 + H_2 \longrightarrow 2Fe_3O_4 + H_2O \qquad \Delta H^{\ominus}_{298\,K} = -9.6 \text{ kJ/mol} \qquad (2\text{-}63)$$

$$3Fe_2O_3 + CO \longrightarrow 2Fe_3O_4 + CO_2 \qquad \Delta H^{\ominus}_{298\,K} = -50.7 \text{ kJ/mol} \qquad (2\text{-}64)$$

$$Fe_3O_4 + 4CO \longrightarrow 3Fe + 4CO_2 \qquad \Delta H^{\ominus}_{298\,K} = -14.7\text{kJ/mol} \qquad (2\text{-}65)$$

工业高温变换反应催化剂的平均使用寿命可达 3 年。不过，在使用过程中催化剂的活性会随着运行时间的延长而下降，同时其总表面积也会不断下降，而平均孔半径则会不断增大。因此，Fe_3O_4 活性相的烧结被认为是导致催化剂活性下降的最主要原因。此外，由于水蒸气的破坏作用，高温变换反应催化剂在水汽变换反应器中长期使用还会发生颗粒破碎现象，这也是引起催化剂活性衰退的原因之一。虽然甲烷水蒸气重整镍基催化剂对原料中的硫化物十分敏感，但是在水煤气变换反应中，原料中的少量硫化物并不会对高温变换反应铁基催化剂的性能产生明显影响。这是因为，虽然水煤气变换反应原料中的硫化物（如 H_2S）会在高温变换反应催化剂的表面产生 FeS 物种［式(2-66)］，且 FeS 物种的催化活性只相当于 Fe_3O_4 活性相的一半左右，但当水煤气变换反应原料中的硫体积浓度低于 $100 \text{ cm}^3/\text{m}^3$ 时，催化剂表面的 FeS 物种数量很少，对催化剂的活性影响不大。有的高温变换反应工业催化剂允许水煤气变换反应原料中的 H_2S 体积浓度达到 $500～1000 \text{ cm}^3/\text{m}^3$。对于高温变换反应催化剂来说，卤素是非常有害的毒物，但在通常情况下水煤气变换反应的原料中是不含卤素类化合物的。

$$Fe_3O_4 + 3H_2S + H_2 \longrightarrow 3FeS + 4H_2O \qquad (2\text{-}66)$$

（2）反应动力学和机理

不少学者对铁基催化剂上水煤气变换反应的动力学做过研究，但由于所用催化剂的组成和制备方法不同，以及是否存在内扩散等差异，一些动力学速率表达式相去甚远。不过总的来说，学者们一致的看法是，在 Fe-Cr 催化剂上水煤气变换反应遵循氧化-还原机理，反应动力学速率可以用一个指数表达式来描述。这里给出的指数形式表达式(2-67)，能与实验结果很好地吻合。

$$r = k_1(p_{CO})^l(p_{H_2O})^m(p_{CO_2})^n(p_{H_2})^q(1-\beta) \tag{2-67}$$

式中，r 表示反应速率；k_1 表示速率常数；p_i 表示组分的分压；$\beta = p_{CO_2}p_{H_2}/(Kp_{CO}p_{H_2O})$ 表示反应接近平衡的程度，K 为平衡常数。当反应已达平衡状态时，$\beta = 1$，反应速率 $r = 0$。

在动力学研究结果的基础上，人们提出了铁基催化剂上水煤气变换反应的两步氧化-还原机理（redox），如反应式(2-68) 和式(2-69) 所示。

$$H_2O + (\quad) \longrightarrow H_2 + (O) \tag{2-68}$$
$$CO + (O) \longrightarrow CO_2 + (\quad) \tag{2-69}$$

式中，(O) 表示表面氧原子；(　) 表示表面氧原子空位。

另外，人们还提出了多步氧化-还原机理，如反应式(2-70)～式(2-74) 所示。其中，$*$ 表示催化剂活性中心，上标 * 表示活性中心上的吸附态物种。

$$CO + * \longrightarrow CO^* \tag{2-70}$$
$$H_2O + 3* \longrightarrow 2H^* + O^* \tag{2-71}$$
$$CO^* + O^* \longrightarrow CO_2{}^* + * \tag{2-72}$$
$$CO_2^* \longrightarrow CO_2 + * \tag{2-73}$$
$$2H^* \longrightarrow H_2 + 2* \tag{2-74}$$

在多步氧化-还原机理中，气相中的 CO 和 H_2O 分别在催化剂表面的活性中心上先发生化学吸附，再发生反应。因此，这一多步氧化-还原机理又可叫作 Langmuir-Hinshelwood 机理。

上述两步氧化-还原机理与多步氧化还原机理的主要区别在于：前者是催化剂晶格氧参与的氧化-还原反应，即 CO 夺取晶格氧变成 CO_2，同时催化剂被还原成为低价态（产生氧空位），接着，还原态的催化剂被 H_2O 氧化，晶格氧得到补充；后者是 CO 在催化剂表面吸附后，被 H_2O 解离吸附产生的表面吸附态 O 原子所氧化。两种氧化-还原机理都得到了实验支持。两步氧化-还原机理的可能基元过程如图 2-4 所示。

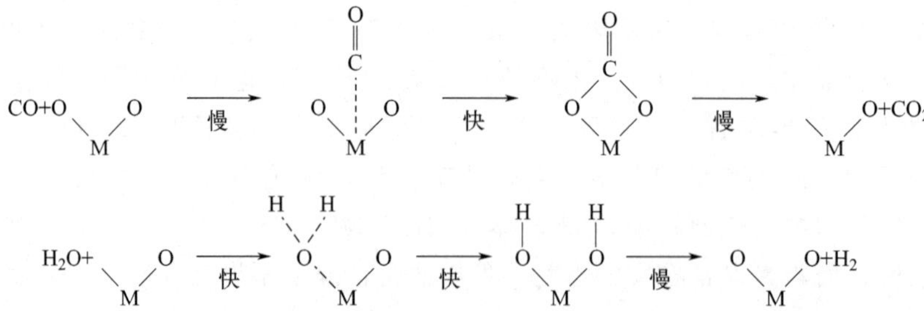

图 2-4　铁基催化剂上水煤气变换反应的两步氧化-还原机理

对于多步氧化-还原反应，有人用 ^{18}O 和氘同位素示踪研究发现，在水煤气变换反应远离化学平衡（CO 低转化率）时，表面氢原子的重组脱附式(2-74) 是速控步骤。而当水煤气变换反应接近化学平衡状态时，CO 在催化剂表面的吸附式(2-70) 是整个反应的速控步骤。

(3) 工业应用

在高温变换反应的工业生产中，Fe-Cr 催化剂装在一个绝热的固定床反应器中使用。反应器的入口温度一般在 $315 \sim 360$ ℃ 之间,反应器压力在 $1 \sim 6$ MPa 之间,进料空速 $(V_{合成气(干基)}/V_{催化剂})$ 一般在 $300 \sim 4000$ h^{-1} 之间。进料合成气的组成取决于上游重整单元的工艺类型和原料性质。例如,来自甲烷水蒸气重整工艺的气体产物中大约含有 8%(体积分数)的 CO,而来自甲烷部分氧化工艺的气体产物中大约含有 45% 的 CO。在工业高温变换反应的绝热反应器中,每转化 1% 的 CO,反应器的温度就会增加 10 ℃。因此,一般情况下反应器的温度总是从入口到出口逐渐升高。为了防止反应器的温升过高以至于达到 500 ℃以上(尤其是当反应器入口的合成气原料中 CO 达到 45% 的高浓度时),催化剂床层必须分成多段,以便于设置段间冷却或引入激冷剂——水。一般要把反应器出口温度控制在 $400 \sim 500$ ℃,CO 体积分数控制在 3%~4%(接近反应温度下的热力学平衡值)。

需要说明的是,在工业反应器中水蒸气等的破坏作用使得 Fe-Cr 催化剂颗粒的机械强度面临巨大考验。一般来说,提高催化剂颗粒的压碎强度就要牺牲催化剂的孔隙率,而孔隙率低就会造成催化剂的部分活性中心不能被反应物利用。减小催化剂的颗粒度能够在一定程度上补偿因提高催化剂颗粒机械强度而带来的孔隙率和比表面积损失,改善催化剂内表面活性中心的可接近性,但是要注意,催化剂颗粒度的减小会受到反应器内催化剂床层压力降的限制。从工业应用的角度考虑,在制备 Fe-Cr 催化剂时必须兼顾其活性、机械强度和颗粒度(甚至于颗粒形状)。

(4) 无 Cr 的高温变换反应催化剂

不论是新鲜的还是废旧的 Fe-Cr 催化剂,都会含有大约 1%(质量分数)Cr^{6+}。由于 Cr^{6+} 对人体有毒,新鲜 Fe-Cr 催化剂的使用和废旧催化剂的后处理都比较麻烦。研制 Cr 的替代者,即无 Cr 的高温变换反应催化剂,非常有必要。在这方面,人们已经做了很多努力,结果仍不如意。例如,通过考察含有 Ca、Ce 或 Zr 的 Fe 催化剂的高温变换反应的反应性能,发现这些催化剂的催化活性低于 Fe-Cr 催化剂。含 Mn 的 Fe 催化剂活性也很低,但是 Co-Mn 的催化活性优于 Fe-Cr,Cu-Mn 的催化活性也比较接近 Fe-Cr。可是,Co-Mn 催化剂在水煤气变换反应过程中会导致甲烷化副反应,致使产物中甲烷的体积分数达 0.1%~0.9%。此外,Cu-Mn 催化剂虽无副反应问题,但对硫中毒非常敏感。

2.2.5.2 低温变换反应

(1) Cu-Zn 催化剂

Al_2O_3、SiO_2、MgO 或 Cr_2O_3 负载的 Cu 催化剂以及非负载的 Cu 催化剂都能催化水煤气变换反应。但是,这类催化剂的稳定性差。人们经过大量研究发现,Cu 和 Zn 结合可以制备出具有工业应用价值的催化剂。

Cu-Zn 催化剂在使用前需要进行还原处理。这种活化处理一般是在反应器中原位进行的。Cu-Zn 催化剂的还原如反应式(2-75)所示。由于催化剂在还原过程中强放热,所以还原开始时一般使用 H_2 体积分数很低(如 0.5%)的 H_2-N_2 混合气。随着还原程度的提高,可以缓慢增加还原气中 H_2 的浓度,但是要保证催化剂床层温度不高于 250 ℃。利用 X 射线衍射(XRD)、X 射线光电子能谱(XPS)、透射电子显微镜(TEM)和 N_2O 化学吸附等手段对催化剂的还原态进行研究,结果表明 Cu^0 是催化剂的真正活性物种,其在催化剂中以 $7 \sim 16$ nm 的高分散状态存在。Cu^0 的分散状态与含铜量和催化剂制备工艺有关。

$$CuO + H_2 \longrightarrow Cu + H_2O \qquad \Delta H_{298\ K}^{\ominus} = -86.7\ kJ/mol \qquad (2\text{-}75)$$

为了节省开工时间,工业用户也可以向催化剂厂商订购预还原型催化剂。如果催化剂是在催化剂厂预还原的，则需要用 O_2 或 CO_2 进行稳定化处理才能提供给用户使用。平均来说，低温变换反应催化剂的使用寿命为 2～4 年。原料纯度和使用条件对催化剂使用寿命的影响很大。低温变换反应催化剂的两大失活原因分别是 Cu^0 纳米粒子的烧结和原料中 H_2S 的中毒作用。H_2S 对低温变换反应催化剂的中毒作用很强，催化剂能够耐受的硫体积浓度为 $\leqslant 0.1\ cm^3/m^3$。相对而言，Cu-Zn-Al 催化剂的耐硫能力好于 Cu-Zn-Cr。有时，可以用 ZnO 作为低温变换反应催化剂的保护剂，ZnO 与 H_2S 的反应方程式如式(2-76) 所示。与 H_2S 相比，HCl 对低温变换反应催化剂的危害性更大。它很容易在 Cu^0 颗粒表面吸附，并加快催化剂活性相的烧结速度。

$$ZnO + H_2S \longrightarrow ZnS + H_2O \tag{2-76}$$

（2）反应动力学和机理

Bridger 和 Chinchen 总结了文献中发表的用 Cu-Zn-Cr 和 Cu-Zn-Al 两种催化剂得出的低温变换反应动力学方程。不同方程的共同之处在于，反应速率都与 CO 和 H_2 分压呈正相关。利用德国南方化学的一种商品化 Cu-Zn 催化剂（G-66B）得到了式(2-77) 所示的动力学表达式。从该表达式可以看出，G-66B 催化剂上发生的低温变换反应符合 Langmuir-Hinshelwood 机理。

$$r = k_1 p_{CO_2} p_{H_2} / (1 + K'_{CO_2} p_{H_2} + K_{H_2} p_{H_2}) \tag{2-77}$$

式中，k_1 表示速率常数，$\times 10^{-6} mol/(g \cdot s)$；$p_i$ 表示组分 i 的分压，bar●；K_i 表示组分 i 的吸附平衡常数，bar^{-1}。

Topsøe 公司的科学家利用表面科学方法详细研究了 $Cu/ZnO/Al_2O_3$ 和 Cu/Al_2O_3 催化剂上的水煤气变换反应，他们在工业反应条件下获得的速率方程如式(2-78) 所示。

$$r = A\exp[-E_a/(RT)] p_{CO}{}^{\alpha_{CO}} p_{H_2O}{}^{\alpha_{H_2O}} p_{CO_2}{}^{\alpha_{CO_2}} \times p_{H_2}{}^{\alpha_{H_2O}} p_{tot}{}^{\gamma} (1-\beta) \tag{2-78}$$

这是一个指数表达式。式中，A 是指前因子；E_a 是表观活化能；p_i 和 α_i 分别是组分 i 的气相分压和表观反应级数；p_{tot} 是总压；γ 是校正因子；β 表示反应接近热力学平衡的程度。

根据动力学研究推测的水煤气变换反应机理如反应式(2-79)～式(2-89) 所示。其中，* 表示催化剂的活性中心，X^* 为表面吸附物种。反应机理属于氧化-还原机理（redox）。式(2-79)～式(2-86) 是通向主反应的基元反应，涉及水分子通过解离吸附产生吸附态 O^* 和 H_2，然后吸附态 O^* 氧化 CO^* 生成 CO_2 的完整过程。式(2-87)～式(2-89) 是 $CO_2{}^*$ 加氢和经由甲酸盐中间体生成甲醇的副反应路径。在工业生产条件下，低温变换反应过程是可以生成甲醇的，因为所用催化剂与工业合成甲醇很相似。

$$H_2O + * \longrightarrow H_2O^* \tag{2-79}$$

$$H_2O^* + * \longrightarrow OH^* + H^* \tag{2-80}$$

$$2OH^* \longrightarrow H_2O^* + O^* \tag{2-81}$$

$$OH^* + * \longrightarrow O^* + H^* \tag{2-82}$$

$$2H^* \longrightarrow H_2 + 2* \tag{2-83}$$

$$CO + * \longrightarrow CO^* \tag{2-84}$$

---

❶ 1 bar＝100 kPa。

$$CO^* + O^* \longrightarrow CO_2^* + * \tag{2-85}$$

$$CO_2^* \longrightarrow CO_2 + * \tag{2-86}$$

$$CO_2^* + H^* \longrightarrow HCOO^* + * \tag{2-87}$$

$$HCOO^* + H^* \longrightarrow H_2COO^* + * \tag{2-88}$$

$$H_2COO^* + 4H^* \longrightarrow CH_3OH + H_2O + 5* \tag{2-89}$$

上述氧化-还原机理已经得到实验结果的支持。但是，上述水煤气变换反应机理并不能在各种 Cu 基催化剂上普遍适用，因为水煤气变换反应机理与催化剂组成和表面性质以及反应条件都有重要关系。

(3) 工业应用

同高温变换反应一样，低温变换反应也是在绝热固定床反应器中进行的。低温变换反应器的入口温度通常为 $200 \sim 220\,℃$，进料空速通常为 $300 \sim 4000\ h^{-1}$（$V_{干基合成气}/V_{催化剂}$），总压介于 $0.3 \sim 4.0$ MPa 之间。在某些后建的合成氨厂中，低温变换反应器的压力可能高达 6.0 MPa。进入低温变换反应器的合成气中 CO 含量取决于上游高温变换反应装置的操作情况，一般在 $1\% \sim 5\%$（体积分数）之间。在低温变换反应器中，催化剂的床层温度也是从入口到出口不断升高的。但是工业生产中要注意控制热点温度不高于 $260\,℃$。因为许多工业低温变换反应催化剂在高于 $270\,℃$ 的温度下会发生烧结而导致失活。低温变换反应器出口的 CO 体积分数一般在 $0.05\% \sim 0.5\%$ 范围内，相当于 $95\% \sim 99\%$ 的 CO 转化率。用洗气法脱除产物气中的 CO_2 之后可以得到氢气。在合成氨工业中，氢气中残留的少量 CO 必须在 Ni 催化剂的作用下转化为甲烷（甲烷化反应），以免造成合成氨催化剂中毒。

2.3　甲烷催化转化制甲醇

2.3.1　甲烷直接转化技术

一般来说，甲烷转化为其他化学品可分为间接途径和直接途径[7]。尽管上述间接路线已实现甲烷转化的工业应用，但甲烷蒸汽重整和自热重整制合成气的能耗极高，促使研究人员开发条件更温和的甲烷直接转化路线，即非合成气转化路线[8]。

甲烷直接转化路线包括甲烷直接氧化制甲醇、甲烷脱氢芳构化、甲烷氧化偶联制烯烃等[9]。值得注意的是甲烷分子具有四面体几何形状和四个等效 C—H 键，没有偶极矩，且极化率非常小（$2.84 \times 10^{-40}\ C^2 \cdot m^2/J$）。这导致甲烷分子非常惰性，很难与亲电或亲核试剂相互作用，难以被活化和转化。如图 2-5 所示，甲烷分子在低温下的 C—H 键解离机理主要分为两类[10]。第一种机理是通过亲电氧原子从甲烷分子中夺取 H 以形成 ·CH_3 自由基；第二种机理是通过形成金属—CH_3（M—C）σ 键，该反应中间体进一步通过 CH_3 基团的配位而形成产物。由于甲烷分子的化学惰性，在上述直接转化路线中，只有甲烷直接氧化制甲醇和甲烷氧化偶联制烯烃可在较低温度（$300 \sim 700$ K）条件下实现。因此，直接氧化制甲醇和氧化偶联制烯烃受到了越来越多的关注。

甲烷直接氧化制甲醇已吸引了学术界和工业界长达 100 多年的持续研究，包括均相催化和多相催化研究。在均相催化甲烷氧化中，通常使用贵金属 Pt、Pd 或 Hg 作为中心原子的

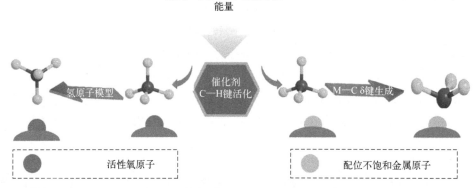

热法，电化学法，光化学法
能量

氢原子模型　催化剂 C—H 键活化　M—Cδ键生成

活性氧原子　配位不饱和金属原子

图 2-5　甲烷分子 C—H 键低温裂解机理

络合物催化剂，且反应须在强酸性介质（硫酸和三氟乙酸）中进行[11-13]。20 世纪 80 年代，研究者们开发了一种用于甲烷氧化制甲醇的钼基催化剂，通过研究发现 Mo＝O 物种是甲烷氧化制甲醇的活性位点[14,15]。然而，钼基催化剂的最大缺点是钼在高温下很容易挥发而流失，不利于工业应用[16]。与钼基催化剂相比，钒基催化剂更稳定，但所得甲烷转化率远低于钼基催化剂[17,18]。21 世纪初，受甲烷单加氧酶中双铁和双铜活性位点的启发，铁基和铜基沸石分子筛催化剂被用于甲烷氧化制甲醇的研究中[19-22]。此外，负载型贵金属金、钯和铑基催化剂也被用于催化该反应[23,24]。

　　尽管甲烷氧化制甲醇已有众多报道，但仍面临两个亟待解决的巨大挑战[10]。第一个挑战是如何提高甲醇选择性。热力学上甲烷氧化反应不利于生成甲醇，而有利于生成更稳定的 CO 和 CO_2。从热力学角度分析，甲烷和氧气反应在温度低于 890 K 时有利于 CO_2 和 H_2O 的生成，而温度高于 890 K 时则有利于 CO 和 H_2 的生成。换句话说，由于甲醇分子比甲烷原料分子的反应活性更高，能够将甲烷氧化为甲醇的催化活性位点也能将催化剂表面生成的吸附态甲醇深度氧化为其他产物。第二个挑战是如何在温和条件下降低氧气氧化甲烷制甲醇的能垒。氧气与氧化剂 N_2O 和 H_2O_2 相比更难释放活性氧原子，导致用氧气氧化甲烷制甲醇时反应能垒较高。而为了克服上述能垒，反应须在较高的温度条件下进行。然而，对于氧气氧化甲烷制甲醇反应式(2-90)，熵变 $\Delta S < 0$，焓变 $\Delta H < 0$，导致只有在低温条件下 ΔG 为负值。也就是说热力学上需要在低温条件下操作，而动力学上需要高温来克服能垒。这一动力学和热力学之间的矛盾导致该反应无论在低温或高温条件下操作，都很难兼得高转化率和高选择性。因此，甲烷直接氧化制甲醇被认为是化学工业中的梦幻反应，也被称为是催化化学的圣杯[10]。

　　即便甲烷氧化制甲醇存在巨大挑战，但近年来众多学者分别采用 N_2O、H_2O_2、O_2 和 H_2O 作为氧化剂，在选择合适催化剂和工艺条件的基础上也取得了喜人的结果。

$$CH_4 + 0.5O_2 \longrightarrow CH_3OH \qquad \Delta H_{298\,K}^{\ominus} = -126.4\ kJ/mol \qquad (2\text{-}90)$$

2.3.2　N_2O 作为氧化剂

　　早期研究发现在温度低于 300 ℃ 条件下，Fe/ZSM-5 催化剂可以通过其表面的 Fe/O 高活性位点有效分解一氧化二氮（N_2O），并实现苯部分氧化为苯酚[25-27]。此后 Fe/分子筛催化剂与 N_2O 耦合被用于甲烷选择氧化制甲醇，如式(2-91)所示。而 Fe/ZSM-5 催化剂上能够催化甲烷氧化制甲醇的活性中心称为 α-Fe 或 α-O 活性位[28]。目前，已有大量实验和理论计算研究 α-Fe 或 α-O 活性位的结构和性质[29-32]。

$$CH_4 + N_2O \longrightarrow CH_3OH + N_2 \qquad \Delta H^{\ominus}_{298\,K} = -159.0 \text{ kJ/mol} \qquad (2\text{-}91)$$

Stockenhuber 等研究了 Fe/FER 催化剂与 N_2O 耦合氧化甲烷制甲醇。催化剂表面 N_2O 分解生成的活性氧物种可在较低温度条件下与甲烷分子反应生成 CH_3O 基团[33]。如图 2-6 所示，Fe 改性沸石催化剂（如 Fe/ZSM-5 和 Fe/FER）上活性 α-O 和 B 酸位是调变甲烷转化率和产物分布的关键因素[34]。Fe/ZSM-5 沸石催化剂具有大量强酸中心，有利于高选择性地生成二甲醚（DME）和 $C_2 \sim C_3$ 烯烃；而 Fe/FER 沸石具有大量弱 B 酸中心，有利于选择性地生成 CH_3OH 和 DME 等氧化产物[35]。

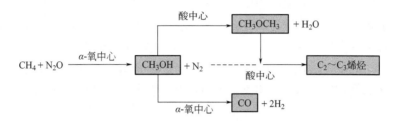

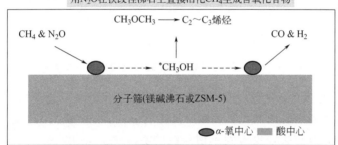

图 2-6　铁改性沸石上 N_2O 活化 CH_4 制备含氧化合物反应机理示意[34]

α-O 活性位的高活性可归因于沸石孔道的限域效应[36]。一方面，沸石分子筛的限域作用可增加反应物分子在微孔道内的局部浓度，使得反应物分子之间相互作用概率增大，有利于生成反应过渡态。另一方面，沸石分子筛的限域作用诱导孔道内的反应物分子显示出偶极矩和极性，降低最高占据分子轨道（HOMO）和最低未占分子轨道（LUMO）间的带隙宽度，从而削弱甲烷分子的 C—H 键。为了避免深度氧化反应生成 CO_2，研究人员开发了准催化模式来提高二甲醚等产物的选择性[37]。

除铁改性沸石外，也有学者研究了其他类型催化剂与 N_2O 耦合氧化甲烷制甲醇的研究。Liu 等研究了 Mo 基催化剂与 N_2O 耦合氧化甲烷制甲醇的性能[38]。在甲烷转化率为 3% 时氧化物选择性（甲醇和甲醛）达到 78%。此外，Nematollahi 等研究了 CoN_3-石墨烯催化剂与 N_2O 耦合氧化甲烷制甲醇的反应机理[39]。

总的来说，N_2O 是一种相对稳定的温室气体，主要来自农业生产和其他人类活动，如垃圾处理、化石燃料和生物量的燃烧等[40]。也就是说，将温室气体甲烷和 N_2O 共转化为高附加值的甲醇等化工产品，对于环境保护方面具有重要的意义。然而，自然界中可直接获取的 N_2O 量较少，而制备 N_2O 会带来额外成本，这成为了限制 N_2O 氧化甲烷制甲醇进一步大规模应用的关键。

2.3.3　H₂O₂ 作为氧化剂

过氧化氢（H_2O_2）是一种重要的工业氧化剂，广泛应用于造纸、污水处理、冶金、医疗保健等领域[41]。H_2O_2 作为氧化剂的最大好处是其释放出活性氧原子后的副产物只有水，也就是说 H_2O_2 是一种环境友好型的氧化剂。值得注意的是，H_2O_2 也可作为高效的氧化剂氧化甲烷制甲醇，如式(2-92)所示。与 N_2O 氧化剂相比，H_2O_2 作为氧化剂氧化甲烷制甲醇的显著特点是反应条件更温和，且主要采用贵金属催化剂。

$$CH_4 + H_2O_2 \longrightarrow CH_3OH + H_2O \qquad \Delta H^{\ominus}_{298\,K} = -223.9 \text{ kJ/mol} \qquad (2\text{-}92)$$

与金属纳米颗粒中的金属原子相比，固定在氧化物表面的原子级分散的贵金属原子具有显著不同的电子状态，在甲烷选择氧化制甲醇反应中表现出特有的催化活性和选择性[42-45]。其中，Au-Pd 合金纳米粒子在甲烷氧化制甲醇反应中具有优异的催化选择性[23,46]。H_2O_2 和 O_2 共氧化 CH_4 的主要反应路径如图 2-7 所示，H_2O_2 氧化剂产生·OH 物种通过夺取甲烷分子中的 H 将甲烷活化为·CH_3 自由基，·CH_3 自由基再与气相分子氧反应生成含氧化合物。

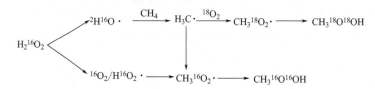

图 2-7　H₂O₂ 和 O₂ 共氧化甲烷制甲醇自由基反应机理[23]

由于 H_2O_2 氧化剂价格较高，用 H_2O_2 氧化甲烷制甲醇反应过程中，H_2O_2 不仅容易热分解或催化分解，而且容易引起甲醇的深度氧化反应。因此，提高 H_2O_2 氧化剂的有效利用率不仅具有重要的科学意义，也有利于该路线的实际工业应用。Xiao 等报道了一种"分子围栏"策略来提高 H_2O_2 的有效利用率[47]。所谓的"分子围栏"策略是指将 AuPd 合金纳米粒子封装在 ZSM-5 的孔道内，并用硅烷化的方法对 AuPd@ZSM-5 催化剂的外表面进行处理，提高催化剂外表面的疏水性，阻碍生成的 H_2O_2 扩散至分子筛孔道外，从而提高了 AuPd 合金纳米粒子周围的 H_2O_2 局部浓度，提高了甲烷氧化制甲醇的反应效率。

由于贵金属催化剂价格昂贵，众多学者研究了廉价金属和金属-分子筛催化剂与 H_2O_2 氧化剂耦合在甲烷氧化制甲醇反应中的性能。Xie 等研究了 TiO_2 负载的铁基催化剂与 H_2O_2 耦合氧化甲烷制甲醇，并发现氧化剂 H_2O_2 的用量对于控制 CH_3OH 选择性至关重要[48]。Xu 等以 H_2O_2 为氧化剂，以 Cu 和 Fe 改性的 ZSM-5 沸石为催化剂，研究了连续流反应器中甲烷氧化制甲醇的反应性能[49]。结果表明 Cu 和 Fe 共改性可显著提高甲醇选择性，在甲烷转化率为 0.5% 的条件下甲醇选择性超过 92%。Min 等在研究 Fe/ZSM-5 催化剂与 H_2O_2 耦合氧化甲烷制甲醇时发现，采用离子交换法制备的 Fe/ZSM-5 催化剂中 Fe 含量越高，H_2O_2 消耗量及甲醇产率越高[50]。Kalamaras 等在研究 Fe 和 Cu 交换的沸石分子筛催化剂与 H_2O_2 耦合氧化甲烷制甲醇时发现，催化剂的硅铝比对反应结果有显著的影响，低硅铝比催化剂有利于实现高甲醇产率，且 Cu 改性有利于抑制深度氧化产物（CH_3COOH 和 HCOOH），从而维持甲醇高选择性[51]。

此外，Cui 等研究了石墨烯限域的单原子 Fe 催化剂与 H_2O_2 耦合氧化甲烷制甲醇反应性能[52]。石墨烯中形成的独特 O—FeN$_4$—O 结构被认为是 H$_2$O$_2$ 氧化甲烷的活性中心，得到的产物有 CH$_3$OH、CH$_3$OOH、HCOOH 和 HOCH$_2$OOH，总选择性为 94%。

2.3.4　O$_2$ 作为氧化剂

氧气（O$_2$）是空气中的主要成分之一，也是工业最廉价的氧化剂，有利于甲烷氧化制甲醇的大规模应用。由于 O$_2$ 比 N$_2$O 和 H$_2$O$_2$ 更难释放出活性氧物种，导致 O$_2$ 氧化甲烷制甲醇的能垒更高。也就是说用 O$_2$ 氧化甲烷制甲醇需要更高的反应温度来克服能垒，而高温又会导致产物的深度氧化反应。为了避免所生成的甲醇或其衍生物的过度氧化，人们用 O$_2$ 作为氧化剂，用铜交换的分子筛作为催化剂，提出了一种分步的化学计量反应循环策略，进而实现甲烷选择性氧化制甲醇。如图 2-8 所示，该化学计量反应循环包括三个反应步骤：在相对较高的温度（250～500 ℃）条件下用 O$_2$ 活化 M-沸石催化剂产生活性氧物种；在相对较低的温度下（125～200 ℃）甲烷与活化后的 M-沸石催化剂反应生成表面吸附态甲醇分子；在相对较低的温度下（135～200 ℃）利用溶剂或蒸汽的抽提作用使生成的甲醇从催化剂表面脱附[53]。其中，O$_2$ 和 N$_2$O 均可用作 M-沸石催化剂活化的氧化剂（步骤 1），但用 O$_2$ 作为氧化剂所需的活化温度更高。

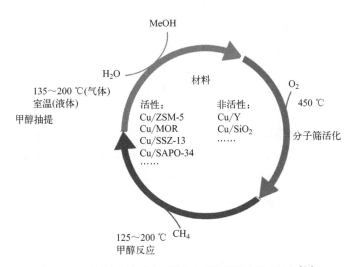

图 2-8　甲烷选择性氧化制甲醇的化学计量反应循环策略[54]

大量的 XRD、扩展 X 射线吸收精细结构（EXAFS）、拉曼（Raman）和紫外-可见分光光度（UV-vis）等光谱研究表明在铜交换的分子筛表面主要存在如图 2-9 所示的铜物种[54-60]。Cu 交换沸石的化学组成和拓扑结构对活性位的化学性质及在甲烷氧化制甲醇反应中的催化性能都具有显著的影响。由于沸石表面的 Al-O(H)-Si 酸性位有利于交换铜离子，也就是说，Cu/沸石催化剂表面 Cu 的空间分布与 Al 空间分布相似。因此，一般来说，硅铝比高且铝原子高度分散的 Cu/Zeolite 催化剂更有利于生成 $[Cu_2(\mu\text{-}O)]^{2+}$ 和 $[Cu_2(\mu\text{-}O)_2]^{2+}$ 物种；而低硅铝比的 Cu/Zeolite 催化剂表面更有利于形成

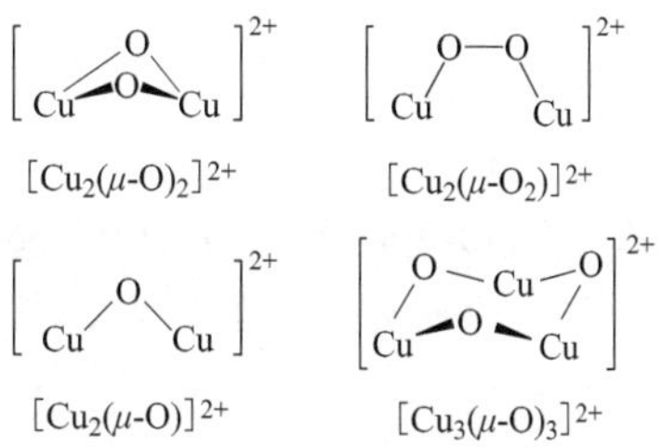

$$[Cu_2(\mu\text{-}O)_2]^{2+} \qquad [Cu_2(\mu\text{-}O_2)]^{2+}$$

$$[Cu_2(\mu\text{-}O)]^{2+} \qquad [Cu_3(\mu\text{-}O)_3]^{2+}$$

图 2-9　Cu 交换沸石催化剂
表面可能的 Cu 物种结构

$[Cu_3(\mu\text{-}O)_3]^{2+}$ 物种或 CuO 团簇[61]。最近的研究表明，沸石表面所形成的铜物种中，双铜位可能是甲烷氧化制甲醇的主要活性位[62]。

Cu 交换分子筛催化剂的甲烷氧化制甲醇催化活性与分子筛孔道结构密不可分。通常，Cu/MOR 比 Cu/ZSM-5 催化剂表现出更高的 CH_3OH 产率。一方面，通过光谱和 DFT 理论计算研究发现，Cu/ZSM-5 催化剂表面通常容易形成 $[Cu_2(\mu\text{-}O)_2]^{2+}$ 和 $[Cu_2(\mu\text{-}O)]^{2+}$ 物种，主要原因是 ZSM-5 通常只在两个十元环的交叉处有利于生成双核 Cu 物种；对于 Cu/MOR 催化剂来说，MOR 的八元环侧袋可提供两种完全不同的位置来交换铜离子，这导致 Cu/MOR 催化剂表面不仅能形成 $[Cu_2(\mu\text{-}O)_2]^{2+}$ 和 $[Cu_2(\mu\text{-}O)]^{2+}$ 物种，也能形成 $[Cu_3(\mu\text{-}O)_3]^{2+}$ 物种[63-65]。另一方面，MOR 与 ZSM-5 的孔道结构不同，导致形成的 Cu-O-Cu 物种的微观构型具有细微的差别。铜交换分子筛催化剂孔道中 Cu^{2+} 的分散性和含量是决定其甲烷氧化制甲醇催化活性的一个关键因素，而 Cu 的分散性和含量往往与分子筛的硅铝比以及铜交换分子筛催化剂的制备方法有关。通常，较高的活化温度会导致形成更多的铜氧物种，但铜过量却不利于甲醇的生成[63,66,67]。除了上述铜物种，最近 Knorpp 等在 Cu/Omega 催化剂上发现了一种新的 Cu 活性位，可高效地与 O_2 耦合氧化甲烷制甲醇[68,69]。

通常，铜交换分子筛催化剂的活化过程所需温度较高，而活化后的催化剂与甲烷反应生成吸附态 CH_3O 物种，以及后续甲醇脱附所需温度较低，导致须进行重复的加热和冷却操作以完成反应循环，不仅耗时，而且耗能。基于此，Tomkins 等采用 Cu/FAU 作为催化剂，将催化剂的活化、与甲烷的反应以及后续的甲醇脱附都恒定在 360 ℃，实现了等温条件下的甲烷氧化制甲醇[70]，甲醇收率和选择性分别达到 90 $\mu mol/g$ 和 92%。进一步将甲烷压力提高到 15 个大气压，甲醇收率达到 360 $\mu mol/g$。此外，铁、钴和镍交换沸石等其他催化剂也可与 O_2 耦合进行甲烷氧化制甲醇[71-73]。

总的来说，大量的研究表明，采用 O_2 作为氧化剂，采用合适的金属交换的沸石作为催化剂，可实现甲烷选择氧化制甲醇。但是，甲烷的转化率和甲醇的产率离实际应用还相去甚远。因此，在保证甲醇选择性的同时，如何提高甲醇时空产率是亟待解决的问题。

2.3.5　H_2O 作为氧化剂或助氧化剂

水（H_2O）作为一种弱氧化剂，氧化性很低。利用 H_2O 作为氧化剂直接氧化 CH_4 制备甲醇的反应属于强吸热反应，如反应式(2-93)所示。

$$CH_4 + H_2O \longrightarrow CH_3OH + H_2 \qquad \Delta H_{298\,K}^{\ominus} = 262.2\ kJ/mol \qquad (2\text{-}93)$$

van Bokhoven 等以 H_2O 作为氧化剂、以含铜沸石作为催化剂，提出了一种分步的甲烷氧化制甲醇路线[63,74-76]。首先，Cu/MOR 催化剂在 400 ℃氦气气氛中经高温活化，活化后的催化剂在 200 ℃条件下与甲烷反应（压力为 7 个大气压），反应后的催化剂再用 H_2O 解吸促进 CH_3OH 脱附。CH_3OH 选择性达到 97%、产率维持在 0.202 mol 甲醇/mol 铜。

受上述研究工作的启发，其他催化剂（如 Cu/SSZ-13、Cu/BEA）也被应用到该反应体系，并实现了连续流动反应[77,78]。Shantz 等通过同位素实验证明，在连续流动反应器中，经过催化循环过程 Cu/SSZ-13 将甲烷部分氧化成甲醇，产生的甲醇中氧的主要来源是 H_2O 而不是 O_2。在无氧条件下可以持续稳定产生甲醇，产率稳定在 $(13.2\pm0.9)\times10^{-3}$ mol 甲醇/(mol 铜·h)。在 Cu/SSZ-13 催化剂表面也存在 Cu^{II} 与 Cu^{I} 之间的氧化还原过程[79]。李兰冬教授课题组提出并论证了在连续流动反应过程中 CH_4、H_2O 和微量 O_2 同时通入反应体系，Cu/CHA 催化剂催化甲烷选择性氧化制甲醇的路线，在 573 K 时甲醇时空收率为 543 mmol/(mol 铜·h)，选择性达到 91%[80]。同位素标记的程序升温表面反应表明甲醇中羟基的表观氧源是 H_2O，而稳态反应表明甲醇中羟基的主要氧源是 O_2[80]。

H_2O 除了作为氧化剂，在甲烷直接氧化制甲醇的反应过程中提高 CH_3OH 的产率和选择性方面也表现出很大的潜力。Senanayake 等报道了一种 $CeO_2/Cu_2O/Cu(111)$ 催化剂，该催化剂可以使用 CH_4、O_2 和 H_2O 的混合物作为原料来进行反应。反应体系中添加 H_2O 之后，大幅提高了 CH_3OH 选择性，有效抑制过度氧化[81]。此前，该课题组在 Ni/CeO_2 催化剂催化甲烷氧化过程中也提出了水的双重作用，首先 H_2O 在 Ni 活性位点上解离产生化学吸附的 OH 和 H 物种，CH_3 吸附 O 物种形成 OCH_3 物种，而不是进一步分解。其次，水也有助于 CH_3OH 的解吸[73]。

Liu 等提出了一种新的 H_2O 参与反应的质子转移机制。在 Cu/BEA 沸石上同时引入 10%（体积分数）的水对 N$_2$O-DMTM 进行了连续的研究，Cu/BEA-0.6% 的最佳样品在加入水后，CH_3OH 选择性从 3.1% 提高到 71.6%，长运转反应稳定性显著提高（与无水反应体系相比）。通过 D_2O 同位素示踪技术和从头计算分子动力学模拟，揭示了 H_2O 可以通过 $[Cu-O-Cu]^{2+}$ 位点的质子转移途径直接参与反应，有利于 CH_3OH 的生成，同时有效地减少积炭产生[82]。

2.4　甲烷催化转化制特种化学品

（1）卤代甲烷

甲烷中的氢可被氯和其他卤素元素取代生成相应的卤代甲烷，如氯甲烷、氟甲烷、溴甲烷和碘甲烷。当甲烷中的氢分别被不同的卤素元素取代时，还能生成混合卤代甲烷，如一氟一氯甲烷、二氯一溴甲烷等。众所周知，卤代甲烷是应用广泛的制冷剂家族，但由于对大气臭氧层有严重的破坏作用，这方面的应用受到了限制。以下简要介绍卤代甲烷的其他用途。

氯代甲烷包括一氯甲烷、二氯甲烷、三氯甲烷和四氯化碳。这些氯代甲烷可以作为溶剂使用，还可以用于合成有机硅、香料和制药。此外，二氯甲烷和三氯甲烷可用作萃取剂，二氯甲烷和四氯化碳可用作灭火剂，三氯甲烷可用作麻醉剂。

甲烷氟化物也有一氟甲烷、二氟甲烷、三氟甲烷和四氟甲烷。一氟甲烷主要用于火箭推进剂的掺和剂和大规模集成电路加工过程的清洗剂，也用作喷雾剂、发泡剂等。三氟甲烷可用作灭火剂和制造四氟乙烯的原料。四氟甲烷也称四氟化碳，被广泛用于电子器件表面清洗、太阳能电池的生产、激光技术、气相绝缘、泄漏检验剂、控制宇宙火箭姿态、印刷电路生产中的去污剂等方面。其高纯气与高纯氧气的混合体，专用于硅、二氧化硅、氮化硅、磷硅玻璃及钨薄膜材料的刻蚀。

甲烷的溴化物主要用作合成染料、农药、医药等的中间体。此外，一溴甲烷（溴甲烷、甲基溴）还可用于农业熏蒸剂，可杀虫、鼠和某些病菌，也可作为木材防腐剂和低沸点溶剂。二溴甲烷可用作阻燃剂和抗爆剂的组分，在医药上也用作消毒剂和镇痛剂，在冶金和矿山工业中用作选矿剂。三溴甲烷在医药上也用作镇痛剂、麻醉剂和空气熏蒸清毒剂，另外它也被用作染料中间体、选矿剂、沉淀剂、溶剂和抗爆液组分等。四溴化碳（四溴甲烷）除用于合成药物、染料中间体外，也用于制造麻醉剂，并可直接作为农药原料和分析化学试剂使用。

甲烷的碘化物也具有多种重要用途。一碘甲烷是很好的甲基化试剂。二碘甲烷除用于化学试剂和有机合成外，还用于制造 X 光造影剂等。三碘甲烷常用作医药中的杀菌消毒剂和防腐剂以及印刷中的敏化剂。

混合卤代甲烷也有各自不同的用途。比如，二氟一氯一溴甲烷除用作制冷剂外，还是金属表面润滑剂、火箭燃料和高效灭火剂、航空发电机保护剂。

上述卤化甲烷中的氯代甲烷可由甲烷的热氯化反应得到。与氯化甲烷不同，氟化、溴化和碘化甲烷不能用甲烷的直接氟化、溴化和碘化获得，而是要通过氯化甲烷或甲醇与 HF、HBr 和 HI 反应得到，这些合成途径被称为间接卤化法，此处不再赘述。

（2）氰化氢

氰化氢（气态氢氰酸）具有多种用途。它主要被应用于电镀业（镀铜、镀金、镀银）和采矿业（提取金、银），可用来合成甲基丙烯酸（有机玻璃单体）、三聚氯氰、草胺、核酸碱、二氨基马来腈、氰化钠等，在石油化工、机电、冶金、轻工等行业用量较大。通过甲烷间接转化和直接转化都可以得到氰化氢。甲烷间接法亦即甲酰胺脱水法（BASF 法）的合成反应由三步组成。甲酰胺脱水是吸热反应。该反应可在加压、$500 \sim 600 \, ℃$ 条件下以 Al_2O_3 为催化剂进行，此法的优点是所得氰化氢浓度较高，易于回收、提纯。甲烷直接法又分为甲烷氨脱氢法和甲烷氨氧化法。其中，甲烷氨脱氢法为强吸热反应，以贵金属铂为催化剂。此法的优点是反应产物组成简单，有利于分离、精制，且副产氢气可供利用，以 NH_3 计 HCN 产率可达 83%，HCN 浓度在 15%～24% 之间，氢气浓度约为 70%。缺点是反应温度很高（$1200 \sim 1300 \, ℃$）。与氨脱氢法不同，甲烷氨氧化法是一个强放热反应。该反应常用铂或铂-铑催化剂，在 $1000 \, ℃$ 下即可正常进行，反应条件相对温和。

（3）乙炔

炔含有极活泼的 $C \equiv C$，曾有"有机合成工业之母"的美称。以乙炔为原料，可以合成 C_2 以上的任何有机化工产品。现在虽然许多有机化工产品广泛地采用廉价而丰富的"三烯""三苯"来生产，但乙炔化工仍然不可或缺，特别是在生产 1,4-丁二醇系列（γ-丁内酯、四氢呋喃）、炔属精细化学品（叔戊醇、2,5-二甲基己二醇、β-紫罗兰醇、β-胡萝卜素）、丙烯酸、丙烯酸酯和乙酸乙烯等精细化学品方面，以乙炔为原料的技术路线具有竞争优势。我国乙炔化工产品主要有聚氯乙烯、乙酸乙烯、氯丁橡胶、含氯有机溶剂及医药产品。

目前世界上主要用天然气、电石和乙烯副产品来生产乙炔。用天然气生产乙炔的反应是高温吸热反应，按供热方式可分为电弧法、部分氧化法和热裂解法三大类。近年来在电弧法基础上发展起来的等离子体裂解天然气制乙炔技术取得了很好的进展。天然气等离子体法在技术、经济诸方面都优于现有的天然气部分氧化法和电石法，具有较大发展空间。

（4）甲烷硝化物

甲烷硝化物主要包括硝基甲烷、三硝基甲烷和四硝基甲烷。硝基甲烷是一种重要的化工原料和溶剂，可用于合成硝基醇、羟胺盐、氯化苦、三羟基甲基氨基甲烷等。它是一种对涂料、树脂、橡胶、塑料、染料、有机药物等选择性良好的溶剂，常用作硝化纤维、乙酸纤维、丙烯腈聚合物、聚苯乙烯、酚醛塑料等的溶剂。三硝基甲烷的化学反应能力极强，可进行缩合、加成及取代等反应。三硝基甲烷是制造硝仿系炸药及其他多种猛炸药的重要原料，也用作火箭燃料。四硝基甲烷也主要用作火箭推进剂的氧化剂，与甲苯混合用可制造炸药。

在甲烷的三种硝化物中，只有硝基甲烷可直接由天然气气相硝化得到，三硝基甲烷需要用发烟硝酸硝化氧化乙炔得到，而四硝基甲烷需要用乙酸酐硝化法得到。天然气气相硝化法合成硝基甲烷的反应在 300～500 ℃下进行，是强放热反应。由于高温下硝基甲烷不稳定，所以反应时间要求尽可能短，且一旦离开反应器，产物气体必须迅速降温。硝化剂除使用硝酸外，还可以使用二氧化氮或四氧化二氮。

(5) 二硫化碳

二硫化碳的溶解能力很强，能溶解碘、溴、硫黄、脂肪、蜡、树脂、橡胶、樟脑、黄磷等，是一种用途较广的溶剂。此外，二硫化碳是生产人造丝、赛璐玢、四氯化碳、农药杀菌剂、橡胶助剂的原料，可用作羊毛去脂剂、衣服去渍剂、金属浮选剂、油漆和清漆的脱膜剂、航空煤油添加剂等。天然气制二硫化碳最早工业化应用的是催化法，后来在此基础上又发展出了低压非催化法和高压非催化法，非催化法是对催化法的改进。催化法的工艺原理是将熔融的硫黄在汽化器中汽化成硫蒸气，将预先干燥过的天然气预热到 650 ℃后，与硫蒸气混合进入反应器，在反应器中经催化反应生成二硫化碳和硫化氢。

(6) 甲醇及其下游产品

甲醇是碳一化工的枢纽产品。甲醇的传统下游产品包括甲醛、甲胺、甲烷氯化物、甲酸甲酯、碳酸二甲酯、丙烯酸甲酯、甲基丙烯酸甲酯、对苯二甲酸二甲酯、乙酸、乙酐、甲基叔丁基醚（MTBE）、二甲醚和甲醇蛋白等。其中，用于生产甲醛的消耗量约占甲醇市场总消费量的 30％～40％。本章将对甲醇及其传统下游产品的合成作简要介绍。近年来，甲醇已被大量用于生产大宗基本有机化工产品如乙烯、丙烯和乙二醇、乙醇等。甲醇还被用于生产汽油发动机燃料，有关内容请参见专门著作。

甲醇合成反应系统有 5 个反应组分（H_2、CO、CO_2、CH_3OH 与 H_2O）和两个惰性气体（N_2、CH_4）。虽然一氧化碳加氢合成甲醇已有近百年历史，但由于原料气组成的复杂性以及催化剂种类、活性组分和助催化剂种类的不同，反应机理及动力学行为有显著的差异，目前人们对一氧化碳加氢合成甲醇的反应机理尚未建立统一认识。

工业上应用的甲醇合成催化剂主要有锌铬催化剂和铜基催化剂。工业上应用的铜基催化剂主要有 $CuO \cdot ZnO \cdot Cr_2O_3$ 和 $CuO \cdot ZnO \cdot Al_2O_3$ 两大类。铜基催化剂的主要特点是起活温度低（230～270 ℃），故操作压力较低（5～10 MPa），选择性好。ICI 和 Lurg 公司先后使用铜基催化剂，使低压合成工艺迅速实现了工业化。目前，低压甲醇合成工艺已经成为主流。今后甲醇生产技术正在向生产规模大型化、合成催化剂高效化、节能降耗过程化、原料多样化、联产普遍化方向发展。

工业上使用的甲醛有两种形态：一是浓度 37％～55％的甲醛水溶液，二是固体甲醛（三聚甲醛）。甲醛是甲醇的重要衍生物，是脂肪族醛系列中最简单的醛，常温下为无色气体，具有强烈刺激性和窒息性臭味。甲醛对蛋白质具有凝固作用。37％～40％的甲醛水溶液即福尔马林，可作为消毒剂和防腐剂。甲醛是一种极为活泼的化合物，几乎可与所有的无机和有机化合物反应，易聚合和缩聚，甲醛在工程塑料、胶黏剂、染料、炸药、农业等领域应用十分广泛。以甲醛为原料可生产聚甲醛树脂、三聚氰胺树脂、酚醛树脂和脲醛树脂以及乌洛托品、季戊四醇、1,4-丁二醇、新戊二醇、维尼纶纤维、尼龙等。甲醛还可用作农药杀虫剂、医药消毒剂和染料工业的还原剂等。由于甲醛应用范围广泛，生产和消费的数量很大，因此它已经进入了世界大宗化工产品之列。

甲醛虽然可以通过甲烷直接转化法即甲烷氧化法得到，但它主要用二甲醚氧化法和甲醇空气氧化法生产。高浓度甲醛则要用甲缩醛氧化法生产。这些方法都属于甲烷的间接转化。工业甲醇的大规模发展，使甲醇氧化法成为甲醛的主导生产方法（占产能90％以上）。

醋酸，学名乙酸，是最重要的脂肪族一元羧酸。高纯度醋酸（99％以上）在16℃左右即凝结成类似冰片状晶片，故而常被称为冰醋酸。醋酸是典型的一价弱有机酸，在水溶液中能解离产生氢离子，故醋酸能进行一系列脂肪酸的典型反应，如酯化反应、形成金属盐反应、氢原子卤代反应、胺化反应、腈化反应、酰化反应、还原反应、醛缩合反应以及氧化酯化反应等。醋酸是重要的有机化工原料，可生产醋酐、醋酸酯（甲、乙、丙、丁和戊酯等）、醋酸乙烯、醋酸纤维等。广泛用于纤维、增塑剂、造漆、胶黏剂、共聚树脂以及制药、染料等工业。目前国内外醋酸生产工艺有乙醇氧化法、乙炔氧化法、丁烷和轻质油氧化法以及甲醇羰基化法。

甲基叔丁基醚化学性质稳定，具有较好的汽油溶解性，可和汽油以任意比例互溶而不发生分层现象，主要用于提高汽油的辛烷值。甲基叔丁基醚的研究法（RON）辛烷值高达118，马达法（MON）辛烷值高达100，是优良的汽油高辛烷值添加剂和抗爆剂。甲基叔丁基醚化学性质稳定，含氧量相对较高，能够显著改善汽车尾气排放，降低尾气中一氧化碳的含量，而且燃烧效率高，可以抑制臭氧的生成。甲基叔丁基醚由甲醇和异丁烯在酸性催化剂作用下发生加成反应生成（反应温度40～70℃，反应压力0.7～1.4 MPa）。因此，甲基叔丁基醚也可以看成是甲烷间接转化的产物。可以催化甲醇和异丁烯加成反应的催化剂包括液体酸、固体酸、固体超强酸、离子交换树脂和分子筛等。目前，工业普遍采用的是大孔强酸性阳离子交换树脂催化剂如Amberlyst15等。此类阳离子交换树脂催化剂都是经过磺化处理的苯乙烯和二乙烯基苯的共聚物。它们活性较高，但耐温性能较差，在高温下磺酸基团易脱落，因此通常要把反应温度控制在90℃左右。

二甲醚在常温下是无色气体，具有轻微的醚香味，广泛应用于冷冻剂、溶剂、萃取剂、气雾剂的抛射剂。二甲醚的生产工艺主要有两种，即一步法和两步法。一步法是用合成气（CO/H₂）在多功能催化剂作用下直接合成二甲醚。两步法是用合成气先生产甲醇，然后再由甲醇脱水生成二甲醚。其实，一步法在反应过程中也有中间产物甲醇生成，只是两步反应在一个反应器内完成而已。合成的甲醇不需分离出来，直接合成二甲醚。目前两步法是国内外生产二甲醚的主要工艺路线。在两步法工艺中，甲醇脱水生成二甲醚为放热反应。常用催化剂为γ-Al₂O₃、分子筛、二氧化硅和阴离子交换树脂等。

甲酸甲酯是无色易燃带香味的液体，溶于甲醇和乙醚，易水解，能与氧化剂发生剧烈反应。甲酸甲酯主要用于有机合成产品的中间体（如甲酰胺、二甲基甲酰胺）的制备，也用于杀虫剂、杀菌剂、熏蒸剂和烟草处理剂等，还可用于制造醋酸、醋酸甲酯、醋酐、碳酸二甲酯、乙二醇和双光气等重要化学品。甲酸甲酯的合成工艺主要有4种：甲酸酯化法、甲醇羰基化法、甲醇脱氢法和合成气直接合成法。其中，由甲酸与甲醇酯化合成甲酸甲酯的方法由于工艺落后和设备腐蚀严重等问题已被淘汰。甲醇羰基化法是在催化剂作用下，甲醇和CO羰基化反应生成甲酸甲酯。该反应的最有效催化剂是碱金属甲醇化合物。工业生产以甲醇钠为主要催化剂，然后加入助催化剂和助剂（如二甘醇与吡啶或聚乙二醇和吡啶）构成二元、三元催化体系。一般反应温度控制在70～100℃、CO分压为2～7 MPa，原料气中CO浓度≥80％。甲醇脱氢制甲酸甲酯大多采用负载铜基催化剂。但负载铜基催化剂的一个主要缺点是稳定性差，容易失活。因此，对铜基催化剂的改进研究一直受到重视。合成气直接合成甲酸甲酯法成本低，三废少，是最有发展前景的方法，但其催化剂的研制是关键。

碳酸二甲酯具有良好的反应活性，可以在诸多领域代替光气、硫酸二甲酯、氯甲烷及氯甲酸甲酯等剧毒或致癌物生产高附加值的精细化学品。另外，碳酸二甲酯还可以作为优良的溶剂用作涂料及医药等行业，其分子中的氧浓度高达 53%，亦有提高汽油辛烷值的功能。因其使用安全、污染小、毒性小，被誉为 21 世纪有机合成的一个"新基石"和"绿色化工产品"，具有广泛的应用前景。

碳酸二甲酯传统的合成路线是光气合成法。但由于光气的剧毒性以及环境污染、腐蚀设备等缺点，该方法已逐步被酯交换法和甲醇氧化羰基化法所取代。酯交换法就是用碳酸乙烯酯或碳酸丙烯酯与甲醇进行酯交换反应制得碳酸二甲酯，同时副产乙二醇或丙二醇。碳酸乙烯酯和碳酸丙烯酯则由环氧乙烷和环氧丙烷与 CO_2 进行环加成反应得到。根据甲醇在反应体系中的状态，甲醇氧化羰基化法可分为液相法和气相法。气相法又分为气相亚硝酸酯法和气相直接法。液相法和气相亚硝酸酯法已实现了工业化生产。

丙酮氰醇法也是碳酸二甲酯的传统生产路线，丙酮氰醇是由丙烯腈装置副产的氢氰酸与丙酮合成的，先将丙酮氰醇转化为甲基丙烯酰胺硫酸盐，然后再水解、酯化生成碳酸二甲酯。这种工艺的缺点是氢氰酸属剧毒物质，对人体危害极大，三废处理投资较大，且廉价副产品硫酸氢铵量大。碳酸二甲酯的生产新技术是以异丁烯和甲醇为原料。一种工艺是先把异丁烯通过两步气相氧化反应制转化成甲基丙烯酸，然后再用甲醇使甲基丙烯酸酯化变成碳酸二甲酯。另一种工艺是先将异丁烯氧化成甲基丙烯醛，然后以 Pd/Pb 为催化剂，在液相中用空气氧化甲基丙烯醛和甲醇的混合物，甲基丙烯醛生成甲基丙烯酸的同时与甲醇发生酯化反应生成甲基丙烯酸甲酯。上述两种异丁烯氧化工艺具有原料廉价易得、成本低、污染小和经济效益好的优势，受到广泛重视。

甲基丙烯酸甲酯是一种重要的有机化工原料，主要作为聚合单体用于生产其聚合物和共聚物，还可通过酯交换用于生产甲基丙烯酸高碳酯。其聚合物被称为有机玻璃，具有优良的光学性、耐老化性及抗裂性，广泛应用于建筑材料、挡风和屏蔽窗板、照明和音响器材等。

甲胺包括一甲胺、二甲胺和三甲胺。这三种甲胺是生产多种溶剂、杀虫剂、除草剂、医药和洗涤剂的重要中间体。从数量上讲二甲胺的需求量最大，它可用于制造 N,N 二甲基甲酰胺和 N,N 二甲基乙酰胺（DMF），二者都是用途广泛的溶剂。二甲胺还可以用来生产橡胶硫化促进剂（二甲基二硫代氨基甲酸锌）、抗生素、离子交换树脂及表面活性剂（十二烷基二甲基叔胺）。一甲胺在需求上占第二位，它主要用作生产医药（咖啡因、麻黄素等）、农药（乐果、杀虫脒、甲萘威等）、染料（蒽醌系中间体）和炸药（水胶炸药）的原料，还可用于生产 N-甲基二乙醇胺（MDEA）、N-甲基吡咯烷酮（NMP）、二甲基脲等。三甲胺用途较少，用于合成除草剂、饲料添加剂和离子交换树脂等。

在工业上，甲胺是用甲醇与氨气在 350～500 ℃、2.0～5.0 MPa 条件下催化反应合成出来的。常用催化剂包括活性氧化铝、硅酸铝、磷酸铝。甲醇气相氨化反应受热力学平衡限制，一甲胺、二甲胺、三甲胺的热力学平衡组成分别为 28.8%、27.4%、43.3%。利用丝光沸石的择形催化作用可以提高二甲胺选择性。

参考文献

[1]　魏顺安. 天然气化工工艺学 [M]. 北京：化学工业出版社，2009：10-18.

[2]　Rostrup-Nielsen J R，Sehested J，Nørskov J K，et al. Hydrogen and synthesis gas by steam and CO_2 reforming [J]. Adv. Catal.，2002，47：65.

[3] Ertl G，Knözinger H，Weitkamp J. Handbook of heterogeneous catalysis [M]．Weinheim：Wiley-VCH，2008.

[4] Rostrup-Nielsen J R. Syngas for C_1-chemistry. Limits of the steam reforming process [J]．Stud. Surf. Sci. Catal.，1988，36：73.

[5] Rostrup-Nielsen J R. New aspects of syngas production and use [J]．Catal. Today，2000，63（2-4）：159.

[6] Rostrup-Nielsen J R. Sulfur-passivated nickel catalysts for carbon-free steam reforming of methane [J]．J. Catal.，1984，85：31.

[7] Caballero A，Perez P J. Methane as a raw material in synthetic chemistry the final frontier [J]．Chem. Soc. Rev.，2013，42：8809-8820.

[8] Zakaria Z，Kamarudin S K. Direct conversion technologies of methane to methanol-an overview [J]．Renew. Sust. Energ. Rev.，2016，65：250-261.

[9] Raynes S，Shah M A，Taylor R A. Direct conversion of methane to methanol with zeolites：towards understanding the role of extra-framework d-block metal and zeolite framework type [J]．Dalton. T.，2019，48：10364-10384.

[10] Meng X，Cui X，Rajan N P，et al. Direct methane conversion under mild condition by thermo-electro or photocatalysis [J]．Chem.，2019，5：2296-2325.

[11] Periana R A，Taube D J，Evitt ER，et al. A mercury catalyzed high yield system for the oxidation of methane to methanol [J]．Sci.，1993，259：340-343.

[12] Periana R A，Taube D J，Gamble S，et al. Platinum catalysts for the high yield oxidation of methane to a methanol derivative [J]．Sci.，1998，280：560-564.

[13] Muehlhofer M，Strassner T，Herrmann W A. New catalyst systems for the catalytic conversion of methane into methanol [J]．Angew. Chem. Int. Ed.，2002，41：1745-1747.

[14] Smith M R，Ozkan U S. The partial oxidation of methane to formaldehyde：role of different crystal planes of MoO_3 [J]．J. Catal.，1993，141：124-139.

[15] Weng T，Wolf E E. Partial oxidation of methane on Mo/Sn/P silica supported catalysts [J]．Appl. Catal. A：Gen.，1993，96：383-396.

[16] Millner T，Neugebauer J V. Volatility of the oxides of tungsten and molybdenum in the presence of water vapour [J]．Nature，1949，163：601-602.

[17] Barbero J A，Alvarez M C，Fierro J L G，et al. Breakthrough in the direct conversion of methane into C_1-oxygenates [J]．Chem. Commun.，2002，11：1184-1185.

[18] Chen S Y，Willcox D. Effect of vanadium oxide loading on the selective oxidation of methane over vanadium oxide（V_2O_5）/silica [J]．Ind. Eng. Chem.，1993，32：584-587.

[19] Marturano P，Drozdová L，Kogelbauer A，et al. Fe/ZSM-5 prepared by sublimation of $FeCl_3$ the structure of the Fe species as determined by IR，27Al MAS NMR，and EXAFS spectroscopy [J]．J. Catal.，2000，192：236-247.

[20] Battiston A A，Bitter J H，de Groot F M F，et al. Evolution of Fe species during the synthesis of over-exchanged Fe/ZSM5 obtained by chemical vapor deposition of $FeCl_3$ [J]．J. Catal.，2003，213：251-271.

[21] Groothaert M H，van Bokhoven J A，Battiston R A. Bis（μ-oxo）dicopper in Cu-ZSM-5 and its role in the decomposition of NO：a combined in situ XAFS，UV-Vis-Near-IR，and kinetic study [J]．J. Am. Chem. Soc.，2003，125：7629-7640.

[22] Vanelderen P，Hadt R G，Smeets P J，et al. Cu-ZSM-5：a biomimetic inorganic model for methane oxidation [J]．J. Catal.，2011，284：157-164.

[23] Agarwal N，Freakle S J，McVicke R U，et al. Aqueous Au-Pd colloids catalyze selective CH_4 oxidation to CH_3OH with O_2 under mild conditions [J]．Sci.，2017，358：223-227.

[24] Shan J，Li M，Allard L F，et al. Mild oxidation of methane to methanol or acetic acid on supported isolated rhodium catalysts [J]．Nature，2017，551：605-608.

[25] Rosenzweig A，Frederick C，Lippard S，et al. Crystal structure of a bacterial non-haem iron hydroxylase that catalyses the biological oxidation of methane [J]．Nature，1993，366：537-543.

[26] Panov G I，Soboley V I，Kharitonov A S. The role of iron in N_2O decomposition on ZSM-5 zeolite and reactivity of the surface oxygen formed [J]．J. Mol. Catal. A-chem.，1990，61：85-97.

[27] Panov G I，Sheveleva G A，Kharitonov A S，et al. Oxidation of benzene to phenol by nitrous oxide over Fe-ZSM-5 zeolites [J]．Appl. Catal. A：Gen.，1992，82：31-36.

[28] Panov G I，Sobolev V I，Dubkov K A，et al. Iron complexes in zeolites as a new model of methane monooxygenase [J]．React. Kinet. Catal. Lett.，1997，61：251-258.

[29] Snyder B E R，Vanelderen P，Bols M L，et al. The active site of low-temperature methane hydroxylation in iron-

containing zeolites [J]. Nature, 2016, 536: 317-321.

[30] Michalkiewicz B. Partial oxidation of methane to formaldehyde and methanol using molecular oxygen over Fe-ZSM-5 [J]. Appl. Catal. A: Gen., 2004, 277: 147-153.

[31] Goltl F, Michel C, Prokopis C, et al. Computationally exploring confinement effects in the methane-to-methanol conversion over iron oxo centers in zeolites [J]. ACS Catal., 2016, 6: 8404-8409.

[32] Andrikopoulos P C, Sobalik Z, Novakova J, et al. Mechanism of framework oxygen exchange in Fe-zeolites: a combined DFT and mass spectrometry study [J]. ChemPhysChem, 2013, 14: 520-531.

[33] Zhao G, Adesina A A, Kennedy E M, et al. Formation of surface oxygen species and the conversion of methane to value-added products with N_2O as oxidant over Fe-ferrierite catalysts [J]. ACS Catal., 2020, 10: 1406-1416.

[34] Park K S, Kim J H, Park S H, et al. Direct activation of CH_4 to oxygenates and unsaturated hydrocarbons using N_2O on Fe-modified zeolites [J]. J. Mol. Catal. A-chem., 2017, 426: 130-140.

[35] Starokon E V, Parfenov M, Panov G, et al. Room temperature oxidation of methane by α-oxygen and extraction of products from the FeZSM-5 surface [J]. J. Phys. Chem. C, 2011, 115: 2155-2161.

[36] Hammond C, Dimitratos N, Jenkins R, et al. Elucidation and evolution of the active component within Cu/Fe/ZSM-5 for catalytic methane oxidation: from synthesis to catalysis [J]. ACS Catal., 2013, 3: 689-699.

[37] Parfenov M V, Starokon E V, Pirutko L V, et al. Quasicatalytic and catalytic oxidation of methane to methanol by nitrous oxide over FeZSM-5 zeolite [J]. J. Catal., 2014, 318: 14-21.

[38] Liu H F, Liu R S, Liew R E, et al. Partial oxidation of methane by nitrous oxide over molybdenum on silica [J]. J. Am. Chem. Soc., 1984, 106: 4117-4121.

[39] Nematollahi P, Neyts E C. Direct oxidation of methane to methanol on Co embedded N-doped graphene: comparing the role of N_2O and O_2 as oxidants [J]. Appl. Catal. A: Gen., 2020, 602: 117716.

[40] Montzka S A, Dlugokencky E J, Butler J H. Non-CO_2 greenhouse gases and climate change [J]. Nature, 2011, 476: 43-50.

[41] Goor G. Ullmann's encyclopedia of industrial chemistry [M]. Weinhim: Wiley-VCH, 2019.

[42] Guo X, Fang G, Gang L, et al. Direct, nonoxidative conversion of methane to ethylene, aromatics, and hydrogen [J]. Science, 2014, 344: 616-619.

[43] Song S, Wang X, Zhang H. CeO_2-encapsulated noble metal nanocatalysts: enhanced activity and stability for catalytic application [J]. NPG Asia Mater., 2015, 7: e179.

[44] Huang W X, Zhang S R, Tang Y, et al. Low-temperature transformation of methane to methanol on Pd_1O_4 single sites anchored on the internal surface of microporous silicate [J]. Angew. Chem. Int. Ed., 2016, 55: 13441-13445.

[45] Kwon Y, Kim T Y, Kwon G, et al. Selective activation of methane on single-atom catalyst of rhodium dispersed on zirconia for direct conversion [J]. J. Am. Chem. Soc., 2017, 139: 17694-17699.

[46] Ab Rahim M H, Forde M M, Jenkins R L, et al. Oxidation of methane to methanol with hydrogen peroxide using supported gold-palladium alloy nanoparticles [J]. Angew. Chem. Int. Ed., 2013, 52: 1280-1284.

[47] Jin Z, Wang L, Zuidema E, et al. Hydrophobic zeolite modification for in situ peroxide formation in methane oxidation to methanol [J]. Science, 2020, 367 (6474): 193-197.

[48] Xie J, Jin R, Li A, et al. Highly selective oxidation of methane to methanol at ambient conditions by titanium dioxide-supported iron species [J]. Nature Catal., 2018, 1: 889-896.

[49] Xu J, Armstrong R D, Shaw G, et al. Continuous selective oxidation of methane to methanol over Cu-and Fe-modified ZSM-5 catalysts in a flow reactor [J]. Catal. Today, 2016, 270: 93-100.

[50] Min S K, Park K, Cho S J, et al. Partial oxidation of methane with hydrogen peroxide over Fe-ZSM-5 catalyst [J]. Catal. Today, 2020, 376: 113-118.

[51] Kalamaras C, Palomas D, Bos R, et al. Selective oxidation of methane to methanol over Cu-and Fe-exchanged zeolites: the effect of Si/Al molar ratio [J]. Catal. Lett., 2016, 146: 483-492.

[52] Cui X J, Li H B, Wang Y, et al. Room-temperature methane conversion by graphene-confined single iron atoms [J]. Chem., 2018, 4: 1902-1910.

[53] Forde M M, Armstrong R D, Hammond C, et al. Partial oxidation of ethane to oxygenates using Fe-and Cu-containing ZSM-5 [J]. J. Am. Chem. Soc., 2013, 135: 11087-11099.

[54] Tomkins P, Ranocchiari M, van Bokhoven J A. Direct conversion of methane to methanol under mild conditions over Cu-zeolites and beyond [J]. Acc. Chem. Res., 2017, 50: 418-425.

[55] Markovits M A C, Jentys A, Tromp M, et al. Effect of location and distribution of Al sites in ZSM-5 on the formation of Cu-oxo clusters active for direct conversion of methane to methanol [J]. Top. Catal., 2016, 59:

1554-1563.

[56] Groothaert M H，Smeets P J，Sels B F，et al. Selective oxidation of methane by the bis（μ-oxo）dicopper core sta-bilized on ZSM-5 and mordenite zeolites［J］. J. Am. Chem. Soc.，2005，127：1394-1395.

[57] Smeets P J，Groothaert M H，Schoonheydt R A. Cu based zeolites：a UV-vis study of the active site in the selective methane oxidation at low temperatures［J］. Catal. Today，2005，110：303-309.

[58] Woertink J S，Smeets P J，Groothaert M H，et al. A［Cu_2O］$^{2+}$ core in Cu-ZSM-5，the active site in the oxidation of methane to methanol［J］. PNAS，2009，106：18908-18913.

[59] Smeets P J，Hadt R G，Woertink J S，et al. Oxygen precursor to the reactive intermediate in methanol synthesis by Cu-ZSM-5［J］. J. Am. Chem. Soc.，2010，132：14736-14738.

[60] Groothaert M H，Lievens K，Leeman H，et al. An operando optical fiber UV-vis spectroscopic study of the catalytic decomposition of NO and N_2O over Cu-ZSM-5［J］. J. Catal.，2003，220：500-512.

[61] Grundner S，Markovits M A C，Li G，et al. Single-site trinuclear copper oxygen clusters in mordenite for selective conversion of methane to methanol［J］. Nat. Commun.，2015，6：7546.

[62] Pappas D K，Martini A，Dyballa M，et al. The nuclearity of the active site for methane to methanol conversion in Cu-mordenite：a quantitative assessment［J］. J. Am. Chem. Soc.，2018，140：15270-15278.

[63] Sushkevich V L，Palagin D，van Bokhoven J A. The Effect of the active-site structure on the activity of copper mor-denite in the aerobic and anaerobic conversion of methane into methanol［J］. Angew. Chem. Int. Ed.，2018，57：8906-8910.

[64] Park M B，Ahn S H，Ranocchiari M，et al. Comparative study of diverse Cu-zeolites for conversion of methane-to-methanol［J］. ChemCatChem 2017，9：3705-3713.

[65] Mahyuddin M H，Tanaka T，Shiota Y，et al. Methane partial oxidation over［$Cu_2(\mu\text{-}O)$］$^{2+}$ and［$Cu_3(\mu\text{-}O)^3$］$^{2+}$ active species in large-pore zeolites［J］. ACS Catal.，2018，8：1500-1509.

[66] Wulfers M J，Teketel S，Ipek B，et al. Conversion of methane to methanol on copper-containing small-pore zeolites and zeotypes［J］. Chem. Commun.，2015，51：4447-4450.

[67] Pappas D K，Borfecchia E，Dyballa M，et al. Methane to methanol：structure-activity relationships for Cu-CHA［J］. J. Am. Chem. Soc.，2017，139：14961-14975.

[68] Knorpp A J，Pinar A B，Newton M A，et al. Copper-exchanged omega（MAZ）zeolite：copper-concentration de-pendent active sites and its unprecedented methane to methanol conversion［J］. ChemCatChem，2018，10：5593-5596.

[69] Knorpp A J，Pinar A B B，ChristianMcCusker L B C，et al. Paired copper monomers in zeolite omega：the active site for methane-to-methanol conversion［J］. Angew. Chem. Int. Ed.，2021，60：5854-5858.

[70] Tomkins P，Mansouri A，Bozbag S E，et al. Isothermal cyclic conversion of methane into methanol over copper-ex-changed zeolite at low temperature［J］. Angew. Chem. Int. Ed.，2016，55：5467-5471.

[71] Krisnandi Y K，Putra B A P，Bahtiar M，et al. Partial oxidation of methane to methanol over heterogeneous catalyst Co/ZSM-5［J］. Procedia Chem.，2015，14：508-515.

[72] Zuo Z J，Ramirez P J，Senanayake S，et al. Low-temperature conversion of methane to methanol on CeO_x/Cu_2O catalysts：water controlled activation of the C—H bond［J］. J. Am. Chem. Soc.，2016，138：13810-13813.

[73] Lustemberg P G，Palomino R M，Gutiérrez R A，et al. Direct conversion of methane to methanol on ni-ceria sur-faces：metal-support interactions and water-enabled catalytic conversion by site blocking［J］. J. Am. Chem. Soc.，2018，140：7681-7687.

[74] Sushkevich V L，Palagin D，Ranocchiari M，et al. Selective anaerobic oxidation of methane enables direct synthesis of methanol［J］. Science，2017，356：523-527.

[75] Palagin D，Sushkevich V L，van Bokhoven J A. Water molecules facilitate hydrogen release in anaerobic oxidation of methane to methanol over Cu/mordenite［J］. ACS Catal.，2019，9：10365-10374.

[76] Artiglia L，Sushkevich V L，Palagin D，et al. In situ X-ray photoelectron spectroscopy detects multiple active sites involved in the selective anaerobic oxidation of methane in copper-exchanged zeolites［J］. ACS Catal.，2019，9：6728-6737.

[77] Lee S H，Kang J K，Park E D. Continuous methanol synthesis directly from methane and steam over Cu（Ⅱ）-ex-changed mordenite［J］. Korean J. Chem. Eng.，2018，35：2145-2149.

[78] Jeong Y R，Jung H，Kang J，et al. Continuous synthesis of methanol from methane and steam over copper-morde-nite［J］. ACS Catal.，2021，11：1065-1070.

[79] Koishybay A，Shantz D F. Water is the oxygen source for methanol produced in partial oxidation of methane in a flow

reactor over Cu-SSZ-13 [J]. J. Am. Chem. Soc.，2020，142：11962-11966.

［80］ Sun L L，Wang Y，Wang C M，et al. Water-involved methane-selective catalytic oxidation by dioxygen over copper zeolites [J]. Chem.，2021，7：1557-1568.

［81］ Liu Z，Huang E，OROZCO I，et al. Water-promoted interfacial pathways in methane oxidation to methanol on a CeO$_2$-Cu$_2$O catalyst [J]. Science，2020，368：513-517.

［82］ Xu R N，Liu N，Dai C N，et al. H$_2$O-built proton transfer bridge enhances continuous methane oxidation to methanol over Cu-BEA zeolite [J]. Angew. Chem. Int. Ed.，2021，60：16634-16640.

●·············· 思考题 ··············●

1. 甲烷作为重要的能源和碳资源，其正在工业上应用的领域有哪些？正在研发的工艺路线有哪些？

2. 什么是甲烷的间接转化路线？

3. 甲烷的直接转化路线包括哪些工艺过程？

4. 甲烷制合成气通常在什么条件下进行？为什么？

5. 甲烷制合成气用什么催化剂？该催化剂存在的主要问题有哪些？

6. 合成气的主要用途有哪些？

7. 甲烷制氢路线主要包括哪些工艺过程？需要用到哪些催化剂？

8. 甲烷氧化制甲醇的主要挑战是什么？

9. 如何避免甲烷氧化制甲醇过程中甲醇的深度氧化反应？

10. 目前以甲烷为原料可以生产哪些化学品？

第 3 章

乙烷的催化转化

3.1 引言

1834 年，迈克尔·法拉第首次使用电解乙酸钾的方法制造了乙烷，但他错误地以为这个反应的产物是甲烷。1864 年，卡尔·肖莱马经过系统研究，校正了这个错误，他证明上述反应的产物是乙烷。

乙烷在常温下是一种无色无味的气体，熔点 89.9 K，沸点 184.5 K。乙烷可以燃烧，其燃烧热为 1558.3 kJ/mol。

3.1.1 乙烷的资源分布

乙烷可直接从天然气、页岩气中获得，页岩气、天然气中一般含有 3% 到 10% 的乙烷[1]。世界天然气储量分布如图 3-1 所示，截至 2017 年，中东的天然气储量最多，占世界总储量的 41%；东欧及俄罗斯地区其次，占比 31%[2]。页岩气是一种非常规天然气，页岩气中除了丰富的甲烷（80%～90%），乙烷是主要的伴生气。美国是世界上实现页岩气大规模工业开采的国家，2012 年页岩气已达美国生产的天然气总产量的 34%[3]。近年，美国页岩气总产量和其在天然气中的占比进一步增加，相应地乙烷产量急剧增加。到 2017 年，美国乙烷产量已达到全球总产量的 40%，成为全球主要的乙烷供应方[4]。我国也有巨大的页岩气储量，但与美国相比，多数地区地质情况复杂，开采难度较大。随着技术进步和投资增加，我国的页岩气总产量也将迅速增加。美国能源信息局预测 2040 年我国页岩气日均产量将突破 5.7 亿立方米，成为仅次于美国的全球第二大页岩气生产国[5]。

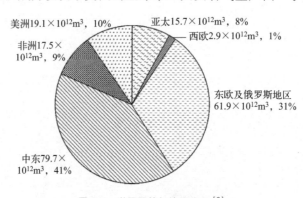

图 3-1　世界天然气储量分布 [2]

3.1.2 乙烷的利用现状

在工业上乙烷主要作为生产乙烯的原料，而乙烯是一种非常重要的化工原料，由乙烯出发的化工产品网络如图 3-2 所示[6]。由乙烯出发能得到聚乙烯、环氧乙烷、乙醛等十分重要的化工产品。乙烯工业是石油化工产业的核心，乙烯产品占石化产品的 70% 以上，在国民经济中占有非常重要的地位。2018 年全世界乙烯的需求量达到 1.64 亿吨，预计 2035 年前年均增长 3.8%；同时，世界各国乙烯产能不断增长，2018 年新增乙烯产能 831 万吨，总产能达到 1.77 亿吨每年[7]。石油及由石油加工得到的石脑油和液化石油气、煤炭、乙烷，都可以作为生产乙烯的原料，其中由石脑油裂解生产的乙烯最多。考虑到能源安全，我国也在研发、建设由煤出发，经过甲醇生产乙烯的装置。目前，我国乙烯生产路线中石脑油裂解约占 72.7%，煤/甲醇制烯烃（CTO/MTO）工艺占比约 20.7%[8]。

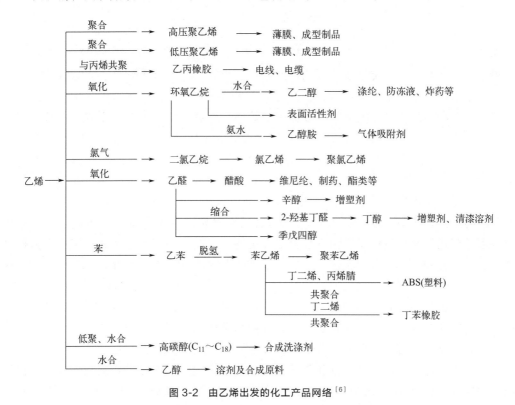

图 3-2 由乙烯出发的化工产品网络[6]

国内 2020 年以前还没有投产的乙烷裂解装置，但在建、拟建乙烷裂解制乙烯项目超过 10 家，规模超 2100 万吨每年，具体情况如表 3-1 所示，大部分项目原料乙烷依赖美国进口[9]。

表 3-1 国内乙烷裂解项目

序号	项目方	拟建设地址	规模/(10^4 t/a)	建设状态
1	新浦化学	江苏泰兴	65	20 年投产
2	华泰盛富	宁波	60	在建
3	南山集团	山东烟台	200	前期
4	聚能重工	辽宁锦州	200	前期

序号	项目方	拟建设地址	规模/(10^4 t/a)	建设状态
5	青岛恒源	青岛董家口	200	前期
6	卫星石化	江苏连云港	250	规划
7	天津渤化	天津	100	规划
8	广西投资	广西钦州	100	规划
9	东华能源	河北曹妃甸	200	规划
10	巴州中石油	巴音郭楞蒙古自治州	100	规划
11	阳煤集团	山东青岛	200	规划
12	万华化学	山东烟台	100	规划
13	鲁清石化	山东寿光	120	规划
14	缘泰石油	福建福清	260	规划
	小计		2155	

相比于石油路线，乙烷裂解法制乙烯成本低、能耗小。大量天然气、页岩气的开采为乙烷制乙烯工艺提供了丰富、廉价的原料。对于有丰富天然气、页岩气资源的国家，乙烷裂解制乙烯是一个很好的选择。据估算，以廉价乙烷作为原料，所得乙烯成本仅为石脑油裂解法的 60%～70%。中东地区以乙烷为原料生产的乙烯占比达到 67%，北美则达到了 52%[10]。2016 年到 2017 年，世界各国生产乙烯的原料中石脑油比例由 56% 下降至 53%，乙烷的比例由 17% 升至 20%[11]。总体而言，乙烯原料轻质化和多元化是世界乙烯工业的大趋势，乙烷裂解制乙烯将有很广阔的发展前景[12]。

我国的能源结构是"富煤贫油少气"，现在天然气资源并不丰富，供不应求，每年仍需通过管道或液化气船大量进口天然气。为了保护环境，减少空气污染，我国正在大力推进供暖"煤改气"、运输车辆"油改气"，这进一步增大了天然气的消耗量和供需矛盾。在此情况下，利用紧缺的天然气作为化工原料去加工化工产品，不符合我国国情。我国现阶段在建、拟建的大部分乙烷裂解制乙烯项目，原料乙烷依赖美国进口。但随着我国页岩气开采量的逐年提高，相应地乙烷产量也会大幅提高，过些年情况也许会发生改观。

乙烷脱氢制乙烯有直接裂解、蒸汽裂解、催化氧化裂解三种方法。蒸汽裂解法工艺成熟，已在工业上得到广泛应用。催化氧化裂解研究报道很多，大量催化剂和多种反应器被研究用于此反应，但目前还处于实验室研究阶段。乙烷催化氧化脱氢中乙烷的转化率达到 60%，乙烯的选择性达到 95%，相比于蒸汽裂解更具有竞争力。

近年有一些 H_2O_2 作为氧化剂直接氧化乙烷制含氧化合物（乙醛、乙酸）的报道，处于实验室研究探索阶段。除了需要研发高效的催化剂、安全的设备，还需考虑此路线的经济可行性。我国目前市场上并没有廉价丰富的乙烷资源。以乙烷为原料，消耗较昂贵的氧化剂 H_2O_2，生产附加值并不太高的乙醛或乙酸，目前经济上不合算。

对于乙烷芳构化，除了需解决催化剂的稳定性问题，还需考虑经济可行性。C_1～C_4 烷烃资源常常是气体混合物，将之分离纯化是比较麻烦的，势必会增加成本。因此利用混合或纯度不高的低碳烷烃原料就地进行加工，生产出便于运输的液态芳烃，可能是有价值的。

乙烷氧氯化制氯乙烯工艺现在还在实验室研究阶段，除了需要丰富且廉价的乙烷原料供应，现在还需研发活性更高、热稳定性更好的催化剂。

本章将详细介绍乙烷脱氢制乙烯的三种方法，进一步介绍乙烷制含氧化合物、乙烷芳构化和乙烷氧氯化制氯乙烯，最后介绍乙烷非常规转化（包括光催化转化和等离子体催化转化）。

3.2　乙烷脱氢制乙烯

3.2.1　乙烷直接脱氢制乙烯

乙烷在高温下可以直接裂解生成乙烯和氢气，裂化反应的理想温度为 $800\sim1400$ K[10]。从热力学上看，这是一个吸热熵增的反应，需要在高温低压的条件下进行以提高产率，如式（3-1）。

$$C_2H_6(g) \Longrightarrow C_2H_4(g) + H_2(g) \qquad \Delta H_{298\,K}^{\ominus} = 136.33 \text{ kJ/mol} \qquad (3-1)$$

式中，g 表示该物质为气态。

3.2.1.1　反应机理

在不存在催化剂时，一般认为在高温下乙烷的裂解遵循自由基机理[10,13]。如图 3-3 所示，在高温下，链引发阶段，乙烷裂解生成甲基自由基。链增长阶段，甲基自由基与乙烷反应生成甲烷和乙基自由基，乙基自由基脱去氢自由基生成乙烯，氢自由基与乙烷反应生成氢气和新的乙基自由基。链终止阶段，氢自由基结合生成氢气，乙基自由基和甲基自由基结合生成乙烯和甲烷。乙烷裂解过程除了生成乙烯和氢气，还会生成甲烷、丙烷等副产物。

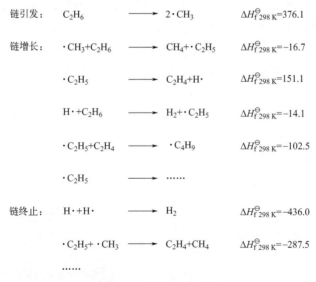

图 3-3　乙烷裂解的机理[13]

图中 $\Delta H_{f\,298\,K}^{\ominus}$ 为 298K、标准状态下该反应过程的焓变，单位为 kJ/mol

乙烷在铂催化剂上催化裂解的过程可以用如式（3-2）至式（3-10）所示的机理描述，其中 S 代表了与氢原子或碳原子作用的金属原子，n 表示金属原子的个数[14]。反应开始于乙烷碳氢键在金属原子表面的解离，生成的 C_2H_5—S 物种在金属催化剂表面继续解离生成乙烯，金属表面吸附的氢原子也可能与 C_2H_5—S 反应生成乙烯和氢气。若以 $Pt/Mg(Al)O$ 为催化剂时，使用 H_2 和 C_2H_6 的混合气体作为反应进气，当 H_2/C_2H_6 小于 0.58 时氢气浓度增加会增加乙烯的产率。氢气加入也抑制了焦炭的生成，延长了催化剂寿命。然而较高浓度的氢气对反应是不利的，催化剂表面过高的氢覆盖率促进了 C_2H_5—S 通过逆反应生成乙烷以及通过式(3-10)生成甲烷。

$$H_2 + 2S \Longleftrightarrow 2H—S \qquad\qquad (3\text{-}2)$$

$$C_2H_6 + 2S \longrightarrow C_2H_5—S + H—S \qquad\qquad (3\text{-}3)$$

$$C_2H_5—S + 2S \longrightarrow C_2H_4—S_2 + H—S \qquad\qquad (3\text{-}4)$$

$$C_2H_5—S + H—S \longrightarrow C_2H_4—S_2 + H_2 \qquad\qquad (3\text{-}5)$$

$$C_2H_4—S_2 \Longleftrightarrow C_2H_4 + 2S \qquad\qquad (3\text{-}6)$$

$$C_2H_4—S_2 \Longleftrightarrow CH_3CH—S_2 \qquad\qquad (3\text{-}7)$$

$$CH_3CH—S_2 + 2S \longrightarrow CH_3C—S_3 + H—S \qquad\qquad (3\text{-}8)$$

$$CH_3C—S_3 + S \longrightarrow CH_3—S + C—S_3 \qquad\qquad (3\text{-}9)$$

$$CH_y—S_{4-y} + (4-y)H—S \longrightarrow \cdots \longrightarrow CH_4 + 2(4-y)S \quad (y = 1 \sim 3) \qquad (3\text{-}10)$$

3.2.1.2 催化剂

用于乙烷直接脱氢裂解典型的催化剂是基于铬和铂，多以氧化铝或二氧化硅为载体。这两类催化剂已经在丙烷裂解生成丙烯和丁烷裂解生成丁二烯的过程中得到应用[15-17]。催化剂的作用是提高反应选择性，减少芳烃、焦炭等副产物。铂催化剂在使用时通常需要通过改性。未经改性的铂催化剂虽然活性很高，但是会生成大量副产物并迅速失活。这主要是因为产物烯烃与铂的亲和力比烷烃高，铂吸附的烯烃会继续发生副反应。砷、锡、锗、铅、铋被报道用于铂的改性，可减弱铂与烯烃的亲和力。同时，利用碱金属或碱土金属调节载体的酸性，减少氧化铝载体表面的酸中心也是必要的，能够有效减少焦炭的生成。相较于丙烷、丁烷的裂解，为达到相同的平衡转化率乙烷裂解所需温度要高很多，较高的温度加剧了焦炭的生成，使得催化剂迅速失活，因而导致了乙烷裂解中催化剂的低效[16]。

最近，含铁 MFI 结构分子筛 FeS-1-EDTA 用于催化乙烷直接脱氢，展现了较好的结果（图 3-4）。873 K 下乙烷转化率 26.3%，乙烯选择性 97.5%，接近热力学平衡数值，而且在 200 h 反应过程中催化剂没有失活。FeS-1-EDTA 催化剂中含有均匀、稳定的孤立铁物种，有利于催化乙烷直接脱氢，而且产物乙烯和氢气可快速脱附，因此抗结焦性能好[18]。

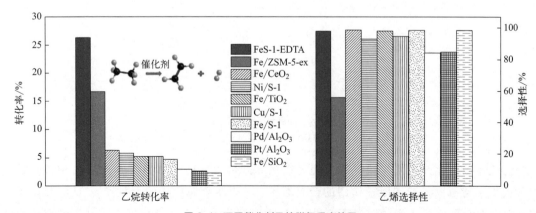

图 3-4　不同催化剂乙烷脱氢反应结果

反应条件：0.2 g 催化剂，873 K，气体流速 2 L/(g 催化剂·h)（30%乙烷与 Ar 平衡），压力 101325 Pa

3.2.1.3　反应工艺

使用一般的烷烃脱氢工艺即可实现乙烷的直接脱氢裂解。但是由于焦炭的生成，需要使用额外的工艺来去除焦炭，利用平行反应器脱氢和除焦交替进行可以达到这一目的。20 世纪 80 年代，美国环球油品（UOP）公司开发了用于低碳烷烃催化裂解的 Oleflex 工艺。该工艺将催化脱氢与铂重整催化剂的再生技术相结合，也可用于乙烷的催化裂解，乙烷转化率为 25%，乙烯选择性为 98%～99%。由于产品单一，可省去许多分离工序，而且可副产大量氢气[19]。

对于非催化的乙烷热脱氢过程，反应过程所需温度过高，消耗成本太大，同时烯烃类物质的选择性太低，因而没有实际的应用价值。而对于加入催化剂的气固相乙烷催化脱氢反应，绝大多数催化剂体系也只有在相当的高温下才可以达到比较理想的烯烃产率。高温下容易发生一系列的副反应，降低乙烯的选择性，同时催化剂上容易产生积炭，失活快，需要反复地进行再生处理，这就使生产工艺复杂。因此，乙烷催化裂解工艺相较于乙烷蒸汽裂解并没有太大的竞争力。乙烷催化裂解的转化率和烯烃产率受限于热力学因素难以提高，而在不使用催化剂的情况下，乙烷蒸汽裂解生成乙烯的选择性和速率也是可以接受的，通过向体系中加入水蒸气可推动平衡移动大大增加烯烃产率。因此，工业上往往使用乙烷蒸汽裂解制乙烯，而不使用乙烷直接裂解。

也可以使用膜反应器来提高反应产率，膜反应器的结构示意图如图 3-5 所示。金属或陶瓷膜可以选择性地透过氢气，将裂解反应中生成的氢气及时分离出去，通过拉动平衡增加乙烯的产率。Gobine 等在多孔硼硅酸盐耐热玻璃上喷镀只有氢气可以透过的 Pd-23%（质量分数）Ag 薄膜，使用 C_2H_6/N_2 混合气体作为反应进气，在 660 K 时反应的产率为 17.66%，是平衡产率的 7 倍[20]。在渗透侧使用吹扫气可以有效增加氢气的渗透量，吹扫气可以使用 N_2、Ar 等不参加反应的气体。当吹扫气流速足够大时，氢气的渗透性不再制约反应，催化剂的催化性能开始成为提高产率的关键因素[14]。

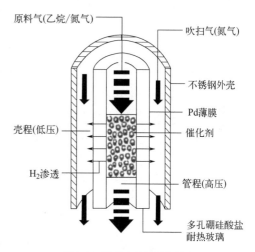

图 3-5　膜反应器的结构示意

3.2.2　乙烷蒸汽裂解制乙烯

工业上主要采用乙烷蒸汽裂解法生产乙烯。加入的水蒸气不与反应原料及产物发生化学反应，但水蒸气能够降低裂解组分的分压，促进平衡正向移动，同时消除积炭，降低高温下的结焦速率，防止催化剂活性迅速降低。在动力学上，加入水蒸气能够有效降低自由基和反应物浓度，抑制芳构化、聚合等多分子反应。

3.2.2.1　反应机理

在无催化剂存在时，乙烷蒸汽裂解与无水蒸气的直接脱氢裂解机理相同，一般认为是自由基机理。体系中可能发生式(3-11)～式(3-18)的化学反应。主反应如式(3-11)所示，乙烷在 750～850 ℃、150～350 kPa 条件下发生脱氢反应生成乙烯，并副产氢气。在反应过程中，其他主要产物包括甲烷、乙炔、丙烯、丙烷、丁二烯和其他烃类。反应物在裂解炉中的停留时间为 $0.1 \sim 0.5\ \mathrm{s}$。

$$C_2H_6 \longrightarrow C_2H_4 + H_2 \tag{3-11}$$

$$2C_2H_6 \longrightarrow C_3H_8 + CH_4 \tag{3-12}$$

$$C_3H_8 \longrightarrow C_3H_6 + H_2 \tag{3-13}$$

$$C_3H_8 \longrightarrow C_2H_4 + CH_4 \tag{3-14}$$

$$C_3H_6 \longrightarrow C_2H_2 + CH_4 \tag{3-15}$$

$$C_2H_2 + C_2H_4 \longrightarrow C_4H_6 \tag{3-16}$$

$$2C_2H_6 \longrightarrow C_2H_4 + 2CH_4 \tag{3-17}$$

$$C_2H_6 + C_2H_4 \longrightarrow C_3H_6 + CH_4 \tag{3-18}$$

3.2.2.2 反应工艺

乙烷蒸汽裂解的工艺非常成熟，具体流程如图 3-6 所示[21]，一般而言分为热解、压缩、冷却及分离三个步骤。乙烷裂解炉由对流段和辐射段组成，乙烷先进入对流段预热，一般预热温度为 $500 \sim 800\ ℃$。在对流段的中部，水蒸气被引入与乙烷混合。根据动力学模型，乙烷和蒸汽的质量比在 $0.3 \sim 0.5$ 能够达到最大的收率[22]。然后，乙烷与水蒸气的混合气体进入乙烷裂解炉的辐射段，被加热至裂化温度进行裂解，在 $700 \sim 900\ ℃$ 的高温下反应生成乙烯和氢气。裂解气组成见表 3-2[21]。

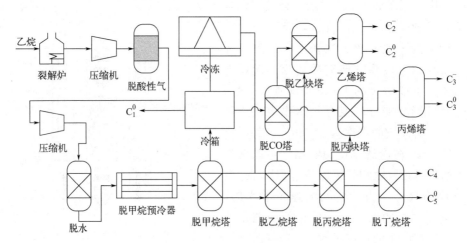

图 3-6　乙烷蒸汽裂解工艺流程[21]

表 3-2　裂解气组成[21]

组分	质量分数/%
$H_2 + CO$	4.06
CH_4	3.67
C_2H_2	0.50
C_2H_4	52.45
C_2H_6	34.76
$C_3H_6 + C_3H_4$	1.15
C_3H_8	0.12

续表

组分	质量分数/%
C_4	2.24
裂解汽油	0.87
裂解燃料油	0.16
其他	0.02
总计	100

裂解完成后，混合气体被冷却至 600 ℃左右，避免其继续发生裂解反应生成甲烷、乙炔等副产物。随后，将冷却后的气体进行多级压缩，同时在这一过程中除去水蒸气和酸性气体，以防其在后续的冷却分离过程中生成冰和其他固体杂质阻塞管道。

在分离流程，通过一系列精馏塔将乙烯与甲烷、乙烷和丙烷等分离。使用制冷剂进一步冷却和压缩部分尾气，将氢气从混合气体中分离出来，得到的高纯度氢可用于乙炔加氢反应[21]。

乙烷蒸汽裂解工艺已实现工业化，工艺很成熟，但存在如下缺点：蒸汽裂解为吸热反应，反应过程中需要消耗大量能量；该反应受热力学限制，需要在很高的温度下进行；生产设备要耐高温、耐蒸汽腐蚀，对设备要求高，资金投入大。

3.2.2.3　催化涂层

乙烷蒸汽裂解反应器中可以使用一种新型的催化涂层，其作用不是催化乙烷裂解反应，而是通过催化水蒸气与焦炭的反应将焦炭转化为碳氧化物。

$$C+H_2O \longrightarrow CO+H_2 \tag{3-19}$$

$$C+2H_2O \longrightarrow CO_2+2H_2 \tag{3-20}$$

该催化涂层是基于一种具有掺杂钙钛矿结构的陶瓷催化剂。Schietekat 等在喷射搅拌反应器中测试了几种涂料配方，并在中试装置中进一步评估了表现最佳的配方。在工业相关条件下，在乙烷蒸汽裂解过程中应用该涂层，可使渐近结焦率降低 76%，而且涂层活性在几个焦化/脱焦循环中保持恒定。对工业乙烷裂解装置进行了模拟，结果反应器运行时间增加到原来的 6 倍，同时体系中会产生较多的二氧化碳[23]。

3.2.3　乙烷氧化脱氢制乙烯

乙烷氧化脱氢制乙烯仍然是一项正在发展中的技术。相较于传统的蒸汽裂解，乙烷氧化脱氢通过加入氧化剂的方式将吸热反应变为放热反应，没有反应热力学限制；反应过程强放热，降低了反应过程的能耗；反应温度更低，通常在 300～600 ℃下就能实现较高的乙烷转化；同时氧化剂的加入也有助于消除积炭、延长催化剂寿命。已经被研究使用的氧化剂有 O_2、N_2O、CO_2。氧气来源丰富，成本较低，由于其具有强氧化性，有利于氧化脱氢反应在较低温度下进行，但也容易导致产物过度氧化。使用氧化性较弱的 N_2O 或 CO_2 为氧化剂，有利于避免过度氧化，提高乙烯选择性，同时对于有效转化和消除温室效应气体 N_2O、CO_2 也具有重要意义。在乙烷氧化脱氢中被报道使用的催化剂有很多，但是由于乙烯产率无法与蒸汽裂解相竞争，乙烷氧化脱氢制乙烯迄今还没有工业化应用。Lercher 等提出乙烷氧化脱氢中乙烷的转化率达到 60%，乙烯的选择性达到 95%，相比于蒸汽裂解具有竞争力[15]。

3.2.3.1 反应机理

O_2 为氧化剂时，乙烷氧化脱氢制乙烯反应化学式为：

$$C_2H_6 + 0.5O_2 \longrightarrow C_2H_4 + H_2O \qquad \Delta H^{\ominus}_{298\ K} = -105.5\ kJ/mol \qquad (3-21)$$

反应过程中伴随着乙烷和乙烯过度氧化生成 CO_x 的副反应（图 3-7），还可能发生乙烷裂解生成甲烷和氢气的副反应。

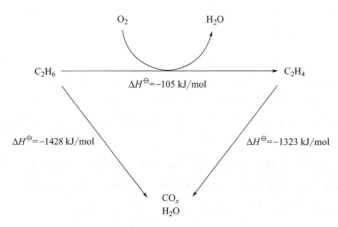

图 3-7 乙烷氧化脱氢和过度氧化反应示意[15]

图中 $\Delta H^{\ominus}$ 为标准状态下发生该反应过程的焓变，kJ/mol

由图 3-7 可见，乙烷氧化脱氢还面临如下问题：高温下烷烃和氧气的混合反应存在爆炸的安全隐患；烯烃的过度氧化会导致乙烯的选择性和收率降低。针对安全性问题，可以通过添加惰性气体（如 N_2、He）稀释反应气体或分段通入氧气，合理控制氧气浓度，避开爆炸的极限范围。而如何提高乙烯的选择性和收率，重点是研发新型催化剂。

使用不同的催化剂机理相差很大，主要有晶格氧、活性氧、自由基、反应耦合四种机理。

（1）晶格氧机理

一般而言，中心金属可变价的过渡金属氧化物催化剂遵从这种机理。乙烷首先被氧化物表面氧原子吸附，而后发生氧化还原反应，乙烷被氧化生成乙烯，高价过渡金属氧化物被还原为低价过渡金属氧化物。然后，氧化剂再与低价过渡金属氧化物反应生成高价金属氧化物，完成一个催化循环。以氧化钼与氧化钒为例，催化循环如图 3-8 所示。六价的氧化钼被乙烷还原为四价，随后脱去一分子水，氧气氧化四价的钼并填充缺失的晶格氧。氧化钒类催化剂在反应过程中采用双分子过程也是可能的。

（2）活性氧机理

氯化物、$NaWO_4$-Mn/SiO_2 催化剂、电催化过程可能会遵从这一机理。此机理中催化剂或电流的主要作用是与氧化剂作用生成活性氧物种，活性氧与乙烷发生反应，乙烷被氧化生成乙烯。

以氯化锂作为催化剂，氧气作为氧化剂为例，反应机理如式(3-22)～式(3-25) 所示。氯化锂首先被氧气氧化生成次氯酸盐，次氯酸根分解产生活性氧，活性氧、氯自由基与乙烷反应生成氯乙烷。氯乙烷发生消去反应生成乙烯。

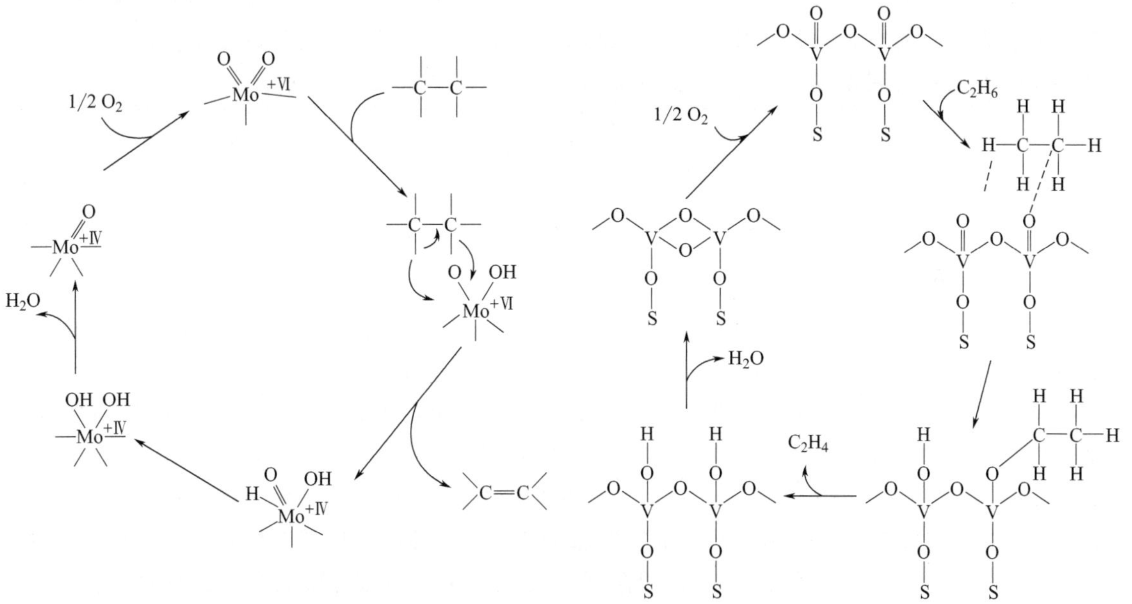

图 3-8　氧化钼、氧化钒的催化循环

$$LiCl + 0.5O_2 \longrightarrow LiOCl \tag{3-22}$$

$$[OCl]^- \longrightarrow \cdot O^- + \cdot Cl \tag{3-23}$$

$$C_2H_6 + \cdot O^- + \cdot Cl \longrightarrow C_2H_5Cl + OH^- \tag{3-24}$$

$$C_2H_5Cl + OH^- \longrightarrow C_2H_4 + H_2O + Cl^- \tag{3-25}$$

　　Zhang 等研究了脉冲等离子体作用下二氧化碳为氧化剂的乙烷的氧化脱氢，乙烷会在脉冲放电作用下生成自由基，同时二氧化碳会与电子反应生成活性氧，活性氧会氧化乙烷生成乙烯[24]。

（3）自由基机理

　　稀土氧化物和碱金属氧化物为催化剂，氧气为氧化剂时，可能会遵从此机理。如式（3-26）～式（3-33）所示，乙烷首先被吸附到氧化物表面，与氧离子作用反应生成乙基自由基和氢氧根，乙基自由基被氧气氧化生成乙烯和氢过氧自由基，氢过氧自由基再与乙烷反应生成过氧化氢和乙基自由基，完成链增长。过氧化氢分解成的羟基自由基也可与乙烷反应得到乙基自由基和水分子。过氧化氢也会分解生成水分子和氧分子。这一机理的活化能较高。

$$C_2H_6 + [Li^+O^-]_s \longrightarrow \cdot C_2H_5 + [Li^+OH^-]_s \tag{3-26}$$

$$\cdot C_2H_5 + O_2 \longrightarrow C_2H_4 + HO_2 \cdot \tag{3-27}$$

$$HO_2 \cdot + C_2H_6 \longrightarrow H_2O_2 + \cdot C_2H_5 \tag{3-28}$$

$$H_2O_2 \longrightarrow 2HO \cdot \tag{3-29}$$

$$HO \cdot + C_2H_6 \longrightarrow H_2O + \cdot C_2H_5 \tag{3-30}$$

$$[Li^+OH^-]_s + O_2 \longrightarrow [Li^+O^-]_s + HO_2 \cdot \tag{3-31}$$

$$[Li^+OH^-]_s + HO_2 \cdot \longrightarrow [Li^+O^-]_s + H_2O_2 \tag{3-32}$$

$$2H_2O_2 \longrightarrow 2H_2O + O_2 \tag{3-33}$$

（4）反应耦合机理

　　反应耦合机理认为，乙烷氧化脱氢反应是乙烷催化脱氢和氧化剂与氢气反应的耦合，加入氧化剂推动平衡向生成乙烯移动，增加了乙烯产率。邓双等表征了 CO_2 作为氧化剂的乙烷催化脱氢反应前后铬基催化剂的价态变化，结果显示三价铬与六价铬起了不同的作用，并且存在两个独立的催化过程[25]。反应过程如式(3-34)～式(3-36) 所示。

$$C_2H_6 \xrightarrow{Cr^{3+}} C_2H_4 + H_2 \tag{3-34}$$

$$3H_2 + 2CrO_3 \longrightarrow 3H_2O + Cr_2O_3 \tag{3-35}$$

$$Cr_2O_3 + 3CO_2 \longrightarrow 3CO + 2CrO_3 \tag{3-36}$$

3.2.3.2　催化剂

Morales 等报道了 MgO 负载的 LiO 作为乙烷氧化脱氢的催化剂，0.5% Li/MgO 催化剂在 700 ℃下以氧气作为氧化剂，乙烷的转化率可达 56%，乙烯的选择性大于 92%，乙烯总收率可达 51%[26]。这是一种非氧化还原型催化剂，加入少量氯元素可改善催化剂性能，延长催化剂寿命，使用氯改性的 Li/MgO 催化剂在 650 ℃下进行乙烷氧化脱氢反应，乙烷的转化率仍能保持在 75%～79%之间，乙烯的选择性大于 70%[27]。Swaan 等进一步报道了利用 Sn、Co 作为 Li/MgO 催化剂助剂，增加了催化剂活性但降低了乙烯选择性，而进一步添加 Na 可以增加乙烯选择性[28]。Li^+ 与表面的氧原子被认为是上述催化剂的活性位点，当反应体系中加入二氧化碳后由于生成碳酸锂会导致催化剂活性降低。氯对催化剂性能改善很可能是通过促进自由基生成实现，也有人认为 LiCl 在 Li_2O 与催化剂载体之间形成薄层，可抑制导致催化剂活性降低的碳酸锂形成[15]。

Fe、Co、Ni 氧化物在低温下显示了较好的催化乙烷氧化脱氢反应性能，其中 NiO 基催化剂的催化性能最好。NiO 对乙烷活化能力强，在 400 ℃表现出高反应活性，但是容易发生过度氧化，导致乙烯选择性较差，只有 39.9%[29]。NiO 是典型的 P 型半导体，存在很多 Ni 空穴和亲电氧物种（O^- 或 O_2^-），这些亲电氧物种对乙烷 C—H 键的活化至关重要，但容易导致乙烯的过度氧化[30]。可通过如下两种策略提高 NiO 基催化剂的乙烯选择性：高价金属阳离子掺杂；将 NiO 负载在不同载体上。Heracleous 等利用不同价态的金属 Li、Mg、Al、Ga、Ti、Nb、Ta 对 NiO 进行掺杂改性，发现随着金属价态升高，催化剂上的亲电氧物种逐渐减少，氧的移动性降低，乙烯选择性升高（图 3-9)[31]。Zhu 等使用球磨法制备了 Sn、Ti、W 掺杂的 NiO 催化剂用于乙烷氧化脱氢反应，研究表明掺杂的金属离子进入 NiO 晶格在热力学上可行，进入 NiO 晶格的金属离子能有效降低 Ni 空穴和亲电氧物种数量，有效提高乙烯选择性[30]。Delgado 等考察了不同载体对 NiO 催化乙烷氧化脱氢反应性能的影响，发现在不同载体 NiO 催化剂上乙烯选择性变化趋势为：P25 TiO_2(89%)＞TiO_2-SiO_2(78%)＞anatase TiO_2(64%)＞SiO_2(30%)。不同载体上 NiO 颗粒尺寸越小，反应活性越高；NiO 还原性越低，Ni-Ni 配位数越小，乙烯选择性越高[32]。酸性沸石上负载的 Ni 催化剂在 873 K 催化氧气作为氧化剂的乙烷氧化脱氢反应，乙烷转化率 21%，乙烯选择性 75%。与碱性沸石相比，使用酸性沸石作为载体，所得催化剂催化性能较优[33]。

含钒催化剂被广泛应用于乙烷的氧化脱氢，一般使用氧气作为氧化剂。催化活性被认为首先与钒的分布和配位数有关，其次才是载体酸性。二聚的四面体 V 原子簇被认为是催化活性位点。V_2O_5/Al_2O_3 在 823 K 催化乙烷脱氢反应乙烷转化率 28%，乙烯选择性 60%[34]。Al_2O_3 作为载体效果优于 SiO_2，主要是由于在 γ-Al_2O_3 上钒的分散性更好[15]。Qiao 等将固定含量 10%（质量分数）的 VO_x 分别负载在不同的 Al_2O_3 载体上，研究了不

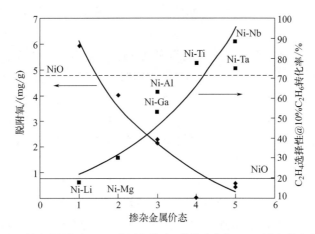

图 3-9　Ni-Me-O 催化剂脱附的氧含量、乙烯选择性（乙烷转化率为 10% 时）与掺杂金属价态的关系[31]

同 Al_2O_3 载体对 VO_x 分散度和其催化乙烷氧化脱氢性能的影响，发现高比表面积 γ-Al_2O_3（$200 \sim 300$ m^2/g）负载的催化剂具有最优的乙烯选择性，为 $45\% \sim 50\%$，说明 VO_x 高分散有利于提高乙烯选择性；比表面积较低的 γ-Al_2O_3（<100 m^2/g）或 α-Al_2O_3（5 m^2/g）负载的催化剂具有更好的活性，但乙烯选择性较差，这是由于 V 物种形成了 V_2O_5 晶相，导致乙烯选择性降低；负载在含五配位 Al 结构无序 Al_2O_3（6 m^2/g）上的催化剂与高比表面积 γ-Al_2O_3 负载 VO_x 催化剂反应性能相近，这是由于五配位 Al 有利于 VO_x 的分散[35]。MgO 也被报道作为 V 的载体使用，所得催化剂对乙烯选择性略低。用金属对 V/MgO 进行掺杂对乙烷的转化率有很小的影响，其中 Cr 和 Nb 增加催化剂的活性，Ni、Mo、K、P 降低催化剂活性，助剂对催化活性的影响与电负性无关[36]。N_2O 也可作为乙烷氧化脱氢反应的氧化剂。Erdohelyi 等在 $770 \sim 823$ K 考察了 V_2O_5 及一系列碱金属钒酸盐在硅酸盐载体上对乙烷氧化脱氢反应的催化性能，发现乙烯选择性顺序为 $LiVO_3 > KVO_3 > CsVO_3 \approx RbVO_3 > NaVO_3$[37]。反应产物中除乙烯外还有乙醛、乙醇等副产物，这是 N_2O 作为氧化剂独有的特点。

　　Mo 也被报道具有催化乙烷氧化脱氢反应的活性，但对于其具体的活性位点还有争议。Sarkar 等[38] 制备了 TiO_2 纳米棒负载的高分散 MoO_3 纳米团簇催化剂，在乙烷氧化脱氢反应中表现出优异的催化性能，在乙烷转化率 55.2% 时，乙烯选择性 92.1%。催化剂表面的 Mo^{6+} 与 TiO_2 纳米棒间具有协同作用，选择性活化乙烷的 C—H 键产生乙烯。钼基催化剂多以氧化钛或氧化硅为载体，添加氯离子能够有效增加催化活性，氯的加入导致 Mo 形成了更复杂的配体结构，降低了其对乙烯的吸附能力，从而减少了乙烯进一步氧化的产物[15]。Mo、V 混合氧化物也被报道用于催化乙烷氧化脱氢，混合 Mo/V 催化活性强于纯 V 或纯 Mo 催化剂，Mo、V 表现出很明显的协同催化作用，可能通过 Mo 覆盖减少载体表面非选择活性位点实现[39]。Botella 等对不同方法制备的 $MoVTeNbO_x$ 催化剂进行了研究。对于 $MoVTeNbO_x$ 混合氧化物催化剂，活性位点的结构由 $Te_2M_{20}O_{57}$（M＝Mo、V、Nb）正交相和 Mo_5O_{14} 相两个晶相组成。正交晶相中含有五边形双锥体位点和含 Te 的六边形孔隙。焙烧温度对上述相的形成至关重要。该催化剂在 340 ℃下使用，乙烷转化率约为 20%，对乙烯的选择性约为 97%。同样，对于 $MoVSbO_x$ 催化剂，$(SbO)_2Mo_{20}O_{56}$ 相具有很高的活性和选择性（大约 65% 的乙烷转化率和 80% 的乙烯选择性）[40]。Zhu 等通过 DFT 计算研究表明，在 $MoVNbTeO_x$ 催化剂中 Te 还原可导致电子转移和重新分布，有利于形成 O^- 自由基[41]。

Liu 等研究了 Na_2WO_4-Mn/SiO_2 催化剂在氧气或 CO_2 为氧化剂条件下对 C_2H_6 氧化脱氢的催化性能。该催化剂在 700 ℃、氧气为氧化剂时，C_2H_6 的转化率和对 C_2H_4 的选择性可以达到 70%。稳定性测试表明，C_2H_6 的转化率和 C_2H_4 选择性在 100 h 内保持不变。CO_2 可以代替 O_2 作为氧化剂，在 800 ℃下乙烷转化率 53.3%，乙烯选择性 97%；温度超过 800 ℃，乙烯的选择性会下降。表面晶格氧原子会选择性氧化乙烷生成乙烯，而聚集晶格氧会导致乙烷的深度氧化[42]。

Pt、Pd 这类贵金属催化剂对氧气和烷烃 C—H 键的活化能力较强，在乙烷氧化脱氢反应中乙烷转化率可以接受，但容易导致过度氧化或深度裂解积炭，乙烯选择性很差。使用瞬间接触反应工艺可以一定程度上增加乙烯选择性。氧气作为氧化剂，负载在陶瓷泡沫材料上的 Pt 在毫秒级接触反应中显示了 80% 的乙烷转化率和 70% 的乙烯选择性，Rh 催化剂则主要生成了 CO，Pd 催化剂上则只有积炭生成[43]。李青等报道了 Pd/V_2O_3-SiO_2 和 Pd-Cu/MoO_3-SiO_2 催化二氧化碳氧化乙烷反应，主要的副产物为一氧化碳，很可能遵循晶格氧机理。Pd/V_2O_3-SiO_2 催化剂在 673 K 有 71.1% 的乙烯选择性，Pd-Cu/MoO_3-SiO_2 在 573 K 有 84.6% 的乙烯选择性，但是两者乙烷转化率都较低。乙烷转化率会随温度升高而增加，但乙烯选择性会降低[44,45]。

铬基催化剂作为 CO_2 氧化乙烷的催化剂被广泛研究。在活性炭（AC）负载的铁、锰、钼、钨和铬催化剂中，Cr_2O_3 是最好的催化剂。在 550～650 ℃ 条件下，C_2H_4 的选择性为 69.6%～87.5%，乙烷转化率为 8.5%～29.2%。CO_2 促进 C_2H_6 脱氢，提高 C_2H_6 转化率和 C_2H_4 产率。此外，催化剂上的结焦也得到了明显的延缓。不同载体会对催化行为产生不同的影响，催化剂的催化活性随载体的性质而变化。以未负载的 Cr_2O_3 催化剂和几种 Al_2O_3、SiO_2、TiO_2 和 ZrO_2 等氧化物上负载的 Cr_2O_3 催化剂为样品，研究了载体对 CO_2 氧化 C_2H_6 生成 C_2H_4 的影响，发现未负载的 Cr_2O_3 在该反应中表现出中等催化活性，而 Cr_2O_3/SiO_2 催化剂在该反应中表现优异。8%（质量分数）Cr_2O_3/SiO_2 催化剂在 650 ℃ 时 C_2H_6 转化率为 61%，C_2H_4 的产率为 55.5%。Cr_2O_3 在载体上的分布和表面铬的种类结构受载体性质影响。催化剂的酸碱度和氧化还原性能决定了 CO_2 氧化 C_2H_6 的催化活性[46]。

Liu 等[47] 研究了 SSZ-13 和 ZSM-5 沸石负载锌催化剂在二氧化碳氧化乙烷脱氢反应中的催化性能。其中，$Zn_{2.92}/SSZ$-13 催化剂对此反应展现出较高的催化活性和乙烯选择性，二氧化碳与乙烷转化率之比为 0.86，接近理论值 1。理论上反应按式（3-37）进行：

$$C_2H_6 + CO_2 \longrightarrow C_2H_4 + CO + H_2O \tag{3-37}$$

二氧化碳与乙烷被等量消耗，此条件下乙烯选择性较高，超过 90%。而如果二氧化碳与乙烷转化率之比较低，说明发生了乙烷氢解、蒸汽重整等副反应。与 ZSM-5 相比，孔径较小的 SSZ-13 作为催化剂载体，所得催化剂催化活性和乙烯选择性都较高，可能由于 SSZ-13 的孔道可以更好地限域活化二氧化碳，并抑制副反应。

钙钛矿型（$MTiO_3$，M＝Ca、Sr）氧化物也被研究用于乙烷的氧化脱氢。使用氧气作为氧化剂，$CaTiO_3$ 作为催化剂，反应温度为 850 ℃ 时，乙烷转化率为 56.9%，乙烯选择性为 72.6%。用 Li^+ 部分替代 $MTiO_3$ 催化剂中的 Ti^{4+}，明显地提高了乙烷氧化脱氢反应中乙烯的选择性，这一现象在高温时非常明显。Li^+ 的掺杂会导致晶格中的氧空位，促进高温下的氧解离，同时会增强对氧气的吸附能力。$CaTi_{0.9}Li_{0.1}O_{3-\delta}$ 催化剂表现最好，反应温度为 850 ℃时，乙烷转化率为 81.7%，乙烯选择性为 77.4%[48]。

稀土氧化物作为氧气或二氧化碳氧化乙烷的催化剂均有报道，其催化过程通常不涉及中心金属原子的变价，与 Li/MgO 类似，但 CeO_2 是一个例外。以氧气作为氧化剂，纯 Ga_2O_3 催化剂的乙烯选择性为 48.2%，Gd_2O_3 乙烯选择性为 46.1%，而 Na 掺杂的 CeO_2 催化剂在合适的 C_2H_6/O_2 下乙烯选择性可达 90%，但高温下 Na 的流失会导致催化剂失活。镧基催化剂性能较好，470 ℃下乙烷转化率 37.2%~54.2%，乙烯选择性 84%~95%，Pr_6O_{11} 在氧气作为氧化剂时性能与 CeO_2 相似，在二氧化碳作为氧化剂时与 La_2O_3 相似[49]。稀土氧化物的催化性能也可以通过添加卤化物来提高。Au 等在 Ho_2O_3 中加入 50%（摩尔分数）$BaCl_2$ 降低了氧的反应活性，因此有利于乙烷中较弱的 C—H 键（410 kJ/mol）的活化，而不是乙烯中的 C—H 键（452 kJ/mol）的活化。拉曼光谱表明，含 $BaCl_2$ 催化剂的活性氧物种谱带的强度高于纯 Ho_2O_3 催化剂。因此，添加 $BaCl_2$ 可以提高催化剂对活性氧物种的存储能力和活化活性。假设 Ho^{3+} 和 Ba^{2+} 的阳离子取代产生氧缺陷，可以活化 O_2。同样，添加 $BaCl_2$ 诱导的高浓度碱性位点降低了催化剂对乙烯的吸附，从而降低了乙烯被氧化的可能性。由此可以推断，本质上较弱的吸附和位置隔离是避免乙烯在这些催化剂上再次吸附的关键，从而保持较高的乙烯选择性[50]。在 BaF_2 的促进下，Sm_2O_3/LaF_3 催化剂也出现了类似的现象[51]。

表 3-3 和表 3-4 分别总结了采用不同催化剂、不同反应器在 O_2 氧化乙烷反应中的反应温度和反应结果[15]。表 3-5 总结了不同催化剂在 CO_2 氧化乙烷反应中的乙烷转化率和乙烯选择性[46]。

表 3-3　不同催化剂在 O_2 氧化乙烷反应中的反应温度和反应结果

序号	催化剂	温度/℃	C_2H_6 转化率/%	C_2H_4 选择性/%
1	Pt 整体	450	85	46
2	MoVNb	400	9	75
3	$NiW_{0.36}$	400	54	38
4	$NiW_{0.45}$	400	21	50
5	$MoV_{0.39}Te_{0.16}Nb_{0.17}O$	380	39.8	93.9
6	$LiMgCl/Dy_2O_3$	570	81.3	76.2
7	LiZnOCl	721	82	78
8	V_2O_5/γ-Al(质量分数 5.2%)	430	50	40
9	Co(质量分数 7.6%)/TiO_2	550	22.2	60
10	Ni/HY	600	22	74.5
11	$BaF_2/SL1(Sm_2O_3$-$LaF_3)$	700	62.9	67.7
12	$BaCl_2/Ho_2O_3$	640	56.6	67.9
13	Co-$BaCO_3$(质量分数 7%)	650	48	92.2
14	SrLaNdO	700	65.2	71.2
15	Li/MgO(质量分数 3%)	625	53.9	63.8
16	Mg/Dy/Li/O/Cl	600	60	83.3

续表

序号	催化剂	温度/℃	C_2H_6 转化率/%	C_2H_4 选择性/%
17	Li-MgO-Cl	675	11	78
18	LiCl/ZrON	650	94.8	71.3
19	NdLi/SZ	650	93	83
20	Li-MgDy-O-Cl	600	82	77
21	Li-Na-Mg-Dy-O-Cl	650	82.4	91
22	$Sr-Nd_2O_3$	800	58	79
23	Sm_2O_3	700	25	60
24	10CaCe	750	21	100
25	Vo_x/Al(质量分数 20%)	550	30	57
26	$Ni_{0.85}Nb_{0.15}$	400	65	70
27	MoVSbO	400	40	95
28	VOP/Ti9	550	15	70
29	10Val	550	37	57
30	M10V5	580	33.8	70.7
31	VCo-2	600	27.8	74.3
32	ClMoSiTi	600	31	36.2
33	CoVAPO-5	600	43.9	40.8
34	MgVAPO-5	600	28.7	59.7
35	V/Al	600	60.2	40.2
36	$SrCl_2/Sm_2O_3$	640	80.3	70.9
37	SmOF	700	80.2	91.8

表 3-4　采用不同反应器在 O_2 氧化乙烷反应中的反应温度和反应结果

序号	催化剂,反应器	t/℃	C_2H_6 转化率 /%	C_2H_4 选择性 /%
1	Pt/Al_2O_3,逆流反应器	未报道	90	60
2	$Pt/Sn,H_2$ 共进料	未报道	73	83
3	Rh/Pt(质量分数 10%)丝网	—[1]	34	62
4	Pt 泡沫整体	875	62	55
5	PBR,$VO_x/\gamma-Al_2O_3$	600	70	30
6	V_2O_5/Al_2O_3(质量分数 2%)分段进料	未报道	35	45
7	$BaCo_xFe_yZr_{1-x-y}O$	725	100	50
8	$BaCo_xFe_yZr_{1-x-y}O$,BCFZ 膜	725	64	67
9	V/MgO 膜	777	90	83
10	LaSr/CaO	1000	32	55
11	$Na_{0.009}CaO_x$	—[2]	78	72

① 表面 900℃,气体 580℃。

② 初始 600℃,最大 927℃。

表 3-5　二氧化碳氧化乙烷的催化剂性能 [46]

催化剂	温度/℃	$CO_2：C_2H_6$（体积比）	转化率/%		C_2H_4选择性/%	C_2H_4产率/%
			CO_2	C_2H_6		
Mn/SiO_2	800	1.5	49.0	73.1	61.0	44.6
Mn/Al_2O_3	800	1.5	50.3	78.4	46.6	36.5
$K-Cr-Mn/SiO_2$	830	1	52.3	82.6	76.8	63.4
Ga_2O_3	650	5		19.6	94.5	18.5
Ga_2O_3/TiO_2	650	5		20.2	70.8	14.3
Ga_2O_3/Al_2O_3	650	5		13.1	71.6	9.4
Ga_2O_3/ZrO_2	650	5		14.8	72.6	10.7
Ga_2O_3/ZnO	650	5		11.1	89.8	10.0
Ga_2O_3/SiO_2	650	5		9.5	97.9	9.3
$Ga_2O_3/金刚石$	650	5		27.4	86.7	23.8
$V_2O_3/金刚石$	650	5		9.3	89.2	8.3
CeO_2	750	2		42.4	71.4	30.3
$CaO-CeO_2$	750	2		25.0	90.5	22.6
Mo_2C/SiO_2	600	1		16.0	87.0	13.9
Cr/SO_4-SiO_2	650	5	21.9	67.2	81.8	55.0
$K-Cr/SO_4-SiO_2$	650	5	21.0	68.0	82.5	56.1
$Cr/H-ZSM5$	650	9		68.2	69.5	47.4
$Cr/Si-MCM41$	550	5.6		11.5	99.7	11.5
Cr/AC	650	1	23.5	28.9	70.5	20.4
Fe/AC	650	1	13.8	9.9	76.0	7.5
Mn/AC	650	1	11.8	10.0	75.2	7.5
Na_2WO_4-Mn/SiO_2	800	1	43.8	53.3	97.0	51.7
$Cr/Si-2$	800	1	19.5	60.6	79.6	48.2
$Cr-Mn/Si-2$	800	1	23.5	63.1	81.1	51.2
$Cr-Mn-Ni/Si-2$	800	1	26.7	69.7	80.6	56.2
$Cr-Mn-La/Si-2$	800	1	20.7	63.6	85.8	54.6
$Fe-Mn/Si-2$	800	1	39.1	68.6	92.3	63.3

　　除了众多的过渡金属催化剂、稀土金属催化剂，也有非金属催化剂应用于乙烷氧化脱氢的报道。Frank 等将多壁碳纳米管应用于催化乙烷氧化脱氢，纯的碳纳米管在 400 ℃下乙烯的选择性较低（约 40%），引入 P 和 B 助剂改性能抑制催化剂表面亲电氧物种的生成，从而有效提高乙烯选择性（约 70%）[52]。Shi 等报道羟基化的氮化硼（BNOH）可高效催化乙烷氧化脱氢制乙烯，而且乙烯选择性高。当乙烷转化率在 11% 时，乙烯选择性可高达 95%；当乙烷转化率 63% 时，仍然可保持 80% 的乙烯选择性。经过 200 h 的氧化脱氢反应测试，BNOH 催化剂活性和选择性基本恒定，表明其具有非常好的稳定性[53]。

3.3 乙烷催化转化制高值化学品

3.3.1 乙烷选择氧化制乙酸和乙醛

乙烷是一种非常不活泼的碳氢化合物，很难转化为有用的有机化学品。选择性地将乙烷转化为有价值的含氧化合物，例如乙酸和乙醛，在催化领域引人关注。乙烷中 C—H 键解离能高（101.4 kcal/mol，1 kcal/mol＝4186.8 J/mol），阻碍了乙烷在温和条件下部分氧化，只有最强的氧化剂才能激活相对惰性的烷烃底物，与其反应生成氧化产物，同时还必须尽量避免氧化产物被进一步深度氧化为甲酸或二氧化碳。近年，研究利用催化剂通过部分氧化将乙烷转化为乙酸或乙醛成为重要课题，用于此体系的催化剂有沸石分子筛催化剂、铂系贵金属、钒配合物、生物酶催化剂等。

3.3.1.1 高温方法

许多研究尝试了在高温下气相催化选择性氧化乙烷，最广泛采用的是乙烷氧化脱氢制乙烯，也有一些以形成氧化产物为目标。$Mo_{0.61}V_{0.31}Nb_{0.08}O_x/TiO_2$ 可使转化率为 5.4％的乙烷转化为乙烯（58％）、乙酸（35％）和 CO_x（7％）。而添加 0.01％（质量分数）Pd，乙烷转化率略有降低（5.1％），乙烷转化为乙烯（1％）、乙酸（82％）和 CO_2（17％），乙酸产量达到 13.8 mol 乙酸/(kg 催化剂·h)[54]。动力学研究表明，氧饱和催化剂表面对乙烷 C—H 键的活化是速率控制步骤[55]。反应第一步是乙烷氧化脱氢，此步骤产生于乙烷与晶格氧的相互作用，与钒组分氧化态的变化有关。活性混合氧化物组分沉淀于 TiO_2，导致其分散性增加，反应速率提高了 10 倍。Nb 促进催化剂中 Mo_5O_{14} 和 VMo_4O_{14} 的形成和稳定，而不是形成可催化完全氧化的 MoO_3 相。乙烯通过耗尽晶格氧（O^*）抑制了乙烷氧化。钯氧化物催化乙烯继续氧化成乙酸，其反应类似于非均相的 Wacker 过程，Pd^{2+} 物种与羟基结合促使乙烯转化为乙酸。反应体系中的水可以促进乙酸物种的解吸，从而增加乙酸的选择性。虽然在此类催化剂催化下乙酸的产率很高，但缺点是过度氧化产物二氧化碳的选择性也很高，而且活性位点具有复杂性。除此，Chen 等以 $MoVTeNbO_x$ 作为催化剂，设计了自热氧化脱氢浅床反应器，揭示了外部传质可以提高催化剂表面吸附的乙烷与氧的摩尔比例，进而提高乙烯产物选择性[56]。

3.3.1.2 低温方法

(1) 均相催化方法

Süss-Fink 等[57] 报道了使用 $[PMo_{11}VO_{40}]^{4-}$ 和 $[PMo_6V_5O_{39}]^{4-}$ 在四正丁基铵盐中用 H_2O_2 选择性氧化乙烷。前者在 60 ℃ 的转换频率（TOF）为 1.4 h^{-1}，选择性有利于以乙基过氧化氢（CH_3CH_2OOH）为主要产品，以乙醇和乙醛为次要产品。Shul'pin 等[58] 报道了在乙腈中使用 H_2O_2 或 ter-BuOOH 为氧化剂，在锰（Ⅳ）盐络合物 $[L_2Mn_2O_3]$ $(PF_6)_2$（L＝1,4,7-三甲基-1,4,7-三氮杂环壬烷）的催化下，低温选择性氧化乙烷。初级产物是乙基过氧化氢，乙醛和乙醇是二次氧化产物。一系列铁（Ⅲ）物种，包括氯化铁（Ⅲ）、高氯酸铁（Ⅲ）和乙酸铁（Ⅲ），也对上述乙烷与 H_2O_2 的反应具有催化活性。其中，高氯酸铁催化活性最强，氧化反应通过羟基自由基进行，反应产物分布为乙基过氧化氢（88％）、乙醇（3％）、乙醛（9％）[59]。Yuan 等[60] 报道，多种过渡金属氯化物在水溶液条件下对 H_2O_2 选择性氧化乙烷具有催化活性，活性顺序如下：$H_2PtCl_6 <$ $PdCl_2 <$ $FeCl_3 <$ $HAuCl_4$ $< OsCl_3$。最活跃的 $OsCl_3$ 在 3 MPa、0.5 mol/L H_2O_2 和 90 ℃条件下乙烷氧化的（TOF）为 40.8 h^{-1}，乙烷转化率为 0.56％，对乙醇、乙醛和二氧化碳的选择性分别为 21％、64％和 15％。Tse 等[61] 报道了乙烷在 $[Fe^{Ⅲ}(Me_3tacn)(Cl-acac)Cl]^+$ 型催化剂、$KHSO_5$ 为氧化剂下的部分氧化，使用不同的双齿和三齿配体来稳定活性位点，可以获得高的 C_2 氧化选择性（通常是 80％乙酸、20％乙醇）。

（2）非均相催化法

微孔钛硅沸石 TS-1 具有 MFI 拓扑结构，包含直径约为 0.55 nm 的直线形和正弦形交叉孔道体系，是一种催化 H_2O_2 氧化各种有机小分子化合物（包括烷烃）的常用催化剂。Shul'pin 等[62] 报道了以 TS-1 为催化剂，H_2O_2 为氧化剂，通过形成活性 Ti—OOH 物种的乙烷部分氧化反应。在 3 MPa、12 h 和 60 ℃条件下，乙烷被 H_2O_2 部分氧化成乙醛（0.028 mol/L）和乙醇（0.017 mol/L）。

另一类催化 H_2O_2 部分氧化短链烷烃的活性催化剂是铁酞菁络合物。Alvarez 等[63] 研究了 SiO_2 负载酞菁 $(FePc)_2N/SiO_2$ 催化剂存在下乙烷的部分氧化，60 ℃下乙酸选择性 69％，转换数（TON）为 37 mol 乙酸/mol 催化剂，另一种主要产物 HCOOH 的 TON 为 33 mol 甲酸/mol催化剂。反应中使用的铁酞菁络合物（图 3-10）价格低廉、无毒，可以大规模使用。过氧化氢是一种绿色的氧化剂。催化反应可在水中进行，不需要有机溶剂或强酸。

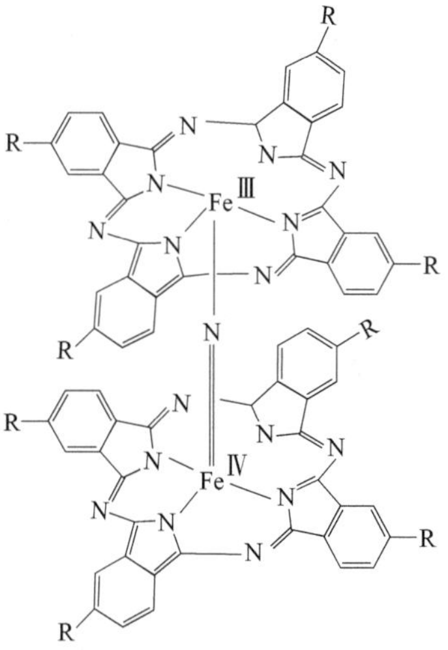

最近有以 MFI 型硅铝沸石 ZSM-5 为催化剂，在水相中用 H_2O_2 选择性氧化乙烷的研究报道。Rahman 等[64] 在 ZSM-5(1.5 g)、H_2O_2 水溶液（4 mol/L）、30 bar、120 ℃、2 h、0.3 g 三苯基膦（PPh_3）作为添加剂条件下，将乙烷直接氧化成乙酸和甲酸，乙烷转化率为 35.1％，产品分布为乙酸（48.5％）、甲酸（36.3％）、二氧化碳（11.9％）。

图 3-10　μ-氮根二铁酞菁络合物[63]

ZSM-5 的 $SiO_2/Al_2O_3 = 23.8$ 最佳，总生产率为 6.81 mol 乙烷/(kg 催化剂·h)。Rahman 等初步提出了在 ZSM-5 催化剂上乙烷部分氧化生成 CH_3COOH 的反应机理。ZSM-5 中的 B 酸中心和 PPh_3 可能会促进 H_2O_2 形成羟自由基。大分子 PPh_3 不能进入 ZSM-5 的微孔，但有助于 H_2O_2 形成羟基自由基等活性氧化物种。由 H_2O_2 生成的羟基或氧自由基可与 C_2H_6 反应，生成乙酯或 CH_3 自由基等中间体。含氧的中间体很容易转化为醇或醛，然后再转化为羧酸。反应方程式如式(3-38)～式(3-42) 所示，其中式(3-39) 和式(3-40) 占主导地位。

$$H_2O_2 \longrightarrow 2 \cdot OH \tag{3-38}$$

$$C_2H_6 + 4 \cdot OH \longrightarrow CH_3CHO + 3H_2O \tag{3-39}$$

$$CH_3CHO + 1/2O_2 \longrightarrow CH_3COOH \tag{3-40}$$

$$C_2H_6 + 2 \cdot OH \longrightarrow C_2H_5OH + H_2O \tag{3-41}$$

$$C_2H_5OH + O_2 \longrightarrow CH_3COOH + H_2O \tag{3-42}$$

Forde 等[65] 报道了含 Fe/Cu 的 ZSM-5 是 H_2O_2 氧化乙烷的有效、可重复使用的催化剂，反应温度 50 ℃，H_2O_2 浓度约为 0.5 mol/L，不必添加 PPh_3。研究表明，Fe-ZSM-5 对乙烷和 H_2O_2 的催化转化归因于骨架外的铁位点。HZSM-5(30) 显示了 2.8 mol 乙烷/(kg 催化剂·h) 的反应速率，但在相同条件下 1.1%（质量分数）Fe/ZSM-5 速率提高到 47.1 mol 乙烷/(kg 催化剂·h)。Fe/ZSM-5 催化剂的活性来源于其含有的多种铁物种，铁位点的形态对催化活性的影响大于铁载量的影响。使用 2.5% Fe/ZSM-5(30) 催化剂进行工艺优化，在乙烷转化率为 56% 的情况下，生产效率可达 65 mol 乙烷/(kg 催化剂·h)，主要产品为乙酸（70% 选择性，39.1% 收率）。与 Rahman 等[64] 的研究一致，电子顺磁共振（EPR）自由基捕获研究显示溶液中有·OH，然而机理研究表明反应路径（图 3-11）与上文[64] 明显不同。研究中观察到三种初级产物：乙醇、乙烯和乙基过氧化氢。乙醇和乙基过氧化氢经过乙醛继续氧化生成乙酸，或发生 C—C 断裂反应生成 C_1 产物（甲基过氧化氢、甲醇、甲酸和 CO_x）；同时，乙烯可被氧化成乙酸和 C_1 产物。上述反应路径的差异可能是因为使用了不同的反应条件。

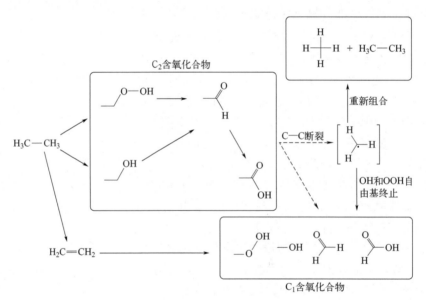

图 3-11　乙烷低温 H_2O_2 氧化反应路径[64]

此外，Armstrong 等[66] 报道了使用 ZSM-5 催化剂在滴流床反应器中乙烷的低温连续 H_2O_2 氧化，0.4%（质量分数）Fe/ZSM-5（30）催化下，可以实现 22% 乙烷转化为乙酸（73% 选择性，16% 收率），同时对碳氧化物的选择性很低（约 1%）。

市场上的乙酸主要通过甲醇羰基化法生产，替代方法包括从乙烯直接生成乙酸，或者乙烯-乙醛-乙酸两步法，但是两种替代方法需要乙烷蒸汽裂解制备乙烯，因此乙烷的直接部分氧化生成乙酸无疑是一较短的路径，一直得到关注。一系列的催化剂体系显示了在水相中催化乙烷氧化的活性，但从水相中提取浓度很稀的含氧产物是有挑战性的。通过高温气相操作也许可以解决分离问题，但是在高温下 C_2 含氧产物可能会进一步氧化生成 CO_x。近年有一些 H_2O_2 作为氧化剂氧化乙烷的报道，但没有计算 H_2O_2 的利用率，成本较高，经济性存在问题，直接氧化工艺是否优于目前的间接工艺令人怀疑。一种可能的解决方案是通入 H_2 与 O_2 原位生成 H_2O_2，然而这又需要高纯 H_2，还需考虑生成 H_2O_2 的效率和安全性。总之，虽然现在有一些催化剂体系已被用于乙烷直接氧化制含氧化合物，但这些催化剂还没有表现出工业化所需要的性能，仍有很大的改进空间。未来研究重点应该是设计一种高效的催化剂，在温和的反应条件下选择性地部分氧化乙烷，同时结合当地的资源条件，经济成本上要合算。

3.3.2 乙烷芳构化制芳香烃

乙烷升级的另一应用是催化选择性转化为易于运输的液态芳香烃（主要是苯、甲苯和二甲苯），这涉及多步催化反应：脱氢、齐聚和芳构化。乙烷芳构化催化剂通常由金属脱氢中心和酸性中心组成。乙烷的芳构化始于金属中心上的脱氢反应，在酸性中心上发生低聚和芳构化反应。酸性中心常常由沸石分子筛提供，其中具有较高的热稳定性、形状选择性以及可调酸度的 ZSM-5 分子筛成为代表。ZSM-5 分子筛具有强酸性，而且有三维孔道结构，其 10 元环孔径非常接近苯分子的大小，不仅有利于单环芳烃的形成，而且极大地抑制了多环芳烃的生成，而多环芳烃被认为是焦炭的前体。金属中心功能和沸石分子筛的酸性将共同影响乙烷芳构化催化剂的活性、选择性和稳定性。

3.3.2.1 热力学及基元步骤

乙烷转化为芳烃的催化基本步骤见式(3-43)～式(3-47)。

脱氢
$$C_2H_6 \longrightarrow H_2 + C_2H_4 \tag{3-43}$$

低聚
$$2C_2H_4 \longrightarrow C_4H_8 \tag{3-44}$$

$$C_4H_8 + C_2H_4 \longrightarrow C_6H_{12} \tag{3-45}$$

环化
$$\tag{3-46}$$

脱氢
$$\tag{3-47}$$

乙烷芳构化制苯和二甲苯的总化学方程式分别见式(3-48) 和式(3-49)。

$$3C_2H_6 \longrightarrow C_6H_6 + 6H_2 \tag{3-48}$$

$$4C_2H_6 \longrightarrow C_8H_{10} + 7H_2 \tag{3-49}$$

副反应可能包括乙烷或乙烯的氢解生成甲烷，见式(3-50) 和式(3-51)。

$$C_2H_6 + H_2 \longrightarrow 2CH_4 \tag{3-50}$$

$$C_2H_4 + 2H_2 \longrightarrow 2CH_4 \tag{3-51}$$

根据热力学计算，短链烷烃催化转化为苯比转化为相应的烯烃更为有利[67]。在上述催化基本步骤中，脱氢步骤是热力学上最不利的步骤，而催化裂解或氢解生成不需要的 CH_4 在热力学上具有优势。因此，对于研发新的双功能催化剂，脱氢和氢解反应活性平衡至关重要。催化剂优化设计需要了解金属脱氢/氢解作用与沸石酸性之间的关系。

3.3.2.2 乙烷芳构化催化剂

(1) 沸石酸性和骨架结构的影响

Bragin 等[68] 证明了酸性中心在乙烷向芳烃转化中的重要性。三种不同酸度的 ZVM 沸石（Na-ZVM、HNa-ZVM 和 H-ZVM）用于乙烷和乙烯芳构化，Na 型 ZVM 沸石对乙烷和乙烯催化转化几乎没有活性。酸性中心经 Na$^+$ 钝化后，催化活性完全被抑制，表明酸性在芳构化过程中起着至关重要的作用。

为了进一步说明酸性对乙烷芳构化反应的影响，还须讨论沸石硅铝比与催化性能的关系。降低沸石骨架中的硅铝比会增加潜在酸位的数量。Schulz 等[69] 研究了 HZSM-5（经 Ga 功能化）的硅铝比对乙烷转化为芳烃的影响。随着硅铝比从 15 增加到 50，乙烷转化率（<10%）和总芳烃选择性（<30%）均显著降低。然而，当硅铝比从 50 进一步提高到 95 时，乙烷转化率和产物分布没有明显变化。在较高的硅铝比下（硅铝比大于 50），催化剂可提供的酸性中心少，发生在酸位点的齐聚和环化反应受到限制，乙烯（由乙烷在 Ga$_2$O$_3$ 上脱氢产生）不能有效地转化为芳烃。如果乙烯不能被迅速地从反应体系中去除，乙烷的转化将受到严重限制。因此，较高的硅铝比对应着较低的乙烷转化率。

Vosmerikova 等[70] 研究了锌改性不同骨架类型沸石分子筛催化下的乙烷芳构化反应，采用 SiO$_2$ 与 Al$_2$O$_3$ 比值分别为 70、80、90 和 83 的 ZSM-5、ZSM-8、ZSM-11 和 ZSM-12 沸石分子筛，催化反应结果见图 3-12，乙烷转化率和芳烃选择性均按 ZSM-5＞ZSM-8＞ZSM-11＞ZSM-12 的顺序，而烯烃的选择性按相反的顺序变化。由此得出，沸石骨架类型对催化乙烷转化性能有很大影响。沸石分子筛的结构会影响分子筛孔道内金属物种的落位，从而影响金属功能与沸石酸性之间的协同作用。ZSM-5 的正交结构和三维孔道体系有利于芳烃的形成，而 ZSM-12 的单斜结构和一维孔道体系有利于烯烃的生成。除芳烃总收率外，沸石骨架的作用也影响芳烃的分布。与其他沸石类型相比，在 Zn-ZSM-5 催化下，单环芳烃（苯、甲苯）较多，萘和烷基萘较少。

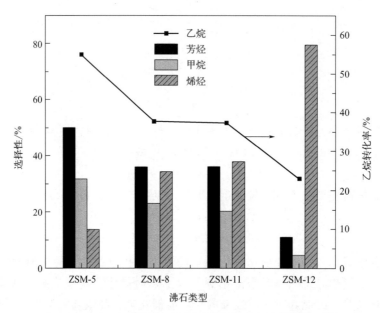

图 3-12　沸石骨架类型对含 Zn 催化剂乙烷芳构化性能的影响[70]

（2）金属组分的影响

用于乙烷芳构化催化剂中的金属组分有ⅠB 和ⅡB 族金属（例如 Cu、Zn），ⅢA 和ⅣA 族金属（例如 Ga、Ge 和 Sn），Ⅷ族贵金属（例如 Pt、Rh 和 Pd）。可以采用单金属组分，也可采用多金属组分对沸石分子筛进行改性，制备出用于催化乙烷芳构化反应的双功能催化剂。用金属离子对沸石分子筛进行改性可以在沸石分子筛合成过程中或之后进行。沸石分子筛合成后可以通过离子交换、浸渍或者物理混合引入金属离子。催化剂的制备方法和金属前驱体类型都会对催化剂的性能产生影响。催化剂中的金属物种可以以纳米颗粒、小的团簇形式存在，或者通过离子交换以路易斯酸（Lewis 酸，即 L 酸 $M^{\delta+}$）的形式存在。催化剂中金属组分主要功能是催化乙烷脱氢，然后在酸性中心上继续发生低聚和芳构化反应。对于价格昂贵而且脱氢性能强的金属（例如 Pt），金属负载量要尽可能低。一种有效的乙烷芳构化催化剂，需要金属的脱氢功能和沸石分子筛的酸性相协调。用于乙烷芳构化的一些专利催化剂组成、反应条件和反应结果见表 3-6[71]。

表 3-6　乙烷芳构化的专利催化剂总结[71]

年份	公司	催化剂	温度 /℃	压力 /bar	乙烷转化率/%	芳烃		甲烷选择性 /%
						产率 /%	选择性 /%	
1978	美孚石油公司	0.25% Cu-1% Zn/HZSM-5	593	1	31.3	19.1	61.0	36.1
		0.1% Pt/HZSM-5	593	1	15.8	7.63	48.3	37.3
		0.4% Pt/HZSM-5	593	1	32.0	10.6	33.1	61.3
		HZSM-5	593	1	1.3	0.3	23.1	38.5
		2.5% Cu/HZSM-5	593	1	12.8	10.3	80.5	14.1
		2.1% Zn/HZSM-5	593	1	11.0	8.1	73.6	12.7
1982	美孚石油公司	0.5% Ga/HZSM-5	565	$1.45×10^{-4}$	15.0	8.8	59.0	29.3
		1% Ga/HZSM-5	565	$1.45×10^{-4}$	11.0	7.2	64.0	27.3
		0.25% Cu-1% Zn/HZSM-5	621	$1.45×10^{-4}$	32.0	10.4	35.0	36.3
1988	标准石油公司	Ga/HZSM-5	620	—	14.2	10.6	75.0	—
		Ga/HZSM-5,2%Rh	615	—	13.4	7.7	50.0	20.8
		Ga/HZSM-5,1%Re	620	—	40.5	22.6	55.8	31.3
		Ga/HZSM-5,0.6%Re,0.3%Rh	620	—	46.2	28.1	60.8	23.7
		Ga/HZSM-5,0.6%Re,0.3%Pt	620	—	25.0	17.5	70.2	11.4
1990	英国能源公司	1.6%Ga/HZSM-x	627	—	51.8	17.2	33.2	—
2014	壳牌公司	0.006%Pt-0.005Sn/HZSM-5	630	1	44.4	29.3	66.1	15.7
		0.025%Pt-0.012Sn/HZSM-5	630	1	48.0	28.7	59.8	24.2
		0.044%Pt-0.04Sn/HZSM-5	630	1	50.4	30.9	61.3	24.6
		0.1%Pt-0.076Sn/HZSM-5	630	1	55.4	31.7	57.2	30.2
		0.233%Pt-0.217Sn/HZSM-5	630	1	56.6	33.5	59.2	29.7
		0.044%Pt-0.044Ge/HZSM-5	630	1	46.4	30.9	66.5	18.2
		0.044%Pt-0.084Ge/HZSM-5	630	1	46.6	31.5	67.7	16.3
		0.044%Pt-0.121Ge/HZSM-5	630	1	45.1	30.7	68.0	15.4

续表

年份	公司	催化剂	温度/℃	压力/bar	乙烷转化率/%	芳烃产率/%	芳烃选择性/%	甲烷选择性/%
2015	壳牌公司	0.018%Pt-0.014Ga/HZSM-5	630	1	44.9	25.6	57.0	26.4
		0.024%Pt-0.15Ga/HZSM-5	630	1	46.5	30.9	66.4	17.8
		0.028%Pt-0.47Ga/HZSM-5	630	1	48.2	33.7	69.9	16.1
		0.2%Pt-0.145Ga/HZSM-5	630	1	63.2	30.2	47.8	42.6
		0.2%Pt-0.92Ga/HZSM-5	630	1	50.0	32.5	64.9	22.5
		0.04%Pt/HZSM-5	630	1	60.4	32.5	53.8	38.1
		0.04%Pt-0.04Fe/HZSM-5	630	1	58.0	34.1	58.8	32.1
		0.04%Pt-0.08Fe/HZSM-5	630	1	50.9	33.2	65.2	24.2
		0.15%Pt-0.15Fe/HZSM-5	630	1	68.5	37.0	54.0	30.5

注：由于不同专利采用了不同的反应条件（温度、压力、空速），催化性能相互比较较难。

3.3.2.3 催化剂失活

使用酸性沸石催化剂时，催化剂积炭失活是一个常见的工业障碍。在乙烷芳构化反应条件下，减少催化剂表面的焦炭生成尤其具有挑战性，因为乙烷芳构化和焦炭的生成在高温、低压和进料中没有氢气的情况下在热力学上都是有利的。式（3-52）和式（3-53）表明炭沉积可直接来自乙烷。当然焦炭也可以由反应中间体和产物脱氢形成。

$$C_2H_6 \longrightarrow 2C+3H_2 \qquad \ln K_1 = 11.4(873\ K) \qquad (3-52)$$

$$C_2H_6 \longrightarrow C+CH_4+H_2 \qquad \ln K_2 = 10.6(873\ K) \qquad (3-53)$$

对于许多碳氢化合物加工应用，减缓焦炭引起催化剂性能下降的一种方法是添加氢气，并增加催化剂的金属负载量，以促进表面上大的焦炭前体分子快速氢化/裂解。然而，由于氢气分压增加既抑制了烷烃脱氢（烷烃芳构化的关键步骤），又增加了不希望发生的氢解反应（生成 CH_4）的速率，因此氢气的加入对乙烷芳构化并不适用。另一种减少结焦的方法是用磷酸盐或稀土对沸石改性，调节其表面酸性。

除结焦外，金属（特别是锌）的迁移、聚集和升华是失活的另一个主要原因。为了稳定金属物种，一种有效的方法是加入第二种金属。例如研究发现双金属 Zn-Pd 改性 ZSM-5 催化剂比 Zn-ZSM-5 催化剂稳定得多。

为了将乙烷芳构化工艺应用于工业规模，必须考虑并抑制上述两种类型的失活。乙烷芳构化的商业化更依赖于提高催化剂的稳定性，延长催化剂寿命是实现该工艺经济可行性的关键。

3.3.3 乙烷氧氯化制氯乙烯

聚氯乙烯是世界五大通用塑料之一，在工业、农业、国防及人民群众日常生活中应用广泛。氯乙烯是合成聚氯乙烯的单体。

乙烷氧氯化法以乙烷为原料，用一步法直接合成氯乙烯，其反应方程式为：

$$C_2H_6 + HCl + O_2 \longrightarrow C_2H_3Cl + 2H_2O \qquad (3-54)$$

如果有廉价乙烷供应，此方法原料价格及设备投资将比乙烯法工艺大大减少。目前常用的催化剂是 Cu 系列，反应温度在 $450 \sim 500\ ℃$。Wang 等[72] 将一系列 $Cu_{1-x}Mg_xCr_2O_4$ 尖晶石氧化物用于催化乙烷氧氯化反应，其中 $Cu_{0.6}Mg_{0.4}Cr_2O_4$ 催化剂性能最佳，乙烷转化率 95.6%，氯乙烯选择性 50.2%。铁基催化剂[73]、稀土金属基催化剂[74] 等也被报道用于此反应。一些在乙烯氧氯化反应中性能优异的催化剂用于乙烷氧氯化反应，却主要得到乙烯，产物中氯乙烯很少（图 3-13）[75,76]。可能原因是乙烷活化会占据乙烯氧氯化的活性中心，从而乙烷脱氢生成的乙烯脱附成为主产物，而不是继续反应生成氯乙烯。因此，乙烯、乙烷共进料进行氧氯化反应，生成的氯乙烯反而会减少。

　　乙烷氧氯化工艺现在还在实验室研究阶段，至今尚无工业化的报道。现在还需解决如下问题：此工艺需要丰富且廉价的乙烷原料供应，才能和乙烯路线竞争；需开发更高效的催化剂；需解决催化剂热稳定性问题，常用的 Cu 基催化剂活性组分 $CuCl_2$ 熔点为 498 ℃，在 500 ℃ 的反应温度下极易流失，特别是在反应器中的一些局部热点区域。

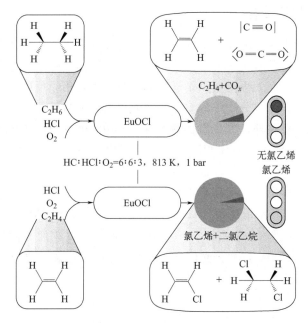

图 3-13　相同催化剂（EuOCl）、同样反应条件下，不同烃源氧氯化过程的产物分布[76]

　　除此，制备氯乙烯的生产工艺还有乙炔法和乙烯法。乙炔法又称电石法，是最早的氯乙烯生产工艺。此法首先用 CaO 和焦炭在炼炉中于 2000 ℃ 下生成 CaC_2（电石），然后 CaC_2 水解生成 C_2H_2，最后 C_2H_2 与 HCl 在汞系催化剂（例如 $HgCl_2/C$）催化下 150 ℃ 反应生成氯乙烯。其反应方程式如下：

$$CaC_2 + 2H_2O \longrightarrow CH\equiv CH + Ca(OH)_2 \tag{3-55}$$

$$CH\equiv CH + HCl \xrightarrow{150\ ℃} CH_2=CHCl \tag{3-56}$$

乙炔法高耗能、高污染，在发达国家已经被淘汰。

乙烯法用乙烯为原料，主要工艺是平衡氧氯化法，其反应方程式如下：

$$CH_2=CH_2 + Cl_2 \longrightarrow CH_2Cl—CH_2Cl \tag{3-57}$$

$$CH_2Cl—CH_2Cl \longrightarrow CH_2=CHCl + HCl \tag{3-58}$$

$$CH_2=CH_2 + 2HCl + \frac{1}{2}O_2 \longrightarrow CH_2Cl—CH_2Cl + H_2O \tag{3-59}$$

总反应方程式为：

$$2CH_2{=}CH_2+Cl_2+\frac{1}{2}O_2 \longrightarrow 2CH_2{=}CHCl+H_2O \tag{3-60}$$

在上述反应过程中，氯化氢保持平衡，不需要补充也不需要处理。乙烯法主要采用 $CuCl_2/\gamma\text{-}Al_2O_3$ 催化剂，反应温度为 280 ℃，是目前世界上比较先进、普遍采用的氯乙烯生产工艺。

3.4 乙烷催化转化新技术

3.4.1 光催化乙烷转化

光催化通常指利用光能来加速化学反应的过程。常规的多相光催化剂主要采用金属氧化物等半导体材料，这些材料在光照条件下能发生电子跃迁，从而产生光生电子和空穴。其中，光生电子是还原剂，而光生空穴则是氧化剂，引发氧化还原反应。

相比于乙烯和乙炔，乙烷分子中的 C—H 键能更大，在自然界中能更稳定的存在。也就是说，除了乙烷与氧气燃烧外，大多数乙烷转化过程在 298 K 时 $\Delta G^\ominus$ 为正值，热力学上是不利[77]。然而光子的能量属于非体积功，可降低反应体系的 ΔG，从而引发热力学上不利的反应，提高平衡常数，促进乙烷在温和条件下的转化。

光催化乙烷转化的历史可以追溯到以氢气为主要产物的乙烷的汞光敏化分解过程[78,79]。后来，Thevenet 等在 1974 年报道了室温下，紫外光照射锐钛矿型 TiO_2 非多孔粒子表面，乙烷可以选择性地光氧化为 18% 的醛[80]。目前，人们已经探索的光催化乙烷转化过程主要分为三方面（如图 3-14 所示）：均相光催化、多相光催化和超临界光催化。下面对上述光催化乙烷转化的研究进行简要总结。

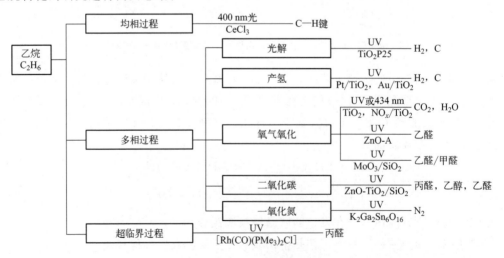

图 3-14 光催化乙烷转化途径[81]

3.4.1.1 乙烷均相光催化转化

乙烷的均相光催化转化过程包括芳基化、烷基化和胺化反应。均相催化中通常使用金属络合物催化剂，因此，均相光催化乙烷转化过程通常遵循配体-金属电荷转移（ligand-metal-charge-transfer，LMCT）光激发机理。也就是说通过光子的能量促进催化剂中的配体与金属中心原子之间的电荷转移，从而实现乙烷的官能化。

Hu 等[82] 在室温和 400 nm LED 灯照条件下，采用 LMCT 和氢转移相耦合的自由基反应途径，实现了乙烷 C-N 偶联反应。在铈盐催化剂上，氢原子转移催化与 LMCT 对乙烷的活化和官能化展现了协同效应。如图 3-15 所示，首先，C—H 键通过热力学有利的质子转移（HAT）过程被 R-O·断裂，生成 CH$_3$ 和醇（R-OH）。CH$_3$ 物种与 CH$_2$CN 偶联形成双键，并生成新的自由基中间体。中间体被 Ce(Ⅲ) 物种还原，Ce(Ⅲ) 物种被再生为活性 Ce(Ⅳ) 物种，并使 C—H 键官能化。

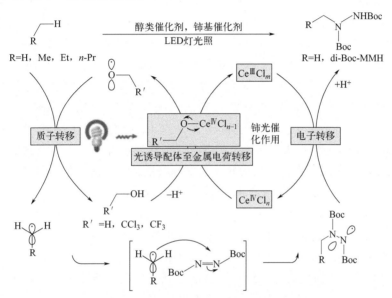

图 3-15　铈催化气态烷烃 C（SP3)-H 官能化机理[82]

Boc 指叔丁氧羟基；MMH 指一甲基肼

Brigden 等[83] 采用均相光催化过程，将乙烷转化为烷基化的缺电子烯烃，产率达到 90%。当使用摩尔分数 20% 2,2,2-三氯乙醇和 0.5% CeCl$_3$ 催化剂时，反应性能最佳。与甲烷相比，乙烷在乙腈中的溶解度较高，可在常压下转化，进一步提高乙烷压力至 1000 kPa，反应速度明显加快，仅用 4 小时胺化产物收率可达 97%。

3.4.1.2　乙烷多相光催化转化

与均相光催化相比，多相光催化乙烷转化受到了更多的关注。其主要包括光催化乙烷分解反应和光催化乙烷氧化反应。

氢气是未来的清洁能源载体，光催化乙烷分解反应的主要目的是制氢。乙烷的光催化分解产 H$_2$，以 TiO$_2$ 作为催化剂时，C$_2$H$_6$ 的转化率很低，约为 4%[84]。但是，贵金属 Pt 和 Au 掺杂 TiO$_2$ 可以显著改善 C$_2$H$_6$ 的光解性能[85,86]，使 C$_2$H$_6$ 转化率达到 23.5%。反应过程中，H$_2$ 是主要的气态产物，标准状态下产率可达 70 m^3/h。由于未检测到其他含碳气态产物，C$_2$H$_6$ 分解产物只有 H$_2$ 和 C，如式（3-61）所示。

$$C_2H_6 \xrightarrow{h\nu} 3H_2 + 2C \tag{3-61}$$

式中，h 为普朗克常量，其值为 $6.6260693(11) \times 10^{-34}$ J·s；ν 为光的频率。

光催化乙烷氧化反应通常采用 O_2、CO_2 或 NO 作为氧化剂。

(1) O_2 氧化乙烷

O_2 氧化乙烷可完全氧化成 CO_2 和 H_2O，如式(3-62)，可部分氧化成 CO 和 H_2，如式(3-63)，也可选择氧化成乙烯和水，如式(3-64)。

$$C_2H_6 + 7/2O_2 \longrightarrow 2CO_2 + 3H_2O \qquad (3\text{-}62)$$

$$C_2H_6 + O_2 \longrightarrow 2CO + 3H_2 \qquad (3\text{-}63)$$

$$C_2H_6 + 1/2O_2 \longrightarrow C_2H_4 + H_2O \qquad (3\text{-}64)$$

Brigden 等[83] 在 150 ℃ 条件下，研究了紫外光诱导乙烷在 TiO_2 上光氧化反应生成 CO_2，发现 CO_2 的生成量随着 O_2 浓度的增加而增加。Sato[87] 合成了 NO_x 掺杂 TiO_2 催化剂，用于可见光下乙烷的光催化氧化生成 CO_2，并发现 NO_x 掺杂可促进光响应。

与产生 H_2O 和 CO_2 的完全氧化不同，从乙烷中产生有用的含氧化合物的选择性部分氧化过程特别引人关注。Wada 等[88] 以 n 型半导体（金属氧化物）为催化剂，探索了 $C_1 \sim C_3$ 烷烃在室温到 550 K 温度范围内的光催化氧化反应。他们发现在 493 K 温度、紫外光照射和氧化锌催化剂条件下，甲烷和乙烷分别被光催化氧化为甲醇（4.7 $\mu mol/h$，选择性约为 10%）和乙醇（84 $\mu mol/h$，选择性约为 75%）。氧化丙烷时，可得到 56 $\mu mol/h$ 丙酮和 57 $\mu mol/h$ 丙醛（联合选择性大于 75%）。然而，在常温条件下，上述产物的产率很小。此外，氧化钛催化剂也表现出将低碳烷烃转化为酮和醛的催化性能，但与氧化锌相比选择性较低。此外，MoO_3/SiO_2 催化剂在 493 K 下也表现出光氧化活性，可将乙烷与 O_2 选择性地转化为甲醛（22 $\mu mol/h$）和乙醛（60 $\mu mol/h$），总醛类选择性超过 90%[89]。V_2O_5/SiO_2 对甲烷和乙烷在高温下氧化成相应的醛也表现出紫外光催化活性，在 493 K 时可得到 68 $\mu mol/h$ 甲醇和 85 $\mu mol/h$ 乙醛，甲醇在 2 h 内的选择性为 76%，乙醛在 1 h 的选择性为 90%[90]。累积的钒表面物种被认为是乙烷光催化氧化反应的活性中心，对于甲烷的光催化氧化，活性中心则是孤立的四配位氧化钒的表面物种。Kaliaguine 等也证实了 V_2O_5/SiO_2 对乙烷的光催化氧化活性[91]。

(2) CO_2 氧化乙烷

CO_2 的转化和利用已引起人们的广泛关注。乙烷氧化脱氢作为一种很有前途的乙烷生产乙烯的工艺，可以用 CO_2 作为软氧化剂。然而，目前的工艺通常是在较高的温度（873 K）下进行的。由于光能的注入，乙烷与 CO_2 的光氧化反应可在较低的温度条件下进行。

Wang 等[92] 报道了紫外光照射对 $ZnO\text{-}TiO_2/SiO_2$ 催化剂上 CO_2 和乙烷化学吸附态及反应活性的影响。在紫外光照射条件下，吸附的 CO_2 在 465 K 分解为 CO。在 393～493 K 时，乙烷反应产物主要包括乙醛、乙醇和丙醛。473 K 是生成丙醛和乙醇的较适宜反应温度，在该温度条件下，5% $ZnO\text{-}TiO_2/SiO_2$ 催化剂上丙醛和乙醇的产率分别达到 75.6 $\mu mol/h$ 和 50.9 $\mu mol/h$。

Zhang 等[93] 开发了用于光催化乙烷室温氧化脱氢的 Pd/TiO_2 催化剂。他们发现，CO_2 显著改善了产品分布，提高了 C_2H_4 和合成气的产量，分别达到 230.5 $\mu mol/$（g 催化剂·h）和 282.6 $\mu mol/$(g 催化剂·h)。此外，密度泛函理论计算表明，Pd—O 中的共价键和 Pd 的中间能级促进了电子的激发、转移和分离，TiO_2 表面的光诱导空穴、电子和游离 OH 对反应起着至关重要的作用。上述反应机理如图 3-16 所示。第一步，Pd 向 TiO_2 的电子转移通过

Pd—O 共价键进行。第二步，紫外光的激发很容易促使电子从 TiO$_2$ 的价带（VB）进入导带（CB），从而分别在导带和价带中形成分离的电子和空穴（h$^+$）。因此，TiO$_2$ 上的游离 OH$^-$ 物种与其价带中的空穴结合，形成·OH。第三步，吸附的乙基被·OH 或 h$^+$ 氧化形成中间自由基，该自由基不稳定，容易形成 C=C 键。第四步，Pd 不断地从 TiO$_2$ 导带中获得光生电子，为了保持 Pd 原子的中性，Pd 上的光生电子与 H$^+$ 和 CO$_2$ 结合生成了 H$_2$ 和 CO。

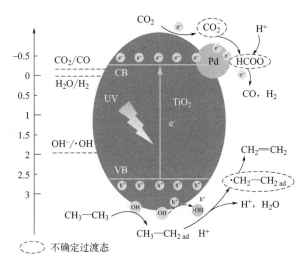

图 3-16　Pd/TiO$_2$ 催化剂上 CO$_2$ 光催化乙烷氧化脱氢机理[93]

（3）NO 氧化乙烷

Mori 等发现锰钡矿型化合物 K$_2$Ga$_2$Sn$_6$O$_{16}$（KGSO）在热活化后能促进烃类（丙烯）选择性还原 NO[94]。Suzuki 等[95] 进一步将 KGSO 催化剂用于乙烷光催化还原 NO。结果表明，NO 和 C$_2$H$_6$ 量随照射时间的延长而减少，N$_2$ 产率增加，如式(3-65)。紫外光照射也可使 C$_2$H$_6$ 的氧化产物乙醛（CH$_3\dot{C}$HO）的量随反应时间延长而增加，式(3-66)。

$$C_2H_6 + 2NO \longrightarrow N_2 + 2CO + 3H_2 \tag{3-65}$$
$$C_2H_6 + 2NO \longrightarrow N_2 + CH_3CHO + H_2O \tag{3-66}$$

3.4.1.3　乙烷超临界光催化转化

众所周知，超临界条件下的乙烷（T_c=32.1 ℃，P_c=4.94 MPa）是金属有机催化剂的理想溶剂。Bitterwolf 等采用超临界乙烷进行光催化羰基化反应[96]。5.0 mg 铑催化剂［Rh(CO)(PMe$_3$)$_2$Cl］与 CO(1378.02 kPa) 和乙烷（10132.5 kPa）混合，然后在 60 ℃下光照 12 h，所得产物为丙醛。然而，这个反应的机理还需要进一步的研究。

尽管乙烷光催化转化最近取得了一些进展，但研究仍处于初级阶段。目前乙烷光催化转化过程主要由紫外光驱动，产物收率均较低。今后还需要努力开发能高效利用太阳光的光催化剂。主要可以从以下三方面来提高光催化效率（图 3-17）：调整可见光响应型半导体催化剂（如 WO$_3$ 和 CuO）的分子结构，进一步缩小其禁带宽度；增加光催化剂的比表面积以增加其吸光面积；通过能级匹配来发展光催化剂的异质结构。此外，还可以应用光热技术，即引入热能来辅助光反应，以提高整体转化效率。

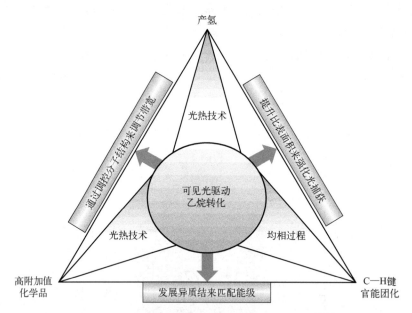

图 3-17 实现可见光驱动乙烷高效转化的潜在途径[81]

3.4.2 等离子体催化乙烷转化

等离子体（plasma）是由大量的带电粒子（电子、负离子及正离子）和中性粒子（原子、分子、自由基和活性基团）所组成的宏观上呈现电中性的物质存在形态，与气体、液体及固体共称为物质的四种存在状态。在实际应用中，大多数等离子体都是通过气体放电或辐射电离（X 射线、紫外光等光电离）的方式来产生的，也就是说产生等离子体的过程就是向反应体系注入能量的过程。这些能量大多数转变为电子的动能，而高能电子可通过非弹性碰撞将自身的能量传递给反应物分子，使反应物分子得到活化，从而引发化学反应。目前，关于等离子体催化乙烷转化的研究主要包括等离子体催化乙烷分解和等离子体催化乙烷-二氧化碳转化。

3.4.2.1 等离子体催化乙烷分解

乙烯是重要的基本化工原料，因此，乙烷分解的最佳产物是乙烯。早在 20 世纪 80 年代，意大利学者 Canepa 等就研究了射频等离子体裂解乙烷，并考察了反应压力和注入功率对乙烷裂解反应的影响[97,98]。研究结果表明，乙烷裂解的主要气相产物是氢气、甲烷和乙炔，只有少量乙烯，乙烯的产率随放电功率的增加而升高，但同时也发现生成了高度交联的聚乙烯固体产物。21 世纪初期，美国阿拉莫斯国家实验室 Sanchez-Gonzalez 等采用实验和动力学模拟相结合的方式研究了乙烷在等离子体炬中的反应规律[99]。实验装置图和等离子体放电图像如图 3-18 所示。通过实验和动力学模拟发现，乙烷分解的主要产物是甲烷和乙烯，而甲烷主要来自 H 原子和 CH_3 自由基的复合反应。近年来，伊朗学者 Parvin 等研究了金属催化剂（Pd、Fe、Ni、Cu）与激光诱导等离子体协同裂解乙烷制乙烯[100]。研究结果表明，催化剂能显著调控乙烷裂解产物的选择性，其中 Pd 催化剂最有利于生成乙烯，乙烯选择性达到 39%，反应过程如图 3-19 所示。

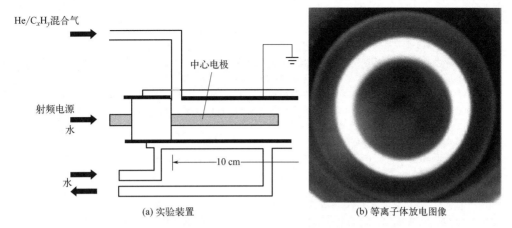

图 3-18　射频等离子体转化乙烷实验装置示意和等离子体放电图像[99]

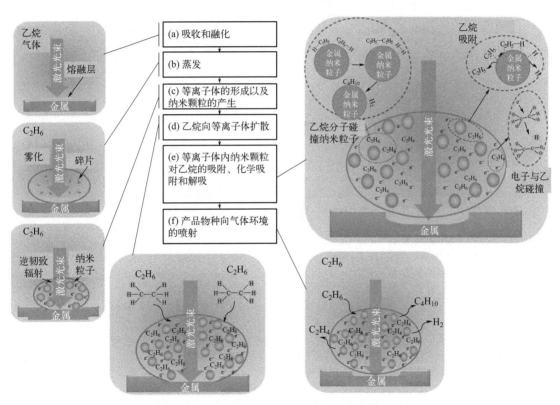

图 3-19　金属催化剂辅助纳秒激光等离子体引发乙烷转化制烃类反应步骤[100]

3.4.2.2　等离子体催化乙烷-二氧化碳反应

乙烷分子是饱和烃，因此，将乙烷转为其他烃类化合物的过程实际上是脱氢过程。二氧化碳分子是完全氧化产物，将二氧化碳转化为其他烃类或有机含氧化合物实际上是加氢过程。因此，将乙烷和二氧化碳共转化，就是将脱氢和加氢过程相耦合，提高原子利用率。西班牙学者 Gomez-Ramirez 等研究了等离子体催化乙烷和二氧化碳转化制甲醛[101]，发现分散在 $BaTiO_3$ 铁电体上的 $V_2O_5/\gamma\text{-}Al_2O_3$ 催化剂能显著提高甲醛的选择性，在乙烷完全转化的条件下得到 11.4% 的甲醛收率。

参考文献

[1] 瞿国华. 世界乙烯工业发展新动向 [J]. 石油化工技术与经济，2015，31（01）：1-5.

[2] 雷琳琳，李亚男，彭治超. 从世界油气资源发展形势看中国油气资源战略 [J]. 中外能源，2019，24（04）：1-7.

[3] 张东晓，杨婷云. 页岩气开发综述 [J]. 石油学报，2013，34（04）：792-801.

[4] 马嘉，李春燕，辛江，等. 轻质原料裂解制乙烯路径分析 [J]. 化学工业，2018，36（05）：23-27.

[5] Ian Cronshaw. World energy outlook 2014 projections to 2040：natural gas and coal trade，and the role of China [J]. Aust J. Agr. Resour. Ec.，2015，59（4）：571-585.

[6] 吴指南. 基本有机化工工艺（修订版）[M]. 北京：化学工业出版社，1990：25-27.

[7] Xu H F. Global ethylene industry in 2018 and its development trend [J]. International Petroleum Economics，2019，27：82-88.

[8] 陆浩. 我国乙烯工业及下游产业链发展现状与展望 [J]. 当代石油石化，2022，30（4）：22-27.

[9] 黄磊. 中国乙烯行业发展现状与趋势展望 [J]. 云南化工，2019，46（12）：4-7.

[10] 温嚣，郭晓莉，苟尕莲，等. 乙烷裂解制乙烯的工艺研究进展 [J]. 现代化工，2020，40（05）：47-51.

[11] 徐海丰，朱和. 2017年世界乙烯行业发展状况与趋势 [J]. 国际石油经济，2018，26（05）：49-54.

[12] Maporti D，Galli F，Mocellin P，et al. Flexible ethylene production：electrified ethane cracking coupled with oxidative dehydrogenation [J]. Energ. Convers. Manage.，2023，298：117761.

[13] Moulijn J A，Makkee M，van Diepen A. Chemical process technology [M]. Chichester：Wiley，2001.

[14] Galvita V，Siddiqi G，Sun P，et al. Ethane dehydrogenation on Pt/Mg（Al）O and PtSn/Mg（Al）O catalysts [J]. J. Catal.，2010，271（2）：209-219.

[15] Gärtner C A，van Veen A C，Lercher J A. Oxidative dehydrogenation of ethane：common principles and mechanistic aspects [J]. ChemCatChem，2013，5：3196-3217.

[16] Bhasin M M，McCain J H，Vora B V，et al. Dehydrogenation and oxydehydrogenation of paraffins to olefins [J]. Appl. Catal. A：Gen.，2001，221：397.

[17] Ashmawy F M. Catalytic dehydrogenation of propane on chromia，palladium and platinum supported catalysts [J]. Appl. Biochem. Biotechnol.，1977，27：137-142.

[18] Yang Z Y，Li H，Zhou H，et al. Coking-resistant iron catalyst in ethane dehydrogenation achieved through siliceous zeolite modulation [J]. J. Am. Chem. Soc.，2020，142（38）：16429-16436.

[19] 徐康. 低碳烷烃的催化转化-II. 乙烷、丙烷、丁烷的催化加工利用 [J]. 化学进展，1991，01：46-57.

[20] Gobine E，Hughes R J. Ethane dehydrogenation using a high-temperature catalytic membrane reactor [J]. J. Membr. Sci.，1994，90：11.

[21] 刘建佳. 中美乙烷裂解项目经济性对比研究：以美国乙烷为原料 [J]. 上海化工，2017，42（04）：31-34.

[22] Ranjan P，Kannan P，Shoaibi A A，et al. Modeling of ethane thermal cracking kinetics in a pyrocrack [J]. Chem Eng Technol.，2012，35（6）：1-6.

[23] Schietekat C M，Sarris S A，Reyniers P A，et al. Catalytic coating for reduced coke formation in steam，cracking reactors [J]. Ind. Eng. Chem. Res.，2015，54（39）：9525-9535.

[24] Zhang X L，Zhu A M，Li X H，et al. Oxidative dehydrogenation of ethane with CO_2 over catalyst under pulse corona plasma [J]. Catal. Today，2003，89（1）：97-102.

[25] 邓双，李会泉，张懿. 纳米 Cr_2O_3 系列催化剂上 CO_2 氧化乙烷脱氢制乙烯反应 [J]. 催化学报，2003，10：744-750.

[26] Morales E，Lunsford J H. Oxidative dehydrogenation of ethane over a lithium-promoted magnesium-oxide catalyst [J]. J. Catal.，1989，118：225.

[27] Conway J，Lunsford J H. The Oxidative dehydrogenation of ethane over chlorine-promoted lithium magnesium-oxide catalysts [J]. J. Catal.，1991，131：513.

[28] Swaan H M，Toebes A，Seshan K，et al. The kinetic and mechanistic aspects of the oxidative dehydrogenation of ethane over Li/Na/MgO catalysts [J]. Catal. Today，1992，13：201-208.

[29] Solsona B，Concepción P，Hernández S，et al. Oxidative dehydrogenation of ethane over NiO-CeO_2 mixed oxides catalysts [J]. Catal. Today，2012，180（1）：51-58.

[30] Zhu H，Rosenfeld D C，Harb M，et al. Ni—M—O（M＝Sn，Ti，W）catalysts prepared by a dry mixing method for oxidative dehydrogenation of ethane [J]. ACS Catal.，2016，6：2852-2866.

[31] Heracleous E，Lemonidou A A. Ni—Me—O mixed metal oxides for the effective oxidative dehydrogenation of ethane to ethylene-Effect of promoting metal Me [J]. J. Catal.，2010，270：67-75.

［32］ Delgado D，Sanchís R，Cecilia J A，et al. Support effects on NiO-based catalysts for the oxidative dehydrogenation （ODH） of ethane ［J］. Catal. Today，2019，333：10-16.

［33］ Lin X，Hoel C A，Sachtler W M H，et al. Oxidative dehydrogenation （ODH） of ethane with O-2 as oxidant on selected transition metal-loaded zeolites ［J］. J. Catal. ，2009，265：54-62.

［34］ Bars J L，Auroux A，Forissier M，et al. Active sites of V_2O_5/γ-Al_2O_3 catalysts in the oxidative dehydrogenation of ethane ［J］. J. Catal. ，1996，162 （2）：250-259.

［35］ Qiao A，Kalevaru V N，Radnik J，et al. Oxidative dehydrogenation of ethane to ethylene over V_2O_5/Al_2O_3 catalysts：effect of source of alumina on the catalytic performance ［J］. Ind. Eng. Chem. Res，2014，53 （49）：18711-18721.

［36］ Klisinska A，Samson K，Gressel I，et al. Effect of additives on properties of V_2O_5/SiO_2 and V_2O_5/MgO catalysts I. Oxidative dehydrogenation of propane and ethane ［J］. Appl. Catal. A：Gen. ，2006，309：10.

［37］ Erdöhelyi A，Solymosi F. Oxidation of ethane over silica-supported alkali-metal vanadate catalysts ［J］. J. Catal. ，1991，129 （2）：497.

［38］ Sarkar B，Goyal R，Sivakumar Konathala L N，et al. MoO_3 nanoclusters decorated on TiO_2 nanorods for oxidative dehydrogenation of ethane to ethylene ［J］. Appl. Catal. B：Environ. ，2017，217：637-649.

［39］ Solsona B，Dejoz A，Garcia T，et al. Molybdenum-vanadium supported on mesoporous alumina catalysts for the oxidative dehydrogenation of ethane ［J］. Catal. Today，2006，117：228.

［40］ Botella P，Garcia-Gonzalez E，Dejoz A，et al. Selective oxidative dehydrogenation of ethane on MoVTeNbO mixed metal oxide catalysts ［J］. J. Catal. ，2004，225：428.

［41］ Zhu Y Y，Sushko P V，Melzer D，et al. Formation of oxygen radical sites on $MoVNbTeO_x$ by cooperative electron redistribution ［J］. J. Am. Chem. Soc. ，2017，139：12342-12345.

［42］ Liu Y，Xue J，Liu X，et al. Performance of Na_2WO_4-Mn/SiO_2 catalyst for conversion of CH_4 with CO_2 into C-2 hydrocarbons and its mechanism ［J］. Stud Surf Sci Catal. ，1998，119：593-597.

［43］ Huff M，Tormiainen P M，Schmidt L D. Ethylene formation by oxidative dehydrogenation of ethane over monoliths at very short-contact times ［J］. Catal. Today，1994，21：113.

［44］ 李青，钟顺和，邵宇 . CO_2 部分氧化乙烷制乙烯 Pd/V_2O_5-SiO_2 催化剂的研究 ［J］. 石油化工，1999 （05）：3-5.

［45］ 李青，钟顺和，邵宇 . CO_2 部分氧化乙烷制乙烯 Pd-Cu/MoO_3-SiO_2 催化剂的研究 ［J］. 应用化学，1998 （06）：3-5.

［46］ Wang S B，Zhu Z H. Catalytic conversion of alkanes to olefins by carbon dioxide oxidative dehydrogenations：a review ［J］. Energy & Fuels，2004，18 （4）：1126-1139.

［47］ Liu J X，He N，Zhang Z M，et al. Highly-dispersed zinc species on zeolites for the continuous and selective dehydrogenation of ethane with CO_2 as a soft oxidant ［J］. ACS Catal. ，2021，11：2819-2830.

［48］ Chen T，Li W Z，Yu C Y，et al. Catalytic behavior of doped $MTiO_3$ catalysts for oxidative dehydrogenation of ethane ［J］. J Nat Gas Chem. ，1998，7 （04）：283-290.

［49］ Bernal S，Botana F J，Laachir A，et al. Influence of CO_2 on the actual nature and catalytic properties of praseodymium oxide ［J］. Eur. J. Inorg. Chem. 1991，28 （suppl. ）：421.

［50］ Au C T，Chen K D，Dai H X，et al. The modification of Ho_2O_3 with $BaCl_2$ for the oxidative dehydrogenation of ethane ［J］. Appl. Catal. A：Gen. ，1999，177：185.

［51］ Luo J Z，Zhou X P，Chao Z S，et al. Oxidative dehydrogenation of ethane over BaF_2 promoted SmO_3-LaF_3 catalysts ［J］. Appl. Catal. A：Gen. ，1997，159：9.

［52］ Frank B，Morassutto M，Schomäcker R，et al. Oxidative dehydrogenation of ethane over multiwalled carbon nanotubes ［J］. ChemCatChem，2010，2：644-648.

［53］ Shi L，Yan B，Shao D，et al. Selective oxidative dehydrogenation of ethane to ethylene over a hydroxylated boron nitride catalyst ［J］. Chinese J. Catal. ，2017，38：389-395.

［54］ Li X，Iglesia E. Support and promoter effects in the selective oxidation of ethane to acetic acid catalyzed by Mo-V-Nb oxides ［J］. Appl. Catal. A：Gen. ，2008，334：339-347.

［55］ Li X，Iglesia E. Kinetics and mechanism of ethane oxidation to acetic acid on catalysts based on Mo-V-Nb oxides ［J］. J. Phys. Chem. C，2008，112：15001-15008.

［56］ Chen J K，Praveen B，Vemuri B. Shallow-bed reactor design for the autothermal oxidative dehydrogenation of ethane over $MoVTeNbO_x$ catalysts ［J］. Chem. Eng. J. ，2023，474：145660.

［57］ Süss-Fink G，Gonzalez L，Shul'pin G B. Alkane oxidation with hydrogen peroxide catalyzed homogeneously by vanadium-containing polyphosphomolybdates ［J］. Appl. Catal. A：Gen. ，2001，217：111-117.

［58］ Shul'pin G B，Süss-Fink G，Shul'pina L S，et al. Oxidations by the system "hydrogen peroxide-manganese （Ⅳ） complex-carboxylic acid"; Part 3. Oxygenation of ethane, higher alkanes, alcohols, olefins and sulfides [J]. J Mol Catal A Chem. , 2001, 170: 17-34.

[59] Shul'pin G B, Nizova G V, Kozlov Y N, et al. Hydrogen peroxide oxygenation of alkanes including methane and ethane catalyzed by iron complexes in acetonitrile [J]. Adv. Synth. Catal. , 2004, 346: 317-332.

[60] Yuan Q, Deng W, Zhang Q, et al. Osmium-catalyzed selective oxidations of methane and ethane with hydrogen peroxide in aqueous medium [J]. Adv. Synth. Catal. , 2007, 349 (7): 1199-1209.

[61] Tse C W, Chow T W S, Guo Z, et al. Nonheme iron mediated oxidation of light alkanes with oxone: Characterization of reactive oxoiron (Ⅳ) ligand cation radical intermediates by spectroscopic studies and DFT calculations [J]. Angew. Chem. Int. Ed. , 2014, 53 (3): 798-803.

[62] Shul'pin G B, Sooknoi T, Romakh V B, et al. Regioselective alkane oxygenation with H_2O_2 catalyzed by titanosilicalite TS-1 [J]. Tetrahedron Lett. , 2006, 47: 3071-3075.

[63] Alvarez L X, Sorokin A B. Mild oxidation of ethane to acetic acid by H_2O_2 catalyzed by supported μ-nitrido diiron phthalocyanines [J]. J Organomet Chem. , 2015, 793: 139-144.

[64] Rahman A K M L, Indo R, Hagiwara H, et al. Direct conversion of ethane to acetic acid over H-ZSM-5 using H_2O_2 in aqueous phase [J]. Appl. Catal. A: Gen. , 2013, 456: 82-87.

[65] Forde M M, Armstrong R D, Hammond C, et al. Partial oxidation of ethane to oxygenates using Fe-and Cu-containing ZSM-5 [J]. J. Am. Chem. Soc. , 2013, 135 (30): 11087-11099.

[66] Armstrong R D, Freakley S J, Forde M M, et al. Low temperature catalytic partial oxidation of ethane to oxygenates by Fe-and Cu-ZSM-5 in a continuous flow reactor [J]. J. Catal. , 2015, 330: 84-92.

[67] Scurrell M S. Prospects for the direct conversion of light alkanes to petrochemicalfeedstocks and liquid fuels-a review [J]. Appl. Catal. A: Gen. , 1987, 32: 1-22.

[68] Bragin O V, Vasina T V, Isakov Y I, et al. Aromatization of ethane on metal-zeolite catalysts [J]. Stud Surf Sci Catal. , 1984, 18: 273-278.

[69] Schulz P, Baerns M. Aromatization of ethane over gallium-promoted H-ZSM-5 catalysts [J]. Appl. Catal. A: Gen. , 1991, 78: 15-29.

[70] Vosmerikova L N, Barbashin Y E, Vosmerikov A V. Catalytic aromatization of ethane on zinc-modified. zeolites of various framework types [J]. Pet. Chem. , 2014, 54: 420-425.

[71] Xiang Y Z, Wang H, Cheng J H, et al. Progress and prospects in catalytic ethane aromatization [J]. Catal. Sci. Technol. , 2018, 8: 1500-1516.

[72] Wang Y Z, Hu R S, Liu Y, et al. The enhanced catalytic performance of Mg^{2+}-doped $CuCr_2O_4$ catalyst in ethane oxychlorination [J]. J. Catal. , 2019, 373: 228-239.

[73] Zhou Q, Hu R, Jia Y, et al. The role of KCl in $FeCl_3$-KCl/Al_2O_3 catalysts with enhanced catalytic performance for ethane oxychlorination [J]. Dalton Trans. , 2017, 46: 10433-10439.

[74] Scharfe M, Lira-Parada P A, Paunovic V, et al. Oxychlorination-dehydrochlorination chemistry on bifunctional ceria catalysts for intensified vinyl chloride production [J]. Angew. Chem. Int. Ed. , 2016, 55: 3068-3072.

[75] Scharfe M, Lira-Parada P A, Amrute A P, et al. Lanthanide compounds as catalysts for the one-step synthesis of vinyl chloride from ethylene [J]. J. Catal. , 2016, 344: 524-534.

[76] Scharfe M, Zichittella G, Kondratenko V A, et al. Mechanistic origin of the diverging selectivity patterns in catalyzed ethane and ethene oxychlorination [J]. J. Catal. , 2019, 377: 233-244.

[77] Pophristic V, Goodman L. Hyperconjugation not steric repulsion leads to the staggered structure of ethane [J]. Nature, 2001, 411: 565-568.

[78] Bywater S, Steacie E W R. The mercury (3P1) photo-sensitized reaction of ethane at high temperatures [J]. J. Chem. Phys. , 1951, 19: 326-329.

[79] Back R A. The mercury-photosensitized decompositions of propane and ethane [J]. Can J Chem. , 1959, 37: 1834-1842.

[80] Thevenet A, Juillet F, Teichner S J. Photointeraction on the surface of titanium-dioxide between oxygen and carbon monoxide [J]. J. Appl. Phys. , 1974, 13: 529-532.

[81] Zhu Y, Shi S L, Wang C L, et al. Photocatalytic conversion of ethane: status and perspective [J]. Int. J. Energy Res. , 2020, 44: 708-717.

[82] Hu A H, Guo J J, Pan H, et al. Selective functionalization of methane, ethane, and higher alkanes by cerium photocatalysis [J]. Science, 2018, 361: 668-672.

[83] Brigden C T, Poulston S, Twigg M V, et al. Photo-oxidation of short-chain hydrocarbons over titania [J]. Appl. Catal. B: Environ. , 2001, 32: 63-71.

［84］　Turner J A. Sustainable hydrogen production［J］. Science，2004，305：972-974.

［85］　Halasi G，Tóth A，Bánsági T，et al. Production of H_2 in the photocatalytic reactions of ethane on TiO_2 supported noble metals［J］. Int. J. Hydrog. Energy，2016，41：13485-13492.

［86］　Tóth A，Bánsági J，Solymosi F. Effects of H_2O on the thermal and photocatalytic reactions of ethane on supported Au［J］. Mol. Catal.，2017，440：19-24.

［87］　Sato S. Photocatalytic activity of NO_x-doped TiO_2 in the visible light region［J］. Chemical Physics Letters，1986，123，126-128.

［88］　Wada K，Yoshida K，Takatani J，et al. Selective photo-oxidation of light alkanes using solid metal oxide semiconductors［J］. Appl. Catal. A：Gen.，1993，99：21-36.

［89］　Wada K，Yoshida K，Watanabe Y，et al. Selective conversion of ethane into acetaldehyde by photo-catalytic oxidation with oxygen over a supported molybdenum catalyst［J］. Applied Catalysis，1991，74（1）：L1-L4.

［90］　Wada K，Yamada H，Watanabe Y，et al. Selective photo-assisted catalytic oxidation of methane and ethane to oxygenates using supported vanadium oxide catalysts［J］. Journal of the Chemical Society，Faraday Transactions，1998，94：1771-1778.

［91］　Kaliaguine S L，Shelimov B N，Kazansky V B. Reactions of methane and ethane with hole centers O^-［J］. J. Catal.，1978，55：384-393.

［92］　Wang X T，Zhong S H，Xiao X F. Photo-catalysis of ethane and carbon dioxide to produce hydrocarbon oxygenates over $ZnO-TiO_2/SiO_2$ catalyst［J］. J. Mol. Catal.，2005，229：87-93.

［93］　Zhang R，Wang H，Tang S，et al. Photocatalytic oxidative dehy-drogenation of ethane using CO_2 as a soft oxidant over Pd/TiO_2 catalysts to C_2H_4 and syngas［J］. ACS Catal.，2018，8：9280-9286.

［94］　Mori T，Yamauchi S，Yamamura H，et al. New hollandite catalysts for the selective reduction of nitrogen monoxide with propene［J］. Appl. Catal. A：Gen.，1995，129（1）：L1-L7.

［95］　Suzuki J，Fujimoto K，Mori T，et al. Photo-catalytic reduction of NO with C_2H_6 on a hollandite-type catalyst［J］. J Solgel Sci Technol.，2000，19：775-778.

［96］　Bitterwolf T E，Kline D L，Linehan J C，et al. Photochemical carbonylation of ethane under supercritical conditions ［J］. Angew. Chem. Int. Ed.，2001，40（14）：2692-2694.

［97］　Canepa P，Castello G，Munari S，et al. RF plasma reactions in light hydrocarbons：effect of the pressure on the decomposition of ethane［J］. Radiat. Phys. Chem.，1982，19：41-47.

［98］　Canepa P，Castello G，Nicchia S，et al. RF plasma reactions in light hydrocarbons：effect of the input power on the decomposition of ethane［J］. Radiat. Phys. Chem.，1983，21：381-387.

［99］　Sanchez-Gonzalez R，Kim Y，Rosocha L A，et al. Methane and ethane decomposition in an atmospheric-pressure plasma jet［J］. IEEE Trans Plasma Sci.，2007，35：1669-1676.

［100］　Maleki M，Parvin P，Reyhani A，et al. Decomposition of ethane molecules at atmospheric pressure using metal assisted laser induced plasma［J］. J Opt Soc Am.，2015，32：493-505.

［101］　Gomez-Ramírez A，Rico V J，Cotrino J，et al. Low temperature production of formaldehyde from carbon dioxide and ethane by plasma-assisted catalysis in a ferroelectrically moderated dielectric barrier discharge reactor［J］. ACS Catal.，2014，4（2）：402-408.

●·············· **思考题** ··············●

1. 自然界中乙烷的直接来源有哪些？

2. 工业上乙烷的主要用途是什么？

3. 乙烷脱氢制乙烯主要工艺有哪几种？

4. 将乙烷直接裂解制乙烯和乙烷蒸汽裂解制乙烯两种工艺进行比较。

5. 乙烷氧化脱氢中加入氧化剂的作用是什么？常用氧化剂有哪些？

6. 简述乙烷氧化脱氢的机理。

7. 列举乙烷氧化脱氢的催化剂。

8. 列举乙烷可能转化生成的化学品。

第4章

丙烷的催化转化

4.1 引言

4.1.1 丙烷的来源

丙烷（$CH_3CH_2CH_3$）是含 3 个碳原子的无色无臭的易燃气态烷烃。熔点 $-189.7\ ℃$，沸点 $-42.1\ ℃$，闪点 $-104.4\ ℃$；折光率 1.2898（20 ℃）；相对密度为 0.5853（$-45\ ℃$），密度 1.984 kg/m^3（20 ℃）。与空气形成爆炸性混合物，在空气中的爆炸极限为 2.3%～9.5%（体积分数）。微溶于水，能溶于乙醚、乙醇、苯和氯仿，表 4-1 给出了常压下丙烷在水中的溶解度。在低温下易与水生成固态水合物，引起天然气管道的堵塞；加压易液化，临界温度 96.8 ℃，临界压力 4.24 MPa。液态丙烷和液态丁烷是家用燃料液化石油气的主要组分。

表 4-1　常压下丙烷在水中的溶解度

温度/℃	20	30	40	50	60
溶解度/(mol/100 mol)	0.004	0.002	0.0014	0.0012	0.0009

丙烷含有两类 C—H 键和一类 C—C 键，其键能分别高达（423.3 ± 2.1）kJ/mol（甲基 C—H 键）、（409.1 ± 2.0）kJ/mol（亚甲基 C—H 键）、（370.3 ± 2.1）kJ/mol（C—C 键），化学性质相对不活泼，但可发生卤代、硝化反应，高温下可发生裂解、脱氢等反应。例如，丙烷在较高温度下与过量氯气反应，生成四氯化碳和四氯乙烯 [式(4-1)]；气相能与硝酸作用，生成 1-硝基丙烷、2-硝基丙烷、硝基乙烷和硝基甲烷的混合物 [式(4-2)]；高于 650 ℃时，丙烷裂化为乙烯和甲烷 [式(4-3)]，且伴随着脱氢反应产生丙烯 [式(4-4)]。同其他烷烃一样，丙烷也可以发生燃烧反应，当氧气充足时，生成二氧化碳和水 [式(4-5)]；当氧气不充足时，生成一氧化碳和水 [式(4-6)]。此外，丙烷在合适的催化剂和反应温度下，可与氧气发生选择氧化反应生成丙烯、环氧丙烷、丙烯醛、丙烯酸等高价值化学品 [式(4-7)]～[式(4-10)]。

$$C_3H_8+8Cl_2 \longrightarrow CCl_4+C_2Cl_4+8HCl \tag{4-1}$$

$$C_3H_8+HNO_3 \longrightarrow CH_3CH_2CH_2NO_2+CH_3CHNO_2CH_3+CH_3CH_2NO_2+CH_3NO_2 \tag{4-2}$$

$$C_3H_8 \longrightarrow C_2H_4+CH_4 \tag{4-3}$$

$$C_3H_8 \longrightarrow C_3H_6+H_2 \tag{4-4}$$

$$C_3H_8 + 5O_2 \Longrightarrow 3CO_2 + 4H_2O \tag{4-5}$$

$$2C_3H_8 + 7O_2 \Longrightarrow 6CO + 8H_2O \tag{4-6}$$

$$C_3H_8 + 1/2O_2 \Longrightarrow C_3H_6 + H_2O \tag{4-7}$$

$$C_3H_8 + O_2 \Longrightarrow C_3H_6O + H_2O \tag{4-8}$$

$$C_3H_8 + 3/2O_2 \Longrightarrow CH_2CHCHO + 2H_2O \tag{4-9}$$

$$C_3H_8 + 2O_2 \Longrightarrow CH_2CHCOOH + 2H_2O \tag{4-10}$$

4.1.2　丙烷的利用现状

工业上丙烷主要从天然气、油田伴生气和裂化气中分离获得。表 4-2 给出了常见的天然气和油田伴生气的主要成分。除用作工业、民用以及内燃机的燃料外，工业上主要用作生产乙烯和丙烯的原料，或作为精制润滑剂和其他石油产品的溶剂和冷冻剂。

表 4-2　常见的天然气和油田伴生气的主要成分

天然气的主要成分					
成分	C_1	C_2	C_3	$n\text{-}C_4$	$i\text{-}C_4$	$n\text{-}C_5$
摩尔分数/%	61.6~91.0	2.66~12.96	1.64~9.29	1.22~4.49	0.31~1.91	0.08~1.64
成分	$i\text{-}C_5$	$C_6{}^+$	CO_2	N_2	O_2	H_2
摩尔分数/%	0.09~1.55	0.09~2.57	0.026~7.6	0.02~3.15	约 0.14	约 0.03
油田伴生气的主要成分					
成分	C_1	C_2	C_3	$n\text{-}C_4$	$i\text{-}C_4$	$n\text{-}C_5$
摩尔分数/%	76.1~87.8	3.34~10.17	3.74~6.77	1.65~2.60	0.81~2.82	0.30~0.81
成分	$i\text{-}C_5$	$C_6{}^+$	CO_2	N_2		
摩尔分数/%	0.35~0.98	0.09~1.16	0.26~0.90	0.02~1.59		

丙烯是丙烷重要的下游产物，是化学工业上最重要的化工原料。丙烯在经过聚合、水合、氧化、氯化、氨氧化、羰基化以及齐聚等反应后，可以得到一系列重要的丙烯衍生物，例如聚丙烯、环氧丙烷、丙烯醛、丙烯酸、异丙醇、异丙苯、丙烯腈、丙烯齐聚物等高附加值化学品。目前，传统石油路线的蒸汽裂解联产和炼厂流化催化裂化（fluid catalytic cracking，FCC）是生产丙烯的主要工艺。石脑油进行蒸汽裂解得到乙烯，副产部分丙烯，其中乙烯和丙烯的产量比例在 (3∶1)~(2∶1) 之间，即每生产 1 吨乙烯，副产 0.3~0.5 吨丙烯；原油经过蒸馏得到重质油部分，再经催化裂化得到成品油，也能副产出丙烯。近些年来随着下游行业的蓬勃发展，丙烯市场需求迅速增加，传统工艺副产的丙烯产量已经不能满足市场需求，多种新型目标性生产工艺（on-purpose production，OPP）得到迅速发展，主要包括以煤/甲醇为原料的煤制烯烃（coal to olefins，CTO）、甲醇制烯烃（methanol to olefins，MTO）路线和以丙烷为原料的丙烷脱氢（dehydrogenation of propane & oxidative dehydrogenation of propane，PDH & ODHP）路线等。

此外，随着天然气探明储量的增加和页岩气开采技术的发展，丰富的轻烃资源为下游轻烃分离回收、转化等提供了大量的原料。目前常用的轻烃回收方法主要包括冷凝分离法、油吸法和吸附法等，其中冷凝分离法因具有投资适中、操作费用低、效率高、产品纯度高、适用于大规模的分离等特点，是当前轻烃回收的主要方法。

面对丰富、廉价、少用途的烷烃储备和烯烃后续产业链的巨大市场需求，通过低碳烷烃转化技术，有效利用来源广泛的低碳烷烃，逐渐摆脱对传统石化能源的单纯依赖，缓解能源危机，对我国未来能源发展道路起着举足轻重的作用。

将低价值的低碳烷烃在合适的条件下转化成高附加值的烯烃、醇、醛、酸、腈等含氧或含氮有机化合物是轻烃转化提值的重要内容，其关键在于烷烃 C—H 键的活化与选择转化。从烷烃分子看，丙烷 C—H 键的键能高达 400 kJ/mol，往往需要苛刻的反应条件才能将其活化，例如在无氧条件下，丙烷脱氢制丙烯（PDH）的反应温度通常高达 600 ℃，此时烷烃 C—C 键 [键能（370.3±2.1）kJ/mol] 也被活化，发生裂解、深度脱氢等副反应，导致烯烃选择性降低；而在临氧条件下（氧化脱氢，ODH），虽然反应温度较低（＜600 ℃），但生成的产物或者中间体反应活性远高于相应的烷烃，很容易被深度氧化成 CO$_x$，导致高附加值产物（烯烃、含氧化合物等）选择性偏低。以丙烷为例，图 4-1、图 4-2 分别给出了丙烷无氧、临氧条件下可能的反应网络。因此，非催化的脱氢反应不可避免地存在烯烃选择性低的问题，需要通过催化剂调控反应动力学来促进目标反应，获得更高的烯烃选择性。

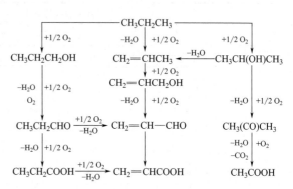

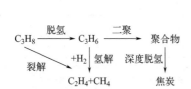

图 4-1　丙烷无氧条件下的反应网络　　　　图 4-2　丙烷临氧条件下的反应网络

4.2　丙烷催化脱氢制丙烯

目前我国丙烯生产工艺主要有四种，其中传统工艺催化裂化和蒸汽裂解仍然占据主导地位。根据我国富煤少油缺气的国情，国家近年大力发展煤制烯烃和丙烷脱氢（propane dehydrogenation，PDH）项目，其中 PDH 产能占比呈现迅速扩张趋势，新建 PDH 项目如雨后春笋般不断增加，成为未来丙烯新增产能的主力军。2013 年天津渤化第一套 PDH 装置成功试运行，标志着我国 PDH 进入一个崭新的开端。从 2014 年 154 万吨 PDH 装置横空出世，到 2019 年超过 600 万吨的 PDH 产能，已经占据全球 PDH 产能的 50％，PDH 已成为推动我国丙烯行业发展的主要动力之一。截至 2019 年下半年，丙烯最大的来源仍然是催化裂化，占到丙烯产能的 31％左右；煤制烯烃产业近年来发展迅猛，占比由 2013 年的 11％提升到 27％，已经超过蒸汽裂解排名第二；蒸汽裂解工艺占到丙烯产能的 25％，位列第三；PDH 工艺虽然占比不高，但是发展势头迅猛，从 2013 年天津渤化第一套 PDH 装置占到 3％左右，提升到 2019 年的 17％，预计到 2025 年我国 PDH 产能将超过炼厂催化裂化丙烯，成为我国丙烯第二大生产路线。

4.2.1 铂系催化剂

负载型 Pt 系催化剂最初应用于催化重整工艺，是由酸性载体和贵金属活性组分组合而成的双功能催化剂。其中，酸性载体提供异构化、加氢裂化和环化反应的酸催化位点，贵金属提供催化加氢/脱氢位点。20 世纪 90 年代，美国 UOP 公司的 Oleflex 工艺和德国蒂森克虏伯伍德公司的 STAR 工艺相继成功开发了以负载型铂为催化剂的移动床和固定床的烷烃脱氢技术。多年来，研究人员围绕着负载型 Pt 系催化剂，开展了大量的研究工作，不断加深对该催化剂体系的认识。

4.2.1.1 Pt 系催化剂丙烷脱氢催化机理

丙烷在 Pt 系催化剂上的脱氢反应遵循 Horiuti-Polanyi 机理（图 4-3）。丙烷在铂原子上发生脱氢反应需要 4 个步骤：a. 丙烷分子的解离吸附（第一个 C—H 键断裂）；b. 第二个 H 原子所在的 C—H 键断裂；c. 形成氢气分子；d. 氢和丙烯分子脱附。其中，C—H 键的断裂和丙烷分子的解离吸附都被认为是脱氢反应的速控步骤[1]。

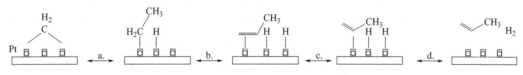

图 4-3　丙烷在铂原子上发生脱氢反应的示意[1]

金属态的铂物种是铂系催化剂的活性组分，而新制备的催化剂中铂物种主要以氧化态（+2 或+4 价）存在，反应前需要进行还原步骤，氧化态的铂很容易被氢气还原（140 ℃开始还原，350 ℃ 以上完全还原）。金属铂为面心立方晶格结构，铂原子分布在立方体顶角位及面心位，面中心的铂原子与该面 4 个角上的铂原子紧靠在一起，体相中铂原子的配位数为 12。体相中配位饱和的铂原子不具备催化活性，而表面配位不饱和的铂原子具有催化活性。铂原子的催化活性与其配位不饱和程度有关，同一平面上铂原子配位不饱和度由高到低依次为角、棱、面。另一方面，铂原子的配位不饱和度随粒径减小而减小，更小的粒径提供更高的比表面积，暴露更多的表面配位不饱和的铂原子[2]。丙烷脱氢反应是对铂粒子结构不敏感的反应，即反应与暴露的铂粒子大小和晶面无关，但反应过程中的副反应，如氢解、异构化和结焦积炭等，对铂粒子的结构敏感。因此研究者们致力于减小铂颗粒粒径以暴露更多的脱氢活性中心，同时减少副反应的发生，提高丙烯的收率。

4.2.1.2 Pt 系催化剂失活

Pt 系催化剂失活原因主要包括催化剂的中毒失活、催化剂的积炭失活以及催化剂烧结失活[3-6]。催化剂中毒失活主要是由于活性组分对毒物非常敏感（硫、砷、铅等），少量毒物即可完全毒化活性中心，导致催化剂永久失活。因此，脱氢原料气需深度净化，通过加氢等操作脱出毒物，避免催化剂的中毒失活[7]。催化剂积炭失活是指烃类等有机物在催化剂上反应，形成的以碳元素为主的聚合物，从而导致催化剂失活的现象。伴随着脱氢反应的进行，副反应同时发生，聚合物在催化剂表面不断地沉积形成积炭，最终导致催化剂的活性降低。积炭沉积在催化剂表面，覆盖活性组分，导致活性位点的数目减少，降低催化活性；另一方面，积炭沉积堵塞催化剂孔道，反应物分子难以接触孔道内活性位点降低催化剂催化效率，导致催化剂活性降低。催化剂的积炭失活可通过空气高温焙烧实现催化剂的再生循环。

催化剂烧结失活是指高温条件下导致的催化剂表面积减小或活性组分聚集长大导致催化剂催化活性降低的现象。脱氢反应和再生过程的高温操作，导致催化剂表面小颗粒的铂粒子聚集长大，降低催化脱氢活性。催化剂的烧结失活可通过烧焦操作以实现再生循环，工业上通常需要在再分散过程中引入卤素元素以实现铂的有效分散。针对催化剂积炭堵塞孔道导致催化剂失活的问题，Lu 等借助盐的电解质聚沉效应调节沉淀过程得到拟薄水铝石，经高温焙烧后得到孔径分布集中在 30 nm 的大介孔氧化铝。所制备的氧化铝负载 PtSn 活性组分用于丙烷脱氢，由于其优异的容碳能力，表现出突出的催化稳定性。

4.2.1.3　Pt 系催化剂载体

载体对于催化剂的催化性能起重要作用。载体通过分散 Pt 物种抑制其烧结失活，容纳焦炭，保证催化剂具有较高的机械强度和足够长的寿命。载体的比表面积大有利于 Pt 的高分散，增大 Pt 颗粒之间的空间距离以减缓 Pt 的烧结并为反应生成的焦炭提供空间，比表面积不是催化剂活性的需要，而是为了提高催化剂的稳定性和再生周期。载体的粗糙表面和丰富的孔道结构可起到阻隔作用，通过增强 Pt 与载体的相互作用来减缓 Pt 的烧结，且丰富的孔道也有利于提高催化剂容纳焦炭的能力。载体具有良好的热稳定性和水热稳定性，可有效避免载体本身烧结导致催化剂性能下降。载体表面酸性可催化烷烃直接发生裂解反应，并且催化烯烃发生异构、聚合和缩合生焦等反应。副反应不仅影响烷烃脱氢制烯烃的选择性，增大产物分离的成本，而且还会缩短催化剂烧焦再生周期。因此，需要添加碱性助剂来中和载体的酸性[8]。

Lu 等的课题组从 γ-Al_2O_3 纳米片合成创新出发，通过不饱和配位的表面 Al^{3+} 对活性相进行锚定，实现了 PtSn 纳米簇的二维分散和稳定。两种金属之间的电子相互作用和 Pt 位点的电子密度增加，再加上纳米片结构改善了扩散动力学，这些因素同时大大提高了 PDH 反应的催化活性，特别是催化剂的稳定性。在丙烷空速 9.4 h^{-1} 和 590 ℃下，丙烷转化率 48.7％接近平衡转化率（50％），丙烯选择性在 99％以上，且不受结焦和烧结过程的影响[9]。该课题组在后续研究发现氧化铝合成过程中，老化条件对氧化铝的晶相、形貌、孔道、缺陷及配位的作用会显著影响对应的 $PtSn/Al_2O_3$ 催化剂丙烷脱氢性能，合适的老化温度和时间有助于增加氧化铝的孔径和表面不饱和配位的比例，同时降低强酸位点的数量，从而显著提高 $PtSn/Al_2O_3$ 催化剂在丙烷脱氢中的反应活性和稳定性。

4.2.1.4　Pt 系催化剂助剂

锡（Sn）是脱氢 Pt 系催化剂中使用和研究最多的助剂，所有工业脱氢 Pt 系催化剂都含有这种过渡金属，以达到改善催化剂催化性能的目的。研究表明，Sn 物种主要以氧化物形式（SnO_x）修饰活性组分的结构性质，其助剂作用主要包含几何效应和电子效应两方面[10-12]。从几何效应的角度来看，对于裂解、氢解、异构化等结构敏感的副反应，小颗粒的 Pt 能显著抑制副反应的发生，减少积炭前驱物的形成并有效地促进其从金属表面向载体迁移。锡物种的添加会部分覆盖 Pt 颗粒使其不易团聚，保持较小的粒子尺寸，显著提高活性组分 Pt 的分散度。其中，氧化态锡物种（SnO_x）在催化剂还原或反应的过程中会逐渐还原进而形成 Pt-Sn 合金，随着 Pt-Sn 合金形成比例的升高，Pt 活性位点被覆盖，从而使催化剂不断失活。Pt-Sn 合金的形成也有有利的一面，合金的形成能有效减少 Pt 粒子的团聚，抑制 Pt 纳米颗粒的烧结失活。锡物种还原程度依赖于其和载体的相互作用程度，同时 Pt 金属的存在也会促进 Sn 的还原。锡助剂的另一个作用就是其对活性组分 Pt 的电子结构修饰，与 Pt 接触的合金态的 Sn 或者 Sn^{2+} 物种能够转移电子到 Pt 原子的 5d 轨道，从而改善 Pt 金属的吸附和催化性能。助剂 Sn 可以显著降低 Pt 基催化剂的丙烷脱氢反应速率，同时提高丙烷的解离吸附能；另一方面，由于丙烯解离吸附能的降低促使丙烯选择性提高，从而减少深度脱氢和裂解反应的发生[13]。

除了 Sn 助剂以外，镓（Ga）[14-17]、铟（In）[18-21]、锗（Ge）[22]、锌（Zn）[22-28] 等其他金属助剂也已经被用来改善 Pt 基催化剂的烷烃脱氢性能。这些金属助剂对 Pt 的修饰作用类似于 Sn，同样具有电子效应和几何效应。稀土金属元素镧（La）、铈（Ce）、镨（Pu）等具有较高的储氧能力，能够有效抑制 PtSn 催化剂中氧化锡物种的还原，提高催化剂稳定性，减少积炭的形成[29-32]。非金属元素硼（B）、磷（P）常用作催化剂的助剂，以毒化催化剂表面的强酸中心，使催化剂的酸性向中强酸甚至弱酸性调变[33,34]。研究表明，使用非金属元素修饰 $PtSn/Al_2O_3$ 催化剂能够显著降低催化剂表面金属铂颗粒大小，同时降低丙烯在铂表面的吸附强度，进而提高催化剂的活性和选择性。Lu 等研究发现氧化铝中少量 S 杂质会导致 Pt 的电子密度增加和毒化 Pt 颗粒的不饱和位点从而有利于丙烯脱附，使得催化剂展现出良好的抗积炭能力[35]。

4.2.2　铬系催化剂

自从 Frey 和 Huppke 首次发现 Cr_2O_3 对烷烃脱氢反应具有催化活性以来，Cr 系催化剂因其优异的脱氢性能在工业生产中受到了极大的关注[36]。Cr 系催化剂通常由碱金属作为助剂，Cr_2O_3 作为活性组分，并将两者一同负载在多孔氧化铝的载体上。其中，活性组分的负载量一般为 $10\% \sim 20\%$（质量分数）[37]。与贵金属催化剂相比，它对原料中杂质的要求比较低，且价格便宜，但是此类催化剂更容易积炭失活，而且由于催化剂中的 Cr 是重金属组分，容易污染环境，导致此类催化剂的使用受到限制。

4.2.2.1　Cr 系催化剂丙烷脱氢催化机理

烷烃分子在 Cr 基催化剂上的吸附主要发生在 Cr-O 位上。对于新鲜制备的催化剂来讲，其表面含有大量 Cr 的变价物种，包括 Cr^{6+}、Cr^{5+}、Cr^{3+} 和 Cr^{2+} 以及铬酸盐晶体和无定型氧化铬，这些物种的相对含量与铬负载量和催化剂焙烧温度等一系列因素有关[38]。目前已经有许多关于 Cr 系催化剂活性位的相关报道，但究竟哪个 Cr 物种是脱氢反应的活性中心尚未确定[39]。随着原位谱学技术的发展，人们对于表面 Cr 物种也有了更为深入的了解。大多数研究者认为配位不饱和的 Cr^{3+}、Cr^{2+} 以及二者的混合物是脱氢反应中的主要活性位，而高价态的 Cr^{6+} 和 Cr^{5+} 对于脱氢反应的活性还未被证实，这些高价态的 Cr 物种仅仅作为形成 Cr^{3+} 活性位的前驱物[40,41]。图 4-4 为 Cr 系催化剂催化丙烷脱氢反应过程。第一步，配位不饱和氧化态铬物种吸附烷烃分子，其中氧化态铬中心可以是孤立存在的，也可以是以团簇形式存在；第二步，烷烃分子中的 C—H 键断裂，形成吸附态的烷基，其中 O—H 和

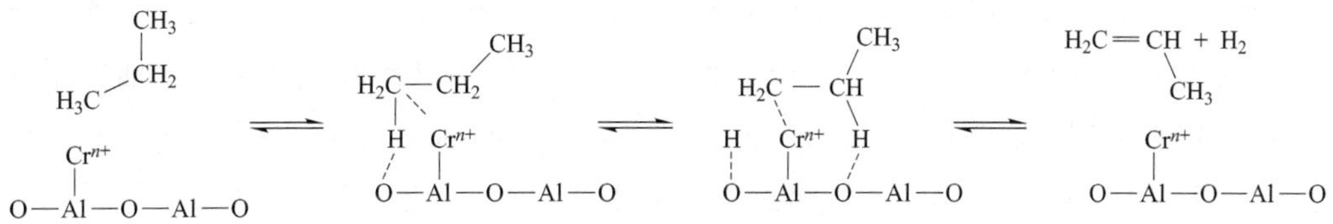

图 4-4　Cr 系催化剂催化丙烷脱氢反应[42]

Cr—C 成键；第三步，吸附态烷基进一步脱氢为吸附态烯烃，脱附生成目标烯烃，并伴随着 H_2 的生成，配位不饱和氧化态铬物种复原[42]。

还原或反应过程中，高价态铬物种（Cr^{6+}、Cr^{5+}）被还原为低价态，还原后大部铬以 Cr^{3+} 形式存在，部分铬离子被还原成 Cr^{2+}。其中按照 Cr^{3+} 来源不同，可划分为"还原型"和"非还原型"。其中，在还原气氛下由高价态的 Cr^{6+} 和 Cr^{5+} 还原后形成的 Cr^{3+} 物种，被称为"还原 Cr^{3+}"；一直以三价的形式稳定存在的 Cr^{3+} 物种，被称为"非还原 Cr^{3+}"。还原 Cr^{3+} 暴露于表面，具有催化活性。非还原 Cr^{3+} 既可能是暴露的、有催化活性的，也可能是嵌进微晶 Cr 和 Al_2O_3 载体中、不具有催化活性的。在低负载量的催化剂中含有大量的还原 Cr^{3+}，而非还原 Cr^{3+} 主要存在于较高负载量的催化剂中。还原型铬物种按照分布位置可分为载体表面铬物种和非载体表面铬物种，其中载体表面的 Cr^{3+} 又包括两类：一类是孤立的 Cr^{3+}（类型 1'，例如单核离子），不与其他的铬离子发生相互作用，被称为"分散型 Cr^{3+}"；另一类是有一个或两个邻近的 Cr^{3+}（类型 1''），被称为"多核 Cr^{3+}"或"Cr^{3+} 簇"。这两类 Cr^{3+} 都具有催化活性。非载体表面 Cr 物种可细分为嵌进微晶 Cr 的 Cr^{3+}（类型 2）和嵌入 Al_2O_3 载体的 Cr^{3+}（类型 3），因为它们不是表面物种，所以不具有催化活性或催化活性很低，如图 4-5 所示，图 4-5(a) 为铬物种分类，图 4-5(b) 为不同分类方法交集情况示意。

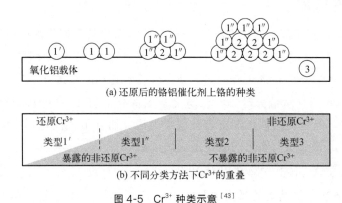

(a) 还原后的铬铝催化剂上铬的种类

(b) 不同分类方法下 Cr^{3+} 的重叠

图 4-5 Cr^{3+} 种类示意 [43]

4.2.2.2 Cr 系催化剂失活

Cr 基催化剂除了和 Pt 基催化剂一样因积炭失活外，因其他原因造成的失活也越来越受到关注。由于工业上使用的 Cr_2O_3/Al_2O_3 催化剂经常在还原和氧化状态交替，从而极大地影响了催化剂的物理化学结构，连续的"反应-再生-还原-反应"循环过程中，随着反应时间和再生循环次数的增加，比表面积不断减小，活性组分烧结，最终导致催化剂失活。催化剂的失活可分为可逆失活和不可逆失活，催化剂可逆失活原因主要为反应过程中积炭覆盖活性位点，堵塞孔隙，抑制脱氢反应的进行[44]，催化剂不可逆失活主要是由于载体及活性组分的烧结，以及形成固溶体导致永久失活[45]。由于 Cr^{3+} 和 Al^{3+} 具有相似的离子半径和电荷数，导致 Cr^{3+} 易与 Al_2O_3 的 Al^{3+} 空位结合，形成一种新的稳定的 Cr_2O_3-Al_2O_3 型尖晶石结构，而不具有催化活性，与 Al_2O_3 结合的 Cr^{3+} 物种的形成是催化剂永久失活的主要原因[46]。这种结构的形成包括两个过程（图 4-6）：a. Al_2O_3 载体的烧结诱捕 Cr^{3+} 进入载体；b. Cr^{3+} 迁移进入 Al_2O_3 载体中，迁移进入载体中的 Cr^{3+} 不能再次迁移至表面，从而丧失了催化活性。

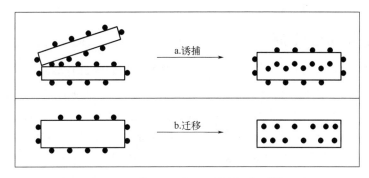

图 4-6　Cr^{3+} 物种与氧化铝结合的过程[43]

4.2.2.3　Cr 系催化剂载体

载体的结构与性质，载体与金属组分的相互作用以及由此而引起的催化剂体相结构、组成、颗粒大小、分散度的变化对反应的活性、选择性和抗积炭性能有重要影响[47]。在 Cr 系催化剂中，载体不仅会影响 Cr 物种的分散程度、配位不饱和程度和氧化状态，它还可以通过参与一些重要的动力学反应基元步骤直接进入活性中心的结构中。同时在 Cr 负载量相同的情况下，载体决定了 Cr_2O_3 物种的聚合程度[48]。Al_2O_3 是 Cr 基脱氢催化剂最广泛采用的载体，最主要是因为它能赋予负载金属良好的分散度，这对维持高的脱氢活性和选择性都十分重要。ZrO_2 由于具有良好的热稳定性和低的表面酸性，在许多关于不同载体的脱氢实验中，ZrO_2 载体都表现出了最高的活性，但它的比表面积很低，积炭量大，极易失活，一般不适用于工业生产[49,50]。SBA-15 等分子筛催化剂由于大孔径、高比表面积、特殊的孔道结构和低表面酸性等特点可以获得较好的脱氢活性和稳定性[51,52]。除此之外，许多其他的载体材料也被应用到 Cr 基催化剂的设计合成上[43,53]。

Lu 等从载体设计出发，通过调控载体酸性，研制出具有低酸性的 $Cr_2O_3/\gamma\text{-}Al_2O_3$ 催化剂。该催化剂有效抑制了烷烃及烯烃产物的裂解环化及积炭反应的发生。在 600℃丙烷初始转化率接近 33%，选择性接近 90%。经过五次"反应-再生"循环，催化剂转化率均高于33%，选择性基本没有改变[54]。

4.2.2.4　Cr 系催化剂助剂

碱金属（K、Rb、Cs 等）作为助剂能够有效提高 Cr 基脱氢催化剂的活性和选择性。其对 Cr 基催化剂反应性能的改善最主要是因为较大的碱金属阳离子能稳定载体的结构，同时降低载体表面酸性，进一步提高具有催化活性的 Cr 物种的数量[55]。除此之外，碱金属助剂的存在可以促进氧化气氛下 Cr^{6+} 物种的量进而提高还原气氛下 Cr^{3+} 的量，从而提高活性相的分散度。另一方面，碱金属对活性的抑制作用也开始被关注，这种行为主要取决于碱金属和 Cr 组分的负载量。Cavani 等发现 Cr 负载量小于 15.3% 时，K 对催化活性具有抑制作用；Cr 负载量为 15.3% 时，添加小于 1% 的 K_2O 才会有助于脱氢反应。随着 K 含量的增加，Cr^{6+} 数量会相应增加。因为 K 的加入可能导致表面 Cr^{3+} 转变为 K 的铬酸盐。这样 Cr^{6+}/Cr^{3+} 值也相应增加。而具有较低还原性的 Cr^{6+} 的形成会影响催化剂的还原行为。除此之外，K 的加入还会使催化剂表面酸性降低，当 K 质量分数大于 0.5% 时，K 会优先使弱酸位点和中强度酸位点消失，进而影响酸位点强度的分布。由于活性的最大值取决于 Cr^{6+}/Cr^{3+} 值，而其值越高，活性的最大值越大。所以 K 的添加，既会影响酸度，也会改变

Cr^{6+}/Cr^{3+} 值，进而影响催化活性[55,56]。

4.2.3 其他体系催化剂

除了上述催化剂外，VO_x、GaO_x、CoO_x、ZrO_2 等金属氧化物也具有丙烷脱氢性能。目前对于 VO_x 基催化剂的研究主要集中在乙烷、丙烷、异丁烷氧化脱氢反应，然而负载型 VO_x 基催化剂对丙烷直接脱氢也具有应用前景。Sokolov 等对 VO_x、CrO_x 和 PtSn 催化剂上的 PDH 催化性能进行了比较，得出经过多次再生循环后 VO_x 基催化剂仍然具有较好的丙烯选择性和稳定性[57]。氧化钒催化剂的性质很大程度上取决于制备方法、载体类型、载体比表面积、钒金属的负载量等[58]。Hu 等[59] 发现凝胶和煅烧温度对 VO_x-SiO_2 催化剂的结构和 PDH 活性具有很大的影响，在凝胶温度为 60 ℃、煅烧温度为 580 ℃时，60-VO_x-SiO_2-580 催化剂对 PDH 表现出较高的活性。这主要是因为过高的凝胶温度（75 ℃）和焙烧温度（>580 ℃）会改变 VO_x-SiO_2 催化剂的结构性质导致催化活性降低。Sokolov 等[60] 报道了 Al_2O_3-SiO_2 载体中的 SiO_2 质量分数（0~100%）对负载型 VO_x 丙烷 PDH 的活性和稳定性有很大的影响。低 SiO_2 含量（1% 和 10%）下，丙烯时空产率较高。除了 70% SiO_2 载体催化剂，其他催化剂在 10 次 PDH 和氧化再生循环中展现了优异的恢复初始活性的能力，并且认为随着催化剂表面酸性的增强更容易积炭。但是，他们后来通过动力学评价证明了和载体的酸位点相比，VO_x 物种对积炭的生成影响较大，积炭生成速率常数随 VO_x 物种聚合程度的增加而增加，而催化剂酸度与积炭或失活速率常数之间没有相关性[61]。然而也有人认为氧化铝合成过程中较高结晶温度会诱导氧化铝表面产生更多的表面酸位点，有利于形成聚合的 VO_x 物种，这些物种在丙烷脱氢反应中比孤立的物种更有活性，从而产生更好的催化性能[62]。载体比表面积和 V 金属负载量的比值决定了 VO_x 物种的存在形式，有研究表明钒分散度低于 1.2 V/nm^2 时以单分子 V 物种为主导，聚合钒在 1.2~4.4 V/nm^2 范围内占优势，V_2O_5 晶体在更高的负载量下占优势。不同的 VO_x 物种对 V 的价态具有很大的影响。Gong 等[63] 通过调节氧化铝载体上的表面钒密度来获得不同分数的 V^{5+}、V^{4+} 和 V^{3+} 来检测 VO_x 丙烷脱氢活性物种。结果表明，TOF 的大小与 V^{3+} 的含量有密切的关系，相比 V^{5+} 和 V^{4+}，V^{3+} 具有更高的 PDH 活性。通过原位傅里叶红外光谱（FTIR）技术观察，丙烷在催化剂表面的活化过程涉及氢原子的提取，由于 V-C_3H_7 的结构不稳定，生成的 V-C_3H_7 迅速转化为 V-C_3H_5。并认为在高温下，由 V-C_3H_5 引发丙烯沉积和积炭，V-C_3H_7 也可能直接导致它们的生成。此外他们发现催化剂经氢气处理之后展现了较低的初始活性，但是稳定性较高，通过改变 H_2 还原条件，调节 VO_x 催化剂表面的羟基覆盖度，研究了催化剂表面羟基对 PDH 性能的影响。发现负载型 VO_x 催化剂上的羟基与 PDH 反应和结焦的本征活性密切相关。与不含羟基的 VO_x 催化剂相比，含羟基的 VO_x 催化剂具有较低的 PDH 活性和较低的积炭速率。这些影响可以归结为催化剂表面 OH 基团的存在阻碍了 V 离子的暴露，从而增强了 C_3H_6 的脱附，防止了结焦，从而提高了催化剂的稳定性[64]。通常碱金属氧化物的加入能够减少催化剂表面酸位点，从而减少裂解反应。Wu 等[65] 浸渍了少量的 MgO 在 $12V/Al_2O_3$ 催化剂上，发现 Mg 的加入提高了催化剂的稳定性，但是表征结果表明 MgO 的加入并没有降低催化剂酸性，而是促进了 V_2O_5 晶体向 2D VO_x 氧化物种分散，从而提高了稳定性。同样，磷的插入使钒的聚合度降低，形成更多的孤立态钒，扩大了丙烯活性中间体之间的距离，从而抑制了催化剂的结焦。此外，它还削弱了钒与氧化铝之间的相互作用，使得丙烯更容易解吸，虽然降低了脱氢反应活性，但是显著提高了稳定性[66]。

虽然目前对于 VO_x 基催化剂用于丙烷脱氢进行了一些研究，由于 VO_x 物种的存在形式较多，对于 VO_x 催化剂 PDH 活性位点的认识仍然存在着争议，这不利于定向合成高效的钒基催化剂。此外，由于丙烯在钒基催化剂上的强吸附导致积炭形成，使得催化剂稳定性较差，氧化再生过程中 V 物种会生长成不具有脱氢活性的 V_2O_5 晶体大颗粒，使得其再生循环性能差。因此，钒基催化剂活性位点的明确认识、定向合成具有高活性以及高稳定性和再生循环性好的 VO_x 基催化剂仍然是研究重点和研究难题。

氧化镓的脱氢活性最早是报道的将 Ga_2O_3 负载在 ZSM-5 上用于丙烷芳构化[67]，由于具有较好的脱氢活性，近年来再次成为关注的目标。通常将块状和负载型的氧化镓用于丙烷脱氢催化剂。Ga_2O_3 和 Al_2O_3 一样具有多种形态，其中 β-Ga_2O_3 不仅具有良好的稳定性而且表现出最高的 PDH 催化活性。β-Ga_2O_3 具有单斜结构，其中镓原子在四面体和八面体构型中均匀分布。这种晶体结构具有高浓度的弱路易斯酸位点（材料表面的配位不饱和四面体位点），被认为是脱氢活性中心[68]。认为在 GaO_x 上的催化过程符合异质解离机理，既 H^- 吸附在 Ga^+ 的路易斯酸位点，而 $C_3H_7^+$ 吸附在邻近的 O 上。Chen 等[69] 证实了路易斯酸位点作为活性物种，他们通过制备不同 Ga/Al 的固溶体 Ga_2O_3-Al_2O_3 催化剂，将 $Ga_xAl_{10-x}O_{15}$ 催化剂的 PDH 初始活性与 NH_3-TPD（程序升温脱附）结果以及 Ga_{IV} 建立联系。表明，以配位不饱和四面体 Ga^{3+} 阳离子形式存在的高浓度路易斯酸位点是脱氢活性的先决条件。此外，载体和负载量对 Ga_2O_3 丙烷脱氢活性也具有很大影响，Shao 等[70] 报道了将相同负载量的 GaO_x 分别负载在 SBA-15、ZSM-5、Al_2O_3 和 SiO_2 上用于 PDH 反应，结果表明在 ZSM-5 和 SBA-15 载体上由于 Ga 物种的高分散展现了高的催化活性。GaO_x 和 VO_x 被认为是最有潜力替代 Pt 系和 Cr 系的金属氧化物。此外，研究发现其他金属氧化物 CoO_x、ZrO_2、TiO_2 以及镧系金属氧化物 Eu_2O_3、Gd_2O_3 等也具有脱氢活性。Hu 等[71] 将单位点 Co^{2+} 负载在 SiO_2 上，该催化剂在 550℃ 和 650℃ 分别展现出 >95% 和 >90% 的丙烯选择性，并且在 24 h 内保持稳定活性。四配位的 Co^{2+} 被稳定在 SiO_2 上，既不会被氧气氧化，也不会被丙烷或氢气还原。DFT 计算表明丙烷脱氢过程是通过 Co—$O_{support}$ 键发生异质 C—H 键断裂进行的，钴氧化态没有随之发生变化。随后他们将介孔 $CoAl_2O_4$ 也用于 PDH 反应，在 600℃ 时丙烷选择性约为 80%，转化率为 39%。四配位的 Co^{2+} 被认为是反应活性位点，并且作为路易斯酸位点在反应过程中其氧化态和配位环境没有发生改变[72]。该课题组将 SiO_2 用孤立的 Zr 进行修饰，静电吸附制备了孤立的 Co/SiO_2 催化剂，改性前后 Co 的配位环境并没有发生改变，仍然是四配位的 Co^{2+} 为活性位，由于 Co-Zr/SiO_2 的 $\equiv SiO$-Zr-O 位与 Co/SiO_2 中的 $\equiv SiO$- 配体相比，其供氧能力和 Co—O 键强度发生了变化，使得 Zr 修饰的二氧化硅载体的催化活性和选择性显著提高[73]。

具有表面缺陷的 ZrO_2 载体展现出相对好的脱氢活性，配位不饱和的 Zr_{cus} 位点被认为是丙烷脱氢活性位[74]。两个带氧空位的锆阳离子是导致 C—H 键均解离的原因，这与 ZrO_2 在还原气氛中释放晶格氧的能力息息相关。可以通过添加各种促进剂和/或负载微量的加氢活性金属提高 Zr_{cus} 位点的浓度。研究发现 La_2O_3 或 Y_2O_3 的加入能有效地促进 Zr_{cus} 的形成，尤其是后者表现出更好的活性和选择性[75]。在 La_2O_3-ZrO_2 引入其他加氢活性的金属

Cu、Ru、Ni、Co 可以提高 ZrO_2 的可还原性，原位还原产生大量的 Zr_{cus} 位点增加催化剂的丙烷脱氢活性。然而由于晶格氧浓度降低对丙烷的活化起积极作用，以及氧从本体向表面扩散导致 Zr_{cus} 位点数量减少，所以需要避免过度还原确保 ZrO_2 基催化剂的催化活性。Cu（质量分数 0.05%）/ZrO_2-La_2O_3 在经过 60 次脱氢/氧化再生循环，240 h 运行过程中展现了和 Cr(19.6%)-K(0.9%)/Al_2O_3 工业催化剂相似的催化活性。此外，ZrO_2 晶相和颗粒尺寸对丙烷脱氢活性也有很大的影响，单斜相的 ZrO_2 比四方相展现了更高的催化活性，主要是 Zr 的配位环境不同导致的 Zr_{cus} 活性位点的数目不同，由于位于表面缺陷或棱角处的氧比在无缺陷平面上的氧更容易去除，从而产生更多的活性位点使得丙烷转化率和丙烯选择性随着颗粒的减小而增大[76]。

具有缺陷的 TiO_2 也具有丙烷脱氢活性，Li、Perechodjuk 等[77,78] 通过研究不同来源 TiO_2 催化活性与 Ti 配位环境的关系，以及将商业 TiO_2 经还原处理后增加了丙烷脱氢的催化性能并结合 DFT 证明了氧空位周围四配位的 Ti 是丙烷脱氢的活性位。但是 TiO_2 活性和稳定性较低。

4.2.4 丙烷催化脱氢工业技术现状

相较于油基蒸汽裂解、催化裂解以及煤基甲醇制烯烃，丙烷选择性催化脱氢生产丙烯原料，产物单一，降低了反应物预处理及产物后处理的操作费用，目标烯烃收率高，且副产高附加值的氢气，使低碳烷烃催化脱氢具有低投资高回报的优势，具有良好的发展前景[37]。目前，工业化的 PDH 工艺主要有五种，包括 UOP 公司的 Oleflex 工艺、美国 ABB 鲁姆斯公司的 Catofin 工艺、德国蒂森克虏伯伍德公司的 STAR 工艺、林德-巴斯夫-挪威国家石油公司共同开发的 PDH 工艺以及意大利斯娜姆 Snamprogetti 工程公司和俄罗斯 Yarsintez 公司合作开发的流化床（FBD）工艺[79-82]，表 4-3 列出了几种工业化的丙烷直接脱氢制丙烯工艺的基本特点。其中目前较为成熟的是 Oleflex 工艺和 Catofin 工艺，在丙烷脱氢制丙烯市场中占主导地位，全球已投产的丙烷脱氢产能中这两种工艺占比超过 90%，其他工艺的应用较少[83]。

表 4-3 工业化的丙烷直接脱氢制丙烯工艺基本特点

项目	Oleflex	Catofin	STAR	PDH	FBD
反应器	径向绝热移动床反应器	绝热固定床反应器	列管式固定床反应器	多管固定床	流化床
操作温度/℃	580～650	560～650	570～590	600	530～610
操作压力/MPa	0.20	0.03～0.05	0.35	0.15	0.12～0.15
转化率/%	35	48～65	30～40	50	40
选择性/%	89～91	88	89	90～93	89
液时空速/h^{-1}	3～4	<1	6	—	0.4～2.0
催化剂	Pt-Sn/Al_2O_3	CrO_x/Al_2O_3	Pt/$ZnAlO_4$	Pt-Sn/ZrO_2	CrO_x/Al_2O_3
使用寿命/年	2	4～5	—	—	—
操作方式	连续	间歇	间歇	间歇	连续
再生方式	连续	周期性	周期性	周期性	连续
稀释情况	用氢气稀释	未稀释	用水稀释	未稀释	未稀释

4.2.4.1 Oleflex 工艺

20 世纪 80 年代 UOP 公司对两种已有工艺（Pacol 工艺和 CCR 连续重整工艺）结合并再创新，开发出 Oleflex 工艺。Pacol 工艺通过固定床反应器在较温和的条件下实现重质烷烃脱氢生产烯烃，反应-再生周期为 1～2 个月。但 Pacol 工艺用于轻质烷烃脱氢需要在较严苛的条件下进行操作，催化剂易结焦积炭失活，需频繁地进行催化剂再生操作，增加了 Oleflex 工艺的操作成本，故采用类似于 CCR 连续重整工艺实现催化剂的连续循环再生。Oleflex 技术采用铂基及移动床反应器，催化工艺循环主要包括低碳烷烃催化脱氢、脱氢产物分离以及脱氢催化剂焙烧再生。Oleflex 工艺以氢气为稀释剂和载热体，作为稀释剂抑制烷烃高温热裂解及催化剂结焦积炭失活，作为载热体维持脱氢反应温度。采用连续重整工艺实现催化剂连续循环再生，催化剂装填量少且使用寿命长。UOP 公司的 Oleflex 工艺在全球范围内已完成数十套工艺装置，其中中国境内已授权的 Oleflex 工艺建成并投产装置包括：烟台万华化学集团股份有限公司——年产 75 万吨丙烯，中国石化扬子石化公司——年产 60 万吨丙烯，以及年产 45 万吨丙烯的浙江绍兴三锦石化有限公司和卫星化学股份有限公司等。

4.2.4.2 Catofin 工艺

20 世纪 40 年代 Houdry 公司开发了 Catadiene 技术用于丁烷生产丁二烯，美国 ABB 鲁姆斯公司以此技术为基础开发了 $C_3 \sim C_5$ 烷烃催化脱氢生产单一烯烃的 Catofin 技术。该技术采用铬基催化剂及固定床反应器，催化工艺循环依次经过低碳烷烃催化脱氢、脱氢反应器的清洗吹扫、催化剂预处理以及焙烧再生等，每个循环约 23 分钟，其中铬基催化剂寿命约 36 个月，为保证连续生产，Catofin 工艺需要配 5 台反应器（生产 2 台，再生 2 台，吹扫 1 台）。全球有数十套 Catofin 工艺装置得到美国 ABB 鲁姆斯公司授权，其中在中国境内建成并投产的 Catofin 工艺装置包括年产 60 万吨丙烯的天津渤化石化有限公司、宁波海越新材料有限公司等。

4.3 丙烷氧化脱氢制丙烯

在丙烷氧化脱氢制丙烯（ODHP）反应中，氧气分子的加入使得脱氢反应具有不受热力学平衡限制、无积炭、反应速率快和反应温度低等优点，备受学术界和产业界关注。烷烃氧化脱氢的瓶颈在于烯烃选择性难以控制，因为烯烃产物比烷烃反应物更为活泼，易发生深度氧化，导致 CO 和 CO_2 的生成。丙烷氧化脱氢制丙烯的研究可追溯到 20 世纪 80 年代，经过几十年的研究发展，目前主要研究的催化剂体系包括金属氧化物催化剂和非金属催化剂。金属氧化物催化剂主要为过渡金属氧化物，非金属催化剂主要包括硼基催化剂和碳基催化剂。

4.3.1 过渡金属氧化物催化剂

过渡金属催化剂主要为第Ⅳ、Ⅴ、Ⅵ、Ⅶ副族过渡金属氧化物。例如，钒氧化物，钼氧化物，钼、钒、铌复合氧化物，钒、钛氧化物或复合氧化物材料。过渡金属氧化物催化烷烃氧化脱氢一般遵循氧化-还原机制（Marse-van Krevelen，MvK），即催化剂中高价态金属离子活化 C—H 键，晶格氧脱除氢，表面形成的—OH 经脱水后形成氧空位，氧空位被气相中的氧化剂氧化再生，催化剂中的氧直接参与了烷烃的氧化脱氢反应[84]。例如烷烃氧化脱氢中研究最多的钒基催化剂，由于其价态可变（存在 +3、+4 和 +5 三种价态），可以发生电子对的授受，通过构建 V^{5+}/V^{4+} 或 V^{4+}/V^{3+} 氧化循环，能够有效催化 ODH 反应过程。如图 4-7 所示，丙烷分子首先与五价钒中心的 V=O 位点作用，脱去一个 H 原子，而 V^{5+} 被还原成 V^{4+} 同时生成 V—OH，丙烷进一步在相邻的活性位点脱去另一个氢原子生成丙烯。相邻的 V—OH 缩合生成水分子，并在氧气的作用下重新氧化生成 V^{5+} 活性位点，形成一个氧化还原循环[85]。

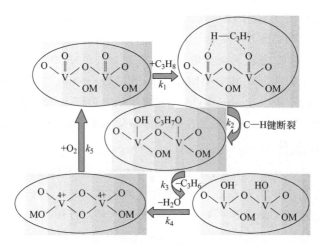

图 4-7　钒基催化剂上丙烷氧化脱氢过程[85]

活性钒组分通常负载在高比表面积载体上，如 SiO_2、Al_2O_3、TiO_2、ZrO_2 以及分子筛等，其中 VO_x 的分散状态、催化剂的酸碱性和氧化还原性等直接影响到 ODH 反应的活性和烯烃的选择性。除载体外，制备方法也对 VO_x 的结构有显著影响。常用的制备方法有浸渍法和溶胶凝胶法，此外还有蒸汽火焰合成[86]、火焰喷雾热解[87,88]、溅射沉积[89]、原子层沉积[90] 以及化学气相沉积[91] 等。钒物种分散状态受到覆盖度的影响，丙烷氧化脱氢的表观反应活化能随着活性中心状态的不同在 45～150 kJ/mol 之间变化[92-94]。单层覆盖度以下（V 原子 9 个/nm^2），钒物种以 VO_4 物种存在，表观活化能保持不变；随着覆盖度增加，开始出现二聚体和多聚体钒物种，活化能和转换频率随之改变，而高负载量下的 V_2O_5 被认为是副反应的活性中心，易导致 CO_x 的形成[84]，因此需要控制钒负载量保持在单层覆盖度以下。

最近研究表明，在低钒覆盖度下（$V<1$ 个/nm^2），也会存在聚合态的钒物种[95]，因此采用新的制备技术合成单一、分离的活性位点，有利于对催化剂构效关系的深入理解。Basset、Binous 等[96,97] 采用表面有机化学接枝法调控有机金属前体，在 SiO_2 载体上分别制备仅有单体和二聚体活性中心的负载型催化剂。结果表明，相较于浸渍法，该方法制备的催化剂在低丙烷转化率下具有较低的选择性，随着转化率提高（温度高于 500 ℃），选择性高于浸渍制备的催化剂。此外，单体和二聚体对反应活性的贡献不同，在高转化率下，V—O—V 并没有提升单个钒的反应活性，但丙烯选择性略有提升。

尽管传统的过渡金属氧化物具有较好的催化活性，但由于金属离子中心未占据的 d 轨道与烯烃的 π 电子间具有强相互作用，导致产物烯烃易进一步反应，深度氧化为二氧化碳，降低烯烃选择性。例如当丙烷的转化率达到 20％时，金属氧化物催化剂上的丙烯选择性通常低于 50％，而 CO_x 选择性高达 40％～50％。此外，烷烃和氧气的共进料还存在安全问题。化工循环氧化脱氢反应过程，可以有效减缓深度氧化，并提高反应安全性。此过程将反应拆分为氧化脱氢和氧化再生两个反应。其中，氧化脱氢反应利用催化剂的晶格氧催化烷烃脱氢，一步生成烯烃和水；被烷烃还原的催化剂在空气或者氧气氛围中进行晶格氧的再生，再进行下一个氧化还原循环。VO_x 基催化剂是丙烷脱氢中研究最为广泛的催化体系，在 ODH 和 PDH 反应中都能使用。在氧化脱氢反应中遵循 MvK 机理，V^{5+} 参与氧化还原循环促进丙烷的活化。直接脱氢条件下 VO_x 物种相对稳定，丙烷的活化主要发生在 V^{3+} 位点[98-101]。最近 Gong 课题组[102] 设计合成双金属 Mo-V-O 混合氧化物催化剂，针对 V^{5+} 深度氧化的问题，通过 Mo 的掺杂促进电子由 Mo 向 V 传递，提高 V^{4+} 和 V^{3+} 的比例，达到抑制晶格氧过度氧化的目的。由于 VO_x 独特的催化特性，在反应中同时表现出氧化脱氢和直接脱氢两种反应特征：反应前 5 分钟主要发生丙烷氧化脱氢过程，瞬时反应活性可以达到 36％的丙烷转化率和 89％的丙烯选择性；随着晶格氧的不断消耗，转化率逐渐降低，当晶格氧消耗殆尽时，发生丙烷直接脱氢过程。整个反应循环周期内丙烯的选择性被有效提高，可以达到 80％。

4.3.2　硼基催化剂

六方相氮化硼（h-BN）是一种具有类石墨烯的二维层状结构的非金属材料，因其化学惰性、抗氧化性、高导热性、绝缘和低摩擦系数等特点，广泛应用于储氢、电子器件和耐磨材料等领域。由于表面缺陷和官能团少，氮化硼在传统催化领域一直被视为没有催化作用的惰性材料，通常用作催化剂载体[103,104]。直到近年美国 Hermans 课题组和大连理工大学 Lu 课题组的独立报道，对氮化硼化学惰性的认识才被打破[105,106]，拉开了硼基催化剂在丙烷氧化脱氢反应中应用的序幕。Hermans 课题组[105] 发现商业 h-BN 和氮化硼纳米管（BNNTs）可以催化丙烷氧化脱氢制丙烯。对于商业 h-BN，在丙烷转化率为 14％时，丙烯的选择性达到 79％，同时有 12％的乙烯生成，且 CO_x 的选择性远低于传统 VO_x/SiO_2 催化剂。Lu 课题组[106] 制备的边缘羟基化的氮化硼（BNOH）可以高效催化丙烷氧化脱氢反应，几乎没有 CO_2 的生成。当丙烷转化率达到 20.6％时，丙烯选择性高达 80％，总烯烃选择性（丙烯和乙烯）超过 90％，而 CO_2 选择性则低于 1％。催化剂在 300 h 的稳定性测试中表现优异。相比于金属氧化物催化剂，h-BN 有效地抑制了丙烯的过度氧化，显著地提升了烯烃的选择性，为选择性催化断裂 C—H 键开辟了新的研究方向。

为了进一步提高氮化硼催化活性，研究者开展了大量工作。Chaturbedy 等[107] 报道了高比表面积的六方氮化硼可提高丙烷氧化脱氢反应的性能，在高的丙烷转化率时（约 50％），烯烃（丙烯和乙烯）总选择性约为 70％，但该催化剂的稳定性较差，反应气氛下仅能维持 5 h。通过加入氨气再生，或与氨气共进料可以实现 100 h 的催化稳定性。Cao 等[108] 制备了由二维纳米片构筑的三维球形结构氮化硼，以增加边缘活性位点，应用于丙烷氧化脱氢反应中，丙烯和乙烯的总收率可达到 40.2％。Huang 等[109] 制备了具有高比表面积的氮化硼纳米片，并应用于乙烷氧化脱氢中，在 575 ℃下，乙烷转化率高达 78％，并具有 60％的乙烯选择性，同时可在 400 h 内保持稳定。Honda 等[110] 通过球磨增大氮化硼比表面积，暴露更多边缘位点，并且球磨后氮化硼表面含有氧化硼，相比于未球磨的氮化硼，球磨后的氮化硼在乙烷氧化脱氢中的乙烯选择性从 42% 提高到了 92%。

Lu 等[111] 通过化学沉积法将氮化硼涂敷在堇青石上制备成整体式催化剂可进一步提升催化剂活性，并且催化剂可以在相对较高的空速条件下催化丙烷氧化脱氢反应，大幅提升了催化剂的丙烯产率。流体动力学模拟计算结果表明，相比于传统的 $VO_x/\gamma\text{-}Al_2O_3$ 催化剂，在固定床反应器中，$h\text{-}BN$ 催化剂床层温差较小，具有更好的传热效果，展现出较好的工业应用前景[112]。除此，Lu 课题组开发了一种等离子体调变氮化硼表面局域环境的新方法，制备了富含氮缺陷位，可高效催化丙烷氧化脱氢制丙烯的氮化硼[113]。选用四种不同等离子体气氛（N_2、O_2、H_2、Ar），期望分别实现氮化或脱氮、氧官能化、还原和刻蚀氮化硼的目的。N_2 等离子体处理后氮化硼（$N_2\text{-}BN$）展现出最佳的催化性能，在 520 ℃ 下表现出 26.0% 的丙烷转化率和 76.7% 的丙烯选择性，总烯烃选择性为 89.4%。O_2 处理后氮化硼（$O_2\text{-}BN$）虽然具有丰富活性 "BO_x" 物种，却表现出比处理前更低的活性。多种光谱表征结果表明，不同等离子体气氛处理后氮化硼上的氮缺陷种类与含量存在差异，其中 "三硼中心" 型氮缺陷（TBC）与催化活性高度正相关。而 $O_2\text{-}BN$ 表现出独特的孤立共轭 "OB" 结构，经水洗后重新暴露氮缺陷。结合 XPS 光谱进一步证明，$N_2\text{-}BN$ 具有最高的硼氮比，在 ODH 反应气氛下可以生成最多的活性硼氧物种。并且，活性物种的生长点始于氮缺陷，保证了高的活性位点利用率。作者表明，等离子体处理过程中会产生两种类型的氮缺陷，其中由氮气等离子体刻蚀形成的 "TBC" 型缺陷在氧化脱氢气氛下更易转变为活性相，并进一步催化丙烷转化为丙烯（图 4-8）。该研究为未来催化剂的合理设计提供了一条可行的途径。

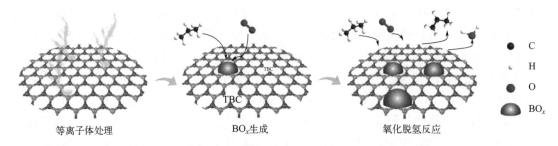

图 4-8 等离子体处理的 $h\text{-}BN$ 中的 N 缺陷产生及其在丙烷 ODH 反应过程中演变为 "BO_x" 示意

随后，其他硼基催化剂开始用于丙烷氧化脱氢反应中，例如，含硼化合物［碳化硼（B_4C）、钛化硼（TiB_2）、镍化硼（NiB）、硅化硼（SiB_6）和磷酸硼（BPO_4）等］、含硼分子筛和负载型 $B_2O_3/SBA\text{-}15$ 催化剂等[114-118]，均显示出较高的烯烃选择性。Lu 课题组制备片层 MFI 型含硼分子筛丙烷氧化脱氢催化剂[119]，利用片层结构高的比表面积和丰富的 Si—OH 官能团，增加可接触硼位点数量，提高丙烷氧化脱氢催化活性和稳定性。结构表征结果表明，反应过程中催化剂表面的聚集态硼物种发生再分散过程，即具有高流动性的氧化硼团簇发生水解断键，生成硼物种中的 B—OH 与邻近的骨架 Si—OH 脱水缩合，形成稳定的低聚硼物种。硼物种的再分散过程促进了更多活性硼中心的暴露，使催化剂在 390 ℃ 即表现出催化活性，430 ℃ 时，能够得到 14.1% 的丙烷转化率和 80.1% 的总烯烃选择性。并且发现，不完全结晶的 MFI 型含硼分子筛催化剂含有丰富的骨架缺陷硼物种，可以提高丙烷氧化脱氢催化活性[120]。催化剂在较低的反应温度（445 ℃）和高重时空速（WHSV）下 ［37.6 g 丙烷/(g 催化剂·h)］ 具有优异的催化活性和烯烃产率：丙烷转化率为 18.0%，丙烯选择性为 60.3%，总烯烃选择性为 80.4%，总烯烃产率为 4.75 g 烯烃/(g 催化剂·h)。结构表征结果显示，不完全结晶催化剂上具有较多含有 B—OH 的缺陷硼位点，使硼物种以开放配位的形式固载在分子筛基底上，促进了活性硼物种的暴露。并且反应过程中，发生单体硼向聚合态硼的转变，其中聚合态硼物种中与邻近 Si—OH 具有氢键作用的 B—OH 是催化剂低温活性的来源。

硼基催化剂作为新型催化材料，虽然其活性位和催化机理仍在探索中，但仍取得一定的认知。Lu 课题组在对催化剂、反应过程以及动力学的系统研究基础上，阐述了可能的活性位以及反应机理[121]。其研究结果表明催化剂的"BO"物种（B—OH 和 B—O 官能团）是催化的活性物种，催化剂表面的 B—OH 官能团可以与分子氧反应，引发烷烃的氧化脱氢反应。可能的反应路径如图 4-9 所示，催化剂边缘的 B—OH 官能团首先被 O_2 氧化形成 B—O—O—B 中间物种，然后 B—O—O—B 物种进一步从丙烷分子中脱除 H 原子，形成丙烯和水，最后催化剂在水的帮助下重新形成 B—OH 官能团。此外，在硼基催化体系中，广泛的研究表明反应存在自由基过程。例如，反应中乙烯的生成量明显高于 C_1 产物的量[122]；在催化剂量一定的条件下，丙烷的反应速率与通过床层的时间成正比关系[123]；在反应过程中检测了气相甲基自由基的存在[124]。相关理论计算结果表明，催化剂表面的 B—OH 官能团可以活化分子氧，生成 B—O· 和 HO_2· 物种，引发气相和催化剂表面的自由基反应[125]。

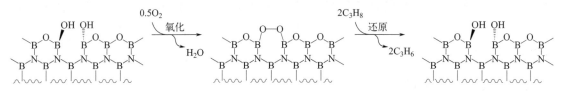

图 4-9　氮化硼上的丙烷氧化脱氢过程[121]

在对硼基催化剂催化机理的深入研究中，Lu 课题组发现在负载型氧化硼催化体系中同时存在发生在催化剂表面和气相的反应通道[126]。基于催化剂表面的表征结果，构建了多种硼环境的氧化硼模型，采取密度泛函理论方法计算了催化反应在自由基链生成、链增长及链终止阶段中包含气相和表面一百余个基元反应的构象变化及热力学量，描绘了较为完整的催化反应网络。链生成阶段主要发生氧气活化、硼氧表面水解及催化剂表面脱氢反应，为催化反应提供活性物种；链增长阶段在催化剂表面有效分离烷基和烷氧基，是抑制深度氧化的关键；链终止阶段，气相烷基及表面烷氧基进一步发生脱氢反应，多通道生成烯烃产物。该研究描绘了较为完整的反应网络，进一步阐释硼基催化剂高活性及高选择性来源。

为探究表面和气相反应通道对反应物反应路径以及总活性的影响，Lu 等使用四丙基氢氧化铵（TPAOH）为模板剂，室温合成具有丰富缺陷结构、小晶粒尺寸和大微孔结构的胚胎分子筛催化剂，增强表面活性硼物种的暴露，同时提供气相反应空间，用于 ODHP 反应[127]。研究发现，在较高的温度（540 ℃）下，随着气相反应空间从 0 mm 增大到 5 mm 和 10 mm，丙烷转化率和丙烯选择性都会增大，表明反应器反应过程中生成气相活性物质（如 HOO·），并引发丙烷在气相中的脱氢反应，增大气相反应空间，有助于延长气相活性物种的寿命，强化气相反应通道的作用。丙烷气相脱氢过程所占比例的增加引起丙烷和氧气反应级数升高，并且相比于表面催化过程，更有利于丙烯的生成，提高丙烯选择性。相较于传统晶态硼硅分子筛，该催化剂表现出显著提高的丙烷转化率和丙烯选择性，在 540 ℃下，丙烷转化率为 21.5% 时，丙烯选择性为 73.5%，提高约 20%，产率提高近一个数量级。

除此，在硼基催化剂的研究过程中，Lu 课题组发现烯烃与烷烃共进料可以加速烷烃的转化。在 BN 为催化剂的串联反应系统中[128]，R1 反应器尾气（含有未完全转化的反应物 C_3H_8 与 O_2 及 ODH 产物 C_3H_6、C_2H_4、CO 和 CO_2）进入到 R2 反应器。在 500 ℃时，R1 和 R2 中丙烷的转化率分别为 9.1% 和 12.8%，直接证明丙烷衍生产品可促进丙烷转化。系列动力学和同位素标记实验证明丙烯与丙烷协同作用的关键中间产物是环氧丙烷，并且直接证明了在两种烃的协同反应过程中丙烯 C—C 键的断裂。结合 DFT 计算，建立了 ODH 反应中烷烃与烯烃协同活化的反应路径。丙烷的中间产物"氢过氧自由基（·OOH）"和"丙氧基（·OC_3H_7）"与丙烯反应生成促进丙烷氧化的"羟基自由基（·OH）"和促进烯烃形成的"丙基自由基（·C_3H_7）"，同时丙烯被氧化至环氧丙烷。除此之外还发现，丙烷和乙烷共进料时，在较低温度下由丙烷原位生成的烯烃可以实现对乙烷的活化。"烷烃-烷烃"和"烷烃-烯烃"的循环单独进料和共进料实验表明乙烷-丙烷共进料 ODH 反应中提升的转化率最有可能归因于原位生成的烯烃。该研究揭示了氮化硼上真实的氧化脱氢反应途径，并为有效生产烯烃提供了新见解。

硼基催化剂高的活性和烯烃选择性，使其具备独特的氧化脱氢优势，具有广阔的应用前景。随着硼基催化剂的快速发展，h-BN 等催化剂也被应用于其他反应过程。例如，甲烷氧化转化制备 C_2H_4 和 C_2H_6 等高值产物[129]；碳掺杂的氮化硼材料（BCN）用于乙苯氧化脱氢反应[130]。另外，h-BN 还被用于烯烃加氢[131]、乙炔氢氯化[132]、氧化脱硫[133] 和二苯并噻吩氧化[134] 等反应中。

4.3.3　碳基催化剂

早在 20 世纪 60 年代，碳基材料就作为催化材料用于乙苯氧化脱氢反应。碳基材料作为非金属催化剂催化低碳烷烃氧化脱氢也引起了广泛的关注。活性炭等无定形炭，含有大量的微孔，虽然可以提供大的反应接触面积，但是由于其石墨化度低，在高温和氧化氛围中存在自燃的风险，因此一般选用石墨化度高的纳米碳材料作为丙烷氧化脱氢催化剂。迄今为止，多种纳米碳材料包括纳米金刚石、碳纳米管、洋葱碳和碳纳米纤维等均被用于氧化脱氢反应的研究。然而，在苛刻的氧化条件下石墨化度高的碳仍会发生氧化刻蚀。通过在碳材料上修饰氧化硼或磷氧化物后，可有效避免其氧化刻蚀。

碳材料表面存在多种官能团、缺陷、边缘位点等，复杂的组成及结构，难以关联碳基催化剂的构效关系。早期，研究者通过热处理和化学处理的方法，选择性地去除活性炭表面的含氧官能团，发现表面羰/醌基的数量与反应活性呈线性关系[135]。随着表征技术的进步，研究者通过在原位反应条件下监测表面物种的变化，进一步证实羰基是反应活性位的重要组成部分[136]。相关的理论计算也表明碳材料暴露的边缘位是必要的，zigzag 边的双羰基和 armchair 边的醌基可能都贡献反应活性[137]。基于对羰基活性位的认识也提出相应的反应循环（图 4-10），即：烷烃底物在羰基（C═O）上吸附活化，脱除两个氢原子，形成相应烯烃，羰基被还原成羟基（O—H），再在氧的作用下生成水，同时羟基被氧化成羰基（C═O），完成反应循环[138]。

碳材料表面除羰基外，往往同时含有如羧酸、酸酐、内酯等缺电子的亲电氧物种，这类基团更倾向于攻击富电子的烯烃 C═C 键，导致烯烃产物骨架的断裂，深度氧化，降低烯烃

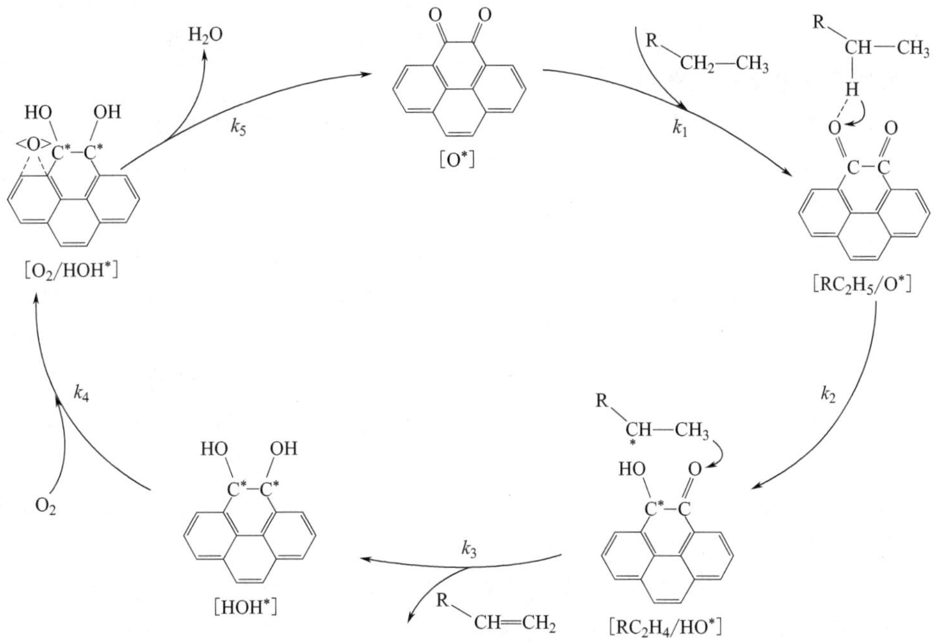

图 4-10 碳基催化剂上的烷烃氧化脱氢过程[138]

选择性。为抑制烯烃的过度氧化，一般通过杂原子（B、N、P）掺杂或修饰的方法来调制纳米碳材料的电子密度、酸碱性、表面官能团等，可有效提高烯烃的选择性。不过需要指出的是，尽管碳基催化剂显示出了相当的氧化脱氢催化性能，但是其烯烃选择性较低，相应的烯烃产率仍有待进一步提高。此外，碳基催化剂在氧化氛围下的稳定性同样是亟待解决的关键问题。

4.4 丙烷催化转化制特种化学品

4.4.1 丙烷氨氧化制丙烯腈

丙烯腈是三大合成材料的重要化工原料，主要用来生产聚丙烯腈、丙烯酰胺、丁腈橡胶、纤维（腈纶）以及丙烯腈-丁二烯-苯乙烯塑料等。2019 年，我国丙烯腈表观消费量约为231 万吨，下游需求仍在稳步增长。2020 年，国内丙烯腈总产能达到 313 万吨每年，约占世界丙烯腈总产能的 33%[139]。目前，工业上基本是以丙烯为原料来制丙烯腈，丙烯氨氧化法生产的丙烯腈占全球产量的 95%，它是由 Sohio 公司于 20 世纪 60 年代开发成功并沿用至今的[140]。同时期，就有学者提出利用丙烷氨氧化合成丙烯腈的技术路线，但研究进展缓慢，丙烷转化率和丙烯腈选择性均较低。20 世纪末期，随着全球丙烯资源紧缺和丙烷价格走低，以丙烷为原料生产丙烯腈有望降低约 30% 的生产成本，这使得丙烷路线合成丙烯腈技术取得了较大进展。

4.4.1.1 丙烷氨氧化法制备丙烯腈工艺路线

现有的研究技术中丙烷转化为丙烯腈主要有两条路线[141]：丙烷直接氨氧化工艺（一步

法）；丙烷脱氢-丙烯氧化工艺（两步法）。由于丙烷脱氢单元相对高的费用，限制了丙烷脱氢-丙烯氧化工艺发展，这使得丙烷直接氨氧化制丙烯腈工艺和催化剂备受关注。

（1）丙烷直接氨氧化工艺

丙烷直接氨氧化工艺指丙烷在催化剂作用下，同时进行丙烷氧化脱氢和丙烯氨氧化反应的过程。英国石油公司、日本三菱化学公司和旭化成公司等开发了各具特色的工艺，基于催化剂结构和性能的区别，不同公司开发的生产工艺也存在差异。

英国石油公司开发的工艺特点是采用氧气为氧化剂，无须加入惰性气体，少量氧气和过量丙烷进行氨氧化反应，所以丙烷转化率相对较低，且反应剩余的丙烷必须进行回收处理。日本三菱化学公司工艺则是以空气为氧化剂，少量丙烷在过量空气条件下进行氨氧化反应，生成丙烯腈。该工艺反应温度为 410 ℃，由于以空气为氧化剂，丙烷转化率较高，所以未反应丙烷不必回收利用。日本旭化成公司开发的丙烷直接氨氧化工艺是将丙烷、氨和氧在装有专用催化剂的管式反应器中进行反应，其催化剂为氧化硅上负载 20％～60％ 的 Mo、V、Nb 或 Sb 金属，反应用惰性气体稀释，反应条件为 415 ℃ 和 0.1 MPa。当丙烷转化率约为 90％ 时，丙烯腈选择性为 70％，收率约为 60％。

虽然丙烷原料价格低于丙烯，但是丙烷路线中丙烷转化率较低，反应产物较复杂，装置投资费用高于丙烯路线，制约了其工业化进程。因此，开发高性能催化剂、优化工艺条件是促进丙烷路线实现工业化的重要因素。

（2）丙烷脱氢-丙烯氧化工艺

该工艺首先通过丙烷直接脱氢技术生成丙烯（PDH 工艺），再通过丙烯直接氨氧化技术生成丙烯腈[140]。原料气丙烷首先加压至 0.2～0.5 MPa、加热至 670 ℃，然后进入脱氢反应器，在催化剂 Pt/Al_2O_3 作用下，于 620～650 ℃ 温度下发生脱氢反应生成丙烯及副产物（如丙烯醛）等；再进入精馏塔分离出丙烯与丙烷，丙烯进入下一工段，未反应的丙烷经换热器冷凝，与入口原料气丙烷混合，再进行脱氢反应。从丙烯精馏塔塔顶馏出的组分与被加热至气态的氨气、空气混合，于 400～500 ℃、0.05～0.20 MPa，在 $Bi\text{-}Mo\text{-}Al\text{-}O_x$ 催化剂作用下反应生成丙烯腈，以及乙腈、丙烯醛和二氧化碳等副产物。丙烷脱氢-丙烯氧化工艺中丙烷转化率和丙烯腈选择性都比较高。

丙烷脱氢-丙烯氧化工艺具有负荷较小的特点，因此，所需设备尺寸相对较小，丙烷的再循环量小，利用率高。但需要在丙烯腈装置附近建造与之配套的 PDH 装置，使固定投资费用比丙烷直接氨氧化工艺所用的费用高 15％～20％，限制了该工艺的发展。因此，更多研究集中在丙烷直接氨氧化制丙烯腈的工艺和催化剂方面，接下来主要介绍丙烷直接氨氧化制丙烯腈的催化机理和催化剂。

4.4.1.2 丙烷直接氨氧化催化反应机理

丙烷直接氨氧化制丙烯腈是个复杂的反应，既有 C_3H_8 和 NH_3 的活化，还存在着 NH 的插入反应。反应过程中除了生成丙烯腈的主反应外，还将伴随大量副反应的发生，从而增大了催化反应机理研究的难度，各研究者对此进行了大量的研究，但得出的结论却不尽相同。

Sanati 等通过对 V-Sb-O 催化剂上丙烷氨氧化生成丙烯腈动力学的研究，得出在低的氨气分压下丙烷经氧化脱氢生成丙烯，丙烯再氧化生成丙烯醛中间体，该中间体与氨气发生 NH 的插入反应生成丙烯腈；在高的氨气分压下，由丙烷生成的丙烯醛被氧化成丙烯酸，丙烯酸再与氨发生插入反应得到丙烯腈[142]。Sokolovskii 等认为丙烷氨氧化制丙烯腈时，首先丙烷转化成丙烯和烯丙基中间体。碱性催化剂作用下，烯丙基中间体会转化为丙烯醛，然后丙烯醛发生氨氧化反应生成丙烯腈；强酸性催化剂作用下，烯丙基中间体可直接与吸附的氨发生作用，形成丙烯酰胺，然后脱水生成丙烯腈[143]。上述各研究者提出的反应机理都是丙烷先转化成丙烯，然后丙烯再沿不同反应路径生成丙烯腈。然而，Florea 等通过对 V-Al-O-N 催化剂上丙烷氨氧化反应过程的研究，发现该反应生成物中并没有检测到丙烯的存在，因此他们认为丙烷先形成了碳负离子，然后再在催化剂上形成烯丙基表面离子，该表面离子再发生 NH 的插入反应而生成丙烯腈[144]。

4.4.1.3　丙烷直接氨氧化制丙烯腈催化剂

近年来随着丙烯资源的短缺和丙烷价格的走低，丙烷氨氧化制丙烯腈工艺技术逐渐引起了人们的关注。目前，已开发出的丙烷氨氧化制丙烯腈催化剂主要有六类：a. V-P 混合氧化物，此类催化剂丙烯腈收率非常低，目前研究基本停止；b. W、Ni、P 改性的 Sb-Ga 混合氧化物，由于反应时原料中要添加卤化物，目前研究很少；c. 锑酸盐催化剂；d. 钼酸盐催化剂；e. 钒铝氮氧化物催化剂；f. 分子筛类催化剂。接下来主要介绍 c～f 催化剂。

（1）锑酸盐催化剂

锑酸盐催化剂体系中，研究最多的是 V-Sb 复合氧化物催化剂，此外还有 Fe-Sb 及 Ga-Sb 等复合氧化物催化剂。Sb-V-O 催化剂体系组成为 $M_x SbV_y O_z$（M＝Te、Sn、Bi、Nb、Al、W 等），其中，M 可以是一种或多种金属元素。Sb-V-O 催化剂主要成分为 $\alpha\text{-}Sb_2 O_4$ 和 $VSbO_4$，结构为四方晶系金红石型。影响该类催化剂组成的核心指标是 Sb 与 V 物质的量比，当 Sb 与 V 物质的量比≥1 时，催化剂主要成分除 $\alpha\text{-}Sb_2 O_4$ 和 $VSbO_4$ 外，可能存在微量的 $\beta\text{-}Sb_2 O_4$、$Sb_2 O_3$ 和 $Sb_6 O_{13}$ 等[145]。

（2）钼酸盐催化剂

钼酸盐催化剂体系主要包括 Mo-Bi 系和 Mo-V 系两大类。Mo-Bi 系催化剂原来是丙烯氨氧化催化剂，后经改性用于丙烷氨氧化反应。该催化剂脱氢能力比较差，活性较低，丙烯腈选择性不高，仅有 50%～67%。Mo-V 系催化剂是在四方双锥晶型 Bi-Mo-V-O 催化剂的基础上通过添加 Nb 和 Te 等活性组分改性制得，可同时应用于丙烷氧化及氨氧化，生成产物分别为丙烯酸和丙烯腈，是近些年来研究的热点[141]。

（3）钒铝氮氧化物催化剂

钒铝氮氧化物催化剂的通式为 $VAl_x O_y N_z H_n$，其具有无定形结构和碱性/氧化还原性双功能催化活性中心。钒铝氮氧化物催化剂最初作为丙二腈和苯甲醛缩聚反应的催化剂，并于 21 世纪初成功应用于丙烷氨氧化制丙烯腈过程。钒铝氮氧化物催化剂具有较好的丙烷转化活性和丙烯腈选择性，时空收率（单位催化剂每小时丙烯腈生成量）远远高于其他催化剂，在丙烷低转化率的情况下，高空间收率决定了催化剂的实际效率，因而 VAlON 催化体系是一种具有发展前景的催化体系。

（4）分子筛类催化剂

分子筛催化丙烷氨氧化制丙烯腈是近年来开始出现的研究方向。Hamid 等将 Ga 修饰的 HZSM-5 用于丙烷氨氧化反应中，结果发现，在丙烷转化率约 50% 时，丙烯腈选择性达 45%，同时有 C_4 烃生成，主要是异丁烷和异丁烯。相比之下，CO_x 的生成量则不足 1%，远低于采用其他催化剂产生的量。Ga/HZSM-5 催化剂是由 B 酸中心和具有氧化还原性质的

Ga^{3+}/Ga^+ 中心所构成，通过隔离活性位来形成具有双功能的活性中心，该中心在相互协同作用下实现了丙烷的活化，形成质子化的假环丙烷过渡态，该过渡态可以直接与 NH_3 反应生成丙烯腈，也可以进一步转化为质子化环丙烷过渡态，然后再进一步发生氨氧化反应[146]。

4.4.2 丙烷气相硝化制硝基烷烃

丙烷硝化是化学工业中一个重要反应，其产物有硝基甲烷、硝基乙烷、1-硝基丙烷和2-硝基丙烷。硝基烷烃作为重要的精细化学品，是很多高附加值医药中间体和化学试剂的关键原料，硝基丙烷是合成 2-氨基异丁醇、2-二甲氨基-2-甲基-1-丙醇、N-异丙基羟胺和 4,4-二甲基恶唑啉等的关键原料。烷烃硝化技术的进步是精细化工发展的保障。

烷烃硝化是向有机碳原子上引入硝基，属于强放热反应。高温气相硝化烷烃属于自由基反应，其反应过程大致包括五个阶段：硝酸的热分解、烷烃的反应、烷烃自由基的反应、亚硝酸酯的分解和烷氧基自由基的反应[147]。硝酸的热分解是反应的起始步骤。按反应式（4-11）所示，生成的羟基自由基十分活跃，引发以下反应。

$$HNO_3 \longrightarrow HO \cdot + NO_2 \tag{4-11}$$

第二、三两个阶段是重要的链增长阶段，主要反应如式（4-12）～式（4-16）所示。

$$RH + \cdot OH \longrightarrow R \cdot + H_2O \tag{4-12}$$

$$RH + NO_2 \longrightarrow R \cdot + HNO_2 \tag{4-13}$$

$$R \cdot + HNO_3 \longrightarrow RNO_2 + HO \cdot \tag{4-14}$$

$$R \cdot + HNO_3 \longrightarrow RO \cdot + HO \cdot + NO \tag{4-15}$$

$$R \cdot + ONO \longrightarrow RONO \tag{4-16}$$

反应式（4-14）是生成硝基烷的重要步骤，而按反应式（4-16）生成的亚硝酸酯极其不稳定，在高温下很快按式（4-17）分解。

$$RONO \longrightarrow RO \cdot + NO \tag{4-17}$$

在温度 350～450 ℃时，反应式（4-17）是烷氧基自由基的重要来源。以丙烷硝化为例，生成的烷氧基自由基很快按反应式（4-18）～式（4-20）生成丙酮以及若干种碳原子较少的醛。

$$CH_3CH_2CH_2O \cdot \longrightarrow CH_3CH_2 \cdot + HCHO \tag{4-18}$$

$$CH_3\overset{\overset{\displaystyle \cdot}{O}}{-}CH-CH_3 \longrightarrow CH_3 \cdot + CH_3CHO \tag{4-19}$$

$$CH_3\overset{\overset{\displaystyle \cdot}{O}}{-}CH-CH_2 \cdot OH \longrightarrow CH_3\overset{\overset{\displaystyle O}{\|}}{-}C-CH_2 + H_2O \tag{4-20}$$

以上只是气相硝化反应的大致机理，实际过程中发生的反应很复杂，因为除硝化反应外还有大量的副反应，主要是氧化反应和降解反应。例如生成的醛、酮或醇继续氧化而成羧酸、二氧化碳和水。如果原料中含有碳数较高的烃类，反应产物将更复杂。这就是一般不用丁烷以上的烃类作原料，且要求原料有较高纯度的原因。

丙烷硝化工艺主要有两种。

（1）硝酸直接氧化法

以美国商业溶剂公司的 commerical solvent Co （CSC）工艺为代表，目的主要为制取多种低碳硝基烷烃。气相硝化流程如图 4-11 所示。流程可分为两个部分，前者是硝化反应部分，后者是硝酸回收部分，为连续操作的系统。丙烷进入反应器前预热到 430～450 ℃，硝酸浓度一般为 50％～60％。需导出多余的热量时，可适量喷入水蒸气或惰性气体作稀释剂。反应器操作压力通常大于 0.7 MPa，温度为 390～440 ℃，反应时间 1 s 以内[148]。用硝酸硝化丙烷时，各种硝基烷烃的比例可在如下范围内调节：硝基甲烷 9％～49％、硝基乙烷 6％～36％、1-硝基丙烷 9％～35％、2-硝基丙烷 5％～45％。

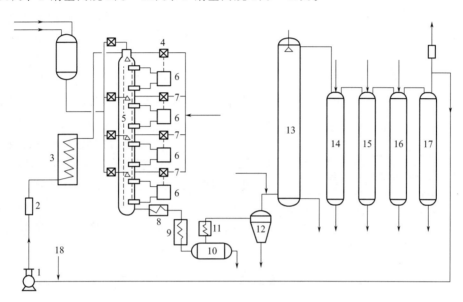

图 4-11　气相硝化的流程

1—泵；2—调节装置；3—预热器；4,7—空气阀；5—反应器；6—温度测量和调节装置；8,11—冷却器；
9—冷缩器；10—分离器；12—旋风分离器；13～17——氧化氮的氧化吸收系统；18—补充丙烷管线

该方法中影响丙烷硝化的因素甚多，主要有以下几点：a. 丙烷和硝酸的摩尔比，此比例直接影响转化率和收率。在其他条件不变时，此比例又取决于反应温度。在 0.7 MPa 压力下用 50％～60％硝酸硝化丙烷时，一般采样摩尔比为 5∶1。从工程角度看，提高此比例有助于控制温度，但会增加从出口气流中回收硝基烷烃产品的困难。b. 反应温度和时间，两个因素相互关联。每一个反应温度均对应有一个最佳的反应时间，只要两者适配（提高温度时适当缩短反应时间），就能在相当宽的温度范围内保持转化率不变。上述反应式（4-11）是个很慢的气相反应，因而反应温度至少高于 350 ℃。温度超过 450 ℃以后氧化类型的副反应加剧，硝基烷烃收率下降。c. 操作压力。一般认为提高反应器压力对转化率影响小，但可加快反应速度。另外，提高操作压力能增加反应器生产能力，这对工业装置很重要，所以推荐范围为 0.7～1.2 MPa。d. 添加剂。气相硝化中决定反应速度的步骤是生成烷基自由基，因而加入某些有助于生成烷基自由基的添加剂可以提高硝化反应的转化率和收率。实验证明，在适宜的操作条件下，加入一定量的氧、氯或溴可以明显地增加烷基自由基浓度，从而使上述反应式（4-14）、式（4-15）等的速率和转化率均有所提高。

硝酸对金属材料有强烈腐蚀，尤其在高温下，一般的镍铬钢也耐不住硝酸腐蚀。金属腐蚀产物对氧化反应又有催化作用，不利于硝化反应，所以首先要解决反应器材料问题。反应器型式多样，如实验室常用的管式反应器，以及进行过广泛研究的溶盐反应器和沸腾床反应器等。目前工业上常用的是斯登该尔反应器，也称为喷雾反应器。多室斯登该尔反应器的结

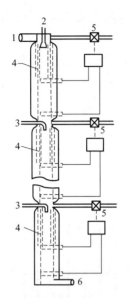

图 4-12　多室斯登该尔反应器的结构

1—烷烃入口管；2—硝酸入口管；3—硝酸补加管；
4—电热装置；5—空气调节阀；6—出口管

构如图 4-12 所示。

（2）氧化氮硝化法

其由法国 Grande Paroisse 公司开发的 Grande Paroisse（GP）工艺为代表，以低碳烷烃和氧化氮为主要原料，引入富氧或空气作氧化剂，其工艺过程大致如下。

用泵从液体二氧化氮贮罐中抽出硝化剂，计量后送入电热蒸发器，并与来自压缩机的经预热到 280 ℃的空气混合。液体丙烷在电热蒸发器中沸腾蒸发，并与二氧化氮、空气一起进入多管反应器，反应器用熔盐浴维持反应恒温。操作条件为：反应温度 150～330 ℃，压力 9～12 bar，接触时间约 10 s。反应后的气体进行淬冷到 5～10 ℃，以收集液态产品。未反应的丙烷和一氧化氮留在气相中，经处理后循环使用。冷凝下来的硝基烷产品从水相中分离出来，用 10%亚硫酸氢钠洗涤，用两个半连续蒸馏塔对硝基烷烃进行精馏。在分离器中得到的粗硝基烷烃液相组成如表 4-4 所示。

表 4-4　氧化氮硝化法制得的粗硝基烷烃液相组成

成分	质量/kg
水	61.60
硝酸	3.20
硝基甲烷	14.76
硝基乙烷	5.46
1-硝基丙烷	8.14
2-硝基丙烷	30.36

向分离了硝基烷液体的反应尾气中加入空气，氧化其中的一氧化氮，然后在浓硝酸塔中用硝酸吸收二氧化氮，在解吸塔中用压缩空气进行解吸，解吸出的这种二氧化氮/空气混合气送回合成工段的加热器中，做进一步硝化丙烷用。解吸了二氧化氮并冷却后的浓硝酸和补充硝酸一起再送入吸收塔循环使用。脱二氧化氮后的气体进入碱洗塔，除去微量一氧化氮后经分子筛干燥，再进入液化器冷凝回收丙烷，继续用于硝化反应。

GP 工艺问题之一是安全问题。在硝化反应和产品的减压蒸馏过程中均有爆炸危险，所以必须严守操作规程，并采取安全措施。据称选用适当的反应物料配比，使反应后的气体淬冷液中不出现丙烷，可避免发生爆炸。

与 CSC 工艺相似，GP 工艺的反应器对硝化反应也存在器壁效应，经试验 GP 工艺最后可能是采用老化器壁的方法调节反应。对 NO_2-C_3H_8-O_2 三元组分而言，通常转化率随反应器老化时间的加长而提高，在 9～60 h 内达到稳定值，而且不需要再生。

丙烷硝基化主要采用以上两种方法，一般不需要催化剂。目前关于丙烷硝基化的研究很少，有一些主要涉及工艺技术的改进，如改进反应器和反应条件参数等来调节产物选择性[149-152]，也有人提出利用碱金属催化气相硝化反应制备硝基烷烃，能够提高烷烃收率[153]。上海化学试剂有限公司试剂一厂曾经生产硝基丙烷，但由于市场需求量低和生产工艺难度较大等因素停产，1-硝基丙烷及 2-硝基丙烷在国内尚未形成规模化生产，进口量也很小。随着我国石油和天然气工业的迅速发展，如何有效地综合利用油气资源的问题显得愈加重要。但迄今有关硝基烷烃的生产和应用研究尚处于早期阶段，这是应该引起我们充分注意的。

4.4.3　丙烷选择氧化制丙烯酸

丙烯酸及其衍生物丙烯酸酯等是重要的化工原料，广泛用于涂料、化纤、纺织、轻工业产品的生产中；还用于石油开采、油品添加剂生产等行业。制造丙烯酸及丙烯酸酯的途径有许多种，传统工业上的制法有氰乙醇法、高压 Reppe 法、改良 Reppe 法、烯酮法、丙烯腈水解法等[154]。近年来丙烯气相直接氧化法、丙烯两步氧化法已经逐步替代了传统的生产方法。其中丙烯两步氧化法制丙烯酸的技术比较成熟，单程收率比较高，它是以丙烯为原料出发首先合成丙烯醛，再由丙烯醛氧化制得丙烯酸。反应分两步进行，其反应方程式如下：

$$CH_2 =\!\!=CH \cdot CH_3 + O_2 \longrightarrow CH_2 =\!\!=CH \cdot CHO + H_2O \tag{4-21}$$

$$CH_2 =\!\!=CH \cdot CHO + 1/2O_2 \longrightarrow CH_2 =\!\!=CH \cdot COOH \tag{4-22}$$

其中反应式（4-21）的温度在 $300 \sim 350 \,℃$ 之间，收率可达到 90% 以上。反应式（4-22）的温度在 $200 \sim 250 \,℃$ 之间，收率可达到 97% 以上。但是从经济角度上考虑该反应过程也存在一定的不足：原料丙烯的价格比较昂贵，要求生产投入较高；两步反应需要两套不同的反应装置，会造成很大的设备和能源的浪费。所以利用丙烷代替丙烯直接进行选择氧化反应制备丙烯酸引起了人们的广泛关注。自 20 世纪 80 年代以来，国外就开始了利用丙烷代替丙烯直接反应制取高附加值化学品的研究工作[155,156]。国内也开展了很多这方面的研究，主要包括丙烷选择氧化制丙烯醛、丙烷选择氧化制丙烯酸和丙烷氨化制丙烯腈等。

4.4.3.1　反应机理和路径

丙烷氧化过程十分复杂，存在着许多不同的反应路径。其中丙烷选择氧化制丙烯酸反应的总方程式如式（4-23）：

$$C_3H_8 + 2O_2 \xrightarrow{\text{催化剂}} H_2C =\!\!=CH\!-\!COOH + 2H_2O \tag{4-23}$$

丙烷反应过程相关反应的热力学参数如图 4-13 所示[157]。我们可以看出，关于丙烷氧化的一系列反应都是放热反应，而且多个反应的反应热值比较接近，所以反应间的竞争严重，反应过程十分复杂。目前为止，关于反应机理的研究报道很少，而且没有得到一致认可的结果。

从反应历程图推断，丙烯酸的收率可能依靠两个因素：一个是丙烯的烯丙基氧化生成丙烯酸的反应速率和丙烯酮化生成丙酮的反应速率的比例；另一个是丙烯酸生成速率和其深度氧化速率的比例。研究报告同时指出各种反应物的活性顺序为丙烯醛＞丙烯＞乙酸＞丙烯酸＞丙烷，可以看出丙烷的活性比其他反应物要低。

丙烷一步氧化与丙烯的氧化路线相比困难重重，需要克服和解决许多关键技术问题[158]：a. 丙烷是一种饱和低碳烷烃，与烯烃、炔烃及其他长链饱和烷烃相比，反应性更低。这要求催化剂具有更高的活性。b. 能量大于 C—C 键断裂所需的能量，因此易优先发生C—C 键的断裂，导致 C_1（如甲醛）和 C_2（如乙酸）的产生。另外丙烷比其部分氧化产物

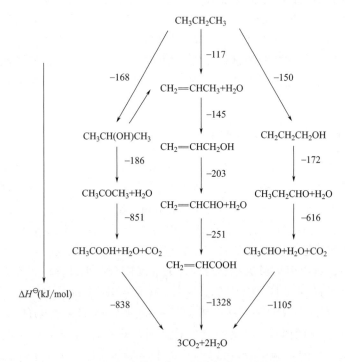

图 4-13　丙烷氧化相关反应及热力学参数

（丙烯醛或酸）更为稳定，这就要求催化剂具有特殊的功能，在活化丙烷的同时降低或阻止产物的进一步氧化。开发低碳烷烃催化剂一直是个挑战性的课题。c. 反应过程中涉及多电子转移，反应机理复杂，要求催化剂氧化还原性、酸碱性等适宜，同时要具有降低或阻止产物过度氧化的功能。

4.4.3.2　催化剂体系

　　丙烷选择氧化主要涉及两个最基本而又相互联系的步骤，即丙烷活化脱氢和对不饱和中间体插氧。丙烷氧化反应包含多电子转移，需要几个活性中心的协同作用，也包括催化剂氧化-还原性质的平衡，来完成催化循环，因此所使用的催化剂一般都是多组分的[159]。现将其主要的催化剂体系介绍如下。

　　目前丙烷选择氧化制丙烯酸所采用的催化剂主要有三种类型：钒-磷-氧（VPO）催化剂、杂多酸（HPA）及其盐类催化剂和多组分金属氧化物（MMO）催化剂。

（1）VPO 催化剂

　　早在 20 世纪 70 年代，在正丁烷催化氧化制备马来酸酐的反应过程中就已经成功应用了 VPO 催化剂，其中马来酸酐的选择性占到了 $65\%\sim98\%$，收率已经达到了 $45\%\sim61\%$。1986 年，在丙烷选择氧化的过程中才开始第一次使用 VPO 催化剂，主要生成物有碳氧化合物、丙烯酸，虽然 VPO 催化剂对于催化丙烷以制备有用的化工产品有一定的效果，但对于提高丙烷氧化制备丙烯酸的收率效果并不好，据相关科学文献报道，丙烯酸的最高收率还不到 20%[160]。影响 VPO 催化剂丙烯酸收率的反应条件主要是反应温度和原料气组成等，提高催化剂表面活性位密度是制备高催化活性 VPO 催化剂的研究方向之一。常见的 VPO 催化剂的反应性能如表 4-5 所示[161]。

表 4-5　VPO 催化剂的反应性能

催化剂	温度/℃	丙烷转化率/%	丙烯酸产率/%	选择性/%
$V_1P_{1.15}Te_{0.1\sim0.15}O$	390	30	10.5	30
$V_{1.04}P_1O$	300	24	微量	38(丙烯)
$V_1P_{1.05}O$	385	37	14.4	39
$V_1P_{1.1}O$	420	46	14.7	32
$VPO/TiO_2\text{-}SiO_2$	300	22	13.3	61
VPO	400	23	11.2	48
$VPZr_{0.5}O$	340	18	14.8	81
$La_{0.04}Ce_{0.04}/VPO$	450	50.3	43.0	85.5
Ce/VPO	390	28	18.8	68

目前 VPO 催化剂主要研究方向为：调变催化剂中 V 原子和 P 原子的比例、催化剂的制备方法、制备过程及元素掺杂等[162]。在 VPO 催化剂中添加助剂会影响 VPO 催化剂的晶相结构、比表面积，还可调节催化剂中 V-P 配位配合状态和催化剂表面的酸碱度[159]，增加 VPO 催化剂的活性和产物的选择性，有助于开发高活性的 VPO 催化剂。从已有的研究结果看，VPO 催化剂制丙烯酸（醛）反应没有突破性进展，还远远没达到工业化的生产要求。

（2）杂多酸及其盐类催化剂

杂多酸催化剂泛指杂多酸及其盐，是一类由中心原子（即杂原子，如 P、Si 等）和配位原子（即多原子，如 Mo、W 等）通过氧原子桥联方式进行空间组合的多氧簇金属络合物。

HPA 催化剂广泛应用在氧化、氧化脱氢等均相和多相催化反应中。1972 年，日本将杂多化合物催化剂应用到丙烯水合反应的工业生产上，随后又分别用杂多酸作催化剂将异丁烯氧化制甲基丙烯腈、异丁烷氧化脱氢制甲基丙烯酸等，实现了工业化。杂多酸催化剂应用到丙烷选择氧化制丙烯酸的研究上是从 20 世纪 80 年代开始的[163]。

HPA 及其盐类催化剂的特点主要是具有氧化还原性和酸性，是一种化学性能非常优良的有机催化剂，且同时具备了两种化学功能，它强酸性的特点可以使其广泛地应用于催化酯化、脱水及烷基取代反应，由于它具备氧化还原特性，还可以用作胺或醇以及醛、酮、腈的烯丙基氧化脱氢催化剂。同时作为丙烷选择氧化的催化剂具有自身的优势，其结构确定，组成简单。但与其他催化剂不同，HPA 系列催化剂制备中并不涉及焙烧过程，催化剂的活性和热性能几乎全部依赖于通过聚阴离子和阳离子组成元素的适当排列而形成的确定的笼形结构。其 Keggin 型阴离子在 400 ℃ 空气气氛中就发生结构分解。因此，该类催化剂的稳定性较差，活性下降较快。

对于丙烷选择氧化的 HPA 及其盐类催化剂来说，提高其热稳定性是关键。用极性分子对杂多化合物催化剂进行预处理，通过中心原子、配位原子及抗衡离子的置换在一定程度上提高了催化剂的热稳定性，并改变了催化剂的氧化-还原性和酸碱性。改性有效提高了杂多化合物的热稳定性，同时提高了催化剂的活性和目的产物的选择性[164]。

杂多化合物催化剂的改性主要基于两个方面[165-168]：一是使用过渡金属或碱金属对 H^+ 进行取代；二是用 Mo、V 或 W 等离子取代杂多阴离子中的一部分金属离子，形成多种金属离子共存的复合杂多阴离子。通过完全或部分取代杂多酸中 H^+，改变了杂多化合物催化剂原有的 L 酸和 B 酸的酸强度，有效调节杂多化合物催化剂的氧化能力，而对杂多阴离子的取代，有效改变了电子的储存和转移能力。常见的 HPA 及其盐类催化剂的反应性能如表 4-6 所示。

表 4-6　HPA 及其盐类催化剂的反应性能

催化剂	温度/℃	丙烷转化率/%	丙烯酸产率/%	选择性/%
$H_{3-n}Sb_nP_1Mo_{12}O_{40}$	340	10	2	19
$H_5PV_2Mo_{10}O_{40}$	—	41	9	22
$H_{1.26}Cs_{2.5}Fe_{0.083}P_1V_1Mo_{11}O_{40}$	380	47	13	28
$H_{3+n}PV_nMo_{12-n}O_{40}/Cs_3PMo_{12}O_4$	<400	50.4	10.8	21.5

(3) 多组分金属氧化物催化剂

多组分金属氧化物（MMO）催化剂是由两种或两种以上的过渡金属的简单氧化物通过化学合成制得的。大多是非化学计量的化合物，多组分金属氧化物催化剂的结构中存在着缺陷，形成不同的晶相，它在氧化-还原反应中拥有极佳的传递电子和氧的能力。多组分金属氧化物催化剂主要有 Mo-V-Sb、Mo-V-Te、Mo-V-Te-Nb-O 和 Mo-V-Sb-Nb-O 氧化物等。由于 Mo-V-Te/Sb-Nb-O 催化剂体系活性很高，在低温下就能活化丙烷和 NH_3 分子，因而 Mo-V-Te/Sb-Nb-O 催化剂很快成为丙烷选择氧化、丙烷氨氧化的研究重点[169-172]。

与单组分的催化剂相比，Mo-V-Te/Sb-Nb-O 催化剂增加了催化剂表面晶格氧的层数，增加了催化剂氧化的活性，能在较低的反应温度下活化烷烃的 C—H 键并完成插氧过程，在氧化-还原反应中拥有极佳的传递电子和氧的能力、更高的热稳定性、更高的机械强度及表面酸碱性，具有广阔的开发前景[173]。另外，由于催化剂制备一般是经高温焙烧而制成的，因此有很好的热稳定性。近年来研究表明，多组分金属氧化物对丙烷选择氧化制丙烯酸的催化性能明显优于 VPO 或 HPA 体系。但与 VPO 和 HPA 催化剂相比，MMO 催化剂的结构与性能关系较为复杂[174]。

以上所述丙烷氧化的几条路线中，以多组分金属氧化物 MoTe(Sb)(Nb)O 为催化剂的丙烷氧化制备丙烯酸路线的优点突出。因为该反应温度相对较低、条件相对温和且基本不涉及毒性强的副产物。就目前的情况来看，该路线已经取得了相当程度的进展，但丙烷转化率及产物丙烯酸选择性仍然需要进一步提高。对于催化剂的设计来讲，如何进一步完善催化剂的制备方法并找到结构与其反应性能之间的关系，找到制备出具有特定晶相结构催化剂的方法，使催化剂性能具有可控性和重现性，是今后多组分金属氧化物催化剂研究的重点。几种多组分金属氧化物催化剂的反应性能如表 4-7 所示。

表 4-7　多组分金属氧化物催化剂的反应性能

催化剂	温度/℃	丙烷转化率/%	丙烯酸产率/%	选择性/%
$Mo_1V_{0.3}Te_{0.23}Nb_{0.12}O_x$	380	80	48	60.5
$Mo_1V_{0.3}Sb_{0.16}Nb_{0.05}O_x$	380	50	16	32
$Mo_1V_{0.3}Sb_{0.25}Nb_{0.11}O_x$	400	21	12	61
$Mo_1V_{0.3}Sb_{0.25}Nb_{0.12}K_{0.013}O_x$	420	39	25	64
$Mo_1V_{0.3}Te_{0.23}Nb_{0.12}O_x$	390	71	42	59
	350	23	14	61

丙烷选择氧化制丙烯酸催化剂距工业化还有很长的路要走，有很多难题需要解决，如选

择性和转化率之间的矛盾使丙烯酸难有高的收率，催化剂寿命、催化剂的力学性能有待研究，反应热的脱除，等等。尽管如此，由于全球对丙烯酸及酯需求的快速增长，丙烷和丙烯相比的价格优势将吸引人们对丙烷一步氧化法开展研究，可以想象，随着研究的进行，对催化剂晶相结构、作用的认识将不断深入，研究手段将不断更新，所制备的催化剂性能会有突破性进展[175]。

参考文献

[1] 李修仪，周金波，黄剑锋，等．丙烷催化脱氢制丙烯 Pt 系催化剂研究进展 [J]．石油炼制与化工，2019，50 (12)：102-108.

[2] 李春义，王国玮．丙烷/异丁烷脱氢 Pt 系催化剂的研究进展Ⅲ.Pt 的存在形态、颗粒大小与脱氢性能 [J]．石化技术与应用，2017，35 (3)：171-184.

[3] Larsson M，Hultén M，Blekkan E A，et al. The effect of reaction conditions and time on stream on the coke formed during propane dehydrogenation [J]. J. Catal.，1996，164 (1)：44-53.

[4] Li Q，Sui Z J，Zhou X G，et al. Coke formation on Pt-Sn/Al$_2$O$_3$ catalyst in propane dehydrogenation：coke characterization and kinetic study [J]. Top. Catal.，2011，54 (13-15)：888-896.

[5] Wang H Z，Sun L L，Sui Z J，et al. Coke formation on Pt-Sn/Al$_2$O$_3$ catalyst for propane dehydrogenation [J]. Ind. Eng. Chem. Res.，2018，57 (26)：8647-8654.

[6] Im J，Choi M. Physicochemical Stabilization of Pt against sintering for a dehydrogenation catalyst with high activity，selectivity，and durability [J]. ACS Catal.，2016，6 (5)：2819-2826.

[7] 张凌峰，刘亚录，胡忠攀，等．丙烷脱氢制丙烯催化剂研究的进展 [J]．石油学报（石油加工），2015，31 (2)：400-417.

[8] Guillermo J S，Guillermo R B，Mónica L C，et al. PtSn/γ-Al$_2$O$_3$ isobutane dehydrogenation catalysts：the effect of alkaline metals addition [J]. Materials Letters，2005，59 (18)：2319-2324.

[9] Shi L，Deng G M，Li W C，et al. Al$_2$O$_3$ nanosheets rich in pentacoordinate Al (3+) ions stabilize Pt-Sn clusters for propane dehydrogenation [J]. Angew. Chem. Int. Ed.，2015，54 (47)：13994-13998.

[10] Bariås O A，Holmen A，Blekkan E A. Propane dehydrogenation over supported platinum catalysts：effect of tin as a promoter [J]. Catal. Today，1995，24 (3)：361-364.

[11] Bariås O A，Holmen A，Blekkan E A. Propane dehydrogenation over supported Pt and Pt-Sn catalysts：catalyst preparation，characterization，and activity measurements [J]. J. Catal.，1996，158 (1)：1-12.

[12] Aguilar-Ríos G，Salas P，Valenzuela M A，et al. Propane dehydrogenation activity of Pt and Pt-Sn catalysts supported on magnesium aluminate：influence of steam and hydrogen [J]. Catal. Lett.，1999，60 (1/2)：21-25.

[13] Yang M L，Zhu Y A，Zhou X G，et al. First-principles calculations of propane dehydrogenation over PtSn catalysts [J]. ACS Catal.，2012，2 (6)：1247-1258.

[14] Jablonski E L，Castro A A，Scelza O A，et al. Effect of Ga addition to Pt/Al$_2$O$_3$ on the activity，selectivity and deactivation in the propane dehydrogenation [J]. Appl. Catal. A：Gen.，1999，183 (1)：189-198.

[15] Siddiqi G，Sun P，Galvita V，et al. Catalyst performance of novel Pt/Mg(Ga)(Al)O catalysts for alkane dehydrogenation [J]. J. Catal.，2010，274 (2)：200-206.

[16] Sun P，Siddiqi G，Chi M，et al. Synthesis and characterization of a new catalyst Pt/Mg(Ga)(Al)O for alkane dehydrogenation [J]. J. Catal.，2010，274 (2)：192-199.

[17] Zhang Q，Zhang K，Zhang S，et al. Ga^{3+}-stabilized Pt in PtSn-Mg(Ga)(Al)O catalyst for promoting ethane dehydrogenation [J]. J. Catal.，2018，368：79-88.

[18] Sun P，Siddiqi G，Vining W C，et al. Novel Pt/Mg(In)(Al)O catalysts for ethane and propane dehydrogenation [J]. J. Catal.，2011，282 (1)：165-174.

[19] Xia K，Lang W Z，Li P P，et al. The influences of Mg/Al molar ratio on the properties of PtIn/Mg(Al)O-x catalysts for propane dehydrogenation reaction [J]. Chem. Eng. J.，2016，284：1068-1079.

[20] Xia K，Lang W Z，Li P P，et al. The properties and catalytic performance of PtIn/Mg(Al)O catalysts for the propane dehydrogenation reaction：effects of pH value in preparing Mg(Al)O supports by the co-precipitation method [J]. J. Catal.，2016，338：104-114.

[21] Liu J F，Zhou W，Jiang D Y，et al. Isobutane dehydrogenation over InPtSn/ZnAl$_2$O$_4$ catalysts：effect of indium promoter [J]. Ind. Eng. Chem. Res.，2018，57 (33)：11265-11270.

［22］ Rimaz S，Chen L，Kawi S，et al. Promoting effect of Ge on Pt-based catalysts for dehydrogenation of propane to propylene ［J］. Appl. Catal. A：Gen.，2019，588：117266.

［23］ Silvestre-Albero J，Sanchez-Castillo M A，He R，et al. Microcalorimetric，reaction kinetics and DFT studies of Pt-ZnX-zeolite for isobutane dehydrogenation ［J］. Catal. Lett.，2001，74 (1/2)：17-25.

［24］ de Cola P L，Gläser R，Weitkamp J. Non-oxidative propane dehydrogenation over Pt-Zn-containing zeolites ［J］. Appl. Catal. A：Gen.，2006，306：85-97.

［25］ Belskaya O B，Stepanova L N，Gulyaeva T I，et al. Zinc influence on the formation and properties of Pt/Mg(Zn)AlO$_x$ catalysts synthesized from layered hydroxides ［J］. J. Catal.，2016，341：13-23.

［26］ Wang Y S，Hu Z P，Lv X W，et al. Ultrasmall PtZn bimetallic nanoclusters encapsulated in silicalite-1 zeolite with superior performance for propane dehydrogenation ［J］. J. Catal.，2020，385：61-69.

［27］ Sun Q，Wang N，Fan Q，et al. Subnanometer bimetallic platinum-zinc clusters in zeolites for propane dehydrogenation ［J］. Angew. Chem. Int. Ed.，2020，59：2-11.

［28］ Xie L J，Chai Y C，Sun L L，et al. Optimizing zeolite stabilized Pt-Zn catalysts for propane dehydrogenation ［J］. J. Energy Chem.，2021，57：92-98.

［29］ Angel G Del，Bonilla A，Peña Y，et al. Effect of lanthanum on the catalytic properties of PtSn/γ-Al$_2$O$_3$ bimetallic catalysts prepared by successive impregnation and controlled surface reaction ［J］. J. Catal.，2003，219 (1)：63-73.

［30］ Yu C L，Ge Q J，Xu H Y，et al. Effects of Ce addition on the Pt-Sn/γ-Al$_2$O$_3$ catalyst for propane dehydrogenation to propylene ［J］. Appl. Catal. A：Gen.，2006，315：58-67.

［31］ Wang T，Jiang F，Liu G，et al. Effects of Ga doping on Pt/CeO$_2$-Al$_2$O$_3$ catalysts for propane dehydrogenation ［J］. AIChE J.，2016，62 (12)：4365-4376.

［32］ Ryoo R，Kim J，Jo C，et al. Rare-earth-platinum alloy nanoparticles in mesoporous zeolite for catalysis ［J］. Nature，2020，585 (7824)：221-224.

［33］ Ji Z H，Miao D Y，Gao L J，et al. Effect of pH on the catalytic performance of PtSn/B-ZrO$_2$ in propane dehydrogenation ［J］. Chin. J. Catal.，2020，41 (4)：719-729.

［34］ Aly M，Fornero E L，Leon-Garzon A R，et al. Effect of boron promotion on coke formation during propane dehydrogenation over Pt/γ-Al$_2$O$_3$ catalysts ［J］. ACS Catal.，2020，10 (9)：5208-5216.

［35］ Gao X Q，Li W C，Qiu B，et al. Promotion effect of sulfur impurity in alumina support on propane dehydrogenation ［J］. J. Energy Chem.，2022，70：332-339.

［36］ Frey F E，Huppke W F. Equilibrium dehydrogenation of ethane，propane，and the butanes ［J］. Ind. Eng. Chem.，1933，25 (1)：54-59.

［37］ Sattler J J，Ruiz-Martinez J，Santillan-Jimenez E，et al. Catalytic dehydrogenation of light alkanes on metals and metal oxides ［J］. Chem Rev，2014，114 (20)：10613-10653.

［38］ Weckhuysen B M，Deridder L M，Schoonheydt R A. A quantitative diffuse reflectance spectroscopy study of supported chromium catalysts ［J］. J. Phys. Chem.，1993，97 (18)：4756-4763.

［39］ Santhoshkumar M，Hammer N，Ronning M，et al. The nature of active chromium species in Cr-catalysts for dehydrogenation of propane：new insights by a comprehensive spectroscopic study ［J］. J. Catal.，2009，261 (1)：116-128.

［40］ Lugo H J，Lunsford J H. The dehydrogenation of ethane over chromium catalysts ［J］. J. Catal.，1985，91 (1)：155-166.

［41］ Fridman V Z，Xing R. Investigating the CrO$_x$/Al$_2$O$_3$ dehydrogenation catalyst model：Ⅱ. Relative activity of the chromium species on the catalyst surface ［J］. Applied Catalysis A：General，2017，530：154-165.

［42］ 许鑫培，王德龙，姚月，等. 丙烷脱氢制丙烯铬系催化剂研究进展 ［J］. 天然气化工——C$_1$ 化学与化工，2017，42 (5)：107-125.

［43］ 谭晓林，马波，张喜文，等. Cr 系丙烷脱氢催化剂研究进展 ［J］. 化工进展，2010，29 (1)：51-57.

［44］ Gascón J，Téllez C，Herguido J，et al. Propane dehydrogenation over a Cr$_2$O$_3$/Al$_2$O$_3$ catalyst：transient kinetic modeling of propene and coke formation ［J］. Appl. Catal. A：Gen.，2003，248 (1-2)：105-116.

［45］ Puurunen R. Spectroscopic study on the irreversible deactivation of chromia/alumina dehydrogenation catalysts ［J］. J. Catal.，2002，210 (2)：418-430.

［46］ Weckhuysen B M，Verberckmoes A A，Buttiens A L，et al. Diffuse reflectance spectroscopy study of the thermal genesis and molecular structure of chromium-supported catalysts ［J］. The Journal of Physical Chemistry，1994，98 (2)：579-584.

［47］ 卜婷婷，李秋颖，苟文甲，等. 丙烷脱氢 Cr 系催化剂的研究进展 ［J］. 石油炼制与化工，2017，48 (11)：

103-110.

[48] Vuurman M A, Stufkens D J, Oskam A, et al. Raman spectra of chromium oxide species in CrO_3/Al_2O_3 catalysts [J]. Journal of Molecular Catalysis, 1990, 60 (1): 83-98.

[49] de Rossi S, Casaletto M P, Ferraris G, et al. Chromia/zirconia catalysts with Cr content exceeding the monolayer. A comparison with chromia/alumina and chromia/silica for isobutane dehydrogenation [J]. Applied Catalysis A: General, 1998, 167 (2): 257-270.

[50] Derossi S, Ferraris G, Fremiotti S, et al. Propane dehydrogenation on chromia zirconia catalysts [J]. Applied Catalysis A: General, 1992, 81 (1): 113-132.

[51] Derossi S, Ferraris G, Fremiotti S, et al. Propane dehydrogenation on chromia silica and chromia alumina catalysts [J]. J. Catal., 1994, 148 (1): 36-46.

[52] Botavina M, Barzan C, Piovano A, et al. Insights into Cr/SiO_2 catalysts during dehydrogenation of propane: an operando XAS investigation [J]. Catal. Sci. Technol., 2017, 7 (8): 1690-1700.

[53] Węgrzyniak A, Jarczewski S, Wach A, et al. Catalytic behaviour of chromium oxide supported on CMK-3 carbon replica in the dehydrogenation propane to propene [J]. Appl. Catal. A: Gen., 2015, 508: 1-9.

[54] Gao X Q, Lu W D, Hu S Z, et al. Rod-shaped porous alumina-supported Cr_2O_3 catalyst with low acidity for propane dehydrogenation [J]. Chin. J. Catal., 2019, 40 (2): 184-91.

[55] Rombi E. Effects of potassium addition on the acidity and reducibility of chromia/alumina dehydrogenation catalysts [J]. Appl. Catal. A: Gen., 2003, 251 (2): 255-266.

[56] Cavani F, Koutyrev M, Trifiro F, et al. Chemical and physical characterization of alumina-supported chromia-based catalysts and their activity in dehydrogenation of isobutane [J]. J. Catal., 1996, 158 (1): 236-250.

[57] Sokolov S, Stoyanova M, Rodemerck U, et al. Comparative study of propane dehydrogenation over V-, Cr-, and Pt-based catalysts: time on-stream behavior and origins of deactivation [J]. J. Catal., 2012, 293: 67-75.

[58] Weckhuysen B M, Keller D E. Chemistry, spectroscopy and the role of supported vanadium oxides in heterogeneous catalysis [J]. Cheminform, 2003, 78 (1): 25-46.

[59] Hu P, Lang W Z, Yan X, et al. Influence of gelation and calcination temperature on the structure-performance of porous VO_x-SiO_2 solids in non-oxidative propane dehydrogenation [J]. J. Cataly., 2018, 358: 108-117.

[60] Sokolov S, Stoyanova M, Rodemerck U, et al. Effect of support on selectivity and on-stream stability of surface VO_x species in non-oxidative propane dehydrogenation [J]. Cataly. Sci. & Tech., 2014, 4.

[61] Sokolov S, Bychkov V Y, Stoyanova M, et al. Effect of VO_x species and support on coke formation and catalyst stability in nonoxidative propane dehydrogenation [J]. Chemcatchem, 2015, 7 (11): 1691-700.

[62] Bai P, Ma Z P, Li T T, et al. Relationship between surface chemistry and catalytic performance of mesoporous gamma-Al_2O_3 supported VO_x catalyst in catalytic dehydrogenation of propane [J]. ACS Appl. Mater. Interfaces, 2016, 8 (39): 25979-25990.

[63] Liu G, Zhao Z J, Wu T F, et al. Nature of the active sites of VO_x/Al_2O_3 catalysts for propane dehydrogenation [J]. ACS Cataly., 2016, 6 (8): 5207-5214.

[64] Zhao Z J, Wu T F, Xiong C Y, et al. Hydroxyl-mediated non-oxidative propane dehydrogenation over VO_x/gamma-Al_2O_3 catalysts with improved stability [J]. Angew. Chem. Int. Ed., 2018, 57 (23): 6791-6795.

[65] Wu T F, Liu G, Zeng L, et al. Structure and catalytic consequence of Mg-modified VO_x/Al_2O_3 catalysts for propane dehydrogenation [J]. AIChE J., 2017, 63 (11): 4911-4919.

[66] Gu Y, Liu H J, Yang M M, et al. Highly stable phosphine modified VO_x/Al_2O_3 catalyst in propane dehydrogenation [J]. Appl. Catal. B: Environ., 2020, 274: 119089.

[67] Giannetto G, Montes A, Gnep N S, et al. Conversion of light alkanes to aromatic hydrocarbons: II. Role of gallium species in propane transformation on GaZSM5 catalysts [J]. Appl. Catal., 1988, 43 (1): 155-166.

[68] Zheng B, Hua W M, Yue Y H, et al. Dehydrogenation of propane to propene over different polymorphs of gallium oxide [J]. J. Catal., 2005, 232 (1): 143-151.

[69] Chen M, Xu J, Su F Z, et al. Dehydrogenation of propane over spinel-type gallia-alumina solid solution catalysts [J]. J. Catal., 2008, 256 (2): 293-300.

[70] Shao C T, Lang W Z, Yan X, et al. Catalytic performance of gallium oxide based-catalysts for the propane dehydrogenation reaction: effects of support and loading amount [J]. RSC Adv., 2017, 7 (8): 4710-4723.

[71] Hu B, Getsoian A B, Schweitzer N M, et al. Selective propane dehydrogenation with single-site Co II on SiO_2 by a non-redox mechanism [J]. J. Catal., 2015, 322: 24-37.

[72] Hu B, Kim W G, Sulmonetti T P, et al. A mesoporous cobalt aluminate spinel catalyst for nonoxidative propane de-

hydrogenation [J]. ChemCatChem，2017，9 (17)：3330-3337.

[73] Zhao Y Q，Sohn H，Hu B，et al. Zirconium modification promotes catalytic activity of a single-site cobalt heterogeneous catalyst for propane dehydrogenation [J]. ACS Omega，2018，3 (9)：11117-11127.

[74] Otroshchenko T，Sokolov S，Stoyanova M，et al. ZrO$_2$-based alternatives to conventional propane dehydrogenation catalysts：active sites，design，and performance [J]. Angew. Chem. Int. Ed.，2015，54 (52)：15880-15883.

[75] Otroshchenko T，Kondratenko V A，Rodemerck U，et al. ZrO$_2$-based unconventional catalysts for non-oxidative propane dehydrogenation：factors determining catalytic activity [J]. J. Catal.，2017，348：282-290.

[76] Zhang Y Y，Zhao Y，Otroshchenko T，et al. The effect of phase composition and crystallite size on activity and selectivity of ZrO$_2$ in non-oxidative propane dehydrogenation [J]. J. Catal.，2019，371：313-324.

[77] Li C F，Guo X J，Shang Q H，et al. Defective TiO$_2$ for propane dehydrogenation [J]. Ind. Eng. Chem. Res.，2020，59 (10)：4377-4387.

[78] Perechodjuk A，Kondratenko V A，Lund H，et al. Oxide of lanthanoids can catalyse non-oxidative propane dehydrogenation：mechanistic concept and application potential of Eu$_2$O$_3$-or Gd$_2$O$_3$-based catalysts [J]. Chem. Commun.，2020，56 (85)：13021-13024.

[79] 肖锦堂. 烷烃催化脱氢生产 C$_3$～C$_4$ 烯烃工艺（之一）[J]. 天然气工业，1994，14 (2)：64-69.

[80] 肖锦堂. 烷烃催化脱氢生产 C$_3$～C$_4$ 烯烃工艺（之二）[J]. 天然气工业，1994，14 (3)：69-73.

[81] 肖锦堂. 烷烃催化脱氢生产 C$_3$～C$_4$ 烯烃工艺（之三）[J]. 天然气工业，1994，14 (4)：72-77.

[82] 肖锦堂. 烷烃催化脱氢生产 C$_3$～C$_4$ 烯烃工艺（之四）[J]. 天然气工业，1994，14 (6)：64-68.

[83] 张海娟，高杰，张浩楠，等. 低碳烷烃深加工制烯烃技术的研究进展 [J]. 石油化工，2016，45 (12)：1411-1419.

[84] Carrero C A，Schloegl R，Wachs I E，et al. Critical literature review of the kinetics for the oxidative dehydrogenation of propane over well-defined supported vanadium oxide catalysts [J]. ACS catal.，2014，4 (10)：3357-3380.

[85] Chen K，Bell A T，Iglesia E. The relationship between the electronic and redox properties of dispersed metal oxides and their turnover rates in oxidative dehydrogenation reactions [J]. J. Catal.，2002，209 (1)：35-42.

[86] Stark W J，Wegner K，Pratsinis S E，et al. Flame aerosol synthesis of vanadia-titania nanoparticles：structural and catalytic properties in the selective catalytic reduction of NO by NH$_3$ [J]. J. Catal.，2001，197 (1)：182-191.

[87] Rossetti I，Fabbrini L，Ballarini N，et al. V$_2$O$_5$-SiO$_2$ systems prepared by flame pyrolysis as catalysts for the oxidative dehydrogenation of propane [J]. J. Catal.，2008，256 (1)：45-61.

[88] Schimmoeller B，Schulz H，Ritter A，et al. Structure of flame-made vanadia/titania and catalytic behavior in the partial oxidation of o-xylene [J]. J. Catal.，2008，256 (1)：74-83.

[89] Poelman H，Sels B，Olea M，et al. New supported vanadia catalysts for oxidation reactions prepared by sputter deposition [J]. J. Catal.，2007，245 (1)：156-172.

[90] Keränen J，Carniti P，Gervasini A，et al. Preparation by atomic layer deposition and characterization of active sites in nanodispersed vanadia/titania/silicacatalysts [J]. Catal. Today，2004，91-92：67-71.

[91] Rice G L，Scott S L. Characterization of silica-supported vanadium (V) complexes derived from molecular precursors and their ligand exchange reactions [J]. Langmuir，1997，13：1545-1551.

[92] Chen K，Bell A T，Iglesia E. Kinetics and mechanism of oxidative dehydrogenation of propane on vanadium，molybdenum，and tungsten oxides [J]. J. Phys. Chem. B，2000，104 (6)：1292-1299.

[93] Dinse A，Frank B，Hess C，et al. Oxidative dehydrogenation of propane over low-loaded vanadia catalysts：impact of the support material on kinetics and selectivity [J]. J. Mol. Catal. A-Chem.，2008，289 (1-2)：28-37.

[94] Argyle M D，Chen K，Bell A T，et al. Effect of catalyst structure on oxidative dehydrogenation of ethane and propane on alumina-supported vanadia [J]. J. Catal.，2002，208 (1)：139-149.

[95] Cavalleri M，Hermann K，Knop-Gericke A，et al. Analysis of silica-supported vanadia by X-ray absorption spectroscopy：combined theoretical and experimental studies [J]. J. Catal.，2009，262：215-223.

[96] Barman S，Maity N，Bhatte K，et al. Single-site VO$_x$ moieties generated on silica by surface organometallic chemistry：a way to enhance the catalytic activity in the oxidative dehydrogenation of propane [J]. ACS Catal.，2016，6 (9)：5908-5921.

[97] Ayandiran A A，Bakare I A，Binous H，et al. Oxidative dehydrogenation of propane to propylene over VO$_x$/CaO-γ-Al$_2$O$_3$ using lattice oxygen [J]. Catal. Sci. Technol.，2016，6 (13)：5154-5167.

[98] Khadzhiev S N，Usachev N Y，Gerzeliev I M，et al. Oxidative dehydrogenation of ethane to ethylene in a system with circulating microspherical metal oxide oxygen carrier：1. Synthesis and study of the catalytic system [J]. Pet. Chem.，2015，55 (8)：651-654.

[99] Gerzeliev I M, Popov A Y, Ostroumova V A. Oxidative dehydrogenation of ethane to ethylene in a system with circulating microspherical metal oxide oxygen carrier: 2. Ethylene production in a pilot unit with a riser reactor [J]. Pet. Chem., 2016, 56 (8): 724-729.

[100] Zhao Z J, Wu T, Xiong C, et al. Hydroxyl-mediated non-oxidative propane dehydrogenation over VO_x/gamma-Al_2O_3 catalysts with improved stability [J]. Angew. Chem. Int. Ed., 2018, 57 (23): 6791-6795.

[101] Xiong C Y, Chen S, Yang P P, et al. Structure-performance relationships for propane dehydrogenation over aluminum supported vanadium oxide [J]. ACS Catal., 2019, 9 (7): 5816-5827.

[102] Chen S, Zeng L, Mu R, et al. Modulating lattice oxygen in dual-functional Mo-V-O mixed oxides for chemical looping oxidative dehydrogenation [J]. J. Am. Chem. Soc., 2019, 141 (47): 18653-18657.

[103] Hansen T W, Wagner J B, Hansen P L, et al. Atomic-resolution in situ transmission electron microscopy of a promoter of a heterogeneous catalyst [J]. Science, 2001, 294 (5546): 1508-1510.

[104] Wang Y, Shi L, Lu W, et al. Spherical boron nitride supported gold-copper catalysts for the low-temperature selective oxidation of ethanol [J]. ChemCatChem, 2017, 9 (8): 1363-1367.

[105] Grant J T, Carrero C A, Goeltl F, et al. Selective oxidative dehydrogenation of propane to propene using boron nitride catalysts [J]. Science, 2016, 354 (6319): 1570-1573.

[106] Shi L, Wang D Q, Song W, et al. Edge-hydroxylated boron nitride for oxidative dehydrogenation of propane to propylene [J]. ChemCatChem, 2017, 9 (10): 1788-1793.

[107] Chaturbedy P, Ahamed M, Eswaramoorthy M. Oxidative dehydrogenation of propane over a high surface area boron nitride catalyst: exceptional selectivity for olefins at high conversion [J]. ACS Omega, 2018, 3 (1): 369-374.

[108] Cao L, Dai P, Tang J, et al. Spherical superstructure of boron nitride nanosheets derived from boron-containing metal-organic frameworks [J]. J. Am. Chem. Soc., 2020, 142 (19): 8755-8762.

[109] Huang R, Zhang B, Wang J, et al. Direct insight into ethane oxidative dehydrogenation over boron nitrides [J]. ChemCatChem, 2017, 9 (17): 3293-3297.

[110] Honda Y, Takagaki A, Kikuchi R, et al. Oxidative dehydrogenation of ethane using ball-milled hexagonal boron nitride [J]. Chem. Lett., 2018, 47 (9): 1090-1093.

[111] Wang Y, Li W C, Zhou Y X, et al. Boron nitride wash-coated cordierite monolithic catalyst showing high selectivity and productivity for oxidative dehydrogenation of propane [J]. Catal. Today, 2020, 339: 62-66.

[112] Tian J S, Lin J H, Xu M L, et al. Hexagonal boron nitride catalyst in a fixed-bed reactor for exothermic propane oxidation dehydrogenation [J]. Chem. Eng. Sci., 2018, 186: 142-151.

[113] Liu Z K, Yan B, Meng S Y, et al. Plasma tuning local environment of hexagonal boron nitride for oxidative dehydrogenation of propane [J]. Angew. Chem. Int. Ed., 2021, 60: 19691-19695.

[114] Grant J T, McDermott W P, Venegas J M, et al. Boron and boron-containing catalysts for the oxidative dehydrogenation of propane [J]. ChemCatChem, 2017, 9 (19): 3623-3626.

[115] Lu W D, Wang D Q, Zhao Z C, et al. Supported boron oxide catalysts for selective and low-temperature oxidative dehydrogenation of propane [J]. ACS Catal., 2019, 9 (9): 8263-8270.

[116] Yan B, Li W C, Lu A H. Metal-free silicon boride catalyst for oxidative dehydrogenation of light alkanes to olefins with high selectivity and stability [J]. J. Catal., 2019, 369: 296-301.

[117] Qiu B, Jiang F, Lu W D, et al. Oxidative dehydrogenation of propane using layered borosilicate zeolite as the active and selective catalyst [J]. J. Catal., 2020, 385: 176-182.

[118] Lu W D, Gao X Q, Wang Q G, et al. Ordered macroporous boron phosphate crystals as metal-free catalysts for the oxidative dehydrogenation of propane [J]. Chin. J. Catal., 2020, 41 (12): 1837-1845.

[119] Gao B, Qiu B, Zheng M J. Dynamic self-dispersion of aggregated boron clusters into stable oligomeric boron species on MFI zeolite nanosheets under oxidative dehydrogenation of propane [J]. ACS Catal., 2022, 12: 7368-7376.

[120] Qiu B, Lu W D, Gao X Q, et al. Borosilicate zeolite enriched in defect boron sites boosting the low-temperature oxidative dehydrogenation of propane [J]. J. Catal., 2022, 408: 133-141.

[121] Shi L, Wang D Q, Lu A H. A viewpoint on catalytic origin of boron nitride in oxidative dehydrogenation of light alkanes [J]. Chin. J. Catal., 2018, 39 (5): 908-913.

[122] Tian J, Tan J, Xu M, et al. Propane oxidative dehydrogenation over highly selective hexagonal boron nitride catalysts: the role of oxidative coupling of methyl [J]. Sci. Adv., 2019, 5 (3): eaav8063.

[123] Venegas J M, Hermans I. The influence of reactor parameters on the boron nitride-catalyzed oxidative dehydrogenation of propane [J]. Org. Process Res. Dev., 2018, 22 (12): 1644-1652.

[124] Zhang X，You R，Wei Z，et al. Radical chemistry and reaction mechanisms of propane oxidative dehydrogenation over hexagonal boron nitride catalysts [J]. Angew. Chem.，Int. Ed.，2020，59（21）：8042-8046.

[125] Shi L，Yan B，Shao D，et al. Selective oxidative dehydrogenation of ethane to ethylene over a hydroxylated boron nitride catalyst [J]. Chin. J. Catal.，2017，38（2）：389-395.

[126] Liu Z Y，Lu W D，Wang D Q，et al. Interplay of on-and off-surface processes in the B_2O_3-catalyzed oxidative dehydrogenation of propane：a DFT study [J]. J. Phys. Chem. C，2021，125，45：24930-24944.

[127] Qiu B，Lu W D，Gao X Q，et al. Boosting the propylene selectivity over embryonic borosilicate zeolite catalyst for oxidative dehydrogenation of propane [J]. J. Catal.，2023，417：14-21.

[128] Liu Z K，Liu Z Y，Fan J，et al. Auto-accelerated dehydrogenation of alkane assisted by in-situ formed olefins over boron nitride under aerobic conditions [J]. Nat. Commun.，2023，14：73.

[129] Wang Y，Zhao L Y，Shi L，et al. Methane activation over a boron nitride catalyst driven by in situ formed molecular water [J]. Catal. Sci. Technol.，2018，8（8）：2051-2055.

[130] Guo F，Yang P，Pan Z，et al. Carbon-doped BN nanosheets for the oxidative dehydrogenation of ethylbenzene [J]. Angew. Chem.，Int. Ed.，2017，56（28）：8231-8235.

[131] Nash D J，Restrepo D T，Parra N S，et al. Heterogeneous metal-free hydrogenation over defect-laden hexagonal boron nitride [J]. ACS Omega，2016，1（6）：1343-1354.

[132] Li P，Li H B，Pan X L，et al. Catalytically active boron nitride in acetylene hydrochlorination [J]. ACS Catal.，2017，7（12）：8572-8577.

[133] Wu Y，Wu P，Chao Y，et al. Gas-exfoliated porous monolayer boron nitride for enhanced aerobic oxidative desulfurization performance [J]. Nanotechnol.，2018，29（2）：025604.

[134] Wu P，Yang S，Zhu W，et al. Tailoring N-terminated defective edges of porous boron nitride for enhanced aerobic catalysis [J]. Small，2017，13（44）：1701857.

[135] Pereira M F R，Orfao J J M，Figueiredo J L. Oxidative dehydrogenation of ethylbenzene on activated carbon catalysts. I. Influence of surface chemical groups [J]. Appl. Catal. A：Gen.，1999，184（1）：153-160.

[136] Zhang J，Liu X，Blume R，et al. Surface-modified carbon nanotubes catalyze oxidative dehydrogenation of n-butane [J]. Science，2008，322（5898）：73-77.

[137] Dathar G K，Tsai Y T，Gierszal K，et al. Identifying active functionalities on few-layered graphene catalysts for oxidative dehydrogenation of isobutane [J]. ChemSusChem，2014，7（2）：483-491.

[138] Qi W，Yan P，Su D S. Oxidative dehydrogenation on nanocarbon：insights into the reaction mechanism and kinetics via in situ experimental methods [J]. Acc. Chem. Res.，2018，51（3）：640-648.

[139] 黄金霞，谢好，何伟，等. 丙烯腈生产技术进展及市场分析 [J]. 化学工业，2020，38（2）：43-51.

[140] 白尔铮. 丙烷氨氧化制丙烯腈催化剂及工艺进展 [J]. 工业催化，2004，12（7）：1-6.

[141] 杨杏生. 制备丙烯腈的新工艺：丙烷氨氧化 [J]. 合成纤维工业，1994，17（3）：41-48.

[142] Sanati M，Akbari R，Masetti S，et al. Kinetic study on propane ammoxidation to acrylonitrile over V-Sb-O/TiO_2（B）[J]. Catal. Today，1998，42（3）：325-332.

[143] Sokolovskii V D，Davydov A A，Ovsitser O Y. Mechanism of selective paraffin ammoxidation [J]. Catal. Rev.，1995，37（3）：425-459.

[144] Florea M，Prada-Silvy R，Grange P. New class of catalysts for the propane ammoxidation process based on vanadium aluminum oxynitrides [J]. Catal. Lett.，2003，87（1/2）：63-66.

[145] 刘伟. 丙烷直接氨氧化制丙烯腈生产工艺及催化剂研究进展 [J]. 工业催化，2017，25（8）：20-23.

[146] Hamid S B D A，Centi G，Pal P，et al. Site isolation and cooperation effects in the ammoxidation of propane with VSbO and Ga/H-ZSM-5 catalysts [J]. Top Catal.，2001，15（2/4）：161-168.

[147] Albright L F. Chemistry of aromatic nitrations [J]. Chem. Eng.，1996，73（9）：169-172.

[148] 孙荣康. 猛炸药的化学与工艺学 [M]. 北京：国防工业出版社，1981.

[149] 汉继程，顿静斌. 低碳硝基烷烃的用途及生产状况 [J]. 精细与专用化学品，2005，13（001）：27-30.

[150] 张汉鹏. 微反应器法制备硝基丙烷的研究 [J]. 科技创新与应用，2016（6）：1-4.

[151] 特劳特 D M. 用于烃硝化的等温反应器：CN102574769B [P]. 2012-07-11.

[152] 倪平，李沈巍. 一种低碳硝基烷烃的制备方法：CN104003885A [P]. 2014-08-27.

[153] 倪平，李沈巍. 一种碱金属催化气相硝化制备硝基烷烃的方法：CN107325000A [P]. 2017-11-07.

[154] 大森英三. 丙烯酸酯及其聚合物 [M]. 北京：化学工业出版社，1985.

[155] Kim Y C，Ueda W，Moro-oka Y. Catalytic activity of mixed metal oxides for selective oxidation of propane to acrolein [J]. Chem. Lett.，2006，25（4）：531-534.

[156] Ai M. Oxidation of propane to acrylic acid on V_2O_5-P_2O_5-based catalysts [J]. J. Chem. Soc., 1986, 101 (2): 389-395.

[157] Lin M M. Selective oxidation of propane to acrylic acid with molecular oxygen [J]. Appl. Catal. A: Gen., 2001, 207 (1): 1-16.

[158] 于振兴, 郑伟, 徐文龙, 等. 丙烷选择氧化制丙烯酸复合金属氧化物催化剂晶体结构的研究（英文）[J]. T. Nonferr. Metal. Soc., 2011, 21 (s2): 405-411.

[159] 邴国强. 丙烷选择氧化制丙烯酸 MoVTeNbO 催化剂的研究 [D]. 大庆: 东北石油大学, 2013.

[160] 刘俊涛. 丙烷氧化制丙烯酸催化剂研究进展 [J]. 山东化工, 2021, 50 (13): 2.

[161] 赵如松, 徐铸德. VPO 催化剂上丙烷选择氧化制丙烯酸的结构敏感性研究 [J]. 催化学报, 1995, 16 (6): 4.

[162] 李洪波. 丙烷选择氧化制丙烯酸的研究 [D]. 大连: 中国科学院研究生院（大连化学物理研究所）, 2004.

[163] Centi G, Perathoner S, Trifiro F. Surface structure and reactivity of V-oxide species at the catalyst-support interface [J]. Research on Chemical Intermediates, 1991, 15: 49-66.

[164] Tu X L, Niwa M, Arano A, et al. Controlled silylation of MoVTeNb mixed oxide catalyst for the selectiveoxidation of propane to acrylic acid [J]. Appl. Catal. A: Gen., 2018, 549: 152-160.

[165] Xi X D, Dong S J. Electrocatalytic reduction of nitrite using dawson-type tungstodiphosphate anions in aqueous solutions, adsorbed on a glassy carbon electrode and doped in polypyrrole film [J]. J. Mol. Catal. A Chem., 1996, 114 (1): 257-265.

[166] Busca G, Cavani F, Etienne E, et al. Reactivity of keggin-type heteropolycompounds in the oxidation of isobutane to methacrolein and methacrylic acid: reaction mechanism [J]. J. Mol. Catal. A Chem., 1996, 114: 343-359.

[167] Mizuno N, Suh D J, Han W, et al. Catalytic performance of $Cs_{2.5}Fe_{0.08}H_{1.26}PVMo_{11}O_{40}$ for direct oxidation of lower alkanes [J]. J. Mol. Catal. A Chem., 1996, 114 (1): 309-317.

[168] Ermolenko L, Giannotti C. Aerobic photocatalytic oxidation of adamantane with heteropolyoxometalates $[X^{n+}W_{12}O_{40}]^{8-n}$ where X=Si, Co^{2+}, Co^{3+} [J]. J. Mol. Catal. A Chem., 1996, 114 (1): 87-91.

[169] Yi X D, Sun X D, Zhang X B, et al. Highly dispersed movtenbo/SiO_2 catalysts prepared by the sol-gel method for selective oxidation of propane to acrolein [J]. Catal. Commun., 2009, 10 (12): 1591-1594.

[170] Botella P, Solsona B, Martinez-Arias A, et al. Selective oxidation of propane to acrylic acid on movnbte mixed oxides catalysts prepared by hydrothermal synthesis [J]. Catal. Lett., 2001, 74 (3): 149-154.

[171] Popova G Y, Andrushkevich T V, Dovlitova L S, et al. The investigation of chemical and phase composition of solid precursor of movtenb oxide catalyst and its transformation during the thermal treatment [J]. Appl. Catal. A: Gen., 2009, 353 (2): 249-257.

[172] Grasselli R. Active centers in Mo-V-Nb-Te-O_x (amm) oxidation catalysts [J]. Catal. Today, 2004, 91: 251-258.

[173] 胡蓉蓉. 丙烷直接合成烃类氧化物的进步与发展 [J]. 化学进展, 2004, 16 (5): 751-757.

[174] 王阳. 丙烷选择氧化制丙烯醛和丙烯酸的研究 [D]. 杭州: 浙江大学, 2012.

[175] 邴国强, 王鉴, 祝宝东, 等. 丙烷选择氧化制丙烯酸 MoVTeNbO 催化剂研究进展 [J]. 应用化工, 2012, 41 (8): 4.

●⋯⋯⋯⋯⋯ **思考题** ⋯⋯⋯⋯⋯●

1. 工业中丙烷的主要来源有哪些？

2. 丙烯作为丙烷重要的下游产物，其生产的主要工艺路线有哪几种？

3. 丙烷氧化脱氢制丙烯催化剂主要有哪几类？请分别描述其反应机理。

4. 现阶段提高硼基催化剂催化活性的方法有哪几种？

5. 丙烷催化脱氢制丙烯的工艺路线有哪几种？其特点分别是什么？

6. 丙烷催化脱氢制丙烯催化剂主要有哪几类？请分别描述其反应机理。

7. 丙烷氨氧化法制备丙烯腈工艺路线有哪些？描述其特点。

8. 描述丙烷选择性氧化制丙烯酸的反应机理和路径，并简要介绍其催化剂种类。

第5章

甲醇的催化转化

5.1 引言

化石资源主要包括煤、石油和天然气，不仅为现代经济社会发展提供能源，而且是化学工业的重要原料。煤化工以生产甲醇、合成氨、焦炭、电石为主，天然气化工以生产甲醇、合成氨、氢气和乙炔为主，石油化工以生产"三烯"（乙烯、丙烯和丁烯）和"三苯"（苯、甲苯和二甲苯）为主。我国富煤贫油少气，因而以煤为原料生产烯烃、芳烃和汽油可以减轻我国对石油的过度依赖，优化能源结构，提高资源和能源安全性。甲醇是一种重要的基本化工原料，生产技术成熟，能量效率高，可以煤、天然气、生物质甚至 CO_2 为原料。通过甲醇制烯烃（methanol to olefin，MTO）、甲醇制芳烃（methanol to aromatic，MTA）和甲醇制汽油（methanol to gasoline，MTG）等技术可以生产大宗石油化工产品和清洁汽油（图 5-1）。

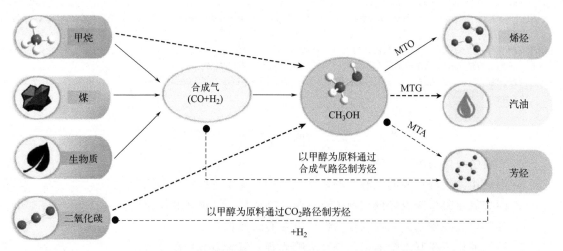

图 5-1 非石油碳资源经甲醇制备烯烃、芳烃和汽油（图中实线为成熟工业应用技术）[1]

此外，甲醇分子中含有 α-氢原子和羟基基团，化学性质活泼，在催化剂作用下能发生多种反应（如氧化反应、脱氢反应、羰基化反应、置换反应、酯化反应、氨化反应等）生产高附加值化工产品[2]。甲醇是 C_1 化学的支柱产品，其催化转化的产品树如图 5-2 所示。本章将重点介绍甲醇通过 C—C 键连接转化为高附加值大宗化学品的催化转化技术，包括

MTO、MTA 和 MTG 等。此外，简要介绍在分子结构中保留氧原子的重要甲醇衍生品生产技术。

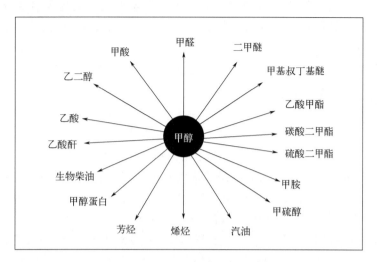

图 5-2　甲醇催化转化的重要产品

5.1.1　甲醇的生产方法

工业上，甲醇合成主要采用一氧化碳气相加氢法，原料为适当 CO 与 H_2 比的合成气，主要包括造气、净化、甲醇合成、粗甲醇精馏等工序。甲醇合成原料来源丰富，包括轻油、重油、炼厂气、天然气、煤、焦炭、焦炉煤气、焦油、黄磷尾气、乙炔尾气、生物质等。甲醇合成气中主要含有 CO、CO_2、H_2 以及少量 N_2 和 CH_4。中国甲醇生产原料以煤为主。

甲醇合成由两个可逆强放热反应实现：

$$CO + 2H_2 \Longleftrightarrow CH_3OH + 96.69 \text{ kJ/mol} \tag{5-1}$$

$$CO_2 + 3H_2 \Longleftrightarrow CH_3OH + H_2O + 49.53 \text{ kJ/mol} \tag{5-2}$$

应该指出的是，上述可逆放热反应的热效应值随反应温度和压力变化，高压低温时反应放热大。由于甲醇合成反应为可逆反应且热效应大，甲醇合成工业反应器结构须进行优化，使其能及时有效移出反应所释放热量并使反应条件接近最佳反应速率线，从而提高反应器的稳定性和反应效率。

工业甲醇合成工艺分为两大类：①高压合成工艺，使用锌铬催化剂，操作压力 25～30 MPa，操作温度 330～390 ℃；②低中压合成工艺，使用铜基催化剂，操作压力 5～15 MPa，操作温度 235～285 ℃。20 世纪 80 年代以前，工业甲醇合成普遍使用锌铬（ZnO/Cr_2O_3）催化剂，其耐热性、抗毒性和力学性能优良，但其活性较低，需要在高温和高压条件下才能获得较高甲醇收率。20 世纪 80 年代后，随着低压甲醇合成工艺的应用，铜基催化剂（如 $Cu/ZnO/Al_2O_3$）逐步替代锌基催化剂。铜基催化剂可以在较低压力和温度下获得较高甲醇收率，低温低压有利于节能，低温还有利于打破甲醇合成反应的热力学平衡限制。铜基催化剂的另一优点是不再使用有毒的铬。

中国甲醇合成催化剂的开发始于 20 世纪 50 年代，经过不断创新和发展已拥有多种工艺使用的多型号高性能工业催化剂。同时，中国甲醇合成技术在发展中不断创新，其中合成氨联醇工艺是我国工业技术集成创新的典范，是化肥工业史上的一次创举。合成气所含 CO 和 CO_2 不参与合成氨反应，因而在合成氨工艺中采用铜氨液脱除上述含氧组分，工艺和操作复杂。合成氨联醇工艺则在合成氨工艺中嵌入甲醇合成单元以替代铜洗工序，借用合成氨的高压系统，将 CO 和 CO_2 加氢转化为甲醇。这一创新工艺不仅充分利用了合成气资源，节能降耗，而且优化了化肥工业的产品结构，增强了市场应变能力。

5.1.2 甲醇的利用现状

甲醇（methanol，CAS 号：67-56-1）是最简单的饱和一元醇，其分子式为 CH_3OH，分子量为 32.04，在自然界少量存在于一些植物的树叶和果实中。1661 年，英国化学家波义耳在木材干馏液中发现了甲醇，因而甲醇又称为木醇或者木精。1923 年，德国巴登苯胺-纯碱公司（Badische Aniline and Soda Fabrik，BASF）采用 ZnO/Cr_2O_3 催化剂实现了高压法由水煤气合成甲醇工业化生产，该生产方法一直延续到 1965 年。1966 年，ICI 采用 CuO/ZnO/Al_2O_3 催化剂成功开发低压法甲醇合成技术，之后发展成为以 ICI 工艺、Lurgi 工艺和三菱瓦斯化学公司工艺为代表的现代大规模甲醇工业生产技术。中国的甲醇技术开发始于 20 世纪 50 年代，经过科研、设计和生产技术的联合攻关，我国甲醇生产技术已达到国际先进水平，西南化工研究设计院和南京化学工业集团研究开发的工业催化剂种类多，操作温度窗口宽，合成气成分适应性强，助推了我国甲醇工业技术的高质量发展。2021 年，我国甲醇工业装置有效产能达到 9743.1 万吨每年。

5.1.2.1 甲醇的物理性质

在常温常压下，甲醇是无色透明、易流动、易挥发、略带醇香的可燃液体，密度为 0.8100 g/cm^3（0 ℃），相对密度 $d_4^{20}=0.7913$，沸点 64.5~64.7 ℃，熔点 -97.8 ℃，常温无腐蚀性。甲醇的闪点为 16 ℃（开杯法）或 12 ℃（闭杯法）；空气中爆炸极限为 6.0%~36.5%（体积分数）；临界温度为 240 ℃，临界压力为 7.954 MPa；燃烧热为 238.798 kJ/mol（25 ℃液体）、201.385 kJ/mol（25 ℃气体），燃烧时无烟，呈蓝色火焰，在强光下肉眼难以发现。甲醇能与水和常用有机溶剂（乙醇、乙醚、丙酮等）互溶，但不溶于脂肪烃中。

甲醇具有很强的毒性，内服 5~8 mL 有失明危险，30 mL 可使人中毒死亡。所以，操作场所空气中最高允许甲醇蒸气浓度为 0.05 mg/L。

CO_2 和 H_2S 等气体在甲醇中具有良好的溶解性，因而工业上甲醇常用作吸收剂脱除工艺气中的杂质。当温度低于 -30 ℃时，CO_2 在甲醇中的溶解度随着温度降低而急剧增加，因此用甲醇吸收 CO_2 时常在高压和低温条件下进行。H_2S 在甲醇中的溶解度和吸收速率都显著高于 CO_2。

不同温度下，甲醇的蒸气压如表 5-1 所示。可见，当温度高于沸点（64.7 ℃）时，蒸气压随温度升高而急剧增加。

5.1.2.2 甲醇的化学性质

甲醇分子中含有一个羟基和一个甲基，羟基使其能发生醇类的典型反应，而甲基使其能发生甲基化反应，因而可以生产许多具有工业应用价值的衍生产品。

表 5-1　不同温度下甲醇蒸气压[2]

温度/℃	蒸气压/kPa	温度/℃	蒸气压/kPa	温度/℃	蒸气压/kPa
−67.4	0.0136	20	12.799	130	832.20
−60.4	0.0283	30	21.332	140	1076.04
−54.5	0.0504	40	34.730	150	1378.02
−48.1	0.0936	50	54.129	160	1736.79
−44.4	0.1309	60	83.326	170	2172.08
−44.0	0.1333	64.7	101.33	180	2678.31
−40	0.2666	70	123.59	190	3281.72
−30	0.5332	80	178.78	200	3971.26
−20	1.0664	90	252.91	210	4768.93
−10	2.0662	100	336.10	220	5675.92
0	3.9457	110	474.76	230	6721.30
10	7.2915	120	634.75	240	7953.99

（1）与活泼金属的反应

甲醇与金属钠反应生成甲醇钠和氢气，但没有钠与水的反应剧烈，生成的甲醇钠碱性强于氢氧化钠。

$$2CH_3OH + 2Na \longrightarrow 2CH_3ONa + H_2 \tag{5-3}$$

甲醇钠遇水分解生成甲醇和氢氧化钠：

$$CH_3ONa + H_2O \Longleftrightarrow CH_3OH + NaOH \tag{5-4}$$

该反应是一个可逆反应。工业上，为了避免使用活性金属钠，利用上述反应生产甲醇钠。将氢氧化钠加入甲醇和苯的混合溶液中，于 $85 \sim 100\ ℃$ 进行共沸蒸馏，分离出反应混合物中的水，打破平衡限制使其向生成甲醇钠的方向移动。

（2）氧化反应

$$2CH_3OH + O_2 \longrightarrow 2HCHO + 2H_2O \tag{5-5}$$

在一定条件下，甲醇不完全氧化生成甲醛和水，是工业生产甲醛的主要反应。在甲醛工业生产中还伴有如下副反应：

$$2CH_3OH + O_2 \longrightarrow 2HCOOH + 2H_2 \tag{5-6}$$

$$2CH_3OH + 3O_2 \longrightarrow 4H_2O + 2CO_2 \tag{5-7}$$

（3）脱氢反应

在银催化剂作用下，甲醇发生气相脱氢反应生成甲醛。这也是工业上制取甲醛的方法之一。

$$CH_3OH \longrightarrow HCHO + H_2 \tag{5-8}$$

（4）脱水反应

甲醇在氧化铝或沸石分子筛的催化下，可以发生分子间脱水反应生成二甲醚：

$$2CH_3OH \longrightarrow CH_3OCH_3 + H_2O \tag{5-9}$$

（5）胺化反应

在加压和催化剂作用下，甲醇可与氨发生脱水反应生成甲胺，生成的甲胺与甲醇可以继续发生脱水反应生成二甲胺，再继续与甲醇发生脱水反应生成三甲胺。

$$CH_3OH+NH_3 \longrightarrow CH_3NH_2+H_2O \tag{5-10}$$

$$CH_3NH_2+CH_3OH \longrightarrow (CH_3)_2NH+H_2O \tag{5-11}$$

$$(CH_3)_2NH+CH_3OH \longrightarrow (CH_3)_3N+H_2O \tag{5-12}$$

甲醇与芳胺可发生脱水反应生成甲基苯胺。比如，硫酸作催化剂，甲醇与苯胺反应生成二甲基苯胺：

$$2CH_3OH+C_6H_5NH_2 \longrightarrow C_6H_5N(CH_3)_2+2H_2O \tag{5-13}$$

（6）酯化反应

甲醇可与多种有机酸和无机酸发生酯化反应。比如与乙酸反应生成乙酸甲酯：

$$CH_3OH+CH_3COOH \longrightarrow CH_3COOCH_3+H_2O \tag{5-14}$$

甲醇与硫酸反应先生成硫酸氢甲酯，硫酸氢甲酯经加热和减压蒸馏可以得到重要的甲基化试剂——硫酸二甲酯。

$$CH_3OH+H_2SO_4 \longrightarrow CH_3OSO_2OH+H_2O \tag{5-15}$$

$$2CH_3OSO_2OH \longrightarrow CH_3OSO_2OCH_3+H_2SO_4 \tag{5-16}$$

硫酸二甲酯也可以通过甲醇与三氧化硫反应得到：

$$2CH_3OH+2SO_3 \longrightarrow (CH_3)_2SO_4+H_2SO_4 \tag{5-17}$$

（7）羰基化反应

以 CuCl 为催化剂，甲醇与 CO 和 O_2 发生氧化羰基化反应生成碳酸二甲酯：

$$4CH_3OH+2CO+O_2 \longrightarrow 2(CH_3O)_2CO+2H_2O \tag{5-18}$$

在碱催化剂作用下，甲醇与二氧化碳发生羰基化反应生成碳酸二甲酯：

$$2CH_3OH+CO_2 \longrightarrow (CH_3O)_2CO+H_2O \tag{5-19}$$

以碘化铑为催化剂，3 MPa 和 160 ℃条件下，甲醇与一氧化碳发生羰基化反应生成乙酸或者乙酸酐：

$$CH_3OH+CO \longrightarrow CH_3COOH \tag{5-20}$$

$$2CH_3OH+2CO \longrightarrow (CH_3CO)_2O+H_2O \tag{5-21}$$

（8）氯化反应

在催化剂 ZnO/ZrO_2 的作用下，甲醇与氯化氢反应生成一氯甲烷：

$$CH_3OH+HCl \longrightarrow CH_3Cl+H_2O \tag{5-22}$$

（9）烷基化反应

在沸石分子筛催化剂作用下，甲醇与甲苯发生烷基化反应生成二甲苯：

$$CH_3OH+C_6H_5CH_3 \longrightarrow C_6H_4(CH_3)_2+H_2O \tag{5-23}$$

（10）醚化反应

以酸性离子交换树脂作催化剂，甲醇与异丁烯发生醚化反应生成甲基叔丁基醚（MTBE），MTBE 是不含金属的汽油抗爆剂，是重要的汽油添加剂。工业上，常采用催化精馏反应技术生产 MTBE。通过该反应还可以实现异丁烯与其他 C_4 组分的高效分离。

$$CH_3OH+CH_2\!=\!\!=\!\!C(CH_3)_2 \longrightarrow CH_3-O-C(CH_3)_3 \tag{5-24}$$

（11）裂解反应

在铜催化剂作用下，甲醇能分解成氢气和一氧化碳：

$$CH_3OH \longrightarrow CO+2H_2 \tag{5-25}$$

（12）甲醇转化制烃（methanol to hydrocarbon，MTH）

在固体酸的催化作用下，甲醇可转化为二甲醚（第一中间产物，其收率随空间时间变化出现极大值），后者进一步转化为低碳烯烃（第二中间产物，收率随空间时间变化也出现极大值）；低碳烯烃还会发生连串反应，生成烷烃、芳烃、环烷烃和高碳数烯烃（图 5-3）。可见，通过优化催化剂结构和反应条件，甲醇转化可制备烯烃、芳烃和汽油馏分，实现 C_1 化合物的链增长反应，得到重要烯烃和芳烃基本有机化工原料和无硫清洁汽油。由于甲醇生产可以煤、天然气、生物质和 CO_2 为原料，因而可减轻烯烃、芳烃和汽油对石油资源的依赖。本章 5.2 节将对 MTO、MTA 和 MTG 作详细介绍。

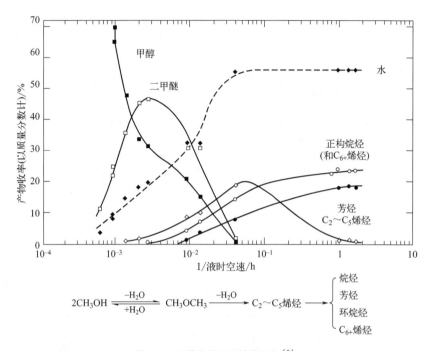

图 5-3　酸催化的甲醇转化反应 [3]

5.2　甲醇催化转化制高值化学品

5.2.1　烯烃

烯烃（olefins）是指含有 C═C 双键的碳氢化合物，其中最简单的两种小分子烯烃——乙烯（ethylene）和丙烯（propylene）用途最为广泛。如图 5-4 所示，乙烯可自聚生产用途广泛的聚乙烯塑料；共聚可生产高性能高分子材料；通过环氧化可制取环氧乙烷等重要化工中间体；通过卤化反应生成氯乙烷、二氯乙烷和溴乙烷等化合物；通过烷基化反应可合成乙苯等基本有机化工原料。

类似地，如图 5-5 所示，丙烯通过聚合反应可合成聚丙烯和乙丙橡胶等高分子材料；通过氨氧化可制取丙烯腈；通过与次氯酸加成合成氯丙醇；通过水合反应生产异丙醇；通过烷基化反应合成用于苯酚和丙酮生产的异丙苯；通过氧化反应可以生产丙烯醛等。

在全球生产和消费量都大的基础化工产品中，乙烯和丙烯分别位列第一和第二位，主要

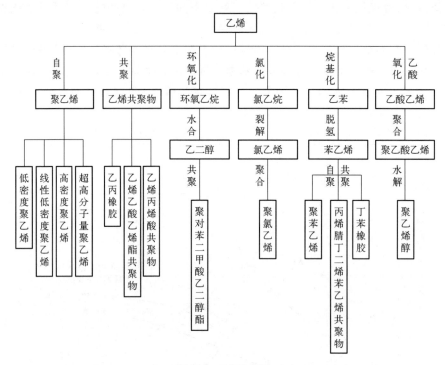

图 5-4　乙烯产品树

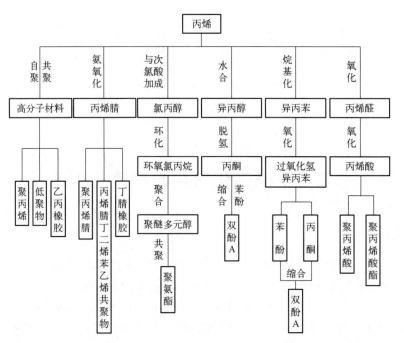

图 5-5　丙烯产品树

以石油馏分为原料通过高温蒸汽裂解技术生产。目前，乙烯和丙烯生产技术是衡量一个国家石油化工技术发展水平的重要标志。MTO 技术能够将甲醇高效转化为乙烯和丙烯等低碳烯烃，从而架起了煤化工到石油化工的桥梁，减轻基本有机化工原料生产对石油的高度依赖，对于我国能源和资源结构的优化调整具有重要战略意义。

1977 年，Chang 等[4] 首次报道了 ZSM-5 沸石分子筛催化的 MTO 反应。1984 年，Brent 等报道了新型硅磷铝系列分子筛（SAPO-n），其中具有 CHA 拓扑结构的 SAPO-34 分子筛在催化甲醇的转化反应时低碳烯烃选择性大幅提高。中国科学院大连化学物理研究所的梁娟等[5] 报道了 SAPO-34 催化 MTO 反应可获得高达 90％ 的乙烯和丙烯总选择性。Koempel 等[6] 后来以 ZSM-5 为催化剂，开发了目标产物为丙烯的 MTP（methanol to propylene）技术。

20 世纪 70 年代，Mobil 公司的科学家偶然发现沸石分子筛可催化甲醇转化为烃类，同期发生的两次石油危机使这一发现引起广泛关注。Mobil 公司系统研究了不同分子筛（如毛沸石、ZSM-5、ZSM-11、ZSM-4、丝光沸石等）上甲醇催化转化为烃类的反应性能，发现分子筛的形状选择性效应决定了烃类产物分布。其中，中孔 ZSM-5 和 ZSM-11 分子筛上产物主要集中在汽油馏分。基于相关研究，Mobil 公司提出了 MTG 新概念。之后，催化剂改性研究主要集中在提高小分子烯烃收率，又提出了 MTO 的技术概念。

1995 年 11 月，UOP 公司和挪威 Hydro 公司首次公布了联合开发的天然气经甲醇生产烯烃的 MTO 技术以及中试运行数据，称该技术可以实现每年 50 万吨乙烯的工业化生产。双方在中试装置上开展了 MTO 工艺和 MTO-100 催化剂的性能试验，连续运行 90 多天，甲醇转化率接近 100％，乙烯和丙烯质量比在 0.75～1.5 范围可调。在乙烯收率最大模式下，乙烯、丙烯和丁烯的质量收率分别为 46％、30％ 和 9％。MTO-100 具有优良的耐磨性和再生性能。推荐的工艺流程的简图如图 5-6 所示。

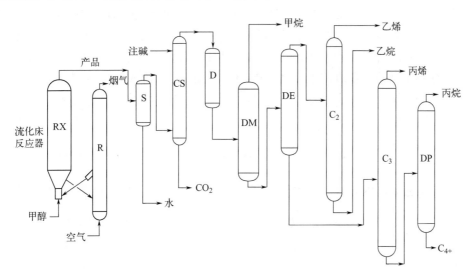

图 5-6　UOP/Hydro MTO 技术工艺流程简图 [7]

UOP 公司于 2005 年提出 MTO 与烯烃裂解工艺（olefin cracking process，OCP）结合，以进一步提高乙烯和丙烯的收率以及丙烯与乙烯比。OCP 是法国 Total Petrochemicals 开发的技术，以沸石为催化剂，采用固定床反应器，可将 MTO 副产的 C_{4+} 烃类催化裂解成乙烯和丙烯，操作温度 560～600 ℃，压力 0.1～0.3 MPa。Total Petrochemicals 与 UOP 于 2008 年在比利时 Feluy 建设了 MTO-OCP 一体化工艺验证试验装置，组合工艺的低碳烯烃选择性提高到 85％～90％，丙烯和乙烯比＞2。慧生（南京）清洁能源股份有限公司 2011

年采用该技术在南京建设了规模为每年 30 万吨的乙烯 MTO 装置，于 2013 年开车成功。

  20 世纪 80 年代，中国科学院大连化学物理研究所率先开展了由天然气或煤等非石油资源制低碳烯烃的研究工作，以改性 ZSM-5 分子筛为基础，研制出多产乙烯 5200 系列催化剂和多产丙烯 M792 系列催化剂，并进行了催化剂制备中试放大和固定床反应工艺放大，建成 300 吨每年甲醇规模 MTO 中试装置[7]。20 世纪 90 年代，中国科学院大连化学物理研究所在国际上首创了合成气经二甲醚制取低碳烯烃新工艺方法（简称 SDTO）。该技术采用两段反应工艺，第一段反应器中合成气在金属-沸石双功能催化剂上高选择性转化为二甲醚，第二段反应器中二甲醚在 SAPO-34 分子筛催化剂上转化为低碳烯烃。由合成气制二甲醚打破了合成气制甲醇的热力学平衡限制，CO 转化率＞90％。采用新型小孔 SAPO-34 沸石分子筛催化剂，大幅提高了乙烯的选择性。第二段反应器采用流化床，实现了反应-再生连续运行。"八五"期间，中国科学院大连化学物理研究所研制出低成本微球小孔磷硅铝（SAPO）分子筛型催化剂 DO123，实现了工业规模放大制备。在上海青浦高维精细化工厂建设了直径 100 mm 流化床反应装置，采用放大制备的 DO123 进行了中试放大试验，催化剂装入量为 30 kg，年处理二甲醚约 100 t，反应温度 530～550 ℃，平均接触时间 1 s，二甲醚转化率＞98％（质量分数），低碳烯烃选择性接近 90％，乙烯选择性约 50％，乙烯＋丙烯总选择性＞80％。所开发的 DO123 催化剂具有优异的催化反应性能：适用于大空速操作，反应物料中无须添加水（有利于提高乙烯选择性），再生性能良好，具有优异的热稳定性和水热稳定性，与 FCC 催化剂物性参数类似（有利于借鉴 FCC 流化床反应技术和操作）。"九五"期间，发展了 SAPO-34 分子筛廉价合成新技术，建立了催化剂喷雾干燥中试装置，完善了流化床用微球催化剂制备技术。为了配合工业性试验，建立了中型循环流化床反应装置，验证了工业放大催化剂（D803C-Ⅱ01）的操作和反应性能。2004 年，中国科学院大连化学物理研究所与新兴能源科技有限公司和中石化洛阳工程有限公司合作进行了流化床 MTO 工业性试验（DMTO），建成世界第一套万吨级 DMTO 工业性试验装置。2006 年 2 月投料试车成功，累计平稳运行 1150 h，考核结果如图 5-7 所示。甲醇平均转化率 99.83％，乙烯选择性 40.07％，丙烯选择性 39.06％，乙烯＋丙烯选择性 79.13％，乙烯＋丙烯＋C$_4$ 选择性为

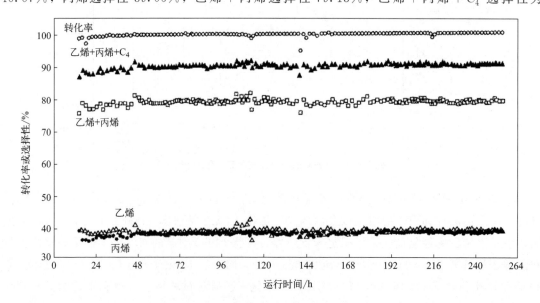

图 5-7　DMTO 工业试验运行结果 [7]

90.21％，生产每吨烯烃消耗 2.96 吨甲醇。该工业试验取得了专用分子筛催化制备、工业化工艺包设计基础条件、工业化装置开停车和运行控制方案等系列基础性成果，为建设年产百万吨级 DMTO 装置奠定了基础。为了进一步提高低碳烯烃产率，中国科学院大连化学物理研究所提出采用同一种催化剂将甲醇转化与产物 C_{4+} 的催化裂解耦合的 DMTO-Ⅱ技术，并完成了 813 h 工业性试验验证。2006 年 12 月，神华包头煤化工有限公司获准采用 DMTO 技术在内蒙古包头市建设 60 吨每年煤经甲醇制烯烃装置，配套装置包括 180 万吨每年甲醇装置、30 万吨每年聚乙烯装置和 30 万吨每年聚丙烯装置。该工业化装置于 2010 年 8 月一次投料成功，2011 年进入商业运营。该示范项目开创了煤基能源化工产业新途径，奠定了我国在世界煤基烯烃工业化产业中的国际领先地位。DMTO 采用的流化床反应器和再生器，如图 5-8 所示。

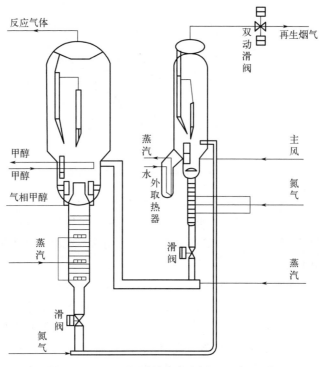

图 5-8　DMTO 采用的流化床反应器和再生器示意

中国石油化工股份有限公司（中石化）上海石油化工研究院于 2000 年开始开发 MTO技术（SMTO），2004 年完成 SAPO-34 分子筛工业规模生产，2006 年完成 MTO 流化床催化剂的工业规模制备。2005 年建立了一套处理量为每年 12 吨的 MTO 循环流化床试验装置，并完成了反应工艺验证。2007 年中石化上海石油化工研究院与中国石化工程建设公司合作，在中石化北京燕山石油化工有限公司建成每年 100 吨甲醇规模的 SMTO 工业性试验装置，采用专用 SAPO-34-1/2 催化剂，反应温度为 400～500 ℃，反应压力为 0.1～0.3MPa，甲醇转化率 99.5％，乙烯＋丙烯选择性＞81％。2011 年，中石化在中原石化工程有限公司建设了每年 20 万吨烯烃规模的 SMTO 工业装置并顺利投料运行，其反应器和再生器简图如图 5-9 所示。为了进一步提高乙烯和丙烯收率，SMTO 集成了 C_4 烯烃催化裂解技术，每吨烯烃产品消耗 2.67 吨甲醇。2016 年 10 月，中天合创煤炭深加工示范项目打通全流程，烯烃产能达到 132 万吨每年，产出合格聚乙烯和聚丙烯。此外，SMTO 技术还应用于安徽中安联合煤化工、河南鹤壁煤化一体化项目等。

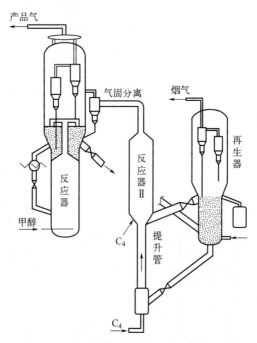

图 5-9　SMTO 采用的流化床反应器和再生器示意

随着市场和技术的发展，丙烯的需求量已超过乙烯，2020 年我国乙烯产能为 3300 万吨每年，丙烯产能为 4400 万吨每年。因此，以丙烯为主要产品的 MTP 工艺逐渐受到青睐。SAPO-34 分子筛受制于其小孔结构，乙烯收率较高，而丙烯收率存在上限。因此，MTP 工艺多以 ZSM-5 分子筛作催化剂。

德国 Lurgi 公司以改性 ZSM-5 分子筛为催化剂开发了 MTP 工艺，反应器采用固定床，工艺流程如图 5-10 所示。由于 MTP 反应为强放热反应，需要设置复杂的移热构件，以控制反应器温度。工业反应器直径为 10 m，装填 5～6 层催化剂，每层高度为 50～100 mm。对于每年处理 167 万吨甲醇的 MTP 装置，每年可生产 47.7 万吨聚合级丙烯（质量分数为 28.38%）、18.5 万吨汽油（11.08%）、4.1 万吨液化气（2.46%）、2.0 万吨乙烯（1.20%）及少量自用燃料气和 93.5 万吨水（56.00%）。

2010 年 11 月，大唐多伦煤化工有限责任公司采用 Lurgi 公司技术建成每年生产 46 万吨烯烃的 MTP 工业装置。国家能源集团宁夏煤业有限责任公司于 2011 年初采用 Lurgi 公司技术建成每年生产 50 万吨丙烯的 MTP 工业装置；2014 年 8 月二期每年 50 万吨烯烃的 MTP 工业装置试车成功。

中国化学工程集团有限公司、清华大学和安徽淮化集团联合开发了流化床甲醇制丙烯（FMTP）技术，2009 年在安徽淮南建成 3 万吨每年的甲醇处理量流化床甲醇制烯烃工业试验装置，连续试运行 21 天，打通全流程。FMTP 采用 SAPO-18/34 催化剂，其特点是可将反应产物中乙烯和丁烯导入另一个流化床反应器中转化为丙烯。甲醇转化率达 100%，乙烯和丙烯总选择性 ≥80%。当以丙烯为目标产物时，1 t 丙烯消耗 3.1 t 甲醇，催化剂消耗 <2.4 kg/t 烯烃产品。当以乙烯和丙烯为目标产物时，1 t 双烯消耗 2.7 t 甲醇，催化剂消耗

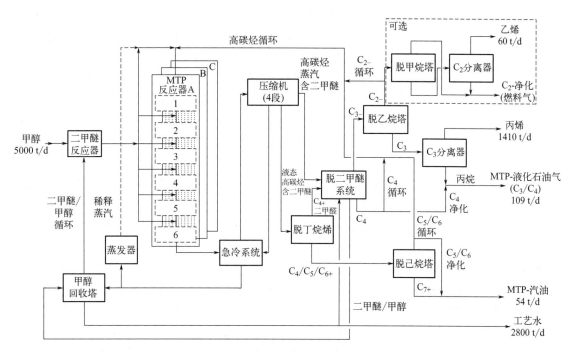

图 5-10　Lurgi 公司固定床 MTP 流程示意

<1.0 kg/t 烯烃产品。华亭煤业集团有限责任公司建设了规模为每年 20 万吨的 FMTP 装置。

　　在开发 STMO 工艺的同时，中石化上海石油化工研究院还开发了甲醇制丙烯（SMTP）技术。2010 年，与中石化扬子石油化工有限公司联合开展 SMTP 催化剂放大生产以及规模为每年 5000 吨的 SMTP 工业侧线试验。2014 年 7 月，SMTP 工业侧线试验以及每年 180 万吨甲醇规模的 SMTP 成套技术工艺包开发通过中石化科技部组织的审查。此外，中国石化石油化工科学研究院、浙江大学、中石化洛阳工程有限公司和中国石化催化剂有限公司湖南建长分公司共同开发了移动床甲醇制丙烯技术。

　　MTO 从科学发现到工业应用经历了 40 多年的时间，我国 MTO 生产技术和规模均处于世界领先水平。同时，在反应机理研究方面也取得了长足的进步。

5.2.1.1　MTO 催化反应机理

　　大量的甲醇转化基础研究工作表明，甲醇转化反应体系非常复杂，已证实转化过程中存在多种反应路径，涉及多种反应中间体。MTO 的催化反应机理主要包括早期提出的直接转化机理和目前广泛接受的间接反应机理。

　　从 C_1 原料甲醇生成 C_2 及以上产物的反应涉及 C—C 键的形成。早期研究认为 C—C 键的形成源于甲醇或二甲醚的直接偶联反应。为了解释 C—C 的形成，先后提出了 20 多种直接反应机理，所涉及的中间体包括氧鎓叶立德、碳正离子、卡宾和自由基等。

　　由于直接机理缺乏实验证据支持，而且无法解释所有实验现象，研究者们后来又提出了间接反应机理，认为留存在催化剂内的烃类物种起到了共催化作用，代表性的是烃池（hydrocarbon pool）机理。

　　Dahl 等[8] 在 SAPO-34 上进行了 ^{13}C 甲醇示踪实验，发现当与 ^{12}C 乙烯或丙烯共进料反应时，几乎所有烃类产物都含有 ^{13}C 同位素，只有少量产物含有 ^{12}C。实验结果证实甲醇的

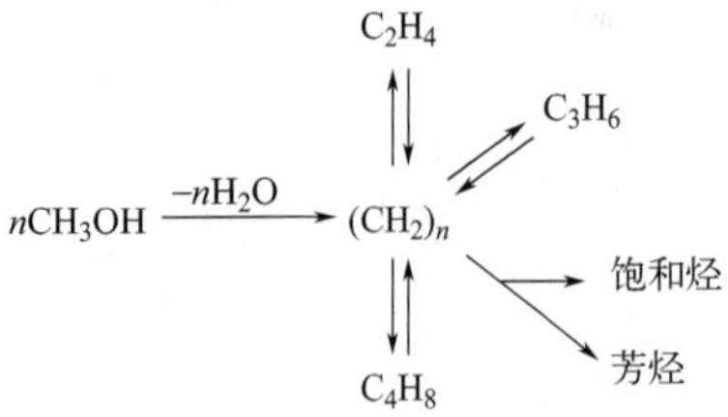

图 5-11 烃池机理模型

碳原子连续加入烯烃然后裂解的反应路径不可行。为了解释上述现象，他们结合早期关于 MTO 反应机理的研究提出了烃池机理（图 5-11）。$(CH_2)_n$ 代表烃池物种，类似于积炭、吸附于分子筛孔道内的碳氢化合物，在甲醇转化为烯烃的过程中起共催化作用。

为了更好地理解 MTO 反应机理，需要详细了解反应过程以及所涉及的活性中间体。Svelle 等曾提出了利用 ^{13}C 同位素标记的方法来关联烯烃与多甲苯之间的转化关系，但是这种方法并不能确定具体的碳池途径[9,10]。固体核磁共振技术可提供有关结构和动力学的信息，是表征多相催化剂和相关催化反应的有力工具。通过原位固体核磁共振技术观察和鉴定反应中间体，并结合同位素标记等实验结果，可以为 MTO 反应机理的研究提供重要信息。研究者们通过固体核磁共振表征，证实多甲基苯、多甲基环戊二烯及其碳正离子是高反应活性烃池物种。

一般认为，MTO 中存在芳烃反应循环，即多甲基苯甲基化反应，然后发生消去反应生成烯烃。为了解释甲醇通过芳烃循环生成烯烃的反应机理，研究者提出了如图 5-12 所示两种烯烃生成路径：修边机理和侧链烷基化机理。两种机理均包括六甲基苯与甲醇烷基化生成七甲基苯碳正离子。修边机理可以认为是连续的缩环和扩环反应，七甲基苯碳正离子发生重排反应生成一个有烷基取代基的五元环物种，后者发生消去反应生成丙烯；新生成的五元环物种发生去质子反应和扩环反应重新生成六元环物种。在侧链烷基化机理中，七甲基苯碳正离子通过去质子化形成环外双键，该双键经过一次或两次甲基化反应形成乙基或异丙基侧链，侧链发生消去反应分别生成乙烯和丙烯。Xu 等[11] 通过实验和理论计算研究了真实反应条件下 H-SSZ-13 催化的 MTO 反应中修边机理和侧链烷基化机理的反应路径和反应能垒。结果表明，H-SSZ-13 催化的 MTO 反应中侧链烷基化机理占主导地位。

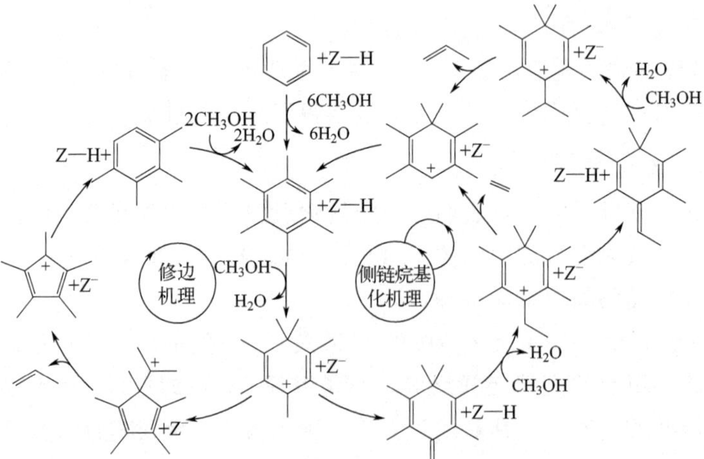

图 5-12 MTO 反应的修边机理和侧链烷基化机理

在烃池机理的基础上，Xu 等[11,12] 提出甲醇转化反应双循环机理，此机理包括烯烃循环和芳烃循环两种反应循环（图 5-13）。他们认为乙烯是通过多甲基苯反应生成的，而丙烯

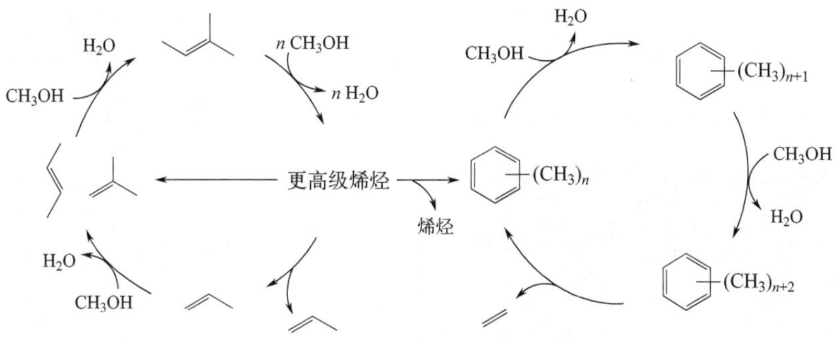

图 5-13　烯烃转化反应的双循环机理

及其他更高级的烯烃是由烯烃甲基化裂解生成的，其中多甲基苯和多甲基环戊二烯是芳烃循环的活性中间体。

5.2.1.2　分子筛拓扑结构与 MTO 产物选择性

在 MTO 反应中，分子筛催化剂的表面酸性和孔道结构对反应活性和产物选择性具有决定性影响。催化剂的酸中心有利于碳正离子的形成和稳定，分子筛的孔道和笼的限域效应会影响中间体的结构和烯烃生成路径。

MTO 反应涉及碳正离子的形成和稳定，烷基化反应、重排反应、裂解生成烯烃等反应步骤，都需要酸中心的参与。此外，所生成的烯烃可在酸的催化作用下生成积炭，导致催化剂失活。所以，分子筛酸强度和酸中心密度对 MTO 反应有重要影响。比如，已实现工业应用的 SAPO-34 和 ZSM-5 分子筛的酸性存在很大差别，其烯烃选择性和催化剂的寿命也不同。SAPO-34 分子筛的酸强度低但酸中心密度高，而 ZSM-5 分子筛的酸强度高但酸中心密度低。

分子筛催化剂的拓扑结构对产物的选择性具有决定性作用。Teketel 等[13] 研究了 SAPO-34、ZSM-5、ZSM-22 和 β分子筛上甲醇的转化反应，发现产物分布存在很大差异。SAPO-34 和 ZSM-22 作催化剂时，主要产物都是烯烃，但 SAPO-34 上乙烯和丙烯的选择性高，而 ZSM-22 上丁烯等大分子烯烃选择性高。ZSM-5 和 β分子筛催化甲醇转化时，也生成大量烯烃，但丙烯与乙烯比存在很大差异。Song 等[14] 提出停留在催化剂中的甲基苯上甲基数目与乙烯和丙烯的选择性有关。多甲基苯（含 4～6 个甲基）有利于丙烯的生成，而少甲基苯（含 2～3 个甲基）有利于乙烯的生成。Li 等[15] 通过同位素示踪法研究了 SAPO-34、ZSM-5 和 ZSM-22 催化甲醇转化反应时烯烃产物的选择性与分子筛拓扑结构的关系以及催化反应机理，所提出不同结构分子筛上甲醇转化为烯烃的反应路径如图 5-14 所示。

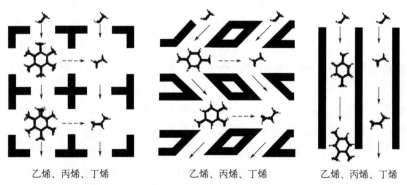

乙烯、丙烯、丁烯　　　　乙烯、丙烯、丁烯　　　　乙烯、丙烯、丁烯

图 5-14　甲醇在 SAPO-34、ZSM-5 和 ZSM-22 分子筛上转化为烯烃的路径

如图 5-15 所示[16]，SAPO-34 的孔径小（约 4 Å，1 Å＝0.1 nm），大分子气相产物扩散阻力大，因而乙烯和丙烯的总收率高，一般用作 MTO 工业催化剂。ZSM-5 的孔口直径较大（约 5.5 Å），丙烯和 C_{4+} 烃的总选择性高，常用作 MTP 工业催化剂。

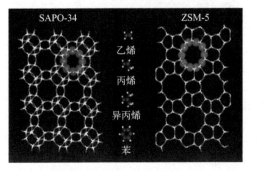
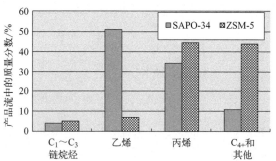

图 5-15　SAPO-34（CHA）和 ZSM-5（MFI）的骨架结构与甲醇转化中烯烃选择性比较[16]

5.2.1.3　MTO 催化剂的失活与再生

MTO 是酸催化反应，其产物、烃池物种和其他中间产物在酸催化下易于形成积炭物种，从而导致催化剂失活。已工业应用的 SAPO-34 和 ZSM-5 分子筛催化剂在 MTO 反应中失活方式不同。SAPO-34 分子筛是具有笼结构的小孔分子筛，失活主要是由甲醇转化的反应中间体多甲基苯转化为稠环芳烃导致的。由于八元环窗口的限制，大的积炭物种无法扩散出孔道，SAPO-34 在甲醇转化反应中表现出高积炭量和快速失活的特征。ZSM-5 分子筛中较小的十元环交叉孔道限制了大分子稠环芳烃的生成，只能生成取代数目较少的甲基苯，而这些单环芳烃可以通过十元环孔道扩散到气相，因而孔道内基本没有积炭物种生成。ZSM-5 分子筛在甲醇转化反应中的失活较慢，可能是由催化剂外表面积炭造成的。

通常 SAPO-34 分子筛在甲醇转化反应中失活比 ZSM-5 分子筛快很多。由于两种沸石分子筛的失活特性差异，工业上采用的反应器也不同。SAPO-34 分子筛作催化剂的 MTO 过程需采用流化床反应器和再生工艺解决催化剂易失活的问题，而 ZSM-5 分子筛作催化剂的 MTP 过程则可采用结构简单、易操作的固定床反应器。

刘中民院士团队研究了不同温度下 SAPO-34 分子筛催化的甲醇转化反应中活性和积炭随时间的变化关系[7]。如图 5-16 所示，低温反应时存在明显的诱导期，且快速失活。升高温度时诱导期变短，而且存在一个最佳温度窗口（400～450 ℃），在该温度区间反应时积炭缓慢因而失活速率慢。对失活催化剂上的有机沉积物分析和表征发现，低温下生成了一种饱和的烷烃积炭物种——金刚烷类化合物。金刚烷类化合物不具有烃池物种的共催化性能，当占据笼中位置时会影响反应物的扩散，造成催化剂快速失活。随着温度的升高，低温生成的金刚烷类化合物会转化为萘系衍生物和稠环芳烃（如菲和芘）。SAPO-34 分子筛上积炭物种随温度的演变过程如图 5-17 所示。

对于三维孔道和笼结构的分子筛催化剂，多甲基苯是甲醇转化反应的活性中间体，而萘的衍生物和稠环芳烃与甲醇的反应活性很低，是引起催化剂失活的积炭前体。多甲基苯活性中间体不仅是生成气相烯烃的共催化剂，也是生成稠环芳烃的中间体。而稠环芳烃的生成需要分子筛提供足够的空间，因此分子筛催化剂上积炭物种与分子筛的拓扑结构密切相关。在 SAPO-34 分子筛的笼中易于形成稠环化合物，而在 ZSM-5 分子筛的孔道难以形成稠环化合

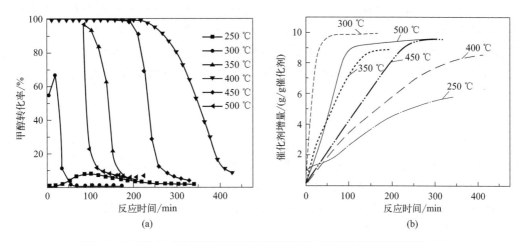

图 5-16　SAPO-34 催化甲醇转化时不同温度下转化率和催化剂质量随时间的变化

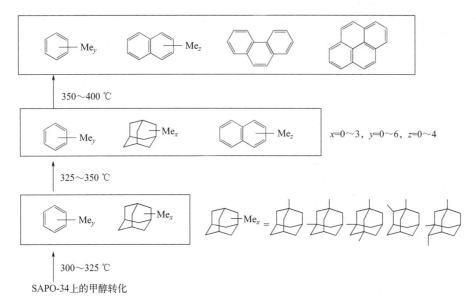

图 5-17　SAPO-34 催化甲醇转化时积炭物种随温度的演变

物。对于 SAPO-34 分子筛催化剂来说，一个有趣的现象是随着积炭量的增加，低碳烯烃的选择性会提高。因此，控制催化剂的积炭量可以调节催化剂的活性和低碳烯烃选择性。这一现象对于 MTO 工业技术的开发和条件优化具有指导意义。

　　当催化剂因积炭失活时，催化剂上的积炭可以通过燃烧反应除去。催化剂的烧炭过程一般分为两种情况：氧浓度控制的烧炭过程和燃烧速度控制的烧炭过程。前者一般用于固定床反应器中催化剂的再生，通过调节再生气氛中氧含量控制燃烧反应速率，防止催化剂床层过热。后者常用于流化床反应系统催化剂的再生，流化床再生反应器因传热性能良好，床层飞温可能性小，可通过调节温度控制再生过程。根据烧炭温度及其对应烧炭速度可区分为两种情况：低温烧炭时其速度与积炭的性质和在催化剂上的位置有关，反应气氛中氧浓度影响较小；高温烧炭时烧炭速度受氧气浓度影响较大，可通过调节氧含量控制烧炭速度。采用适当的烧炭周期除去绝大部分积炭后，催化剂的活性通常能基本恢复到新鲜催化剂的活性。

分子筛的酸性是甲醇转化的活性中心，而其酸性源于与骨架固有负电荷相匹配的质子，该质子可迁移且可被其他阳离子交换。若碱金属阳离子交换了分子筛中的质子，则会降低分子筛的酸性，从而降低催化活性。因此，甲醇转化催化剂对原料和系统中金属离子（比如 Na^+）含量有严格限制，因为与积炭失活不同，金属离子会导致催化剂的活性中心永久性失活。

5.2.1.4 DMTO 技术

以 DMTO 为例，介绍 MTO 的反应特点、热力学、动力学及工业反应技术。DMTO 技术是中国科学院大连化学物理研究所刘中民院士团队与新兴能源科技有限公司和中石化洛阳工程有限公司联合开发的工业应用技术，以 SAPO-34 为催化剂，采用流化床反应-再生技术。DMTO 工艺技术的开发基于反应特性、热力学、动力学、催化剂制备技术、反应器优化设计等基础研究和应用技术。

甲醇制烯烃反应有如下特征：a. 低温下（150～350 ℃）甲醇可转化为二甲醚，较高温度（>350 ℃）才有烃类生成；b. 甲醇转化为烯烃的反应存在诱导期，这可能与烃池的形成有关；c. 甲醇转化为烃类的反应表现出自催化反应的特征，可能与烃池的共催化作用有关；d. 甲醇转化为烯烃的反应是分子数增加的反应，因而低压操作有利；e. 当反应温度高于 400 ℃时，在接触时间短至 0.04 s 时甲醇或二甲醚可实现完全转化；f. 甲醇转化为烯烃的反应是强放热反应（-167.3～-164.8 kcal/kg 甲醇）。

甲醇制烯烃的原料简单，但反应过程极其复杂，所涉及中间组分和基元反应多，给热力学和动力学研究带来很大挑战。MTO 反应过程中主要组分的热力学数据见表 5-2。

表 5-2 甲醇制烯烃反应过程中主要组分的热力学数据

状态	组分分子式及名称	汽化焓/(kJ/mol)	沸点/K	标准摩尔生成焓/(kJ/mol)		标准吉布斯自由能/(kJ/mol)		标准摩尔熵/[J/(mol·K)]	
				液态	气态	液态	气态	液态	气态
标准状态下为气体的组分	H_2（氢气）		20.4		0				130.7
	N_2（氮气）		77.4		0				191.6
	O_2（氧气）		90.2		0				205.2
	CO（一氧化碳）		81.7		-110.5		-137.2		197.7
	CO_2（二氧化碳）		216.6		-393.5		-394.4		213.8
	CH_4（甲烷）		111.7		-74.6		-50.5		186.3
	C_2H_2（乙炔）		189.2		227.4		209.9		200.9
	C_2H_4（乙烯）		169.5		52.4		68.4		219.3
	C_2H_6（乙烷）		184.6		-84.0		-32.0		229.2
	C_3H_4（丙炔）		249.9		184.9		194.4		248.1
	C_3H_6（丙烯）		225.4		20.0		62.8		266.6
	C_3H_8（丙烷）		231.1		-103.8		-23.4		270.3
	C_4H_6（1,3-丁二烯）		268.7	88.5	110.0		150.8	199.0	278.7
	C_4H_6（丁炔）		281.2	141.4	165.2		202.2		290.5
	C_4H_8（正丁烯）		266.9	-20.8	0.1		71.3	227.0	305.6

续表

状态	组分分子式及名称	汽化焓/(kJ/mol)	沸点/K	标准摩尔生成焓/(kJ/mol)		标准吉布斯自由能/(kJ/mol)		标准摩尔熵/[J/(mol·K)]	
				液态	气态	液态	气态	液态	气态
标准状态下为气体的组分	C_4H_8(顺-2-丁烯)		276.9	−29.8	−7.1		65.9	219.9	300.8
	C_4H_8(反-2-丁烯)		274.0	−33.3	−11.4		63.0		296.5
	C_4H_8(异丁烯)		266.3	−37.5	−16.9		58.1		293.6
	C_4H_8(环丁烷)		285.7	3.7	27.7		110.1		264.4
	C_4H_{10}(正丁烷)		272.7	−147.3	−125.7		−17.2		310.1
	C_4H_{10}(异丁烷)		261.4	−154.2	−134.2		−21.4		294.6
	C_5H_{12}(新戊烷)		282.7	−190.2	−168.0				306.0
	CH_3OCH_3(二甲醚)		248.3	−203.3	−184.1		−112.6		266.4
标准状态下为液体的组分	H_2O(水)	40.6	373	−285.8	−241.8	−237.1	−228.6	70	188.8
	C_5H_{10}(正戊烯)	25.2	303	−46.9	−21.1		79.2	262.6	345.8
	C_5H_{12}(正戊烷)	25.8	309	−173.5	−146.9		−8.4		349.6
	C_5H_{12}(异戊烷)	24.7	301	−178.4	−153.6		−14.8	260.4	343.7
	C_6H_6(苯)	30.8	353	49.1	82.9	124.5	129.7	173.4	269.2
	C_6H_{10}(环己烯)	30.5	356	−38.5	−5.0	101.6	106.9	214.6	310.5
	C_6H_{12}(环己烷)	30.0	354	−156.4	−123.4	26.7	31.8	204.4	297.4
	C_6H_{14}(正己烷)	28.9	342	−198.7	−166.9		−0.25		388.9
	CH_3OH(甲醇)	35.3	337	−239.2	−201.0	−166.6	−162.3	126.8	239.9

由于 MTO 反应的复杂性，采用微观反应动力学进行反应器的放大、设计和优化非常困难。研究反应器时，忽略次要中间产物和微量成分，建立集总反应动力学是更为合理、可行的方法。刘中民院士团队提出采用简化的平行反应网络，考虑 8 个集总组分：甲醇、甲烷、乙烯、丙烯、丙烷、C_4 烃、C_{5+} 烃和焦炭。CO_2 和 CO 纳入甲烷集总组分，乙烷和其他没考虑的组分当作 C_{5+} 烃集总组分。简化后的集总反应动力学网络如图 5-18 所示。

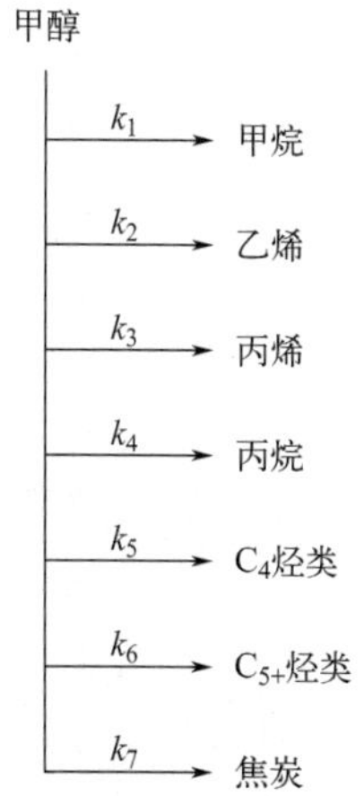

他们在固定床反应器中研究了 MTO 反应动力学，假定反应器内气体流动为活塞流。各组分的生成速率可表示为：

$$r_{CH_4} = k_1 \theta_W c_{MeOH} M_W^{CH_4} \tag{5-26}$$

$$r_{C_2H_4} = k_2 \theta_W c_{MeOH} M_W^{C_2H_4}/2 \tag{5-27}$$

$$r_{C_3H_6} = k_3 \theta_W c_{MeOH} M_W^{C_3H_6}/3 \tag{5-28}$$

$$r_{C_3H_8} = k_4 \theta_W c_{MeOH} M_W^{C_3H_8}/3 \tag{5-29}$$

$$r_{C_4} = k_5 \theta_W c_{MeOH} M_W^{C_4}/4 \tag{5-30}$$

$$r_{C_{5+}} = k_6 \theta_W c_{MeOH} M_W^{C_{5+}}/5 \tag{5-31}$$

$$r_{焦炭} = k_7 \theta_W c_{MeOH} M_W^{CH_2} \tag{5-32}$$

图 5-18 DMTO 集总反应动力学网络

甲醇的转化速率为：

$$-r_{MeOH} = (k_1 + k_2 + k_3 + k_4 + k_5 + k_6 + k_7)\theta_W c_{MeOH} M_W^{MeOH} \tag{5-33}$$

水的生成速率为：

$$r_{H_2O} = (k_1 + k_2 + k_3 + k_4 + k_5 + k_6 + k_7)\theta_W c_{MeOH} M_W^{H_2O} \tag{5-34}$$

式中，c_{MeOH} 是甲醇的浓度；M_W^i 为各组分的摩尔质量，焦炭集总组分的摩尔质量用 —CH_2— 的摩尔质量表示；k_i（$i=1, 2, \cdots, 7$）为各组分生成或反应速率常数；θ_W 为水对各组分反应速率的影响系数，可用下式求取：

$$\theta_W = \frac{1}{1 + K_W X_W} \tag{5-35}$$

式中，K_W 为常数；X_W 为反应中水的质量分数。

DMTO 反应技术发展过程中在注重创新的同时，重视借鉴已有工业化技术理论和应用成果。在反应器技术方面，充分借鉴了流化催化裂化（FCC）技术流态化研究成果和工业化设计经验，采用流化床反应-再生技术，实现长周期稳定运行。

流化床反应器中催化剂颗粒与气体作用复杂，反应器大小、催化剂颗粒特性、气体流速和压力等对气固流动状态有显著影响。根据 Geldart 对流态化的经典分类，颗粒的流化性能与颗粒粒径和颗粒密度密切相关（图 5-19）。其中 A 类颗粒粒径较小（30～150 μm）且颗粒密度较小（约 1500 kg/m³），其最小鼓泡速度大于最小流化速度，可形成无气泡的均匀流化床。A 类颗粒流化后，乳化相中空隙率明显大于最小流化空隙率。乳化相中气体返混严重，气泡相与乳化相之间气体交换速度较快。在较大流化床中，A 类颗粒存在最大稳定气泡尺寸。FCC 催化剂颗粒属于 Geldart A 类颗粒，非常适合流化床反应系统中反应器和再生器之间的循环。DMTO 技术中催化剂颗粒确定为 Geldart A 颗粒，并强化了耐磨损性能。代表性 DMTO 催化剂的物性指标如表 5-3 所示。

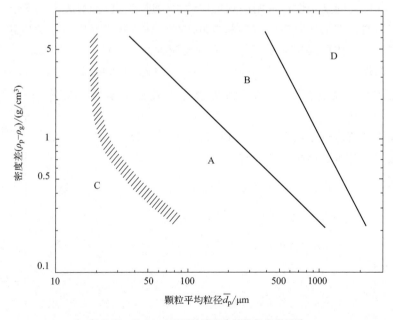

图 5-19 Geldart 对颗粒流态化特性的分类示意

表 5-3　DMTO 催化剂（D803C-Ⅱ01）的物性指标

项目		指标
比表面积/(cm²/g)		≥180
孔体积/(cm³/g)		≥0.15
密度/(g/cm³)	沉降密度	0.6～0.8
	密实堆积密度	0.7～0.9
	颗粒密度	1.5～1.8
	骨架密度	2.2～2.8
磨损指数/(%/h)		≤2
粒度/%	<20 μm	≤5
	20～40 μm	≤10
	>40～80 μm	30～50
	>80～110 μm	10～30
	>110～150 μm	10～30
	>150 μm	≤20

　　DMTO 采用密相循环流化反应-再生工艺，其流程简图如图 5-20 所示，主要由原料预热、反应再生、产品急冷水洗及预分离、污水汽提、主风机和蒸汽发生等六个单元组成。原料预热单元将液体甲醇原料按要求加热至 250 ℃左右，以气相进入反应器。反应-再生单元是 DMTO 的核心部分，包括流化床反应器和再生器（图 5-8）。DMTO 的反应器是湍动流化

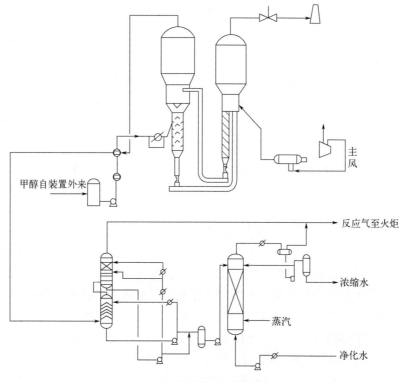

图 5-20　DMTO 工艺流程简图

床，反应主要发生在下部的密相区域，由进料分布器、催化剂入口分布器和内取热管组成。反应器的上部主要是产品气体和催化剂颗粒的沉降和分离区域，内置多组旋风分离器，实现气固高效分离。待生催化剂从反应器出来后，先经汽提回收烃类，最大限度减少带入再生器的烃类量，保证再生器稳定燃烧。待生催化剂通过输送管路进入再生器。再生器由主风分布器、催化剂分布器和多组两级旋风分离器组成，为了移走燃烧放出的热量，设置了外取热器，用于发生蒸汽回收热量。DMTO 工艺中，催化剂再生温度为 650～700 ℃，采用不完全燃烧方式再生，因为留有适量积炭有利于改善低碳烯烃选择性。产品急冷水洗及预分离单元主要是将混合产品气体降温，并通过急冷洗涤产品气中携带的催化剂细粉和有机杂质，分离出副产物水。污水汽提单元主要是对由产品急冷水洗及预分离单元分离出的污水进行提浓，回收未转化的甲醇和二甲醚以及微量醛酮等含氧化合物，保证整个装置外排水符合环保要求。主风系统为再生器和加热炉开工提供所需空气。蒸汽发生系统对装置内所有可能发生蒸汽的热能进行回收利用，提高整个装置的用能效率。

5.2.2 芳烃

芳烃是芳香族化合物的简称，是重要的有机化工原料。芳烃的种类繁多，轻质芳烃中的苯（benzene）、甲苯（toluene）和二甲苯（xylene）合称为 BTX，被称为一级基本有机原料，在橡胶、树脂、纤维、染料和医药等领域都有广泛应用。其中对二甲苯几乎全部用于生产精对苯二甲酸及涂料中间体等。随着石化行业及纺织工业的不断发展，芳烃的需求量不断增大。目前，芳烃的生产主要基于石油化工，包括石脑油催化重整和汽油裂解加氢生产芳烃等。由煤基甲醇生产芳烃不仅可以降低芳烃生产成本，而且可以通过利用丰富的煤炭资源生产基本化工原料，降低对石油的依赖。甲醇生产芳烃技术主要包括甲醇制芳烃技术和甲苯甲醇烷基化技术。

5.2.2.1 甲醇制芳烃技术

甲醇制芳烃（MTA）技术源于甲醇制汽油技术。20 世纪 70 年代，Mobil 石油公司开发的甲醇制汽油技术，采用 ZSM-5 沸石分子筛作催化剂，可使甲醇完全转化为无硫汽油馏分，其中 40%～60% 为芳烃。20 世纪 80 年代，研究人员发现，对 ZSM-5 分子筛进行改性可以获得更高芳烃选择性。但该研究停留在实验阶段，没有形成工业化技术。

一般认为 MTA 是 MTO 反应的延伸，烯烃作为中间产物经过脱氢、甲基化、环化等反应步骤生成芳烃（图 5-21）。与 MTO 催化剂不同，高性能 MTA 催化剂应具有 B 酸和脱氢双功能。常用的催化剂包括 Zn-或 Ga-改性的 ZSM-5 沸石分子筛，ZSM-5 提供甲醇转化为烯烃所需酸中心，而 Zn 或 Ga 则主要催化脱氢反应及环化反应生成芳烃。

近十年来，我国在 MTA 工业技术开发和催化剂研制方面取得了长足的进步，代表性的有中国科学院山西煤炭化学研究所与赛鼎工程有限公司联合开发的固定床甲醇制芳烃技术和清华大学与中国华电集团有限公司联合开发的流化床甲醇制芳烃技术（FMTA）。

固定床甲醇制芳烃技术采用两段固定床反应器，第一段为甲醇芳构化反应器，分离的气相组分进入第二段反应器继续进行低碳烃芳构化反应。以 Ga、Zn 或 Mo 改性的分子筛（ZSM-5 或 ZSM-11）为催化剂。第一段反应器温度为 200～500 ℃，反应压力为 0.1～0.5 MPa，液体空速为 0.4～2.0 h^{-1}；第二段反应器温度为 300～460 ℃，反应压力为 0.1～3.5 MPa，气体空速为 100～1000 h^{-1}。液相产物选择性大于 33%（以甲醇质量计），液相

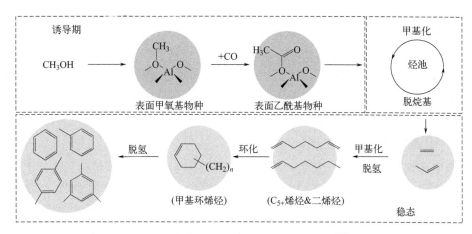

图 5-21　改性 ZSM-5 催化的 MTA 反应步骤[1]

产物中芳烃质量分数大于 60%，气相产物选择性小于 10%，催化剂单程寿命大于 20 天，总寿命预计大于 8000 h。2012 年 2 月，由赛鼎工程公司设计的内蒙古庆华集团 10 万吨每年甲醇制芳烃装置一次试产成功。该技术具有较大灵活性，既可以生产芳烃，也可以生产汽油，从而实现化工原料和甲醇衍生能源的切换。

　　FMTA 采用流化床反应技术，包括甲醇芳构化反应器、低碳烃芳构化反应器、再生器和汽提装置，其中甲醇芳构化反应器和低碳烃芳构化反应器共用一个再生器（图 5-22）。催化剂为改性 ZSM-5 沸石分子筛，液相产品中 BTX 和三甲苯总收率可达 95%。2012 年 9 月，陕西华电榆横煤化工有限公司投资 1.58 亿元建成世界首套万吨级 FMTA 全流程工业试验装置。2013 年 1 月 13 日一次开车成功，连续运行 443 h。甲醇转化率为 99.99%，甲醇芳构化单程芳烃收率（烃基）为 49.67%，低碳烃芳构化单程转化率为 37.50%，芳烃选择性为 57.61%。生产 1 t 芳烃消耗 3.07 t 甲醇，副产大量氢气，催化剂消耗量为 0.20 kg/t 甲醇。

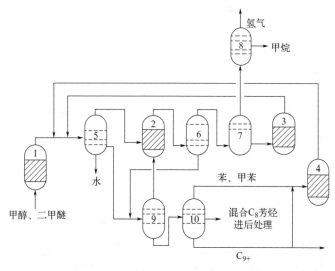

图 5-22　清华大学 FTMA 工艺流程简图

1—芳构化反应器；2—低碳烯烃芳构化反应器；3—低碳烃芳构化反应器；4—芳烃歧化反应器；
5—气-液-液分离器；6—气-液分离器；7—气相分离器；8—吸收器；9—芳烃-非芳烃分离；10—芳烃分离

以甲醇进料时，混合 C_8 芳烃质量收率为 73%～82%。

对二甲苯（para-xylene，PX）是重要的芳烃产品之一，主要用于制备对苯二甲酸（PTA）以及对苯二甲酸二甲酯（DMT），进而生产聚对苯二甲酸乙二酯（PET）。其中，用于生产精 PTA 的比例高达 99%。2021 年中国对二甲苯总需求量为 3550 万吨，总产量为 2200 万吨，进口总量高达 1350 万吨，对外依存度为 38%。FTMA 技术产品以含 PX 的 C_8 芳烃为主。

5.2.2.2 甲苯甲醇烷基化技术

甲苯与甲醇烷基化是生产 PX 的一条新工艺路线。与传统的甲苯歧化工艺相比，该工艺技术的最大优势是以甲苯和廉价易得的甲醇作为原料，生产出高浓度的 PX，仅有很少量的副产物苯和 C_9 馏分。甲醇的引入提高了甲苯利用率，理论上每生产 1 t PX 消耗 1 t 的甲苯，而传统的甲苯歧化工艺，每生产 1 t PX 需要消耗约 2.5 t 甲苯，且大量副产苯[17]。

2012 年 10 月 15 日，中石化上海石油化工研究院在中石化扬子石油化工有限公司芳烃厂建成 20 万吨每年的甲苯甲醇甲基化装置，是我国首套甲苯甲醇甲基化装置。该工业示范装置采用负载金属/非金属氧化物的 ZSM-5 沸石分子筛，每年加工 20 万吨甲苯，生产 23.97 万吨 C_{8+} 芳烃。该工业应用技术为 PX 的工业化生产提供新的技术路线，促进我国聚酯产业链的健康发展。装置投产后可降低扬子公司 PX 生产成本，进一步优化芳烃原料，实现效益最大化。

2012 年 10 月 23 日，中国科学院大连化学物理研究所开发的甲苯甲醇制对二甲苯联产低碳烯烃技术（TMTA）通过了中国石油和化学工业联合会组织的科技成果鉴定。该技术以甲苯和甲醇为原料，采用循环流化床工艺，在同一反应体系和催化剂上高选择性生产 PX 和乙烯、丙烯等低碳烯烃。该技术开辟了 PX 生产的新技术路线，可作为现有芳烃联合装置技改技术，增加 PX 产量，降低装置能耗；也可应用于新建芳烃联合装置，与传统的 PX 生产技术相比，减少了歧化、异构化等单元投资与运行费用。若新建甲苯甲醇制 PX 联产低碳烯烃装置，可通过简单的结晶分离单元替代昂贵的吸附分离单元，大幅降低 PX 生产成本。该技术还可为 PET 生产提供 PX 和乙烯两种间接原料，提高聚酯产业链经济性。陕西煤业化工技术研究院煤化工技术工程中心有限公司与中国科学院大连化学物理研究所于 2012 年 7 月在华县共同完成了该项目中试，装置稳定运行 640 h，获得了大量的基础实验数据，可为工业化示范装置设计提供可靠的数据支撑。该技术原料产品方案灵活，甲苯单程转化率 12%～32%，二甲苯异构体中 PX 平均选择性超过 90%，乙烯和丙烯在 C_1～C_5 及不凝气中选择性大于 70%。中国海洋石油集团有限公司/开氏集团有限公司拟利用 TMTA 技术对石脑油芳烃联合装置进行改造，新建 20 万吨每年的 TMTA 装置。

5.2.3 汽油

甲醇制汽油（MTG）是 C_1 化工的一个分支。MTG 的产品和原料都具有较强的能源属性，不仅受甲醇原料供应和价格的影响，而且受国际油价和传统汽油竞争价格的影响。近年来，我国石油对外依存度超过 70%，区域性成品油供应紧张状况时有发生，促进了 MTG 产业快速发展。所采用的技术主要有固定床 MTG 和流化床 MTG。

1982 年 Mobil 公司在新西兰 Motunui 建设每年 57 万吨汽油规模的 MTG 装置，反应器采用固定床，装置于 1986 年建成投产。Mobil 固定床 MTG 流程如图 5-23 所示。粗甲醇

[含水 17％（质量分数）]在 2.6～2.7 MPa 压力下加热至 300～320 ℃，进入绝热操作的二甲醚反应器，在 Cu-Al$_2$O$_3$ 的催化作用下转化为二甲醚。转化反应器中填装 ZSM-5 分子筛，反应器入口温度为 350～370 ℃，出口温度为 412～420 ℃，操作压力为 1.9～2.3MPa，二甲醚在 ZSM-5 分子筛的催化作用下转化为烃类产品。产品经分离后，轻组分（主要为丙烯和丁烯）循环进入转化反应器，以提高汽油收率。Motunui 装置有 5 个并列的 MTG 反应器，连续生产时其中一个用于催化剂再生，再生周期为 20～50 d，催化剂寿命可达 2 年。烃类收率为 43.4％，同时副产大量水（收率 56.0％），烃类中 85％为汽油馏分，其 RON 辛烷值为 92～95，MON 辛烷值为 82.6～83。MTG 装置生产 1 t 汽油耗用 2.4 t 甲醇。

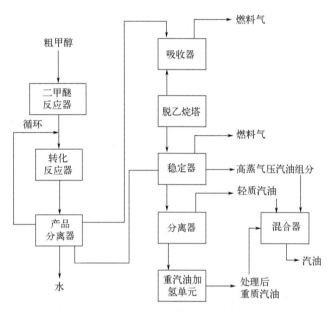

图 5-23　Mobil 固定床 MTG 流程简图

　　2006 年，中国科学院山西煤炭化学研究所开发了一步法 MTG 工艺，其特点是甲醇在 ZSM-5 沸石分子筛上直接转化为汽油和少量液化石油气，省去甲醇制二甲醚的过程，工艺流程短，催化剂稳定性和单程寿命优于已有技术[18]。如图 5-24 所示，混合产物与冷却的循环气换热后，经冷却器冷却到常温，在分离器中分离为液态烃类、水和气体产品。循环气经换热后与粗甲醇混合进入反应器中。该工艺催化剂单炉寿命为 22 天，汽油选择性为 37％～38％。所生产的汽油 RON 辛烷值为 93～99，具有烯烃含量（5％～15％）低、苯含量低和无硫等特点。

　　Lurgi 公司与 Mobil 公司共同开发了多管式 MTG 工艺，以更好地控制反应温度。甲醇和冷凝的循环尾气与反应器的气相产物进行热交换，反应器壳程循环的熔融盐将反应热带入蒸汽发生器，充分利用能量，降低装置总能耗。图 5-25 为多管式 MTG 工艺流程简图。混合产物经反应器、热交换器和外冷凝器冷却到常温，在分离器中分离得到液相烃类、水和循环气。循环气返回到反应器中再次反应，液态烃类进入稳定塔进行分离。采用多管式 MTG 工艺，生产 1 t 汽油需耗用 2.8 t 甲醇，副产 0.2 t 液化石油气和 0.13 t 燃料气。所生产汽油中含芳香烃 32％（质量分数）、烷烃 58％、烯烃 10％，RON 辛烷值为 93。该工艺虽然可较好控制反应温度，但反应器结构复杂，建设成本较高。

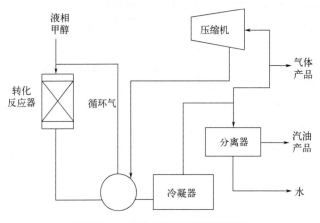

图 5-24　一步法 MTG 工艺流程简图

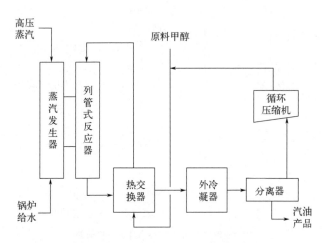

图 5-25　多管式 MTG 工艺流程简图

1982—1985 年，在美国能源部和联邦德国科技部的支持下，Mobil 公司与德国伍德公司合作，采用流化床 MTG 技术在德国 Wessling 建设了规模为 4000 吨每年的示范工厂，运行约 8600 小时。流化床 MTG 工艺流程如图 5-26 所示。操作温度 380～430 ℃，压力 0.24～0.45 MPa，甲醇空速 0.5～1.3 h^{-1}，气体线速度 0.2～0.55 m/s，催化剂连续反应-再生，轻烯烃产物循环反应。与固定床相比，流化床反应器中产物分布不随时间变化，且轻烯烃与异丁烯的烷基化反应可以提高汽油收率和辛烷值。汽油产品的 RON 辛烷值约为 95，MON 辛烷值约为 85，但该 MTG 技术没有得到工业应用的报道。

5.2.4　含氧化合物

甲醇是重要的有机化工原料，其深加工产品达 150 多种，在化工、轻工、医药、纺织等工业有广泛应用。本节主要介绍几种由甲醇生产重要含氧化合物的工业技术。

5.2.4.1　甲醇制甲醛

甲醛（formaldehyde，CAS 号：50-00-0），又名蚁醛，分子式为 CH_2O。纯甲醛是一种有强烈刺激性气味的无色气体，甲醛气体可燃，与空气可形成爆炸性混合物。甲醛易溶于

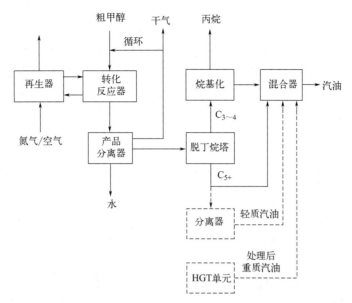

图 5-26　流化床 MTG 工艺流程简图

水，甲醛的水溶液俗称福尔马林。甲醛分子结构中含有羰基氧原子和 α-H，因而化学性质活泼。

世界上绝大多数甲醛都以甲醇为原料生产，按催化剂不同其生产方法可分为银催化氧化法和铁钼氧化物催化氧化法。

银催化氧化法生产甲醛的工艺流程如图 5-27 所示，在甲醇-空气爆炸上限（36.5%）以外进行反应。在甲醇过量（控制氧醇比为 0.4～0.45）、常压和 600～680 ℃条件下，在银的催化作用下用空气将甲醇氧化为甲醛。利用甲醛易溶于水的特性，通过冷却、冷凝和吸收过程将甲醛气体变为水溶液。甲醛产率 86%～90%，副产物有 CO、CO_2、H_2、HCOOH 和 $HCOOCH_3$ 等。

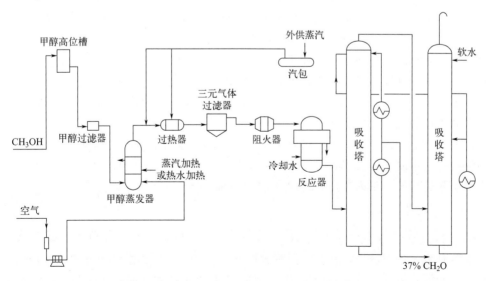

图 5-27　银催化氧化法生产甲醛的工艺流程简图

铁钼氧化物催化氧化法生产甲醛在甲醇-空气爆炸下限以外（＜6％）操作，即在空气过量、常压和 250～400 ℃下进行氧化反应。其特点是副产物少，甲醛产品分解量少。该反应是放热反应，反应热通过多管式固定床反应器管外导热油移除，以稳定催化剂床层温度。典型铁钼氧化物催化氧化法甲醛生产工艺如图 5-28 所示。新鲜空气被加压送入系统，甲醇在蒸发器中汽化并与空气混合，混合器进入多管固定床反应器，在铁钼氧化物催化作用下生成甲醛气体。产品气进入吸收塔内用水吸收生产甲醛溶液或用尿素水溶液吸收生产尿素甲醛预缩液。

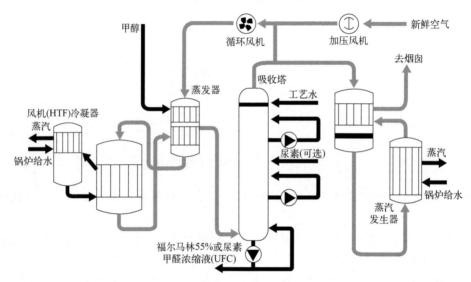

图 5-28　铁钼氧化物催化氧化法甲醛生产工艺

5.2.4.2　甲醇制二甲醚

二甲醚（dimethyl ether，DME，CAS 号：115-10-6）又名甲醚，分子式为 C_2H_6O，是最简单的脂肪醚，化学性质较稳定。常温下为无色气体，有醚类特有的气味。

甲醇脱水生产二甲醚技术分为液相脱水法和气相脱水法。液相脱水法采用浓硫酸作催化剂，虽然产品纯度高、投资少、操作简单，但严重污染环境，已逐渐被淘汰。

甲醇气相脱水法采用固体酸作催化剂，高性能催化剂是技术先进性的关键。西南化工研究设计院有限公司开发的气相脱水技术采用 ZSM-5 作催化剂，200 ℃反应时甲醇转化率可达 75％～85％，二甲醚选择性大于 99％。1995—1999 年先后建成 2500 吨每年和 5000 吨每年的二甲醚生产装置并成功运行。

云南解化清洁能源开发有限公司解化化工分公司从丹麦 Topsøe 公司整体引进了 15 万吨每年的气相法二甲醚生产技术，其工艺流程如图 5-29 所示。在技术消化吸收过程，针对副产物多等问题进行了一系列改进，2014 年实现达标生产。

5.2.4.3　甲醇制乙酸

乙酸（CAS 号：64-19-7）又名醋酸，分子式为 $C_2H_4O_2$，是一种典型的脂肪族一元羧酸。纯乙酸是无色透明液体，具有强烈刺激性气味。10％左右乙酸水溶液腐蚀性最强。高纯度乙酸（＞99％）凝固点较高，低于 16 ℃时凝结为片状晶体，俗称冰醋酸。乙酸在水溶液中能离解产生氢离子，可以发生酯化反应、与金属及其氧化物的反应、α 氢原子卤代反应、

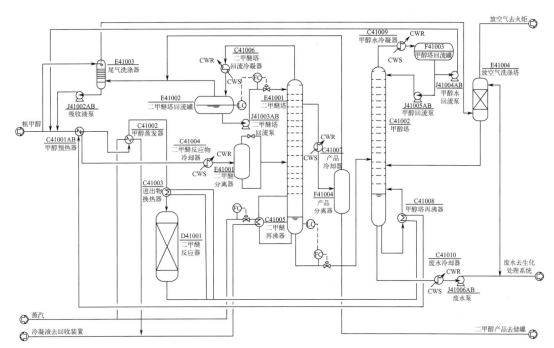

图 5-29 气相法二甲醚生产工艺流程
CWR—循环冷却水回水；CWS—循环冷却水上水

胺化反应、腈化反应、酰化反应、还原反应和氧化酯化反应等。

甲醇羰基化法是世界上生产乙酸的主流技术，其产能约占乙酸总产能的 95%，装置最大产能达到 120 万吨每年。甲醇羰基化法以 CO 和甲醇为原料，工艺分为高压法和低压法两种。高压法因为投资和能耗高，已逐渐被低压法取代。

甲醇羰基化法生产乙酸的代表性技术主要包括 Mosanto/BP、Halcon/Eastman 和 Acetica。Mosanto/BP 技术采用贵金属 Rh 作催化剂，Halcon/Eastman 技术则采用乙酸镍/甲基碘/四苯基锡非贵金属催化体系。日本千代田公司开发的 Acetica 技术将 Rh 催化剂固载于聚乙烯基吡啶树脂相络合物上，以碘甲烷为助催化剂，采用泡罩塔反应器。据报道，该技术以甲醇为基准的乙酸收率大于 99%，以 CO 为基准的收率大于 92%。

5.2.4.4 甲醇制乙酸甲酯

乙酸甲酯（CAS 号：79-20-9）又名醋酸甲酯，分子式为 $C_3H_6O_2$，是一种无色易燃液体，具有芳香气味，能与大多数有机溶剂混溶，是重要的有机溶剂和有机化工原料，在工业上常用作硝酸纤维素和乙酸纤维素的快干溶剂。乙酸甲酯容易水解，与三氟化硼、三氯化铝、三氯化铁、氯化镍等形成复合物。因可与氯化钙形成复合物，氯化钙不宜用作乙酸甲酯的干燥剂。

乙酸和甲醇酯化法是工业生产乙酸甲酯的主要方法。由于乙酸甲酯合成反应可逆，打破化学平衡限制有利于提高反应转化率，因而常采用反应精馏的方法强化反应过程。湖北三里枫香科技有限公司开发了如图 5-30 所示的反应精馏工艺，其优势在于：采用阳离子树脂固体酸替代硫酸作催化剂，避免了分离难、污染和腐蚀等问题；固体酸催化剂使用寿命达 3 年；反应精馏技术不仅强化了反应速率，也提高了乙酸甲酯的选择性；反应热被有效利用，节约能源。

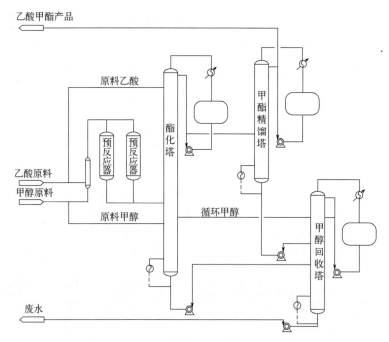

图 5-30 乙酸甲酯生产反应精馏技术工艺流程

5.2.4.5 甲醇制甲基叔丁基醚

甲基叔丁基醚（methyl tertbutylether，MTBE，CAS 号：1634-04-4）分子式为 $C_5H_{12}O$，是一种高辛烷值汽油添加剂。MTBE 的分子结构中，氧原子与碳原子相连而不是与氢原子相连，因而不存在氢键，其沸点和密度都低于相应的醇类。

MTBE 在酸催化作用下可裂解生成异丁烯和甲醇，转化率达 95%～99%，选择性高达 97%。利用这一特性，工业上可以分离和纯化异丁烯。

MTBE 生产方法主要采用催化精馏技术。美国化学研究特许公司（CR&L 公司）1979 年获得用催化精馏技术合成甲基叔丁基醚的专利，已经在美、英、法等国建立了多套每年 2 万～10 万吨的工业装置。该技术采用酸性阳离子交换树脂作催化剂，甲醇和异丁烯为原料。中国石化齐鲁石化公司研究院以叔丁醇和甲醇为原料，采用国产催化剂开发了催化精馏生产 MTBE 技术。在催化剂作用下，叔丁醇与甲醇醚化生成 MTBE，副反应有甲醇自身反应生成二甲醚、叔丁醇脱水生成异丁烯等。其工艺流程如图 5-31 所示。

5.2.4.6 甲醇制二甲基亚砜

二甲基亚砜（dimethyl sulfoxide，DMSO，CAS 号：67-68-5）分子式为 $(CH_3)_2SO$，是一种非质子极性溶剂，主要用作有机合成反应中的选择性溶剂，也是石油加工中芳烃抽提溶剂。2022 年中国 DMSO 的产量增长至 7.52 万吨。

DMSO 的生产主要采用先合成二甲基硫醚然后再氧化的方法，以甲醇为原料的方法包括二硫化碳-甲醇法和硫化氢-甲醇法。

以甲醇和二硫化碳为原料，在 $\gamma\text{-}Al_2O_3$ 的催化作用下合成二甲基硫醚，再用二氧化氮或硝酸氧化合成 DMSO。主要反应如下：

$$4CH_3OH + CS_2 \longrightarrow 2(CH_3)_2S + CO_2 + 2H_2O \tag{5-36}$$

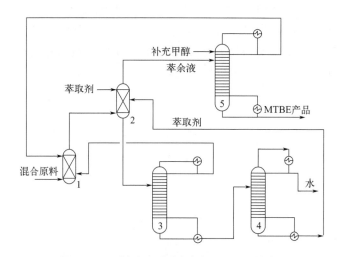

图 5-31　甲醇与叔丁醇醚化生产 MTBE 工艺流程

1—固定床反应器；2—萃取塔；3—甲醇回收塔；4—萃取剂萃取塔；5—催化蒸馏塔

$$(CH_3)_2S + NO_2 \longrightarrow (CH_3)_2SO + NO \tag{5-37}$$

$$NO + 1/2O_2 \longrightarrow NO_2 \tag{5-38}$$

或　　　　　　$$3(CH_3)_2S + 2HNO_3 \longrightarrow 3(CH_3)_2SO + 2NO\uparrow + H_2O \tag{5-39}$$

二硫化碳-甲醇法生产 DMSO 的工艺流程如图 5-32 所示。二硫化碳与甲醇按 1：4 配料后进入预热器升温至 350 ℃，然后进入固定床反应器，在 390 ℃和 γ-Al_2O_3 的催化作用下反应生成二甲基硫醚、水、二氧化碳和硫化物等。经冷却分水后进脱硫塔除去硫化物，再经碱洗和精馏后得到精二甲基硫醚。精二甲基硫醚进入氧化塔，与氧气和二氧化氮在 30～70 ℃反应生成粗品 DMSO，再经分离和除杂得到 DMSO 产品。

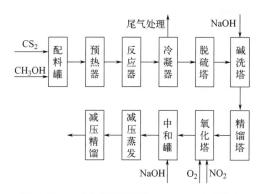

图 5-32　二硫化碳-甲醇法生产 DMSO 工艺流程

以甲醇和硫化氢为原料，在 400 ℃左右和 γ-Al_2O_3 的催化作用下生产二甲基硫醚，硫酸与亚硝酸钠反应生成二氧化氮。二甲基硫醚与二氧化氮和氧气在 60～80 ℃进行液相氧化反应生成 DMSO。主要反应包括：

$$2CH_3OH + H_2S \longrightarrow (CH_3)_2S + 2H_2O \tag{5-40}$$

$$2NaNO_2 + H_2SO_4 \longrightarrow Na_2SO_4 + NO_2\uparrow + NO\uparrow + H_2O \tag{5-41}$$

$$(CH_3)_2S + NO_2 \longrightarrow (CH_3)_2SO + NO \tag{5-42}$$

$$NO + 0.5O_2 \longrightarrow NO_2 \tag{5-43}$$

或 $$(CH_3)_2S + 0.5O_2 \longrightarrow (CH_3)_2SO \tag{5-44}$$

以甲醇和硫化氢为原料生产 DMSO 是最廉价可行的工艺路线（图 5-33）。工业上硫化氢价廉易得，在催化剂作用下其与甲醇反应生成二甲基硫醚。然后用富氧空气或氧气为氧化剂，二氧化氮为催化剂，将二甲基硫醚氧化为 DMSO。

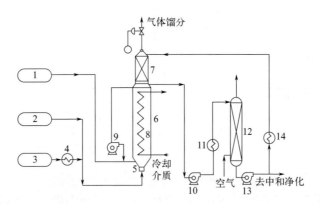

图 5-33 硫化氢-甲醇法生产 DMSO 工艺流程

1—二甲基硫醚储罐；2—氧气储罐；3—液体二氧化氮储罐；4—蒸发器；5—细孔板；6—氧化塔；
7—洗涤器；8—冷却器；9, 10, 13—泵；11, 14—过热器；12—脱气塔

参考文献

[1] Li T，Shoinkhorova T，Gascon J，et al. Aromatics production via methanol-mediated transformation routes [J]. ACS Catal. 2021，11：7780-7819.

[2] 周万德，向家勇，李峰. 甲醇及其衍生物 [M]. 北京：化学工业出版社，2018.

[3] Stöcker M. Special issue to the memory of Richard M. Barrer [J]. Micropor. Mesopor. Mat.，1999，29：3-48.

[4] Chang C D，Silvestri A J. Conversion of methanol and other o-compounds to hydrocarbons over zeolite catalysts [J]. J. Catal.，1977，47：249-259.

[5] Liang J，Li H Y，Zhao S G，et al. Characteristics and performance of SAPO-34 catalyst for methanol-to-olefin conversion [J]. Appl. Catal.，1990，64：31-40.

[6] Koempel H，Liebner W. Lurgi's methanol to propylene（MTP®）report on a successful commercialization [J]. Stud. Surf. Sci. Catal.，2007，167：261-267.

[7] 刘中民，等. 甲醇制烯烃 [M]. 北京：科学出版社，2015：26-28.

[8] Dahl I M，Kolboe S. On the reaction mechanism for propene formation in the MTO reaction over SAPO-34 [J]. Catal. Lett.，1993，20：329-336.

[9] Svelle S，Joensen F，Nerlov J，et al. Conversion of methanol into hydrocarbons over zeolite H-ZSM-5：ethene formation is mechanistically separated from the formation of higher alkenes [J]. J. Am. Chem. Soc.，2006，128：14770-14771.

[10] Bjorgen M，Svelle S，Joensen F，et al. Conversion of methanol to hydrocarbons over zeolite H-ZSM-5：on the origin of the olefinic species [J]. J. Catal.，2007，249：195-207.

[11] Xu S T，Zheng A M，Wei Y X，et al. Direct observation of cyclic carbenium ions and their role in the catalytic cycle of the methanol-to-olefin reaction over chabazite zeolites [J]. Angew. Chem. Int. Ed.，2013，52：11564-11568.

[12] Zheng Q W，Benoît L. Conversion of methanol into hydrocarbons over biomass-assisted ZSM-5 zeolites：effect of the biomass nature [J]. ChemCatChem，2023，15：e2023002.

[13] Teketel S，Olsbye U，Petter K，et al. Selectivity control through fundamental mechanistic insight in the conversion of methanol to hydrocarbons over zeolites [J]. Micropor. Mesopor. Mat.，2010，171：221-228.

[14] Song W G，Fu H，Haw J F. Supramolecular origins of product selectivity for methanol-to-olefin catalysis on HSAPO-34 [J]. J. Am. Chem. Soc.，2001，123：4749-4754.

［15］ Li J Z，Wei Y X，Liu G Y，et al. Comparative study of MTO conversion over SAPO-34，H-ZSM-5 and H-ZSM-22：correlating catalytic performance and reaction mechanism to zeolite topology ［J］. Catal. Today，2011，171：221-228.

［16］ Chen J Q，Bozzano A，Glover B，et al. Recent advancements in ethylene and propylene production using the UOP/Hydro MTO process ［J］. Catal. Today，2005，106：103-107.

［17］ 钱伯章. 甲醇制芳烃技术新进展 ［J］. 化学工业，2013，31（12）：19-22.

［18］ 庞小文，孟凡会，卢建军，等. 甲醇制汽油工艺及催化剂制备的研究进展 ［J］. 化工进展，2013，32（5）：1014-1019.

●················ **思考题** ················●

1. 甲醇在工业中的来源有哪些？

2. 简述甲醇工业应用时的危险性和防范措施。

3. 简述甲醇转化可制备高值化学品的种类。

4. 列举出甲醇制烯烃的工艺。

5. 简述甲醇制烯烃的烃池机理。

6. 影响甲醇制烯烃过程中产物选择性的因素有哪些？请简述影响的原因。

7. 简述几种甲醇制芳烃的工艺。

第6章

乙醇的催化转化

6.1 引言

石油、煤、天然气等化石资源是推动人类社会发展的主要能源，占人类总能量消耗的80％以上［图 6-1(a)］[1,2]，其中石油被称为黑色黄金，用于制备燃料、润滑油、沥青、树脂、农药和医药等，与人类生活息息相关。我国"富煤、少气、缺油"的能源结构决定我国对原油的进口依赖度居高不下，2017 年高达 70％。从可替代资源出发生产高值化学品有利于减少我国对原油的依赖[3-6]，保证国家能源安全。生物质资源是可再生能源中最大的碳物质载体，包括秸秆、农作物、农林废弃物、代谢物等。全球每年经光合作用产生的生物质约1700 亿吨，其能量相当于世界主要燃料贡献的 10 倍，而作为能源的利用量还不到总量的1％，极具开发潜力。生物质中的碳来自空气中 CO_2，经化学利用又生成 CO_2，整个循环利用中 CO_2 净增量为零，因此生物质属于碳中性资源[7]。以纤维素、陈粮等生物质资源为原料通过生物化学转化（如发酵）可以生产低碳醇。2017 年全球生物乙醇产量约 1 亿吨［图6-1(b)］[8]，中国产量约 300 万吨。此外，大连化学物理研究所开发的合成气制乙醇工艺的工业化生产进一步增加了乙醇产量[9]。以乙醇作为平台分子合成高值含氧化学品能够丰富可持续发展的新能源结构体系，对促进社会和经济的稳定发展以及改善生态环境意义重大。

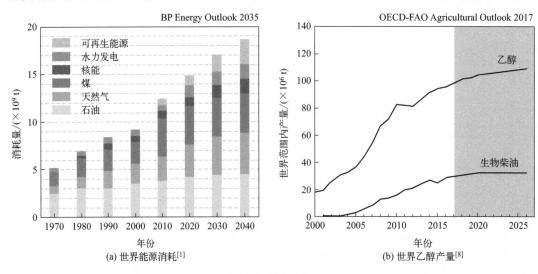

(a) 世界能源消耗[1]

(b) 世界乙醇产量[8]

图 6-1 数据统计

6.1.1 乙醇的生产方法

目前，乙醇的生产方法主要分为两部分：一是生物转化法，主要包括热化学法或发酵法；二是化学合成法，主要包括从石油出发的乙烯水合法及从合成气（煤或生物质基）出发的多种工艺路线。

6.1.1.1 由谷物发酵获得乙醇

发酵法是目前世界上各国乙醇工业生产的主要方式，一般是通过酵母菌将富含淀粉的生料转化为酒精，最多采用的底物是玉米，包括部分陈粮，也有采用进口的木薯和甜菜为原料的生产线。以玉米为原料的典型生产途径中，首先将玉米磨成粉状，然后与水混合成糊状的发酵液。为了除去其中的杂菌会经过一个加热烹饪的过程后再加入酵母启动发酵过程。控制温度在 300 K 左右，pH 值在 4.0～5.0 之间。一般反应过程需要 2～3 天，发酵结束后，将生成的浆液转入蒸馏塔中进行分离。得到的乙醇-水共沸混合物通过加入分子筛脱水蒸馏的方式得到无水乙醇。对此生产方式的改进研究大多集中在几个方面。首先是对菌种的筛选和修饰，Zhang 等的研究中发现采用抑制剂将酵母菌的 ADY2 基因敲除后，酵母菌对发酵液中乙酸的耐受度变得更高，从而获得更耐发酵副产物的菌种。Shi 等的研究则揭示了 THI4 和 HAP4 两种基因的过度表达能通过降低 NADH 的表达水平来延长细胞的寿命，并使菌株表现出更好的抗逆性，这项研究是有望对生物乙醇产业有所裨益的。此外，对现有菌种的发酵反应进行条件的优化也是提高反应效益的一种途径。在 Yang 等的研究中提出，通过向发酵液中加入醋酸来调节 pH 值的方式，能够对甲烷-乙醇一体化发酵工艺进行改进，同时使乙醇的产率上升，甘油的产率降低。最后，为了缓解生物乙醇工业与人争粮的问题，Nguyen 等总结了以纤维素为底物的生产途径的可行性以及受限因素，提出了改善菌株耐压性和对纤维素进行预处理的重要性。

6.1.1.2 通过乙烯水合的方式直接合成乙醇

这条工艺路线是壳牌化学公司在 1947 年开发的工艺过程。因为整体是一个放热反应并存在平衡，所以反应温度既需要满足反应速度又要满足热力学的平衡。在工业生产中，将乙烯和水共进料，在 573 K 的温度和 6.0 MPa 的压力下进行进料，每次进料约有 5% 的乙烯转化为乙醇，副产品是乙醚。

由于发酵工业的快速发展以及乙烯合成更高值化学品的路径不断被开发，由乙烯合成乙醇的工艺成本难以和发酵法竞争，这条路线对大规模生产乙醇的工厂没有吸引力。

6.1.1.3 由合成气催化合成乙醇

合成气是一种重要的化工原料，煤、石油和天然气等资源经过催化重整和气化过程都可以直接转化为天然气。相对于乙烯这种由石油裂解获得的资源来看，在中国这种富煤少油的能源架构下，合成气制取乙醇（图 6-2）是一种更廉价可行的方案。一般来说合成气直接转化为乙醇的反应发生在 20 MPa 的高压和 573 K 的温度下，在催化剂表面发生反应生成乙醇。

现在的催化剂存在选择性低、稳定性差的问题。丁云杰课题组在这些研究的基础上进行了进一步的研究，解决了费托反应中不定向生成乙醇的问题。在先前关于铑-锰催化剂的研究基础上，丁云杰课题组制备了一种金属负载在沸石上的催化剂，并将其称为"西瓜样催化剂"。沸石形成一种笼状结构将铑-锰金属团簇包裹在缝隙中，这不仅提高了金属粒子活性中

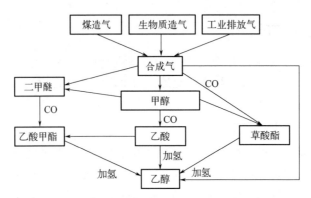

图 6-2 以合成气为原料的乙醇合成路线

心的抗烧结性，而且刚性的沸石壳层能提供稳定活性中间体的结构。在实验结果中可以得知，这种催化剂对 C_2 含氧化合物的选择性在 88.3%，其中绝大部分是乙醇，并含有少量的乙酸乙酯和乙醛。虽然催化剂依然含铑这种贵金属，但是金属粒径小实际负载量不高。

由于贵金属催化剂较高的经济成本，因此人们对非贵金属催化剂进行了广泛的研究。在传统的合成气合成甲醇的研究中发现，催化剂中掺入少量的碱产物中就会发现乙醇。这项偶然的发现吸引了很多研究工作者进行研究工作。Wang 的课题组采取了实验和 DFT 计算相结合的研究方式，在铜-锌铝氧化物催化剂中添加了碱性的氧化铯。实验中发现未掺杂铯的催化剂乙醇产率在 20% 以下。在铯负载量为 1.64% 的情况下乙醇的选择性达到了 20%～30% 之间并且更高级的醇（如 1-丁醇）选择性更是可以达到 60%。在 DFT 计算中研究 Cs 的促进作用，结果表明在氧化铯的助剂促进作用下 C_2 的含氧化合物产率提高了一倍。这可能是因为碱性物质存在的情况下 HCO 和 H_2CO 的稳定性得到了提高。

钼基金属催化剂实际上也是一种费托反应催化剂，一般是以碳化钼作为催化剂的主体。费托反应是一种由合成气合成长链化合物的反应，由合成气为底物制取的产物有很多是高碳的醇类化合物，产物中获得的 C_4 和 C_6 醇比较多。在丁云杰的课题组中采取了钴基和掺有铬或锰的钴基催化剂进行了研究。研究指出在钴基催化剂上进行反应有 14.6% 的产物是醇类化合物，转化率为 47%，随着锰的掺入转化率逐渐下降生成醇的选择性是先上升后下降的。而铬的掺入引起的效应则不同于锰，随着铬掺入量的上升，反应的转化率维持在 30%～40% 之间，但是选择性由 20% 一路下降（两次实验催化剂钴负载量不同）。作者对于两种不同的金属掺杂引起的性质变化也做出了解释，作者认为锰的存在促进了一氧化碳的解离从而促进了醇的生成。

6.1.1.4　通过合成气合成的醋酸为原料制取乙醇

这个反应是一种间接的由合成气合成乙醇的反应。整个工艺过程包括由合成气合成甲醇，甲醇通过羰基化反应制备得到乙酸，最终乙酸进行加氢得到乙醇。首先是合成气合成甲醇的反应，这条反应路径是已经被广泛研究了的。Likhittaphon 等在以合成气为底物的基础上研究了以 CO_2 和 H_2 为底物的反应途径。作者采取超声辅助沉淀的方式制备的 CuO/ZnO 催化剂，与传统的方式相比，得到的催化剂晶粒尺寸小、还原温度低、表面酸性高、催化活性更强。此外反应液的 pH 值也影响催化剂的活性，pH=8 反应温度在 353 K 时是最佳的条件，二氧化碳的转化率在 60% 而甲醇的选择性能达到 50%。

甲醇羰基化制备乙酸是一种重要的均相催化过程。这个路径有铱和铑两种均相络合物催化剂，以 $Ir(CO)_2I_2$ 和 $Rh(CO)_2I_2$ 为典型代表。Thomas 介绍了一种修饰的膦配体铑催化剂，并且认为膦是一种好的 s 轨道电子供体和 p 轨道电子接受体，这些效应增加了中心金属的电子密度并反馈至羰基的反键轨道从而活化羰基。可以预期类似的给电子配体也将会提供新的催化剂。甲基均相羰基化生产乙酸的反应虽然已经工业化，但是均相催化剂自然存在的分离困难问题仍然有待解决，丁云杰报道了一种固定床反应器中的单原子 Ir-La/AC 催化剂，相比均相反应，这个催化剂获得了 90% 以上的醋酸甲酯选择性。此外文中提出了合理的被 La 稳定的单原子 Ir 催化剂的催化机理，这种设计理念为进一步放大和稳定单原子催化体系及其他均相络合物催化剂改进提供了参考。

反应途径的最后是醋酸和氢气发生还原反应。负载型的铜基催化剂可作为替代贵金属催化乙酸选择性加氢的候选催化剂。Dong 等采取沉淀法制取了一系列 Cu-In/SBA-15 催化剂，并对催化剂的结构、金属粒子的分散性和表面状态、铜和铟的相互作用进行了表征。结果表明，催化剂在氢气存在的还原气氛中，铜是以合金和单质两种形式共同存在的。催化剂上吸附的氢原子浓度也是影响乙醇选择性的重要因素，催化性能与氢气分压呈正相关。在 2.5 MPa 和 623 K 的条件下催化剂的加氢效率最佳。乙酸转化率和乙醇选择性分别达到了 99.1% 和 90.9%。

6.1.1.5　草酸二甲酯氢解制取乙醇

草酸二甲酯是一种可以通过甲醇和一氧化碳进行羰基化反应获得的产物。研究工作者为了开拓新的合成路线，尝试出了一些氢解草酸二甲酯生成乙醇的催化剂体系。Zhu 等开发出了一种负载在介孔 Al_2O_3 上的双功能铜纳米粒子，并首次应用在了草酸二甲酯加氢合成乙醇的途径中（图 6-3）。这个催化剂的设计理念是将铜纳米粒子钉在介孔的氧化铝上，以这种空间限制效应克服纳米粒子存在的易烧结的缺点，并且催化剂的载体具有丰富的孔道、高暴露度的活性中心，使催化剂具有较高的乙醇产率。

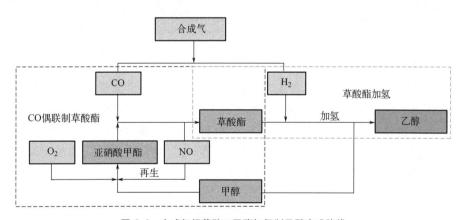

图 6-3　合成气经草酸二甲酯加氢制乙醇合成路线

上述两种工艺路线均具有较好的工业应用前景和商业价值，因此，对于其中的关键反应，乙酸甲酯加氢反应研究也逐渐受到学术界和工业界的广泛重视，开发高效、稳定的催化剂必将推动此工艺的产业化发展。

6.1.1.6　由二氧化碳和氢气直接合成乙醇

化石燃料燃烧一直是人类生活能源供应的主要途径，所以二氧化碳大部分是源自化石燃料的使用。由于二氧化碳作为温室气体对环境的破坏，研究工作者尝试以二氧化碳为原料合成一些有用的化学品。Wen课题组报道了一种金-铜合金纳米粒子修饰的超薄多孔类石墨相氮化碳（g-C_3N_4）纳米片，以光热催化的方式将CO_2还原成乙醇。文中提出合金中的负电荷由金转向铜，使铜上含有过量的负电荷，促进了表面活化二氧化碳的生成，同时光热共催化的协同作用促进了CO_2的共聚合，从而提高了乙醇的产率。在120℃、1.0%的金属负载条件下乙醇的产率为0.89 mmol/(g·h)，选择性在93.1%。这项研究提供的反应虽然反应速率相对较低，而且需要贵金属金作为催化剂，但是在提供新的二氧化碳利用思路上还是有很大意义的。

6.1.2 乙醇的物理化学性质

乙醇，又称酒精，分子量为46.07，分子式为CH_3CH_2OH，是带有一个羟基的饱和一元醇。常温常压下，是一种易燃、易挥发的无色透明液体，它的水溶液具有酒香的气味，并略带刺激性（见表6-1）。乙醇是一种良好的溶剂，易溶于水，以及乙酸、丙酮、苯、四氯化碳、氯仿、乙醚、乙二醇、甘油、硝基甲烷、吡啶和甲苯等有机物；乙醇也易溶于轻质脂肪烃及其卤代烃，如戊烷、己烷、三氯乙烷和四氯乙烯。氢键的存在使乙醇具有一定的吸湿性，很容易吸收空气中的水分。由于氢键的极性，乙醇能够溶解许多无机物，比如NaOH、KOH、$MgCl_2$和$CaCl_2$等。由于乙基的非极性，乙醇也能溶解非极性物质，如精油、大多数香料、染料和药物等。

表 6-1 乙醇的主要性质

项目	数值	项目	数值
冰点/℃	−114.2	沸点/℃	78.4
临界温度/℃	243.1	临界压力/kPa	6383.5
密度(20℃)/(g/mL)	0.789	黏度(20℃)/(mPa/s)	1.18
饱和蒸气压(20℃)/kPa	5.67	比热容(20℃)/[kJ/(kg·℃)]	2.3
爆炸上限/%	19.0	爆炸下限/%	4.0

乙醇不仅可以直接作为优良燃料或者燃料添加剂，而且由生物质等路线生成的乙醇资源丰富，将其作为平台分子制备化学品有望发展成为新的石油资源替代路线。近年来乙醇多相催化转化生成高值含氧化学品（如乙醛、高碳脂肪醇、芳香醛/醇等）的研究较多，特别是乙醇在金属-羟基磷灰石上转化生成高碳脂肪醇、芳香醛/醇是当前研究前沿，高碳数（$n>$4）含氧产品仍是今后乙醇转化利用研究的重点。

6.2 乙醇催化转化制高值化学品

6.2.1 概述

乙醇分子中含有C—C、C—H、C—O和O—H键，其电负性和键能大小也有差异（图6-4），在不同的催化剂体系和反应条件下乙醇分子活化和化学键断裂情况不同。乙醇的醇羟基比较活泼，许多反应都与之相关。在酸性催化剂的作用下，乙醇能与羧酸反应，生成羧酸乙酯和水。在强酸性催化剂的作用下（如 ZSM-5），乙醇能够脱水生成乙醚和其他副产物，如果进一步升高反应温度，乙醇主要脱水生成乙烯。在具有脱氢能力的金属物种上，乙醇可以直接脱氢生成乙醛和氢气物种，乙醇也可以经过氧化脱氢生成乙醛和水。此外，乙醇分子也可以发生卤代反应生成卤代物等。在酸碱催化剂上，乙醇分子可在酸碱位点偶联生成丁醇及高碳脂肪醇等大分子化合物。

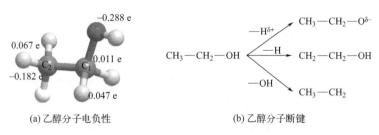

(a) 乙醇分子电负性　　　　(b) 乙醇分子断键

图 6-4　乙醇分子电负性和乙醇分子断键示意

乙醇作为平台化合物通过催化转化的方法，可以生产氢气、烯烃、醛、醇和芳香化学品（图 6-5）。过渡金属 Ni、Co、Pt 等可以选择性地催化 C—C 和 C—H 的活化和断裂，水汽的存在促进催化剂表面积炭的消除和活性位再生，并且提供氧源实现乙醇蒸汽重整制 CO 和 H_2，通过改变水和反应物的比例可以实现合成气组成的可控调变[10]。但是该过程涉及 C—C 键的断裂不可避免地会有积炭生成。以路易斯酸性位为活性中心，选择性地催化 C—H 和 C—O 键断裂，可以实现乙醇高选择性制备乙烯。该路径产品单一，乙烯纯度高，有望替代烷烃脱氢路线[11]。乙醇通过 C-C 偶联和脱水反应可以制备丙烯[12]、丁二烯[5,6]、异丁烯[13] 等高碳数产品，为橡胶合成工业提供了低碳烯烃增产的新路线。其中异丁烯的生成经历丙酮中间体，伴随大量 CO_2 生成。乙醇在 ZSM-5 沸石分子筛上断裂 C—O 和 C—H 键，经过乙烯中间体，并发生聚合、异构化、裂解、环化和氢转移反应生成苯、甲苯和二甲苯等芳烃产品，然而催化剂易于因积炭而迅速失活[14]。

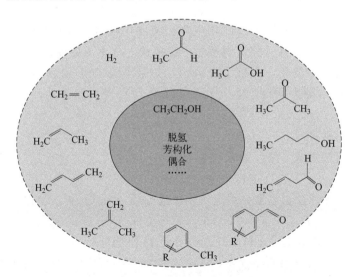

图 6-5　乙醇的催化转化制备高值化学品

上述复杂的反应网络表明，乙醇的高值转化生产特定的含氧化学品需要精准地实现 C—C、

C—H、C—O 和 O—H 键的选择性活化、断裂或重组。这对催化技术提出了新的挑战，其中新型催化材料的可控合成将尤为重要，同时也必会带动新的催化理论和技术的发展。本章立足于基础科学的研究，重点概述使用乙醇分子作为平台化合物通过碳链增长定向地合成含氧有机化学品，如乙醛、$C_{4\sim12}$ 高碳脂肪醇、含氧芳香化合物等。

6.2.2 低碳烯烃

6.2.2.1 乙醇脱水制乙烯

乙烯，化学式 C_2H_4，分子量 28.06，其中两个碳原子间以双键的方式连接。天然乙烯存在于植物的某些组织和器官中，在供氧充足的条件下由蛋氨酸转化而成的，并起到促进果实成熟、诱导不定根和根毛发生等生理作用。

乙烯是目前石油化工生产中最重要的化工原料之一，从乙烯出发可以生产丙烯、丁二烯、苯、甲苯、二甲苯等重要的有机化工原料，并且其本身也是合成树脂、合成纤维、合成橡胶这三大合成材料的基本原料。

乙烯最主要的生产方式是以石油资源为原料，通过热裂解和催化裂解的方式获得。虽然这两种生产技术过程成熟，且广泛应用于工业生产中，但是它们所使用的原料都是不可再生资源中的化石能源。随着化石能源在全球范围内日益枯竭，通过技术革新，探索新的生产方式，开发以绿色原料为基础的乙烯生产技术具有极其重要的战略意义。

通过乙醇催化脱水制备乙烯，是比较传统的乙烯生产工艺[15]。1797 年荷兰研究学者发现，通过热的 SiO_2 或 Al_2O_3 时[16]，可以催化乙醇转化成乙烯。此后该方法很快进一步发展成为工业规模的生产。在 20 世纪之前，美国、英国、德国等发达国家都是以乙醇为原料进行乙烯生产，并进一步以乙烯为原料生产聚合物等产品。在第二次世界大战之后，由于石油化工的蓬勃发展，乙醇脱水制乙烯的生产工艺逐渐被淘汰。但是在某些特殊的生产情况下，如乙醇来源广泛且乙烯消费量较小、运输不便等条件下，通过乙醇脱水生成乙烯的方法仍然在使用。

乙醇脱水制乙烯技术具有以下优点：a. 用生物乙醇催化脱水制取乙烯的工艺简单，投资小，仅为石油制乙烯路线的 1/10，建设周期短，收益快，技术成熟度高；b. 生物质乙醇催化脱水制得的乙烯产品，纯度高，一般可达 98%，如果不要求聚合级乙烯，则可不必分离，直接使用；c. 以生物乙醇为原料，生产中可以减少 CO_2 等废气排放，符合绿色化工、可持续发展的理念。

乙醇脱水反应分为两种：

第一种是乙醇脱水直接生成乙烯，如式(6-1)：

$$C_2H_5OH \longrightarrow C_2H_4 + H_2O \tag{6-1}$$

第二种是乙醇分子间脱水生成乙醚，再进一步生成乙烯，如式(6-2) 和式(6-3)：

$$2C_2H_5OH \Longrightarrow CH_3CH_2OCH_2CH_3 + H_2O \tag{6-2}$$

$$CH_3CH_2OCH_2CH_3 \Longrightarrow 2C_2H_4 + H_2O \tag{6-3}$$

以上反应是吸热反应，需要的温度较高，一般超过 300 ℃。因为是增加分子的反应，反应压力应尽量低，工业生产中一般维持微正压。乙醇脱水反应的催化剂种类很多，如白土、活性氧化铝、氧化硅、磷酸、硫酸、氧化钛、分子筛、氧化锆、Al_2O_3/SiO_2、Al_2O_3-MgO/SiO_2、MgO-Al_2O_3 等，工业应用的催化剂主要是两类——活性氧化铝催化剂和分子筛催化剂。

（1）活性氧化铝催化剂[16,17]

最早的催化剂是将磷酸负载在白土上，发现腐蚀严重且结炭严重，再生非常频繁，催化剂寿命很短。后来发现活性氧化铝可大幅度减少结炭，人们将催化剂的主体改为活性氧化铝，再掺入或浸渍酸性物质以提高其活性。目前最具代表性的活性氧化铝催化剂是 Holcon 科学设计公司开发的多元氧化催化剂，主要成分是 Al_2O_3-MgO/SiO_2。1981 年，哈康公司推出的代号为 Sydol 的催化剂用于当时世界上最大的年产 50 万吨乙烯的乙醇脱水装置中，取得非常好的效果。该催化剂使乙醇转化率达到 97%～99%，乙烯选择性 96.8%，再生周期为 8～12 个月。

（2）分子筛催化剂[18,19]

由于人们对于氧化物催化剂及其他催化剂的性能仍不满意，故开始寻找其他更好的催化剂。沸石分子筛自 20 世纪 80 年代在催化剂领域取得令人注目的进展，这种催化剂不腐蚀设备，转化率高，热稳定性好，而且空速也较氧化物催化剂高，于是研究者们开始进行沸石分子筛用于催化乙醇脱水制乙烯的研究。但是分子筛本身对乙醇脱水反应的催化活性并不高，研究者试图通过对分子筛进行改性，调控沸石的表面酸性及孔道尺寸，达到提高催化活性和反应稳定性的目的。常用的改性方法主要有水热处理、离子交换和浸渍等，其中离子交换法所涉及的离子主要有 H^+、Zn^{2+}、Mn^{2+} 及含磷、硼的盐类。通过改性用于乙醇脱水研究最多的分子筛是 ZSM-5，它是高硅三维直通道结构沸石，由 Mobil 公司于 20 世纪 70 年代开发成功。ZSM-5 属于中孔沸石，由于它没有笼，含有两种交叉的孔道体系，所以在催化过程中不易积炭，并且有极好的水热稳定性、耐酸性、疏水性。由于这些优点，20 世纪 80 年代出现了对 ZSM-5 进行改性催化乙醇制乙烯的研究热潮。1987 年南开大学研制的 NKC-03A 沸石型催化剂，使得操作温度降低到 250 ℃，乙醇转化率为 97%～99%，乙烯选择性为 98%，单程使用周期为 4 个月。

为了提高 ZSM-5 的稳定性、对产物的选择性和减少焦炭的生成量，必须对其进行改性。多年来人们对 ZSM-5 催化剂改性进行了深入的研究，取得了很大的进展。改性的方法主要有三大类：一是结构改性，即改变分子筛的 SiO_2/M_mO_n（M＝Al、Fe、B、Ca 等）从而达到改变催化剂酸性的目的；二是分子筛晶体表面改性，如加入不能进入分子筛孔道的大分子金属有机化合物；三是内孔结构改变，即改变分子筛催化剂的酸性位置或限制其内孔的直径，如金属阳离子交换。

其具体的改性手段主要有以下几种：a. 水蒸气改性，通过改变分子筛的硅铝比来达到改性的目的。b. 离子交换改性，在不改变骨架结构的前提下，使沸石骨架内的阳离子和骨架外的补偿阳离子交换。目前已有大量种类的金属原子被引入 ZSM-5 分子筛，如 Co、V、Mn、Ti、Ga、Fe 等。c. 化学气相沉积改性，是把挥发性的金属化合物沉积在固体的表面，再经处理制得固体复合型材料的技术。这种方法涉及的金属化合物应该是挥发性的，典型的有 Co、Cr、Mn、Ni、Os、Re、Ru、V、W 的羰基化合物，Ir、Os、Rh、Pt 的羰基氯化物，B、Mo、Nb、Ti、V 的氯化物，Cr、V 的氧氯化物，Al、B、In、Sn、Sb、Ge、Zn 的烷基化物，Ba、Cr、Cu、Fe、Ga、Ir、Ni、Sn、Pt、Zr 的乙酰丙酮金属，B、Sb、Ti、Zr 的乙氧基金属，Cu、Mo、Sn 的醋酸盐，Fe、Zr 的茂金属和 Re 金属氧化物。d. 表面有机金属化学（SOMC），该方法是采用分子反应的研究方法，从分子和原子水平上控制固体表面酸性，即让洁净的固体表面在原位与有机金属化合物反应，反应经严格的化学计量，所得固体产物具有明确的表面化学组成。

反应机理研究方面，乙醇脱水反应在不同反应条件下的主要产物是乙烯和乙醚，许多研究者致力于研究乙醇脱水的反应机理，但目前对具体的反应过程仍存在争论。有的观点认为乙醇脱水生成乙烯、乙醚的过程是平行反应过程，也有的认为是平行连续反应过程，即存在乙醇脱水先生成乙醚，乙醚进一步脱水生成乙烯的过程。

Tynjl 等用磷酸三甲酯通过浸渍法及化学表面沉积法改性 HZSM-5，得到骨架磷改性的分子筛，研究发现磷改性的 HZSM-5 催化乙醇脱水的产物只有乙烯和乙醚，其反应机理推测见图 6-6。

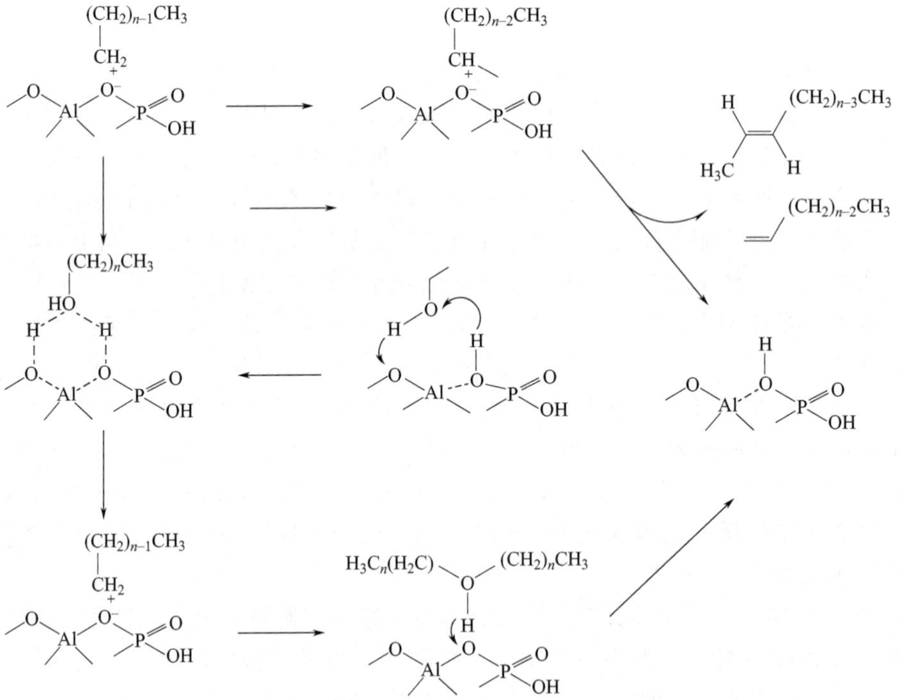

图 6-6 磷改性的 HZSM-5 催化乙醇脱水的反应机理

6.2.2.2 乙醇偶联脱水制丙烯

丙烯是制备聚合物的重要起始原料，也是合成环氧丙烷、聚丙烯和丙烯腈的关键化工中间体。丙烯需求正以每年 5%～6% 的速度快速增长。丙烯一般由石脑油的催化裂化和蒸汽热裂解生产。由于石油资源储量有限，环境问题日益恶化，将可再生乙醇转化为丙烯的可持续生产工艺，为绿色化工提供了新的选择。

乙醇催化转化为丙烯是一个相当复杂的反应，涉及 C—C 键的形成和裂解。正如 Iwamoto 等[20,21] 总结的那样，反应途径高度依赖于催化剂。在图 6-7 中，在 Ni-MCM-41 催化剂上，乙烯是丙烯生成的关键中间体，乙烯首先二聚为 1-丁烯，然后异构化为 2-丁烯，2-丁烯最终与另一分子乙烯反应生成丙烯。不同的是，对于 Sc/In$_2$O$_3$ 催化剂，乙醇首先脱氢为乙醛，然后被水或表面羟基氧化为乙酸，所得乙酸经酮化反应进一步转化为丙酮和二氧化碳，最后生成的丙酮氢化脱水为丙烯。

为了获得较高的丙烯收率，需要平衡不同的反应步骤，并在一种催化剂中耦合多个活性

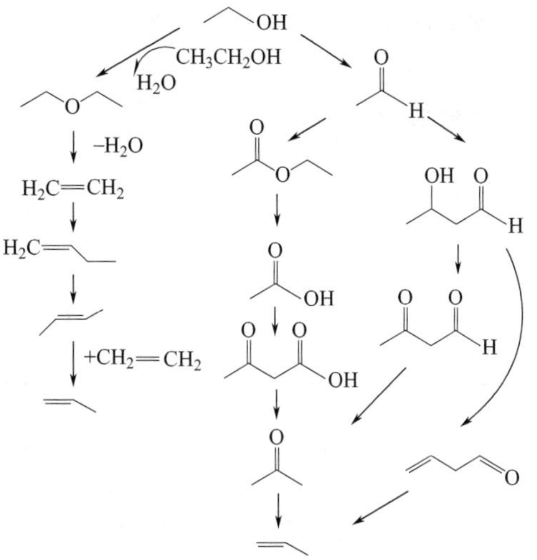

中心，HZSM-5 是目前研究最多的乙醇转化丙烯分子筛[22-26]。Fujitani 小组筛选了不同硅铝比和添加剂的 ZSM-5 催化剂。硅铝比为 80 的 Zr-ZSM-5 催化剂在 773 K 下丙烯收率最高，为 32%，副产物为乙烯。随后，对磷改性 ZSM-5 分子筛和 MFI 型分子筛研究表明，催化剂的酸心对丙烯收率有很大影响。该反应遵循乙醇脱水制乙烯的路线，然后通过卡宾物种生成丙烯。Sano 的小组发现催化剂的酸强度是丙烯生产的关键因素。他们用多种碱金属和磷添加剂对 HZSM-5 进行改性，以提高丙烯收率。其他一些工作也采用了同样的策略，丙烯收率仍在 30% 左右。沸石的晶粒大小是影响丙烯选择性的另一个因素。小尺寸的 HZSM-5 比大尺寸的

图 6-7　乙醇催化转化丙烯反应路径

HZSM-5 具有更高的丙烯选择性和更好的稳定性，这是由于其丰富的次生孔隙和较短的通道缩短了焦炭形成的扩散路径长度。采用高活性的 HZSM-5 和 SAPO-34 催化剂，合成了 HZSM-5/SAPO-34 质合催化剂，并对乙醇转化进行了研究。在 775～823 K 下，HZSM-5/SAPO-34 质量比为 4 时，丙烯收率约为 34.5%。热力学分析表明，压力低于 0.1 MPa、温度高于 523 K 有利于丙烯的高产。不考虑反应条件，丙烯的最大产率约为 42%。

6.2.2.3　乙醇偶联脱水制 C_4 烯烃

C_4 烯烃主要包括丁烯和丁二烯。其中丁烯有四种异构体：1-丁烯（$CH_3CH_2CH=CH_2$）；2-丁烯（$CH_3CH=CHCH_3$），存在顺反异构；异丁烯[$CH_3C(CH_3)=CH_2$]。正丁烯（包括 1-丁烯和 2-丁烯）有微弱芳香气味，分子量为 56.1。异丁烯有臭味，爆炸极限为 1.8%～9.6%，沸点为 −6.9 ℃。丁二烯有两种异构体，即 1,2-丁二烯（$CH_3CH=C=CH_2$）和 1,3-丁二烯（$CH_2=CHCH=CH_2$），一般所说的丁二烯均指 1,3-丁二烯，分子量为 54.1，密度为 0.6 g/cm^3，常压下其沸点为 −4.4 ℃。在常温、常压下为无色、具有甜感芳香性的气体。

C_4 烯烃是重要的基础化工原料，正丁烯可以通过水合生产 1,2-丁二醇、仲丁醇和甲乙酮，自聚生产聚 1-丁烯，目前工业上主要是用正丁烯脱氢制备丁二烯[27]。异丁烯是合成橡胶的重要原料，可用于生产丁基橡胶和聚异丁烯橡胶。此外，采用甲醇醚化法可以将异丁烯转化为甲基叔丁基醚，其具有较高的辛烷值，可以作为汽油添加剂使用。丁二烯是最重要的共轭二烯，被广泛应用于生产聚合物和聚合物中间体，超过 50% 丁二烯用于生产丁苯橡胶和聚丁二烯。其余的用于合成氯丁二烯、己二腈以及丙烯腈-丁二烯-苯乙烯共聚物。

随着当前全球烯烃市场的迅猛发展，世界烯烃需求量不断增大。目前工业上 C_4 烯烃的来源主要有两种：一种是从炼油厂催化裂化得到，另一种是从乙烯裂解反应产物中抽提得到。这两种技术都是依赖于不断减少的化石能源，随着可持续发展战略的部署，从生物质乙醇出发制备 C_4 烯烃成为生产烯烃的有效替代路线，具有巨大的环境和经济价值。

催化裂化过程是重质油经裂化反应生成轻质油、裂化气、液态烃的过程，该过程需要催化剂在高温下进行催化促进。裂化产物中 C_4 馏分含量约占液态烃含量的 60%[28]。表 6-2 为

催化裂化产物中 C_4 馏分的主要组成，可以看到产物中正、异丁烷质量分数较高，分别为 11％、36％；C_4 烯烃的总质量分数为 53％，其中反-2-丁烯和异丁烯质量分数较高，丁二烯质量分数低于 0.4％。

表 6-2　炼油厂催化裂化 C_4 馏分典型组成

组成	质量分数/％	组成	质量分数/％	组成	质量分数/％
C_3 烯烃	0.3	反-2-丁烯	14	异丁烷	36
1-丁烯	13	异丁烯	16	丁二烯	<0.4
顺-2-丁烯	10	正丁烷	11	C_5 烯烃	0.2

乙烯裂解的反应是指油品或者烃类混合物在裂解炉裂解制备乙烯的过程，该过程伴随有 C_4 馏分的生成。表 6-3 为以石脑油为原料时裂解产物中 C_4 馏分的产物分布，可以看到不同裂解深度下 C_4 烯烃均为 C_4 馏分中的主要产物，其中丁二烯和异丁烯含量较高，丁二烯的含量最高，且随着裂解深度的增加，其含量呈逐渐增加的趋势。

表 6-3　裂解 C_4 馏分的典型组成（质量分数，％）

裂解深度	轻度	中度	深度	超深度
C_3 烯烃	0.30	0.30	0.30	0.16
正丁烷	4.20	5.20	2.80	0.54
异丁烷	2.10	1.30	0.60	0.53
1-丁烯	20.0	16.0	13.6	9.81
顺-2-丁烯	7.30	5.30	4.80	1.61
反-2-丁烯	6.60	6.50	5.80	3.63
异丁烯	32.4	27.2	22.1	10.13
1,3-丁二烯	26.1	37.0	47.4	70.1
1,2-丁二烯	0.12	0.15	0.20	0.40
甲基乙炔	0.06	0.07	0.03	0.10
乙烯基乙炔	0.15	0.30	1.60	2.99
乙基乙炔	0.04	0.10	0.20	0.53
C_5 烯烃	0.50	0.50	0.50	0.10

对于乙醇制备 C_4 烯烃的过程，不同催化剂上反应机理不同，反应机理较为复杂。目前对反应机理研究较多的是乙醇制备丁二烯的反应。对于该反应，有两种反应机理被提出：一种是普林斯机理，另一种是羟醛缩合机理。

(1) 普林斯机理

该反应机理认为反应物乙醇在碱性位的催化作用下脱氢生成乙醛，在酸性位的催化作用下直接脱水生成乙烯或经由乙醚生成乙烯，生成的乙醛和乙烯发生亲核加成反应生成丁二烯（图 6-8）。

(2) 羟醛缩合机理[29]

该机理提出乙醇生成丁二烯的过程经历五步：a. 乙醇在碱性中心上脱氢生成乙醛；b. 2 分子乙醛发生羟醛缩合生成 3-羟基丁醛；c. 不稳定的 3-羟基丁醛脱水生成巴豆醛或者经由密尔温-彭杜夫-魏雷（Meerwein-Ponndorf-Verley，MPV）还原反应生成 3-羟基丁醇；

d. 巴豆醛经 MPV 过程加氢生成巴豆醇；e. 3-羟基丁醇脱水或巴豆醇脱水生成 1,3-丁二烯。对于该反应机理，表面酸性位需要在抑制乙醇直接脱水的同时又要保证巴豆醇脱水生成 1,3-丁二烯，此外，也需要碱性位点来催化乙醇脱氢和醇醛偶合（图 6-9）。

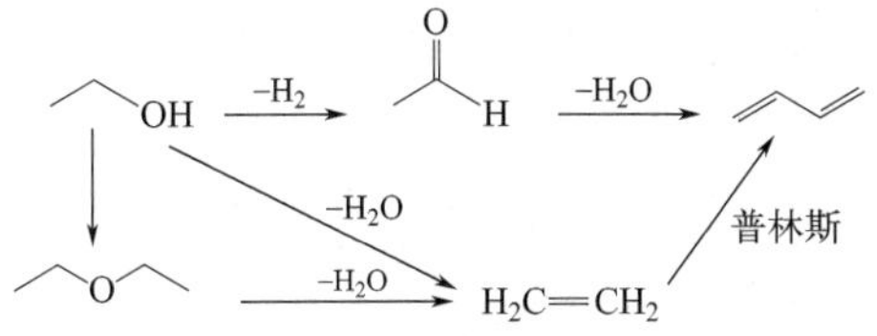

图 6-8 普林斯机理

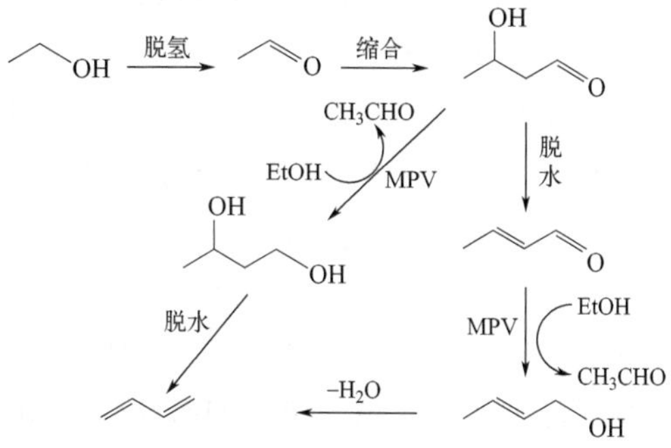

图 6-9 羟醛缩合机理

乙醇制备 C$_4$ 烯烃反应的催化剂主要有沸石/改性沸石、金属氧化物。不同催化剂上反应机理不同。在沸石催化剂上，反应过程中有乙烯中间体的生成，类似于甲烷制备甲醇的过程。首先，乙醇脱水生成乙烯，乙烯在酸的催化作用下经低聚-裂解反应和低聚-环化反应转化为 C$_{3+}$ 碳氢化合物（包括 C$_3$~C$_4$ 烯烃）。在负载型金属氧化物（NiO/MCM-41）上，乙醇脱水生成乙烯，乙烯随后进行二聚、异构化和复分解反应。混合金属氧化物被应用于乙醇催化制备低碳烯烃，具有合适酸、碱对的金属氧化物通过催化乙醇生成乙醛和丙酮中间体，高选择性（＞60%，在沸石催化剂上＜30%）地转化为丁烯和异丁烯。虽然反应机理尚不明确，金属氧化物还可以催化乙醇转化为 1,3-丁二烯。

① 沸石催化剂[30]。在沸石催化剂上，乙醇通常会被转化为包括乙烯、C$_3$~C$_4$ 低碳烯烃和通过低聚-裂解反应生成的 C$_{5+}$ 长链烃类的碳氢混合物。产物分布与反应条件（例如：反应温度）、Si 与 Al 的比、添加剂、原料水含量等因素有关，这些因素影响催化剂表面的酸、碱性质。强酸性和高温反应会促进乙烯的二聚反应，形成高碳链的碳氢化合物，同时也会导致产物的裂解和积炭，合理调控催化剂表面酸性和反应条件对于 C$_3$~C$_4$ 低碳烯烃的形成是非常关键的。

Song 比较了 HZSM-5 催化剂在 400 ℃ 反应条件下不同 Si 与 Al 比值对乙醇催化性能的影响。发现在 Si 与 Al 比值为 80 时，催化剂具有合适的酸性，选择性催化乙醇生成 C$_3$ 烯烃。Gayubo 研究了反应条件对 Si 与 Al 比值为 24 的 HZSM-5 催化剂催化乙醇生成烯烃的影响，发现合适的停留时间和反应温度（超过 400 ℃）有利于 C$_3$~C$_4$ 烯烃的生成。450 ℃ 反应条件下，停留时间越长，越有利于 C$_{5+}$ 碳氢化合物的生成，而停留时间较短时，主要生成了低碳烯烃。作者同时还研究了水对催化剂性能的影响，发现水对于低碳烯烃的生成有利，原因是水可以改变酸性位点，减弱烯烃的聚合和裂解。对催化剂进行稳定性测试，结果显示水可以减少积炭的生成，提高催化剂的稳定性，但是当水含量较高时，催化剂微孔结构会坍塌，造成催化剂的不可再生性失活。

为了得到较高的 C$_4$ 烯烃的选择性，可以通过在沸石表面掺杂添加剂来调变沸石的酸性。反应温度为 450 ℃ 条件下，对不同添加剂进行考察，发现 P 和 Zn 在保持沸石强酸性位不变的同时，会钝化 HZSM-5 的强酸性位，增强产物中丙烯的选择性（31%~32%）。P 和

Zr 会抑制催化剂的脱铝，提高催化剂的稳定性。结合实验和动力学数据分析，1%Ni 的添加可以显著抑制 ZSM-5 的脱铝性质，同时 Ni 会减弱 135～125 kJ 的酸性位的强度，提高 C_3～C_4 烯烃的选择性。此外，近期的研究表明 ZSM-5（Si/Al＝7.6）催化剂颗粒越小，越有利于丙烯生产，这是由于传质效应的影响。

② 金属氧化物催化剂[31]。大量的金属氧化物和混合氧化物催化剂被应用于乙醇转化为 1,3-丁二烯的研究。最近的结果显示，只有同时具有酸、碱双功能性的催化剂才能显示出显著的收率，其中，SiO_2-MgO 材料由于具有较高的 1,3-丁二烯的选择性而备受关注。通过湿浸渍法在 SiO_2-MgO 材料中掺杂 0.1%（质量分数）Na 降低催化剂的酸度，可以使 1,3-丁二烯产率从 44% 升至 87%。对 MgO/SiO_2 上的添加剂进行系统的研究，发现 Cu 和 Ag 氧化物表现出最好的 1,3-丁二烯收率，更重要的是，酸、碱活性成分的比例与添加剂的氧化还原性质在改善 1,3-丁二烯收率的同时能够抑制乙醇直接脱水生成乙烯。

其他的金属氧化物也被应用于乙醇催化制备 1,3-丁二烯[21,29]。其中最有前景的催化剂是 SiO_2 表面负载 Zr-Zn 的催化剂。当 Zr 与 Zn 质量比为 1.5/0.5 时，乙醇和乙醛（进料比 8:2）共进料的情况下，1,3-丁二烯的选择性达 66%。较高的 1,3-丁二烯选择性归因于 Lewis 酸性位点 Zn(Ⅱ) 和 Zr(Ⅳ) 可以调节催化剂的活性，此外乙醇和乙醛的共进料也促进了羟醛缩合反应。

由于乙醇可以在酸、碱催化剂上被转化为一系列的产品，如丙烯、异丁烯和 1,3-丁二烯等，因此可通过确定活性位的性质和控制反应条件等将反应途径调整为生成期望产物的。表 6-4 列出了乙醇转化为烯烃过程三种典型的催化剂、可能的活性中心、中间体和反应条件，可以看到，所有的反应都是从催化乙醇脱氢生成乙醛的过程开始。

表 6-4　金属氧化物在乙醇制备 C_4 烯烃中的应用

产物	催化剂	反应条件		活性位
		温度/K	原料	
丙烯	In_2O_3-CeO_2	673～823	水、氢气、乙醇	酸碱、氧化
异丁烯	$Zn_xZr_yO_z$	673～573	水、氢气、乙醇	酸碱
丁二烯	金属氧化物	553～698	乙醇	酸碱

6.2.3　乙醛

6.2.3.1　乙醛的物理性质

乙醛俗称醋醛，是一种重要的脂肪族含氧化合物，分子式为 C_2H_4O，结构式为 CH_3CHO，分子量为 44.05，密度为 0.78 g/cm³。乙醛在常温常压下是一种无色易流动液体，能与水和乙醇等有机溶剂互溶，有刺激性气味，其沸点仅 20.8 ℃，因此极易挥发。表 6-5 是乙醛的物理性质。

表 6-5　乙醛的物理性质

项目	数值	项目	数值
熔点/℃	−121	闪点/℃	−39
相对密度（水=1）	0.78	引燃温度/℃	140

续表

项目	数值	项目	数值
相对蒸气密度(空气＝1)	1.52	爆炸上限（体积分数）/%	57.0
饱和蒸气压(20 ℃)/kPa	98.64	爆炸下限（体积分数）/%	4.0
燃烧热/(kJ/mol)	279.0	表面张力/(dyn/cm①)	17.6

① 1 dyn/cm＝10^{-5} N/cm。

6.2.3.2　乙醛的应用

乙醛在自然界中广泛存在，其天然存在于咖啡豆和成熟果实中。近年来，随着乙醛生产工艺日渐成熟，我国已成为世界乙醛生产和消费大国[32]。乙醛是有机合成中常见的亲电试剂，其结构中有一个羰基，由于羰基氧原子的电负性，碳原子成为缺电子中心，活泼的羰基碳正离子容易发生加成、聚合及环化等反应，是吡啶衍生物、季戊四醇、巴豆醛等多种高附加值化学品的重要前体。全球范围内，乙醛消费量约为 100 万吨每年[33]，广泛应用于医药、农药、食品添加剂、化工等领域（图 6-10），对我国精细化学品的发展有重大意义，具有很高的工业价值。

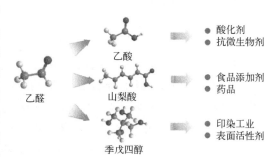

图 6-10　乙醛为原料生产其他化学品

6.2.3.3　乙醇脱氢法

在过去几年中，虽然化石燃料的价格有所下降，但其仍然是有限的一次能源，能源的紧缺为生物质资源生产化学品提供了一条可行的途径，以减轻人类对化石燃料的依赖。随着生物质发酵生产乙醇的工艺逐渐成熟，生物乙醇制乙醛备受关注，主要分为以下两种途径：乙醇氧化脱氢法和乙醇直接脱氢法。

（1）乙醇氧化脱氢法

乙醇氧化脱氢制乙醛是强放热反应，反应温度较高（450～550 ℃），传统的乙醇氧化脱氢以电解银为催化剂。该反应体系中，乙醇易过度分解为 CO_2，乙醛收率较低。因此，开发高效催化剂抑制乙醇的过度分解是该反应的重点。近年来，Au 催化剂已经建立了一个新的催化领域，在许多反应的高活性和高选择性方面揭示了特定的性质。负载型 Au 催化剂活化 C—H 键的能力较强，因而被广泛研究用于乙醇的氧化脱氢反应。

Guan 等[34] 制备了一系列不同的 SiO_2 载体（SBA-15、SBA-16、MCM-41 等），分别通过浸渍法和沉积-沉淀法负载 Au，得到不同粒径的 Au 纳米颗粒（1.7～15 nm）。结果表明，在氧化脱氢条件下，Au 吸附的氧物种作为 Brønsted 碱有利于乙醇分子 O—H 键断裂，加快乙醇脱氢速率，但产物易过度氧化导致乙醛选择性变低。较大的 Au 颗粒可能更有利于氧原子的强吸附，当 Au 颗粒粒径＞7 nm 时，粒径越大，乙醇氧化脱氢活性越高，但当粒径增加至＞ 15 nm 时，活性将不再增加。

Gong 等[35] 通过原子氧预处理得到 Au(111) 晶面，并通过程序升温脱附（TPD）、分子束弛豫谱（MBRS）和同位素实验等表征手段分析了在 Au(111) 晶面上乙醇选择性氧化成乙醛的过程。结果证明，乙醇首先经历 O—H 键裂解（产生乙醇盐），然后选择性活化 β-C—H 键（α-H 与氧结合）形成乙醛和水。

Wang 等[36] 制备了 BN 纳米球负载 Au-Cu 合金催化剂，用于乙醇的选择性氧化脱氢制乙醛反应。该催化剂表现出比常规 Au-Cu/SiO$_2$ 更好的低温催化性能，在转化率均为 80％时，在 Au-Cu/BN 上乙醛选择性为 92％，而 Au-Cu/SiO$_2$ 上仅为 61％。作者对反应过程进行分析，认为 Au 和 Cu 物种紧密耦合的异质结构允许两个物种协同工作将乙醇转化为乙醛。催化剂表面上的部分负电荷的 Au 物质有助于氧活化和乙醛的解吸，这导致活性位点的覆盖率降低和二次反应减少，乙醛选择性大大提高。

虽然乙醇选择性氧化脱氢反应高效催化剂的设计与合成已经引起了广泛关注，但该反应产生大量的水，这对多相催化剂本身是一个挑战，且甲酸和乙酸等副产物的存在将在产物的冷凝和回收中产生严重的腐蚀问题。

（2）乙醇直接脱氢法

如式（6-4）

$$CH_3CH_2OH \longrightarrow CH_3CHO + H_2 \qquad (6\text{-}4)$$

乙醇直接脱氢制乙醛原子利用率 100％，产物仅为乙醛和氢气，气液易分离，符合可持续发展的要求，是基于化石原料工艺的可持续的替代方案。在工业生产和文献报道中，乙醇直接脱氢制乙醛反应大多以 Cu 为催化剂的活性组分。同时，SiO$_2$ 载体满足对高熔点、高金属分散和高表面积催化剂载体的需求而得到广泛的关注。此外，文献中还通过添加含 Cr、Co 碱金属、碱土金属等的助剂来提高反应中的乙醇转化率，延长催化剂的寿命，同时提高产物乙醛的选择性。

① Cu/SiO$_2$ 催化剂

van Der Grift 等[37] 采用浸渍法、离子交换法、均相沉积-沉淀法和共沉淀法制备了 Cu/SiO$_2$ 催化剂，并通过程序升温还原（TPR）表征手段研究了所制备催化剂的还原行为。结果表明，催化剂的还原行为很大程度上取决于制备方法和预处理方式。通过浸渍法制备的催化剂，与先焙烧后还原的样品相比，直接还原的样品铜分散度较高。通过离子交换法和均相沉积-沉淀法制备的催化剂，Cu^{2+} 在载体上呈二维"硅孔雀石状"分布，还原后 Cu 纳米粒子更好地分散在 SiO$_2$ 表面，因此 Cu 分散度高于浸渍法制备催化剂的 Cu 分散度。

Chang 等[38,39] 以 Cu 为活性组分，以主要成分为无定型 SiO$_2$ 的稻壳灰（rice husk ash，RHA）为载体，通过浸渍法制备了 Cu/RHA 催化剂并用于乙醇脱氢测试。稳定性测试的结果如图 6-11(a)，随着时间推移，在测试温度下乙醇转化率均有所下降，而稻壳作为载体催化剂活性高于商业硅胶。作者认为由于稻壳载体具有 6.6 nm 的介孔结构，Cu 颗粒团聚不易堵塞或封闭孔道，所以催化剂性能优于商业载体催化剂。后来，作者又采用离子交换法在稻壳载体上制备催化剂，离子交换法反应式如式（6-5）与式（6-6）：

$$Cu(NO_3)_2 + 2NH_4OH \Longrightarrow Cu(OH)_2 + 2NH_4NO_3 \qquad (pH=7) \qquad (6\text{-}5)$$

$$Cu(OH)_2 + 4NH_4OH \Longrightarrow Cu(NH_3)_4(OH)_2 + 4H_2O \qquad (pH=10\sim11) \qquad (6\text{-}6)$$

红外测试结果表明，离子交换法制备的催化剂存在水合硅酸铜盐物种，表明铜和载体之间形成了强的化学作用力。同时分散度测试表明离子交换法制备的 Cu/RHA 催化剂铜的分散度高达 80.9％，较传统浸渍法有很大提高。所以离子交换法所制备催化剂具有优异的乙醇脱氢稳定性，在 2 h 内无明显失活现象 [图 6-11(b)]。

② Cu/Al$_2$O$_3$ 催化剂

Cassinelli 等[40] 采用双模板溶胶-凝胶法制备了高比表面积 Al$_2$O$_3$ 载体，并通过等体积

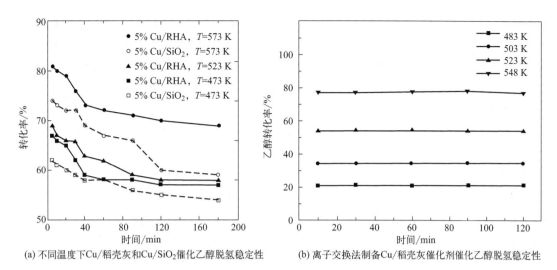

(a) 不同温度下Cu/稻壳灰和Cu/SiO₂催化乙醇脱氢稳定性　　　(b) 离子交换法制备Cu/稻壳灰催化剂催化乙醇脱氢稳定性

图 6-11　在不同温度下 Cu/稻壳灰和 Cu/SiO₂ 催化乙醇脱氢稳定性和

离子交换法制备 Cu/稻壳灰催化剂催化乙醇脱氢稳定性

(a) 图中 5％指质量分数；T 为反应湿度

浸渍法制备了不同 Cu 含量的 Cu/Al₂O₃ 催化剂，发现 Cu⁰ 和 Cu⁺ 在催化乙醇脱氢过程中具有协同作用。在程序升温还原过程中，作者利用 X-射线吸收近边结构光谱（XANES）研究了负载量不同的催化剂上 Cu 价态的演变过程和价态分布。研究表明，5％ Cu 负载量时，催化剂表面含有高达 44.1％的 Cu⁺；随负载量的增加，表面 Cu⁺ 含量逐渐减少，15％Cu 负载量时，Cu⁺ 负载量仅为 6.8％。乙醇脱氢活性测试结果发现，Cu⁺ 含量越高，反应的活化能越低，表明包含 Cu⁰ 和 Cu⁺ 的催化剂具有更优异的催化效率，即 Cu⁰ 和 Cu⁺ 之间具有协同作用。这有助于我们深入理解脱氢活性位，提高活性位点的利用效率，优化脱氢活性。

③ Cu/ZnO 催化剂

Fujita 等[41] 以硝酸铜和硝酸锌溶液为前驱体，以 NaHCO₃ 为沉淀剂，制备了不同 Cu 与 Zn 比例（1/9～7/3）的催化剂，研究了 Cu/ZnO 催化剂的组成对乙醇脱氢反应的影响。性能测试结果表明，Cu 与 Zn 比例越小，乙醇转换频率（TOF）越低。同时随着 ZnO 比例的增加，乙酸乙酯的选择性升高，作者认为 Cu 是催化乙醇脱氢的活性中心，而 ZnO 的存在将导致副反应的发生。

Chung 等[42] 通过同位素氘交换实验，研究 Cu/ZnO 催化剂上活性物种 Cu 和 ZnO 在乙醇脱氢反应中的不同特性及其协同作用。氘在 Cu 上主要是乙醇和乙醛的 α-C—H 交换，在 ZnO 上主要是 β-C—H 交换，因此，作者认为反应物乙醇在 Cu 上发生 α-C—H 键的断裂，而在 ZnO 上主要发生 β-C—H 键的断裂。在 ZnO 上生成的亲核中间体和在 Cu 上生成的亲电中间体（乙氧基碳负离子）将进一步反应生成含氧的长链化学品。

④ Cu/ZrO₂ 催化剂

Sato 等[43,44] 揭示了 Cu/ZrO₂ 催化剂催化乙醇转化的过程中乙醛选择性低、乙酸乙酯选择性高的原因。研究表明该催化剂上 Cu 主要以 Cu⁰ 存在，同时颗粒表面存在少量的 Cu⁺。作者推测 Cu⁺ 和 Zr⁺ 上解离吸附乙醇生成的乙氧基与 Cu⁰ 上吸附的 CH₃C═O 反应生成乙酸乙酯，二者共同促进了乙酸乙酯的生成。随后，作者又研究了 ZrO₂ 的晶相对 Cu 与 ZrO₂ 界面相互作用和主产物选择性的影响，发现单斜晶 ZrO₂ 载铜催化剂具有最高的乙酸乙酯选择性（约81%），这主要归因于单斜晶系载体与Cu具有电子传递，促使表面具有部分Cu⁺存在，同时载体表面O迁移到Cu表面使其具有高的碱性密度。总的来说，ZrO_2通过改变Cu表面的电子分布和增加碱性量调变了乙醇脱氢反应的历程，促进了高碳链含氧化合物的生成，对碳链增长的偶合反应具有借鉴意义。

⑤ Cu/C 催化剂

炭材料主要由碳元素组成，通常包含杂原子，如O、N等，其比表面积大、孔隙发达，可以高度分散金属纳米粒子。炭材料表面含氧官能团少（—COOH和/或—OH<0.03~0.2个/nm^2)[45]，惰性的特性有助于抑制乙醛的副反应发生。在乙醇脱氢反应中，使用C负载Cu为催化剂并与Cu/SiO_2对比，可以清晰地证明载体表面酸性官能团对乙醛生成的负效应[46]。在260℃和重时空速为2.4 g乙醇/(g催化剂·h)的反应条件下，Cu/C催化剂上乙醛选择性为95.1%，而与之相对，Cu/SiO_2上的低于80%。在两个催化剂上，乙醇反应的表观活化能E_a相近，表明脱氢的活性中心本质相同，因此副反应发生在C和SiO_2载体的表面。进一步地，停留时间对产物分布的调变数据充分显示表面惰性的C可以有效地抑制乙醛二次反应的发生（图6-12）。

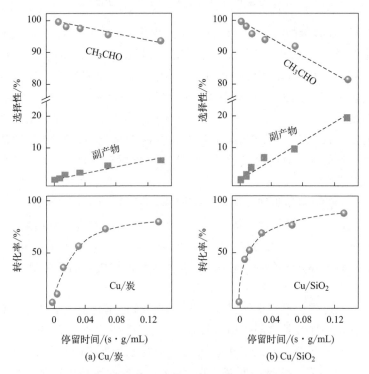

(a) Cu/炭   (b) Cu/SiO_2

图6-12 停留时间对产物选择性和乙醇转化率影响

由于Cu与C载体的相互作用力弱，在反应温度下，Cu颗粒易于团聚长大，造成催化剂失活。N原子掺杂可打破C载体表面稳定的离域π电子结构，使相邻碳原子的配位由sp^2变为sp^3杂化结构，增加炭载体表面的缺陷位和润湿性。N作为供电基团，当与金属接触时，其孤对电子可填充到金属半填充或未填充的d轨道，随后金属d轨道上电子通过"d-π"反馈填充到N原子的反键π*轨道中，从而增强金属与C载体表面的化学相互作用。基于以上认识，使用N掺杂的C载体负载Cu(Cu/N-C)并用于乙醇脱氢反应。在反应8 h范围内，与 Cu/C 相比，Cu/N-C 上脱氢反应的失活速率常数下降为原来的 1/6。在反应前后，Cu/C 上 Cu 纳米颗粒的尺寸分别为 8.5 nm 和 21 nm；与之相对，Cu/N-C 上的分别是 6.3 nm 和 6.5 nm。该结果证明 N 物种的存在明显抑制了 Cu 纳米颗粒的团聚，保证了活性金属位暴露的表面积。理论计算表明 N 物种掺杂增强了 C 载体与 Cu20 团簇的化学相互作用，且石墨型 N 贡献最大[47]（图 6-13）。

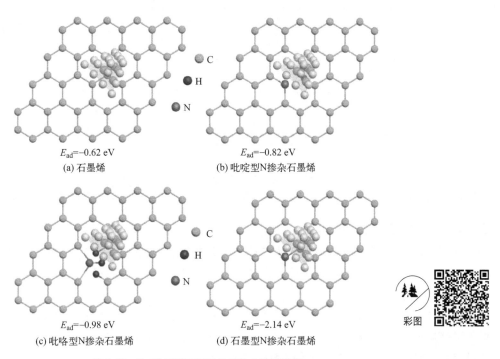

图 6-13　Cu20 团簇在不同 C 载体上的吸附能

6.2.4　丁醇及高碳醇

6.2.4.1　概述

　　碳数为 4～12 的高碳脂肪醇是基础有机化工原料。正丁醇主要用于生产丙烯酸丁酯、醋酸丁酯和邻苯二甲酸二丁酯，也可用作溶剂、添加剂及萃取剂。2021 年，丁醇表观消费量为 232.85 万吨，进口依存度为 5.6%。与乙醇相比，正丁醇可以作为性能更优异的发动机燃料，其与汽油混溶比为 16%，与水混溶度低，对发动机及其管路没有腐蚀[2]。正丁醇能量密度为 29.2 MJ/L（表 6-6），与汽油的相近（32.5 MJ/L），明显高于乙醇的（21.1 MJ/L）；其汽化热为 0.43 MJ/kg，与汽油的相近（0.36 MJ/L），远低于乙醇的（0.92 MJ/L），表明具有优异的发动机低温启动性能。因此，正丁醇被认定为下一代生物燃料[48]。碳数为 6～12 的脂肪族一元伯醇（$C_{6\sim12}$ 高碳脂肪醇），是生产表面活性剂、增塑剂、洗涤剂等精细化工品的基础原料，并且由于具有类水果花卉的芳香气味，常被用于香料和香精的制作，应用广泛。$C_{6\sim12}$ 高碳脂肪醇的能量密度为 32～35 MJ/L（表 6-6）且十六烷值低，因此可用作航空煤油。正丁醇和 $C_{6\sim12}$ 高碳脂肪醇不含有 S 和 N 等杂原子，作为生物燃料使用时减少了 SO_x、NO_x、粉尘颗粒等的排放，具有明显的环境效益。目前，工业市场上主要以 α-烯烃和 CO 为原料，先后经过氢甲酰化反应和加氢反应生产高碳醇，而这条路线过于依赖传统的化石能源，因此，从生物质乙醇出发合成高碳醇作为一条可替代的绿色能源合成路线备受关注。

表 6-6　乙醇和 $C_{4\sim12}$ 高碳脂肪醇的物理化学性质比较[49]

燃料	能量密度/(MJ/L)	水溶性(质量分数)/%	空气与燃料比	沸点/K	汽化热/(MJ/kg)	辛烷值
乙醇	21.1	100	8.94	351	0.92	96
正丁醇	29.2	7.8	11.12	391	0.43	78
正己醇	31.9	0.58		430		
2-乙基-丁醇	32.6	0.43		421		
正辛醇	33.6	0.06		468		
2-乙基-己醇	33.8	0.10		456		
$n\text{-}C_{10}OH$	34.6			505		
$n\text{-}C_{12}OH$	34.9			534		
汽油	32.5		14.6	303~478	0.36	81~89

6.2.4.2　丁醇生产方法

现阶段，主要有两种途径用于合成丁醇：一种是石油基的化学途径，主要有乙醛缩合法和羰基合成法；另一种是生物质途径，包括生物发酵法和乙醇缩合法[45]。

（1）乙醛缩合法

乙醛缩合法是以乙醛为原料，在碱的催化作用下，乙醛进行液相缩合制得 3-羟基丁醛，3-羟基丁醛脱水生成丁烯醛[50]（俗称巴豆醛），丁烯醛在镍-铬催化剂作用下 180 ℃和 0.2 MPa 加氢制得丁醇。工艺流程如下（图 6-14）。

a. 乙醛经强碱催化剂催化脱氢生成 3-羟基丁醛；

b. 3-羟基丁醛经脱水反应生成巴豆醛；

c. 巴豆醛在催化剂作用下加氢生成正丁醇。

$$CH_3CHO \xrightarrow{\text{碱}} CH_3CH(OH)CH_2CHO \xrightarrow{\text{脱水}} CH_3CH=CHCHO \xrightarrow{\text{加氢}} CH_3CH_2CH_2CH_2OH$$

图 6-14　乙醛缩合法

乙醛缩合的操作压力低，无异构生成。最初，常采用此方法合成丁醇，但由于工艺流程长，设备腐蚀严重，生产成本较高，因此现阶段已经基本被淘汰[51]。

（2）羰基合成法

目前，丙烯羰基合成法是全球丁醇工业生产的主要工艺路线。生产工艺如下（图 6-15）：以丙烯、CO 和 H_2 为原料，经羰基化后得到正丁醛和异丁醛；将两者分离，正丁醛加氢、

$$CH_3CH=CH_2 + CO + H_2 \xrightarrow{\text{氢甲酰化}} \begin{array}{l} CH_3CH_2CH_2CHO \\ CH_3CH(CH_3)CHO \end{array}$$

$$\downarrow \text{加氢}$$

$$\begin{array}{l} CH_3CH_2CH_2CH_2OH \\ CH_3CH(CH_3)CH_2OH \end{array}$$

图 6-15　羰基合成法

精馏得到正丁醇和异丁醇，异丁醛通过缩合、加氢、精馏后得到异辛醇[52,53]。

传统的工业生产方法常以羰基钴为催化剂，但该催化剂需要在较高的反应温度和压力下进行反应。通过对催化剂进行改进，设计合成了羰基铑和羰基钌作催化剂用于该反应，可以在降低反应温度和压力的同时增加丁醇的收率。现阶段，在铑催化剂的催化下主要采用低压合成工艺生产丁醇，但该方法存在环境污染的问题，且使用丙烯这种化石能源为原料，贵金属为催化剂，反应工艺复杂，条件苛刻，均相催化剂与产物分离困难，使成本增高，经济效益降低。

（3）生物发酵法

1862 年 Louis Pasteur 首次报道了通过生物质发酵的方法生产丁醇（如图 6-16），这个过程通常被称为 ABE 过程（acetone-butanol-ethanol，分别代表丙酮、丁醇和乙醇）。这种方法利用微生物梭状芽孢杆菌，通过一系列的复杂化学反应将纤维素材料发酵为以丙酮、丁醇和乙醇为主要产物的产品。第二次世界大战期间，这种方法被广泛应用，因为丁醇可以作为运输燃料来运送爆炸性武器[54]。

以纤维素等生物质为原料生产丁醇的过程如图 6-16 所示，以玉米、甘蔗、木薯、甜菜等富含纤维素的生物质为原料，先经过粉碎、蒸煮、冷却后，再将淀粉酶加入，通过水解作用将生物质转化成葡萄糖，葡萄糖经梭状芽孢杆菌等一系列的微生物菌种发酵后，得到含有丙酮、丁醇、乙醇的发酵液，然后经蒸馏分离纯化得到终产物丁醇。葡萄糖发酵为丙酮、丁醇、乙醇的过程主要包括酸化阶段和溶剂化阶段两个阶段：在第一阶段，反应物与菌种反应生成丁酸和乙酸，这些酸的产生通常使培养基的 pH 值降低到 5 以下；在第二阶段，利用第一阶段产生的酸作为额外的碳源，生产丙酮、丁醇、乙醇为主导产物的溶剂[55]。在发酵的过程中，大约有 24 种生物酶参与了这两个阶段。

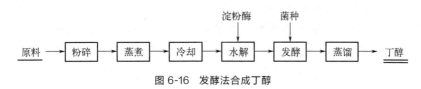

图 6-16　发酵法合成丁醇

20 世纪 50 年代后，羰基合成法迅猛发展，与之相比，发酵法生产的丁醇浓度只有 2% 左右。发酵法与以丙烯为原料的羰基合成法相比已无竞争优势。因此，近年来已很少使用生物发酵法生产丁醇。70 年代以来，受石油危机的影响，发酵法再次受到关注[56,57]。

（4）乙醇缩合法

作为生物燃料，丁醇的能量密度比乙醇高 33%，具有更低的水溶性，从乙醇出发制丁醇具有巨大的潜力且符合绿色化学发展趋势。从乙醇出发制备丁醇是指乙醇在催化剂的作用下脱水缩合生成丁醇，如图 6-17 所示。

$$2CH_3CH_2OH \xrightarrow{\text{催化剂}} CH_3CH_2CH_2CH_2OH+H_2O$$

图 6-17　乙醇缩合法制备丁醇

6.2.4.3　高碳醇生产方法

$C_6 \sim C_{18}$ 高碳脂肪醇的生产路线主要有羰基工艺、乙醇（或高碳数醇）偶联（图 6-18）。

$C_6\sim C_{18}$ 高碳伯醇具有独特的优良性能，在国民经济的多个领域中有着广泛的应用，其中 $C_6\sim C_{11}$ 高碳醇可作为增塑剂，并且 $C_{12}\sim C_{18}$ 高碳醇可作为表面活性剂的原料。

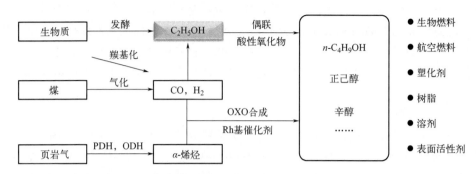

图 6-18 高碳脂肪醇的生产路径及用途

目前工业生产高碳伯醇的方法主要分为两类。一是以天然油脂（甘油酯）为原料转化为高碳混合醇，主要有油脂直接加氢、油脂水解为脂肪酸再加氢、油脂醇解为脂肪酸甲酯再加氢等方法。而我国不具有工业油源规模，所以无法实现大规模工业化生产。二是以石油衍生化学品为原料的化学合成法合成高碳伯醇，主要包括齐格勒法和烯烃氢甲酰化（OXO）法。齐格勒法以乙烯为原料，以三乙基铝为催化剂实现碳链增长，再进行氧化、水解和分离工艺，制得 $C_6\sim C_{16}$ 直链偶数伯醇。但是，该方法工艺流程长，技术复杂，开发难度大，催化剂消耗量大且安全性差。烯烃氢甲酰化法是在 Rh 基或 Co 基催化剂的作用下，烯烃与 CO 和 H_2 的混合气进行氢甲酰化反应生成醛，醛再加氢制得相应的醇。通常，该反应在 $0.7\sim3$ MPa 和 $80\sim120$ ℃下进行，所得目标产物中包含 6%～12% 的异构醇[58]。同时该法工艺流程长，催化剂价格昂贵且容易流失。因此，迫切需要开发工艺简单、反应条件温和、原料易得而且来源广泛的混合伯醇生产新技术。中国科学院大连化学物理研究所研发了用于通过费托合成制备 C_6 以上的高碳醇的催化剂[59]，公开了其催化剂体系为活性炭负载的 Co 基催化剂，在其催化作用下 CO 加氢可以直接合成高碳混合伯醇，液体产品中 $C_2\sim C_{18}$ 醇的选择性高达 60%，其中甲醇在醇中的分布只占 2%～4%。但是，除醇外，上述催化剂的 CO 加氢反应产物中还包含大量烷烃，高附加值的烯烃含量较低。因此，尚需进一步对该催化剂进行优化。

生物质发酵技术的成熟和合成气制乙醇的工业化使我国乙醇产量逐年增加，利用乙醇分子的 C-C 偶联反应生产正丁醇等 $C_{4\sim12}$ 高碳脂肪醇具有工艺流程短、反应过程清洁和成本低等优点，有替代 OXO 工艺的应用前景，符合绿色化学的发展战略。

6.2.4.4 乙醇制备丁醇及高碳醇现状

乙醇偶联制正丁醇涉及第一个 C—C 键的生成，理解该反应路径有助于揭示乙醇链增长反应的机理和控制产物分布。目前文献报道，乙醇偶联制备正丁醇经历三种不同的反应历程[60]：a. 格尔伯特反应路线，其包含乙醇脱氢制乙醛、乙醛偶联到 3-羟基丁醛、羟醛脱水制备 2-丁烯醛和 C_4 烯醛加氢生成正丁醇；b. 直接偶联路径，即乙醇分子的 β-C 进攻另一个乙醇分子的 α-C，直接生成正丁醇和水；c. 醛和醇缩合路径，即乙醇脱氢制乙醛、乙醛和乙醇偶联生成丁烯醇和 C_4 烯醇加氢生成正丁醇。两种反应机理如下所示。

直接偶联机理，式(6-7)：

$$2 \diagup\!\!\!\diagdown\!\!\diagup OH \longrightarrow \diagup\!\!\!\diagdown\!\!\diagup\!\!\!\diagdown\!\!\diagup OH + H_2O \tag{6-7}$$

格尔伯特偶联机理，式(6-8)~式(6-10)：

$$\diagup\!\!\!\diagdown\!\!\diagup OH \longrightarrow \diagup\!\!\!\diagdown\!\!\diagup O + H_2 \tag{6-8}$$

$$2 \diagup\!\!\!\diagdown\!\!\diagup O \longrightarrow \diagup\!\!\!\diagdown\!\!\diagup\!\!\!\diagdown\!\!\diagup O + H_2O \tag{6-9}$$

$$\diagup\!\!\!\diagdown\!\!\diagup\!\!\!\diagdown\!\!\diagup O + 2 \diagup\!\!\!\diagdown\!\!\diagup OH \longrightarrow \diagup\!\!\!\diagdown\!\!\diagup\!\!\!\diagdown\!\!\diagup OH + 2 \diagup\!\!\!\diagdown\!\!\diagup O \tag{6-10}$$

无论反应路径如何，以上反应都要涉及 C—C 键生成，该过程是一个亲核加成反应，需要原子尺度的酸-碱位同时稳定碳负和碳正中间过渡态物种。羟基磷灰石 [$Ca_{10}(OH)_2$ $(PO_4)_6$] 和镁铝复合氧化物具有原子尺度上相邻的路易斯酸-碱双功能位，是学术领域研究的热点（图 6-19）。添加过渡金属，可以加速乙醇脱氢和 2-丁烯醛加氢过程，提高正丁醇生成速率[61,62]；同时，可以通过调变催化剂表面酸-碱性，在一定程度上调变产物分布。BEA 沸石稳定的 Zr^{4+}、Sn^{4+}、Ti^{4+} 等可以有效催化乙醛发生 C-C 偶联反应生成 2-丁烯醛，然而由于沸石的强酸性，以乙醇为原料却不能有效生成正丁醇[63,64]。通过筛选具有不同酸性的载体，研究人员开发了 Ni/Al_2O_3[65]、$Cu/CeO_2/C$[66,67]、$Pd/UiO-66$[68] 等负载型金属氧化物催化剂。配位化学工作者发现 N 和 P 配体稳定的 Rh、Ir、Ru 等贵金属的络合物可以有效催化乙醛发生偶联反应，有机醇盐的加入催化乙醇脱氢，进而实现乙醇直接生产正丁醇[69]。然而均相催化反应中，贵金属络合物的制备过程复杂、保存困难、成本昂贵且难以回收。

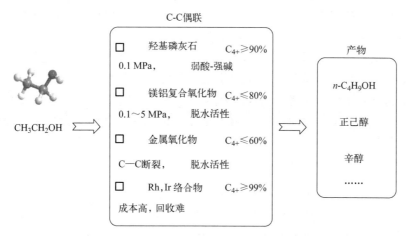

图 6-19　乙醇偶联制备 $C_{4\sim12}$ 高碳脂肪醇的催化剂体系

6.2.4.5　均相催化剂研究现状

过渡金属络合物催化的有机合成反应具有反应条件温和、操作简便、选择性好、产物收率高、污染少等特点，在有机合成及精细化工生产中有着广泛的应用。目前，乙醇催化转化到丁醇的均相催化体系主要是采用含有均相铱、钌、锰络合物的均相催化剂，均相催化剂体系在乙醇偶联的反应中表现出较好的乙醇转化率和丁醇选择性。

在 2009 年，Ishii 等制备了铱的复合物催化剂 Ir(acac)(COD)(acac 为乙酰丙酮盐，COD 为 1,5-环辛二烯，助剂为含磷配体、1,7-辛二烯和强碱乙醇钠) 催化乙醇转化为丁醇反应。评价结果表明，该铱复合物催化剂表现出 41% 的乙醇转化率、51% 的丁醇选择性和 1220 高的转换数。然而，其较低的催化活性和丁醇选择性使得更多的研究者把研究重心放在了钌络合物催化剂上。在 2013 年，Wass 课题组制备了一系列钌的络合物催化剂并用于催化乙醇脱氢偶联反应，结果发现，[RuCl(η^6-p-对异丙基甲苯)（二苯基膦)-甲烷]Cl 复合物催化剂在强碱乙醇钠协助下取得 22% 的乙醇转化率和高达 94% 的丁醇选择性。作者认为，该催化剂上较高的丁醇选择性主要归因于其中含有大量强度适中的碱性位，从而提高了乙醛的羟醛缩合速率；加上金属 Ru 较高的加氢活性，使得乙醇脱氢偶联生成的巴豆醛快速加氢转化为丁醇，而不是转化为其他的副产品。然而，这种 Ru 基催化剂的配体遇水容易分解，使催化剂结构发生破坏，从而使其在反应过程中容易失活。因此，合成具有更强耐水性配体的 Ru 基催化剂或者其他耐水性强的催化剂成为了未来的研究重点。随后，相同的研究小组合成了 [RuCl$_2$(η^6-p-对异丙基甲苯)]（Ⅱ）催化剂，并在使用 2-(二异丙基膦)乙胺助剂的条件下催化乙醇缩合偶联反应。结果发现，该催化剂表现出 31.4% 的乙醇转化率、92.7% 的丁醇选择性以及大于 300 的转换数。

Fu 等在前人的基础上进一步开发了锰系非贵金属均相催化剂用于乙醇制丁醇反应研究。作者以用量为 8×10^{-6} 的 Mn 系催化剂，在 433 K、乙醇钠的碱性氛围下反应 168 h 可以达到 92% 的丁醇选择性，TON 更是达到了目前均相催化剂报道的最高值 114120。作者通过实验证明了 Mn 基催化剂催化乙醇制丁醇反应与先前报道的 Ru 基和 Ir 基催化剂一样遵循格尔伯特机理。在乙醇钠的存在下，乙醇首先在催化剂的锰中心上脱氢产生乙醛并生成氢化锰络合物，然后释放出的乙醛在碱性环境中缩合形成重要的巴豆醛中间体，随后氢化锰物种将巴豆醛还原得到丁醇，Mn 基催化剂也生成酰胺络合物并醇解产生新的乙醇盐络合物进入下一个催化循环。在上述各均相催化剂的反应过程中，乙醇经过异裂产生加氢活性很高的氢化物种，可以在较低的温度下获得很高的丁醇选择性。但是由于均相催化剂制备复杂，成本较高，而且大多只能在强碱条件下进行间歇反应，所以并不利于丁醇的连续化生产。另外，Liu 等[70] 报道了 Ir/C 可以催化甲醇和乙醇交叉偶联生成异丁醇，选择性为 95%，其中 Ir 中心完成了碳链增长反应。作者使用水作为溶剂，验证了 Ir/C 催化剂的耐水性，且 Ir 的流失量较低（0.095 μg/mL）。好的耐水性和低的金属流失量表明该催化剂在低碳醇分子 C-C 偶联制备高附加值化学品方面的应用前景。

6.2.4.6 多相催化剂研究现状

鉴于均相催化剂的一些缺陷，多相固体催化剂在近年来被广泛用于乙醇脱氢、缩合制正丁醇。目前乙醇制丁醇及高碳醇的多相催化剂体系主要有羟基磷灰石、镁铝复合氧化物、氧化物负载金属等，其在乙醇偶联制备 $C_{4\sim12}$ 高碳脂肪醇的反应中表现出较好的催化性能。多相催化剂表面酸-碱的比例、强度、类型等对偶联反应活性及产物分布有较大影响，此外在酸碱催化剂体系引入过渡金属，可以促进乙醇脱氢和中间物种加氢。目前的乙醇偶联制高碳数脂肪醇催化剂性能总结如表 6-7。

表 6-7 乙醇偶联制高碳数脂肪醇催化剂性能总结

序号	催化剂	温度/℃	反应类型	浓度/kPa	转化率/%	反应速率/[mmol/(g 催化剂·h)]	选择性[①]/%		出处
							正丁醇	$C_{6\sim12}$ 醇	
1	Ca-HAP 线状（Ca/P=1.69）	325	气固	5.7	45.7	7.9	30.4	63.9	[71]
	Ca-HAP 棒状（Ca/P=1.69）	325	气固	5.7	15.9	6.9	70.1	25.1	

续表

序号	催化剂	温度/℃	反应类型	浓度/kPa	转化率/%	反应速率/[mmol/(g 催化剂·h)]	选择性[①]/% 正丁醇	选择性[①]/% C$_{6\sim12}$醇	出处
2	Ca-HAP (Ca/P=1.59)	387	气固	16.4	20	6.5	0	0	[72]
3	Ca-HAP (Ca/P=1.67)	325	气固	5.7	17.1	2.6	63.2	24.5	[73]
4	Sr-HAP (Sr/P=1.67)	300	气固	16.1	约 7.6	—	81.2	12.7	[74]
	Ca$_{10}$(VO$_4$)$_6$(OH)$_2$ Ca/V=1.73	300	气固	16.1	约 6.6	—	21.9	1.1	
5	MgO	380	气固	5.8	7.9	1.8	40	—	[75]
6	Mg$_3$Al$_1$O$_x$	350	气固	12	32	13.9	35	—	[76]
7	4NiMg$_4$Al$_1$O$_x$	250	气固	45 (3 MPa)	18.8	13.1	55.2	31.1	[61]
8	1CoMg$_3$Al$_1$O$_x$	400	气固	32	约 38	65.3	约 25		[77]
9	Cu-CeO$_2$/C	250	气固	0.2 (2 MPa)	45.6	—	42.4	20.3	[66]
10	Pd@UiO-66	250	气固	0.2 (2 MPa)	49.9	34.7	50.1	—	[68]
11	Ir/C	160	液固	4 (水相)	32(16 h)	34.8	约 15	约 4	[70]
12	Ni/Al$_2$O$_3$	330	液固	100 (12 MPa)	41.1	40.2	45.6	12.6	[65]

① 根据摩尔碳平衡计算的选择性。

(1) 羟基磷灰石催化剂

羟基磷灰石 [Ca$_{10}$(OH)$_2$(PO$_4$)$_6$, hydroxyapatite, HAP] 具有六角棱柱晶体结构,沿 c 轴方向生长[78],属于 P6$_3$/m 六角空间群(图 6-20)。PO$_4^{3-}$ 四面体填充于晶体骨架中,P^{5+} 位于四面体的中心。HAP 晶体的晶胞包含六个 PO$_4^{3-}$ 四面体 [图 6-20(b)]。PO$_4^{3-}$ 四面体沿着 c 轴方向形成了两种互不连通的孔道,且被两类 Ca^{2+} 位包围,即 Ca$_{(1)}$ 和 Ca$_{(2)}$。第一类的孔道直径为 2.5 Å,被四个 Ca$_{(1)}$ 位环绕,每一个 Ca$_{(1)}$ 位与 6 个来自不同的 PO$_4^{3-}$ 四面体的 O 原子和 3 个较远距离的 O 原子键合。第二类的孔道直径为 3~4.5 Å,被 6 个 Ca$_{(2)}$ 位环绕,每一个 Ca$_{(2)}$ 与 7 个 O 原子配位,其中 6 个 O 原子是由 PO$_4^{3-}$ 四面体提供,另一个是—OH 的 O 原子。六个 Ca$_{(2)}$ 阳离子形成两个相对于彼此旋转 60°的等边三角形。—OH 位于第二类孔道的中心并垂直于单晶的晶胞面。

HAP 的六方晶体结构使得 Ca$_{(1)}$ 和 Ca$_{(2)}$ 易于与其他金属阳离子发生交换反应,进而调变其表面酸和碱的性质[79,80]。HAP 具有两种类型的表面:棱柱侧面的 a-和 b-面(二者等价)和基底 c-面 [图 6-20(c)]。在 c-面上,如(001)面,主要暴露 Ca^{2+},带正电荷。与之相对,棱柱 a-面,如(100)面,主要暴露 PO$_4^{3-}$ 和 OH$^-$,带负电荷。这两个晶面带不同电荷使 HAP 表面呈现出各向异性特征。此外,电子自旋共振谱[81]证实羟基磷灰石在加热过程中会脱—OH,逐步产生氧基磷灰石和磷酸钙[82],伴随着形成 H$_2$O、空位和阴离子 O^{2-}。

Diallo-Garcia 等[83] 和 Hill 等[84] 分别使用酸性、碱性和两性探针分子确认了 HAP 表

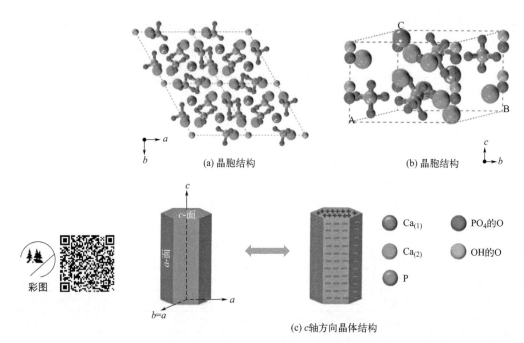

(a) 晶胞结构

(b) 晶胞结构

彩图

(c) c轴方向晶体结构

Ca(1)　　PO₄的O

Ca(2)　　OH的O

P

图 6-20　羟基磷灰石结构

面包含（Ca—OH）、（Ca—O—Ca）和（Ca—O—P）中心，且酸-碱位原子尺度相邻，因而在偶联反应中表现出优异的活性。Tsuchida 等[72] 合成了四种体相 Ca 与 P 原子比不同的磷灰石催化剂，随 Ca 与 P 比例从 1.59 增加到 1.67（磷灰石材料的化学计量比），催化剂表面碱位与酸位的比例增加。与之相应，正丁醇等 $C_{4\sim12}$ 高碳脂肪醇的选择性从 0 增加至 85%。这是由于为了平衡 Ca^{2+} 位的缺失造成的电荷不平衡，两个 H^+ 或—OH 和 H^+ 会填充在 Ca^{2+} 空位，造成催化剂表面酸性明显增加，而与 Ca^{2+} 相连的路易斯碱性 O^{2-} 减少。基于以上认识，用具有不同电负性的阳离子交换 Ca^{2+} 位会调变与之相连的 O 阴离子的碱性，进而改变 C-C 偶联性能。Ho 等[85] 用二价阳离子 Mg^{2+}（0.72 Å）、Sr^{2+}（1.12 Å）、Ba^{2+}（1.35 Å）、Pb^{2+}（1.19 Å）和 Cd^{2+}（0.97 Å）分别交换羟基磷灰石中 Ca^{2+}（0.99 Å），交换深度为 1~2 原子层。所制备催化剂的比表面积和表面碱性位数量都相近，然而催化剂对丙酮的 C-C 偶联反应速率明显不同，作者将此归因于阳离子的电负性会明显地调变 C-C 偶联的表观活化能 E_a，其中电负性约 1.0 的 Sr^{2+} 所取代的羟基磷灰石催化丙酮偶联的 E_a 最低，为 11 kcal/mol，相应的 C-C 偶联反应速率最高。金属阳离子的电负性对 C-C 偶联能垒的调变呈现出明显的"火山型"效应，其电负性越小，与之相连的 O 阴离子的碱性越强，对反应物或中间体的吸附越强，该结果定性地证明中等强度的吸附活化有利于表面 C-C 偶联反应的发生。Ogo 等[86] 报道锶-羟基磷灰石催化乙醇偶联生成正丁醇的选择性为 86%，总高碳脂肪醇选择性为 94.2%，进一步支持上述观点。同时采用 CO_2-TPD 和 NH_3-TPD 证实了上述观点，且给出碱性与酸性量的比值为 8。进一步地，吡啶-红外光谱实验证实羟基磷灰石表面仅暴露出路易斯酸性位[87]。因此，弱的路易斯酸性位和强的路易斯碱性位是乙醇偶联反应中的活性位。Moteki 等[88] 研究了乙醇转化率对产物分布的影响。随乙醇转化率增加，C_4 产物选择性下降，而 C_6、C_8、C_{10} 和 C_{12} 的选择性逐渐增加，该结果证明羟基磷灰石催化乙醇偶联是串联的链增长反应。C_n 产物在总产物中的质量分数与逐步偶联模型的预测结果完全匹配，如式（6-11）：

$$W_{C_{2i}}/W_0 = C_{2i}(1-\alpha)^2 \alpha^{(C_{2i}-2)/2}$$

(6-11)

式中，$W_{C_{2i}}$ 为 i 聚体质量，g；W_0 为单体的质量，g；C_{2i} 为 i 聚体的碳数；α 为活性基团消耗率。

该模型为乙醇偶联反应中的反应网络提供了定量和定性的数学分析依据。单体和聚合体自身偶联和交叉偶联的反应速率常数相等是逐步偶联模型的主要特征。作者假设乙醇偶联反应的产物分布符合上述模型，然后开展了乙醇转化率对具有 C-C 偶联活性的含氧官能团的消耗率 α 的研究工作，催化数据表明实验结果和预测结果完全重合。进一步地，作者通过实验得到 C_2、C_3 和 C_4 醇的自身和交叉偶联的反应速率常数相近。值得注意的是，乙醇偶联产物中不含有具有季碳原子的高碳脂肪醇，表明叔碳原子的活化和亲电加成都具有空间位阻效应。

在含有过渡金属的催化剂上，乙醇经历格尔伯特反应路径生成高碳脂肪醇，而在羟基磷灰石上的反应历程仍有争议。Ogo 等使用羟基磷灰石分别催化 2-丁烯醛、2-丁烯醇和丁醛与异丙醇的混合物，并研究了产物分布，如图 6-21 所示。烯醛、烯醇和丁醛为反应物时都能生成明显的正丁醇，且选择性依次增加。2-丁烯醛和异丙醇通过分子间氢转移加氢反应生成 2-丁烯醇，其分子内异构化生成丁醛，然后再次发生分子间氢转移加氢反应生成丁醇。而使用乙醛为反应物时，初级产物为 2-丁烯醛。作者认为乙醛、2-丁烯醛、2-丁烯醇和丁醛是乙醇偶联生成正丁醇的中间体。

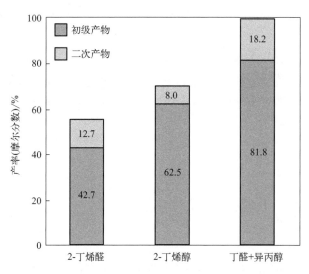

图 6-21　2-丁烯醛、 2-丁烯醇和丁醛与异丙醇共进料的产物分布

上述反应机理是建立在乙醇脱氢不是速率控制步骤的前提下。乙醇脱氢是氧化还原反应，然而 Ca^{2+} 是非过渡金属，不含有 d 轨道，无法稳定 α-H 物种，所以脱氢反应的发生能垒很高。Scalbert 等[89] 研究了乙醇停留时间变化对正丁醇和乙醛生成速率的影响。如图 6-22 所示，在停留时间小于 1 g 催化剂·h/mol 时，正丁醇和乙醛都是初级产物，这证明乙醇可经历"直接偶联"路径生成正丁醇，与乙醛的生成路径是平行的。当停留时间大于 3 g 催化剂·h/mol 时，乙醛的生成速率趋于平缓，而正丁醇急剧增加，然后再次单调递增，这说明正丁醇也是二次产物。基于生成速率的斜率和截距可知，正丁醇主要是乙醇通过"直

接偶联"路径生成。

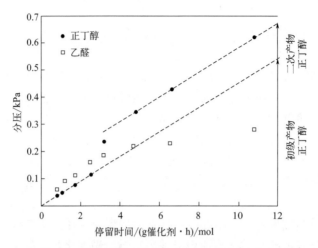

图 6-22 羟基磷灰石表面正丁醇和乙醛的生成分压

Young 等[90] 报道乙醇偶联反应中未检测到 H_2 生成，且当使用 D_2 为载气时，未检测到含有 D 原子的正丁醇生成。Hanspal 等[91] 使用 H_2 和乙醇共进料，调变 H_2 分压对乙醇反应速率和正丁醇的选择性没有影响（图 6-23），这些结果充分地表明乙醇脱氢反应在羟基磷灰石上可能没有发生。该作者[75] 进一步采用稳态同位素瞬变动力学分析技术研究了乙醛的生成前体和正丁醇的生成前体在羟基磷灰石表面分别的覆盖度，结果表明生成正丁醇的活性中间体数量比乙醛的多 100 倍。

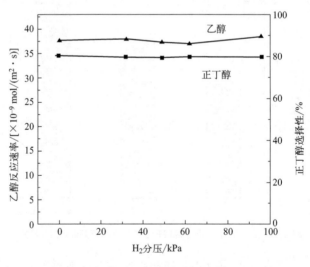

图 6-23 氢气分压对乙醇反应速率和正丁醇选择性的影响

（2）镁铝复合氧化物基催化剂

Yang 等[92] 报道了碱金属离子交换的沸石可用于乙醇偶联制备正丁醇，引起了科研工作者对固体碱催化低碳醇分子发生 C-C 偶联反应的关注。Ndou 等[93] 研究了碱土金属氧化物催化乙醇偶联的性能，发现 MgO 性能最好。但是该反应体系操作温度高达 450 ℃，且正丁醇选择性低于 34%[94]。在 MgO 上，孤立的阴离子 O^{2-} 是强碱性位点，乙醇解离吸附生成乙氧基中间体的反应速率较慢，脱氢反应步骤受阻。Carvalho 等[76] 利用水滑石为前驱体，通过焙烧得到 MgO-Al$_y$O$_x$ 金属氧化物（MgAl$_y$O$_x$）。Al 原子插入 MgO 晶格中，降低了强碱性位含量，形成—OH、Mg^{2+}-O^{2-} 和 O^{2-} 三种类型的碱性位，Al^{3+} 和 Mg^{2+} 提供路易斯酸性位[95]，因而呈现出酸-碱双功能活性中心。当 Mg 与 Al 原子比为 3 时，正丁醇等 C$_{4\sim12}$ 高碳脂肪醇的总选择性提高至 40%～60%，且反应温度低于 350 ℃；此外，产物中仍包含 20%～40% 的乙烯和乙醚等脱水产物。添加过渡金属可降低乙醇脱氢反应能垒，同时促进缩合反应中不饱和中间体加氢生成正丁醇等 C$_{4\sim12}$ 高碳脂肪醇。Pang 等通过共沉淀法制备了 Ni-MgAl$_y$O$_x$ 催化剂，Ni 添加量为 19.5%（质量分数）时，乙醇转化速率提高 18 倍；与此相应，正丁醇等 C$_{4\sim12}$ 高碳脂肪醇选择性从 60% 增加至 85%；更为重要的是，反应温度介于 200 ℃ 到 300 ℃ 之间。该结果证明，金属态 Ni 的加入促进乙醇脱氢，降低脱氢反应能垒。氢溢流现象证实 Ni 催化偶联反应中不饱和中间体加氢生成高碳脂肪醇。通过 CO$_2$ 和 NH$_3$ 量热分析实验（图 6-24），作者认为乙醇偶联反应是由催化剂表面的强碱性位（117 kJ/mol）和中强酸性位（88.5 kJ/mol）共同完成的；碱性过强不利于反应和脱附，太弱不足以吸附活化。催化结果证明乙醇在 Ni-MgAl$_y$O$_x$ 催化剂上经历格尔伯特反应路径生成正丁醇等 C$_{4\sim12}$ 高碳脂肪醇（图 6-25）。

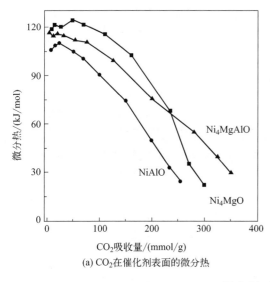
(a) CO$_2$ 在催化剂表面的微分热

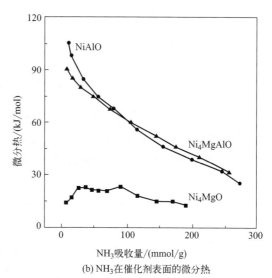
(b) NH$_3$ 在催化剂表面的微分热

图 6-24　酸碱性分析

在含有过渡金属的催化剂上，乙醇经历格尔伯特反应路径生成高碳脂肪醇，而在 MgAl$_y$O$_x$ 金属氧化物上的反应历程仍有争议。di Cosimo 等[96] 研究了乙醇在该催化剂上的产物分布。乙醛和正丁醇的初始生成斜率不为零，证明二者都是初级产物。丁醛的初始生成斜率为零，证实其是乙醛缩合的二次产物。在测试范围内，正丁醇的收率呈现出 S 形曲线，表明乙醇通过两种或多种反应路径生成正丁醇，包括乙醇直接偶联和格尔伯特反应路径。

（3）负载型金属氧化物催化剂

近年来，金属负载型催化剂已经成为了催化乙醇转化为丁醇反应的一类重要催化剂。因为相比较于传统的体相催化材料，具有脱氢和加氢活性的纳米金属催化剂可以更加高效地促进乙醇脱氢和巴豆醛加氢反应，从而可能使乙醇一步合成丁醇反应能够在更加温和的反应条

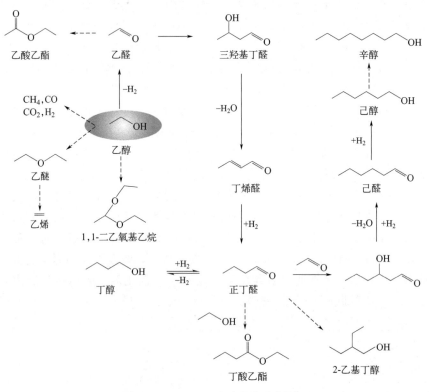

图 6-25　$Ni_4MgAl_yO_x$ 上乙醇反应网络

件下发生。根据格尔伯特反应机理，乙醇转化为丁醇主要由乙醇脱氢、乙醛羟醛缩合、巴豆醛加氢等多个连续的反应步骤组成，而每一个反应步骤都需要特定的活性中心进行催化。金属如 Cu、Co、Ni、Pd 等具有很强的脱氢和加氢能力，是促进乙醇脱氢和巴豆醛加氢理想的催化材料。

　　Earley 等[97] 使用 Cu/CeO_2 催化乙醇偶联，以超临界 CO_2 作为反应介质（10 MPa），正丁醇的收率达 30%。作者认为 CO_2 的存在会提高催化剂的酸性，因而加速羟醛缩合反应。Jiang 等报道 CeO_2/C 可以直接催化乙醇偶联，产物中 C_{4+} 产物选择性大于 60%，且以2-丁烯醛为主。使用 Cu、Fe、Co、Ni 和 Pd 修饰 CeO_2，反应速率明显增加，产物中正丁醇选择性为 67%。$M\text{-}CeO_2/AC$ 催化剂上较高的催化效率主要归功于高分散的金属和 CeO_2 纳米粒子分别提供了大量的乙醇脱氢和乙醛羟醛缩合的活性中心。更重要的是 CeO_2 纳米粒子附着或簇拥在金属纳米粒子的表面及周围，阻止了金属纳米粒子的烧结长大，从而增加了催化剂的稳定性。由于金属本身性质的差异及与 CeO_2 的作用不同，所以各金属对巴豆醛的加氢活性为 Fe＜Cu＜Co＜Ni＜Pd，而对乙醇的脱氢能力为 Cu＞Co＞Ni＞Fe＞Pd，对 C—C裂解的活性顺序则是 Ni＞Co＞Fe＞Pd＞Cu。进一步地，基于 Pd 金属的弱脱氢和强加氢活性，该团队开发了 Pd/UiO-66 催化剂，其中配位不饱和的路易斯酸性 Zr 位是乙醛羟醛缩合的活性中心。得益于金属 Pd 和 Zr 位的纳米尺度相邻，在 250 ℃ 和 2 MPa 反应条件下，乙醇转化率为 49.8%，正丁醇选择性为 48.6%。UiO-66 对 Pd 的限域效应和二者之间的静电作用提高了催化剂的稳定性。

　　Riittonen 等[98] 研究了 $Ni/\gamma\text{-}Al_2O_3$ 在液相乙醇偶联反应中的催化作用。Ni 物种以氧

化态的形式存在，且与 γ-Al_2O_3 形成八面体配位。当乙醇转化率为 25% 时，正丁醇选择性为 80%。增加反应体系中 H_2 压力，正丁醇生成速率下降 40%，证明乙醇在 Ni 物种中心发生了氧化还原脱氢反应，因此偶联反应遵循"格尔伯特"路径进行，然而 C-C 偶联活性位不明确。水是 C—C 键生成反应中的副产物，液相反应中水的富集会降低偶联反应速率，作者使用 3 Å 分子筛移除生成的水，使反应速率提高 1.5 倍。产物中检测到 CO_2（2%）和 CH_4（10%）生成，证明 Ni 物种催化乙醇发生 C—C 键断裂反应。此外，γ-Al_2O_3 易于在含水条件下发生相转变生成勃姆石，造成催化剂结构坍塌和失活。

6.2.5 芳香醇

芳烃，如苯、甲苯和二甲苯等，是有机材料合成中重要的化工原料，主要来自石脑油等石油产品的裂解。其中二甲苯广泛用于生产树脂、增塑剂、燃料、医药、杀虫剂等，2021 年我国二甲苯的需求量约 3497 万吨，进口依赖度约 39%[99,100]。由于工业上逐步使用页岩气中的轻质碳氢化合物作为催化重整原料，致使世界范围内芳烃产量明显下降，这激励科研工作者探索新的芳烃生产路径。基于页岩气化学，科研工作者探索出 CO 和甲醇碳链增长合成 $C_{6\sim9}$ 芳烃、乙烯聚合-环化制对二甲苯、甲烷无氧偶联制芳烃等路线。基于生物质资源，科研工作者研究的可再生的芳烃生产路径包括：木质素热解、木质素催化解聚、糖基呋喃衍生物和烯烃的聚合加成以及低碳醇及其衍生物的芳构化反应。这些路径均可以生产大宗芳烃产品，然而芳烃进一步地转化利用需要引入官能团，因此开发一条从可替代资源出发、直接合成芳香含氧化合物的生产路线将更节能、更具经济效益。

甲基苯甲醇和甲基苯甲醛具有含氧官能团，是重要的有机化工中间体，在氧化、聚合等反应中表现出高的反应活性，常用于生产医药、表面活性剂等。目前在工业上，甲基苯甲醇主要由二甲苯在 90～200 ℃和 0.1～3.0 MPa 的氧气气氛下氧化生成。然而在苛刻的氧化条件下，所得目标产物易于被进一步氧化，产生大量的醛、酸和酯的衍生物，导致目标产物选择性低，产品分离困难。利用可再生资源中的生物质或合成气等低分子量含氧原料的生产技术，构建芳香含氧化合物是一种潜在的高效途径。

乙醇在催化剂表面可以发生脱氢、C-C 偶联、脱氢环化等反应，生成乙醛、$C_{4\sim12}$ 高碳脂肪醇、芳香醛等含氧化合物。然而，乙醇链增长过程中存在复杂的竞争反应，如脱氢、脱水、酯化、C-C 偶联等。目前报道的催化剂对某一特定的高碳数产物的选择性均不高，尤其是对芳香含氧化合物的选择性较低（图 6-26）。

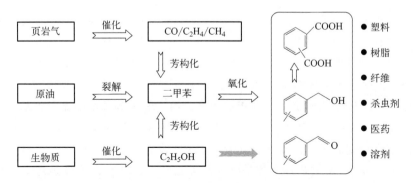

图 6-26 芳香含氧化合物的生产路径及用途

芳香族化合物可以通过几种不同的机制，例如羟醛缩合、迈克尔加成、脱水、环化等反应过程产生。虽然苯的形成机理很简单，但甲基苯甲醛和甲基苯甲醇的形成更为复杂。到目前为止，对这一反应的研究主要集中在理解与复杂反应路径相关的具体反应历程和动力学实验上。从乙醇直接制备芳香含氧化合物是乙醇高值化利用的前沿性研究领域。其中，在温和条件下乙醇催化转化制备甲基苯甲醛和甲基苯甲醇是极具前瞻性的反应（表6-8）。该过程有望替代现阶段从石油产品出发制备芳烃，再经氧官能团化制甲基苯甲醛和甲基苯甲醇的路线，具有重要的工业应用价值。

表 6-8　乙醇或乙醛制含氧芳香化合物性能总结

序号	催化剂	温度/℃	反应类型	进料/kPa	转化率/%	甲基苯甲醛(醇)选择性/%		出处
						邻位	对位	
1	$MgAl_yO_x$	250	气固相	0.1（乙醛）	55	5.5（—）	1.4（—）	[101]
2	HAP	275	气固相	0.35（乙醛）	40	9（18）	1.2（1.5）	[102]
3	Co-HAP	325	气固相	5.7（乙醇）	34.9	2.1（54.1）	1.4（1.4）	[103]
4	Cu/C ‖ Co-HAP（双层催化剂）	225	气固相	5.7（乙醇）	29.5	1.3（66.5）	0.1（4.4）	[103]

从乙醇脱氢产品乙醛出发，其在氧化物碱性位上引发活化，经历 C-C 偶联、环化、脱氢等基元步骤生成甲基苯甲醛，其中乙醛偶联产物 2-丁烯醛是生成芳香醛的前体，甲基苯甲醛发生 MPV 反应或者直接加氢最终生成甲基苯甲醇（图 6-27）。

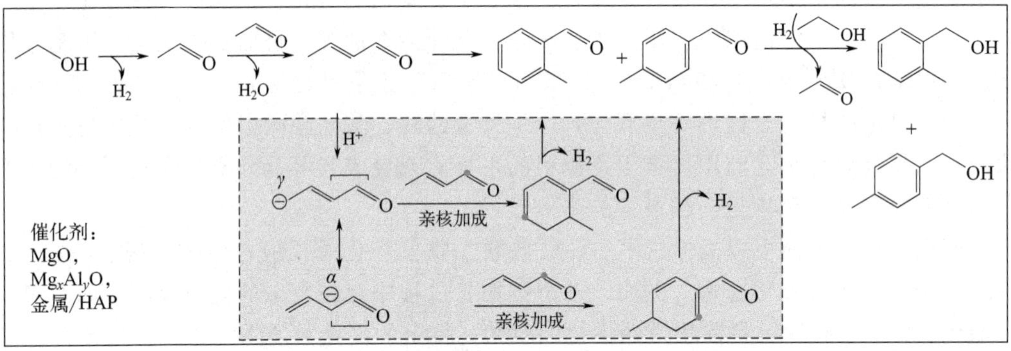

图 6-27　乙醇和乙醛催化转化制甲基苯甲醛和甲基苯甲醇

Zhang 等[104] 结合择形催化的思想，使用乙醛-乙醇混合物为反应物，在氧化镁改性的八面沸石上检测到少量的甲基苯甲醛。作者使用 2-丁烯醛为原料，发现低的反应温度利于甲基苯甲醛的生成，总收率约 5%，其中对位产物与邻位产物的比例为 3。理论计算表明，在该催化体系下，2-甲基苯甲醛和 4-甲基苯甲醛的比例取决于 2-丁烯醛偶联生成的 C_8 中间体中第四个碳和第六个碳生成碳负离子的相对速率。由于邻甲基苯甲醛比对甲基苯甲醛的反应能垒低 61 kJ/mol，因此邻甲基苯甲醛是主要产物。该催化剂的笼内较大的空间有利于环的闭合和芳香含氧化合物的形成。相反，随着 MgO 负载量的增加，过量的阳离子会降低催化剂的环闭合能力，而 C_8 醛的最佳产物是线性八元乙醛。因此在该反应条件下，直链烯醛的形成和芳香醛的形成呈平行竞争关系，此时芳香醛生成路径为：乙醛→2-丁烯醛→C_8 中间体→MB ═O（图 6-28），在脱氢环化过程中伴有氢气生成。

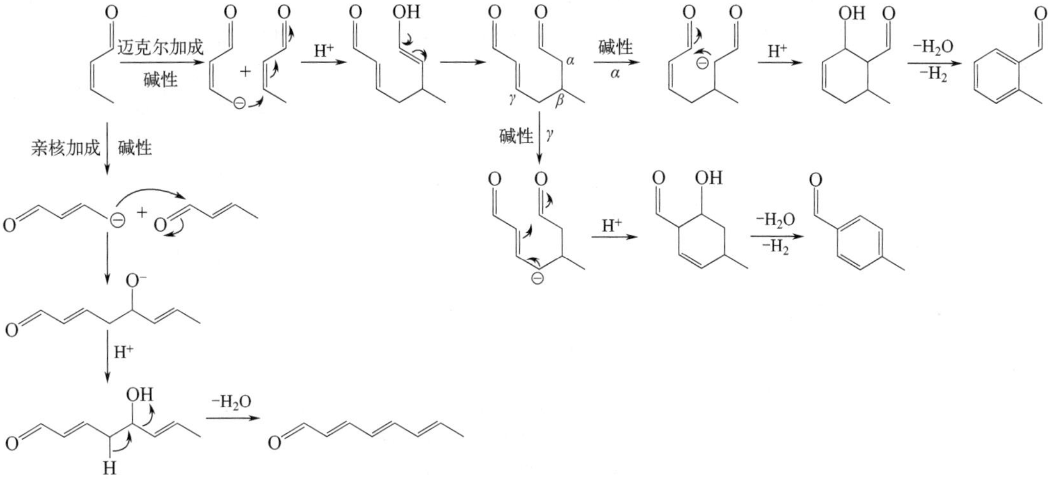

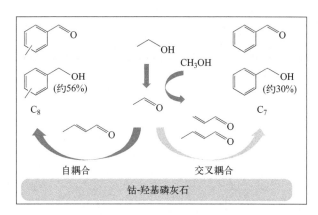

图 6-28　2-丁烯醛生成 C_8 产物的反应机理

最近，基于对反应机理的理解，已有研究报道了对烯醛中间体分子结构和碳数的调变，有望实现芳香醇或芳香醛上支链位置和数目变化。Zhou 等[105] 以 Co-HAP 为催化剂，当采用甲醇和乙醇共进料时，检测到明显的苯甲醛和苯甲醇生成，产物选择性达到约 30%（图 6-29）。因此，金属阳离子和羟基磷灰石复合体系的构筑开拓了乙醇直接、选择性生成苯甲醇/醛和甲基苯甲醇/醛反应路径。目前金属组分脱氢机制、2-丁烯醛选择性加氢原因、如何有效调变邻位和对位选择性分布等需要进一步深入研究和理解。

图 6-29　钴-羟基磷灰石催化乙醇或甲醇和乙醇制备芳香醇

从目前研究成果来看，关于乙醇高值转化利用的研究工作方兴未艾。当前，乙醇在羟基磷灰石上的总高碳醇选择性最高，高的强碱性位密度（即活性位）明显提升了 C-C 偶联速率，增加了 $C_{6\sim12}$ 高碳脂肪醇的选择性，因此研发高密度活性位暴露的羟基磷灰石有望进一步促进高碳数产物分布。另外，乙醇在羟基磷灰石表面的偶联历程仍不明确，但主要集中于"直接偶联"或"格尔伯特"反应路径，二者的本质区别是乙醇是否脱氢。此外，P 物种位于羟基磷灰石次表面，其在 C-C 偶联反应中的角色仍有待揭示。当前，乙醇在金属-羟基磷灰石上转化生成芳香醛/醇是当前研究前沿，极具实际应用价值，解析出金属的物理几何结构和配位信息有助于理解其催化乙醇脱氢且 2-丁烯醛选择性加氢的原因。目前乙醇生成的芳香醛和芳香醇以邻位产物为主，如何调变中间体活化生成对位芳香产物极具科学意义，这就需要采用原位谱学手段和理论计算揭示出中间体生成芳香产物的活性中心。

参考文献

[1] BP. BP Energy Outlook [Z/OL]. 2023 [2023-10-08]. http：//www. bp. com/energyoutlook.

[2] 戴彬，崔兆然. 国内外丁醇市场分析及技术进展 [J]. 化工管理，2020 (09)：8-9.

[3] Huber G W, Iborra S, Corma A. Synthesis of transportation fuels from biomass：chemistry, catalysts, and engineering [J]. Chem. Rev. , 2006, 106 (9)：4044-4098.

[4] Gallezot P. Conversion of biomass to selected chemical products [J]. Chem. Soc. Rev. , 2012, 41 (4)：1538-1558.

[5] Angelici C, Weckhuysen B M, Bruijnincx P C. Chemocatalytic conversion of ethanol into butadiene and other bulk chemicals [J]. ChemSusChem, 2013, 6 (9)：1595-1614.

[6] Makshina E V, Dusselier M, Janssens W, et al. Review of old chemistry and new catalytic advances in the on-purpose synthesis of butadiene [J]. Chem. Soc. Rev. , 2014, 43 (22)：7917-7953.

[7] Ragauskas A J, Williams C K, Davison B H, et al. The path forward for biofuels and biomaterials [J]. Science, 2006, 311 (5760)：484-489.

[8] OECD/FAO. OECD-FAO Agricultural Outlook 2017—2026 [Z/OL]. 2017 [2023-10-08]. http：//dx. doi. org/10. 1787/agr _ outlook-2017-en.

[9] Liu Y, Zhu W L, Liu H C, et al. Method for use in production of ethanol and coproduction of methanol：AU2013408110 [P]. 2017-07-06.

[10] Mattos L V, Jacobs G, Davis B H, et al. Production of hydrogen from ethanol：review of reaction mechanism and catalyst deactivation [J]. Chem. Rev. , 2012, 112 (7)：4094-4123.

[11] Hu J Z, Xu S C, Kwak J H, et al. High field 27Al MAS NMR and TPD studies of active sites in ethanol dehydration using thermally treated transitional aluminas as catalysts [J]. J. Catal. , 2016, 336：85-93.

[12] Xue F Q, Miao C X, Yue Y H, et al. Direct conversion of bio-ethanol to propylene in high yield over the composite of In_2O_3 and zeolite beta [J]. Green Chem. , 2017, 19 (23)：5582-5590.

[13] Sun J, Baylon R A, Liu C, et al. Key roles of lewis acid-base pairs on $Zn_xZr_yO_z$ in direct ethanol/acetone to isobutene conversion [J]. J. Am. Chem. Soc. , 2016, 138 (2)：507-517.

[14] Hulea V. Toward platform chemicals from bio-based ethylene：heterogeneous catalysts and processes [J]. ACS Catal. , 2018, 8 (4)：3263-3279.

[15] Salcedo A, Poggio-Fraccari E, Mariño F, et al. Tuning the selectivity of cerium oxide for ethanol dehydration to ethylene [J]. Appl. Surf. Sci. , 2022, 599：153963.

[16] Banzaraktsaeva S P, Ovchinnikova E V, Danilova I G, et al. Ethanol-to-ethylene dehydration on acid-modified ring-shaped alumina catalyst in a tubular reactor [J]. Chem. Eng. J. , 2019, 374：605-618.

[17] Hao Y, Zhao D J, Zhou Y, et al. Hierarchical leaf-like alumina-carbon nanosheets with ammonia water modification for ethanol dehydration to ethylene [J]. Fuel, 2023, 333 (1)：126128.

[18] Chen B H, Lu J Z, Wu L P, et al. Dehydration of bio-ethanol to ethylene over iron exchanged HZSM-5 [J]. Chinese J. Catal. , 2016, 37 (11)：1941-1948.

[19] Chen Y, Wu Y L, Tao L, et al. Dehydration reaction of bio-ethanol to ethylene over modified SAPO catalysts [J]. J. Ind. and Eng. Chem. , 2010, 16 (5)：717-722.

[20] Iwamoto M, Tanaka M, Hirakawa S, et al. Pulse and IR study on the reaction pathways for the conversion of ethanol to propene over scandium-loaded indium oxide catalysts [J]. ACS Catal. , 2014, 4 (10)：3463-3469.

[21] Iwamoto M, Kasai K, Haishi T. Conversion of ethanol into polyolefin building blocks：reaction pathways on nickel ion-loaded mesoporous silica [J]. ChemSusChem, 2011, 4 (8)：1055-1058.

[22] Duan C, Zhang X, Zhou R, et al. Comparative studies of ethanol to propylene over HZSM-5/SAPO-34 catalysts prepared by hydrothermal synthesis and physical mixture [J]. Fuel Process. Technol. , 2013, 108：31-40.

[23] Khanmohammadi M, Amani S, Garmarudi A B, et al. Methanol-to-propylene process：perspective of the most important catalysts and their behavior [J]. Chinese J. Catal. , 2016, 37 (3)：325-339.

[24] Song Z X, Takahashi A, Nakamura I, et al. Phosphorus-modified ZSM-5 for conversion of ethanol to propylene [J]. Appl. Catal. A：Gen. , 2010, 384 (1-2)：201-205.

[25] Bai T, Zhang X, Wang F, et al. Coking behaviors and kinetics on HZSM-5/SAPO-34 catalysts for conversion of

ethanol to propylene [J]. J. Energy Chem. , 2016，25（3）：545-552.

[26] Xia W，Chen K，Takahashi A，et al. Effects of particle size on catalytic conversion of ethanol to propylene over H-ZSM-5 catalysts—smaller is better [J]. Catal. Commun. , 2016，73：27-33.

[27] 章龙江，龚光碧. 丁二烯安全生产的理论与实践 [M]. 北京：化学工业出版社，2010：15-17.

[28] 张龙. 碳四碳五馏分综合利用原理与技术 [M]. 北京：化学工业出版社，2011：10-20.

[29] Jones M D，Keir C G，Iulio C D，et al. Investigations into the conversion of ethanol into 1，3-butadiene [J]. Catal. Sci. & Tech. , 2011，1（2）：267-272.

[30] Gayubo A G，Alonso A，Valle B，et al. Kinetic model for the transformation of bioethanol into olefins over a HZSM-5 zeolite treated with alkali [J]. Ind. & Eng. Chem. Res. , 2010，49（21）：10836-10844.

[31] Makshina E V，Janssens W，Sels B F，et al. Catalytic study of the conversion of ethanol into 1，3-butadiene [J]. Catal. Today，2012，198（1）：338-344.

[32] 丁国荣，杨献忠，陈金，等. 国内外乙醛生产与消费分析 [J]. 化学工业，2017，35（06）：47-52.

[33] 李峰. 我国乙醛产业的发展动态 [J]. 精细与专用化学品，2013，21（09）：1-4.

[34] Guan Y J，Hensen E J M. Ethanol dehydrogenation by gold catalysts：the effect of the gold particle size and the presence of oxygen [J]. Appl. Catal. A：Gen. , 2009，361（1-2）：49-56.

[35] Gong J，Flaherty D W，Yan T，et al. Selective oxidation of propanol on Au(111)：mechanistic insights into aerobic oxidation of alcohols [J]. Chemphyschem，2008，9（17）：2461-2466.

[36] Wang Y，Shi L，Lu W D，et al. Spherical boron nitride supported gold-copper catalysts for the low-temperature selective oxidation of ethanol [J]. ChemCatChem，2017，9（8）：1363-1367.

[37] van Der Grift C J G，Mulder A，Geus J W. Characterization of silica-supported copper catalysts by means of temperature-programmed reduction [J]. Appl. Catal. , 1990，60（1）：181-192.

[38] Chang F W，Kuo W Y，Lee K C. Dehydrogenation of ethanol over copper catalysts on rice husk ash prepared by incipient wetness impregnation [J]. Appl. Catal. A：Gen. , 2003，246（2）：253-264.

[39] Chang F W，Yang H C，Roselin L S，et al. Ethanol dehydrogenation over copper catalysts on rice husk ash prepared by ion exchange [J]. Appl. Catal. A：Gen. , 2006，304：30-39.

[40] Cassinelli W H，Martins L，Passos A R，et al. Correlation between structural and catalytic properties of copper supported on porous alumina for the ethanol dehydrogenation reaction [J]. ChemCatChem，2015，7（11）：1668-1677.

[41] Fujita S，Iwasa N，Tani H，et al. Dehydrogenation of ethanol over Cu/ZnO catalysts prepared from various co-precipitated precursors [J]. React. Kinet. Catal. Lett. , 2001，73（2）：367-372.

[42] Chung M J，Hana S H，Park K Y，et al. Differing characteristics of Cu and ZnO in dehydrogenation of ethanol：a deuterium exchange study [J]. Journal of Molecular Catalysis，1993，79（1）：335-345.

[43] Sato A G，Volanti D P，de Freitas I C，et al. Site-selective ethanol conversion over supported copper catalysts [J]. Catal. Commun. , 2012，26：122-126.

[44] Sato A G，Volanti D P，Meira D M，et al. Effect of the ZrO2 phase on the structure and behavior of supported Cu catalysts for ethanol conversion [J]. J. Catal. , 2013，307：1-17.

[45] Hao G P，Han F，Guo D C，et al. Monolithic carbons with tailored crystallinity and porous structure as lithium-ion anodes for fundamental understanding their rate performance and cycle stability [J]. J. Phys. Chem. C，2012，116（18）：10303-10311.

[46] Wang Q N，Shi L，Lu A H. Highly selective copper catalyst supported on mesoporous carbon for the dehydrogenation of ethanol to acetaldehyde [J]. ChemCatChem，2015，7（18）：2846-2852.

[47] Zhang P，Wang Q N，Yang X，et al. A highly porous carbon support rich in graphitic-n stabilizes copper nanocatalysts for efficient ethanol dehydrogenation [J]. ChemCatChem，2017，9（3）：505-510.

[48] Rakopoulos D C，Rakopoulos C D，Hountalas D T，et al. Investigation of the performance and emissions of bus engine operating on butanol/diesel fuel blends [J]. Fuel，2010，89（10）：2781-2790.

[49] Jordison T L，Lira C T，Miller D J. Condensed-phase ethanol conversion to higher alcohols [J]. Ind. & Eng. Chem. Res. , 2015，54（44）：10991-11000.

[50] 陈宁德. 丁烯醛的生产工艺及应用 [J]. 广西化工，1997（02）：8-16.

[51] 张云贤，余维新，李杰灵，等. 一步法催化乙醇合成正丁醇 [J]. 当代化工研究，2016（08）：70-71.

[52] Uyttebroek M，van Hecke W，Vanbroekhoven K. Sustainability metrics of 1-butanol [J]. Catal. Today，2015，239：7-10.

[53] Lee S Y，Park J H，Jang S H，et al. Fermentative butanol production by Clostridia [J]. Biotechnol. Bioeng. , 2008，101（2）：209-228.

[54] Patakova P，Linhova M，Rychtera M，et al. Novel and neglected issues of acetone-butanol-ethanol（ABE）fermentation by clostridia：clostridium metabolic diversity，tools for process mapping and continuous fermentation systems [J]. Biotechnol. Adv.，2013，31（1）：58-67.

[55] Li J，Chen X，Qi B，et al. Efficient production of acetone-butanol-ethanol（ABE）from cassava by a fermentation-pervaporation coupled process [J]. Bioresour. Technol.，2014，169：251-257.

[56] Harvey B G，Meylemans H A. The role of butanol in the development of sustainable fuel technologies [J]. J. Chem. Tech. & Biotechnol.，2011，86（1）：2-9.

[57] 童灿灿，杨立荣，吴坚平，等. 丙酮-丁醇发酵分离耦合技术的研究进展 [J]. 化工进展，2008（11）：1782-1788.

[58] 苏会波，李凡，彭超，等. 新型生物能源丁醇的研究进展和市场现状 [J]. 生物质化学工程，2014，48（01）：37-43.

[59] 卢巍，赵子昂，丁云杰，等. 一种 CO 加氢合成混合伯醇联产烯烃催化剂的制备方法及应用：CN108014816A [P]. 2016-11-04.

[60] Kozlowski J T，Davis R J. Heterogeneous catalysts for the guerbet coupling of alcohols [J]. ACS Catal.，2013，3（7）：1588-1600.

[61] Pang J F，Zheng M Y，He L，et al. Upgrading ethanol to n-butanol over highly dispersed Ni-MgAlO catalysts [J]. J. Catal.，2016，344：184-193.

[62] Sun Z H，Vasconcelos A C，Bottari G，et al. Efficient catalytic conversion of ethanol to 1-butanol via the guerbet reaction over copper- and nickel-doped porous [J]. ACS Sustain. Chem. & Eng.，2016，5（2）：1738-1746.

[63] Palagin D，Sushkevich V L，Ivanova I I. C—C coupling catalyzed by zeolites：is enolization the only possible pathway for aldol condensation? [J]. J. Phys. Chem. C，2016，120（41）：23566-23575.

[64] Singh M，Zhou N，Paul D K，et al. IR spectral evidence of aldol condensation：acetaldehyde adsorption over TiO_2 surface [J]. J. Catal.，2008，260（2）：371-379.

[65] Dziugan P，Jastrzabek K G，Binczarski M，et al. Continuous catalytic coupling of raw bioethanol into butanol and higher homologues [J]. Fuel，2015，158：81-90.

[66] Jiang D，Wu X，Mao J，et al. Continuous catalytic upgrading of ethanol to n-butanol over Cu-CeO（2）/AC catalysts [J]. Chem. Commun.，2016，52（95）：13749-13752.

[67] Wu X Y，Fang G Q，Liang Z，et al. Catalytic upgrading of ethanol to n-butanol over M-CeO$_2$/AC（M＝Cu，Fe，Co，Ni and Pd）catalysts [J]. Catal. Commun.，2017，100：15-18.

[68] Jiang D H，Fang G Q，Tong Y Q，et al. Multifunctional Pd@UiO-66 catalysts for continuous catalytic upgrading of ethanol to n-butanol [J]. ACS Catal.，2018，8（12）：11973-11978.

[69] Chakraborty S，Piszel P E，Hayes C E，et al. Highly selective formation of n-butanol from ethanol through the guerbet process：a tandem catalytic approach [J]. J. Am. Chem. Soc.，2015，137（45）：14264-14267.

[70] Liu Q，Xu G Q，Wang X C，et al. Selective upgrading of ethanol with methanol in water for the production of improved biofuel—isobutanol [J]. Green Chem.，2016，18（9）：2811-2818.

[71] Wang Q N，Zhou B C，Weng X F，et al. Hydroxyapatite nanowires rich in [Ca-O-P] sites for ethanol direct coupling showing high C（6~12）alcohol yield [J]. Chem. Commun.，2019，55（70）：10420-10423.

[72] Tsuchida T，Kubo J，Yoshioka T，et al. Reaction of ethanol over hydroxyapatite affected by Ca/P ratio of catalyst [J]. J. Catal.，2008，259（2）：183-189.

[73] Ho C R，Shylesh S，Bell A T. Mechanism and kinetics of ethanol coupling to butanol over hydroxyapatite [J]. ACS Catal.，2016，6（2）：939-948.

[74] Ogo S，Onda A，Yanagisawa K. Selective synthesis of 1-butanol from ethanol over strontium phosphate hydroxyapatite catalysts [J]. Appl. Catal. A：Gen.，2011，402（1-2）：188-195.

[75] Hanspal S，Young Z D，Shou H，et al. Multiproduct steady-state isotopic transient kinetic analysis of the ethanol coupling reaction over hydroxyapatite and magnesia [J]. ACS Catal.，2015，5（3）：1737-1746.

[76] Carvalho D L，de Avillez R R，Rodrigues M T，et al. Mg and Al mixed oxides and the synthesis of n-butanol from ethanol [J]. Appl. Catal. A：Gen.，2012，415-416：96-100.

[77] Quesada J，Faba L，Diaz E，et al. Tuning the selectivities of Mg-Al mixed oxides for ethanol upgrading reactions through the presence of transition metals [J]. Appl. Catal. A：Gen.，2018，559：167-174.

[78] Oh S C，Xu J，Tran D T，et al. Effects of controlled crystalline surface of hydroxyapatite on methane oxidation reactions [J]. ACS Catal.，2018，8（5）：4493-4507.

[79] Sugiyama S，Shono T，Makino D，et al. Enhancement of the catalytic activities in propane oxidation and H-D exchangeability of hydroxyl groups by the incorporation with cobalt into strontium hydroxyapatite [J]. J Catal.，2003，

214 (1)：8-14.

[80] Jun J. Nickel-calcium phosphate/hydroxyapatite catalysts for partial oxidation of methane to syngas：characterization and activation [J]. J. Catal.，2004，221 (1)：178-190.

[81] Kanai K，Matsumura Y，Moffat J B. An electron spin resonance study of oxygen radicals on hydroxyapatite [J]. Phosphorus Research Bulletin，1996，6 (0)：293-296.

[82] Silvester L，Lamonier J F，Vannier R N，et al. Structural，textural and acid-base properties of carbonate-containing hydroxyapatites [J]. J. Mater. Chem. A，2014，2 (29)：11073-11090.

[83] Diallo-Garcia S，Osman M B，Krafft J M，et al. Identification of surface basic sites and acid-base pairs of hydroxyapatite [J]. J. Phys. Chem. C，2014，118 (24)：12744-12757.

[84] Hill I M，Hanspal S，Young Z D，et al. DRIFTS of probe molecules adsorbed on magnesia，zirconia，and hydroxyapatite catalysts [J]. J. Phys. Chem. C，2015，119 (17)：9186-9197.

[85] Ho C R，Zheng S，Shylesh S，et al. The mechanism and kinetics of methyl isobutyl ketone synthesis from acetone over ion-exchanged hydroxyapatite [J]. J. Catal.，2018，365：174-183.

[86] Ogo S，Onda A，Iwasa Y，et al. 1-Butanol synthesis from ethanol over strontium phosphate hydroxyapatite catalysts with various Sr/P ratios [J]. J. Catal.，2012，296：24-30.

[87] Rodrigues E G，Keller T C，Mitchell S，et al. Hydroxyapatite，an exceptional catalyst for the gas-phase deoxygenation of bio-oil by aldol condensation [J]. Green Chem.，2014，16 (12)：4870-4874.

[88] Moteki T，Flaherty D W. Mechanistic insight to C—C bond formation and predictive models for cascade reactions among alcohols on Ca- and Sr-hydroxyapatites [J]. ACS Catal.，2016，6 (7)：4170-4183.

[89] Scalbert J，Thibault-Starzyk F，Jacquot R，et al. Ethanol condensation to butanol at high temperatures over a basic heterogeneous catalyst：how relevant is acetaldehyde self-aldolization? [J]. J. Catal.，2014，311：28-32.

[90] Young Z D，Davis R J. Hydrogen transfer reactions relevant to guerbet coupling of alcohols over hydroxyapatite and magnesium oxide catalysts [J]. Catal. Sci. Tech.，2018，8 (6)：1722-1729.

[91] Hanspal S，Young Z D，Prillaman J T，et al. Influence of surface acid and base sites on the guerbet coupling of ethanol to butanol over metal phosphate catalysts [J]. J. Catal.，2017，352：182-190.

[92] Yang C，Meng Z Y. Bimolecular condensation of ethanol to 1-butanol catalyzed by alkali cation zeolites [J]. J. Catal.，1993，142 (1)：37-44.

[93] Ndou A S，Plint N，Coville N J. Dimerisation of ethanol to butanol over solid-base catalysts [J]. Appl. Catal. A：Gen.，2003，251 (2)：337-345.

[94] Birky T W，Kozlowski J T，Davis R J. Isotopic transient analysis of the ethanol coupling reaction over magnesia [J]. J. Catal.，2013，298：130-137.

[95] di Cosimo J I，DiEz V K，Xu M，et al. Structure and surface and catalytic properties of Mg-Al basic oxides [J]. J. Catal.，1998，178 (2)：499-510.

[96] di Cosimo J I，Ginés M J L，Iglesia E，et al. Structural requirements and reaction pathways in condensation reactions of alcohols on Mg$_y$AlO$_x$ catalysts [J]. J. Catal.，2000，190 (2)：261-275.

[97] Earley J H，Bourne R A，Watson M J，et al. Continuous catalytic upgrading of ethanol to n-butanol and >C$_4$ products over Cu/CeO$_2$ catalysts in supercritical CO$_2$ [J]. Green Chem.，2015，17 (5)：3018-3025.

[98] Riittonen T，Toukoniitty E，Madnani D K，et al. One-pot liquid-phase catalytic conversion of ethanol to 1-butanol over aluminium oxide—the effect of the active metal on the selectivity [J]. Catal.，2012，2 (1)：68-84.

[99] 杜玉如，孙国民，朱磊. 邻二甲苯生产消费现状及市场分析 [J]. 化学工业，2017，35 (02)：42-43.

[100] 刘秋芳，张小虎. 对二甲苯市场供需分析 [J]. 山东化工，2017，46 (20)：109-110.

[101] Lusardi M，Struble T，Teixeira A R，et al. Identifying the roles of acid-base sites in formation pathways of tolualdehydes from acetaldehyde over MgO-based catalysts [J]. Catal. Sci. & Tech.，2020，10 (2)：536-548.

[102] Moteki T，Rowley A T，Flaherty D W. Self-terminated cascade reactions that produce methylbenzaldehydes from ethanol [J]. ACS Catal.，2016，6 (11)：7278-7282.

[103] Wang Q N，Weng X F，Zhou B C，et al. Direct，selective production of aromatic alcohols from ethanol using a tailored bifunctional cobalt-hydroxyapatite catalyst [J]. ACS Catal.，2019，9 (8)：7204-7216.

[104] Zhang L，Pham T N，Faria J，et al. Synthesis of C$_4$ and C$_8$ chemicals from ethanol on MgO-incorporated faujasite catalysts with balanced confinement effects and basicity [J]. ChemSusChem，2016，9 (7)：736-748.

[105] Zhou B C，Wang Q N，Weng X F，et al. Regulating aromatic alcohols distributions by cofeeding methanol with ethanol over cobalt-hydroxyapatite catalyst [J]. ChemCatChem，2020，12 (8)：2341-2347.

●················ **思考题** ················●

1. 乙醇的合成方法主要有哪些？
2. 作为重要的平台型分子，由乙醇出发可以制备哪些高值化学品？
3. 乙醇脱水制乙烯工艺有哪些优点？
4. 作为乙醇制乙醛的两种重要方法，直接脱氢法相比氧化脱氢法有何优势？
5. 写出由乙醇制备甲基苯甲醇的反应路线。

第 7 章

二氧化碳的催化转化

7.1 引言

工业革命以来，人类文明蓬勃发展，但这也造成了化石能源的巨大消耗，全球二氧化碳排放逐年升高，目前体积分数已达到 421.00×10^{-6}（数据源自 $CO_2 \cdot$ earth 网，2023 年 3 月）。二氧化碳是重要的温室气体，持续增加的二氧化碳排放，带来了诸多严重的环境和社会问题。二氧化碳的捕集和封存一度成为解决二氧化碳排放的方案。但是，该方案带来了严重的成本问题和后续潜在的负面效应，使得人们开始探索更为经济、合适的解决方案。二氧化碳是温室气体，但又是十分重要的碳一资源。为此，除了二氧化碳的减排、捕集，二氧化碳的资源化利用引起了全球学术界和工业界的广泛关注[1,2]。将二氧化碳催化转化为碳一大宗化学品、燃料及其他高附加值化学品的相关科学和技术，引起了人们的极大兴趣。迄今，二氧化碳催化转化研究，符合可持续发展的要求，已成为多个学科国际学术研究的前沿和热点，涵盖催化、材料、能源、环境、物化、可持续化学等多个学科领域。

本章从二氧化碳的分子结构、物化性质及催化活化和转化策略等方面着手进行阐述；随后着重阐述了二氧化碳催化转化制碳一大宗化学品（合成气、一氧化碳、甲酸、甲醇和甲烷）与燃料、高值化学品（C_{2+} 烷烃、低碳烯烃、二甲醚、高碳醇、芳烃、碳酸二甲酯和环状碳酸酯）；接着，对电催化、光催化和耦合光催化（光电、光热）等二氧化碳催化转化新技术进行阐述；最后，对二氧化碳催化转化资源化利用的现状进行总结，指出二氧化碳催化转化所存在的挑战并对其未来前景进行了展望。

空气中含有二氧化碳，在过去工业革命之前的漫长时期，其含量基本上保持恒定。这是源于大气中的二氧化碳始终处于"边增长、边消耗"的动态变化过程。大气中的二氧化碳有80%来自人和动、植物的呼吸，20%来自燃料的燃烧。大气中的二氧化碳有75%被海洋、湖泊、河流等地面的水及空中降水吸收。还有5%的二氧化碳通过植物光合作用，转化为有机物质。这就是二氧化碳占空气体积分数保持0.03%而基本变化不大的原因。

但是，工业革命以来，工业二氧化碳排放导致二氧化碳浓度以前所未有的速度持续增大。尤其是近几十年来，由于人口急剧增加，工业迅猛发展，呼吸产生的二氧化碳及煤炭、石油、天然气燃烧产生的二氧化碳远远超过了过去的水平。另一方面，由于对森林乱砍滥伐，大量农田建成城市和工厂，破坏了植被。再加上地表水域逐渐缩小，降水量大大降低，减少了吸收溶解二氧化碳的条件，破坏了二氧化碳生成与转化的动态平衡，就使大气中的二氧化碳含量逐年增加。图 7-1 给出了大气中二氧化碳浓度变化的曲线图。从图中可以看出，

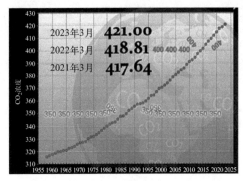

图 7-1　1958—2023 年大气中二氧化碳气体的
浓度变化曲线图（数据来源：　$CO_2 \cdot$ earth 网）

大气中的二氧化碳浓度持续升高。从 1960 年的 317 ppm（即 10^{-6}，指体积分数）快速提高到 1990 年的 353.24 ppm，30 年间，增幅达到了 36.24 ppm。近年来，增速更加迅猛。2000 年，大气中二氧化碳浓度为 368.76 ppm，比 1990 年增大 15.52 ppm（10 年间每年平均增幅 1.55 ppm）。进入 21 世纪，二氧化碳浓度增大的速度更加剧烈，到了 2010 年，已经从 2000 年的 368.76 ppm 增大到了 388.38 ppm，10 年增幅达到 19.62 ppm（10 年间每年平均增幅 1.96 ppm）。到 2023 年 3 月，大气中的二氧化碳浓度高达 421.00 ppm，

比 2010 年增大了 32.62 ppm。从这些数据来看，大气中二氧化碳浓度不但在持续增大，且其增速也越来越大，二氧化碳排放控制刻不容缓。

二氧化碳的利用，是指利用二氧化碳的物理、化学或生物等作用，生产具有商业价值的产品，且与其他相同产品或具有相同功效的工艺相比，可实现二氧化碳减排效果的工农业利用技术。二氧化碳的利用，具有资源和环境的双重意义。二氧化碳具有较高的民用和工业价值，在多个领域有着广泛的应用，是一种非常宝贵的资源。根据利用原理，二氧化碳利用可以分为：地质利用、化工利用和生物利用。二氧化碳的地质利用，主要包括强化采油、驱替煤层气、强化天然气开采、强化页岩气开采、增强地热、铀矿浸出增采和强化深部咸水；二氧化碳化工利用，主要包括二氧化碳转化为燃料和化学品，这是本章要重点阐述的内容；二氧化碳生物利用，主要包括微藻固定制生物燃料和化学品、微藻固定制生物肥料、微藻固定制食品和饲料添加剂、二氧化碳气肥技术。

全世界大约有 20 个大型二氧化碳利用项目，规模在 400 t/d 及以上（二氧化碳强化驱油不计），主要分布在北美、中国、日本、印度等国家和地区[3]，表明二氧化碳利用市场潜能巨大。二氧化碳利用技术，最大的制约因素是成本。另外，二氧化碳利用方面，地质利用的量较大，而化工利用的比例相对小得多，但是二氧化碳催化转化制 C_1 大宗化工原料、燃料和化学品具有巨大的经济价值，已成为国际学术研究的前沿和热点。二氧化碳的大规模应用，既需要技术的进步，也需要政策的支持。总的来讲，二氧化碳的利用潜力巨大，前景光明。

7.1.1　二氧化碳的利用现状

如图 7-2，二氧化碳是一个典型的直线型分子，分子中，碳原子的两个 sp 杂化轨道分别与两个氧原子形成 σ 键，而在碳原子上两个未参与杂化的 p 轨道与 sp 杂化轨道呈直角，并在侧面与氧原子的 p 轨道分别肩并肩重叠，形成两个三中心四电子的离域 π 键。正常的 C＝O 键长为 122 pm，而二氧化碳分子的 C＝O 键的键长缩短到了 116.3 pm，键能提高到了 804.4 kJ/mol。二氧化碳分子的羰基不对称伸缩振动的红外吸收在 2349 cm^{-1}，弯曲振动在 666 cm^{-1}，拉曼光谱信号在 1388 cm^{-1}，其溶解状态的核磁共振碳谱信号在 126 pm。

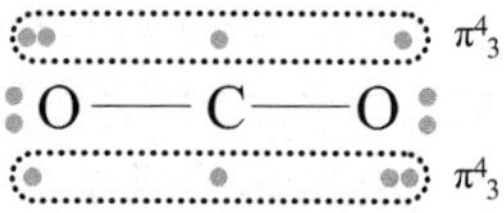

二氧化碳无色、无味、无毒、不燃，性质稳定，溶于水和烃类

$$\pi_3^4$$
$$O—C—O$$
$$\pi_3^4$$

图 7-2　二氧化碳分子的
电荷排布示意

等多数有机溶剂，在水中的溶解度为 1.45 g/mL（25 ℃，1×10^5 Pa）。其熔点为 -56.6 ℃，沸点为 -78.8 ℃，密度为 1.997 g/cm^3（标准条件下），比空气密度大。二氧化碳的黏度为 0.07 cP（-78 ℃，1 cP $= 10^{-3}$ Pa·s）。二氧化碳的临界温度（T_c）31.1 ℃，临界压力 7.38 MPa，临界密度 0.466 g/cm^3。二氧化碳室温下，加压即可液化，而液态二氧化碳再进一步加压冷却可凝固成固态二氧化碳，即干冰。干冰在室温下可直接升华为气体。

二氧化碳分子结构稳定，化学性质不活泼，不可燃、不助燃，易溶于水而生成碳酸。二氧化碳是弱酸性氧化物，能够与胺的碱性基团及一些碱性化合物发生作用而被活化。利用其与碱反应的性质，氮肥厂以氨水吸收二氧化碳来合成氮肥碳酸氢铵。二氧化碳具有弱氧化性，能与强还原剂如碳或活泼金属（钠、镁）发生化学反应。

二氧化碳又是一个较强的配体，能以多种方式与金属形成络合物。二氧化碳的标准生成吉布斯自由能为 -394.38 kJ/mol，碳原子处于最高氧化态，为 $+4$ 价，整个分子处于能量最低状态，化学性质稳定，是一种惰性分子。因此，二氧化碳的活化，需要克服很高的能垒。二氧化碳转化，通常需要在催化剂存在的高温、高压下进行。二氧化碳高温裂解成 CO 和 O_2，吉布斯能变为 $+257$ kJ/mol，反应温度高达 3075 ℃才能完全转化，即使是转化率 30%，也需要 2400 ℃。目前这方面的研究，主要考虑利用聚焦太阳能和核能提供反应所需能量。二氧化碳分子的第一电离能较高，为 13.8 eV，不易给出电子。但是，二氧化碳分子具有较低能级的空轨道和 38 eV 的较高的电子亲和能，相对而言，其更容易接受电子。因此，对于二氧化碳分子的活化，最有效的方式是采用合适的方式输入电子，即从外界提供富电子物质与二氧化碳作用，这也是有机合成中最常见的活化分子的方法。

7.1.2　二氧化碳的活化与催化转化

为了满足人类的物质文化生活，化石燃料被过度消耗，从而带来两个问题：a. 二氧化碳是大气中的主要温室效应源，导致生态环境不断恶化；b. 化石能源日趋匮乏导致能源危机。我们不但要认识到二氧化碳作为主要温室气体产生温室效应所带来的环境问题，更应该将二氧化碳的转化和利用提高到资源利用和可持续发展的高度。

二氧化碳热力学稳定、动力学惰性，化学转化需要消耗大量能量。从能量来源的角度，可以考虑四个途径：a. 以氢气、不饱和化合物、小环化合物或有机金属化合物等高能态活性化合物为辅助，利用其自身的化学能来活化二氧化碳；b. 以高氧化态的稳定有机化合物，如碳酸酯，为二氧化碳转化的目标产物，不涉及其还原过程，节省能源消耗；c. 利用可再生资源，使用电能（来自非化石资源发电，如核能、水力发电、风能等）、光能、等离子体等来实现二氧化碳的活化转化；d. 利用生物固定技术，将二氧化碳活化转化为生物燃料。

二氧化碳是直线型对称的化学惰性分子，早期认为很难配位活化。随着研究的深入，发现二氧化碳也可以与过渡金属、有机分子以多种方式配位而被活化。二氧化碳有两个活性位点：碳原子的最低未占分子轨道（LUMO）具有路易斯酸性，可作为亲电试剂；两个氧原子的最高占据分子轨道（HOMO）显示弱的路易斯碱性，可作为亲核试剂。二氧化碳的活化转化，一般至少需要一种形式的配位活化——亲电络合、亲核络合或两者兼具。另外，二氧化碳分子的离域 π 电子也可以和过渡金属的 d 空轨道络合。如果二氧化碳分子的 LUMO 轨道通过电子转移被占据，将导致其线性分子的弯曲。如形成 CO_2^-·自由基，结构弯曲，键角达到 134°。图 7-3 给出了二氧化碳在过渡金属表面吸附活化的三种结合态。三种结合态中，结合态-Ⅰ和结合态-Ⅱ更易于生成。二氧化碳与金属相互作用，由于电子转移到二氧化碳分子，使其分子结构发生弯曲，并伴有 C—O 键的伸长，导致 C—O 对称伸缩振动频率显著降低，生成 CO_2^- 物种，其周围未变形的线性二氧化碳分子对弯曲的 CO_2^- 物种表现出溶剂化作用，来稳定 CO_2^- 物种，这是二氧化碳在过渡金属表面催化活化的基本过程。以二氧化碳配位为基础，有四种化学活化方法[4]：有机胺活化法、路易斯酸碱对活化法、氮杂卡宾活化法、过渡金属活化法。

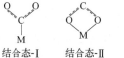

图 7-3　二氧化碳分子在过渡金属表面上的三种吸附结合态

　　惰性的二氧化碳分子，通过适当的催化体系或活化策略，可以实现二氧化碳活化制化学品、能源产品及高分子材料。对于二氧化碳的不同活化策略，催化是必不可少的，催化剂是关键。既可以是均相催化，也可以是多相催化。均相催化，催化效率高，可以温和、高效地活化二氧化碳分子，合成燃料分子和高值化学品。但是，均相催化存在分离困难和催化剂难以循环使用的问题，且均相催化难以实现连续化生产。此外，均相催化剂一般比较昂贵。因此，均相催化在二氧化碳催化转化中，可以考虑合成高附加值的精细化学品，而在大宗化学品和燃料合成中的应用前景有限。为了解决均相催化的分离和催化套用问题，可采用均相催化剂的固载化，也称均相催化多相化。多相化的均相催化剂兼具均相催化剂的温和、高效和高选择性及多相催化剂的易于分离、套用、易于连续化生产的优势，是一个重要的策略和研究方向。当然，均相催化多相化本身还存在诸多问题，如络合物配位的改变、活性组分流失等。多相催化是二氧化碳资源化转化和利用最为有效的途径。本章后续部分将聚焦多相催化二氧化碳转化。

7.2　二氧化碳催化转化制碳一化学品

　　如前所述，将二氧化碳捕集后加以资源化利用，来获取高附加值的化学品、燃料和材料，为二氧化碳的利用开拓了新思路。二氧化碳作为主要反应物参与诸多反应，但从大规模利用考虑，二氧化碳重整甲烷制合成气及加氢制一氧化碳、甲酸、甲醇、甲烷等大宗化学品或燃料的转化更具意义[5]。因此，本节重点阐述二氧化碳催化转化制合成气、一氧化碳、甲酸、甲醇和甲烷。

7.2.1　合成气

　　天然气储量非常丰富，其主要成分是甲烷，为三大化石能源之一，同时还是重要的温室气体，温室效应是等质量的二氧化碳的 21 倍。二氧化碳重整甲烷制合成气，同时将两种温室气体转化为重要的平台化合物——合成气，具有重要的学术价值和现实意义。下面从二氧化碳重整甲烷制合成气的目的和意义、反应热力学和机理、催化剂三个方面进行阐述，并对二氧化碳重整甲烷制合成气的研究进展进行述评，对未来发展进行展望。

7.2.1.1　二氧化碳重整甲烷制合成气的目的和意义

　　合成气是以一氧化碳和氢气为主要组分，用作化工原料的一种原料气。这里提一个"合成气中枢"的概念：是将天然气、煤和生物质等多种原料经过气化生产合成气，再以合成气为原料，选择合成需要的液体燃料和化工产品的工艺。合成气成为连接天然气、石油、煤炭、生物质等上游资源和燃料、乙烯、丙烯、醋酸和芳烃等下游化工产品的枢纽。

合成气的原料范围很广，可由煤或焦炭等固体燃料气化产生，也可由天然气和石脑油等轻质烃类制取，还可由重油经部分氧化法来生产。目前，合成气大多是从天然气或煤来获得。煤气化制合成气是指以煤或煤焦为原料，以氧气、水蒸气作为气化剂，高温条件下，通过化学反应将煤或煤焦中的可燃部分转化为合成气的过程。煤气化炉设备复杂、投资大、污染重，H_2 与 CO 比值偏低，约 $0.4\sim0.7$。甲烷水蒸气重整是工业上天然气制合成气的主要途径。但是，甲烷水蒸气重整所制得的合成气中氢含量高（CO 与 H_2 比值为 $1:3$），适合于合成氨及制氢过程，而不适合作费托合成的原料，且该工艺还存在能耗高、投资大、生产能力低的弊端。甲烷与二氧化碳催化重整制取合成气，产生的合成气的 CO 与 H_2 摩尔比约为 $1:1$，可直接作为羰基合成和费托合成的原料，解决了甲烷与水蒸气重整制取合成气中碳氢比过低（$1:3$）的问题。该过程还避免了甲烷与二氧化碳的预分离过程，有效利用了二氧化碳、甲烷两种温室气体，对温室气体的减排和资源化应用具有双重意义。此外，二氧化碳与甲烷重整是强吸热反应（$\Delta H^{\ominus}_{298\,K}=247.3\ kJ/mol$），属于较大反应热的可逆反应，可作为能量储存介质，从而在化学储能方面也具有广阔应用前景。因此，甲烷、二氧化碳重整制合成气过程是近十几年来世界范围的研究热点之一。

7.2.1.2　二氧化碳重整甲烷制合成气的反应热力学和机理

二氧化碳重整甲烷制合成气反应，又称为甲烷的干重整，其主反应的化学反应方程式见式(7-1)：

$$CH_4+CO_2 \rightleftharpoons 2CO+2H_2 \quad \Delta H^{\ominus}_{298\,K}=247.3\ kJ/mol \quad \Delta G^{\ominus}=66170-67.32T \quad (7\text{-}1)$$

式中，$\Delta H^{\ominus}_{298\,K}$ 为 298 K 下的标准焓变；$\Delta G^{\ominus}$ 为 298 K 下的标准吉布斯自由能变。主反应式(7-1)是一个强吸热、体积增大的反应，升高温度和降低压力对反应有利。然而，其热力学平衡常数受逆水煤气变换（reverse water gas shift，RWGS）式(7-2)的影响很大，从而导致二氧化碳的转化率要大于甲烷，进而使得所制备的合成气的 H_2 与 CO 摩尔比小于 1。除了 RWGS 副反应，生成的 CO 将发生 CO 歧化副反应式(7-3)。此外，在 640 ℃以上，甲烷干重整反应还伴随甲烷裂化副反应式(7-4)。CO 歧化和甲烷裂化反应能够引起催化剂的积炭失活。在 $557\sim700^{\circ}C$ 温度范围内，易于发生 CO 歧化和甲烷裂化副反应，催化剂也因此而易于积炭失去活性。从热力学来看，当温度超过 820 ℃，二氧化碳的逆水煤气变换副反应和 CO 歧化副反应将会被有效抑制。甲烷干重整是一个受热动力学限制的反应，在 727 ℃以上的高温利于甲烷干重整反应。CO 的歧化反应是放热反应，高温可以抑制 CO 歧化副反应的发生，但是，高温会加强甲烷的热裂化反应。因此，高温条件下，重整催化剂积炭失活主要是由促进的甲烷裂化所致的炭沉积[6]。

$$CO_2+H_2 \rightleftharpoons CO+H_2O \quad \Delta H^{\ominus}_{298\,K}=41.2\ kJ/mol \quad \Delta G^{\ominus}=-8545+7.84T \quad (7\text{-}2)$$

$$2CO \rightleftharpoons C+CO_2 \quad \Delta H^{\ominus}_{298\,K}=-171.7\ kJ/mol \quad \Delta G^{\ominus}=-39810-40.87T \quad (7\text{-}3)$$

$$CH_4 \rightleftharpoons C+2H_2 \quad \Delta H^{\ominus}_{298\,K}=75.0\ kJ/mol \quad \Delta G^{\ominus}=2190-26.45T \quad (7\text{-}4)$$

通过上述热力学分析，二氧化碳重整甲烷反应在高温下利于反应向正向移动，从而提高二氧化碳和甲烷的转化率。提高温度，可以抑制二氧化碳的逆水煤气变换副反应，从而使得合成气的 H_2 与 CO 比值逐渐接近 1。但是，高温反应，一方面会导致催化剂积炭，失活严重；另一方面，需要吸收的热量不断增大，造成大的能耗。因此，对于甲烷干重整，适宜的反应温度是非常重要的。此外，如式(7-1)，重整主反应是体积增大的反应，压力增大对反应不利，会造成二氧化碳和甲烷转化率的降低。因此，通常选择常压下反应。

Nikolla 等在甲烷干重整反应的机理方面做了大量探索工作[7]，发现甲烷裂解在常压下往往是干重整反应的速率控制步骤，在甲烷二氧化碳干重整反应过程中，甲烷依次解离为 CH_3^*［式(7-5)］、CH_2^*［式(7-6)］、CH^*［式(7-7)］、C^*［式(7-8)］和吸附态 H^* 原子。产生的 H^* 原子能促进二氧化碳解离成 CO 和 OH^* 物种［式(7-9)］，OH^* 物种又能相互结合形成 H_2O 和 O^* 原子［式(7-10)］。生成的 O^* 原子与 CH_x 作用生成 CO 和 H^*［式(7-11)］，H^* 原子相互结合形成 H_2［式(7-12)］，而没有结合的 H^* 原子则会促进二氧化碳的解离。从二氧化碳分子结构可以看出，二氧化碳也可以被络合活化，因此，二氧化碳分子也可能会直接解离生成 CO 和 O^*［式(7-13)］[8]。一些研究者认为二氧化碳的解离吸附发生在金属表面活性位，也有人认为发生在载体表面或载体与金属的接触面。此外，如何设计催化剂，更好地促进二氧化碳和甲烷的协同催化，可以是很好的发展方向。尽管上述研究工作取得了很好进展，但对于二氧化碳的解离吸附尚有争议，甲烷干重整的反应机理还有待进一步深入研究。

$$CH_4 + 2* \longrightarrow CH_3^* + H^* \tag{7-5}$$

$$CH_3^* + * \longrightarrow CH_2^* + H^* \tag{7-6}$$

$$CH_2^* + * \longrightarrow CH^* + H^* \tag{7-7}$$

$$CH^* + * \longrightarrow C^* + H^* \tag{7-8}$$

$$CO_2 + H^* \longrightarrow CO + OH^* \tag{7-9}$$

$$2OH^* \longrightarrow H_2O + O^* + * \tag{7-10}$$

$$CH_x^* + O^* + (x-2)* \longrightarrow CO + xH^* \tag{7-11}$$

$$2H^* \longrightarrow H_2 + 2* \tag{7-12}$$

$$CO_2 + * \longrightarrow CO + O^* \tag{7-13}$$

7.2.1.3　二氧化碳重整甲烷制合成气的催化剂

催化剂是催化反应的核心和关键，设计和制备高效二氧化碳重整甲烷制合成气催化剂得到了广泛关注。贵金属催化剂 Pt、Pd、Rh、Ru 等用于甲烷干重整，表现出了高的活性和良好的抗积炭、抗烧结稳定性。但是，由于贵金属资源稀少、价格昂贵，近年来的研究主要集中在 Ni、Co、Cu 非贵金属催化剂，而抗积炭、抗烧结的非贵金属重整催化剂研究的热点，主要集中于活性组分、助剂效应、载体效应、催化剂结构及抗积炭和抗烧结稳定催化剂的研究。下面对这几个方面的研究进展进行阐述（篇幅所限，不再对抗积炭和抗烧结稳定催化剂展开赘述）。

(1) 活性组分

如前所述，贵金属和非贵过渡金属均被用作干气重整催化剂的活性组分，主要集中在第Ⅷ族。文献结果表明，贵金属和非贵过渡金属均展示出了高的甲烷干重整催化活性，催化活性顺序：①以 SiO_2 为载体，Ru>Rh>Ni>Pt>Pd；②以 MgO 为载体，Ru>Rh>Ni>Pd>Pt；③以 Al_2O_3 为载体，Rh>Ni>Pt>Ir>Ru>Co。相对于非贵过渡金属，贵金属还表现出优良的抗积炭催化稳定性。但是以贵金属为活性组分的催化剂显然可行性和经济性较差，而非贵过渡金属应用前景看好。但是，采用 Ni、Co 等非贵过渡金属为活性组分，催化剂的积炭失活严重。此外，如前所述，甲烷干重整通常在高温下进行，催化剂的活性组分也易于烧结而使催化剂失去活性。因此，寻找一种性价比高、抗积炭和抗烧结性能好的、以非贵过渡金属为活性组分的催化剂，已经成为目前研究的重点和热点。与传统的单组分金属催化剂相比，双金属催化剂因高活性和高稳定性等优点而逐渐被重视。例如，Józwiak 等[9] 对比研究了 SiO_2 载 Ni、Rh 单金属催化剂以及 Ni-Rh 双金属催化剂，发现在 Ni 活性组分中添加 Rh 后形成了富 Ni 表面的 Ni-Rh 合金，因而具有更好的活性和抗积炭性能。也有研究表明[10]，在 Ni 基催化剂中加入痕量 Pt、Pd、Rh 等贵金属，可以发挥氢溢流效应，在贵金属上活化氢分子形成的活泼氢原子扩散到非贵金属上，提高其可还原性，创造更多活性位，从而促进非贵金属的催化活性。过渡金属碳化物具有类贵金属的性质，为此，Zhao 等 "先进催化材料" 研究组人员开展了碳化钼修饰载镍催化剂的制备及其催化甲烷重整合成气的研究[11]，发现仅少量碳化钼的引入就可以有效提高 Ni 催化剂的抗积炭稳定性。此外，我们还建立了负载型碳化物制备新方法——葡萄糖辅助浸渍还原碳化法。在制备过程中，葡萄糖兼作负载金属的助分散剂和碳化物制备的碳源。相对于传统的甲烷还原碳化法所制备的 Mo_2C-Ni/ZrO_2（Met）催化剂，采用新的制备方法所制得的催化剂 Mo_2C-Ni/ZrO_2（Glu）金属分散度高，从而展示更高的催化活性和抗积炭催化稳定性。此外，担载的 Ni-Cu、Ni-Fe、Ni-Co 等双非贵过渡金属催化剂也被用于甲烷重整反应，由于双金属的协同作用，催化剂表现出了比单一金属催化剂更高的甲烷重整催化活性和抗积炭稳定性。

（2）载体效应

工业上常用负载型催化剂，载体不仅对活性组分起物理支撑作用，还可以与活性组分发生相互作用进而影响催化剂的结构（如颗粒大小、金属分散度）和性能（如反应活性、稳定性、抗积炭性），有的载体可能还参与反应物的吸附和活化，从而对催化剂性能起着极其重要的作用。由前面的热力学计算结果可知，甲烷-二氧化碳重整制合成气反应，需要在高温下才能获得高的合成气收率，而较高操作温度要求催化剂载体必须具有很高的热稳定性。因此一般选择 Al_2O_3、SiO_2、MgO、CaO、TiO_2、硅石、稀土氧化物以及一些复合金属氧化物和分子筛等热稳定性较高的材料作为催化剂载体。载体的结构与性质、载体与金属组分的相互作用，以及由此而引起的催化剂体相结构、组成、颗粒大小、分散的变化显著影响活性组分可还原性及反应活性、选择性和抗积炭与抗烧结稳定性。载体的酸碱度和氧化还原性对催化剂的甲烷重整反应的催化性能影响也很显著。一方面，可以通过金属-载体相互作用来影响催化剂的活性和抗积炭、抗烧结稳定性；另一方面，还可以通过氧空穴和流动氧来促进 Ni 的甲烷重整催化活性及抗积炭稳定性。除了采用单组分的载体外，还可以使用复合型的载体，从而在一定程度上提高载体的热稳定性。

Zhao 等也开展了相关的研究工作[12]。以天然埃洛石衍生的 SiO_2-Al_2O_3 复合氧化物纳米棒为载体制备的 Ni 催化剂，展示了高的甲烷重整催化活性和非凡的抗积炭、抗烧结稳定性（图 7-4）[6]。通过氟化铵、乌洛托品（HMA）、葡萄糖、尿素等小分子及其组合的运用，制备了系列不同形貌、晶体结构和织构性质的氧化锆（图 7-5），作为载体，负载镍，制备了系列不同的载镍催化剂，用于甲烷重整制合成气反应。发现：氧化锆载体的独特形貌显著影响 Ni 分散度、可还原性、氧流动性及载体的碱性，从而影响催化剂的甲烷重整催化活性；加强的金属 Ni-ZrO_2 载体相互作用提高了载镍催化剂的抗烧结稳定性；所制备的独特的多级结构氧化锆的良好的氧流动性、更多的碱性位、增强的碱性及小的 Ni 粒子尺寸可以有效抑制积炭的形成，从而提高载 Ni 催化剂的抗积炭稳定性。

(a) 埃洛石透射电镜图　　　　　(b) 氧化硅-氧化铝纳米棒透射电镜图

(c) 甲烷转化率　　　　　(d) CO₂转化率

图 7-4　埃洛石及其衍生的氧化硅-氧化铝纳米棒的透射电镜图以及氧化硅-氧化铝纳米棒和
纳米颗粒载 Ni 催化剂的重整催化性能

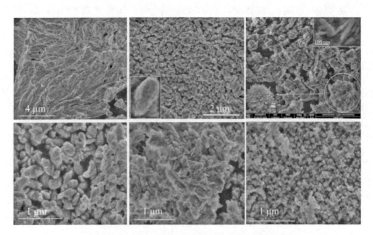

图 7-5　不同形貌氧化锆载体的扫描电镜图

(3) 助剂效应

用于甲烷干重整，廉价的 Ni 催化剂具有和贵金属可比的催化活性和选择性，是除贵金属催化剂以外性能优异的催化体系之一。但是，对二氧化碳重整甲烷反应，由于催化剂容易积炭和活性组分 Ni 容易烧结团聚，Ni 基催化剂的高温稳定性还不够理想。添加助剂是提高 Ni 基催化剂催化稳定性行之有效的方法。通过助剂的添加，可以调变催化剂表面酸碱性、提高活性组分的分散度、改变活性组分与载体的相互作用、调变金属原子的电子密度以影响催化剂对甲烷、二氧化碳分子解离的性能，从而提高催化剂的抗积炭能力。常用助剂有碱金属、碱土金属氧化物、稀土金属氧化物及过渡金属。

Guerrero-Ruiz 等[13] 研究了助剂 MgO 对 Co/C 和 Co/SiO₂ 催化剂的甲烷干重整催化性

能的影响，发现 MgO 对抑制载 Co 催化剂的失活成效显著。他们认为，MgO 作为 Co 纳米粒子附近活化 CO_2 的中心，强化了催化剂的消炭能力，从而提高催化剂的稳定性。Zhang 等[14]研究了助剂 CaO 的添加对 $Ni/\gamma\text{-}Al_2O_3$ 催化剂的活性和稳定性的影响：发现助剂 CaO 的添加延缓了 Ni 与 Al_2O_3 间的相互作用，使游离的镍晶粒数目比无助剂时有所增多；还发现由于碱性 CaO 与酸性气体 CO_2 间的相互作用，使得催化剂表面产生甲酸盐和碳酸盐吸附物种，使催化剂更易被 CO_2 所饱和，从而提高 CO_2 的转化率。Park 等考察了助剂 K-Ca 对 Ni/ZSM-5 催化剂性质的影响，发现由于碱金属与 ZSM-5 之间的相互作用，使得添加 K-Ca 助剂后积炭量显著减少。

除了碱金属和碱土金属氧化物，稀土金属氧化物也被用作助剂来提高 Ni 基催化剂的甲烷干重整催化性能。宫丽红等发现稀土氧化物的添加，可以提高金属 Ni 的分散，抑制积炭形成，增加催化剂的稳定性。Koo 等[15]研究了 CeO_2 助剂改性的 Ni/Al_2O_3 催化剂的甲烷干重整催化性能，发现稀土金属 CeO_2 的添加，可显著加强 Ni 与 Al_2O_3 的相互作用，提高活性组分 Ni 的稳定性及催化活性。Bhavani 等[16]研究发现，碱金属、碱土金属氧化物和稀土金属氧化物可以提高载 Ni 催化剂的催化活性、选择性。还发现，稀土金属氧化物 CeO_2、La_2O_3 作助剂，比碱土金属氧化物 CaO 和碱金属 K 作助剂对 Ni 催化剂的促进作用更大，尤其是 CeO_2 作助剂，具有最高的催化活性，且无明显失活。

此外，过渡金属也被用作助剂来提高 Ni 基催化剂的甲烷干重整催化性能。Chen 等[17]研究了过渡金属 Cu 改性 Ni/SiO_2 催化剂的甲烷二氧化碳重整催化性能，发现 Cu 的加入能够稳定活性物种 Ni，从而可以有效防止活性组分 Ni 的烧结失活。此外，Cu 改性的 Ni/SiO_2 催化剂上会形成 Cu-Ni 物种，使得积炭速率与二氧化碳的消炭速率达到平衡，从而有效抑制积炭产生。有趣的是，他们还发现，尽管 Cu-Ni 物种会被积炭所覆盖，但该物种仍然能够活化 C—H 键，使 C—H 键发生断裂而形成 CH_x 物种。Theofanidis 等[18]研究了 Fe 助剂的添加对载 Ni 催化剂的二氧化碳重整甲烷反应催化性能的影响。他们认为，对于 Fe 改性的载 Ni 催化剂，Fe-Ni 合金是重整反应的活性中心，在重整反应过程中，部分 Fe 从合金相中分离出来后形成 FeO_x 物种。FeO_x 的晶格氧与沉积的炭反应产生 CO。因此，显著提高催化剂的抗积炭稳定性。此外，Fe 的添加，也提高了载 Ni 催化剂的甲烷干重整催化活性。

（4）催化剂结构

担载型催化剂金属活性组分的分散度直接影响着金属的利用率。此外，催化剂的选择性和稳定性对金属的尺寸也很敏感，近年来，大量研究聚焦在如何减小担载在载体上的金属颗粒的大小及其对催化性能的影响上。近年来，单原子催化剂成为催化研究的前沿和热点，Zhao 研究组也开展了相关研究工作，制备了系列单原子催化剂，发现了单原子催化剂对热催化和光催化的显著促进作用。对于甲烷干重整用镍基催化剂，小的 Ni 纳米粒子，可以抑制积炭的生成，并有望与载体发生强金属载体相互作用，阻碍金属的流动，从而提高催化剂的抗烧结稳定性。

介孔限域也是提高催化剂抗烧结、抗积炭稳定性的有效方法。Zhao 研究组采用乌洛托品小分子辅助浸渍法制备了高 Ni 分散的介孔二氧化硅（SBA-15）载 Ni 催化剂（图 7-6），研究了甲烷干重整的催化性能[19]。利用小分子 HMA 与金属 Ni^{2+} 的配位作用，合成了 HMA-Ni^{II} 络合物，利用 HMA 空间结构的隔离效应，来提高 Ni 的分散，并利用介孔结构对高分散的金属 Ni 纳米粒子的限域效应，制备了 Ni 植入到介孔孔道的高 Ni 分散 HMA@

Ni/SBA-15 催化剂，Ni 分散性比常规方法制备的 Ni/SBA-15 催化剂的 Ni 分散性显著提高。用于甲烷的二氧化碳重整，所制备的 HMA@Ni/SBA-15 催化剂展示了比常规方法显著提高的催化活性。此外，该催化剂还展示了显著提高的催化稳定性，这主要归因于两个方面：①载体的介孔结构可以稳定金属，抑制在高温重整反应中 Ni 纳米粒子的生长，提高了载 Ni 催化剂的抗烧结稳定性；②高分散的纳米粒子加强了 Ni-载体相互作用，抑制了包覆碳的形成。然而，高分散的 Ni 也促进了管状碳的生长。结果表明，与常规方法制备的 Ni/SBA-15 催化剂相比，采用 HMA 小分子辅助浸渍法制备的 HMA@Ni/SBA-15 催化剂上尽管积炭量更大，但由于包覆碳的有效抑制，管状碳并未显著降低活性位的可接近性。因此，HMA@Ni/SBA-15 催化剂仍旧保持良好的催化稳定性。此外，也有关于介孔孔道限域抑制积炭生长而有效提高催化剂抗积炭稳定性的报道。

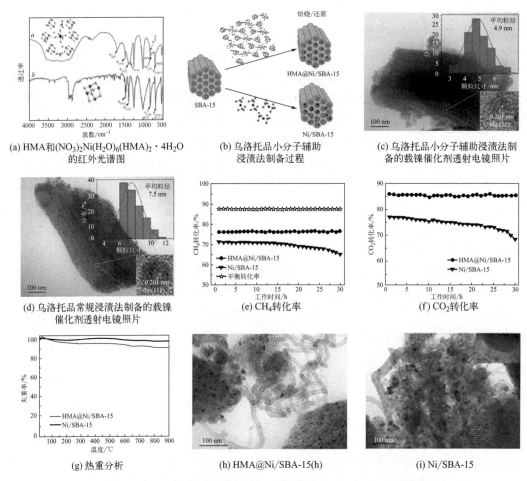

(a) HMA 和 $(NO_3)_2Ni(H_2O)_6(HMA)_2 \cdot 4H_2O$ 的红外光谱图

(b) 乌洛托品小分子辅助浸渍法制备过程

(c) 乌洛托品小分子辅助浸渍法制备的载镍催化剂透射电镜照片

(d) 乌洛托品常规浸渍法制备的载镍催化剂透射电镜照片

(e) CH_4 转化率

(f) CO_2 转化率

(g) 热重分析

(h) HMA@Ni/SBA-15(h)

(i) Ni/SBA-15

图 7-6　乌洛托品小分子辅助浸渍法制备介孔 SBA-15 载 Ni 催化剂及其催化

此外，核壳结构催化剂作为新颖的纳米结构催化剂也展示了良好的甲烷干重整催化稳定性。这类催化剂，一般以热稳定的多孔壳（如多孔 SiO_2）包覆活性金属。这种包覆结构可以隔离金属活性位，在高温的苛刻反应条件下，其还可以抑制活性金属的生长。因此，这类核壳结构催化剂已经展示了优良的抗烧结催化稳定性。另一方面，核壳结构催化剂提供了一个限域的空间，其空间位阻可以限制重整过程中丝状碳的生长。目前，多种核壳结构的催化剂，如多 Ni 纳米粒子@壳、蛋黄@蛋壳、三明治结构核壳等已经被合成[20]。新加坡国立大学 Li 等报道了一种新型 Ni@NiPhy@SiO$_2$ 核壳结构中空球催化剂（图 7-7），发现由于壳层的限域效应，阻止了 Ni 从载体脱离，从而抑制积炭的形成，在 700 ℃反应 600 h，催化剂仍然维持其高的催化活性。

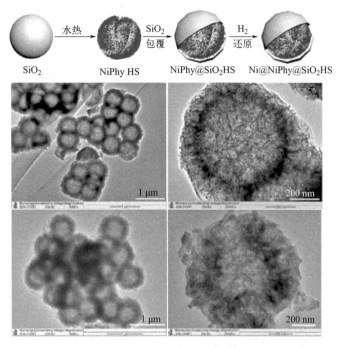

图 7-7　新型 Ni@NiPhy@SiO$_2$ 核壳结构中空球催化剂的制备及经还原催化剂的透射电镜图

二氧化碳重整甲烷制合成气，为二氧化碳的减排、资源化利用及天然气的有效利用提供了一条行之有效的新途径。采用非贵金属 Ni 替代贵金属催化剂，具有广阔的应用前景。但是，该反应苛刻的反应条件，将会导致 Ni 基催化剂的烧结、积炭失活。通过载体的选择、助剂的添加及新结构催化剂的设计，可以有效提高 Ni 及催化剂的抗积炭、抗烧结稳定性。但是，非贵金属催化剂的催化稳定性仍需进一步提高。此外，该反应过程是一个强吸热过程，能耗很大，一些新的能量输入技术，如等离子体催化、光催化等的引入，可能具有很好的应用前景。

7.2.2　一氧化碳

如前所述，二氧化碳催化转化和利用兼具资源和环境双重意义。利用光、可再生发电等可再生能源产生的氢气，与二氧化碳通过逆水煤气变换反应产生 CO，被认为是最有希望的二氧化碳转化途径之一。所合成的 CO 可以作为 F-T 合成的主要原料，有望部分替代煤制合成气路线。下面从二氧化碳加氢制一氧化碳的目的和意义、反应热力学和机理、催化剂三个方面进行阐述，对相关研究的进展进行述评，对其前景进行展望。

7.2.2.1　二氧化碳加氢制一氧化碳的目的和意义

目前，氢气可通过可再生资源来获得，比如光解水产氢，及光能、风能、潮汐能等发电用于电解水产氢等[21]。因此，二氧化碳的资源化利用主要聚焦在二氧化碳的催化加氢转化。

RWGS 反应是水煤气变换反应的逆反应，温室气体二氧化碳可通过 RWGS 反应转化成更为活泼、更有利用价值的 CO，其可以通过 F-T 反应进一步合成重要的高值化工产品，如烷烃、烯烃、醇类、芳烃、甲醛和酸等[22]。以二氧化碳为载体能够很好地实现碳的中性循环，达到二氧化碳的零排放（图 7-8）[23]。RWGS 反应策略也为煤炭等非化石资源路线制合成气提供了一种可能[24]。此外，在航天航空领域，RWGS 反应也是火星探测计划中的一项关键技术，有望增加火星探测器的有效载荷[25]。总之，RWGS 反应被认为是二氧化碳转化中具有应用潜力与发展前景的技术之一。

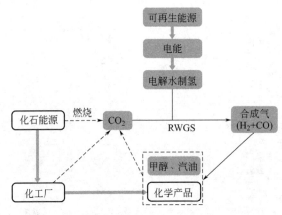

图 7-8　二氧化碳作为能源载体的碳中性循环过程

7.2.2.2　二氧化碳加氢制一氧化碳的反应热力学和机理

如前所述，二氧化碳分子结构稳定，需要克服非常高的能垒才能被活化。而通过催化加氢 RWGS 过程，二氧化碳可以被较为容易地活化转化。在常压下，二氧化碳的 RWGS 的反应方程式为式(7-14)[5]：

$$CO_2 + H_2 \rightleftharpoons CO + H_2O \quad \Delta H^{\ominus}_{298\ K} = 41.2\ kJ/mol \tag{7-14}$$

从能量角度，RWGS 反应为吸热反应，升高反应温度有利于平衡向正向移动。但是，高温条件下进行催化反应，将面临巨大的能耗和催化剂易失活的问题。此外，在 RWGS 反应过程中，还会伴随发生二氧化碳甲烷化副反应，如式(7-15)，二氧化碳经由 RWGS 反应所生成的 CO 也会进一步加氢转化为甲烷，如式(7-16)[5]，产生的甲烷会带来产物分离的难题，且甲烷化学惰性，不利于进一步转化和利用。这就要求在设计和研制二氧化碳 RWGS 催化剂时，要关注催化的选择性。

$$CO_2 + 4H_2 \rightleftharpoons CH_4 + 2H_2O \quad \Delta H^{\ominus}_{298\ K} = -164\ kJ/mol \tag{7-15}$$

$$CO + 3H_2 \rightleftharpoons CH_4 + H_2O \quad \Delta H^{\ominus}_{298\ K} = -206\ kJ/mol \tag{7-16}$$

RWGS 反应的反应过程，主要有两种可能的反应机理：氧化-还原机理和吸附中间物种分解机理[26]。

（1）氧化-还原机理

该机理主要是指在 RWGS 反应过程中，催化剂中的活性物种在 CO_2 和 H_2 气氛中被连续氧化和还原，使催化反应能够持续进行。氢气主要是起还原剂的作用而并不参与中间物的形成。Wang 等研究了 Au/CeO_2 催化剂上二氧化碳 RWGS 反应机理[27]。氧化物载体的表面氧可以被氢移走，而形成氧空穴。二氧化碳作为氧化剂，在氧空穴处被活化，失去一个氧而形成 CO。Bobadilla 等的研究表明[28]，载 Au 催化剂 Au 的作用是活化 H_2，然后通过氢溢流，移动到氧化物载体，形成氧空穴，从而活化 CO_2 而生成 CO。具体的表面氧化-还原机理可分解为式(7-17)～式(7-25) 的基元反应步骤：

$$CO_2 + * \longrightarrow CO_2^* \tag{7-17}$$

$$H_2 + 2* \longrightarrow 2H^* \tag{7-18}$$

$$CO_2^* + * \longrightarrow CO^* + O^* \tag{7-19}$$

$$O^* + H^* \longrightarrow OH^* + * \tag{7-20}$$

$$OH^* + H^* \longrightarrow H_2O^* + * \tag{7-21}$$

$$OH^* + OH^* \longrightarrow H_2O^* + O^* \tag{7-22}$$

$$H_2O^* + O^* \longrightarrow 2OH^* \tag{7-23}$$

$$CO^* \longrightarrow CO + * \tag{7-24}$$

$$H_2O^* \longrightarrow H_2O + * \tag{7-25}$$

(2) 吸附中间物种分解机理

不同于氧化-还原反应机理，所谓吸附中间物种分解机理，就是指在 RWGS 反应中，CO_2 和 H_2 首先在催化剂表面经吸附活化而形成中间物种，然后再分解为 CO 和 H_2O。吸附中间物种的形成被认为是进一步生成 CO 的关键步骤，主要的中间物种有甲酸盐、碳酸盐、羰基等。目前，大家对中间物种的认识还很不统一，有待进一步深入研究。

7.2.2.3　二氧化碳加氢制一氧化碳的催化剂

上述 RWGS 反应机理的分析表明，高性能的 RWGS 反应催化剂应具有适宜的加氢活性以及对 C＝O 双键的解离能力。研究较多的二氧化碳 RWGS 反应催化剂可分为复合金属氧化物催化剂、负载型金属催化剂（载贵金属和载非贵过渡金属）和过渡金属碳化物催化剂。下面对这三类催化剂作一简单介绍。

(1) 复合金属氧化物催化剂

用于二氧化碳 RWGS 的复合金属氧化物催化剂主要包含氧化锌、氧化铁、氧化铬的混合氧化物及复合氧化物的固溶体。Park 等研究发现，将氧化锌单独用作 RWGS 催化剂，催化活性随着反应时间延长而逐渐失活，而当其与氧化铝以不同比例混合，在催化剂高温制备及高温反应条件下，形成 $ZnAl_2O_4$ 尖晶石相，从而抑制 ZnO 的高温还原，展示良好的 RWGS 稳定性。

钙钛矿因具有稳定晶体结构并含有较多氧空缺和较好氧化还原性，被认为是具有良好应用前景的 RWGS 反应催化剂。Kim 等[29] 采用固相合成法制备了 $BaCe_x Zr_{0.8-x} Y_{0.16} Zn_{0.04} O_3$（$BCZYZ_x$）、$BaZr_{0.8} Y_{0.2} O_3$（BZY）、$BaZr_{0.8} Y_{0.16} Zn_{0.04} O_3$（BZYZ）等 $BZYZ_x$ 型系列高温稳定性钙钛矿结构催化剂，用于 RWGS 反应，展示了良好的催化性能，获得了 37.5％的二氧化碳转化率和 97％的 CO 选择性。

(2) 负载型金属催化剂

用于 RWGS 反应的负载型催化剂有两类：载贵金属催化剂和载非贵过渡金属催化剂。下面对这两类催化剂用于 RWGS 的研究进展进行阐述。

① 载贵金属催化剂

载贵金属催化剂，如 Pt、Pd、Rh、Ru、Au 等，具有高的氢解离能力。因此，已经被用于 RWGS 反应，并表现出良好的催化性能。载体的氧化还原性能对其担载贵金属的

RWGS 催化剂的反应活性影响很大。而二氧化碳加氢还原反应中，在金属与载体的界面处形成的表面含氧物种可作为生成 CO 的主要中间物种，从而有效促进二氧化碳的 RWGS 反应。例如，Herkes 等分别以 TiO_2 和 Al_2O_3 为载体，浸渍制备了 Pt 载量均为 1% 的 Pt/TiO_2 和 Pt/Al_2O_3 催化剂，考察了它们的 RWGS 反应性能，发现：尽管在 Pt/Al_2O_3 催化剂表面暴露出较多的 Pt 活性位点，但是，由于载体 Al_2O_3 不具有可还原性，其 RWGS 催化活性相对较差。此外，Nandini 等[30] 研究了 La、Pr 和 Ce 掺杂对 Pd/Al_2O_3 催化剂催化 RWGS 反应的影响，发现二氧化碳催化转化反应活性顺序为：$Pd/CeO_2/Al_2O_3 > Pd/PrO_2/Al_2O_3 > Pd/La_2O_3/Al_2O_3$。由于 CeO_2 良好的氧化-还原循环（Ce^{3+}/Ce^{4+}）能力，显著促进了 Pd/Al_2O_3 催化剂的 RWGS 催化性能。而 La_2O_3 不具备这样的氧化-还原循环能力，从而表现出最差性能。Pd 与载体 CeO_2 发生强相互作用，促进了 CeO_2 的还原，还原态 CeO_2 是 RWGS 反应的活性位。因此，$Pd/CeO_2/Al_2O_3$ 催化剂更有利于选择性还原 CO_2 生成 CO，甲烷生成速率最慢。然而，$Pd/La_2O_3/Al_2O_3$ 催化剂却具有最快的甲烷形成速率。

载体上活性金属的粒径大小、反应的活性和选择性对 RWGS 反应的影响也很显著。Wang 等[31] 制备了负载量为 0.5%（Pd 分散度约 100%，小颗粒尺寸）和 5%（Pd 分散度约 11%，大颗粒尺寸）的 Pd/Al_2O_3 催化剂并将其用于 CO_2 加氢反应，结果表明活性金属尺寸的降低更有利于目标产物 CO 的生成。结合理论计算得出，金属粒子尺寸对 RWGS 反应选择性的影响，可能源于不同的反应路径或不同的活性中心。

② 载非贵过渡金属催化剂

对于 RWGS 催化剂，一般来讲，可还原性载体起着 CO_2 活化作用，而金属颗粒起着解离氢气的作用。贵金属解离氢的低温高活性，在 RWGS 反应中有很好的催化活性。但其含量稀少、价格昂贵而使其使用受限。因此，非贵金属催化剂体系的开发更符合工业应用的需求。近年来，用于 RWGS 反应研究的非贵过渡金属催化剂主要有 Cu、Fe、Ni、Mn、Mo、Co 等。非贵过渡金属催化剂催化 RWGS 反应，主要存在低温活性差，而高温下稳定性和选择性较差的问题。提高载体对 CO_2 的吸附和金属高分散有望有效提高催化活性。Li 等[32] 采用 ZIF-8 衍生氮掺杂的碳为载体，制备了高分散的载 Ni 催化剂，获得了 45% 的 CO_2 转化率和 100% 的 CO 选择性。通过掺杂改性，可以提高催化剂的高温催化稳定性。比如，单独载 Cu 催化剂，尽管 CO_2 初始转化率达到了 8.7%，但逐渐降到了 0.3%。令人振奋的是，Fe 修饰的载 Cu 催化剂，不但初始 CO_2 转化率达到了 15%，经过 120 h 反应后，仍可获得 12% 的 CO_2 转化率。他们发现，Fe 的加入，有效了抑制 Cu 的烧结，因此，展示了良好的 RWGS 反应催化稳定性。再如，在 Cu/SiO_2 催化剂上引入 K，与 Cu 在催化剂表面形成活性界面，为甲酸中间物种的形成提供了活性位，同时，K 的碱性又可以促进二氧化碳的吸附。因此，经 K 改性，Cu/SiO_2 催化剂的 RWGS 催化活性显著提高。此外，也有 Mo 与 Ni 相互作用，形成 $NiMoO_4$ 相，Mo 对电子的吸引，使得 Ni 上的电子向 Mo 迁移，使 Ni 处于缺电子状态，从而提高了载 Ni 催化剂的 RWGS 催化活性和稳定性。

(3) 过渡金属碳化物催化剂

金属型碳化物，又称间充型碳化物，主要是 d 过渡元素，特别是ⅥB、ⅦB 族及铁系元素与碳形成的二元化合物。碳与过渡金属杂化，调变了过渡金属的电子性质，展示了一些类贵金属的性质，用于催化加氢、重整等，具有很好的催化性能，也有诸多 β-Mo_2C 活化二氧化碳的报道。碳化钼促进了二氧化碳分子的吸附，导致其弯曲而最终打破 C=O 键。当二氧化碳的 O 与 Mo_2C 作用形成 $Mo_2C\text{-}O$ 时，解离的 CO 从催化剂脱附，而进一步氢气将 $Mo_2C\text{-}O$ 还原而释放出水，从而完成一个 RWGS 循环。该过程中，$Mo_2C\text{-}O$ 的形成是 RWGS 反应的关键步骤。

二氧化碳 RWGS 反应，不但用于 CO_2 的减排和高效资源化利用，还有望在减少 CO 生产对于煤化工的依赖中发挥重要作用。为此，得到国际上的广泛关注。但是，该反应依旧是一个极具挑战性的研究课题。针对反应中存在的低温 CO_2 转化率低、高温选择性差及高温下催化剂易失活等问题，研究工作者围绕催化剂活性组分选择、金属颗粒尺寸、助剂掺杂改性、结构调控、载体类型、双金属催化剂等方面，开展了大量的研究工作，但离工业化应用尚有较长的路要走。可以从以下几个方面发力：①着眼于其大规模应用，开展非贵金属催化剂研究，通过掺杂改性及活性位的性质和周边环境调控，来发展低温高活性的非贵金属 RWGS 催化剂；②深入研究 RWGS 反应机理，为新型高效 RWGS 催化剂的研制提供支持和指导；③研制催化新材料，从根本上提高二氧化碳 RWGS 催化反应性能，为二氧化碳加氢制 CO 的工业化应用奠定基础。

7.2.3 甲酸

甲酸是非常重要的大宗有机化工中间体，在化学工业及有机合成中的应用十分广泛，也是一种非常有潜力的低温燃料电池（甲酸燃料电池）的燃料。同时，甲酸还是有效的氢燃料的有机载体。以可持续的氢为氢源，通过二氧化碳催化加氢，可以用于合成甲酸。下面从二氧化碳加氢制甲酸的目的和意义、反应热力学和机理、催化剂三个方面进行阐述，对二氧化碳加氢制甲酸的研究进展进行述评，并对发展前景进行展望。

7.2.3.1 二氧化碳加氢制甲酸的目的和意义

甲酸俗称蚁酸，是应用非常广泛的基础化工原料，广泛应用于制革、医药和农药、纺织印染、农业、化学等行业。在制革业，可作为无机酸代用品，用于皮革脱毛、膨胀和轻软剂、染色及消毒和防止潮湿皮革的霉烂等。在医药和农药业，用作维生素、安乃近等药物以及杀虫脒、粉锈宁、三唑磷等农药生产的原料。在纺织印染业中，可以作为媒染剂、纤维和纸张的染色剂、处理剂以及酸性漂洗等。在农业生产中，用作饲料、谷物等的保藏，可以防止霉变。在化学工业，主要用于生产甲酸甲酯、二甲基甲酰胺、甲酸纤维素、酚醛树脂等。目前，甲酸的生产主要包括甲酸钠法、甲酰胺法、甲酸甲酯水解法、甲醛氧化法、生物质法及二氧化碳还原法等。

7.2.3.2 二氧化碳加氢制甲酸的反应热力学和机理

二氧化碳加氢直接生成甲酸［反应式(7-26)］，原料二氧化碳和氢气均进入产品，是原子经济性 100% 的反应。尽管标准焓变是负值，反应放热。但是，其标准吉布斯自由能变是正值，而且还远大于 0，热力学上很不利。因此，提高反应温度，不能使该反应进行。但是，其伴生的副反应，如二氧化碳加氢甲烷化、加氢制二甲醚等，标准吉布斯自由能变为负值，反应有自发进行的趋势。因此，二氧化碳直接气相加氢制甲酸，在热力学上是不可能的。但是，溶剂的存在，可以改变该反应的热动力学。在水溶液里，其标准吉布斯自由能变小于 0 ［式(7-27)］，是可以进行的[2]。

$$CO_2(g) + H_2(g) \rightleftharpoons HCOOH(l) \quad \Delta H_{298\,K}^{\ominus} = -31.2\ kJ/mol \quad \Delta G^{\ominus}(298\ K) = 32.9\ kJ/mol$$

$$(7\text{-}26)$$

$$CO_2(aq) + H_2(aq) \Longleftrightarrow HCOOH(aq) \quad \Delta G^{\ominus}_{298\,K} = -4.0 \text{ kJ/mol} \tag{7-27}$$

为使二氧化碳催化加氢制甲酸反应能够更好地进行，可采用向反应体系中加入无机弱碱，使生成的甲酸快速转化为甲酸盐；也可加入醇如甲醇，使甲酸发生酯化反应而转化为甲酸甲酯；当然，也可以是加入有机胺，使生成的甲酸转化为甲酰胺[2]。

目前，两类多相催化剂（金属纳米粒子和多相化的金属络合物）已被用于二氧化碳加氢制甲酸的研究。对于多相化的金属络合物催化剂，其机理类似于均相催化，只是，载体的作用，尤其是对反应物、产物和溶剂的亲和力以及被担载活性金属的微环境也不能被忽略[2]。而对于负载或非负载的金属纳米颗粒催化二氧化碳转化制甲酸，其催化反应机理研究相对较少。Filonenko 等[33] 研究了 Al_2O_3 担载 Au 催化 CO_2 加氢制甲酸盐的机理（图 7-9）。认为，甲酸盐和碳酸氢盐是该催化循环过程的重要中间体，该加氢反应开始于氢气在 Au-Al_2O_3 界面的异裂，该过程产生了表面羟基和金属氢化物。既然反应在三乙胺中进行，三乙胺会预先吸附在催化剂表面，三乙胺脱附释放出一个空位，用于氢的解离吸附。随后，二氧化碳与表面羟基反应，在表面形成碳酸氢盐。金属氢化物与碳酸氢盐反应，在 Au-Al_2O_3 界面形成吸附的甲酸物种，在碱的存在下，形成稳定的甲酸盐，脱附离开催化剂，而催化剂得以恢复，从而完成一个催化循环。

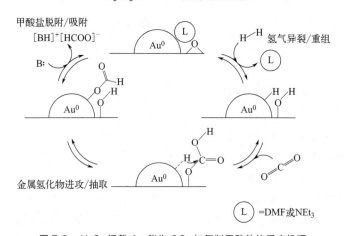

图 7-9 Al_2O_3 担载 Au 催化 CO_2 加氢制甲酸盐的反应机理

7.2.3.3 二氧化碳加氢制甲酸的催化剂

对于二氧化碳加氢制甲酸催化剂，尽管始于多相催化，但此后的研究却集中于均相催化。研究最早和最为广泛的是均相催化剂，催化性能较好。但是，采用均相催化，存在成本较高的催化剂难以回收再用、金属残留、分离纯化困难等问题。由于固体催化剂易于分离和套用或连续化生产，因此，对于工业催化而言，通常以多相催化为主。如图 7-10，主要包括两类催化剂：常规固体催化剂（块体/纳米金属催化剂）和多相化均相催化剂（将均相金属络合物等分子催化剂固定化）。

(1) 常规固体催化剂

常规固体催化剂包括负载的和非负载的金属催化剂。所用的金属活性组分主要是 Pd、Au、Ru、Rh 等贵金属及 Ni、Cu、Co 等非贵金属。Preti 等[34] 系统对比了 Ru、Rh、Pd、

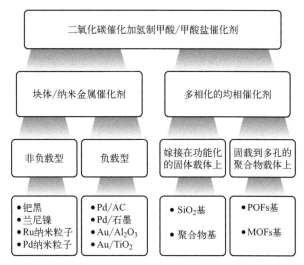

图 7-10　Al_2O_3 担载 Au 催化 CO_2 加氢制甲酸盐的反应机理

Ag、Ir、Pt、Au、Raney Ni、Co、Cu 等系列不同金属催化剂的二氧化碳加氢制甲酸催化性能，发现 Au 催化体系中，加入 NEt_3，形成甲酸有机胺复合盐，催化性能非常理想。尽管金黑的活性较好，但其稳定性较差，由于 Au 纳米粒子的团聚而快速失活。将 Au 担载在二氧化钛上，可以获得高活性和高稳定性的载 Au 催化剂。Hao 等[35] 研究了载 Ru 催化剂催化二氧化碳加氢制甲酸反应催化性能，考察了不同载体的影响，发现载体表面羟基可以与活性金属 Ru 协同，发挥协同促进作用。不同载体载 Ru 催化剂上 CO_2 加氢制甲酸的转化数为：Ru/Al_2O_3（91）＞Ru/AC（10）＞Ru/MgO（无活性）。

除了单金属催化，双金属也被用于二氧化碳加氢制甲酸反应中。Nguyen 等[36] 将 PdNi担载在碳纳米管-石墨烯上制备了负载 PdNi 合金催化剂（PdNi/CNT-GR），发现由于双金属的协同效应，PdNi/CNT-GR 展示了比担载单一组分催化剂显著提高的二氧化碳制甲酸催化性能。

（2）多相化的均相催化剂

相对于多相催化剂，均相催化剂分子分散的金属中心提供了一个更活跃的环境，原子利用率高，催化剂温和、高效。但是，如前所述，均相催化剂存在分离和金属残留等问题。为此，均相催化剂多相化应运而生。将均相分子催化剂固定在固体载体上，既可以保持均相催化剂原有的优势，还展示了多相催化剂易于分离和连续化生产的优点。因此，均相催化多相化在二氧化碳加氢制甲酸的研究得到了广泛关注[2]。目前，面向二氧化碳加氢制甲酸的固定化的均相催化剂的研究，主要聚焦在两种类型：嫁接在功能化的固体载体上和固载到多孔聚合物载体上。下面举例介绍。

均相分子催化剂嫁接在功能化的固体载体上。如图 7-11 所示，Álvarez 等[2] 总结了最近报道的二氧化碳加氢制甲酸用嫁接均相络合物催化剂。通过对固体载体如二氧化硅、聚合物的功能化，引入能够与金属络合物配位的基团，如氨基、巯基、氰基等，与待嫁接的均相络合物配位，或是将配体嫁接到载体上，实现 Ru、Ir 等金属络合物催化剂的固定化。此外，反应中固定化的金属络合物的流失及固定化后活性位的性质变化也是很值得研究和关注的。

均相分子催化剂固载到多孔聚合物载体上。如前所述，嫁接配体到固体上来固定均相催

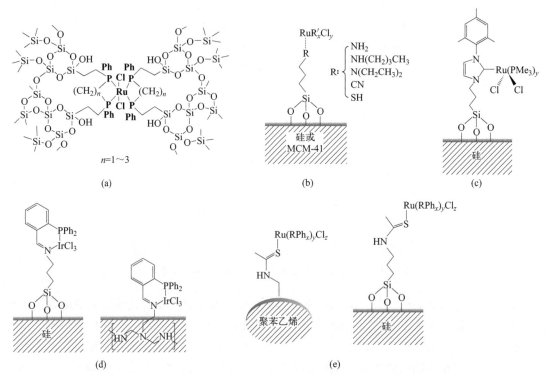

图 7-11　嫁接络合物到功能化载体上制备 CO_2 加氢制甲酸用固定化均相催化剂

化剂是有效的分子催化剂多相化方法。但其存在重要的挑战：一者催化剂稳定性问题；另者，制备过程过于复杂。针对这些问题，诞生了另一种新的具有前景的分子催化剂固定化方法——多孔聚合物固载法。目前，报道的多孔聚合物主要有两种：多孔有机骨架（POFs）和金属有机骨架（MOFs）。而所用的 POFs 又可分为共价有机骨架（COFs）和多孔有机聚合物（POPs）。Yang 等[37] 通过共价有机骨架中 N 原子的配位作用，制备了 TB-MOP-Ru 催化剂 [图 7-12(a)]，用于二氧化碳加氢制甲酸盐，获得了良好的催化性能。Park 等[38] 制备了含有联吡啶的 CTFs，并通过联吡啶与 Ir 配位，成功制备了固定化的 [IrCp*(bpy)Cl] Cl 络合物 [图 7-12(b)]，在 120 ℃和 8 MPa 反应条件下，获得了 5000 的 TON。随后，他们合成了含有七嗪结构的共价有机骨架（HBF），将 Ir 配位到三嗪环，制得 Ir-HBF 催化剂 [图 7-12(c)]，在上述反应条件下，TON 值高达 6000。此外，为推动 CTF 基分子催化剂工业化进程，Bavykina 等[39] 采用一步法制备了具有高机械强度的多孔 CTF 球，通过 CTF 骨架上联吡啶配位，引入 Ir(Ⅲ)Cp* 络合物，成功制备高效二氧化碳加氢制甲酸 CTF-Ir(Ⅲ) Cp* 催化剂（图 7-13），展示了良好的催化效率和循环使用性能。

　　如前所述，二氧化碳催化加氢制甲酸，兼具资源和环境双重意义。但当前绝大多数研究集中于均相反应，存在分离和金属残留的问题，且部分催化剂的成本太高。传统多相金属催化剂选择性和转化率均不太理想，而多相化的均相分子催化剂，也存在分子催化剂流失、催化剂稳定性有待提高、制备过程复杂、成本高等诸多问题，且多集中于间歇反应，而更适合于工业化大规模二氧化碳利用的连续化反应的报道甚少。为推动二氧化碳催化剂加氢制甲酸的工业化进程，廉价高效、高稳定的多相催化剂的开发和研制是关键。

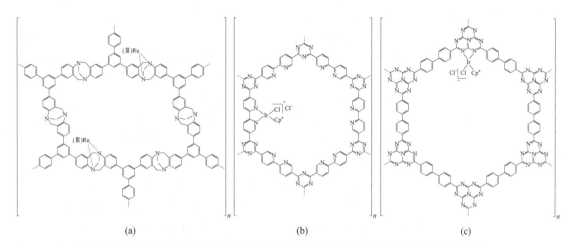

图 7-12　多孔有机聚合物固载 Ru、Ir 络合物制备 CO_2 加氢制甲酸用固定化均相催化剂

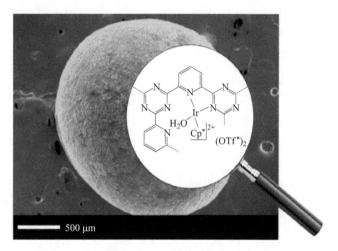

图 7-13　多相化的 CTF-Ir（Ⅲ）Cp* 多孔球催化剂的制备

7.2.4　甲醇

甲醇是化工行业最重要的大宗化学化工产品，又是储存和运输的液体燃料。为此，以可持续氢为氢源，研究二氧化碳催化加氢制甲醇，受到科学界和工业界的广泛关注。下面从二氧化碳加氢制甲醇的目的和意义、反应热力学和机理、催化剂三个方面进行阐述，对相关研究的进展进行述评，并对未来前景进行展望。

7.2.4.1　二氧化碳加氢制甲醇的目的和意义

甲醇是结构最为简单的饱和一元醇，是储存和运输的液体燃料，同时又是化工行业最重要的大宗化学品之一，其消费量仅次于乙烯、丙烯和苯。主要用于生产甲醛、甲基叔丁基醚、二甲醚、叔戊基甲基醚、乙酸和乙醛等基础化工产品，还可通过甲醇制烯烃或甲醇制汽油工艺转化为烯烃和燃料等烃类化合物。

7.2.4.2　二氧化碳加氢制甲醇的反应热力学和机理

二氧化碳催化加氢制甲醇反应过程中，若不考虑生成烷烃和较高碳醇等副反应，主要的

化学反应如式(7-28)～式(7-30)所示:

$$CO_2 + 3H_2 \rightleftharpoons CH_3OH + H_2O \qquad \Delta H_{298\ K}^{\ominus} = -49.5\ kJ/mol \qquad (7-28)$$

$$CO_2 + H_2 \rightleftharpoons CO + H_2O \qquad \Delta H_{298\ K}^{\ominus} = 41.2\ kJ/mol \qquad (7-29)$$

$$CO + 2H_2 \rightleftharpoons CH_3OH \qquad \Delta H_{298\ K}^{\ominus} = -90.6\ kJ/mol \qquad (7-30)$$

式(7-28)为 CO_2 加氢制甲醇主反应，属于放热反应，且为熵减反应，温度升高对反应不利，而压力升高则对反应有利;式(7-29)是逆水汽变换副反应，反应是吸热的。二氧化碳加氢制甲醇反应性能受热力学平衡和传质等方面的影响。为了获得适宜的反应速率，一般温度不能太低，提高反应温度会促进式(7-29)的副反应，其所产生的 CO 将会进一步加氢而生成甲醇[式(7-30)]，该反应和二氧化碳加氢制甲醇反应一样，为放热反应。通过热力学模型，分析了反应压力、温度和原料组成对二氧化碳加氢制甲醇反应的影响，发现 CO_2 转化率随着压力提高而增加，随温度升高呈先降低而后增大的趋势。压力的提高和温度的降低对提高甲醇选择性有利。提高原料中氢和二氧化碳比，利于增大二氧化碳的转化率和 CH_3OH 的选择性。CO 的选择性却会随着压力的降低和温度的升高而增大。因此，采用高压低温反应条件更有利于 CO_2 催化转化制甲醇。但是，考虑到反应速率，反应温度也不能太低。受热力学平衡的限制，二氧化碳的单程转化率和甲醇产率均较低，在 250 ℃和 4 MPa 下，CO_2 的平衡转化率和甲醇产率大约为 23%和 14%。因此，通常采用多程工艺或尾气循环工艺来提高 CO_2 的总转化率。

在分子水平上探索反应机理对于高效催化剂的理性设计和研制至关重要。二氧化碳加氢制甲醇，不但涉及 CO 加氢制甲醇过程，而且更加复杂。当前，二氧化碳催化加氢制甲醇的研究不断发展，但其机理存在诸多尚未解决的问题，其相关研究主要集中在以下几个方面。

(1) 甲醇的碳源

如前所述，二氧化碳催化加氢制甲醇主要涉及三个反应：CO_2 直接催化加氢制甲醇 [式(7-28)]、CO_2 逆水汽变换 [式(7-29)]、逆水汽变换反应产物 CO 的加氢制甲醇 [式(7-30)]。目前，人们对甲醇的碳是来自 CO_2 还是来自 CO 存在较大争议。比如，Klier 认为甲醇来自逆水汽变换反应生成的 CO。但是，也有很多研究者认为甲醇的合成主要来自 CO_2 直接催化加氢。Sun 等[40] 的红外光谱研究也表明 CO_2 是甲醇的碳来源。但是，更多的学者则认为，CO_2、CO 均为甲醇的碳来源。由于相同条件下 CO_2 加氢速率大于 CO 的加氢速率，CO_2 加氢制甲醇反应可以占主导地位。

(2) 催化活性位

对于二氧化碳的催化活化制甲醇反应，为了获得良好的催化性能，催化剂需要提供二氧化碳活化和氢气活化的活性位。目前，通常有两个策略：①构筑高活性的金属-氧化物和金属-碳化物界面；②表面电子性质的调控。用于二氧化碳加氢制甲醇的催化剂主要有铜基催化剂、贵金属催化剂和氧化物催化剂，而铜基催化剂是焦点。CO_2 加氢合成甲醇用铜基催化剂多数是在合成气制甲醇铜基催化剂的基础上发展而来的。自 20 世纪 60 年代起，以 ICI 公司为代表生产的 $Cu/ZnO/Al_2O_3$ 催化剂就已成为合成气制甲醇的商用催化剂，但二氧化碳制甲醇的活性位是 Cu^0 还是 Cu^+，看法仍不统一。目前，多数研究者认为在 CO_2 加氢合成甲醇反应中，铜基催化剂中的铜以 Cu^0 和 Cu^+（或 $Cu^{\delta+}$）的形式存在，这两种形式的 Cu 物种均为该反应的催化活性中心。Arena 等[41] 研究发现，Cu^0 和 Cu^+ 是 CO_2 加氢的催化活性位，并通过动力学和同位素标识研究发现，在这些活性位上产生的甲酸盐中间物种会进一步加氢生成甲醇。

近年来，越来越多的研究表明，ZnO 和 ZrO$_2$ 等催化剂的载体也直接参与催化反应，充当 CO$_2$ 吸附、活化的活性位，铜的作用则是对氢气进行解离吸附。载体和铜组成了双催化活性中心。如图 7-14 所示，氢分子吸附和解离发生在 Cu^0 上，而二氧化碳分子的吸附发生在氧化物载体上，并分别在弱碱性位（α）、中碱性位（β）和强碱性位（γ）的表面，形成不同的物种。碳酸氢盐在 α-碱性位上的吸附很弱，易再次解吸出 CO$_2$。因此，碳酸氢盐很难被氢化。β-碱性位和 γ-碱性位上吸附的 CO$_2$ 分子逐步氢化为 HCOO*、H$_2$COO**、H$_2$COOH** 和 H$_2$CO*。在金属 Cu 上解离吸附的原子氢通过溢流效应从铜表面转移到氧化物载体的表面，对各个中间体物种进行氢化。由于 C-γ 键相互作用较强，吸附在 γ-碱位上的 H$_2$CO* 的 C＝O 键可被激活而与解离的氢原子发生反应形成甲醇。然而，由于 C-β 键相互作用较弱，吸附在 β-碱位上的 H$_2$CO* 的 C＝O 键相对稳定，这导致 β 位上的 H$_2$CO 优先脱氢形成 CO，而不是加氢形成甲醇。甲醇的选择性与强碱性位点占总碱性位点的比例密切相关。

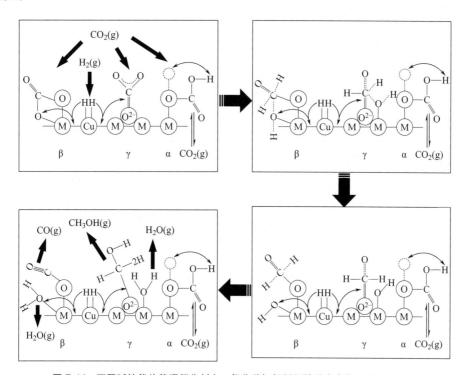

图 7-14 不同碱性载体载铜催化剂上二氧化碳加氢制甲醇反应底物吸附活化过程

(3) 氢溢流

如前所述，氢溢流在二氧化碳加氢反应中发挥着重要作用。对于铜基催化剂上的 CO$_2$ 加氢制甲醇反应过程，氢溢流也发挥着十分重要的作用。Jung 等[42] 通过同位素实验探究了 CuO/ZrO$_2$ 催化剂上的氢溢流现象：发现 CuO/ZrO$_2$ 上的 H/D 交换速率远大于 ZrO$_2$ 载体上的交换速率，表明铜上的氢溢流发挥了明显的作用；还发现氢溢流的速率要比甲醇生成速率大一个数量级。因此，认为氢溢流相对较容易，该过程不是甲醇合成的速率控制步骤。此外，对于负载贵金属催化剂，氢溢流在二氧化碳加氢制甲醇过程中也发挥着重要作用。比如，在氧化镓载体上，吸附二氧化碳并进行活化，形成碳酸盐、甲酸盐、甲氧基等中间物种。而负载的贵金属 Pd 解离吸附氢，并通过溢流作用迁移到载体表面的中间物种，发生加氢反应而最终生成甲醇。

（4）中间体及速控步骤

二氧化碳催化加氢制甲醇反应过程十分复杂，由多个基元反应组成，并产生多种中间物种。目前，很多研究者均检测到了甲酸盐和甲氧基中间体。最近，Hong 等[43] 通过动态 Monte Carlo 模拟研究了 CuO-ZrO_2 催化剂上 CO_2 加氢制甲醇反应机理，发现甲醇和 CO 是通过其共同的中间体甲酸盐转化而成。通过红外光谱检测发现，形成的中间物种甲酸盐主要呈桥式吸附态存在。但是，扫描隧道显微镜结果表明，Cu(111) 上吸附的甲酸盐常压下以线式链方式吸附。对于最近研究的氧化物催化剂如氧化铟上的二氧化碳催化加氢制甲醇反应，甲酸盐也是其中间物种。另外，除了甲酸盐物种（$HCOO^*$），还有一个可能的中间体物种——羧基（$COOH^*$）。目前，普遍认为，在一系列基元反应中，甲酸盐或甲氧基的加氢过程是二氧化碳加氢制甲醇反应的速率控制步骤。

（5）反应路径

对于铜基催化剂上二氧化碳加氢制甲醇反应，研究者提出了不同的路径。Fujita 等提出了 Cu/ZnO 催化剂上 CO_2 加氢合成甲醇的机理（图 7-15）：二氧化碳分子首先在 Cu/ZnO 催化剂上吸附，加氢后，生成了甲酸铜和甲酸锌中间体，这些中间体加氢转化为甲氧基锌，再进一步加氢生成甲醇。Fisher 等研究了助剂氧化锆的添加对 Cu/SiO_2 催化剂的二氧化碳加氢制甲醇性能的影响，并探索了其促进机制，认为 ZrO_2 通过羟基吸附 CO_2 生成碳酸氢盐，而铜解离吸附氢，氢溢流到 ZrO_2 表面对碳酸氢盐进行加氢而得到甲酸盐中间体，所形成的甲酸盐再经过进一步加氢合成甲醇（图 7-16）。Arena 等[44] 研究了 Cu-ZnO/ZrO_2 催化剂上 CO_2 的加氢反应机理。认为，ZnO 和 ZrO_2 均可以吸附 CO_2 而生成甲酸盐，负载的铜解离吸附氢，活性氢溢流到 Cu/ZnO 界面和 Cu/ZrO_2 界面，对甲酸盐中间体进行加氢反应而合成甲醇（图 7-17）。对于氧化物载贵金属催化剂，也是在氧化物上生成甲酸、羧基等中间物种，而在贵金属上解离吸附的氢溢流到氧化物载体上对中间体发生加氢反应的。

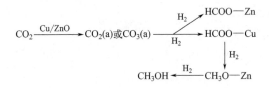

图 7-15 Cu/ZnO 催化剂上二氧化碳加氢制甲醇的可能反应机理

7.2.4.3 二氧化碳加氢制甲醇的催化剂

目前，二氧化碳加氢制甲醇催化剂的研究，主要是在一氧化碳加氢制甲醇催化剂的基础上发展而来的，虽然在反应机理、活性组分与载体调控以及反应工艺优化等方面已取得长足进展，但是，受制于热力学限制，二氧化碳催化加氢制甲醇的单程转化率比较低，而在当前工艺条件下，单程转化率难有显著提高，需要开发低温活性更高的催化剂，提高二氧化碳加氢制甲醇的催化效率，降低反应温度，提高甲醇合成单程转化率，提高工业生产的经济性。现阶段在该反应中表现出较好性能的催化剂主要包括铜基催化剂、贵金属催化剂及氧化铟等金属氧化物催化剂。下面对这三类催化剂的研究进展进行阐述。

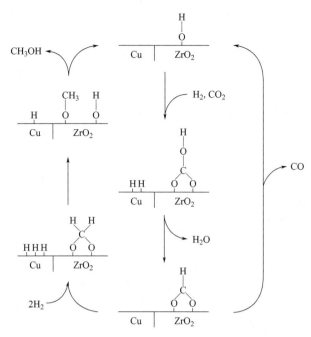

图 7-16　Cu-ZrO$_2$/SiO$_2$ 催化剂上二氧化碳加氢制甲醇的可能反应机理

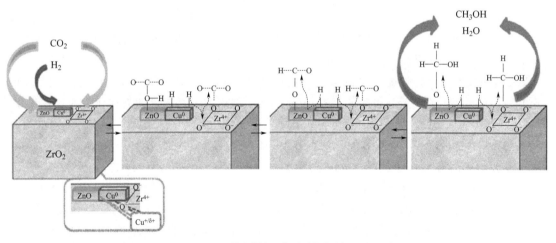

图 7-17　Cu-ZnO/ZrO$_2$ 催化剂上二氧化碳加氢制甲醇的可能反应机理

（1）铜基催化剂

如前所述，二氧化碳加氢制甲醇铜基催化剂由铜和载体组成了双催化活性中心。商业的 Cu/ZnO/Al$_2$O$_3$ 催化剂典型组成（质量分数）：60% Cu、30% ZnO 和 10% Al$_2$O$_3$。用于二氧化碳加氢制甲醇反应，铜基催化剂的催化性能受铜纳米粒子尺寸、载体、助剂和结构的影响十分显著，下面从这四个方面对铜基催化剂的研究进展进行述评。

① 铜纳米粒子尺寸的影响

金属铜的分散度直接影响其利用率及 Cu-载体相互作用。此外，铜的粒径直接影响低指数晶面、角、边原子的比例，从而影响到铜位点的表面结构和电子特性。尺寸较大的铜表面主要暴露低指数面和少量边和缺失位点，而小的铜晶粒拥有大量开放位面和边缘缺陷位点，加强了铜与反应中间物的作用。铜基催化剂金属铜的纳米粒子尺寸受 Cu 载量、载体、制备方法及助剂的影响。Chang 等[45] 以 CeO_2-TiO_2 复合氧化物载体制备铜基催化剂，发现将 CuO 的含量从 20% 提高到 40% 时，二氧化碳的转化率从 4.9% 逐渐增大到 6.5%，而甲醇选择性基本上维持在 35% 左右，甲醇产率也从 2% 增大到了 2.6%。他们认为，CO_2 转化率的增加可以归于 CuO 含量增大所致的 Cu 活性位的增多。而由于 CuO 含量的变化并未影响到催化剂的碱性位，从而使甲醇选择性保持基本不变。制备方法也会影响铜的纳米粒子尺寸，进而影响催化性能。Ramli 等[46] 对比了超声雾化沉淀法、超声沉淀法、物化沉淀法和常规沉淀法对所制备的 CuZnAlZr 催化剂的二氧化碳及加氢制甲醇催化性能的影响，发现采用超声雾化沉淀法制备的催化剂具有更低的铜粒径尺寸及更高的金属铜表面积和铜分散度。采用该法所制备的催化剂比普通沉淀法制备的催化剂的 CO_2 转化率提高 20.9%，而甲醇的选择性也提高了 2.7%，甲醇收率提高了 27%。

② 载体效应

载体不仅对活性组分起支撑和分散作用，还会与活性组分发生相互作用，或者影响活性组分与助剂之间的作用。因此，载体对催化剂的性能影响显著。作为传统的催化剂载体，SiO_2 具有酸碱性可调控、孔道结构丰富、热稳定性良好等特点，很多研究者通过 Cu/SiO_2 催化剂来研究 Cu 活性组分在催化剂表面的状态及反应中间体，而 Al_2O_3 则为商用 Cu/ZnO/Al_2O_3 催化剂的良好载体，其不仅可与 ZnO 形成铝酸锌来防止活性位团聚，其无序性和表面缺陷区还可以促进 CO_2 的吸附和活化，从而为 CO_2 活化提供更多活性位点。Cu 基催化剂载体多采用具有氧化还原性质或可提供氧缺位的载体，如 ZnO、CeO_2、ZrO_2 和 TiO_2 等。除了单一的氧化物载体，复合氧化物载体也被用于载铜催化剂催化二氧化碳的加氢制甲醇反应。篇幅所限，主要对 ZnO、CeO_2、ZrO_2 和 TiO_2 这四个载体进行介绍。

Cu/ZnO/Al_2O_3 是性能优良的合成气制甲醇商用催化剂，也被用于 CO_2 加氢制甲醇。ZnO 在传统二氧化碳加氢制甲醇的 Cu/ZnO/Al_2O_3 催化剂中发挥了助剂和载体的双重作用，Cu/ZnO/Al_2O_3 的活性位点被认为是在 Cu 与 ZnO 的界面。Zn 的加入可以促进 Cu 的分散性，提高铜的表面积，从而提高催化活性。也有研究表明，在二氧化碳加氢制甲醇反应过程中，Cu 颗粒表面被部分还原的 ZnO_x 所覆盖，形成类核壳结构，加强 Cu-ZnO 相互作用。此外，载体 ZnO 的形貌对反应活性也有影响。以平板状、柱状、丝状的 ZnO 为载体的铜基催化剂催化性能明显不同。以平板状 ZnO 表面暴露的主要为 (002) 晶面，具有较高的极性，从而与金属 Cu 形成更强的相互作用，显著提高了甲醇的选择性。另外，一般认为，对于 Cu-ZnO 的相互作用是"双位点"机理，也即 H_2 在 Cu 表面发生分解吸附，而 CO_2 在 ZnO 表面吸附活化，H 原子通过溢流作用迁移至 ZnO 位点，与吸附态的 CO_2 发生反应。

CeO_2 载体与活性金属 Cu 形成 Cu-CeO_2 界面，为 CO_2 的吸附活化提供位点并有效促进 CO_2 的加氢反应。Graciani 等研究了 Cu(111)/CeO_x 催化剂上的 CO_2 加氢制甲醇催化性能，发现 Cu(111)/CeO_x 催化剂表面的甲醇生成活性约为 Cu(111) 上的 200 倍和 Cu/ZnO(0001) 催化剂上的 14 倍。他们认为，CeO_x 与 Cu 界面处所形成的 Ce^{3+} 和氧空位有效促进 CO_2 吸附，形成不稳定的反应中间体 $CO_2^{\delta-}$ 物种，为二氧化碳加氢制甲醇反应提供了更容易的反应路径。氧化铈的形貌对载铜催化的二氧化碳加氢制甲醇的反应性能影响也很大。例如，Cui 等[47] 研究发现，Cu/CeO_2 纳米棒催化剂展示出比 Cu/CeO_2 纳米颗粒和 Cu/CeO_2 纳米立方体显著增强的 Cu-CeO_2 相互作用，从而更加有利于 CO_2 的活化加氢反应。

ZrO_2 在氧化、还原气氛中均具有高稳定性，其表面存在氧空位且有一定碱性，可为 CO_2 分子提供吸附位。因此，被广泛用于二氧化碳加氢制甲醇反应。Arena 等[48] 对铜基催化剂的载体效应进行了深入研究，发现：与商业催化剂 Cu-ZnO/Al_2O_3 相比，ZrO_2 比 Al_2O_3 具有更低亲水性，其对铜锌体系有较强协同促进作用，从而利于中间物种的加氢。Witoon 等[49] 考察了 ZrO_2 载体晶型对载铜催化剂的二氧化碳加氢制甲醇催化性能的影响。Tada 等[50] 的研究结果表明，在 a-ZrO_2 载铜催化剂上易于形成 $Cu_x Zr_y O_z$ 复合氧化物，从而产生强的金属-载体相互作用，使得 Cu/a-ZrO_2 催化剂具有最高的 TOF。他们还认为，CO_2 催化加氢制甲醇反应为一个连续反应过程，包括 CO_2 加氢合成甲醇与甲醇分解为 CO 两个主要步骤，甲醇在 a-ZrO_2 表面吸附较弱，不易进行进一步的分解反应，从而表现出更高的甲醇选择性。

TiO_2 是一类性能优良的光催化剂，由于其也具有氧化还原性，也被应用于 CO_2 的催化加氢制甲醇反应中。20 世纪末，Bando 等[51] 就对比研究了 TiO_2、SiO_2 和 Al_2O_3 载铜催化剂的二氧化碳加氢制甲醇催化性能，发现 Cu-TiO_2 的协同作用促进了氢的活化，并加速甲酸基的加氢反应，从而 Cu/TiO_2 催化剂展示出比其他两个催化剂更高的甲醇合成速率。此外，氧化钛的载体效应也依赖于其形貌。例如，Liu 等[52] 发现，TiO_2 纳米管载铜催化剂比以 TiO_2 纳米颗粒为载体的铜催化剂更有利于 CO_2 的加氢反应。

③ 助剂的促进作用

铜基催化剂上二氧化碳催化加氢制甲醇反应是一种结构敏感性很强的反应，因此，使用助剂对其进行修饰改性，可调变金属铜电子状态、铜分散度、铜与载体的相互作用，以及载体自身的性质，从而提高催化剂的活性、选择性和稳定性。

目前，碱土金属已经被用于二氧化碳加氢制甲醇铜基催化剂的改性助剂。比如，Liu 等[53] 引入 MgO 作为 Cu/TiO_2 催化剂的助剂，发现 MgO 抑制了载体 TiO_2 晶粒生长，从而使催化剂具有更大的比表面积，进而获得高的铜分散度。稀土元素被用于铜基催化剂的掺杂改性，发现 La 和 Ce 改性对该反应有明显促进作用。

非贵过渡金属已经被用于铜基催化剂的改性。Wang 等考察了非贵过渡金属 Cr_2O_3、MoO_3 和 WO_3 对 CuO-ZnO/ZrO_2 催化剂的影响，发现助剂 Cr_2O_3 的加入对催化剂的影响不大。然而，加入 MoO_3 和 WO_3 后，CuO-ZnO/ZrO_2 催化剂的甲醇选择性和收率均明显提高。尤其是 WO_3 改性的催化剂，与原催化剂相比，甲醇选择性和产率分别提高 15％和 22％。他们认为，WO_3 改性对催化剂的促进作用可能源于增大的比表面积、提高的铜表面积和增大的铜分散度。

贵金属也被用于铜基催化剂的改性优化。Melián-Cabrerai 等[54] 研究了 Pd 对 Cu-Zn 基催化剂的影响，发现添加少量 Pd 也能提高 Cu-Zn 基催化剂的二氧化碳加氢制甲醇催化性能。除了引入单一改性剂对铜基催化剂的改性，双组分改性也许可以达到更好的效果。

此外，非金属元素也被用于二氧化碳加氢制甲醇用铜基催化剂的改性。研究者对非金属的卤族元素 F 改性铜基催化剂做了大量工作，发现尽管 F 原子的引入降低了铜表面积，从而降低了 CO_2 转化率，但是 F 的加入导致 γ-碱性位比例显著增加，从而显著提高了甲醇的选择性，从原来的 50.3％提高到 59.7％。

④ 结构效应

从前述分析，Cu-ZnO-Al_2O_3 催化剂的 Cu-ZnO 界面特征对二氧化碳加氢制甲醇催化性能影响很大，而通过原子重排进行结构再构筑是调控界面性质的有效方法。如图 7-18 所示，Zhao 等 "先进催化材料" 研究组人员[55] 报道了一种以再构筑的铜锌铝为核包裹铜锌镁壳的胶囊型铜基催化剂 Cu-ZnO-Al$_2$O$_3$（CZA-r），发现 CZA-r 催化剂展示出显著提高的二氧化碳加氢催化活性，相对于未进行结构再构筑的 CZA-p，二氧化碳的转化率从 4.8％提高到了 12.8％。经过结构再构筑，暴露了更多的活性位，并加强了 Cu-ZnO 相互作用，有利于二氧化碳转化率的提高。这一研究结果表明，通过 Cu-ZnO-Al$_2$O$_3$ 催化剂的结构调控，有望获得更为优良的二氧化碳加氢制甲醇催化剂。

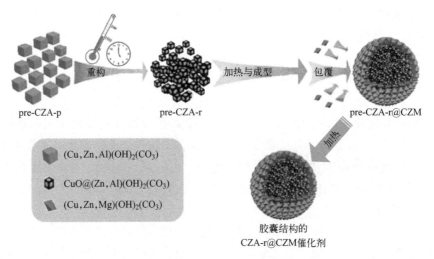

图 7-18　二氧化碳加氢制甲醇 CZA-r@CZM 胶囊结构铜基催化剂的制备

（2）贵金属催化剂

由于强的 H$_2$ 解离和活化能力，Pd、Au、Pt 等贵金属催化剂也被用于二氧化碳加氢制甲醇反应。Collins 等[56] 发现 Pd 活化解离的氢原子从金属钯溢流到 Ga$_2$O$_3$，促进了吸附在 Ga$_2$O$_3$ 载体上的碳物种的加氢。Zhou 等[57] 研究表明，β-Ga$_2$O$_3$ 的形貌对载 Pd 催化剂的金属-载体相互作用影响很大。结果表明，与 β-Ga$_2$O$_3$ 纳米棒的非极性面相比，盘状 β-Ga$_2$O$_3$ 极性（002）面加强了 Pd-载体 β-Ga$_2$O$_3$ 相互作用，促进了肖特基界面上电子从 β-Ga$_2$O$_3$ 向 Pd-NP 的转移，从而提高了二氧化碳转化率和甲醇选择性。以碳纳米管为载体的钯基催化剂也显示出甲醇合成的高催化活性。Pd/ZnO 体系中，CNTs 增加了活性 Pd^0 的浓度，并促进氢溢流，从而提高 Pd 基催化剂的甲醇合成性能。

Hartadi 等[58] 研究了 Au/Al$_2$O$_3$、Au/TiO$_2$、AuZnO 和 Au/ZrO$_2$ 四种载 Au 催化剂的 CO$_2$ 加氢制甲醇催化性能。对 Au 颗粒进行调控，发现 Au 颗粒尺寸越大甲醇的选择性就越高。但是，大尺寸会导致 CO$_2$ 转化率的降低。其中 Au 平均颗粒在 3.2 nm 时，甲醇选择性达到了 85％，但 CO$_2$ 的转化率不足 0.1％。Yang 等[59] 发现，在 Au-CeO$_x$/TiO$_2$ 界面的电子极化产生更多的活性中心，促进了二氧化碳的吸附和活化，在低的反应压力下，获得了高的甲醇产率，进一步 DFT 计算发现，由于电荷的再分布，形成了负电荷的 Au$^{\delta-}$ 和 Ce^{3+} 位，分别与 CO$_2$ 分子中带正电的 C 和带负电的 O 键合，促进二氧化碳的活化。

除了 Pd 和 Au，贵金属 Ag、Pt、Re 等也被用于二氧化碳的催化加氢制甲醇反应。Li 等[60] 制备了原子分散的 Pt/MoS$_2$ 催化剂，发现相邻铂单体之间的协同作用降低了活化能和提高了 Pt 单体催化的 CO_2 加氢反应催化活性。Toyao 等[61] 发现，$Pt/MoO_x/TiO_2$ 催化剂的 MoO_x 的表面缺陷促进了 CO_2 的活化，从而在低温就展示了较高的活性和选择性，甲醇收率达到 73%。

(3) 金属氧化物催化剂

除了铜基催化剂和贵金属催化剂，金属氧化物催化剂也受到了很大的关注。In_2O_3 具有双活性位点，能同时吸附和活化 CO_2 和 H_2，从而抑制逆水汽变换反应，获得高甲醇选择性，因此受到广泛关注。Sun 等[62] 研究了 In_2O_3 催化 CO_2 加氢合成甲醇反应，发现在 330 ℃下反应，获得了 7.1% 的 CO_2 转化率和 39.7% 的甲醇选择性。此外，In_2O_3/ZrO_2 催化剂具有强的催化稳定性，相同条件下，In_2O_3/ZrO_2 催化性能下降的程度仅为 20%，商业的 $Cu/ZnO/Al_2O_3$ 催化剂则下降 70%。在工业催化条件下，In_2O_3/ZrO_2 催化剂运行 1000 h，仍能保持良好活性和选择性，该催化剂的出色催化活性、选择性和稳定性，赋予其具有巨大工业应用的潜力。最近，研究者开发了一种不同于传统金属催化剂的 ZnO/ZrO_2 双金属固溶体氧化物催化剂，提供了 Zn 和 Zr 双活性中心，分别活化 H_2 和 CO_2，并表现出协同作用，从而高选择性地生成甲醇。在近似工业反应条件 [5.0 MPa、24000 mL/(g·h)、$H_2/CO_2=3/1\sim4/1$、$320\sim315$ ℃] 下，CO_2 单程转化率超过 10% 时，甲醇选择性仍保持在 90% 左右。

7.2.5 甲烷

二氧化碳甲烷化技术被认为是二氧化碳循环再利用最有效的技术之一。下面从二氧化碳加氢制甲烷的目的和意义、反应热力学和机理、催化剂三个方面进行阐述，并对二氧化碳加氢制甲烷的相关研究进展进行了述评，对前景进行了展望。

7.2.5.1 二氧化碳加氢制甲烷的目的和意义

甲烷是最简单的有机化合物，也是重要的基础化工原料。早在 20 世纪初期，P. Sabatier 提出了二氧化碳催化加氢甲烷化，又称为 Sabatier 反应，将温室气体二氧化碳转化为甲烷，而甲烷又可以作为高热值燃料。二氧化碳催化加氢甲烷化反应是二氧化碳资源化利用的有效途径之一，具有广阔的发展前景。当然，其应用的关键取决于廉价氢源供应和高效催化剂的研制。

7.2.5.2 二氧化碳加氢制甲烷的反应热力学和机理

二氧化碳催化加氢甲烷化的反应式如式(7-31)。从热力学角度，反应的焓变小于 0，为强放热反应，其吉布斯自由能变小于 0，表明在该条件下可以自发进行，且反应温度低对反应有利。但是，二氧化碳分子是化学惰性的，提高反应温度，以增加其活化分子数，可提高反应速率。因此，需要合适的反应温度，获得良好的甲烷化催化性能。除了主反应，还会发生如式(7-32)的逆水汽变换反应，提高反应温度对于逆水汽变换有利。此外，生成的 CO 也可以加氢甲烷化 [式(7-33)]，且反应为放热反应。此外，反应压力的提高，对反应也是有利的。

$$CO_2 + 4H_2 \Longrightarrow CH_4 + 2H_2O \quad \Delta H^{\ominus}_{298\ K} = -164.9\ kJ/mol \quad \Delta G^{\ominus}_{298\ K} = -113.6\ kJ/mol$$

$$\tag{7-31}$$

$$CO_2 + H_2 \Longrightarrow CO + H_2O \quad \Delta H^{\ominus}_{298\ K} = 41.1\ kJ/mol \tag{7-32}$$

$$CO + 3H_2 \Longrightarrow CH_4 + H_2O \quad \Delta H^{\ominus}_{298\ K} = -206.1\ kJ/mol \tag{7-33}$$

Kirchner 等[63] 总结了反应温度、压力和空速对二氧化碳甲烷化反应的 CO_2 转化率和甲烷收率的影响，如图 7-19 所示。可以看出，随着温度的升高，CO_2 转化率基本上在增大，而空速的增大造成转化率降低。对于甲烷收率，在高空速下，甲烷收率均很低。而在低空速下，在低温度区（小于 325 ℃），甲烷收率随着反应温度的升高先增大再减小。而在高温区（大于 325 ℃），随着反应温度的升高而呈现增大的趋势。在 300～320 ℃ 范围内，高空速下，提高反应压力，CO_2 的转化率和甲烷收率增大；但是，在低空速下，CO_2 的转化率和甲烷收率随着反应压力的增大先增加而后减小。表明，二氧化碳甲烷化是一个主反应、副反应的竞争过程。除了上述的主、副反应，还存在 CO 歧化、水煤气变换、甲烷裂化、甲烷重整、加氢碳化等其他系列副反应，需要根据不同的催化体系来调变反应参数以获得最佳甲烷化催化反应性能。

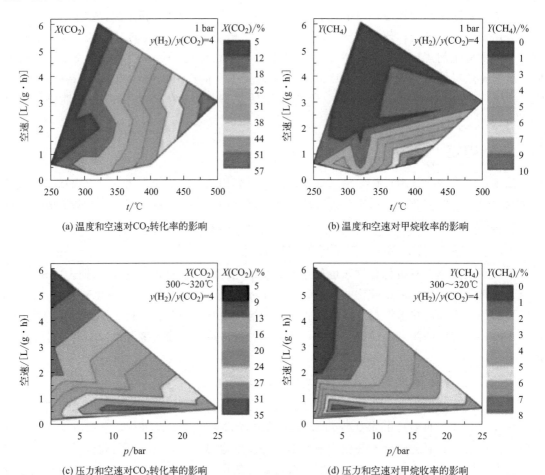

(a) 温度和空速对CO_2转化率的影响　　　　(b) 温度和空速对甲烷收率的影响

(c) 压力和空速对CO_2转化率的影响　　　　(d) 压力和空速对甲烷收率的影响

图 7-19　反应温度、压力和空速对二氧化碳加氢甲烷化的影响

二氧化碳甲烷化的反应机理，目前尚无统一的认识。主要存在三种可能的甲烷化机理：一氧化碳中间物机理、含氧酸根过渡态机理和二氧化碳直接加氢机理。

（1）一氧化碳中间物机理

该机理指出，在甲烷化之前，二氧化碳先转化为了 CO。尽管二氧化碳甲烷化反应温度略低于一氧化碳甲烷化，但是，前者所用的催化剂同样适用于后者，且一氧化碳甲烷化反应在热力学上也具有可行性。二氧化碳甲烷化反应产物中可以检测到一氧化碳。Maatman 等[64] 认为，二氧化碳和一氧化碳甲烷化机理相同，且氢和二氧化碳的解离速率均低于一氧化碳甲烷化反应速率，是反应的控制步骤。Aziz 等[65] 原位 FTIR 研究了介孔 SiO_2（MSN）负载金属（Ni、Rh、Ru、Fe、Ir、Cu）催化剂上二氧化碳甲烷化反应机理。如图 7-20 所示：首先，二氧化碳与氢气在金属活性中心上发生吸附、解离，形成 CO 分子、O 原子和 H 原子，随后向 MSN 载体表面迁移，迁移过来的 CO 与 MSN 表面的 O 原子作用，形成桥式和线性羰基，而解离的 H 原子的存在，促进双齿甲酸盐的形成。而迁移过来的 O 原子稳定在金属活性中心附近的氧空位上，MSN 载体表面吸附的 O 原子与 H 原子相互作用而生成 OH 基，其与另一个 H 原子反应生成 H_2O。在催化剂表面吸附的含碳物种进一步加氢而生成 CH_4 和 H_2O。

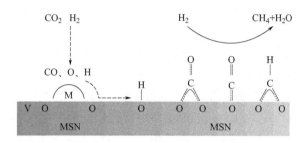

图 7-20　介孔二氧化硅（MSN）负载金属催化剂上二氧化碳甲烷化反应机理

（2）含氧酸根过渡态机理

二氧化碳甲烷化反应速率快，中间体寿命短、浓度低。因此，在过去，对于反应中间体的检测非常困难。近年来，原位漫反射傅里叶变换光谱技术（in situ DRIFTs）在多相催化中的应用，使中间态的识别和检测成为现实。采用该机理进行甲烷化反应，金属主要吸附、解离氢，溢流到载体，与载体上吸附活化 CO_2 分子形成的含氧酸根反应，生成甲烷和水。Fujita 等[66] 采用原位红外光谱跟踪二氧化碳甲烷化过程，发现了吸附的甲酸盐物种、一氧化碳吸附物种以及碳酸盐物种。Park 等[67] 研究了 $Pd-Mg/SiO_2$ 催化剂上 CO_2 甲烷化反应机理。氢气在 Pd 原子上吸附、解离，产生活性氢，经氢溢流作用，达到由 CO_2 和 MgO 形成的碳酸盐表面上，逐步加氢形成甲烷，并最终从催化剂表面上脱附得到甲烷产物。

（3）二氧化碳直接加氢机理

也有人认为，二氧化碳甲烷化既无须预先形成 CO 中间体，也无须通过含氧酸根中间物种，而是金属吸附和解离，产生活性氢，直接与气相中的 CO_2 发生反应。但是，随着研究的深入，前面两种机理更加被认同。

7.2.5.3　二氧化碳加氢制甲烷的催化剂

从热力学来看，高温下二氧化碳的甲烷化反应受热力学抑制，低温更有利于反应正向进行；而从动力学角度看，甲烷化反应需要将氧化态的碳原子完全还原，低温 CO_2 甲烷化反应具有低的反应速度。因此，选取具有较高催化活性且同时具备优良选择性的催化剂至关重要。目前二氧化碳甲烷化反应催化剂主要为Ⅷ族金属（Ni、Co、Rh、Ru 和 Pd 等）催化剂。这些金属活性组分，CO_2 甲烷化催化活性顺序为 Ru＞Rh＞Ni＞Fe＞Co＞Os＞Pt＞Ir＞Mo＞Pd＞Ag＞Au，选择性顺序为 Pd＞Pt＞Ir＞Ni＞Rh＞Co＞Fe＞Ru＞Mo＞Ag＞Au。可以看出，贵金属催化剂，尤其是 Ru 和 Rh，表现出高的低温甲烷化催化活性和较好的选择性。除贵金属外，Ni 基催化剂具有与贵金属可比的甲烷化催化性能，且廉价易得，因此，在甲烷化研究中备受关注。Ni 基催化剂主要以负载型催化剂为主，且其甲烷化催化性能受载体和助剂的影响显著。为此，本节从载体效应、助剂促进作用和第二活性组分添加这三个方面对 Ni 基催化剂催化二氧化碳甲烷化的研究进展进行阐述。

（1）载体效应

对于负载型催化剂，除了支撑活性组分之外，还可以通过金属载体相互作用或/和载体参与底物活化等来改进负载型催化剂的催化性能。目前，用于制备 CO_2 甲烷化 Ni 基催化剂的常用载体主要有 SiO_2、Al_2O_3、分子筛、TiO_2、CeO_2、La_2O_3、ZrO_2 等，载体的结构及化学性质对载 Ni 催化剂的甲烷化催化性能影响较大。载体的结构可调控所负载的活性组分的分散度，合适的载体结构还能提高催化剂的稳定性和抗积炭性能。载体的电子结构在较大程度上决定载体与活性组分间的相互作用，从而影响活性组分的可还原性。此外，载体的电子性质还会影响催化剂对 CO_2 分子的吸附和活化。

二氧化硅具有丰富孔结构和良好稳定性，被用作二氧化碳甲烷化 Ni 基催化剂的载体。Aziz 等[68] 采用溶胶-凝胶法制备了介孔二氧化硅（MSN），采用浸渍法将 Ni 担载在 MSN 载体上，制备了 Ni/MSN 催化剂，并与其他载体进行对比，考察了载体效应对 Ni 基催化剂甲烷化的影响，发现 CO_2 甲烷化的反应活性顺序为 Ni/MSN＞Ni/MCM-41＞Ni/HY＞Ni/SiO_2＞Ni/γ-Al_2O_3，MSN 作为甲烷化 Ni 基催化剂的载体展示最高催化活性。此外，在甲烷化反应运行 200 h 时，积炭得到有效抑制，Ni/MSN 催化剂仍保持很好的催化活性。此外，Zhang 等[69] 发现，对 Ni/SiO_2 催化剂进行等离子体处理，可以显著提高 Ni 活性组分在载体表面的分散度，为 CO_2 加氢甲烷化反应提供更多催化活性位。

氧化铝是工业上常用的负载型催化剂的载体。Riani 等[70] 研究了 Ni/Al_2O_3 催化 CO_2 加氢甲烷化。结果显示，在 523 K 的低温下，反应并不能发生。但是，随着反应温度的升高，CO_2 转化率迅速增大，CH_4 的选择性也在增大，不过增大得较为缓慢。在 773 K 下，CO_2 转化率达到 71%，而 CH_4 选择性为 86%，CO 选择性为 14%。Abello 等[71] 采用传统金属硝酸盐共沉淀法制备了较高活性金属 Ni 含量的 Ni-Al 混合氧化物 Ni(Al)O_x 催化剂，在 $n(\text{Ni})/n(\text{Al})$ 为 5 时，获得较高 Ni 含量和较大催化剂比表面积，在 400 ℃、1 MPa、$n_{H_2}/n_{CO_2}/n_{N_2}$ 为 4/1/1 时，CO_2 转化率达到 92.4%，CH_4 选择性接近 100%。

分子筛具有规整的孔道体系和优良的热、化学和机械稳定性，不仅是重要的催化剂，还是常用的催化剂载体。在二氧化碳甲烷化研究中，以分子筛作为载体的 Ni 基也取得了很好效果。例如，Westermann 等[72] 以 USY 分子筛为载体，采用浸渍法制备了不同 Ni 载量（5%、10% 和 14%）的 Ni/USY 催化剂，用于二氧化碳的甲烷化反应。结果表明，在反应温度 250～450 ℃、空速 43000 h^{-1}、$n_{H_2}/n_{CO_2}/n_{N_2}$ 为 36/9/10 和总流量 250 mL/min 的反应条件下，Ni 载量从 5% 增大到 14%，CO_2 转化率从 44.9% 提升到了 72.6%，甲烷选择性也从 60% 提高到了 95%。他们认为，分子筛 USY 载体本身并没有 CO_2 加氢反应活性，而 Ni 是 CO_2 甲烷化活性位。分子筛作为催化剂载体，与氧化铝、氧化硅等作载体相比，优势并不明显，主要体现在成本上。利用分子筛结构上的规整性，研究二氧化碳甲烷化反应机理、催化剂失活机理等可能更为合适。

稀土氧化物作为载体也被用于 Ni 基催化剂的制备，对二氧化碳分子具有良好活化作用。

Song 等[73] 研究了 10％Ni/La$_2$O$_3$ 催化剂上的二氧化碳甲烷化，发现 Ni/La$_2$O$_3$ 催化剂对该反应具有很好的催化性能。稀土 CeO$_2$ 能有效促进催化剂对 CO$_2$ 分子的吸附和活化，并能提高活性组分可还原性和稳定性。

氧化锆具有良好的热稳定性和氧流动性，且是 N 型半导体过渡金属氧化物，作为载体制备负载型催化剂，可与活性金属组分产生较强电子相互作用，用于二氧化碳甲烷化反应，影响催化剂对反应分子的吸附与解离。Liu 等[74] 制备了活性组分质量分数为 1.6％的 Ni/ZrO$_2$ 催化剂，实现了二氧化碳和一氧化碳的甲烷化反应。刘泉等采用水凝胶法制备了系列 Ni/ZrO$_2$ 催化剂，发现经 450 ℃焙烧，催化剂中的 ZrO$_2$ 呈无定形态，NiO 均匀分散在 ZrO$_2$ 表面；进一步，经 400 ℃氢还原，部分无定形 ZrO$_2$ 转变为四方相，而 Ni 也得到了再次分散。Ni 与 ZrO$_2$ 间的电子作用抑制了 Ni 晶粒的生长和 ZrO$_2$ 晶型的转变。

此外，为了降低催化剂的成本，天然矿物和膨润土也可被用作 Ni 基催化剂的载体，并取得良好的催化结果。

（2）助剂促进作用

改善 Ni 基催化剂的 CO$_2$ 甲烷化催化性能，助剂的引入是行之有效的方法。助剂一般是通过载体浸渍镍金属盐的同时被引入。通过添加助剂可以调控活性镍物种的分散度、还原度、催化剂表面酸碱性以及热稳定性等，从而达到提高催化剂的催化活性和调变产物分布的目的。具体表现在以下四个方面：a. 有效改善催化剂的结构性能；b. 改变活性组分与载体间的化学环境和相互作用，并调变催化剂可还原性；c. 与 CO$_2$ 分子发生电子效应，促进催化剂对其的吸附和活化，进而促进甲烷化反应；d. 有效抑制催化剂高温积炭及活性组分迁移和团聚，从而提高催化剂的稳定性[75]。

用于二氧化碳甲烷化 Ni 基催化剂的助剂主要有碱金属、碱土金属、稀土金属等。比如，Ni/Al$_2$O$_3$ 催化剂添加 Li 后，其活性明显提高[76]，而添加适量 Na，提高了 Ni 的分散度，利于反应。Zhi 等[77] 研究了助剂 La$_2$O$_3$ 的添加对 Ni/SiC 催化剂的二氧化碳甲烷化催化性能的影响，发现 La$_2$O$_3$ 助剂的添加，大幅提高了 Ni/SiC 催化剂的低温 CO$_2$ 甲烷化催化性能。CeO$_2$ 能有效地促进催化剂对 CO$_2$ 分子的吸附和活化，并提高活性组分的可还原性和稳定性。Rahmani 等[78] 对比了不同 Ce、Mn、La、Zr 等助剂对 γ-Al$_2$O$_3$ 载镍催化剂的影响。结果表明，助剂的引入并未破坏 Ni/γ-Al$_2$O$_3$ 催化剂有序的介孔结构，在修饰的催化剂上的 CO$_2$ 甲烷化活性：Ni-Ce＞Ni-Mn＞Ni-Ni＞Ni-La≈Ni-Zr。助剂 CeO$_2$ 和 MnO$_2$ 的掺入，调变金属镍的分散程度和电子密度，提高了催化剂前体材料的可还原性，从而产生更多金属 Ni 活性物种，为 CO$_2$ 催化甲烷化提供更多活性中心。

（3）第二活性组分添加

除了通过载体效应和添加助剂的促进作用来改进 Ni 基催化剂的二氧化碳甲烷化催化性能，通过添加过渡金属、稀土金属等与活性金属镍相互作用，通过焙烧、还原等方式后形成双金属纳米颗粒或合金，产生双金属协同效应，也可以有效提高载 Ni 基催化剂的甲烷化催化性能。Yu 等[79] 发现了 Ni-Co/SiC 催化剂上 Ni-Co 合金的存在。Tian 等[80] 通过引入过渡金属 Fe 制备担载 Ni-Fe 的双金属催化剂，通过 H$_2$-TPR 表征发现，双金属催化剂形成了 Ni-Fe 合金，促进了甲烷化的进行。Hwang 等[81] 发现 Ni-Fe/γ-Al$_2$O$_3$ 双金属催化剂上 Ni-Fe 合金提高了活性镍物种的数目，强化了催化剂对反应物分子的吸附活化，从而提高 CO$_2$ 甲烷化催化性能。

二氧化碳甲烷化反应可以将 CO_2 转化为能源物质甲烷，实现碳基能源的循环，对能源利用具有重要意义。CO_2 甲烷化工业推广的两个决定因素：廉价高效催化剂的研制和低成本可持续氢源。随着对 CO_2 甲烷化研究的不断开展，高效 Ni 基催化剂不断被研制，对其反应机理的认识也逐渐深入。

7.3 二氧化碳催化转化制燃料和重要化学品

如前所述，将捕集的二氧化碳作为主要反应物，用于合成气及加氢制一氧化碳、甲酸、甲醇、甲烷等大宗化学品的生产，具有重要现实意义。目前，二氧化碳催化转化资源化利用，重要的束缚和挑战是成本。将二氧化碳催化转化来生产烷烃、低碳烯烃、芳烃、二甲醚、高碳醇、碳酸二甲酯、环状碳酸酯等燃料和高附加值的化学品，可以在一定程度上平衡其利用过程中的成本问题。本节将对二氧化碳催化转化制 C_{2+} 烷烃、低碳烯烃、二甲醚、高碳醇（$C_{2+}OH$）及碳酸二甲酯等其他化学品的研究进行述评。

7.3.1 烷烃燃料

二氧化碳加氢可以制得烷烃，其中，二氧化碳催化加氢制甲烷已经在上一节论述，且长链烃燃料更具经济价值。为此，本节聚焦二氧化碳催化转化制 C_{2+} 烷烃。既可以减缓大气中二氧化碳浓度的攀升速度，又符合可持续发展战略，对环境和社会均具有重要意义。下面从二氧化碳加氢制烷烃燃料（C_{2+} 烷烃）的目的和意义、反应热力学和机理、催化剂三个方面进行阐述，并对相关研究进展进行述评，对其未来发展进行展望。

7.3.1.1 二氧化碳转化制烷烃燃料的目的和意义

$C_2 \sim C_4$ 烷烃是重要的化工原料，也是液化石油气的主要成分。C_{5+} 烷烃通常为液体状态，可用于生产汽油（$C_5 \sim C_{11}$）、煤油（$C_{10} \sim C_{16}$）、柴油（$C_{12} \sim C_{20}$）等液体运输燃料。相对于甲烷，高碳烃（C_{2+}）具有更高的能量密度，将二氧化碳催化加氢转化为具有高经济性的烃类燃料，既可以减缓大气中二氧化碳浓度攀升速度，又充分利用这一宝贵的碳源，符合可持续发展战略，具有环保和资源双重价值。

7.3.1.2 二氧化碳转化制烷烃燃料的反应热力学和机理

在 20 世纪 70 年代，出现了两次较为严重的石油危机，世界范围内掀起了煤制液态燃料的高潮，两种合成路线得到了极大的关注。其一，煤先经气化工艺制成合成气，然后再经 F-T 合成工艺，得到液体燃料；其二，由工业甲醇转化来合成液体烃类化合物（MTH 工艺）。如前所述，二氧化碳加氢可以制甲醇，另外，还可以通过重整甲烷或逆水汽变换来制合成气。因此，二氧化碳可以经过间接路线，先合成甲醇或合成气，再经 MTH 或 F-T 工艺来合成液体烃燃料。随着研究的深入，人们提出了经由甲醇或合成气中间物种的直接液态烃合成路线，一步合成烃燃料，而无须中间化合物（甲醇、CO）的分离过程，从而缩短工艺，降低成本。对于二氧化碳直接合成液态烃的甲醇路线（CO_2 MTH 过程），实际上包含了甲醇合成过程［CTM，式(7-34)］和甲醇制液态烃过程［MTH，式(7-35)］，通常采用甲醇合成铜基催化剂和甲醇制液态烃分子筛催化剂构筑双功能催化剂来实现这一直接转化过程[82]。如前所述，CTM 过程是一个放热过程，低温反应对甲醇合成有利。但考虑到二氧化碳的分子惰性，需要提高反应温度以提高反应速率。此外，MTH路线，尽管合成不同链长的烷烃的反应焓变是不同的，但其均为放热反应[83]。这就要综合考虑热力学、动力学和产品分布，来确定适宜的反应温度。二氧化碳直接转化制液态烃的另一条路线是经由CO的合成路线，也称为CO_2 F-T过程。该合成工艺实际上经过了两步连串反应机理。第一步，二氧化碳加氢合成CO的逆水汽变换反应［RWGS，式(7-36)］，这一过程，是吸热反应，催化效率受热力学平衡限制和动力学控制；第二步，也就是CO F-T合成过程，生成烃类化合物［式(7-37)］，这一过程是一个放热过程，反应受动力学控制，这一反应过程，通常采用对逆水汽变换和F-T反应均有活性的催化剂来实现，并可以通过核壳结构，通过加氢、异构、裂解等来调控产品分布。

$$CO_2 + 3H_2 \Longrightarrow CH_3OH + H_2O \qquad \Delta H_{298\,K}^{\ominus} = -49.5 \text{ kJ/mol} \qquad (7\text{-}34)$$

$$CH_3OH \Longrightarrow -CH_2- + H_2O \qquad (7\text{-}35)$$

$$CO_2 + H_2 \Longrightarrow CO + H_2O \qquad \Delta H_{298\,K}^{\ominus} = 41.2 \text{ kJ/mol} \qquad (7\text{-}36)$$

$$CO + 2H_2 \Longrightarrow -CH_2- + H_2O \qquad \Delta H_{298\,K}^{\ominus} = -152 \text{ kJ/mol} \qquad (7\text{-}37)$$

图7-21给出了双功能催化剂上二氧化碳经甲醇中间体一步直接合成烷烃的反应机理图（CO_2 MTH工艺）。该双功能催化剂包含甲醇合成单元和甲醇脱水或偶联单元。首先，在可还原的氧化物表面（如Cu、Zn、In等）或贵金属上经由甲酸盐或CO机理生成甲醇；随后，形成的甲醇在固体酸（分子筛、氧化铝等）上经过脱水或偶联过程形成高附加值的C_{2+}化合

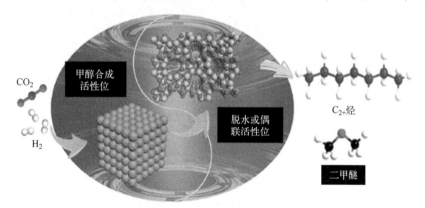

(a) 双功能催化剂上CO_2直接加氢制C_{2+}烃反应过程

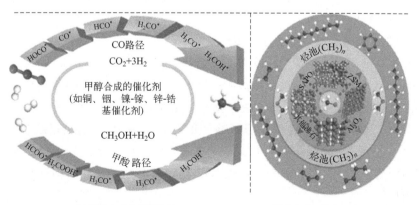

(b) 甲醇合成的两种路径　　　(c) 甲醇在分子筛上生成C_{2+}烃的过程

图7-21　双功能催化剂上二氧化碳经甲醇中间体一步直接合成烷烃的反应机理

物（包括烷烃、低碳烯烃、二甲醚）。二氧化碳加氢合成甲醇过程和甲醇制 C_{2+} 化合物反应过程分别在 200～300 ℃ 和 400 ℃ 下进行。在双功能催化剂上，这个二氧化碳加氢直接合成 C_{2+} 烃的反应过程并非两个反应的简单加和，双功能催化剂的两个催化单元会发生显著的协同作用。因此，双功能催化剂上二氧化碳经由甲醇中间体直接制 C_{2+} 烃催化剂和催化反应过程的研究，还有很多工作要做。

二氧化碳催化加氢直接转化合成 C_{2+} 烃，除了经由甲醇中间体路线，还可以经由 CO 路线来实现（CO_2 F-T 工艺）（图 7-22）。这一工艺过程集成了二氧化碳到 CO 的 RWGS 反应和 CO 到 C_{2+} 烃的 F-T 过程。高效的 CO_2 F-T 过程工艺催化剂应该对 RWGS 和 F-T 反应均有较好活性，如负载的 Fe、Co 和 Ru 基催化剂，可以直接获得液态烃燃料、低碳烯和高碳醇，产品的分布主要取决于催化剂的组成和结构。在 F-T 合成之前，CO_2 经 RWGS 反应生成 CO。如前所述，RWGS 反应是吸热反应，通常在较高的反应温度下进行。此外，可以在上述 CO_2 F-T 催化剂的基础上，引入分子筛等固体酸，形成多功能催化剂，通过异构和芳构化，获得高辛烷值的异构烷烃和芳烃，来提高燃料的品质。

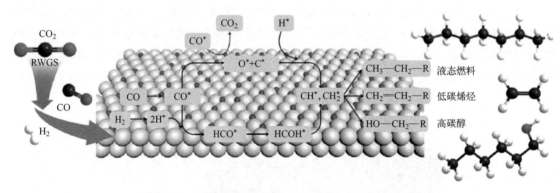

图 7-22　二氧化碳经 CO 中间体一步直接合成烷烃的反应机理

7.3.1.3　二氧化碳直接转化制烷烃燃料的催化剂

CO_2 加氢一步直接合成 C_{2+} 高碳烃一般是困难的。这是由于，在担载过渡金属催化剂存在下，CO_2 加氢通常非常高选择性地生成甲烷，而不是高碳烃。比如，担载 Ru、Rh、Ni 催化剂催化该反应，甲烷选择性接近 100%。这里，分别对这两种 CO_2 直接转化制高碳烃催化剂研究进展进行阐述。

（1）CO_2 MTH 路线直接合成 C_{2+} 烃催化剂

采用 CO_2 MTH 工艺，需要使用双功能催化剂。该催化剂既包含 CO_2 加氢制甲醇催化剂（CTM 催化剂），又包含甲醇转化制高碳烃催化剂（MTH 催化剂）。通常，在铜基甲醇催化剂上，二氧化碳加氢制甲醇，而在分子筛 MTH 催化剂上，生成的甲醇进一步转化为烃类化合物，而分子筛催化剂的性质显著影响烃的分布（烯烃、液化石油气、汽油等）和 CO_2 加氢速率。目前，大量报道聚焦 CO_2 MTH 路线转化 CO_2 合成烃类化合物。CO_2 催化转化制低碳烯烃将在 7.3.2 节详细介绍，这里仅对 CO_2 转化制液化石油气和汽油催化剂研究进展进行阐述。

液化石油气（LPG）是火花启动轻型车辆发动机的燃料及炊用燃料。CO_2 直接合成 LPG，将丰富的碳源转化为高值燃料，具有重要意义。Jeon 等[84] 研究了包含 Cu/ZnO/

ZrO_2、$Cu/ZnO/Al_2O_3$ 甲醇合成催化剂和 SAPO-5、SAPO-44、HZSM-5 分子筛 MTH 催化剂的系列杂化双功能催化剂，研究了 CO_2 经由甲醇催化转化制高碳烃反应，发现所合成的烃类化合物的产品分布受 MTH 分子筛催化剂酸性质和孔尺寸的影响显著。Li 等[85] 制备了包含锆修饰的铜锌铝 CTM 催化剂和 Pd 修饰的分子筛 Pd-β 为 MTH 催化剂的复合物催化剂，结果表明，所制备的双功能催化剂展示了优良的 CO_2 制液化石油气催化活性和稳定性。

汽油（$C_{5\sim11}$）是非常重要的运输燃料，二氧化碳催化转化制汽油具有重要现实意义，也可以通过包含 CTM 和 MTH 的复合双功能催化剂来实现。Inui 等[86] 将典型的 CO_2 加氢制甲醇催化剂（Pd-Na 改性 Cu-Cr-Zn 催化剂）和 MTG 催化剂（HZSM-5）结合，获得的 C_{2+} 烃在所有的烃类化合物中占比高达 71.8%。

为了进一步提高 C_{5+} 烃的选择性，需要进一步设计新的催化剂。Gao 等[87] 报道了通过颗粒物理混合制备的 $In_2O_3/HZSM-5$ 双功能催化剂上 CO_2 催化转化制汽油反应，发现该催化剂展示了优良的二氧化碳直接加氢制汽油范围的液体烃燃料催化选择性。而在 $C_5\sim C_{11}$ 汽油中，异构烷烃与正构烷烃比高达 16.8。两种组分 In_2O_3 和 HZSM-5 在 CO_2 加氢制烷烃反应中扮演重要角色。两种组分的颗粒混合物催化该反应，比双层填充效果好，尤其是由于协同作用，RWGS 反应得到有效抑制，CO 选择性很低。但是，如果将两种组分研磨混合，显著改变了产品选择性，甲烷成了主要产物（图 7-23）。这是由于两种催化剂太紧密的接触，造成分子筛表面 B 酸位被 In_2O_3 毒化所致。DFT 计算研究表明，In_2O_3 的氧空位上活化 CO_2 和氢生成 CH_3OH，然后甲醇扩散到 HZSM-5，在分子筛孔道产生 C_{5+} 烃。

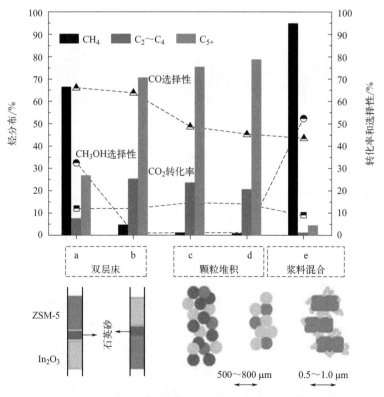

图 7-23　$In_2O_3/HZSM-5$ 催化剂上二氧化碳加氢制液态燃料催化性能

$$CO_2 + H_2 \xrightarrow{Fe\text{-}Zn\text{-}Zr} CH_3OH$$

$$CH_3OH \xrightarrow{Fe\text{-}Zn\text{-}Zr} C_1, C_4$$

$$CH_3OH \xrightarrow{HY} C_1, C_2, C_3, C_4, C_5$$

$$C_3 + CH_3OH \xrightarrow{HY} i\text{-}C_4$$

$$C_2 + C_3 \xrightarrow{HY} i\text{-}C_5$$

图 7-24　Fe-Zn-Zr/HY 催化剂上二氧化碳催化加氢制异构烷烃的可能路径

异构烷烃的选择合成，可以提高汽油辛烷值。Ni 等[88]研究发现，Fe-Zn-Zr 不仅催化甲醇合成，也有利于异烷烃的形成。图 7-24 给出了 Fe-Zn-Zr/HY 催化剂上二氧化碳催化加氢制异构烷烃的可能路径。首先，在 Fe-Zn-Zr 催化剂上，二氧化碳和氢被活化形成甲醇，并随后在 Fe-Zn-Zr 催化剂进一步转化为 C_1 和 C_4 烃。扩散到 HY 分子筛上的甲醇，在固体酸催化剂下，形成系列烃类化合物。此外，C_3 烃和甲醇又可以在 HY 上形成异构 C_4 烃（$i\text{-}C_4$），而在 HY 上形成的 C_2 和 C_3 会进一步转化为 C_5 烃（$i\text{-}C_5$）。从实验结果可以看出，在 Fe-Zn-Zr/HY 催化剂，金属氧化物 Fe-Zn-Zr 与 HY 分子筛的协同，促进了异构烷烃的形成，从而提高经由 CO_2 转化制得的汽油的辛烷值。

从前面的研究结果可以看出，在双功能催化剂上，二氧化碳经由甲醇路线可以成功合成 C_{2+} 高碳烃，通过催化剂的设计，可以调控高碳烃的选择性。但是，采用通常的物理混合法，金属氧化物和分子筛的协同效应非常有限。通过设计和制备核壳结构催化剂，提供独特的封闭空间，发挥核壳结构的限域效应，可以强化连串双功能催化剂的协同效应。Wang 等[89] 设计并合成了一种以 Fe-Zn-Zr 氧化物为核、以分子筛（HZSM-5、Hβ 和 HY）为壳的核壳结构双功能催化剂（图 7-25）。与通过机械混合法制备的 Fe-Zn-Zr/分子筛催化剂相比，核壳结构 Fe-Zn-Zr@分子筛双功能催化剂展示了良好的二氧化碳转化制异构烷烃的催化性能，异构烷烃在总烷烃中占 81.3%，归因于独特核壳结构的限域效应对 Fe-Zn-Zr 金属氧化物和分子筛的协同作用的强化。

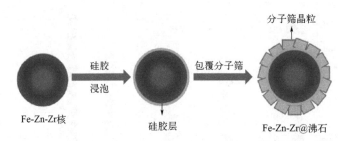

图 7-25　Fe-Zn-Zr/HY 催化剂上二氧化碳催化加氢制异构烷烃的可能路径

（2）CO₂ F-T 路线直接合成 C₂₊ 烃催化剂

经由 CO_2 F-T 路线，可以将二氧化碳加氢直接转化为烃类化合物。相对于间接路线，二氧化碳直接转化制烃工艺更加环境友好、更具经济性。采用该路线，二氧化碳加氢路线假设为两步过程（RWGS 和 F-T）在同一催化剂上进行。此外，相比 CO 加氢，由于二氧化碳的吸附速率较慢，CO_2 F-TS 过程，表面吸附中间产物加氢程度较高，会导致二氧化碳的低转化和更容易形成 CH_4，这也是 CO_2 F-T 路线的重要挑战所在。目前，CO_2 F-T 催化剂主要有 SiO_2、$\gamma\text{-}Al_2O_3$、TiO_2，以及碳材料担载 Fe、Co、Ru 和 Ni。Fe 和 Co 基催化剂，具有良好的 C_{2+} 烃选择性，相关研究报道最多。目前，$\gamma\text{-}Al_2O_3$、SiO_2、TiO_2、ZrO_2、MOFs 和碳材料被用于 CO_2 F-T 合成高碳烃 Fe 基催化剂的制备[90]。这些载体中，$\gamma\text{-}Al_2O_3$ 可以与活性组分 Fe 产生强的金属载体相互作用，从而抑制 Fe 纳米粒子在反应过程中的烧结，提高了催化剂的稳定性[90]。

碱的添加有利于 CO_2 的转化。K 是常用的 Fe 基催化剂的添加组分，对二氧化碳制烃催化性能影响显著。Wang 等[91] 对比研究了 Li、Na、K、Cs 等碱金属的改性对 CO_2 加氢性能的影响，发现适量 K 改性的 Fe/ZrO_2 催化剂具有很好的 $C_{2\sim4}$ 选择性。除了碱金属改性，稀土金属、过渡金属用于 Fe 催化剂的 CO_2 F-T 反应，也展示了显著的促进作用。已有研究表明，与未改性的 Mn/K 催化剂相比，经过 CeO_2 改性，提高了催化活性和 $C_{2\sim5}$ 烯烃的选择性。在铁基催化剂中加入锰，可以抑制 CH_4 的生成，同时增加二氧化碳加氢过程中烯烃/石蜡的生成。

如前所述，异烷烃常被用作提高汽油辛烷值和减少汽车尾气的燃料添加剂。Wei 等[92] 将 Na 改性铁基催化剂（$Na\text{-}Fe_3O_4$）与 HZSM-5 耦合，研究了 CO_2 加氢制汽油催化性能，发现 $Na\text{-}Fe_3O_4$/HZSM-5 催化剂展示了显著提高的高辛烷值芳香烃和异构烷烃组分选择性。以双功能 $Na\text{-}Fe_3O_4$/HZSM-5 为催化剂，产物是以 C_9 为主的 $C_{5\sim11}$ 异构烷烃和芳烃。他们认为，分子筛的拓扑结构和 B 酸影响着其产品分布。HZSM-5 上的强 B 酸位促进了芳构化。

相对于加氢甲烷化，二氧化碳加氢制 C_{2+} 烃更具经济价值。二氧化碳加氢制高碳烃，可以经由甲醇路线或 CO 路线，采用间接或直接工艺来实现，而直接工艺简单、经济、环保，更具应用前景。目前，二氧化碳加氢制 C_{2+} 烃研究取得了很大进展，但距离实现工业化还有很多路要走。CO_2 活化过程、双活性位协同作用、C-C 过程有效控制、产品分布调控方法和原理等诸多问题需要深入研究。当然，高效、稳定、廉价的催化剂的设计和制备是关键。对于催化剂的设计，催化剂的选择性，尤其是高附加值的烃类化合物，如低碳烯烃和高碳烷烃的选择性是重中之重。此外，也需要考虑廉价氢源供应问题等。

7.3.2　低碳烯烃

利用二氧化碳催化转化制低碳烯烃（$C_{2\sim4}$ ＝），是减少对石油资源的依赖和缓解环境与资源双重压力的有效途径之一。下面从二氧化碳加氢制低碳烯烃的目的和意义、反应热力学和机理、催化剂三个方面进行阐述，并对相关研究进展进行述评，对发展前景进行展望。

7.3.2.1　二氧化碳转化制低碳烯烃的目的和意义

烯烃是十分重要的基础化工原料。其中，低碳烯烃（乙烯、丙烯、丁烯），特别是乙烯，是世界上产量最大的化工产品之一，占石化产品的 75％ 以上，在国民经济中占据突出地位，其产量常被作为衡量一个国家石油化工发展水平的重要标志之一。烯烃的传统制备方法是石油裂解，但是，随着石油资源的逐渐枯竭，乙烯的原料也日益受到威胁。因此，通过二氧化碳加氢这一非石油路线来制低碳烯烃，是当前化工领域研究的前沿和热点之一。

7.3.2.2　二氧化碳转化制低碳烯烃的反应热力学和机理

二氧化碳加氢制低碳烯烃的反应体系很复杂，存在多个平行的副反应。刘业奎等总结了 CO_2 加氢制低碳烯烃 ［式（7-38）～式（7-40）］ 的 $\Delta H_{298\ K}^{\ominus}$、$\Delta G_{298\ K}^{\ominus}$ 及反应温度在 298 K 时的 K_p[93]。

$$2CO_2 + 6H_2 \Longrightarrow C_2H_4 + 4H_2O \qquad \Delta H_{298\ K}^{\ominus} = -127.9\ \text{kJ/mol}$$

$$\Delta G_{298\ K}^{\ominus} = -57.5\ \text{kJ/mol} \qquad K_p(298\ \text{K}) = 1.24 \times 10^{10} \tag{7-38}$$

$$3CO_2 + 9H_2 \Longrightarrow C_3H_6 + 6H_2O \qquad \Delta H_{298\ K}^{\ominus} = -249.8\ \text{kJ/mol}$$

$$\Delta G_{298\ K}^{\ominus} = -125.7\ \text{kJ/mol} \qquad K_p(298\ \text{K}) = 1.13 \times 10^{22} \tag{7-39}$$

$$4CO_2 + 12H_2 \rightleftharpoons C_4H_8 + 8H_2O \qquad \Delta H^{\ominus}_{298\,K} = -360.4 \text{ kJ/mol}$$

$$\Delta G^{\ominus}_{298\,K} = -180.0 \text{ kJ/mol} \qquad K_p(298\,K) = 3.72 \times 10^{31} \tag{7-40}$$

可以看出，二氧化碳加氢制烯烃，是热力学上有利的反应过程，且随着所合成烯烃碳数的增多，放热更大，平衡常数也增大。对于这些反应，温度和压力的提高对反应有利。众所周知，对于反应机理认识的深入，可以为高效催化剂的设计提供指导。目前，对于 CO_2 加氢制低碳烯烃的认识还不够深入。主要有三种路线：①CO_2 加氢制低碳烯烃可以经由 CO_2 费托合成制烯烃（FTO）工艺。采用该工艺，CO_2 先被活化，发生 RWGS 反应生成 CO，再经 FTO 工艺制低碳烯烃。②CO_2 也可以经由甲醇中间体合成低碳烯烃，称为 CO_2 MTO 工艺。该过程中，CO_2 先在甲醇合成单元加氢生成甲醇，然后在 MTO 单元生成低碳烯烃。③二氧化碳直接选择加氢制低碳烯烃（CO_2 DFTO），该过程不经过 CO 或甲醇中间体而直接得到低碳烯烃。实际上，对于 CO_2 制烯烃活化机理的认知还很不深入，还没有形成统一的认识。尤其是，CO_2 加氢制烯烃，反应过程复杂，这就需要通过现代仪器分析技术的发展和运用，并结合理论计算，来理清 CO_2 催化加氢制烯烃过程机理，从而来指导高选择性催化剂的设计和研制。

7.3.2.3 二氧化碳转化制低碳烯烃的催化剂

尽管有三种路线可以实现二氧化碳到低碳烯烃的转化，但当前，CO_2 催化加氢制烯烃，研究最多的是经由 CO_2 FTO 和 CO_2 MTO 这两种路线。这里将分两类对二氧化碳选择加氢制烯烃催化剂的研究进展进行阐述。

(1) CO_2 FTO 工艺制烯烃催化剂

如前所述，采用 CO_2 FTO 工艺，二氧化碳分子首先发生 RWGS 反应生成 CO，所生成的 CO 再经 CO FTO 过程制得低碳烯烃。铁是地壳含量第二高的金属元素，是一类重要的金属催化剂材料，对 RWGS 反应和费托反应均有较高的催化活性，因此，可以作为二氧化碳加氢合成低碳烯烃的催化剂。

为了获得良好的 CO_2 加氢制烯烃催化性能，Fe 基催化剂的碱金属，尤其是 K 作助剂的改性研究，得到了广泛关注。Choi 等[94] 研究发现，K 的添加为 Fe 空轨道提供了电子，从而促进了 Fe 对碳物种的吸附，但这会削弱了 Fe—H 键键能而抑制氢物种的吸附。结果，K 助剂通过调控催化剂活性位上的碳氢比而抑制甲烷生成并提高低碳烯烃产率。除了 K 作为助剂外，其他碱金属也被广泛应用于 CO_2 加氢制烯烃用 Fe 基催化剂的改性，如 Rb、K、Cs、Li、Na[95]。Kim 等[96] 报道了一个有趣的实验结果。他们把 K-Fe 担载到碱金属离子交换的 Y 分子筛，制得双功能催化剂，研究了该催化剂的 CO_2 加氢制低碳烯烃催化性能，可获得 23.2% 的高低碳烯烃选择性，而 CO 选择性仅为 26.5%。

除了碱金属和碱土金属，稀土金属也被用于 CO_2 制烯烃 Fe 基催化剂的改性。Dorner 等[97] 制备了稀土 Ce 改性的 Fe-Mn-K/γ-Al_2O_3 催化剂，研究了助剂 Ce 对催化剂的 CO_2 加氢制烯烃催化性能的影响，发现助剂 Ce 的加入顺序对其催化性能有明显影响。同时浸渍 Fe、Mn、Ce，稀土 Ce 优先沉积在 Fe-Mn 簇的顶部，阻断了用于链增长的活性位点，从而导致催化剂活性的下降。然而，先浸渍 Ce 而后再浸渍 Fe、Mn，却可以提高催化剂的活性。

过渡金属作为助剂也被用于 Fe 基催化剂的掺杂改性。Prasad 等[98] 的研究表明，Cr、Mn、Zn 的加入可以促进 Fe_xC_y 相的生成，从而提高 $C_{2\sim4}$ 烯烃的选择性，活性顺序为 Cr<

Mn＜Zn。Zheng 等将过渡金属 Cd 和 Cu 分别加入 FeK/γ-Al$_2$O$_3$ 催化剂中，发现 Cd 或 Cu 的添加均可以提高 CO$_2$ 转化率，但是，Cu 促进了低碳烯烃的生成，而 Cd 却更有利于 C$_{5+}$ 高碳烃。Liu 等[99] 研究了 Mn 的添加对 Na-Fe$_3$O$_4$ 催化剂催化 CO$_2$ 加氢制低碳烯烃催化性能的影响。结合原位 XPS 和 DFT 计算发现，Mn 的加入，氧从氧化铁向 MnO 的氧空位转移，促进氧化铁的还原。Mn 也在空间上阻碍了吸附烷基中间产物的相互作用，抑制链增长，从而提高低碳烯烃选择性。

此外，类金属 B 作为助剂也被用于 FeK 催化剂的改性。You 等[100] 首次将 B 作为助剂用于 FeK 催化剂的掺杂改性，发现：适量 B 的加入，提高了催化剂的比表面积和 CO$_2$ 化学吸附量，从而促进低碳烯烃选择性的提高；当 B 的加入量达到 3％时，产物中 C$_{2\sim4}$ 烯烃的选择性从 34％增大到 52％。

（2）CO$_2$ MTO 工艺制烯烃催化剂

CO$_2$ MTO 工艺，是指二氧化碳分子先在甲醇合成单元生成甲醇，再经 MTO 反应形成低碳烯烃的反应工艺。Cu 基催化剂是常用的 CO$_2$ 加氢制甲醇催化剂，而 SAPO-34 分子筛酸强度介于 ZSM-5 和 AlPO$_4$ 之间，其八元环孔径范围为 0.38～0.43 nm，对 C$_{5+}$ 的长链烃形成较大的扩散阻力，因此常用于甲醇制低碳烯烃的 MTO 催化剂。将甲醇合成铜基催化剂和甲醇制烯烃 SAPO-34 催化剂结合，制备双功能催化剂，研究其催化 CO$_2$ 加氢直接制低碳烯烃，备受关注。唐小华等制备了咪唑/镍改性 SAPO-34 分子筛，再将改性的 SAPO-34 分子筛与 CuO-ZnO-Al$_2$O$_3$ 催化剂物理混合，研究了其对二氧化碳加氢制低碳烯烃反应的催化性能，发现：体系中加入咪唑导致 SAPO-34 粒径变小，比表面积增大，从而使催化剂的 MTO 活性位点增多；而另一方面，镍含量提高，增大了 SAPO-34 的孔径，促进甲醇的扩散而进入催化剂孔道，使得在铜基催化剂上生成的甲醇快速转化为低碳烯烃。

Cu-Zn-Al 催化剂在高温下甲醇选择性极低，而 Zn 与过渡金属形成复合氧化物如 Zn-Zr-O，可以在高温下进行甲醇的高选择性合成。刘蓉等采用水热合成法制备了氧化钇、氧化镧和氧化铈等稀土金属氧化物改性的 SAPO-34 分子筛 M-SAPO-34（M＝Y、La、Ce），将其与 CuO-ZnO-ZrO$_2$ 机械混合，制得 CuO-ZnO-ZrO$_2$/M-SAPO-34 双功能催化剂，成功引入稀土金属到分子筛骨架中，改性后的催化剂比表面积增大，粒径减小，孔径和酸性强度均有所改变。在 400 ℃、3.0 MPa、3∶1 的 H$_2$ 和 CO$_2$ 比值和 1800 mL/(g·h) 空速条件下，二氧化碳的单程转化率达到了 49.7％，低碳烯烃的选择性和产率也分别达到 54.5％和 27.1％。除了铜基甲醇合成催化剂，氧化锌、氧化铟等也作为甲醇合成单元用于 CO$_2$ 加氢制低碳烯用双功能催化剂的设计和制备。Li 等[101] 分别以 ZnO-ZrO$_2$ 和 SAPO-34 为甲醇合成催化剂和甲醇制烯烃催化剂制备 ZnO-ZrO$_2$/SAPO-34 双功能催化剂，用于 CO$_2$ 催化加氢制烯烃，展示了优良的烯烃选择性，所制备的 ZnO-ZrO$_2$/SAPO-34 催化剂还展示了良好的抗硫（H$_2$S 和 SO$_2$）中毒稳定性能。In$_2$O$_3$ 是有效的二氧化碳加氢制甲醇催化剂，将其与 SAPO-34 分子筛结合，可以获得优良的 CO$_2$ 加氢制低碳烯烃双功能催化剂。Inui 等研究了 In$_2$O$_3$/SAPO-34 双功能催化剂催化二氧化碳选择加氢制烯烃催化性能。结果表明，In$_2$O$_3$/SAPO-34 双功能催化剂展示了优良的催化活性和低碳烯烃选择性。获得了 34％的 CO$_2$ 转化率和 76.4％的高低碳烯烃选择性，甲烷选择性也被限定于 4.4％的较低水平。进一步，在 In$_2$O$_3$ 催化剂中引入 ZrO$_2$，可以显著促进甲醇的形成。针对产物中 CO 含量太高的问题，Dang 等[102] 进一步通过调变 In 与 Zr 比来对该催化剂进行优化改进，发现在 4∶1 的 In

与 Zr 比时，获得了最高的低碳烯烃产率，且还可以通过降低 CO 选择性来提高总的烃选择性。

二氧化碳催化加氢制低碳烯烃反应过程能够在减少碳排放的同时生产重要的化工原料低碳烯烃。尽管该过程已经取得较大进展，但仍然存在很多科学上、技术性及经济上的难题，阻碍了工业化进程，主要表现在以下几个方面：a. 催化剂对低碳烯烃的选择性普遍不够理想；b. 反应过程中产生的水蒸气会造成催化剂失活，且影响 CO_2 的转化率；c. 目前的 CO_2 加氢制烯烃催化剂多基于 CO 加氢制烯烃发展而来，没有从根本上解决二氧化碳制低碳烯烃催化剂的问题；d. 催化剂易于积炭失活；e. 对 CO_2 加氢制烯烃催化机理的认识不足，从而使催化剂的设计缺乏理论指导；f. 更为有效的产品分离工艺；g. 廉价氢源的供应问题。因此，今后的研究工作重点是：a. CO_2 催化加氢烯基化机理的研究；b. 高活性、高选择性和高稳定性催化剂的研制；c. 发展廉价、可持续制氢技术；d. 优化反应工艺；e. 开发分离新工艺。

7.3.3 二甲醚

二甲醚（DME）是一种无色、无毒、环境友好的化合物，可用作化工原料，用途广泛。二甲醚也是一种极具发展潜力的洁净燃料，利用 CO_2 加氢合成二甲醚已引起世界各国的广泛关注。下面从二氧化碳转化制二甲醚的目的和意义、反应热力学和机理、催化剂三个方面进行阐述，并对相关研究进展进行述评，对发展前景进行展望。

7.3.3.1 二氧化碳转化制二甲醚的目的和意义

如前所述，CO_2 是大气中重要的温室气体。因此，利用 CO_2 为原料经催化加氢直接制二甲醚，可有效减少大气中 CO_2 的排放，快速遏制由于温室气体排放量持续攀升所致的全球温升和由此导致的极端气候和天气频发的势头。生成的二甲醚可用作洁净燃料；二甲醚具有较高的十六烷值、优良的压缩性，非常适合压燃式发动机，是柴油发动机理想的替代燃料；二甲醚也可替代煤气、液化石油气用于民用燃料。此外，二甲醚因具有沸点低、汽化热大、对环境无污染、毒性小等性能，是氟利昂的理想替代品，广泛用于气雾剂的推进剂、发泡剂和制冷剂。二甲醚还是生产多种化工产品的重要原料。尤其是近年来随着低碳烯烃（主要是乙烯和丙烯）需求量的迅猛增长，以二甲醚为原料来制备乙烯、丙烯的研究已成为一个热点。

7.3.3.2 二氧化碳转化制二甲醚的反应热力学和机理

采用一步法，二氧化碳催化转化直接制二甲醚的总反应如式(7-41) 所示，涉及三个具体的反应：甲醇合成式(7-42)、甲醇脱水式(7-43) 和逆水汽变换反应式(7-44)。整个反应是放热的、分子数减少的反应，较高的体系压力和较低的反应温度在热力学上对反应有利。总反应式(7-41) 在热力学上比式(7-42) 所示的二氧化碳加氢制甲醇反应更有利。采用一步法直接合成二甲醚可以打破甲醇合成反应的平衡限制，提高 CO_2 转化率。

$$2CO_2 + 6H_2 \rightleftharpoons CH_3OCH_3 + 3H_2O \qquad \Delta H^{\ominus}_{298\,K} = -122.4 \text{ kJ/mol} \qquad (7\text{-}41)$$

$$CO_2 + 3H_2 \rightleftharpoons CH_3OH + H_2O \qquad \Delta H^{\ominus}_{298\,K} = -49.5 \text{ kJ/mol} \qquad (7\text{-}42)$$

$$2CH_3OH \rightleftharpoons CH_3OCH_3 + H_2O \qquad \Delta H^{\ominus}_{298\,K} = -23.4 \text{ kJ/mol} \qquad (7\text{-}43)$$

$$CO_2 + H_2 \rightleftharpoons CO + H_2O \qquad \Delta H^{\ominus}_{298\,K} = 41.2 \text{ kJ/mol} \qquad (7\text{-}44)$$

二氧化碳加氢直接制二甲醚，主要包含甲醇合成和甲醇脱水两个单元反应。甲醇脱水反应速率快，甲醇合成过程是速控步骤[2]。

　　围绕甲醇合成过程，主要存在两种观点：a. CO 为碳源。这种观点认为，CO_2 首先被加氢生成 CO，再由 CO 加氢生成甲醇，碳源来自 CO。b. CO_2 作为碳源。这种观点认为 CO 并不是反应的中间体，而反应体系中的 CO 来源于甲酸盐的分解及逆水汽变换反应。苏联学者利用放射性同位素对甲醇合成反应研究发现，CO_2 无须经中间物 CO 的形成而可以直接经由甲酸盐路径形成甲醇。Nomura 等通过原位红外光谱法研究了 CO_2 加氢的原位反应。结果表明，CO_2 在 Cu 基催化剂上生成甲酸盐对 CO_2 的加氢活化至关重要。在反应开始后的很短时间内，就出现了甲酸盐的吸收峰，随后出现的甲氧基吸收峰，表明甲酸盐进一步生成了甲氧基。目前，多数学者认同这一观点，CO_2 直接加氢形成甲酸盐、甲酰基、甲氧基物种，再进一步加氢形成甲醇，也就是甲醇的碳源来自 CO_2 而并非经过 CO 路线。CO_2 加氢制甲醇催化剂主要是铜基催化剂。

　　固体酸催化甲醇脱水制二甲醚的过程，也存在一些争议：a. 强酸中心。刘志坚等对甲醇脱水生成二甲醚的沸石催化剂进行活性评价，发现沸石表面强酸中心为甲醇脱水制二甲醚的活性位。还发现，钠离子的存在易造成活性中心的中毒而失活。b. 弱酸中心。Xu 等[103] 对比了 $\gamma\text{-}Al_2O_3$、无定形硅铝酸盐和 HZSM-5 等固体酸催化甲醇脱水制二甲醚催化性能，发现弱酸位是甲醇脱水的催化活性位。c. 酸碱双活性中心协同机理。Knozinger 等的研究表明，催化剂的 L 酸位在甲醇脱水中起主要作用，而碱也是必要的活性中心，甲醇脱水制二甲醚是酸碱对协同作用的结果。目前，甲醇脱水制二甲醚的固体酸催化剂主要是 $\gamma\text{-}Al_2O_3$ 和 HZSM-5。

7.3.3.3　二氧化碳转化制二甲醚的催化剂

　　二氧化碳加氢直接制二甲醚用双功能催化剂包含高活性的甲醇合成催化剂单元和甲醇脱水催化剂单元（图 7-26）。目前，多数 CO_2 直接加氢制二甲醚双功能催化剂是通过两个催化单元的物理混合而制得的。两个催化单元随机分布，且提供的是开放的反应环境。这势必会造成在甲醇合成催化剂上生成的甲醇有一部分未经脱水而直接离开催化剂床层，从而降低二甲醚选择性 [图 7-26(a)]。同时，生成的甲醇不能及时被转化为二甲醚，从而导致一步法在热力学上的优势不能充分发挥。将铜锌负载在分子筛上制备负载型双功能催化剂，尽管二甲醚选择性有所改善，但仍未能避免两个催化单元分布的随机性，且所提供的依然是开放反应环境。因此，尽管两种活性位距离较近，甲醇合成和甲醇脱水反应依旧独立发生，部分甲醇尚未脱水转化成二甲醚即离开催化剂，使得二甲醚选择性依然较低。将分子筛催化剂包裹在甲醇合成催化剂的表面形成具有核壳结构或独特的胶囊式核壳结构催化剂，与机械混合或负载法制备的开放式结构催化剂相比，显示出非常好的效果。双功能催化剂的核壳结构能提供一个独特的、有限的反应环境及能连续地、有规则地控制两个反应的发生，同时抑制其他副产物的产生，便于最大限度地提高所需产品的选择性和收率。核壳结构双功能催化剂催化 CO_2 加氢直接合成 DME 的过程如图 7-26(b) 所示。独特的核壳结构提供了一个受限的反应环境，CO_2 穿透固体酸壳层后，在甲醇合成单元催化下生成的甲醇，必须经过固体酸壳层才能离开催化剂，从而显著增大甲醇与分子筛酸性位的碰撞概率，使二甲醚选择性得以提高。此外，采用核壳双功能催化剂，经甲醇合成单元合成的甲醇直接进入甲醇脱水单元的固体酸孔道，在酸性位脱水生成二甲醚，而不经过内扩散到体相的传质过程，生成的甲醇快速地消耗掉，从而可以有效打破甲醇合成反应的热力学平衡限制，提高二氧化碳转化制甲醇反

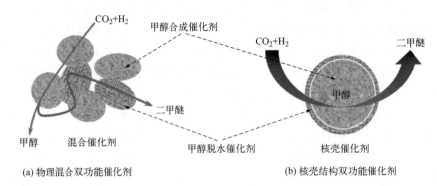

(a) 物理混合双功能催化剂   (b) 核壳结构双功能催化剂

图 7-26　物理混合双功能催化剂和核壳结构双功能催化剂上二氧化碳加氢直接合成二甲醚示意

应的单程转化率。

目前的研究中，甲醇合成催化剂以 Cu 基催化剂为主，采用不同的助剂对 Cu 基甲醇合成催化剂进行改性及采用不同的制备方法、参数来制备，以提高 CO_2 的转化率和二甲醚的选择性。甲醇脱水单元为固体酸催化剂，多用 HZSM-5 或 γ-Al_2O_3，也有甲醇脱水单元方面的研究。但是，这些催化剂多是通过物理混合或负载制备的开放结构。近年来，由于核壳结构催化剂封闭空间的限域效应，显著提高二氧化碳加氢直接制二甲醚的催化性能，因此得到了广泛关注。下面对这两类催化剂的研究进展进行阐述。

(1) 开放结构的双功能催化剂

甲醇合成单元和甲醇脱水单元通过物理混合或负载方法可以制备这种常规的开放结构的双功能催化剂。Zhang 等采用尿素-硝酸盐燃烧合成法制备了 CuO-ZnO-Al_2O_3 催化剂，与 HZSM-5 物理混合，制得 CuO-ZnO-Al_2O_3/HZSM-5 双功能催化剂，研究了该双功能催化剂上二氧化碳加氢直接制二甲醚的催化性能，发现尿素的用量对催化剂的晶粒大小和铜的比表面积有显著影响，并影响催化剂的催化性能。采用优化的催化剂，在 543 K、3.0 MPa、1∶3 的 CO_2/H_2、4200 h^{-1} 空速时，获得了 30.6% 的二氧化碳转化率、49.2% 的 DME 选择性和 15.1% 的二甲醚产率。Bansode 等[104] 将 Cu/ZnO/Al_2O_3 和 HZSM-5 物理混合，制备了复合物催化剂，研究了该催化剂上二氧化碳加氢一步法直接合成 DME 的反应。结果表明，在 200 ℃ 的低温时 DME 的选择性达到了 80% 以上。而在 300 ℃ 时，DME 的选择性达到了 89%。随着反应温度的升高，二氧化碳转化率增大，在 280 ℃ 时达到 97%。他们发现，在 280～300 ℃ 时，CO 的选择性小于 0.3%。赵彦巧等考察了铜锌比对 CuO-ZnO-Al_2O_3/HZSM-5 双功能催化剂的特征和 CO_2 加氢制二甲醚催化性能的影响，发现铜锌比对催化剂的晶相结构、可还原性和反应性能均有一定程度的影响。X-射线光电子能谱测试结果显示了活性组分 Cu 以 Cu^+ 和 Cu^0 两种形态存在。铜锌比为 1∶2 的催化剂反应性能最佳。在 260 ℃、3 MPa、3∶1 的 H_2/CO_2、空速 1600 h^{-1} 时，CO_2 的转化率达到 26.48%，甲醇和二甲醚的总收率为 17.95%。赵彦巧等采用 3 种共沉淀方法制备 CuO-ZnO-Al_2O_3 甲醇合成催化剂，考察了制备方法对 CuO-ZnO-Al_2O_3/HZSM-5 双功能催化剂对 CO_2 加氢直接制二甲醚催化性能的影响，发现采用两步共沉淀法制备的 CuO-ZnO-Al_2O_3 与 HZSM-5 所构成的 CuO-ZnO-Al_2O_3/HZSM-5 双功能催化剂中，CuO 和 ZnO 分散程度高，导致 Cu 更易还原。此外，这种方法制备的催化剂中 CuO-ZnO-Al_2O_3 与 HZSM-5 分子筛间的相互作用得到显著加强，CO_2 加氢直接合成二甲醚的活性较高。在 260 ℃、3.0 MPa、1600 h^{-1}

和 3∶1（摩尔比）的 H_2/CO_2 的条件下，获得了 26.48%CO_2 的转化率和 26.01% 的二甲醚选择性。

为了进一步提高铜基双功能催化剂的 CO_2 加氢直接制二甲醚催化性能，很多研究者开展了催化剂的助剂掺杂改性研究。铜锌铝是经典的甲醇合成催化剂，Gao 等[105] 通过引入不同含量的 La 制备了系列 La 改性 CuOZnO-Al_2O_3/HZSM-5 双功能催化剂，考察了该催化剂上二氧化碳加氢直接合成 DME 反应的催化性能，发现适量 La 的加入减小了 CuO 晶粒的大小，提高了催化剂的 Cu 的分散，从而促进二氧化碳的催化转化。但是，过多 La 的引入，导致 CuO 和 ZnO 或 La_2O_3 和 CuO 间强的相互作用，导致 CuO 的可还原性降低。实验结果还显示，La 的添加增强了催化剂的强酸位，促进了二甲醚的生成，La 质量分数为 2.0% 的催化剂的催化性能最好。在 250 ℃、3.0 MPa、3∶1（摩尔比）的 H_2/CO_2、3000 h^{-1} 空速时，获得了 43.8% 的二氧化碳转化率和 71.2% 的 DME 选择性。王继元等研究了 Zr 掺杂改性对 Cu-ZnO/HZSM-5 催化剂的影响，发现 Zr 的加入促进了 CuO 和 ZnO 的分散，降低了催化剂的还原温度并有效抑制 RWGS 副反应，从而促进了 Cu-ZnO/HZSM-5 双功能催化剂的 CO_2 加氢直接制二甲醚反应性能。5.1% ZrO_2 改性的 Cu-ZnO/HZSM-5 催化剂展示了良好的催化性能，在 240 ℃、3.0 MPa、4∶1 的 H_2/CO_2、3200 h^{-1} 时，获得 16% 的 CO_2 转化率，二甲醚的选择性也增加了 26%，副产物 CO 的生成被抑制。吴泽彪等通过溶胶-凝胶法制备了 Cu-ZnO-SiO_2-ZrO_2 催化剂，发现 ZrO_2 质量分数为 2.5% 时，CO_2 转化率达 56.3%，而二甲醚的选择性高达 63.8%。Bonura 等也研究了助剂 ZrO_2 对 Cu-ZnO/HZSM-5 催化剂的影响，发现通过机械混合制备的 CuO-ZnO-ZrO_2/HZSM-5 双功能催化剂展示出较好的 CO_2 直接加氢制二甲醚催化性能。在压力 3.0 MPa、10000 L/(kg·h)（标准状态）和 3∶9∶1 的 CO_2、H_2 与 N_2 的体积比的条件下，反应温度由 453 K 升高至 513 K，二氧化碳的转化率从 2.5% 增大至 16.1%，DME 的选择性从 72.7% 下降至 33.9%。由于温度升高所致的二氧化碳转化率增大的幅度更大，虽然二甲醚选择性有所下降，但是，二甲醚的产率仍然明显增大，从 18.18% 增加至 54.58%。这一结果也表明，较高反应温度对二甲醚的合成有利。Zhang 等[106] 采用草酸共沉淀法制备了系列 V 改性 CuO-ZnO-ZrO_2/HZSM-5 催化剂，发现 V 的添加，利于形成易于还原的小颗粒铜和适宜的酸性位数目和分布，展示较高的催化活性和二甲醚选择性，质量分数为 0.5% 的 V 的催化剂性能最好。在 270 ℃、3.0 MPa、3∶1（摩尔比）的 H_2/CO_2 和 4200 h^{-1} 条件下，二氧化碳转化率和 DME 的选择性分别达到 32.5% 和 58.8%，DME 的产率达到 19.1%。Sun 等研究了贵金属 Pd 的添加对 Cu-ZnO-Al_2O_3-ZrO_2/HZSM-5 催化剂及其 CO_2 加氢直接制二甲醚催化性能的影响。结果表明，0.5% 的 Pd 的引入可以获得最佳性能，相对于未引入 Pd 的 Cu-ZnO-Al_2O_3-ZrO_2/HZSM-5 催化剂，在 200 ℃、3.0 MPa 和 1800 h^{-1} 的条件下，CO_2 转化率从 5.62% 提高到 18.67%，二甲醚选择性从 57.71% 提高到 73.56%，而 CO 副产的选择性则从 28.92% 下降到 13.05%，Pd 的加入，同时提高了 CO_2 的转化率和二甲醚的选择性。

对于二氧化碳加氢直接合成二甲醚双功能催化剂，其甲醇脱水单元决定着二甲醚的选择性取决于固体酸的酸性质。目前，研究最多的甲醇脱水催化剂是 HZSM-5 分子筛，Y 沸石、丝光沸石及 γ-Al_2O_3 也被用于二甲醚直接合成双功能催化剂的制备。Dubois 等以 Cu-ZnO-Al_2O_3 为甲醇合成单元，研究了不同氧化物（γ-Al_2O_3、SiO_2-Al_2O_3、WO_3/SiO_2）、分子筛（Y 沸石、丝光沸石）和离子交换树脂（Nafion 树脂）为甲醇脱水单元对由其所构成的双功能催化剂的影响，发现以 Y 沸石和丝光沸石为甲醇脱水单元，展示最高的二甲醚选择性（55%），而 γ-Al_2O_3 作甲醇脱水活性组分时，二甲醚选择性最低，仅为 16.9%。李增喜等对比了 γ-Al_2O_3 和 HZSM-5 分子筛作为甲醇脱水单元的双功能催化剂的 CO_2 加氢直接制二甲醚性能的影响。结果显示，HZSM-5 分子筛是良好的甲醇脱水制二甲醚催化剂，相对于 γ-Al_2O_3，以 HZSM-5 分子筛为甲醇脱水单元，显著提高了催化剂的催化性能，CO_2 转化率、二甲醚选择性和收率分别由 21.3%、12.7% 和 10.8% 提升到了 29.4%、50.7% 和 19.3%。Aguayo 等[107] 也发现，对于 CO_2 加氢直接合成二甲醚反应，HZSM-5 分子筛比 γ-Al_2O_3 更适合作为双功能催化剂的甲醇脱水单元。Sajo 等分别在固定床和流化床反应器上对比了 6CuO-3ZnO-1Al_2O_3/γ-Al_2O_3 和 6CuO-3ZnO-1Al_2O_3/HZSM-5 两种双功能催化剂上 CO_2 加氢直接合成 DME 催化性能。结果表明，无论在固定床还是流化床反应器上，6CuO-3ZnO-1Al_2O_3/HZSM-5 催化剂均展示了比 6CuO-3ZnO-1Al_2O_3/γ-Al_2O_3 显著提高的催化性能。Tao 等对比研究了硅铝比（$n_{SiO_2}:n_{Al_2O_3}$）对铜基催化剂 CO_2 转化制二甲醚催化性能的影响，发现与低硅铝比 HZSM-5 分子筛（30、50）相比，以高硅铝比的 HZSM-5 分子筛（80）为甲醇脱水单元的双功能催化剂的初始活性较低，但具有更好的稳定性，在 3.0 MPa、6600 h^{-1} 空速和 3:1 的 H_2/CO_2 的条件下反应 70 h 后，二甲醚的收率仅降低 5.9%。而采用低硅铝比的 HZSM-5 分子筛为甲醇脱水单元的双功能催化剂，二甲醚的收率却非常明显。Junon 等以 Cu-ZnO-Cr_2O_3 为甲醇合成单元，研究了 HY 及不同离子交换的 HY（NaY、NaHY、CuNaY）分子筛为甲醇脱水单元对双功能催化剂 CO_2 直接转化制二甲醚的影响，发现以酸性最强的 HY 分子筛为甲醇脱水单元，二甲醚选择性最高，达到了 86.6%，但强酸导致了一定量的烃类副产物的生成；采用酸性最弱的 NaY 分子筛时，二甲醚选择性仅为 8%；然而，以中等酸性的 CuNaY 和 NaHY 分子筛为甲醇脱水单元，不仅获得了较高二甲醚选择性（分别为 79.8% 和 77.8%），且也未检测到烃类副产物的生成。从上述结果可以看出，HZSM-5 和改性的 Y 分子筛是适宜的甲醇脱水单元，用于 CO_2 加氢直接制二甲醚可以获得良好的催化性能。

（2）核壳结构双功能催化剂

如前所述，将甲醇脱水单元包裹在甲醇合成单元，可以制备出核壳结构双功能催化剂。用于 CO_2 加氢直接制二甲醚，相对于采用物理混合或负载制备的常规开放结构的双功能催化剂，基于核壳结构双功能催化剂的限域效应，可以高选择性得到二甲醚。同时，由于对甲醇脱水反应的促进。生成的甲醇快速地消耗掉，从而可以有效打破甲醇合成反应的热力学平衡限制，提高二氧化碳转化制甲醇反应的单程转化率。Fei 等制备了毫米级非晶态硅铝膜包裹 Cu/Zn/Al 氧化物核的胶囊催化剂，与常规的混合催化剂相比，胶囊催化剂催化 CO_2 直接合成二甲醚，CO_2 转化率和二甲醚收率明显提高，获得了 47.1% 的 CO_2 转化率和 19.9% 的二甲醚收率。朱峰构筑了 Cu-Zn-Al/HZSM-5 核壳双功能催化剂，获得了显著提高的二氧化碳转化率和二甲醚选择性。Liu 等发现，相对于简单机械混合制备的催化剂的 HZSM-5 和 CuO-ZnO-Al_2O_3 随机混合，CuO-ZnO-Al_2O_3/HZSM-5 催化剂的核壳结构，优化了扩散路径，提高了 CO_2 加氢直接合成二甲醚的反应速率。Yang 等利用水热法在 CuO-ZnO-Al_2O_3 表面包裹一层致密的 HZSM-5 膜，形成核壳结构双功能催化剂。与传统方法制得的催化剂相比，核壳结构增大了甲醇与沸石酸性位点的碰撞概率，促进了二甲醚的生成，获得了 38.9% 的二氧化碳转化率和 77.0% 的二甲醚选择性，收率高达 29.9%。这里需要指出的是，采用水热法在铜锌铝催化剂上包裹 HZSM-5 分子筛，会造成铜锌铝催化剂活性组分的流失。

针对这一问题，Zhao 课题组报道了直接在未焙烧的铜锌铝草酸盐而不是 CuO-ZnO-Al$_2$O$_3$ 表面上生长 HZSM-5 的方法，避免旋转烘箱的使用，并有效抑制铜锌铝的破坏，提高了二甲醚合成催化活性。但是，铜锌铝核的破坏仍不能避免。进一步，Zhao 课题组采用物理涂覆法（图 7-27），以合适黏度的乙醇为结合剂，将预先合成的 HZSM-5 分子筛涂覆在预先成型的铜锌铝毫米颗粒上，简易制备了 CuO-ZnO-Al$_2$O$_3$@HZSM-5 胶囊催化剂，而有效避免了分子筛常规包覆过程中对铜锌铝核的破坏，也避免了由于硅胶的使用所造成的甲醇合成单元铜锌铝核活性位降低的问题。将该催化剂用于二甲醚的直接合成，展示了优良的催化性能。此外，该工作所报道的 CuO-ZnO-Al$_2$O$_3$@HZSM-5 胶囊催化剂的制备新方法——乙醇辅助物理涂覆法，可以拓展到其他连串反应应用新型胶囊型双功能催化剂的设计和开发。

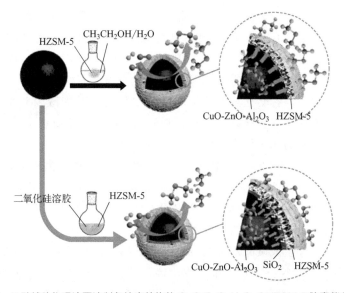

图 7-27　乙醇辅助物理涂覆法制备核壳结构的 CuO-ZnO-Al$_2$O$_3$@HZSM-5 胶囊催化剂示意

　　二氧化碳催化加氢直接合成二甲醚，具有重要的学术价值和现实意义。相对于两步法合成二甲醚，采用双功能催化剂催化二氧化碳一步法直接合成，可以更有效转化 CO$_2$。上述二甲醚直接合成工艺所用的双功能催化剂包含甲醇合成单元和甲醇脱水单元。常规的催化剂制备方法是将这两种催化剂物理混合，但这种物理混合所制备的催化剂，两种活性位的距离甚远，不能很好地发挥协同作用来促进二氧化碳的转化。同时，这种开放空间结构，在甲醇合成催化单元生成的甲醇在离开催化剂进入体相前不能保证在酸性位上脱水生成二甲醚，因此，导致二甲醚的选择性不够理想。核壳纳微结构催化剂和毫米级的胶囊型催化剂可以提供封闭的限域空间，从而高选择性得到目标产品。另一方面，从热力学分析可以看出，二氧化碳直接制二甲醚，甲醇合成是速控步骤，而目前所研究的甲醇合成单元，主要是铜基催化剂，而其他催化剂的研究甚少。这就需要开展高效的甲醇合成催化剂，从而更加高效地活化转化二氧化碳为二甲醚。该反应产生大量的水，可以导致催化剂催化活性和稳定性的降低。此外，对二氧化碳加氢直接合成二甲醚双功能催化剂的作用机理的认识还较为肤浅，这就需要进一步深入研究，从而为二氧化碳加氢直接制二甲醚提供高效双催化剂的设计和制备提供指导。另外，要实现工业化，还有一个绕不开的问题，那就是廉价的氢供应。随着可持续产氢技术的发展，廉价氢的供给未来可期。高效核壳结构双功能催化剂的研制和廉价氢源，将助推二氧化碳转化制二甲醚的工业化进程。

7.3.4　其他重要化学品

除了上述的烷烃燃料、低碳烯、二甲醚和高碳醇，经过多相催化转化过程，二氧化碳被用于合成乙酸、醛类化合物、碳酸二甲酯、环状碳酸酯、异氰酸酯、链状碳酸酯、羧酸、甲胺、芳烃等重要化工原料及聚碳酸酯、聚氨酯、聚脲等化工产品。二氧化碳催化转化的核心技术和关键是高效催化剂的研制。篇幅所限，本节将对研究较为广泛的二氧化碳催化转化制碳酸二甲酯、环状碳酸酯、高碳醇、芳烃用催化剂的最新研究进展进行述评。

7.3.4.1　二氧化碳转化制碳酸二甲酯

碳酸二甲酯是一种用途十分广泛的绿色化工产品和非常重要的有机合成中间体，可以与醇、酚、胺、氨基醇等发生反应，从碳酸酯出发，生产出聚碳酸酯、异氰酸酯、氨基甲酸酯、丙二酸酯等诸多重要化工产品。目前，碳酸二甲酯已广泛用于染料中间体、高能树脂、药物、香料、防腐剂、油品添加剂等化工领域，被称为当今有机合成的"新基石"。以 CO_2 和产能过剩的甲醇作为原料，转化成有价值的碳酸二甲酯，既能减少 CO_2 排放，又生成了有价值的绿色产品。因此，二氧化碳催化转化碳酸二甲酯具有重要意义。下面从二氧化碳多相催化加氢制碳酸二甲酯的相关研究进展进行阐述。

碳酸二甲酯的合成方法主要有光气法、尿素醇解法、甲醇氧化羰基化法、CO_2 间接法及 CO_2 与甲醇催化直接合成法。随着人们环保意识的提高，碳酸二甲酯作为绿色化工原料已经引起了世界各地的广泛重视。为此，开发以 CO_2 为原料制取碳酸二甲酯的合成工艺具有巨大吸引力。目前，工业生产碳酸二甲酯主要采用 CO_2 间接法。采用该工艺过程，首先二氧化碳与环氧化物反应生成碳酸乙烯酯或碳酸丙烯酯，再与甲醇通过酯交换生成碳酸二甲酯。但是，该法反应步骤多、分离困难、成本高。而 CO_2 催化直接合成法，对环境友好、原子利用率高、原料廉价丰富，具有重要前景，因而在世界范围内备受关注。

二氧化碳与甲醇催化转化直接制碳酸二甲酯，主要有两种反应机理：路易斯酸碱位机理和金属氧化物表面氧空位机理。二氧化碳和甲醇催化制碳酸二甲酯是较弱的放热反应，低温对反应的进行有利。在 CO_2 和甲醇直接合成碳酸二甲酯的平衡反应中，水是伴生产物。一方面，会造成碳酸二甲酯的水解，使反应平衡左移，对 CO_2 转化制碳酸二甲酯不利。脱水剂的加入，与 CO_2 的耦合成功打破了直接反应热力学的限制，促进反应的进行。另一方面，伴生的水还会使对水较为敏感的催化剂水解、失活。因此，脱水剂耦合分离水也是促进 CO_2 和甲醇直接转化制碳酸二甲酯的重要手段。CO_2 分子的热力学和化学稳定性强，为此，开发低温高活性催化剂是关键。目前，催化剂的研究主要集中在有机金属催化剂（金属烷氧基有机化合物、碱金属络合物、金属醋酸盐）、离子液体、负载型有机金属化合物、负载金属、杂多酸、金属氧化物等，而金属氧化物催化剂展示了很好的前景。篇幅所限，不再赘述。

总的来说，目前，用于 CO_2 和甲醇直接合成碳酸二甲酯的催化剂的研究取得了很大进展，但是，催化剂的催化性能，尤其是低温活性有待进一步提高，碳酸二甲酯的产率还很低，迫切需要廉价、高效催化剂的研制。此外，由于热力学上的限制，通过 CO_2 和甲醇直接合成碳酸二甲酯反应的平衡常数非常小。因此，除了研发高效的催化剂外，加入脱水剂，将伴生的水从体系移除，以突破热力学对该反应的限制，也是提高碳酸二甲酯产率的重要手段。进而，通过深入研究其反应机理，确定不同催化剂上基元反应的速控步骤，找到对其阻碍的因素，采取手段来降低速控步骤的能垒，也会是研究的重点。在当今资源和环境双重压力的迫切需求下，相信，经过努力攻坚克难，CO_2 和甲醇直接绿色合成碳酸二甲酯工艺将展示出广阔的前景。

7.3.4.2　二氧化碳转化制环状碳酸酯

环状碳酸酯无毒、生物相容性好，是重要的化工工业原料，在精细化工、生物医药及高分子材料等诸多领域应用广泛。环状碳酸酯与多元胺反应，合成新型环保型聚氨酯——非异氰酸酯聚氨酯。因此，二氧化碳和环氧化物催化环加成反应（也称偶联反应）合成环状碳酸酯的研究，得到了世界各国学者的广泛关注。目前，用于该反应的催化剂包括均相催化剂和多相催化剂。常用的均相催化剂有碱金属卤化物、碱土金属卤化物、季铵盐、季鏻盐、离子液体、金属络合物及杂多酸盐等，而常用的多相催化剂主要包括金属氧化物、碱性分子筛、多相化的均相催化剂及氯氧化物、MOF、黏土等，篇幅所限，不再赘述。

从目前的研究进展来看，均相催化剂，尤其是金属络合物催化剂，用于 CO_2 与环氧化物环加成反应合成环状碳酸酯，展示了高的活性和选择性。但是，采用均相催化工艺，催化剂与产物分离困难、金属残留、成本高、能耗大、经济性差，其工业应用受限。相对于均相催化，多相催化 CO_2 环加成合成环状碳酸酯更具工业前景。在多相催化剂中，金属氧化物催化剂和碱性分子筛催化剂虽然热稳定性好，但其催化活性较差，反应条件苛刻，如何提高其催化活性是个挑战性难题。将均相催化剂多相化，使其兼具均相催化剂的高活性和多相催化剂易于分离的特点，是一个重要的发展方向。但是，均相活性组分在反应过程中的流失是这类催化剂工业化所面临的最大挑战，高稳定性是关键。此外，MOF 等催化新材料的研制也是一个有潜力的研究方向。总之，开展 CO_2 和环氧化物催化环加成合成环状碳酸酯，具有资源、环境、经济多重效益，而开展廉价、高活性和高稳定性的多相催化剂势在必行。

7.3.4.3　二氧化碳转化制高碳醇

高碳醇（$C_{2+}OH$）包括乙醇、丙醇和丁醇这三种较短碳链的醇及长链脂肪醇。燃料乙醇、丙醇等低碳醇是可再生的清洁燃料，具有比 C_1 燃料更高的能量密度，具有替代汽油或作添加剂的应用前景；长链醇用于合成增塑剂、洗涤剂、表面活性剂及多种精细化学品，其后加工产品在纺织、造纸、医药等领域的应用十分广泛。合成气催化加氢合成高碳醇及二氧化碳加氢制高碳烃得到了很大的关注，并取得了显著进展。二氧化碳催化转化直接制高碳醇的研究面临巨大的挑战。但是，以 CO_2 为碳源的高碳醇合成工艺，兼具资源和环境双重意义，得到世界各国研究者越来越多的关注。二氧化碳加氢合成高碳醇的机理研究得很少。目前认为，二氧化碳加氢制高碳醇包含链增长和 OH 形成过程。用于二氧化碳加氢制高碳醇催化剂的研究，主要是基于甲醇合成、逆水汽变换、合成气转化及 F-T 合成催化剂发展而来的。总的来讲，相对于合成甲醇，二氧化碳加氢合成价值更高的高碳醇更具前景，但发展比较迟缓。为此，CO_2 加氢制高碳醇用高活性、高选择性和高稳定性催化剂的研制是核心和关键。此外，目前对于二氧化碳催化加氢制高碳醇的反应机理的认识还较肤浅，深入探究其反应机理甚为迫切。

7.3.4.4　二氧化碳转化制芳烃

芳烃，尤其是苯、甲苯和二甲苯，是生产合成橡胶、尼龙、树脂、香料和药物等的重要基础化学原料。全球年消费量为 14 亿吨，并以每年 2%～6% 的速度递增。芳烃的传统生产工艺以石油路线为基础，如石油裂解和石脑油重整等，对石油资源的依赖严重。随着二甲苯需求量的不断增长和石油资源的日益枯竭，传统的石油炼制来合成芳烃的路线已难以满足二甲苯的市场需求。如前所述，CO_2 是大气中主要的温室气体，又是重要的 C_1 资源。CO_2 催化加氢制芳烃是一种非石油路线合成芳烃的新路线，可以有效缓解 CO_2 的过量排放，并可以减少对石油资源的依赖。氢源可通过光解水以及太阳能、水能、风能、地热能、潮汐能等可再生能源电解水制得。因此，二氧化碳催化转化制芳烃技术具有重要现实意义。

二氧化碳催化直接转化为芳烃是一种极具挑战性的非石油路线合成途径，同时又可以减少温室气体的排放。因此，CO_2 加氢制芳烃研究得到了广泛关注。迄今，经由 CO、甲醇、二甲醚路线合成芳烃的研究取得了很好进展。但是，设计制备高效催化剂，突破费托合成 Anderson-Schulz-Flory（ASF）分布的限制，高选择地合成芳烃，仍然充满挑战。此外，CO_2 催化加氢直接制芳烃反应机理的认识依旧存在争议。为了工业化应用，低成本、稳定性好的催化剂和廉价氢源供给也是需要重点考虑的问题。

大气中温室气体二氧化碳的浓度持续攀升，导致了全球气候变暖并进一步诱发海平面上升、降水量变化及全球极端天气频发的次生灾害，从而对农业生产、水资源、生态系统、人类健康、工业、社会、人居等造成严重影响。为此，二氧化碳的减排得到了世界各国的广泛关注。尽管二氧化碳分子是化学惰性的，但是，通过适当的催化体系或活化策略，可以实现二氧化碳活化。因此，二氧化碳既是温室气体，同时也是无毒、丰富、廉价的可再生碳资源，是重要的 C_1 资源宝库。将二氧化碳"变废为宝，高值化利用"，不仅可以实现其固定，还可以获得大宗化工产品、燃料和高附加值的精细化学品、高分子材料等，以部分替代化石能源，满足可持续发展的需求。因此，相对传统的封存，二氧化碳的资源化利用兼具能源和环境双重意义。

目前，二氧化碳催化选择转化仍然是一个挑战性难题。二氧化碳是惰性分子，直接活化较难，对于二氧化碳的不同活化策略，催化剂是核心和关键，在大规模工业化应用中，多相催化二氧化碳转化更具前景，因此需进一步开发新型、高效、廉价、稳定的固体催化剂。除此，为了提高二氧化碳转化催化剂的活性和选择性，高效催化剂的设计制备、反应机理的探索及反应器的设计优化依旧是十分重要的研究内容。

近年来，等离子体催化、电催化、酶电催化、光催化及其他耦合光催化二氧化碳转化的研究呈现蓬勃发展之势。尽管二氧化碳催化转化和利用在经济上的可行性还有待提升，但催化新技术的出现及多学科交叉融合协同发展使得二氧化碳的催化转化和利用更具应用潜力，有望在二氧化碳的高效、可持续转化中发挥重要作用。

参考文献

[1] 王献红. 二氧化碳捕集和利用 [M]. 北京：化学工业出版社，2016.

[2] Álvarez A，Bansode A，Urakawa A，et al. Challenges in the greener production of formates/formic acid, methanol, and DME by heterogeneously catalyzed CO_2 hydrogenation processes [J]. Chem. Rev.，2017，117：9804-9838.

[3] Zhang Z E，Pan S Y，Li H，et al. Recent advances in carbon dioxide utilization [J]. Renew. Sustain. Energy Rev.，2020，125：109799.

[4] 刘志敏. 二氧化碳化学转化 [M]. 北京：科学出版社，2018.

[5] Jangam A，Das S，Dewangan N，et al. Conversion of CO_2 to C_1 chemicals：catalyst design, kinetics and mechanism aspects of the reactions [J]. Catal. Today，2019，10：1016.

［6］ 张婷婷，刘忠贤，朱卡克，等 . CH_4-CO_2 重整反 Ni 基催化剂研究进展［J］. 陕西师范大学学报（自然科学版），2019，47：75-86.

［7］ Nikolla E，Schwank J，Linic S. Comparative study of the kinetics of methane steam reforming on supported Ni and Sn/Ni alloy catalysts：the impact of the formation of Ni alloy on chemistry Linic［J］. J. Catal.，2009，263（2）：220-227.

［8］ Foppa L，Silaghi M C，Larmier K，et al. Intrinsic reactivity of Ni，Pd and Pt surfaces in dry reforming and competitive reactions：insights from first principles calculations and microkinetic modeling simulations［J］. J. Catal.，2016，343：196-207.

［9］ Józwiak W K，Nowosielska M，Rynkowski J. Reforming of methane with carbon dioxide over supported bimetallic catalysts containing Ni and noble metal：Ⅰ. Characterization and activity of SiO_2 supported Ni-Rh catalysts［J］. Appl. Catal. A：Gen.，2005，280：233-244.

［10］ Bian Z F，Das S，Wai M H，et al. A review on bimetallic nickel-based catalysts for CO_2 reforming of methane［J］. ChemPhysChem，2017，18：3117-3134.

［11］ Li W Z，Zhao Z K，Ren P P，et al. Effect of molybdenum carbide concentration on the Ni/ZrO_2 catalysts for steam-CO_2 bi-reforming of methane［J］. RSC Adv.，2015，5：100865-100872.

［12］ Zhao Z，Ren P，Li W. Supported Ni catalyst on a natural halloysite derived silica-alumina composite oxide with unexpected coke-resistant stability for steam-CO_2 dual reforming of methane［J］. RSC Advanes，2016，6：49487-49496.

［13］ Guerrero-Ruiz A，Sepulveda-Gscribana A，Rodriguez-Ramos I. Cooperative action of cobalt and MgO for the catalysed reforming of CH_4 with CO_2［J］. Catal. Today，1994，21：545-556.

［14］ Zhang Z L，Verkios X Z. Carbon dioxide reforming of methane to synthesis gas over supported Ni catalysts［J］. Catal. Today，1994，21：589-595.

［15］ Koo K Y，Roh S H，Jung U H，et al. CeO_2 promoted Ni/Al_2O_3 catalyst in combined steam and carbon dioxide reforming of methane for gas to liquid（GTL）process［J］. Catal. Lett.，2009，130：217-221.

［16］ Bhavani A G，Kim W Y，Kim J Y，et al. Improved activity and coke resistance by promoters of nanosized trimetallic catalysts for autothermal carbon dioxide reforming of methane［J］. Appl. Catal. A：Gen.，2013，450：63-72.

［17］ Chen H，Wang C，Yu C，et al. Carbon dioxide reforming of methane reaction catalyzed by stable nickel copper catalysts［J］. Catal. Today，2004，97：173-180.

［18］ Theofanidis S A，Galvita V V，Poelman H，et al. Enhanced carbon-resistant dry reforming Fe-Ni catalyst：role of Fe［J］. ACS Catal.，2015，5：3028-3039.

［19］ Li W Z，Zhao Z K，Guo X W，et al. Employing a nickel-containing supramolecular framework as Ni precursor for synthesizing robust supported Ni catalysts for dry reforming of methane［J］. ChemCatChem，2016，8：2939-2952.

［20］ Li S Q，Fu Y，Kong W B，et al. Dually confined Ni nanoparticles by room-temperature degradation of AlN for dry reforming of methane［J］. Appl. Catal. B：Environ.，2020，277：118921.

［21］ Torniainen P M，Chu X，Schmidt L D. Comparison of monolith-supported metals for the direct oxidation of methane to syngas［J］. J. Catal.，1994，146：1-10.

［22］ 孙映晖，张国杰，徐英，等 . 硅基多孔材料改性固体吸附剂吸附 CO_2 研究进展［J］. 天然气化工-C_1 化学与化工，2017，42：120-126.

［23］ 黄传敬 . 甲烷二氧化碳重整制合成气负载钴催化剂的研究［D］. 杭州：浙江大学，2000.

［24］ 何铮 . 以捕集 CO_2、风电制氢和 CO_2 加氢反应构建绿色煤化工之探讨［J］. 煤化工，2013（6）：14-16.

［25］ Deake B G，Hoffman S T，Beaty D W. Human exploration of Mars design reference architecture 5.0［C］. New York：IEEE，2010.

［26］ 徐海成，戈亮 . 二氧化碳加氢逆水汽变换反应的研究进展［J］. 化工进展，2016，35：3180-3189.

［27］ Wang L C，Khazaneh M T，Widmann D，et al. TAP reactor studies of the oxidizing capability of CO_2 on a Au/CeO_2 catalyst-a first step toward identifying a redox mechanism in the reverse water-gas shift reaction［J］. J. Catal.，2013，302：20-30.

［28］ Bobadilla L F，Santos J L，Ivanova S，et al. Unravelling the role of oxygen vacancies in the mechanism of the reverse water-gas shift reaction by operando DRIFTS and ultraviolet-visible spectroscopy［J］. ACS Catal.，2018，8：7455-7467.

［29］ Kim H，Park K H，Hong S C. A study of the selectivity of the reverse water-gas-shift reaction over Pt/TiO_2 catalysts［J］. Fuel Processing Technol.，2013，108：47-54.

［30］ Nandini A，Pant K K，Dhingra S C. K-，CeO_2-，and Mn-promoted Ni/Al_2O_3 catalysts for stable CO_2 reforming of methane [J]. Appl. Catal. A: Gen. , 2005, 290: 166-174.

[31] Wang X, Shi H, Kwak J H, et al. Mechanism of CO_2 hydrogenation on Pd/Al_2O_3 catalysts: kinetics and transient DRIFTS-MS studies [J]. ACS Catal. , 2015, 5: 6337-6349.

[32] Li Y H, Cai X H, Chen S J, et al. Highly dispersed metal carbide on ZIF-derived pyridinic-N-doped carbon for CO_2 enrichment and selective hydrogenation [J]. ChemSusChem, 2018, 11: 1040-1047.

[33] Filonenko G A, Vrijburg W L, Hensen E J M, et al. On the activity of supported Au catalysts in the liquid phase hydrogenation of CO_2 to formates [J]. J. Catal. , 2016, 343: 97-105.

[34] Preti D, Resta C, Squarcialupi S. Carbon dioxide hydrogenation to formic acid by using a heterogeneous gold catalyst [J]. Angew. Chem. Int. Ed. , 2011, 50: 12551-12554.

[35] Cuiying Hao, Shengping Wang, Maoshuai Li, et al. Hydrogenation of CO_2 to formic acid on supported ruthenium catalysts [J]. Catal. Today, 2011, 160: 184-190.

[36] Nguyen L T M, Park H, Banu M. Catalytic CO_2 hydrogenation to formic acid over carbon nanotube-graphene supported PdNi alloy catalysts [J]. RSC Adv. , 2015, 5: 105560-105566.

[37] Yang Z Z, Zhang H Y, Yu B, et al. A Tröger's base-derived microporous organic polymer: design and applications in CO_2/H_2 capture and hydrogenation of CO_2 to formic acid [J]. Chem. Commun. , 2015, 51: 1271-1274.

[38] Park K, Gunasekar G H, Prakash N, et al. A highly efficient heterogenized iridium complex for the catalytic hydrogenation of carbon dioxide to formate [J]. ChemSusChem, 2015, 8: 3410-3413.

[39] Bavykina A V, Rozhko E, Goesten M G, et al. Shaping covalent triazine frameworks for the hydrogenation of carbon dioxide to formic acid [J]. ChemCatChem, 2016, 8: 2217-2221.

[40] Sun Q, Liu C W, Pan W, et al. In situ IR studies on the mechanism of methanol synthesis over an ultrafine Cu/ZnO/Al_2O_3 catalyst [J]. Appl. Catal. A: Gen. , 1998, 171: 301-308.

[41] Arena F, Mezzatesta G, Zafarana G, et al. How oxide carriers control the catalytic functionality of the Cu-ZnO system in the hydrogenation of CO_2 to methanol [J]. Catal. Today, 2013, 210: 39-46.

[42] Jung K D, Bell A T. Role of hydrogen spillover in methanol synthesis over Cu/ZrO_2 [J]. J. Catal. , 2000, 193: 207-223.

[43] Hong Q J, Liu Z P. Mechanism of CO_2 hydrogenation over Cu/ZrO_2 interface from first-principles kinetics Monte Carlo simulations [J]. Surf. Sci. , 2010, 604: 1869-1876.

[44] Arena F, Italiano G, Barbera K, et al. Solid-state interactions, adsorption sites and functionality of Cu-ZnO/ZrO_2 catalysts in the CO_2 hydrogenation to CH_3OH [J]. Appl. Catal. A: Gen. , 2008, 350: 16-23.

[45] Chang K, Wang T F, Chen J G. Hydrogenation of CO_2 to methanol over $CuCeTiO_x$ catalysts [J]. Appl. Catal. B: Environ. , 2017, 206: 704-711.

[46] Ramli M Z, Syed-Hassan S S A, Hadi A. Performance of Cu-Zn-Al-Zr catalyst prepared by ultrasonic spray precipitation technique in the synthesis of methanol via CO_2 hydrogenation [J]. Fuel Proc. Technol. , 2018, 169: 191-198.

[47] Cui Y Y, Dai W L. Support morphology and crystal plane effect of Cu/CeO_2 nanomaterial on the physicochemical and catalytic properties for carbonate hydrogenation [J]. Catal. Sci. Technol. , 2016, 6: 7752-7762.

[48] Arena F, Barbera K, Italiano G, et al. Synthesis, characterization and activity pattern of Cu-ZnO/ZrO_2 catalysts in the hydrogenation of carbon dioxide to methanol [J]. J. Catal. , 2007, 249: 185-94.

[49] Witoon T, Chalorngtham J, Dumrongbunditkul P, et al. CO_2 hydrogenation to methanol over Cu/ZrO_2 catalysts: effects of zirconia phases [J]. Chem. Eng. J. , 2016, 293: 327-336.

[50] Tada S, Kayamori S, Honma T, et al. Design of interfacial sites between Cu and amorphous ZrO_2 dedicated to CO_2-to-methanol hydrogenation [J]. ACS Catal. , 2018, 8: 7809-7819.

[51] Bando K K, Sayama K, Kusama H, et al. In-situ FT-IR study on CO_2 hydrogenation over Cu catalysts supported on SiO_2, Al_2O_3, and TiO_2 [J]. Appl. Catal. A: Gen. , 1997, 165: 391-409.

[52] Liu C, Nauert S L, Alsina M A, et al. Role of surface reconstruction on Cu/TiO_2 nanotubes for CO_2 conversion [J]. Appl. Catal. B: Environ. , 2019, 255: 117754.

[53] Liu C H, Guo X M, Guo Q S, et al. Methanol synthesis from CO_2 hydrogenation over copper catalysts supported on MgO-modified TiO_2 [J]. J. Mol. Catal. A: Chem. , 2016, 425: 86-93.

[54] Melián-Cabrerai I, Lopez Granados M, Fierro J L G. Effect of Pd on Cu-Zn catalysts for the hydrogenation of CO_2 to methanol: stabilization of Cu metal against CO_2 oxidation [J]. Catal. Lett. , 2002, 79: 165-170.

[55] Guo Y L, Guo X W, Song C S, et al. Capsule-structured copper-zinc catalyst for highly efficient hydrogenation of carbon dioxide to methanol [J]. ChemSusChem, 2019, 12: 4916-4926.

[56] Collins S E，Baltanás M A，Garcia Fierro J L，et al. Gallium-hydrogen bond formation on gallium and gallium-palladium silica-supported catalysts [J]. J. Catal.，2002，211：252-264.

[57] Zhou X W，Qu J，Xu F，et al. Shape selective plate-form Ga_2O_3 with strong metal-support interaction to overlying Pd for hydrogenation of CO_2 to CH_3OH [J]. Chem. Commun.，2013，49：1747-1749.

[58] Hartadi Y，Widmann D，Idmann R J. CO_2 hydrogenation to methanol on supported Au catalysts under moderate reaction conditions：support and particle size effects [J]. ChemSusChem，2015，8：456-465.

[59] Yang X F，Kattel S，Senanayake S D，et al. Low pressure CO_2 hydrogenation to methanol over gold nanoparticles activated on a CeO_x/TiO_2 interface [J]. J. Am. Chem. Soc.，2015，137：10104-10107.

[60] Li H L，Wang L B，Dai Y Z，et al. Synergetic interaction between neighbouring platinum monomers in CO_2 hydrogenation [J]. Nat. Nanotechnol.，2018，13：411-417.

[61] Toyao T，Kayamori S，Maeno Z，et al. Heterogeneous Pt and MoO_x Co-loaded TiO_2 catalysts for low-temperature CO_2 hydrogenation to form CH_3OH [J]. ACS Catal.，2019，9（9）：8187-8196.

[62] Sun K H，Fan Z G，Ye J Y，et al. Hydrogenation of CO_2 to methanol over In_2O_3 catalyst [J]. J. CO_2 Util.，2015，12：1-6.

[63] Kirchner J，Baysal Z，Kureti S. Activity and structural changes of Fe-based catalysts during CO_2 hydrogenation towards CH_4-A mini review [J]. ChemCatChem，2020，12：981-988.

[64] Maatman R，Hiemstr S A. A kinetic study of the methanation of CO_2 over nickel-alumina [J]. J. Catal.，1980，62（2）：349-356.

[65] Aziz M A A，Jalil A A，Triwahyono S，et al. Methanation of carbon dioxide on metal-promoted mesostructured silica nanoparticles [J]. Appl. Catal. A：Gen.，2014，486：115-122.

[66] Fujita S I，Nnkamura M，Doi T，et al. Mechanisms of methanation of carbon dioxide and carbon monoxide over nickel/alumina catalysts [J]. Appl. Catal. A：Gen.，1993，104：87-100.

[67] Park J N，McFarland E W. A highly dispersed Pd-Mg/SiO_2 catalyst active for methanation of CO_2 [J]. J. Catal.，2009，266：92-97.

[68] Aziz M A A，Jalil A A，Triwahyono S，et al. Highly active Ni-promoted mesostructured silica nanoparticles for CO_2 methanation [J]. Appl. Catal. B：Environ.，2014，147：359-368.

[69] Zhang X，Sun W J，Chu W. Effect of glow discharge plasma treatment on the performance of Ni/SiO_2 catalyst in CO_2 methanation [J]. J. Fuel Chem. Technol.，2013，41：96-101.

[70] Riani P，Garbarino G，Lucchini M A，et al. Unsupported versus alumina-supported Ni nanoparticles as catalysts for steam/ethanol conversion and CO_2 methanation [J]. J. Mol. Catal. A：Chem.，2014，383-384：10-16.

[71] Abello S，Berrueco C，Montane D. High-loaded nickel-alumina catalyst for direct CO_2 hydrogenation into synthetic natural gas（SNG）[J]. Fuel，2013，113：598-609.

[72] Westermann A，Azambre B，Bacariza M C，et al. Insight into CO_2 methanation mechanism over NiUSY zeolites：an operando IR study [J]. Appl. Catal. B：Environ.，2015，174-175：120-125.

[73] Song H L，Yang J，Zhao J，et al. Methanation of carbon dioxide over a highly dispersed Ni/La_2O_3 catalyst [J]. J. Catal.，2010，31：21-23.

[74] Liu Q H，Dong X F，Mo X M，et al. Selective catalytic methanation of CO in hydrogen-rich gases over Ni/ZrO_2 catalyst [J]. J. Nat. Gas Chem.，2008，17：268-272.

[75] 张旭，孙文晶，储伟. 等离子体技术对 CO_2 甲烷化用 Ni/SiO_2 催化剂的改性作用 [J]. 燃料化学学报，2013，41：96-101.

[76] Ryczkowski J，Borowiecki T. Hydrogenation of CO_2 over alkali metal-modified Ni/Al_2O_3 catalysts [J]. Adsorpt Sci Technol.，1998，16：759-772.

[77] Zhi G J，Guo X N，Wang Y Y，et al. Effect of La_2O_3 modification on the catalytic performance of Ni/SiC for methanation of carbon dioxide [J]. Catal. Commun.，2011，16：56-59.

[78] Rahmani S，Rezaei M，Meshkani F. Preparation of promoted nickel catalysts supported on mesoporous nanocrystalline gamma alumina for carbon dioxide methanation reaction [J]. J. Ind. Eng. Chem.，2014，20：4176-4182.

[79] Yu Y，Jin G Q，Wang Y Y，et al. Synthesis of natural gas from CO methanation over SiC supported Ni-Co bimetallic catalysts [J]. Catal Commun，2013，31：5-10.

[80] Tian D Y，Liu Z H，Li D D，et al. Bimetallic Ni-Fe total-methanation catalyst for the production of substitute natural gas under high pressure [J]. Fuel，2013，104：224-229.

[81] Hwang S H，Hon U G，Lee J，et al. Methanation of carbon dioxide over mesoporous Ni-Fe-Al_2O_3 catalysts prepared by a coprecipitation method：effect of precipitation agent [J]. J. Ind. Eng. Chem.，2013，19：2016-2021.

［82］ Wang W，Wang S P，Ma X B，et al. Recent advances in catalytichydrogenation of carbon dioxide ［J］. Chem. Soc. Rev.，2011，40：3703-3727.

［83］ 吴成成. 甲醇制烃改性分子筛催化剂的制备及性能研究 ［D］. 北京：北京化工大学，2018.

［84］ Jeon J K，Jeong K E，Park Y K，et al. Selective synthesis of C_3-C_4 hydrocarbons through carbon dioxide hydrogenation on hybrid catalysts composed of a methanol synthesis catalyst and SAPO ［J］. Appl. Catal. A：Gen.，1995，124：91-106.

［85］ Li C M，Yuan X D，Fujimoto K. Direct synthesis of LPG from carbon dioxide over hybrid catalysts comprising modified methanol synthesis catalyst and β-type zeolite ［J］. Appl. Catal. A：Gen.，2014，475：155-160.

［86］ Inui T，Kitagawa K，Takeguchi T，et al. Hydrogenation of carbon dioxide to C_1-C_7 hydrocarbons via methanol on composite catalysts ［J］. Appl. Catal. A：Gen.，1993，94：31-44.

［87］ Gao P，Li S G，Bu X N，et al. Direct conversion of CO_2 into liquid fuels with high selectivity over a bifunctional catalyst ［J］. Nat. Chem.，2017，9：1019-1024.

［88］ Ni X M，Tan Y S，Han Y Z，et al. Synthesis of isoalkanes over Fe-Zn-Zr/HY composite catalyst through carbon dioxide hydrogenation ［J］. Catal. Commun.，2007，8：1711-1714.

［89］ Wang X X，Yang G H，Zhang J F，et al. Synthesis of isoalkanes over a core（Fe-Zn-Zr）-shell（zeolite）catalyst by CO_2 hydrogenation ［J］. Chem. Commun.，2016，52：7352-7355.

［90］ Riedel M C T，Schulz H，Schaub G，et al. Comparative study of fischer-tropsch synthesis with H_2/CO and H_2/CO_2 syngas using Fe-and Co-based catalysts ［J］. Appl. Catal. A：Gen.，1999，186：201-213.

［91］ Wang J J，You Z Y，Zhang Q H，et al. Synthesis of lower olefins by hydrogenation of carbon dioxide over supported iron catalysts ［J］. Catal. Today，2013，215：186-193.

［92］ Wei J，Ge Q J，Yao R W，et al. Directly converting CO_2 into a gasoline fuel ［J］. Nat. Commun.，2017，8：15174.

［93］ 刘业奎，侯栋，王黎，等. 二氧化碳加氢合成低碳烯烃的研究进展 ［J］. 石油与天然气化工，2003，32：343-348.

［94］ Choi P H，Jun K W，Lee S J，et al. Hydrogenation of carbon dioxide over alumina supported Fe-K catalysts ［J］. Catal. Lett.，1996，40：115-118.

［95］ Liu R M，Chen C M，Chu W，et al. Unveiling the origin of alkali metal（Na，K，Rb，and Cs）promotion in CO_2 dissociation over Mo_2C catalysts ［J］. Materials，2022，15：3775.

［96］ Kim H，Choi D H，Nam S S，et al. The selective synthesis of lower olefins（C_2-C_4）by the CO_2 hydrogenation over iron catalysts promoted with potassium and supported on ion exchanged（H，K）zeolite-Y ［J］. Stud. Surf. Sci. Catal.，1998，114：407-410.

［97］ Dorner R W，Hardy D R，Williams F W，et al. C_2-C_{5+} olefin production from CO_2 hydrogenation using ceria modified Fe/Mn/K catalysts ［J］. Catal. Commun.，2011，15：88-92.

［98］ Sai Prasad P S，Bae J W，Jun K W，et al. Fischer-tropsch synthesis by carbon dioxide hydrogenation on Fe-based catalysts ［J］. Catal. Surv. Asia，2008，12：170-183.

［99］ Liu D B，Geng S S，Zheng J，et al. Unravelling the new roles of Na and Mn promoter in CO_2 hydrogenation over Fe_3O_4-based catalysts for enhanced selectivity to light α-olefins ［J］. ChemCatChem，2018，10：4718-4732.

［100］ You Z Y，Deng W P，Zhang Q H，et al. Hydrogenation of carbon dioxide to light olefins over non-supported iron catalyst ［J］. Chin. J. Catal.，2013，34：956-963.

［101］ Li Z L，Wang J J，Qu Y Z，et al. Highly selective conversion of carbon dioxide to lower olefins ［J］. ACS Catal.，2017，7：8544-8548.

［102］ Dang S S，Gao P，Liu Z Y，et al. Role of zirconium in direct CO_2 hydrogenation to lower olefins on oxide/zeolite bifunctional catalysts ［J］. J. Catal.，2018，364：382-393.

［103］ Xu M T，Lunsford J H，Goodman D W，et al. Synthesis of dimethyl ether（DME）from methanol over solid-acid catalysts ［J］. Appl. Catal. A：Gen.，1997，149：289-301.

［104］ Bansode A，Urakawa A. Towards full one-pass conversion of carbon dioxide to methanol and methanol-derived products ［J］. J. Catal.，2014，309：66-70.

［105］ Gao W G，Wang H，Wang Y H，et al. Dimethyl ether synthesis from CO_2 hydrogenation on La-modified CuO-ZnO-Al_2O_3/HZSM-5 bifunctional catalysts ［J］. J. Rare Earths，2013，31：470-476.

［106］ Zhang Y J，Li D B，Zhang Y，et al. V-modified CuO-ZnO-ZrO_2/HZSM-5 catalyst for efficient direct synthesis of DME from CO_2 hydrogenation ［J］. Catal. Commun.，2014，55：49-52.

［107］ Aguayo A T，Erena J，Sierra I，et al. Semi-indirect synthesis of LPG from syngas：conversion of DME into LPG ［J］. Catal. Today，2005，106：247-251.

●·············　思考题　·············●

1. 二氧化碳温室效应会产生什么影响？有哪些解决方案？
2. 列举二氧化碳重整甲烷制合成气的催化剂。
3. 简述水煤气变换反应和逆水煤气变换反应。
4. 简述逆水煤气反应常用的催化剂种类。
5. 简述二氧化碳加氢制甲酸使用的金属络合物催化剂的反应机理。
6. 简述影响二氧化碳加氢制甲醇铜基催化剂性能的因素。
7. 简述二氧化碳加氢直接合成二甲醚过程中核壳催化剂的优势。

第 8 章

二氧化碳的捕集与分离

8.1 引言

在自然界中，碳循环遵循着内在规律，维持着精妙而又脆弱的平衡。工业革命以来，人类开始大量使用煤、石油和天然气，逐步造成碳循环失衡。应对气候变化已刻不容缓，作为最主要温室气体之一的 CO_2，其排放已经引起了政府各部门、社会组织和众多科研人员的广泛关注。国际能源署最新调查结果表明，在 2018 年能源需求增加的推动下，全球与能源有关的 CO_2 排放量急剧增长，在历史中处于最高位。而从资源利用化的角度看，CO_2 又是重要的 C_1 资源，被广泛地应用在氯碱工业、食品加工、碱性水处理、超临界应用及三次采油等关系国民生产和社会经济发展的方方面面。因此，实现不同工业场所 CO_2 的高效捕集、分离及转化必将对未来人类社会的能源结构、环境保护和经济效益发挥不可低估的巨大推动作用。基于此，本章介绍了 CO_2 排放与温室效应以及吸附法、吸收法、低温蒸馏法和膜分离法捕集 CO_2 的研究现状，对近几年多种 CO_2 吸附剂在 CO_2 捕集和分离领域的研究成果进行了总结，探讨了尚需要解决的问题，为今后不同气源 CO_2 捕集和分离材料的设计制备以及工艺开发提供参考。

8.2 二氧化碳排放与温室效应

8.2.1 二氧化碳排放源

常见 CO_2 排放源有化石燃料的燃烧、天然气、化工过程、密闭空间等（图 8-1）。

8.2.1.1 化石燃料的燃烧

化石燃料使用所释放的 CO_2 占人类活动 CO_2 排放总量的 87% 以上，成为 CO_2 的主要排放源。基于化石燃料燃烧的 CO_2 排放源既有固定源（如发电厂）又有移动源（如汽车尾气）。全球每年平均约有 13 Gt CO_2 产自固定碳源。

目前，针对燃煤电厂排放的烟道气中 CO_2 的捕集是研究的重点和难点。煤炭发电厂现一般有 3 条技术路线处理燃料获取能量，即燃烧前捕集、燃烧后捕集和富氧燃烧（图 8-2）。

燃烧后捕集是现今最主要的处理方式，该处理方式所排放的气体为烟道气。其具体成分

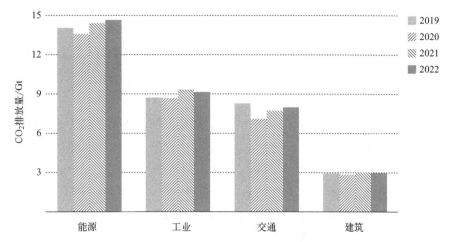

图 8-1　2019—2022 年全球各产业部门 CO_2 排放量

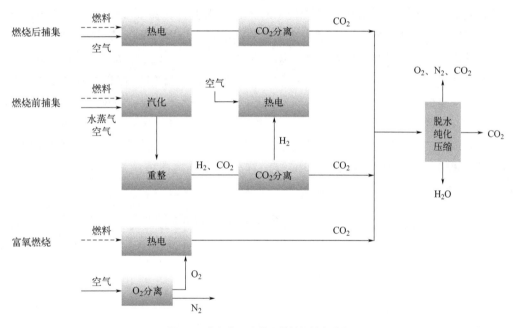

图 8-2　火力电厂中处理燃料的技术路线

由不同的燃料而定，组成较为复杂，一般含有 N_2、CO_2、O_2、含氮化合物、含硫化合物，而且带有固体灰尘和粉渣，可能含有 CO 和 H_2。这些气体组分中，N_2 和 CO_2 的含量较高，超过了 90%，其中 CO_2 的浓度占 $4\%\sim16\%$。

8.2.1.2　化工过程

虽然大部分 CO_2 是由化石燃料氧化产生的，但化学工业过程（例如，水泥生产、钢铁制造、气体生产、精炼加工和乙烯生产等）也可以生成一定量的 CO_2。水泥工业不仅排放燃料燃烧产生的 CO_2，还排放石灰石原料分解产生的 CO_2，是工业部门中排放 CO_2 的大户。我国是一个水泥大国，水泥产量已占世界水泥总产量一半以上，降低产品能耗和减排 CO_2 有较大的空间。钢铁工业是资源能源密集型产业，由于以煤为主的能源结构和石灰的大量应用，其温室 CO_2 的排放量占全国工业排放总量的 10%，仅次于电力和水泥工业。全球每年因炼钢生成的 CO_2 约为 1 Gt。降低钢铁工业 CO_2 的排放量，对于实现温室气体减排的目标具有非常重要的现实意义。此外，除了在分馏和催化裂解过程中产生 CO_2 等副产品外，甲烷重整所需的热能和电能用于氢化裂解制氢也会产生一定量的 CO_2。

8.2.1.3 天然气

从气田或者其他地质来源回收的天然气通常含有不同量的各种非烃类物质，如 CO_2、N_2、H_2S 和氦气。在石油精炼中，天然气（主要成分为甲烷和乙烷）和其他轻质烃类（如丙烷和丁烷）由于易伴生一定浓度的 CO_2，因此价值较低。此外，CO_2 的存在会造成天然气输送设备的严重腐蚀，并降低天然气的热值和管输能力，同时对深加工带来了众多危害。在大型天然气气田中，20% 的 CO_2 浓度并不罕见。因此，将天然气中的 CO_2 选择性分离，不仅降低了运输成本，同时也避免了 CO_2 对管路的腐蚀。

8.2.1.4 密闭空间

随着人类探索利用海洋和太空的步伐不断推进，人们往往需要在一些特殊的密闭空间，如矿井、国防地下工事、空间站、潜水艇和载人深潜器中从事各项活动。这类空间与外界相对隔离，进出口受到限制，通风不良。在这样的环境下，乘员呼吸不断消耗 O_2，产生 CO_2。平均每人每小时呼出 20～25 L 的 CO_2。一般而言，当 CO_2 体积分数低于 0.4% 时，人的生存是安全的，当超过 1.5% 时，人的生理功能就会受到损害，超过 10% 时人就会窒息死亡。因此，研究解决人居密闭环境中 CO_2 的高效富集分离，在地下空间封闭防护、舰艇生命保障、载人航天器等方面具有重要意义。封闭空间内 CO_2 浓度低，对分离时间及空间也都有严格要求，这是当前封闭空间中 CO_2 高效富集分离面临的瓶颈问题。几种典型的 CO_2 气源组成见表 8-1。

表 8-1　几种典型的 CO_2 气源组成

气源	组成及体积分数/%				温度/℃	压力/MPa
空气	CO_2	N_2	O_2	H_2O	常温	0.1
	0.04	78.1	约21	3		
密闭空间	CO_2	N_2	O_2	H_2O	25	0.1
	<4	>70	约21	<1		
烟道气	燃烧前	CO_2	H_2	CO	H_2S	>100	>0.5
		约35	61.5	1.1	1.1		
	燃烧后	CO_2	N_2	H_2O	O_2	<100	0.1
		4～16	70～75	5～7	3～4		
	富氧燃烧	CO_2	O_2	H_2O	N_2	<50	>5
		>90					
天然气	CO_2	CH_4	CO	其他	−15～250	0.5～40
	3～85	约80	约1.5	约0.5		

8.2.2　二氧化碳排放引起的气候变化

当今世界面临着诸多挑战，温室效应就是其中之一。根据联合国政府间气候变化专门委员会（IPCC）于 2023 年 3 月发布的报告，地球表面温度上升主要是由人类活动引起的，CO_2 排放是最主要的始作俑者。CO_2 对温室效应的贡献率最大，达到 90%，即使现在立即停止排放，它对气候和环境的影响也将持续数个世纪。

根据国际能源信息管理局的调查预测，到 2035 年，全球 CO_2 的排放量将达到 491 亿吨。IPCC 指出，如果按照目前的发展速度，21 世纪全球温度可能上升 $1.1\sim6.4$ ℃（图 8-3），而海平面则会上升 $18\sim59$ cm，这将对人类的居住环境造成巨大的破坏。据国际能源信息管理局预测，煤炭占我国能源的 63%，煤炭的燃烧将释放大量的 CO_2[1]。在 2035 年时我国 CO_2 的排放量将占全球总排放量的 27%，这将使我国在 CO_2 减排上面临巨大的考验。因此，减少 CO_2 的排放对我国的社会能源结构、安全和经济效益具有举足轻重的战略意义。

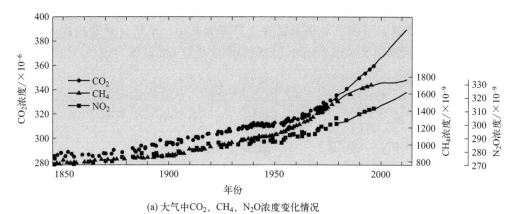

(a) 大气中 CO_2、CH_4、N_2O 浓度变化情况

(b) 与工业革命前相比，全球温度变化情况

图 8-3　碳排放对全球温度变化的影响

8.2.3　二氧化碳排放的可行解决方案

为了尽可能减少以 CO_2 为主的温室气体的排放，缓解全球气候变化趋势，人类正在通过持续不断的研究以及国家之间的合作，从技术、经济、政策、法律等层面探寻长期有效的解决途径。近年来兴起的 CO_2 捕集与封存（CCS）技术，也称"掩蔽技术"逐渐受到人们的关注。CO_2 封存是指将大型排放源产生的 CO_2 捕集、压缩后运输到选定的地点长期封存，而不是释放到大气中。CO_2 封存技术已发展出多种方式，包括地质封存、生态封存、海洋封存和矿物封存等。地质封存是最有发展潜力的一种方案，据估算全球储量至少可以达到2000 Gt。

美国处于全球领先地位，2022 年其在运营项目碳捕集能力为 2050 万吨，占全球总量的44.7%；巴西为 870 万吨，占比为 49.0%；2022 年中国在运营项目碳捕集能力为 210 万吨，占比仅为 4.6%。CO_2 的捕集和储存已经受到了全球范围内科学界的广泛关注，包括了许多发达国家和一些发展中国家（如美国、英国、德国以及中国）。

将 CO_2 转化成含碳化学品或利用其物性进行特殊利用，也是一种碳减排的重要方式（图 8-4）。CO_2 还广泛应用于烟丝膨胀剂、超临界萃取剂等工艺过程。

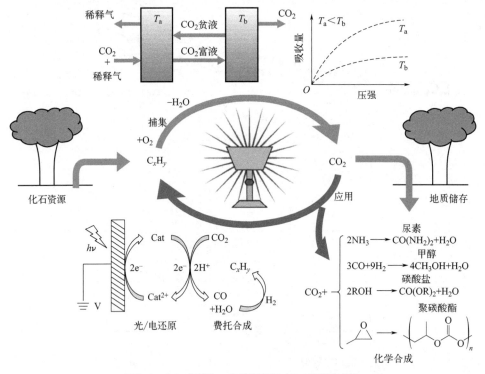

图 8-4　CO_2 的捕集、存储和利用（Cat 指催化剂）

将 CO_2 捕集后再利用，不但可以缓解温室气体带来的全球变暖的压力，也可以带来一定的经济效益（图 8-5）。实现 CO_2 分离及转化必将对未来人类社会的能源结构、环境保护和经济效益发挥不可估量的巨大推动作用。CO_2 后续资源化利用的前提条件是对其实现高效的富集分离，因此，对其开展深入研究具有重要意义。

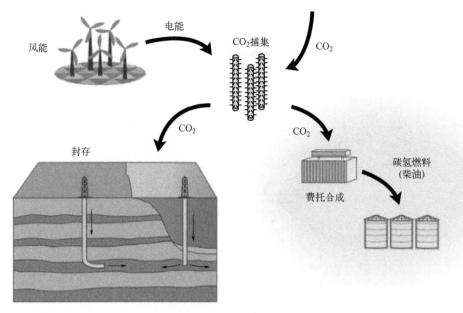

图 8-5 CO_2 捕集与转化利用技术路线

8.3 二氧化碳捕集与分离技术

近年来，将大气中的 CO_2 捕集与分离已经成为科学界的一个研究热点。CO_2 捕集过程的费用占到了整个 CCS 技术的 75％ 左右，CCS 也增加了电厂成本的 50％。这些数字可能会随 CCS 方案的不同而有所变化，但是降低捕集费用是 CCS 技术的当务之急。此外，CO_2 后续资源化利用的前提条件是对其实现高效的富集。目前主要有深冷分离法、膜分离法、吸收分离法及吸附分离法（表 8-2 和图 8-6）。

表 8-2 不同 CO_2 捕集分离技术的比较

捕集技术	优点	缺点
吸收分离法	吸收能力大,效果好,吸收速率快	能耗高,腐蚀性强,再生难度大
膜分离法	简单高效,能耗小,维护容易	脱除深度小,耐高温性弱,制膜成本高
深冷分离法	脱除深度大,输送容易	应用范围小,能耗高,对气源要求高
吸附分离法	设备和工艺简单,能耗低 脱除深度大,无腐蚀	处理量小,吸附剂消耗大

吸收分离法是当前应用最广泛的 CO_2 捕集分离方法。该方法以胺类溶液（如单乙醇胺）为吸收剂，将 CO_2 气源（如燃烧前处理系统）直接通入液态胺溶液中进行捕获分离，待吸收达到饱和后，通过对吸收剂进行加热分解（>100 ℃）实现再生。该技术非常成熟，在天然气工业方面已成功应用六十多年。但是，高成本、严重腐蚀及溶剂损失是该方法经济利用的瓶颈。A. B. Rao 和 E. S. Rubin 对单乙醇胺化学吸收处理发电厂尾气过程进行计算，发现

图 8-6　CO_2 捕集与分离技术

利用该处理方法发电，则每度电的成本将会增大 80%[2]。因此，当前仍有很多研究集中在开发再生成本更低、吸收 CO_2 能力更强的吸收剂方面（详见 8.3.2 节）。

深冷分离法是通过对混合气进行冷却引发其相变，以压力差为驱动力，根据混合气各组分在其分压差推动下透过速率不同从而实现有效分离的过程。目前，深冷分离法在工业生产中仍占主导地位。分离过程所需理论板数多、回流比高，深冷分离法存在设备投资大、运行能耗高等缺点。以热能为基础的工业化学分离过程（如低温蒸馏过程）能量已占到全球年均能量消耗的 10%～15%（详见 8.3.3 节）。

吸附分离法是依赖于吸附剂对不同组分吸附性能的差异，改变压力或者温度有选择地分离提取某些组分，实现混合气体的分离。吸附分离法具有吸附剂易再生、能耗低、操作简单等特点，是一种高效、节能的气体分离技术。同时，吸附分离法可以获得较高的分离系数。吸附分离法广泛应用的关键是开发高效的吸附剂和与之相匹配的高效分离工艺。吸附剂是设计吸附装置和吸附工艺的基础，大多数商业应用的吸附剂需要再生，因此，吸附过程必须是循环的。根据吸附剂再生方式的差异，相应的循环吸附过程一般划分为变温吸附（TSA）、变压吸附（PSA）、真空吸附（VSA）和惰气吹扫循环等。变温吸附过程适用于吸附气体量较小的气体净化场所（质量分数<10%，通常<2%）。对于大容量气体分离（质量分数>10%），变压吸附过程更合适。变压吸附过程具有工艺过程简单、适应能力强、能耗低、开停车方便、扩产便捷等特点，它作为一种发展较快的吸附方法，如能在高效吸附剂的设计和制备方面取得突破并进一步优化吸附工艺，将具有更多新的用途，有望成为一种有竞争力的技术。

8.3.1　吸附分离技术

8.3.1.1　吸附原理和吸附分离过程

由于固体表面的不均匀性（如存在台阶、扭折等缺陷），导致固体表面层具有过剩的自由能。当材料暴露在混合气中，为了降低表面能，固体表面自发地捕获气相分子，使之在固体表面上富集。这种固体表面质点与气体分子之间相互作用的现象为固体对气体的吸附。优先产生吸附的分子被称为吸附物，被吸附的物质则被称为吸附质，吸附质所吸附的表面则称为吸附剂。影响固-气界面吸附的因素很多，当外界条件（如温度、压力）固定时，体系的性质即吸附剂和吸附质分子的本性是根本因素。

根据气体分子与固体材料表面分子之间作用力的不同，可将固体表面的吸附作用分为物理吸附和化学吸附两种作用类型（表8-3）。物理吸附是通过吸附质分子与吸附剂表面的范德瓦耳斯力引起并发生吸附，分为单层或者多层吸附，是一个迅速、无须活化、吸附热低且可逆的过程，相当于气体分子在固体表面的凝聚。物理吸附过程中，可能发生分子极化，但与化学吸附不同，没有发生电荷转移。

表 8-3　物理吸附与化学吸附的区别

性质	物理吸附	化学吸附
吸附作用力	范德瓦耳斯力	化学键力
吸附温度	低，沸点以下或者临界温度以下	无限制
吸附热	较小，与液化热相似，8～25 kJ/mol	较大，与反应热相似，40～200 kJ/mol
吸附速率	较快，一般不需要活化能	较慢，需要活化能
吸附层	单分子层或多分子层	单分子层
吸附选择性	弱	强
吸附稳定性	不稳定，常可完全脱附	比较稳定，脱附时伴有化学反应
再生能力	强	弱

吸附过程中，随着吸附质在吸附剂表面数量的增加，脱附速度逐渐加快，当吸附速度和脱附速度相当，吸附量不再继续增加时，达到吸附平衡。此时，吸附剂对吸附质的吸附量称为平衡吸附量。平衡吸附量的大小与吸附剂的物化性质（如比表面积、孔结构、粒度、化学成分等）有关，也与吸附质的物化性质、压力（或浓度）、吸附温度等因素有关。在吸附剂和吸附质一定时，平衡吸附量 q 就是温度 T 和分压 p（或者浓度 c）的函数，即 $q = f(p, T)$。当固定温度或压力时，平衡吸附量就是压力或温度的单值函数，从而得到吸附等温线或吸附等压线。吸附等温线是描述吸附过程最常用的基础数据[3]。不同吸附体系的吸附等温线形状差别反映不同的固体表面性质、孔结构特性以及吸附质与吸附剂相互作用的性质。

在吸附热力学研究中除了吸附量外，吸附热也是极重要的数据。吸附热的大小直接反映了吸附剂与吸附质分子之间作用力的性质。吸附是一个热力学有利的过程，物理吸附总是放热的。由于固体表面的不均匀性，吸附热随表面覆盖度变化而显著改变，所以吸附热可分为积分吸附热和微分吸附热。一般来说，物理吸附的微分吸附热和被吸附物质的冷凝热大小相当，是吸附过程各阶段放出的热量。在一组吸附等量线上求出不同温度下的 $(\partial p / \partial T)_q$ 值，根据克劳修斯-克拉佩龙方程，便可计算出 Q_{st}，Q_{st} 就是某一吸附量时的等量吸附热，近似看作微分吸附热。

吸附是一个表面传质过程，吸附质从气流主体到吸附剂颗粒内部的传质过程分为两个阶段：a. 外扩散过程。吸附质从气流主体通过吸附剂颗粒周围的气膜到达吸附剂外表面。b. 内扩散过程。吸附质从吸附剂颗粒的外表面通过颗粒内部孔隙扩散进入颗粒内表面。简而言之，在吸附时气体先通过气膜到达颗粒表面，然后才能向颗粒内扩散，脱附时则逆向进行。

内扩散过程有几种不同情况，气体分子到达颗粒外表面时，一部分被外表面所吸附，对于物理吸附，表面吸附过程极快，阻力很小，而被吸附的分子有可能沿着颗粒内的孔壁向深处扩散，称为表面扩散；一部分气体分子还可能在颗粒内的孔中向更深入扩散，称为孔扩散。在孔扩散的途中气体分子又可能与孔壁表面碰撞而被吸附。所以，内扩散是既有平行又有顺序的吸附过程。可见，吸附传质过程由外扩散、内扩散和表面吸附三部分组成，吸附过程的总速率取决于最慢阶段的速率。因此，气体在吸附剂颗粒的孔道内吸附时，孔道的大小对分子扩散方式产生巨大影响。

a. 体相扩散（普通扩散）：孔径大于 100 nm，扩散阻力主要来源于分子间的碰撞，与孔径尺寸无关，扩散系数最大；

b. Knudsen 扩散（微孔扩散）：孔径在 1.5～100 nm 时，扩散阻力主要来源于分子与孔壁的碰撞；

c. 构型扩散：吸附剂的孔径尺寸与气体分子的大小接近时，气体分子尺寸不同或者分子尺寸相同但分子空间构型不同，气体分子在孔道内扩散系数差别非常大，构型扩散是动力学分离机理的基础；

d. 表面扩散：气体分子在固体表面上的移动而产生的传质过程；

e. 固体（晶体）扩散：固体颗粒内（晶体）的扩散，扩散系数最小。

因此，扩散机理取决于孔径，理解这些机理对吸附剂设计尤为重要。

气体从混合气中选择性传输至吸附剂颗粒表面的活性位过程中存在三种传质阻力：a. 颗粒周围滞留层内的传质阻力（外传质）；b. 吸附剂大孔中的传质阻力；c. 吸附剂微孔中的传质阻力。在吸附剂微孔或大孔孔隙网络中的传质阻力称为内传质。传质速率往往决定了吸附剂的循环周期，因此，要求吸附剂在微孔或介孔范围内具有非常精细的孔结构。

利用多孔固体物质的选择性吸附分离和净化气体混合物的过程称为气体吸附分离。要利用吸附实现混合物的分离，被分离组分必须在分子扩散速率或表面吸附能力上存在明显差异。气体吸附分离过程中一般遵循以下机理中的一种或多种。

（1）热力学平衡效应

利用吸附剂与不同气体分子之间分子作用力的不同，某些组分比其他组分优先吸附，当吸附剂的孔径大到足以让所有气体组分都能进入的时候，吸附剂与吸附质之间的相互作用力的差异就成为分离性能的重要决定性因素。作用力的强弱取决于吸附剂的表面特性以及吸附质分子的本身性质，如极性、磁化率、偶极矩和四极矩等。大多数的吸附分离过程是基于混合物的平衡吸附来完成的，也是目前炭材料在气体分离方面应用最广泛的吸附机理。

（2）分子动力学效应

当吸附剂表面对不同气体分子的作用力相当时，可以考虑选择动力学筛分的方法进行分离。它是借助不同气体分子间扩散速率的差异，某些组分能够更快速地进入孔道并被吸附而实现的。沸石为吸附剂，通过变压吸附进行空气分离就是动力学分离弥补平衡分离不足的一个很好的例子。此外，CH_4 和 CO_2 的分离同样可以通过碳分子筛的动力学效应实现。因此，分子动力学分离具有很大的潜在应用领域。

（3）分子筛分（位阻）效应

"位阻"在微孔的吸附过程中起着重要作用，它使流体的扩散变成一个活化过程。在此过程中，相邻"势阱"所对应的流体分子在一定活化能的作用下可吸附在界面上。筛分效应是利用气体分子的截面尺寸或者形状排阻效应，气体混合物中较小且形状适宜的特定组分能够顺利扩散进入孔道而其他组分被阻挡在孔道外而实现气体分离的。基于位阻效应进行气体分离的实例在沸石和碳分子筛中较为常见。由于分子筛分只吸附其中一种气体，而其他气体基本不吸附，因此可以很容易地得到高纯度的目标气体，大幅节约生产成本，是理想的吸附分离手段。

（4）其他分离机理

开孔效应主要取决于客体分子与孔道之间的相互作用而导致孔容和孔径的变化，由于不同的客体分子与吸附剂孔道作用不一样，其扩孔的压力点也不一样，从而可以实现不同气体的选择性分离。除上述分离机理外，一些研究者还报道了一种基于吸附质分子构型驱动的分离行为。此外，基于扩散速率差异的量子筛分效应能够将轻分子（如 H_2、D_2、T_2、He 等）进行分离，此类方法能够用于同位素的筛分。

穿透曲线是指一个最初干净的吸附床（即无吸附物）对一恒定组成流出物应答的特征曲线，包括一个均匀预饱和的吸附床和一个浓度在变化着的流出物[4]。它常被用来研究吸附过程的动力学行为，还可用来决定吸附停止的时间或者判断将气流从吸附饱和的固定床向新鲜吸附剂固定床切换的时间。在固定床中，大部分传质行为发生在远离进口处，该区域称为传质区，在传质区内，c/c_0 的典型值为 $0.05 \sim 0.95$。c/c_0 中：c 为吸附柱出口气体实时浓度，c_0 指吸附柱进气时气体原始浓度。传质区的大小表征床层的分离效率，最佳吸附剂必须具有窄的传质区，这样才能使吸附剂得到充分利用，降低再生成本。穿透曲线的形状或宽度对吸附器和循环分离过程的设计至关重要。穿透曲线的陡度既取决于传质单元数（床层高度），又取决于平衡曲线的类型。穿透曲线的陡峭程度也可以和床层吸附分离的理论板数相关联，陡峭程度愈高，床层的理论板数愈多，分离效率愈高。穿透曲线的预测是固定床吸附过程设计与操作的基础。

目前，在吸附分离法的研究中所提及的吸附剂主要有多孔炭材料、沸石分子筛、金属有机骨架化合物、多孔聚合物以及金属氧化物等。人们在选择吸附剂时往往需要根据实际情况，如气源温度、压力和水汽杂质等综合考虑吸附剂的宏观形貌、吸附容量、分离选择性、再生能力、耐水汽性能以及使用寿命等。表 8-4 列举了一些常用吸附剂的性能。

表 8-4　用于气体吸附分离的各类多孔固体材料的结构与性能比较

吸附材料	优势		局限性	
	材料物化性质	吸附性能	材料物化性质	吸附性能
多孔炭材料	孔道发达 稳定性好 表面化学可调	水汽影响小 高压性能好 易再生	孔径分布宽 可控性差	低压选择性差 低压吸附研究少
沸石分子筛	孔径均一	低压吸附量高	孔径小	水汽敏感 再生能耗大
金属有机骨架化合物	样品多样 结构调变范围宽	吸附量大	稳定性差 粉末样品	水汽敏感 低压吸附量小
多孔聚合物	官能团丰富 CO_2 亲和力强	选择性好	结构稳定性差 粉末样品	杂质敏感 吸附量小
金属氧化物	较好的 CO_2 吸附能力	在高温下吸附 能力提升明显	比表面积小	脱附困难

吸附材料单纯依靠物理吸附作用，吸附量通常比较低；单纯依靠高温吸附剂，此温度范围又比较低（表8-5）。采用单组分吸附剂很难兼顾升温吸附性能和能耗、吸附剂稳定性的问题，材料复合是一个可行的解决方式。引进升温具有较强吸附能力的组分与再生性比较好的多孔物理吸附剂复合是一个可行的策略。

表8-5 用于气体吸附分离的常用多孔固体材料适用温度范围及优缺点比较

类型	常用温度范围/℃	优点	缺点
炭材料	低于200	高比表面积,再生易,能耗低,易改性	单纯炭材料吸附量低、选择性差,需要改性
MOFs	低于200	高比表面积、大孔容,吸附容量高,结构规整且具有可调节的孔结构	选择性差,脱附能耗高
碳酸盐类	低于200	吸附量大	吸附速率低,吸附量随着温度和压力的升高而减少
类水滑石	200~400	碱性强以及稳定性好,对CO_2有良好的循环性能	吸附量较少,且随着温度的升高,吸附量减少明显
氧化钙	高于400	反应机理简单,吸附量大,原材料丰富,成本低	易烧结团聚,造成比表面积和孔容的显著减小,碳酸钙层会覆盖在尚未反应的吸附剂表面
锂基吸附剂	高于400	循环稳定性良好	原材料成本高

与其他吸附剂相比较而言，多孔炭材料具有高的比表面积、发达的孔隙结构、表面可修饰、热稳定性和化学稳定性良好、耐水汽性能较好、吸附再生的能耗相对较低等优点，在含水汽、酸碱杂质气等实际的混合气吸附分离中具有独特的优势，是高效分离和回收气体的优势材料之一。下面对几种常见吸附剂进行详细介绍。

目前，多孔炭材料在气体分离、传感、催化、药物输送、燃料电池和超级电容器等领域具有广阔的应用前景[5,6]。大量缺陷的存在赋予炭材料更大的比表面积、更大的孔体积以及更多可功能化的位点。因此，多孔炭在CO_2捕集和天然气纯化方面具有重要优势，新型炭质吸附剂的制备也是当前研究的热点[7]。生物质炭质吸附剂的制备是发展较快的研究领域，代表性产品有Starbons（图8-7），25 ℃、0.1 MPa下，S800对CO_2吸附量为3 mmol/g[8]。活性炭作为最常见的吸附剂之一，具有非常发达的多孔结构，高的CO_2加压吸附量。如超级活性炭MAXSORB（木炭为前驱体）在25 ℃、3.5 MPa条件下可吸附25 mmol/g的CO_2[9]。有机聚合物炭化法因其原料来源广泛，且可定向调控多孔炭的组成和形貌，成为制备多孔炭吸附剂行之有效的方法之一，Wang等制备尺寸高度均一的聚苯并噁嗪基纳米炭球。合成的炭球应用于低温CO_2吸附，−50 ℃、常压吸附量可达11 mmol/g[10]。

8.3.1.2 多孔炭吸附分离CO_2

（1）吸附作用的调控

吸附作用是吸附分离的根本因素，活性位点对特定气体的作用方式和强度是多孔炭吸附科学研究中最根本的问题，深入探索对炭质吸附剂结构设计意义重大。因此，高效多孔炭吸附剂设计的起点是从研究被吸附的目标分子的基本特性（与混合物中其他分子相比较）开始的，如动力学直径、极化率、磁性、磁化系数、永久偶极矩和四极矩。表8-6列举了一些常

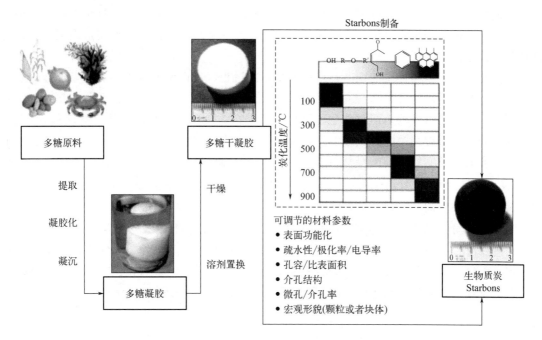

图 8-7　Starbons 制备过程

表 8-6　常见气体分子的动力学性能和静电性能

气体分子	动力学直径/Å	偶极矩×10^{18} /(esu·cm)	四极矩×10^{26} /(esu·cm^2)	极化率×10^{25} /cm^3
H_2O	2.64	1.855	—	14.5
Ar	3.54	0	0	16.4
N_2	3.64~3.80	0	1.52	17.4
O_2	3.47	0	0.39	15.8
CO_2	3.30	0	4.30	29.1
CH_4	3.76	0	0	25.9
C_2H_4	4.16	0	1.53	42.5
C_2H_6	4.44	0	0.65	44.3~44.7
C_3H_6	4.69	0.366	—	62.6
C_3H_8	4.30~5.12	0.084	—	62.9~63.7

见气体分子的动力学性能和静电性能,如动力学直径、偶极矩、四极矩、极化率。常见气体分子的动力学性能和静电性能参数可作为气体能否通过吸附或者在吸附床中扩散而分离的判断标准。烟道气中 CO_2 的捕集过程可基于 CO_2 和 N_2 的四极矩和极性差异来实现。CO_2 分子极化率为 $29.1×10^{-25}$ cm^3,比 N_2 分子的极化率 $17.4×10^{-25}$ cm^3 高约 40%,CO_2 分子四极矩为 $4.30×10^{-26}$ esu·cm^2(esu 为静电单位符号,1 esu/cm^2=$3.335×10^{-10}$ C/cm^2),略高于 N_2 分子的四极矩 $1.52×10^{-26}$ esu·cm^2。CO_2 存在很强的四极矩,所以与吸附剂表面的极性基团或表面缺陷相互作用增强,远超过非极性基团的作用力。N_2 是非极性分子,不具有偶极矩,因此与吸附剂表面所有吸附位的相互作用基本相同,吸附密度分布比较均

匀，吸附量远小于 CO_2 [11]。但是，纯炭表面极性较小，对二氧化碳的亲和性较弱。对于吸附作用力较弱的物理吸附过程，通过杂原子掺杂，改变吸附剂表面化学性质，是调控吸附剂性能的有效手段。

通过对微孔炭表面性质的调节，可以改变吸附过程，从而调节炭纳米空间吸附态分子的性质。为提高多孔炭对含 CO_2 气源的吸附分离性能，大量集中在调变表面化学方面的研究相继涌现，多孔炭材料的表面官能化方法包括两类：①使用功能化前驱体（如富氮化合物）一步法得到杂原子掺杂的多孔炭；②后处理引入特定官能团。就稳定性而言，前者具有突出优势。许多研究证实氮修饰的炭材料增加了 CO_2 的吸附热，有利于 CO_2 的捕集，进而提高 CO_2/N_2 和 CO_2/CH_4 分离选择性[12-14]。氨基酸、聚苯胺、三聚氰胺-甲醛树脂、氮化硼、聚吡啶等都是良好的含氮前驱体，常被用于制备氮掺杂多孔炭。针对传统多孔炭对 CO_2 吸附作用力弱、分离选择性差等问题，Hao 等[15] 以氨基酸为氮源，基于溶胶-凝胶方法研制新型大孔-微孔型含氮整体式炭（图 8-8）。所得多孔炭宏观性质可控，纯度高，吡咯、吡啶等含氮官能团均匀分散于多孔炭体相及孔道表面。极性炭表面和丰富微孔提高 CO_2 吸附性能，常温常压下，吸附剂对 CO_2 的吸附量为 3.1 mmol/g，吸附剂容易再生、循环稳定性良好。

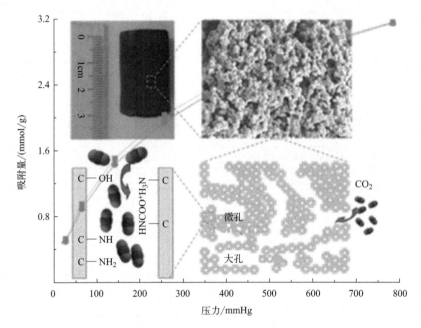

图 8-8　整体式炭的光学照片及其 SEM 表征结果（1 mmHg=133.3224 Pa）

John 等[16] 利用改性的吡咯分子和软模板三嵌段共聚物通过氢键和静电作用共组装制备一类新型聚合物，炭化、活化后得到含氮多级孔炭。应用于 CO_2 吸附分离研究中，结果显示，CO_2/N_2 低压亨利系数高达 124（图 8-9）。作者还对孔径小于 0.5 nm 的极微孔孔容、氮含量和 CO_2/N_2 低压亨利系数之间的关系进行关联，高的 CO_2 吸附量和 CO_2/N_2 分离系数归因于材料丰富的极微孔和极性表面。

理论计算的加入使人们对杂原子掺杂提升 CO_2 吸附性能的机理产生了更深的认识。Oh 研究团队[17] 对高比表面积碳化氮材料进行 CO_2 吸附的研究，DFT 计算结果表明，常温下

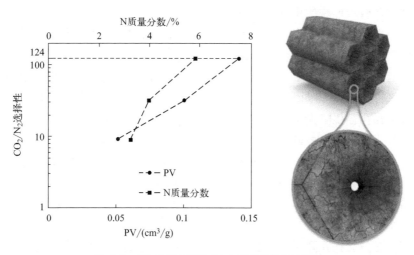

图 8-9　多级孔炭化学组成与吸附选择性的关联图

PV 为材料的超微孔（孔径 $d < 0.5nm$）的孔体积

CO_2 高选择性的吸附归因于非平面微孔碳化氮上富电子氮产生的强偶极相互作用，为氮掺杂吸附剂设计提供了理论依据（图 8-10）。最近，在 C_3N_4 材料上的理论研究中揭示，除了炭材料表面的极性位点外，碳骨架内的库仑电荷也可以促进 CO_2 的吸附[18]。

通过偶极诱导偶极相互作用选择性捕获CO_2

图 8-10　DFT 计算分析 CO_2 和 N_2 在 g-C_3N_4 材料表面的吸附情况

进一步，研究者将工作拓展到杂原子共掺杂的改性多孔炭研究中，Tian 等[19] 通过热解含葡萄糖、碳酸氢钠、硫脲的混合物制备氮硫共掺杂的多孔炭，0 ℃ 和 0.1 MPa 下 CO_2 吸附量为 4.7 mmol/g。氧对多孔炭中的微晶结构单元的排列和大小有重大的影响，含氧量高的原材料制成的活性炭，其平行石墨层之间的距离很小。Wang 等[20] 报道利用碳酸钾一步法炭化、活化酪蛋白制备氮氧共掺杂的多孔炭，25 ℃、0.1 MPa 下 CO_2/N_2 分离系数为 144，通过 DFT 计算首次证明相邻的吡啶型氮和—OH/—NH_2 物种的存在促进 CO_2 的吸附。

另外，碱金属离子也可以功能化多孔炭的孔壁，提高炭表面碱性和极化能力，从而提高 CO_2 捕集性能。有研究结果进一步强调高度极化孔隙表面对提升 CO_2 分离选择性的重要性[21,22]。Landskron 等发现 CO_2 可以储存在带电碳面和不同电解质的带电双电层中，其他实验和理论研究也表明高度极化孔或表面对 CO_2 捕获存在明显的次级效应[23,24]。

（2）孔结构及微观形貌的调控

对气体吸附来说，微孔在很大程度上决定吸附剂的吸附能力。多孔炭的微孔一般由尺寸在 0.7 nm 以下的极微孔及尺寸在 0.7 nm 以上的次微孔构成。理论计算表明，在小于两个分子直径的狭缝型孔内或者小于六个分子直径的圆形孔内会引起吸附势场的增强。相距为分子直径大小的平行孔壁间的吸附势能大约是单一固体表面吸附势能的 3.5 倍。因此，对于特定吸附质，极微孔孔径仅略大于吸附质分子尺寸，吸附质分子被孔壁包围，吸附力场的叠加使得孔内吸附势明显增强。极微孔对吸附质产生吸附势增强的效应对低浓度气体的吸附具有重要的意义。此外，除了范德瓦耳斯相互作用产生的引力，当吸附质分子与孔壁相当接近时，二者之间电子云存在一定交叠，产生 Born 斥力。因此，微孔孔道结构的调控是高效多孔炭材料制备的关键点和难点，包括提升微孔孔隙率、调控微孔孔径分布及微孔几何形状等。

常见提高多孔炭微孔孔隙率的方法主要有活化法、模板法、共混聚合物炭化法及有机凝胶炭化法等。

物理活化法和化学活化法或者两种方法相结合是制备丰富孔隙结构多孔炭的常用方法[25]。多孔炭微晶结构单元在活化时，晶体的石墨层部分发生改变，骨架中电子云的排布变化，出现不成对电子，因而影响多孔炭的吸附特性和对极性物质的吸附。如 Guo 等采用 CO_2 活化法制备比表面积为 946 m^2/g、具有发达微孔结构的介孔炭，活化过程显著提高多级孔炭的 CO_2 吸附分离性能[26]；Mokaya 等提出一种压缩法制备多孔炭，为了有效利用碱的化学活化，将碱与生物质木屑等水热处理后的炭混合并压成片状，活化后获得高比表的多孔炭材料。与传统活化法比较此方法并未扩大微孔孔径，微孔孔径分布在 0.59～0.68 nm之间。该多孔炭材料常温常压下对 CO_2 的吸附量达 5.8 mmol/g[27,28]。但是，这种强碱活化法制备多孔炭过程较烦琐、能耗大、腐蚀性强，活化剂的使用极易造成环境污染，亟须发展制备高孔隙率多孔炭的新方法。

Qian 等[29] 在制备炭前驱体（酚醛聚合物）过程中，原位引入锌元素，一步炭化法制备整体式多孔炭。该制备策略创新性地利用氧化锌在高温下与碳反应，原位刻蚀炭壁，创制丰富微孔，提升多孔炭的微孔比表面积，增强多孔炭对 CO_2 的吸附能力，对环境的影响也比强碱活化过程小得多。最终得到的多孔炭 HCM-ZC-1 在 0.1 MPa 下，CO_2 吸附量分别为 5.4 mmol/g（0 ℃）和 3.8 mmol/g（25 ℃）（图 8-11）。

模板法主要包括硬模板法和软模板法或者两种方法相结合[30]。硬模板法是将炭前驱体浸入模板剂（如 SBA-15、KIT-16 等）中，进而聚合、炭化、去除模板得到相应的炭材料[31]。但是，硬模板法通常利用氢氟酸等溶剂移除模板剂，制备难度大、成本高。软模板法利用表面活性剂等有机大分子作为模板剂，制备步骤相对简单、廉价，但是合成条件苛刻。此外，还有部分研究同时使用软模板和硬模板制备多孔炭[32]。

共混聚合物炭化法是利用热稳定性不同的两种聚合物（热解聚合物和炭化聚合物）为前驱体，炭化制备多孔炭[33]。通过热解聚合物从炭化聚合物中分解留下孔隙，形成发达的多孔结构。

有机凝胶炭化法是基于溶液化学法，在溶胶-凝胶过程中聚合物纳米级颗粒相互连接形成 3D 网络结构（如图 8-12）。干燥过程中去除填充在结构孔隙中的溶剂，经过炭化后形成多孔炭材料[34]。

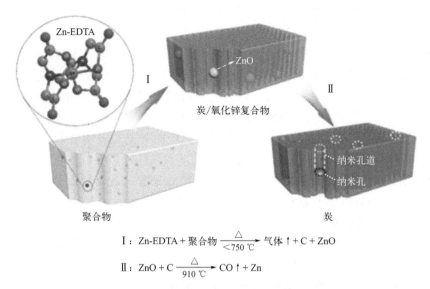

Ⅰ：Zn-EDTA + 聚合物 $\xrightarrow[<750\ ℃]{\triangle}$ 气体↑ + C + ZnO

Ⅱ：ZnO + C $\xrightarrow[910\ ℃]{\triangle}$ CO↑ + Zn

图 8-11　锌作为动态造孔剂制备微孔炭材料流程

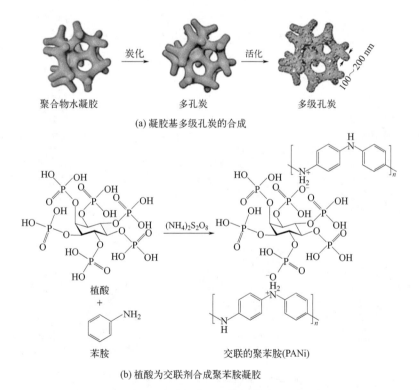

(a) 凝胶基多级孔炭的合成

(b) 植酸为交联剂合成聚苯胺凝胶

图 8-12　凝胶基多级孔炭的合成与植酸为交联剂合成聚苯胺凝胶示意

　　实际分离中，孔径小于 2 nm 的微孔呈现出很强的吸附作用，对吸附量起支配作用[35,36]；除直接的表面接触外，有效的分离行为也可基于混合气体中各组分气体在吸附剂中扩散速率的不同而进行，组分气体扩散速率的差异则主要因其分子量或动力学之间不同而产生。此外，位阻效应是根据吸附质分子动力学尺寸或形状的差异实现混合气的分离。在具有特定孔道结构的多孔炭中（尤其是碳分子筛），动力学直径大的吸附质分子排阻在孔道外，而尺寸略小、形状合适的气体分子可进入孔道内实现吸附。

炭材料狭窄的微孔是气体分子存储的空间，但是，往往因为传质阻力大导致吸附速率受限和比表面积利用率降低。从吸附动力学角度分析，消除内外扩散是关键。借助自然界生物体组织结构的启发[37]，有效的提升扩散、传质措施包括构筑多级孔道、引入介孔结构、缩小材料结构单元在任一维度的尺寸等。因此，多级孔炭的制备是近年来研究的热点[38]。串联多级孔的设计与实现是孔结构精确调控的一个主要目标，Jin 等[39] 采用纳米铸型法，合成具有微孔-介孔-大孔串联的多级孔片层炭材料，氮吸附等温线表现出Ⅰ、Ⅳ混合型曲线特征，证实多孔炭存在多级孔结构。该材料表现出优异的气体吸附分离性能，根据理想吸附溶液理论预测双组分（CO_2/N_2 和 CO_2/CH_4）混合气的分离系数分别为 40 和 18。与商业活性炭相比，气体在该材料中吸附速率快，归因于微孔-介孔-大孔串联的多级孔结构增加气体的传输通道，加快气体的扩散、传质过程。

Hao 等[40] 为了提高气体分子在多孔炭孔道内的扩散、传质，利用酚醛树脂为碳源，赖氨酸为氮源同时促进规则介孔结构形成，软模板法制备整体式聚合物。随后，经过干燥和高温炭化过程得到大孔-介孔-微孔串联型整体式炭（图 8-13）。

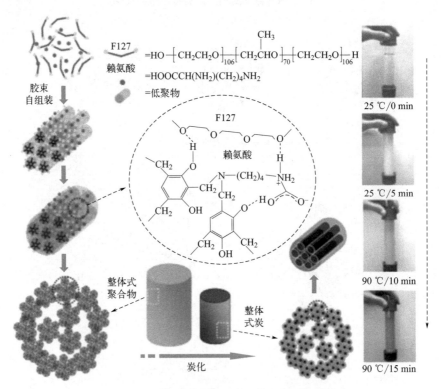

图 8-13 有序多级孔整体式炭合成示意

多级孔炭的比表面积为 600 m^2/g，大孔孔容为 3.52 cm^3/g。经过水活化后，比表面积增大至 2422 m^2/g，介孔结构保持完好。Li 等[41] 以苯酚和甲醛为碳源，水合肼为氮源和结构导向剂，三嵌段共聚物 F127 为软模板，制备花状聚合物。聚合物经热解和 KOH 活化后得到高比表面积（2309 m^2/g）、氮掺杂的花状多级孔炭。在 0 ℃、1 bar 和 20 bar 条件下，CO_2 吸附量分别为 6.5 mmol/g 和 19.3 mmol/g。

因此，气体吸附分离作为气体扩散、吸附和存储的过程，多孔炭吸附剂的大孔是气体快速传输的通道，丰富大孔结构能保障快速吸附动力学；多孔炭吸附剂的微孔是气体存储的场所，丰富的微孔保障高的气体吸附量；介孔是连接微孔和大孔的"桥梁"，保证分子从流体相快速、无阻进入微孔，提高多孔炭微孔利用率。Zhang 等[42] 利用深度学习方法统计 1000 多种多孔炭材料，对多孔炭织构参数与 CO_2 吸附性能之间进行关联。关联结果如图 8-14 所示，通过相同吸附条件下，CO_2 吸附量、微孔孔容与介孔孔容的关联图进一步强调增加介孔孔容对 CO_2 吸附性能提升的重要性，阐明构建微孔-介孔串联炭质吸附剂的必要性，为多孔炭吸附材料的设计提供依据。

彩图

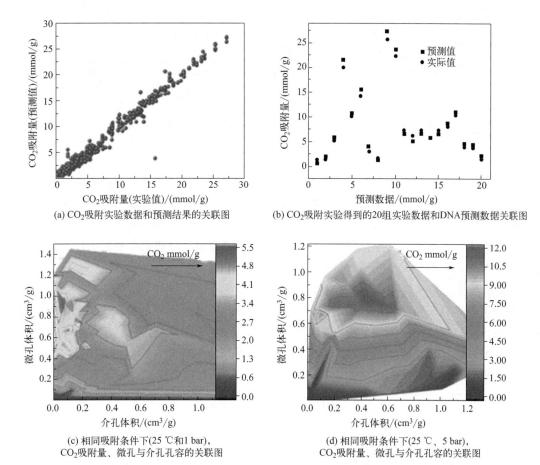

(a) CO_2吸附实验数据和预测结果的关联图

(b) CO_2吸附实验得到的20组实验数据和DNA预测数据关联图

(c) 相同吸附条件下(25 ℃和1 bar)，
CO_2吸附量、微孔与介孔孔容的关联图

(d) 相同吸附条件下(25 ℃、5 bar)，
CO_2吸附量、微孔与介孔孔容的关联图

图 8-14　多孔炭织构参数与 CO_2 吸附性能的关联结果

炭材料的微观形貌多种多样，氧化石墨烯以其独特的二维结构和表面化学性质引起国内外研究者的关注[43]。以氧化石墨烯为导向的聚合物基片层炭结合片层多孔炭与石墨烯材料的优势，具备独特的结构性能，具有重要的研究价值。

为此，Hao 等[44] 立足溶液化学方法，结合主客体化学与原位反应的策略，基于氧化石墨烯的二维平面结构及表面化学性质探索一类小尺度片层结构多级孔整体式炭的制备方法。如图 8-15 所示。氧化石墨烯作为结构导向剂，酚醛胺分子通过静电作用和氢键作用在氧化石墨烯两侧原位聚合，老化后得到宏观形貌和微观包覆厚度（5～140 nm）可调的多级孔整体式炭。纳米薄片多孔炭比表面积为 1500 m^2/g，孔容为 1.0 cm^3/g。将此类纳米薄片多孔

炭应用于低浓度 CO_2 混合气的分离中，1 bar、25 ℃下，CO_2 吸附量为 3 mmol/g。吸附速率测试结果显示，由于多级孔炭微观结构由小尺度二维纳米片组成，缩小了结构单元尺寸，因此，纳米片状多孔炭缩短气体扩散路径，明显提升多孔炭对气体的吸附速率，改进传统炭质吸附剂吸附分离过程中吸附动力学受限的问题。其在低浓度 CO_2 捕集、分离方面具有潜在的应用价值，代表新型炭质吸附剂的一个重要进步。

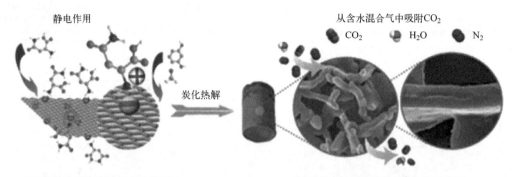

图 8-15　石墨烯导向的多级孔整体式炭的制备示意

但是，二维多孔材料暴露的外表面积大，含有丰富的官能团，在材料制备或热解过程中不可避免地发生堆垛、卷曲等，导致实际可利用的比表面积远低于理论计算值。活化过程可有效增加二维炭材料的比表面积和孔体积，但是，活化后得到的多孔炭孔径分布不可控地变宽，很难形成均匀的孔径分布，使得二维多孔炭在气体吸附分离应用中受限。因此，可控合成孔径分布均匀的纳米炭片用于气体分离领域有重要意义。

Zhang 等[45] 首次提出利用温控相转变方法制备孔径分布集中的多孔炭（图 8-16）。合成过程中选择具有特定几何结构的疏水相变材料（如硬脂酸）作为初始构筑基元，制备纳米薄片模板，通过氢键作用，诱导酚、醛、胺聚合基元在其周围原位聚合，生成纳米薄片聚合物。在高温热解过程中薄片结构促进炭化过程热分解产物的释放，有利于炭微晶定向生长，形成高含量 sp^2 碳，减少无序湍流状乱堆结构的形成，炭微晶之间趋向于平行排列，形成孔

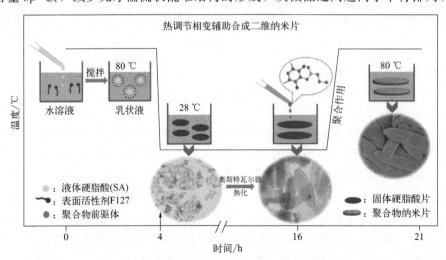

图 8-16　纳米薄片聚合物的合成过程示意

隙通透、均匀分布的狭缝形微孔结构。均匀微孔内强的吸附势，增强主客体范德瓦耳斯作用力，显著提高低压 CO2 吸附性能，实现混合气中低浓度目标气体的回收。该工作提出的温控相转变合成方法为二维材料的设计合成提供一条新途径。

宏观形貌及力学性能的调控：整体式多孔炭的内部骨架与孔道连续，设计具有灵活性，便于加工、运输，可根据实际需要制备成特定形貌；此外，整体式多孔炭贯通的碳骨架和微观孔道结构，保证气体在各个方向的均匀扩散，传质阻力小、压降小；整体式结构使得多孔炭导热性能优异、体积吸附量大、机械强度高且可避免粉尘污染，因此，整体式炭材料在多领域具有潜在的应用价值。文献报道中整体式多孔炭制备方法主要有溶胶-凝胶法、硬模板法、自组装法等。运用溶胶-凝胶法制备 3D 网络结构的凝胶，高温炭化形成具有丰富孔道结构的多孔炭，并保持原有凝胶整体式形貌特征，是制备整体式多孔炭常用方法之一。Wang 等[46] 通过溶胶-凝胶法制备一类高机械强度的多孔整体式炭（图 8-17），25 bar 下 CO$_2$ 吸附量为 15.9 mmol/g，1 bar 下动态吸附量为 1 mmol/g。由于该整体式炭具有良好的导电性，此类吸附剂可通过低能耗的变电技术再生。此研究为高效炭质吸附剂的功能集成和过程强化提供参考。新型聚合体系或者新型碳源的开发、孔结构的精确调控及表面定向官能化是功能型整体式多孔炭研究的焦点。

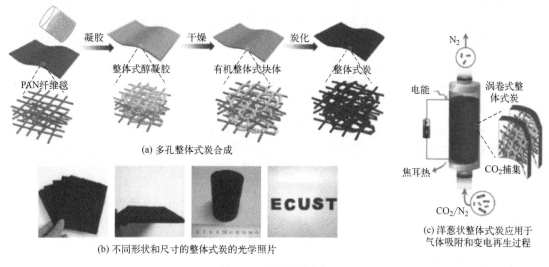

(a) 多孔整体式炭合成

(b) 不同形状和尺寸的整体式炭的光学照片

(c) 洋葱状整体式炭应用于气体吸附和变电再生过程

图 8-17　多孔整体式炭

针对实际应用中 CO$_2$ 气源流速大、冲击力强、含水汽等特点，Hao 等选择酚醛胺聚合体系，制备整体式聚合物，炭化后得到大孔-介孔-微孔串联型多孔整体式炭，多孔整体式炭的抗压强度高达 15.6 MPa（图 8-18），远高于文献报道的结果。25 ℃、0.1 MPa 下，CO$_2$ 平衡吸附量为 2.6～3.3 mmol/g，CO$_2$/N$_2$ 分离系数为 13～28[47]。再次证明炭质吸附剂丰富的微孔可作为 CO$_2$ 的存储场所；丰富大孔和介孔有利于 CO$_2$ 在孔道内的快速扩散；含氮官能团的引入增加炭壁表面极性，使得多孔炭特异性吸附 CO$_2$ 分子，提升 CO$_2$/N$_2$ 分离选择性。基于此，Qian 等[48] 利用整体式多孔炭的独特结构和多孔性，采用重复浸渍-结晶的方法，在整体式炭孔道内原位、限制性生长 MOFs 晶体，获得多孔整体式炭与 MOFs 复合物。静态吸附结果显示，该复合物对 CO$_2$ 的体积吸附量为 22.7 cm^3/cm^3，与设计前多孔炭相比，CO$_2$ 吸附量提高 2 倍。此外，动态吸附分离结果表明，复合炭对 CO$_2$ 和 N$_2$ 的分离

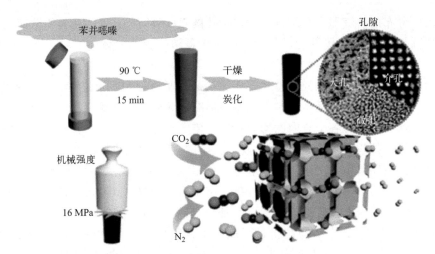

图 8-18　高机械强度的整体式炭的制备流程

系数可达 100。另外，该复合炭再生条件温和，表现出优越的循环再生性能。

综上，针对炭质吸附剂的设计、合成及在 CO_2 捕集方面的应用研究进展，我们总结了高效炭质吸附剂的设计原则，吸附剂的结构要与吸附质分子的物化性质及吸附分离过程相匹配，最终才可实现气体的高效吸附分离。评价吸附分离性能的关键参数为吸附量、选择性、吸附动力学及循环稳定性，因此，高效炭质吸附剂应具有丰富的微孔（气体存储空间）、特定的表面化学（与吸附质强相互作用）、较短的扩散路径（多级孔、小尺度的结构单元）及优异的结构稳定性（整体式结构、良好的力学性能）。具有多级孔结构的整体式炭促进气体的快速扩散及传质，可显著降低压力降，是一类比较有前景的碳基材料。

除了多孔炭吸附剂，目前常见的多孔固体吸附剂还有沸石分子筛、金属-有机框架材料、共价有机骨架、多孔有机聚合物等[49]。

8.3.1.3　沸石分子筛吸附分离 CO_2

沸石分子筛是一种重要的微孔晶体材料，广泛应用于石油化工领域的催化剂、气体吸附分离的吸附剂、生物传感器、光电转换材料等方面。通常，沸石分子筛是由硅氧四面体和铝氧四面体通过共用氧原子而组合成多面体几何结构，常见的有立方体、六边菱形、八面体等。沸石分子筛种类繁多，据统计天然和人工沸石分子筛的骨架类型已经超过 250 种（2023年）[50]。作为吸附分离材料，沸石分子筛本身具有如下特征：a. 孔道尺寸和晶体结构高度有序、孔结构均匀；b. 可以通过离子交换、对骨架进行官能化等方法调变材料的化学性质；c. 吸附容量较高。特别地，沸石分子筛孔径一般在微孔范围内（0.2～2.0 nm），小于孔径的分子能够扩散进入微孔孔道内部，吸附在孔道表面，并在相应操作下脱附流出，大于孔径的分子却不会进入孔道，利用这一特点可制备出分子筛分效应明显的分子筛材料（表 8-7）。此外，沸石分子筛是一种极性吸附剂，特殊的骨架布局而形成较大的引力，带有电场，对具有偶极、四极距、诱导偶极的气体分子有很好的吸附作用。目前，很多关于典型沸石分子筛吸附分离的系统研究已经被报道。对于 CO_2 的吸附分离，斜发沸石、丝光沸石、4A 分子筛、13X 分子筛以及 ZSM-5 等均表现出较强的低压吸附分离能力[51-55]。由于能够选择性地通过一些特定形状或尺寸的分子，具有较高强度的微孔沸石分子筛是重要的膜组分[56]，沸石分子筛膜良好的化学稳定性及机械稳定性使其在分离过程中的应用前景非常大。

表 8-7　理想吸附溶液理论（IAST）法计算不同分子筛材料在 40 ℃时对 CO_2/N_2 的分离选择性[57]

分子筛	总吸气量/(mmol/g)	总吸气量/(mmol/cm³)	CO_2 纯度/%	CO_2/N_2 选择性
PS-MFI	0.371	0.667	78	18
Na-A	1.40	2.12	98	200
Mg-A	1.80	2.58	95	90
Ca-A	3.81	5.77	98	250
Na-X	3.38	4.82	98	310
Mg-X	2.01	2.67	97	170
Ca-X	2.65	3.71	96	120

　　沸石分子筛吸附 CO_2 到达平衡容量的速度相对较快[58]，然而沸石吸附 CO_2 的吸附量随着温度上升而减少，随着 CO_2 气相分压的增大而增大。为了提高升温下 CO_2 吸附量和选择性，通常需要在沸石分子筛孔道进行有机胺改性（表 8-8）。2002 年，Xu 等提出了"分子篮"吸附剂的概念，即通过湿法浸渍将具有高含量胺基的聚乙烯亚胺（PEI）负载在 MCM-41 型介孔分子筛上，制备了新型胺功能化介孔分子筛吸附剂用于吸附 CO_2，75 ℃时的吸附量是浸渍前的 24 倍[59]，随后，该研究组在此概念基础上开展了一系列有价值的研究工作。

表 8-8　有机胺改性沸石分子筛材料的 CO_2 吸附性能[60-63]

有机胺改性沸石分子筛材料	温度/℃	吸附容量/(mmol/g)	CO_2 压力/atm
MCM-41-PEI	75	3.02	1
	75	1.53	0.02
SBA-15-四乙基五胺	75	3.70	1
LTA-3-(三甲氧基甲硅基)丙胺	60	2.30	1
	60	2.10	0.15
SBA-15-二乙醇胺	75	3.48	0.1
Meso-13X-PEI	100	1.81	1
ZSM-5-PEI	40	2.64	1
MC400-PEI	75	4.45	0.1
ZSM-5-四乙基五胺	100	1.80	1
	100	1.49	0.1

　　由于沸石分子筛骨架和阳离子本身极性很强，电荷分布不均的极性分子会与之互相吸引，静电诱导分子的极化。因此，极性较强或者易被极化的分子容易被沸石分子筛吸附。例如，沸石分子筛吸附水的能力很强，在有水的条件下，CO_2 吸附量会大大减少，严重限制其在湿气条件下捕集 CO_2 的应用。

　　为解决上述难题，2015 年，Sogang University 的 Datta 等[64] 在 Science 杂志上报道了其所合成的一种新颖的微孔铜硅分子筛 SGU-29，这类分子筛晶体内的微孔针对 CO_2 和水有不同的吸附位点，即便在吸附水之后，依然具有很好的稳定性，可实现对湿烟道气和大气中的 CO_2 进行高效选择性分离，且表现出了优异的循环稳定性。此铜硅分子筛有效提升吸附剂在湿气条件下的稳定性，在大气中 CO_2 的捕集与分离方面具有广阔的应用前景（图 8-19）。

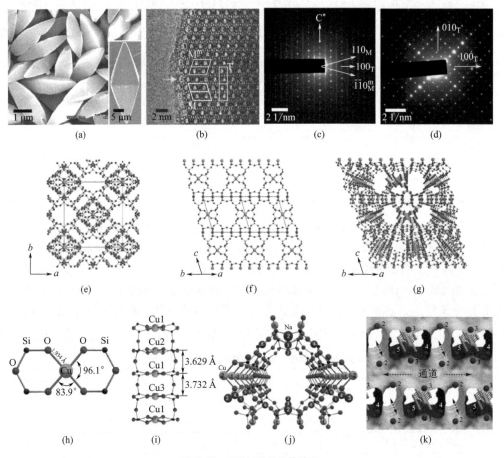

图 8-19 SGU-29 的晶体结构

8.3.1.4 金属有机骨架材料吸附分离 CO_2 研究进展

金属有机骨架材料（metal-organic framework，MOFs），是一类人工合成的新型有机-无机杂化材料，由无机金属离子和有机配体通过配位作用自组装形成三维周期性网状结构，因其超高的比表面积、发达的孔隙结构、极高的结构组成可设计性逐渐成为了全球范围内的研究热点，在催化反应、气体吸附分离、生物医学、传感等领域已经激起研究者的极大兴趣。在 MOFs 材料的周期性多维网状结构中，金属离子为节点、配体为连接桥，金属节点的性质和配体的化学结构决定了 MOFs 的结构和性质。通常，用于构筑 MOFs 的金属离子有 Cu^{2+}、Zn^{2+}、Fe^{3+}、Al^{3+}、Cr^{3+} 等，有机配体包括多种羧酸类化合物和含氮杂环类化合物。具有代表性的经典 MOFs 材料有 IRMOFs、ZIFs、MIL、UiO 等几大系列。

对于吸附分离来说，由于 MOFs 材料具有比表面积和孔隙率超高、孔道结构特殊、金属位点开放等优势，故有巨大的吸附容量，同时，可以根据具体的吸附质对 MOFs 材料进行修饰、改性，提高材料与目标分子之间的吸附作用力，或调控材料本身的柔性特征，从而更高效地实现吸附分离。MOFs 材料在 CO_2 吸附分离中表现出了良好的性能，对 CO_2 吸附容量远远超过传统的多孔材料，被视为最理想的 CO_2 捕集材料之一，目前已有许多研究将 MOFs 材料用于碳捕获相关的气体分离，包括生物甲烷过程中天然气的净化（CO_2/CH_4）、燃煤电厂烟道气的分离（CO_2/N_2）、合成气分离（CO_2/H_2）等。

（1）传统 MOFs 吸附剂

全球变暖问题备受关注，自 20 世纪 90 年代末 Yaghi 课题组开创性地将 MOFs（MOF-2、MOF-3）[65,66] 应用于 CO_2 吸附（$-78\ ℃$，$101\ kPa$）以来，MOFs 应用于温室气体的吸附分离研究热潮一直持续至今，新型的高性能 MOFs 吸附剂不断涌现（图 8-20）。具有高比表面积、大孔容的 MOFs 材料通常在高压下具备高的 CO_2 吸附容量。研究者们对孔道超级发达的 MOFs 材料的追求从未停止，并将其成功应用于气体吸附存储。例如，Matzger 课题组[67] 通过使用混合有机桥键（BTB 与 T^2DC）与 Zn^{2+} 配位的策略制备了具有超高比表面积（$5200\ m^2/g$）及微孔-介孔笼状结构的新型 MOFs；2010 年，Yaghi 课题组[68] 也采用类似策略，分别采用 $Zn_4O(CO_2)_6$ 单元与 BTE、BBC、BTB/NDC、BPDC 这四类单组分或者混合有机桥键配位，制备了具有超高比表面积的 MOF-180、MOF-200、MOF-205 及 MOF-210。其中，MOF-210 在 $25\ ℃$、$5\ MPa$ 下 CO_2 吸附容量可达 $2396\ mg/g$。

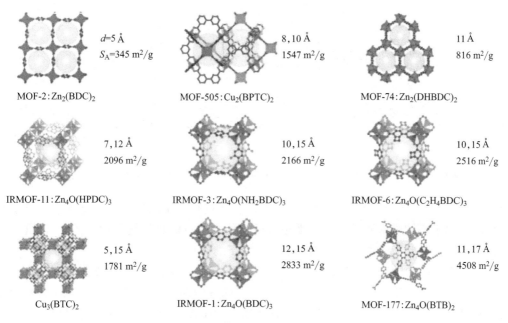

图 8-20　应用于 CO_2 吸附研究的几种 MOFs 材料

（2）改性 MOFs 吸附剂

对于基于碳捕获的吸附分离来说，MOFs 材料只有高的 CO_2 吸附容量并不足够，还需要有针对不同气体组分较高的选择性。因此，目前在 CO_2 捕集及存储方面，关于 MOFs 的研究除了基于 CO_2 分子特征进行结构设计（包括孔容、孔道尺寸、孔道形状等）外，也集中于调变 MOFs 金属节点的暴露度、分散度及对有机配体桥键进行胺功能化等，来调控 MOFs 和 CO_2 分子的相互作用力。Yazaydin 等[69] 通过实验和模拟结合的方法研究发现，暴露金属节点的浓度越高，MOFs 吸附 CO_2 时的吸附热越高，即二者相互作用力越大；Mg-MOF-74（图 8-21）因其丰富的不饱和金属活性位点而在低压下有着极高的 CO_2 吸附容量（$296\ K/1\ atm$，$180\ mL/g$）[70]。

为提高 MOFs 材料对 CO_2 的选择性吸附能力，现阶段还从另外两方面对 MOFs 材料进行改性。一方面是利用分子筛分效应，通过调节 MOFs 材料孔径大小来筛分不同范德瓦耳

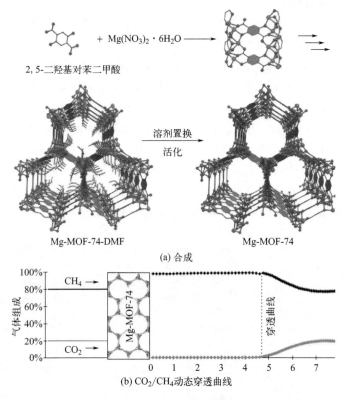

图 8-21　具有二维六方孔道的晶体结构的 Mg-MOF-74 的合成及其 CO_2/CH_4 动态穿透曲线

斯半径的分子[71]，另一方面是对 MOFs 的孔道表面进行化学改性从而提高主客体分子间的相互作用。由于不同吸附质分子的四极矩、极化率及孔道的官能化作用不同[72]，可以利用骨架的 Lewis 酸性位点及柔韧性来增加主客体分子的作用[73,74]。

通过对 MOFs 材料进行修饰，可以增加其与 CO_2 间强相互作用的吸附位点数量，利用 CO_2 与 CH_4、N_2 等分子的物理性质的差异，尽可能拉大不同气体分子在 MOFs 材料表面吸附难易程度的差距，从而更好地进行选择性吸附。对配体分子的设计主要通过引入暴露于孔道表面的胺基官能团[75,76]。Rosi 课题组以腺嘌呤作为配体，以钴离子作为配位中心创新性地构筑了一类丰富的吡啶类官能团及胺官能团修饰的 MOFs 材料 bio-MOF-11（图 8-22），应用于烟道气中 CO_2 的分离展示出良好的效果，在 25 ℃、常压下，bio-MOF-11 对 CO_2 吸附量可达 4.1 mmol/g，CO_2/N_2 分离系数高达 75，初始吸附热达 45 kJ/mol，表明 CO_2 分子与 bio-MOF-11 之间的强相互作用。

研究表明，氨基、嘧啶、吡啶等含 N 的有机基团可有效增大 MOFs 材料对 CO_2 的吸附容量，改性 MOFs 材料可有效提升 CO_2 与 N_2 混合气中吸附剂对 CO_2 的选择吸附性能。中山大学的张杰鹏课题组、南京大学的白俊峰课题组、中国科学院大连化学物理研究所孙立贤及辽宁师范大学徐芬等也分别制备了 MAF-X7、*rht*-类型 MOFs[77] 及 CAU-1[78] 等胺基官能团修饰的新型金属有机骨架材料。CO_2 吸附测试表明，这些胺基修饰的 MOFs 材料表现出良好的低压选择性吸附能力。

除了使用含氮有机配体引入胺官能团外，也可以采用后处理方式将含氮化合物嫁接到 MOFs 母体上。Demessence 等[79] 以 H_3BTTri 为改性剂，制备了一类胺基改性的 MOFs 材料。

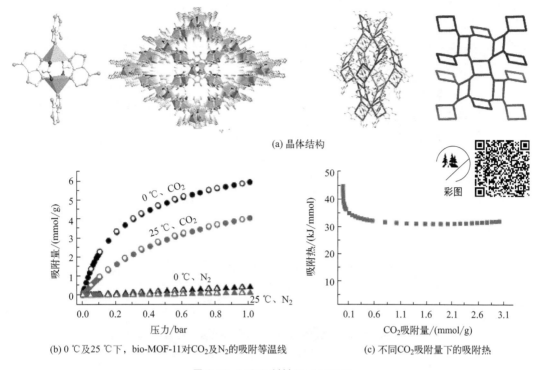

(a) 晶体结构

(b) 0 ℃及 25 ℃下，bio-MOF-11 对 CO_2 及 N_2 的吸附等温线

(c) 不同 CO_2 吸附量下的吸附热

图 8-22　MOFs 材料 bio-MOF-11

改性后样品在极低 CO_2 分压下，展现出更高的吸附量，并且测试的吸附热高达 90 kJ/mol，远高于原始的 21 kJ/mol。

(3) "呼吸型" MOFs 吸附剂

迄今，大多数 MOFs 材料骨架呈现刚性，但柔性骨架的 MOFs 材料也相继合成出来。当外部温度或压力变化时，其表现出特殊的 "呼吸行为"，正是这种特殊的性质，引起研究人员的广泛关注。从成键方式及稳定性分析，基于配位键形成的骨架，其键能小于离子键或共价键，随着外部持续性刺激（温度、压力、光照、电场及异质物种）会表现出相应的结构变化[80]，在 CO_2 吸附分离领域表现出独特的吸附分离行为。

Bourrelly 等通过实验测定出了 CO_2 和 CH_4 在 MIL-53 上的吸附等温线，结果表明 CO_2 的吸附量在 6 bar 处有较明显的改变，低于该值时 CO_2 吸附容量很低，在该值之后出现陡增，而 CH_4 没有出现此类现象（图 8-23），对 CH_4 的吸附则是逐渐饱和，吸附等温线为 I 型。分析二者差异，他们认为 MIL-53 发生了 "呼吸"，当压力小于 6 bar 时，由于笼内暴露的 μ_2-羟基与具有电四极子性质的高极化率 CO_2 分子间的相互作用使得 MIL-53 的空间结构发生收缩，孔径减小，CO_2 吸附容量很低。当压力大于 6 bar 时，空间结构重新打开，孔径增大，出现 CO_2 吸附容量陡增的现象。利用这种特殊的 "呼吸行为"，可以将 CO_2 从多组分混合气体中分离出来[81]。

疏水特性和规模化制备的研究也是当今 MOFs 研究的热点之一。2016 年，北京理工大学王博课题组提出一种在 MOF 孔道内部原位聚合邻二乙炔基苯的策略得到限域疏水区（图 8-24）[82]。与原始 MOF-5 相比，通过自由基聚合反应得到的 PN@MOF-5 对 CO_2 的吸附容量提升了一倍（在 273 K 和 1 bar 条件下，吸附量从 38 cm^3/g 增加到 78 cm^3/g），且

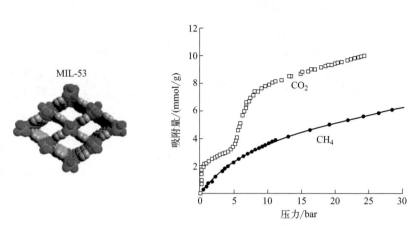

图 8-23　在 304 K 下，CO_2 和 CH_4 在 MIL-53（Al）上的吸附等温线

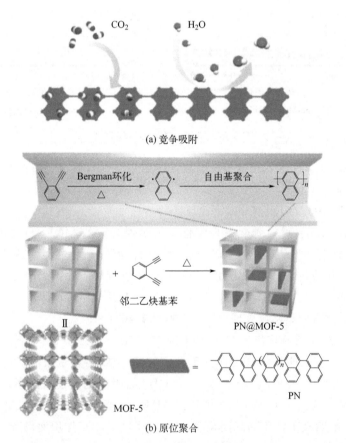

图 8-24　CO_2 和 H_2O 在改性后 MOF 材料上的竞争吸附及邻苯二乙炔在 MOF 孔道的原位聚合

CO_2 与 N_2 选择性从 9 增大到 212，提升了 22 倍，同时抗水汽性能也有很大提高。

（4）类沸石咪唑酯骨架材料

类沸石咪唑酯骨架材料（zeolitic imidazolate frameworks，ZIFs）是 MOFs 材料的一个分支，因其结合了 MOFs 和传统沸石的优点而成为一种新型的多孔材料。ZIFs 是通过有机咪唑酯交联连接到过渡金属上，形成结晶态多面体笼状结构[83]。这类新型笼状结构可以兼容种类繁多的金属节点及形式多变的有机官能团，因此合成途径与方法灵活多样。因为咪唑链与金属离子之间的相互作用更强，所以 ZIFs 通常比其他的 MOFs 材料具有更高的热稳定性（大于 400 ℃）。ZIFs 还具有较高的化学稳定性，将 ZIF-8 放入水、苯、甲醇中回流 7 天，仍能保持结构的相对稳定。因此，这类新型的多孔材料不仅兼容了传统无机分子筛材料稳定性好的特点，而且具有更高的孔隙率及丰富的官能团。这为此类材料的广泛应用奠定了基础，在 CO_2 吸附分离方面表现出良好的吸附能力及选择性。

　　近年来，Yaghi 等研究人员通过高通量法制备了上百种沸石咪唑酯骨架结构材料，并对其结构进行了系统的分析，部分晶体结构如图 8-25 所示[84-88]。如 Hayashi 等以合成 A 型分子筛的思想为指导，将有机桥键及金属节点引入到骨架上，合成了具有 A 型分子筛构型与丰富官能团的沸石咪唑酯骨架结构材料（ZIF-20）。作者认为，有机桥键的拓扑构型及桥键间相互作用对这种"扩大版"的 A 型分子筛的形成起到了结构导向作用。N_2 吸附测试表明，ZIF-20 的比表面积与孔容分别为 800 m^2/g 与 0.27 cm^3/g。在常压、0 ℃下，ZIF-20 对 CO_2 吸附可达 3.1 mmol/g，CO_2 与 N_2 的选择性为 17.3，再次证明了这类新型分子筛对 CO_2 的良好亲和力[89]。

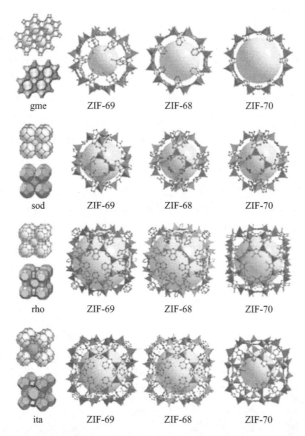

图 8-25　ZIFs 结构网络及属于该拓扑结构的单晶 X 射线衍射晶体结构

　　随着对 ZIFs 材料的结构及化学性质理解的加深，有关 CO_2 吸附分离性能与结构之间关系的探索也相继开展。Banerjee 等以一系列不同孔结构参数及表面极性的 ZIF 材料为研究对象，系统分析了孔径、比表面积及表面基团对 CO_2 吸附量及选择性的影响。他们发现低压下 CO_2 吸附量跟表面基团的极性强弱有直接关联，含强极性基团的 ZIF-78（—NO_2）及

ZIF-82（—CN）比其他 ZIF 显示出更好的选择性。这是由于强极性基团表现出强的偶极运动，其与 CO_2 分子之间有更强的偶极-四极作用，进而增强了对 CO_2 的亲和力，展现出更好的选择性[90]。

8.3.1.5　多孔有机聚合物吸附分离 CO_2

多孔有机聚合物（porous organic polymers，POPs）是一类具有较大比表面积、包含大量孔径小于 2 nm 的聚合物多孔材料。相比于配位键连接的金属-有机骨架多孔材料，多孔有机聚合物的骨架完全由有机分子通过共价键连接而成，这使得有机多孔材料在高温、湿气、酸碱、氧气等苛刻环境下具有更高的稳定性。此外，基于有机化学合成方法的多样性，为多孔分子网络的构建提供了丰富的合成路径和构建方式。目前已有多种有机合成方法如过渡金属催化的偶联反应、傅克烷基化反应、缩合反应、三聚反应以及"Click"反应被用来构建多孔有机聚合物网络。此外，有机单体的可裁剪性和可修饰性，为调节网络结构和材料的孔性质提供了多样化的选择余地。据此，人们可以通过选择合适的有机单体以及合成路径，有目的地合成具有特定性能和孔结构的微孔聚合物材料，以满足不同应用的需求。

（1）晶态多孔聚合物

在 2005 年，Yaghi 等就使用 H、B、C、N、O（通常以强共价键形成金刚石，石墨及氮化硼等常见的稳定结构）等原子量较小的原子，成功构筑了共价键连接的结晶良好的多孔有机骨架材料（COF-1 与 COF-5）[91]。COF-1 与 COF-5 的制备主要是基于苯基双硼酸与六羟基三苯共聚反应。粉末 X-射线衍射表明 COF-1 与 COF-5 具有良好结晶性。COF-1 与 COF-5 的热稳定性很好，分别可在 500 ℃ 与 600 ℃ 稳定存在，N_2 吸附结果显示，二者比表面积分别为 711 m^2/g 与 1590 m^2/g。随后，他们还制备了具有三维空间结构的共价键连接的结晶多孔有机骨架（图 8-26）[92]。由于高度发达的孔道及极低的密度，这类材料表现出优异的高压吸附能力，如 COF-102 在 25 ℃、5.5 MPa 下吸附量高达 1200 mg/g[93]。这类刚性骨架材料的独特之处在于气体吸附过程中也表现出多步吸附行为。天津工业大学仲崇立等通过 GCMC（grand canonical Monte Carlo，巨正则蒙特卡罗）模拟研究了这种行为。他们认为，与 MOFs 材料显示的"呼吸行为"或者"开关效应"不同，COFs 的多步吸附行为是由于形成多层吸附导致的，与温度、孔径、吸附质之间或者吸附质与吸附剂之间的相互作用强弱有关[94]。

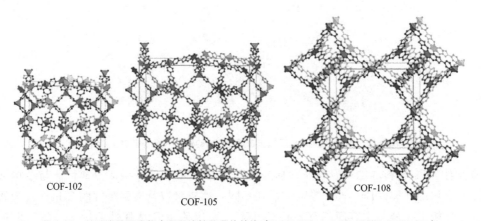

COF-102　　　COF-105　　　COF-108

图 8-26　结晶多孔聚合物中原子连接及晶体结构（COF-102，COF-105 及 COF-108）

（2）无定形多孔聚合物

相比之下，无定形聚合物的制备方法更简单，其规模化制备前景更广。但是无定形聚合物的骨架结构易被破坏，因此如果能阻止这样的破坏发生，在孔道错综排列的前提下，该类无定形聚合物将会具有超高的比表面积。然而，多孔聚合物的制备及其吸附分离应用研究刚刚起步，存在下列不足：首先，制备需要精细合成单体，制备过程复杂、成本昂贵。其次，样品通常密度低并且多为粉末状。低密度通常导致较低的体积吸附量；粉末状堆积通常导致压力降大、传质困难等问题，这给实际应用带来不便。

国内朱广山课题组[95]、国外 Cooper、Zhou、Atwood 等[96,97] 在高比表面积多孔聚合物方面做了大量工作。如朱广山等巧妙地借鉴了金刚石结构特征，以四面体化合物单体作为原料，通过 Yamamoto 偶联反应制备了具有超高比表面积（5600 m^2/g）的多孔聚合物 PAF-1（图 8-27），这类聚合物在空气中热稳定性可达 520 ℃。重要的是，在 25 ℃、4.0 MPa，PAF-1 对 CO_2 吸附可达 1300 mg/g，这在多孔聚合物的制备及气体吸附方面是一个里程碑式的进步。

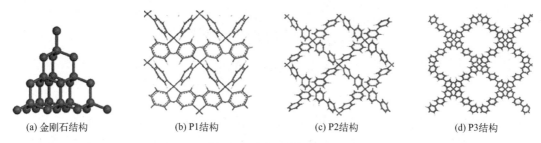

|(a) 金刚石结构|(b) P1结构|(c) P2结构|(d) P3结构|

图 8-27　多孔聚合物 PAF-1

爱尔兰利莫瑞克大学 Mike Zaworotko 教授课题组和中山大学陈小明教授、张杰鹏教授课题组合作，利用晶体工程方法和超分子组装策略成功合成了一例对 CO_2 具有选择性吸附的多孔聚合物 Qc-5-Cu，因其合适的结构孔径大小（3.3 Å），该多孔聚合物具有分子筛分效应，能够有效地阻止具有较大分子动力学直径的甲烷（3.8 Å）和氮气（3.64 Å）分子进入孔道，可高选择性地将甲烷和氮气从 CO_2（3.3 Å）中分离出来（图 8-28），从而实现对含 CO_2 分子混合气的高效吸附分离。

8.3.1.6　碱性氧化物吸附分离 CO_2

碱性氧化物一般是碱金属或碱土金属的氧化物。氧化钙、氧化镁、氧化钡等大多数金属氧化物是碱性氧化物。当碱性氧化物作吸附剂时，CO_2 吸附在金属氧化物的碱性位点上而被捕集。一般发电厂的烟道气温度在 100 ℃ 左右，且其 CO_2 分压低、含水汽，而金属氧化物由于在高温常压下 CO_2 吸附选择性好且成本低、来源广而受到了极大关注。

在碱性金属氧化物中，研究最为深入的是 CaO 和 MgO 吸附剂。由于 $CaCO_3$ 的塔曼温度为 530 ℃，低于实际操作温度且 CO_2 在表层 $CaCO_3$ 厚度达到 50 nm 时扩散受阻，因此一般通过溶液化学、共掺杂等方法引入抗烧结组分，从而提高其 CO_2 吸附量及循环稳定性。Prathap 等[98] 以微 SiO_2 纳米管为模板，制备出防烧结的 CaO 纳米晶，1 bar 时，760 ℃ 吸附、800 ℃ 煅烧，循环 30 次后 CO_2 吸附量仍能达到 30%（质量分数），平均每个循环吸附量为 8.4 mmol/g。

Harada 等[99] 通过溶胶凝胶反应制备纳米 MgO 团簇，再在团簇表面包覆碱金属盐进行

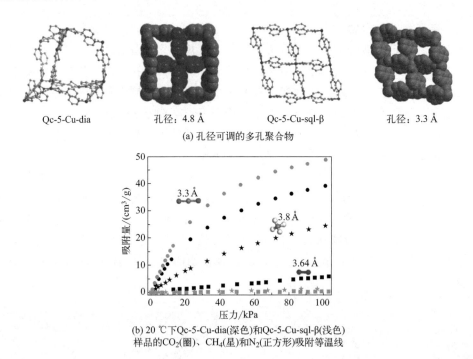

Qc-5-Cu-dia   孔径：4.8 Å   Qc-5-Cu-sql-β   孔径：3.3 Å

(a) 孔径可调的多孔聚合物

(b) 20 ℃下Qc-5-Cu-dia(深色)和Qc-5-Cu-sql-β(浅色)
样品的CO_2(圈)、CH_4(星)和N_2(正方形)吸附等温线

图 8-28　多孔聚合物 Qc-5-Cu

改性，340 ℃、1 bar 下循环 18 次后 CO_2 吸附量为 12 mmol/g 左右。

总的来说，作为吸附分离材料，很多关于典型沸石分子筛吸附分离的系统研究已经被报道，但分子筛吸附水的能力太强，在有水的条件下，吸附量大大降低，严重限制其应用。MOFs 材料制备过程复杂、成本高昂、较易吸潮且水分子不易脱附，极大地限制了 MOFs 的大规模使用。多孔聚合物多为粉末状样品，无定形聚合物的骨架结构稳定性差，低压气体吸附量低，对杂质气敏感。结合实际应用条件，理想的吸附剂应当具有高 CO_2 吸附量、良好的稳定性及循环再生性能、良好的耐水汽性能、高机械强度等特点。

8.3.1.7　常见吸附工艺

吸附分离法广泛应用的关键是开发高效的吸附剂和与之适应的高效分离工艺。大多数商业应用的吸附剂需要再生，因此吸附过程必须是循环的。根据吸附剂再生的方式，相应的循环吸附过程可分为变温吸附、变压吸附、真空吸附和惰气吹扫循环等。

（1）变压吸附

变压吸附（pressure swing adsorption，PSA）是根据吸附剂对不同气体在不同压力下的吸附容量或吸附速率存在差异而实现分离。变压吸附主要有两种途径：一种是高压吸附，减压脱附；另一种是真空变压吸附（VPSA），即在高压或者常压吸附，真空条件下脱附。变压吸附法工艺过程简单，适应能力强，能耗低，但吸附容量有限、吸附解析操作频繁、自动化程度要求较高。现在，成功的变压吸附气体分离技术由从合成氨放气、焦炉煤气中回收氢气拓展到从富含 CO 混合气中分离提纯 CO、合成氨变换气脱碳、天然气净化提纯甲烷、空气分离制富氧和纯氮等领域。许多纯度能够达到 99.99% 的食品级的 CO_2 都是使用变压吸附得到的。对于大容量气体分离（吸附质量分数＞10%），PSA 更合适。PSA 过程是吸附剂靠降低压力来再生，循环快速，只需要几分钟甚至几秒钟，具有能耗低、自动化程度高、开停车方便、扩产方便等特点。

（2）变温吸附

变温吸附（temperature swing adsorption，TSA）是根据待分离组分在不同温度下的吸附容量差异而实现分离。由于采用升降温的循环操作，低温下被吸附的强吸附组分在高温下得以脱附，吸附剂得以再生，冷却后可再次在低温下吸附强吸附组分。在 TSA 中，每个加热-冷却循环通常需要数小时甚至一天的时间，因此此过程适用于吸附气体量较小的气体净化场合（吸附质质量分数 <10%，通常 <2%）。TSA 法吸附剂容易再生，工艺过程简单、无腐蚀，但存在吸附剂再生能耗大、装备体积庞大、操作时间长等缺点。

物理吸附只要求容器能承受小范围的压力变化，而变温分离技术要求设备承受大范围温度变化。变压吸附同化学吸收一样，其效率依赖于吸附剂的再生能力，吸附剂在 CO_2 分离过程中可多次重复使用。采用吸附法捕集 CO_2 浓度为 28%～34% 的能量成本为每吨 6.94 美元，但是当 CO_2 浓度在 10%～11.5% 时，捕集 CO_2 的能量成本将增加 4 倍。目前，物理吸附还难以成为一个独立的过程，体系难以处理低浓度的 CO_2（0.04%～1.5%）。由于物理吸附需要高 CO_2 浓度才能达到最佳性能，因此可以将其安装在另一个分离系统之后串联使用。若能发现选择性更强、吸附容量更高、运转条件更好且更加有效的吸附剂，物理吸附仍然有望成为未来分离 CO_2 的一个切实可行的方法。

8.3.2 吸收分离技术

吸收是一种根据溶剂与溶质之间不同的化学作用力，溶剂选择性地溶解化学作用力强的物质而不溶解化学作用力弱的物质的过程。在 CO_2 吸收过程中，选用的溶剂可以选择性地将混合气中的 CO_2 溶解，而不溶解混合气中其他组分，如氧气（O_2）、氮气（N_2）。经过吸收过程后，富集 CO_2 的溶液，通常会被泵入一个再生柱，在再生柱中将 CO_2 从溶液中分离出来，这一过程是吸收的逆过程，又称为解吸。解吸后的溶液，可以再次重复利用，所以解吸过程也是溶液再生的过程。吸收、解吸两个过程合二为一即为吸收法捕集 CO_2[100]。因为解吸是吸收的逆过程，所以对于吸收法的关注主要集中在吸收过程，根据吸收过程中具体原理不同又分为物理吸收和化学吸收两种方法。

8.3.2.1 物理吸收

物理吸收是指 CO_2 在被吸收过程中不与溶剂发生化学反应，只与自身气相分压和在溶剂中溶解度有关，依据原理为亨利定律如式(8-1)。通常该吸收过程发生在高压、低温的条件下，再生过程则可以通过加热、降压或两者兼而有之来实现。该技术主要应用于高二氧化碳分压的场合，例如制天然气、合成气、氢气等工业过程。若应用于烟道气吸收的场所，则需要对烟道气进行增压，而增压就成为了这个过程中的主要能耗，因此，对于 CO_2 分压低于 15%（体积分数）的烟道气气流，物理吸收是不经济的[101,102]。但是当气氛中含有较多酸性气体（H_2S）时，选用物理吸收更加适宜[103]。物理吸收法溶剂再生能耗低，不存在溶剂变质问题。但物理吸收法传质速率慢，只能通过增大气液相接触面积提高其吸收速率。

$$P^* = c/E \tag{8-1}$$

式中，c 为溶质气体的浓度，$kmol/m^3$；P^* 为溶质气体的气相平衡压力，Pa；E 为溶解度系数，$kmol/(m^3 \cdot Pa)$。

8.3.2.2 化学吸收

化学吸收是指 CO_2 在被吸收过程中与溶剂发生化学反应，形成键能较弱的中间化合物，通过加热吸收后溶液将 CO_2 解吸并再生溶剂。这种分离形式的选择性相对较高。此外，还可以产生相对纯净的 CO_2。这些因素使化学吸收非常适合于工业烟道气二氧化碳的吸收。但是由于解吸过程涉及化学键的断裂，所以需要高温条件。化学吸收法有着吸收速率快、吸收量大、应用范围广等显著优点，使得其得到广泛关注。工业化吸收剂出现后，迅速成为工业上使用最为广泛的 CO_2 分离方法。不过，化学吸收法也存在不可避免的缺点——再生能耗高。根据化学吸收原理可知，再生能耗高是其最大的限制，所以如何降低化学吸收法的再生能耗成为了科学家们研究化学吸收剂的一条主线，很多新的化学吸收剂的产生都是沿着这条道路探索而发现的。

8.3.2.3 吸收剂简介

吸收的关键在于吸收剂，吸收剂的发展历程反映了吸收方法的发展历程，对于吸收剂的开发首先需要强调的是其可再生性。其次是吸收剂再生能耗的占比，对于 CO_2 的吸收需要考虑其经济效益，如果因为增添吸收装置致使工厂效益显著降低，甚至出现亏损，这样的吸收装置是没有商业化前景的，所以吸收剂的再生能耗占比越低，其工业化前景越好，受到关注越多，因此如何降低吸收剂的再生能耗也是吸收剂研发的方向。如图 8-29 所示，该图简要地总结了到目前为止吸收剂的种类以及发展的方向。下面根据图 8-29 具体介绍一下现有吸收剂以及其发展状态，对于成熟工业化的物理、化学吸收剂，相关文献已经介绍十分详细，故本章节仅简要概括。这里主要介绍新型的混合胺和离子液体吸收剂研究现状[104]。

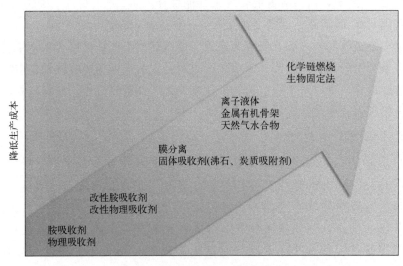

图 8-29　吸收剂的种类及其发展方向

(1) 物理吸收剂

19 世纪 50 年代，在科研人员的努力下 CO_2 的溶剂吸收法就已经开始了工业化进程。典型的物理溶剂有甲醇、n-甲基-2-吡咯烷酮、聚乙二醇二甲醚、碳酸丙烯和磺胺[105]，因为是物理吸收，其 CO_2 吸收量随 CO_2 分压的增加而增加，并且由上文可知该类吸收剂主要应用于高分压的场所。例如，物理吸收剂甲醇对应的吸收方法称为低温甲醇洗工艺，该技术是由德国林德公司和鲁奇公司联合在 19 世纪 50 年代开发的，利用了甲醇在低温（约 40 ℃）对酸性气体（CO_2、H_2S、COS 等）优异的溶解性和选择性，进而达到净化气体的目的。甲醇溶剂具有强极性，在约 40 ℃时对于 CO_2、H_2S、COS 等酸性气体溶解性较强，而对于 H_2、CO、N_2 等气体溶解性较弱。根据亨利定律就可以做到选择性地吸收酸性气体，保留有效气体，并实现甲醇的再生循环利用。该技术已广泛应用在甲醇合成、城市煤气、工业制氢等生产过程[106]。

（2）化学吸收剂

相较于物理吸收而言，化学吸收不受压力限制，应用更为广泛，在化学吸收剂中主流代表为碳酸钾溶液和醇胺（或称有机胺）溶液。碳酸钾溶液虽然有着成本低、稳定性高、吸收热低、无毒等优点，但是其与 CO_2 反应速率较慢，近似物理吸收，不符合经济需求，因此现有的吸收工艺都是在热碳酸钾吸收 CO_2 的工艺基础上进一步改进而来。通过加入一定的活化剂使得溶液传质速率、吸收能力、解吸速率得到提高，同时又不会影响溶液的稳定性。改变活化剂的种类得到不同的工艺，表 8-9 列举了四种不同的热钾碱法工艺[107]。

表 8-9　四种不同的热钾碱法工艺

活化剂	工艺名称	活化剂	工艺名称
三氧化二砷	含砷热钾碱法	氨基乙酸	氨基乙酸法
烷基醇胺、硼酸	卡托卡勃法	二乙醇胺	苯菲尔法

与物理吸收剂相比，醇胺有机溶液有着吸收量大、吸收效果好、成本更低和产品纯度高的优点，这使得醇胺溶液吸收剂在实现工业化以后，迅速成为工业吸收 CO_2 主要方法之一。醇胺溶液吸收 CO_2 的原理实质上是酸碱中和反应，弱碱（醇胺）与弱酸（CO_2）反应生成可溶于水的盐，并且该反应是一个可逆反应，可以根据系统的温度控制反应进行的方向。一般在 38 ℃时反应正向进行，CO_2 被溶剂吸收，形成可溶盐；在 110 ℃时反应逆向进行，CO_2 从溶剂中解吸出来，得到高纯 CO_2 产品的同时实现吸收剂再生。醇胺溶剂包含链状取代基醇胺和带支链的空间位阻胺，其中醇胺分为伯胺（如一乙醇胺，简称 MEA）、仲胺（如二乙醇胺，简称 DEA）和叔胺（如三乙醇胺，简称 TEA）[108]，其与 CO_2 反应机理如下（图 8-30）。

对于伯胺和仲胺来说，两者都含有氢原子，它们会先吸收 CO_2 生成稳定的氨基甲酸酯，然后少量的氨基甲酸酯会被水解，所以伯胺和仲胺的 CO_2 吸收能力在 $0.5 \sim 1.0$ molCO_2/mol 胺的范围内；而对于叔胺而言，叔胺本身并不含有多余的氢原子，它与 CO_2 只能进行碱基催化的 CO_2 水化反应生成碳酸氢盐，所以叔胺的 CO_2 吸收能力为 1.0 molCO_2/mol 胺，比伯胺和仲胺略高，但叔胺的反应速率相对较低。由此可知链状取代基醇胺对于 CO_2 的吸收存在一定的限制，因此如何进一步改进醇胺溶液吸收能力成为了当时研究的方向。

英国剑桥大学的 Sharma 教授在 1964 年发现并提出了位阻胺的独特性质——空间位阻效应[109]。根据这一效应，它可以克服伯胺和仲胺吸收量略低的限制，同时又比叔胺反应速率快，相较而言是一种更优异的吸收剂。

位阻胺是指分子中与氨基连接的羟基具有显著的空间位阻效应，通常认为当分子属于以下两种情况时即为位阻胺：①伯胺的氨基与三级碳相连；②仲胺的氨基至少接有一个二级碳或三级碳。

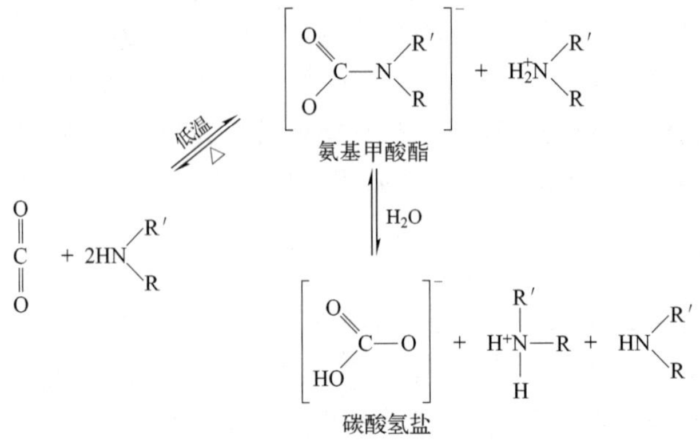

图 8-30 醇胺溶剂吸收 CO_2 反应机理

位阻胺可以克服伯胺/仲胺吸收量限制的原理是：具有空间位阻效应的基团可以降低氨基甲酸酯的稳定性，使其更易水解，促进吸收反应正向进行。所以位阻胺的最大吸收量可以达到 $1.0~molCO_2/mol$ 胺。同时位阻基团虽会降低位阻胺与 CO_2 反应速率，但可以使得其反应易于逆向进行，所以其再生所需能量需求小，拥有更低的再生热[110]。

醇胺吸收剂的理想性能包括快速的反应动力学和吸附解吸速率、高传质速率、吸收能力强、高循环负荷和循环容量、降解和挥发性造成的胺损失量最小、腐蚀性较低，以及再生能耗低。但只选择一种吸收剂使用的话，会存在一定的缺点，例如 MEA 由于其反应速度快、传质能力强、CO_2 捕集效率可达 90%、化学成本低、能在低压（非大气压）烟道气中捕集 CO_2，常被认为是捕集 CO_2 的标准胺类溶剂，但是其再生能耗巨大，每生产 1t CO_2 需要 $(3.4\sim4.4)\times10^9$ J 的能耗，根据 R. Idem 等的研究发现其再生能耗可占 CO_2 捕集装置总运行成本的 70%~80%，这大大限制了其应用效果[111]。如何降低吸收剂再生能耗成为研究的目标。

(3) 混合胺

Chakravarty 等率先提出了混胺的想法，指出混合两种胺类溶剂潜在的优势：可以最大限度地发挥每种胺类溶剂的潜力，实现优势互补，即将伯胺的快速吸收能力与叔胺的最大吸收容量、低再生能耗相结合。将伯胺/仲胺与叔胺或空间位阻胺混合后，提高了其吸收率、循环容量和循环负载，降低了腐蚀程度，尤为重要的是降低了再生能耗[112]。

混合胺理念的出现，人们首先想到的是如何利用混合胺将 MEA 吸收剂进一步改进：保留其吸收速率快、吸收能力强的优点，减少再生能耗、降低腐蚀性。图 8-31 为混合胺的选择与优化策略简图。研究人员对于混合胺的研究未间断，如何将实验室成果推向工业化应用是之后研究的关键。

(4) 离子液体

离子液体是一类可设计结构、蒸气压低的有机溶剂，由有机阳离子与有机阴离子或无机阴离子构成。其可分为常规离子液体和功能性离子液体两类。研究人员最先发现的是常规离子液体,其起源可以追溯到 19 世纪 40 年代,美国得克萨斯州的科学家 Frank Hurley 和 Tom Wier 在研究电解氧化铝时,无意中发现将 N-烷基吡啶加入氯化铝中后,加热试管,两种固体混合形成了一种清澈透明的液体。

图 8-32 列举了几种用于 CO$_2$ 吸收的常规离子液体阴、阳离子结构,其中咪唑型离子液体对于 CO$_2$ 吸收量最大,得到了广泛的关注。咪唑型离子液体中咪唑阳离子烷基链越长,对于 CO$_2$ 的吸收能力越强,同时人们还发现常规离子液体对于 CO$_2$ 的吸收属于物理吸收。另外,科学家还发现相较阳离子而言,阴离子对于 CO$_2$ 的吸收影响更大。

借鉴混合胺溶液的想法,科学家们提出了复配离子液体这一想法。北京化工大学余光认教授的课题组发现离子液体与 MEA 的复配体系与 MEA 相比,可以减少 12% 的能量损失和 13.5% 的吸收成本。事实证明复配离子液体是可行的,其同样可以拥有各个溶剂的优点,并减少各自的缺点,拥有良好的应用前景[113,114]。

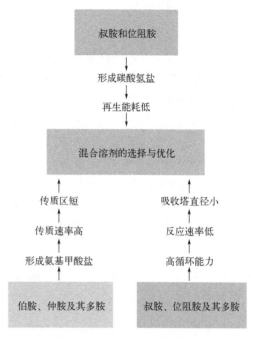

图 8-31 混合胺的选择与优化策略

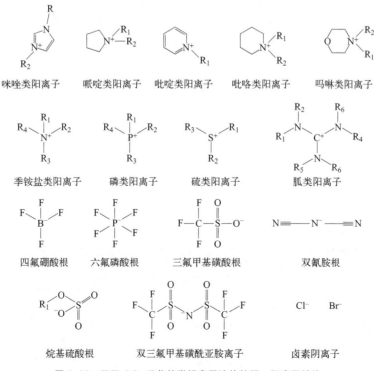

图 8-32 用于 CO$_2$ 吸收的常规离子液体的阴、阳离子结构

8.3.2.4 吸收工艺

CO$_2$ 吸收分为物理吸收和化学吸收两大类，那么其吸收工艺也相应分为两大类。对于不同吸收剂而言，工艺流程是类似的，区别在于工艺中所使用吸收剂的不同。所以本文在此仅概括性地简要介绍两种工艺，其中化学吸收工艺以最为广泛使用的 MEA 法为例介绍。

（1）物理吸收工艺

图 8-33 为物理吸收工艺流程。工艺流程（a）是最简单的二级闪蒸流程，第二级是减压至大气压，还可在后面加一级真空闪蒸。工艺流程（b）是用惰性气体气提的再生流程，用 N$_2$ 气提溶剂，使溶剂中 CO$_2$ 被 N$_2$ 气提吹出，也可用空气气提，但当原料气中有 H$_2$S 时，会生成元素硫和其他杂质，并在溶剂中累积，影响正常操作。工艺流程（c）是热再生流程，吸收 CO$_2$ 后的溶剂在再生塔内用蒸汽加热汽提，将溶剂中残留的 CO$_2$ 全部汽提出去。因此，与流程（a）、（b）相比，溶剂的再生最彻底，再生后的溶剂循环吸收时可获得较高的净化度。

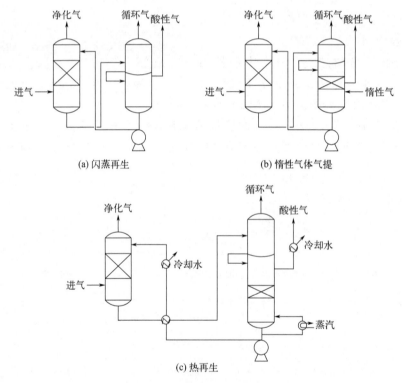

(a) 闪蒸再生　　　　　　(b) 惰性气体气提

(c) 热再生

图 8-33　物理吸收工艺流程

虽然现在吸收剂已经不断更新，开发出了许多新品种，但在工业上使用最为广泛的吸收剂仍为早期开发的吸收剂，表 8-10 简要列出了已在工业上成功应用的物理吸收剂。

表 8-10　工业上使用的主要物理吸收剂

方法名称	使用的吸收剂	技术拥有者
Fluor Solvent	碳酸丙烯酯溶剂	美国 Fluor Daniel 杭州市化工研究院有限公司
Selexol	聚乙二醇二甲醚	美国 Allied 化学 南京化学工业集团公司研究院

续表

方法名称	使用的吸收剂	技术拥有者
Purisol	N-甲基吡咯烷酮	德国 Lurgi
Rectisol	甲醇	德国 Lurgi 和 Linde AG 赛鼎工程有限公司
Sepasolv MPE	多乙二醇甲基异丙基醚	德国 BASF
Sulfinol	环丁砜＋二异丙醇胺（DIPA）或 N-甲基二乙醇胺（MDEA）	Shell Oil/SIPM
Amisol	甲醇＋仲胺	德国 Lurgi 赛鼎工程有限公司
Morphysorb	N-甲酰吗啉	美国 IGT 德国 Krupp

（2）化学吸收工艺

提起化学吸收工艺，MEA 法吸收 CO_2 可谓其中典范，该工艺适用范围广，应用范围也广，图 8-34 为其化学吸收法简要流程，该流程不仅适用于 MEA，也可以适用于其他化学吸收剂[115]。

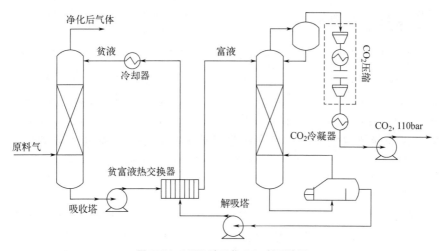

图 8-34　MEA 法吸收 CO_2 简易流程

首先原料气从底部进入吸收塔，向上流动，MEA 溶液向下流动，形成逆流。通过气液两相的接触，原料气中的部分 CO_2 被吸收到 MEA 溶液中。然后吸收完 CO_2 的溶液（通常称为富液），被泵到解吸塔（具体可称汽提精馏塔）的顶部。在汽提塔中，同样存在着逆流现象，富液沿塔壁向下流动，再沸器产生的汽提蒸汽向上流动。随着汽提蒸汽的加热，CO_2 和溶剂之间的化学键被打破，从而 CO_2 被上升的蒸汽带到塔顶。塔顶处存在一冷凝器使得部分 CO_2 冷凝回流，进而产生精馏效果，从而得到纯度在 99％左右的 CO_2 产品气流。然后可以通过压缩机增大气流压力，以便将其传输到存储站点。在汽提塔底部的 MEA 溶液被称为贫液，会循环回到吸收塔的顶部。在进入吸收塔之前，温度较高（约 120 ℃）的贫液会通过换热器来加热即将进入汽提塔富液，这样可以回收部分热量。有时从塔顶冷凝器排出的冷凝液会被送回吸收塔而不是汽提塔，因为它会降低汽提塔内的温度，导致需要更多的热量来加热富液。

可以在该工艺的基础上设计适合离子液体吸收 CO_2 的工艺。如图 8-35 所示，两者的区别在于离子液体的蒸气压较低，MEA 法工艺中的 CO_2 汽提精馏塔可以用闪蒸罐代替[116]。

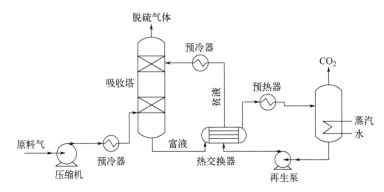

图 8-35　离子液体吸收 CO_2 工艺流程

目前，在成熟的 CO_2 分离方法中，吸收法占据主要地位，使用的吸收剂多为 20 世纪开发的吸收剂。相信随着研究的不断深入，新型混合胺和离子液体会发挥愈加重要的作用，这需要材料、化学、化工方向科研人员的共同努力。

8.3.3　低温蒸馏分离技术

低温捕集技术是利用二氧化碳不同的冷凝和升华特性，将 CO_2 气体从烟道气中分离出来。与其他分离技术相比，该方法可获得较高的 CO_2 回收率（99.99%）和纯度（99.99%）。虽然可能会受到其他组分（如水）的阻塞，增加捕获成本，但基于低温的分离方法引起了越来越多的关注。到目前为止，已经报道了多种类型的低温 CO_2 捕获工艺并提出了不同的定向解决方案，比如能够避免冷凝水堵塞的先进低温分离系统，提高了热效率，减少能量损失。

8.3.3.1　低温填充床

Tuinier 等[117] 提出采用动态填充床进行低温 CO_2 捕获。填料为整体式钢结构，冷能由液化天然气（LNG）提供。该方法的优点是根据 H_2O 和 CO_2 露点和升华点的不同，可以同时从烟道气中分离出。在低温填充床中，可以避免堵塞和压降问题。此外，因为冷凝 CO_2 的量（体积分数为 0.06）是由储存在填料中的冷能决定的，并且远远小于填充床的气隙分数（体积分数为 0.4），所以低温填充床不需要化学吸附剂和高压条件。

虽然低温填充床 CO_2 捕集工艺比 MEA 吸附法和 VPSA 法具有更大的潜力，但在商业化应用前仍需克服几个挑战。为了避免显热损失和潜热损失，需要改进低温充填层的隔热性能。一般情况下，沼气中 H_2S 的含量为微量（范围为体积分数 0.0001%～1%）。为了达到较高的 H_2S 去除效率，填料床应保持在较低的温度（约 150 ℃），这可能会增加运行成本[118]。当液化天然气可用作冷源时，低温过程所需的冷能具有竞争力，否则，将不可避免地使用冷冻机，能耗可能会急剧增加，低温过程的节能优势将被削弱。

8.3.3.2　外部冷却回路低温碳捕获（CCCECL）

目前，大多数 CO_2 捕获过程面临的挑战主要是能量负荷高。对于低温捕获技术，降低能源消耗的一种有效方法是通过惯性碳萃取系统、热摆过程或外部冷却回路等方法来回收工业源（如液化天然气）的冷废能源。Baxter 等提出了一种通过 CCCECL 实现的混合低温碳捕获系统，CCCECL 过程包括：现有系统烟道气的干燥和冷却；将烟道气压缩和冷却至略高于 CO_2 的固化温度；膨胀气体以使其进一步冷却；沉淀出一定量的固体 CO_2，具体取决于最终温度；给 CO_2 加压；通过进气使 CO_2 和残余烟道气再加热[119]。因此，CO_2 在液相中被捕获，并释放出富 N_2 气体。CCCECL 工艺具有一些能够以 LNG 形式储存能量的配置[120]。通过使用存储的制冷剂在需求高峰时驱动该过程，将减少电网的负载以满足需求，并在低需求期间对制冷剂进行再生，从而减少能量损失。此外，CCCECL 的快速负荷变化能力有利于将传统发电系统与可再生间歇电源相结合。与其他常规工艺相比，CCCECL 路线的总能耗较低（平均为 0.98 MJ 电/$kgCO_2$）[121]。

8.3.3.3　防升华 CO_2 捕获工艺（AnSU）

Clodic 和 Younes[122] 设计并提出了 AnSU 工艺。整个过程可分为五个阶段：烟道气净化，冷却至 $-40 ℃$ 除湿；富烟道气与贫烟道气之间的热交换；制冷一体化级联；CO_2 冷冻换热；CO_2 回收。AnSU 工艺已在 $60 ℃$、120 kPa、CO_2 浓度为 15.47% 的 660 MW 的锅炉中得到了应用[123]。AnSU 过程的能耗使电厂效率降低 3.8%~7.2%。相比之下，将 MEA 吸收过程应用于电厂后，电厂效率降低约 14%，这一数值高于 AnSU 过程[124,125]。

8.3.3.4　低温蒸馏

蒸馏是最常用的分离技术之一。Holmes 和 Ryan[126] 提出了一种用于天然气净化的常规低温蒸馏工艺。具体分离过程：进料气先由预冷器冷却，再由换热器冷却至低温。冷却后的原料气被送入蒸馏塔，蒸馏塔中有许多气液接触装置（如塔板或填料）。经过蒸馏塔后的组分蒸气主要分为两部分：顶部产品和底部产品。顶部分离的 CH_4 通过部分冷凝器排出。冷凝的 CO_2 聚集在蒸馏塔的底部。CO_2 气体一部分通过再沸器提供汽化热，循环进入精馏塔。CO_2 气体的另一部分进一步分离，最后从分离器中提取纯化的 CO_2 产物。

尽管低温蒸馏已经在工业上有广泛的使用，但是高能源需求的低温蒸馏通常占据工厂运营成本的 50% 以上[127,128]。目前已经报道了一些基于过程集成和强化技术的节能蒸馏方法，如循环蒸馏、热集成精馏、反应蒸馏和热耦合塔[129,130]。Maqsood 等[131-133] 提出了一种用于天然气 CO_2 分离的强化侧装式集成开关低温网络结构，实验结果显示，能源需求大幅下降，利用强化混合低温蒸馏网络观察了 CH_4 损失和尺寸要求。随着深冷强化网络的优化，整体利润提高到 69.24%[134]。

8.3.3.5　控制冻结（CFZ）技术

为了减轻煤炭燃烧造成的空气污染，一些发展中国家建议将其能源资源由煤炭改为天然气[135]。然而，天然气中的酸性杂质（即天然气中的 CO_2 和 H_2S）会对其运输和燃烧产生影响，因此必须去除这些化合物。一般情况下，原料天然气中含硫气体的浓度在 20%~40% 之间，有的浓度高达 70%。不同地理区域的 CO_2 与 H_2S 的比值差异非常大[136]。CFZ 技术[137] 提供了一种有效去除天然气中含硫杂质的综合解决方案。如图 8-36 所示，整个过程由上精馏段（UD）、控制冻结区（CFZ）和下精馏段（DD）三部分组成。在分离过程中，进料流首先被送到预冷器。然后，通过喷嘴将冷却后的进料气体引入循环流化床。埃克森美孚研究公司通过在怀俄明州的一个商业示范工厂成功地演示了 CFZ 技术。埃克森美孚商业示范工厂捕获的大部分 CO_2 用于提高石油采收率（EOR），并可提高生产天然气的经济可行性。

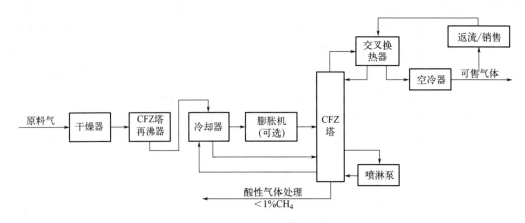

图 8-36 控制冻结（CFZ）™ 技术工艺流程图

8.3.3.6 CryoCell 技术

CryoCell 技术由 Cool Energy Ltd. 开发，并与其他工业合作伙伴合作测试，如位于西澳大利亚的 Shell Global Solutions[138]。图 8-37 描述了 CryoCell CO_2 捕集工艺的流程。原料气最初脱水至低含水量 $5×10^{-6}$，使其可以进行下游低温操作。将 CO_2 预先降温至凝固点以下，干燥后的气体与经过处理的气体和冷 CO_2 进行热交换。液化的 CO_2 通过焦耳-汤姆逊阀门后汽化，以三相混合物的形式进入分离器。在分离器底部收集的固体 CO_2 被加热器熔化为液相。气体被压缩到销售气体的规格，液体被加压至所需的处理压力。

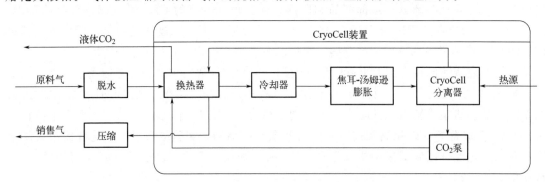

图 8-37 典型 CryoCell CO_2 捕集工艺流程

8.3.3.7 低温 CO_2 捕获技术的优势

(1) 高压、高纯的 CO_2 产品

捕获、利用或储存是生产大量 CO_2 的典型途径。这两条路线都需要压缩和管道运输，将产生的 CO_2 输送到指定地点。CO_2 产品的纯度是影响其运输、利用和储存的关键因素，特别是在储存方面，因为场地通常远离 CO_2 捕捉装置。高纯度的 CO_2 可以很容易地压缩到所需的压力并运输。在低温过程中，CO_2 可以在不同的阶段被捕获，例如，液体、固体或组合（CO_2 浆液）。与其他分离技术相比，由于脱氮的固有特性，低温方法捕获的 CO_2 纯度可达到 99.9% 以上。高纯度的 CO_2 产品可以通过催化或生物反应（如蒸汽甲烷重整和人工光合作用）更有效地转化为有价值的化学物质，也可用于工业食品、化肥等。低温处理的另一个优点是可以避免额外的压缩处理，从而减少总能量损失。

（2）储能

低温 CO_2 捕集的另一个优点是，低温 CO_2 产品可以作为潜在的冷能源在工业上重复利用。因此，它可以与其他低温工艺（天然气液化等）联用。Baxter[139,140] 通过将低温工艺与天然气制冷回路相结合，设计了一种节能高效的低温碳捕获储能工艺。整个过程可分为三个阶段：a. 储能，利用电网剩余能源将 LNG 产量增加 40%。b. 平衡，LNG 产量与电厂运行低温碳捕获的需求相等。c. 能源回收，LNG 产量下降 70%，以减少附加损失，在需求较低时增加电网供电。

（3）混合其他技术

为了克服传统技术的瓶颈，将两种或两种以上独立的 CO_2 捕获方法结合起来（如吸收膜、吸附膜、低温吸附、低温膜等），创建新的混合过程，引起了越来越多的关注。混合 CO_2 的捕获工艺可分为四类：吸收工艺、吸附工艺、膜基工艺和低温工艺。由于其在 CO_2 回收和纯度方面的优势，与其他技术（低温吸附、低温膜、低温水合物等）相比，低温技术是理想的分离方法。Scholes 等[141] 提出并优化了一种新的混合工艺，该工艺包含三段低温膜分离。设计的无烟气脱硫和脱硝混合工艺，可实现附加载荷 31%～34%，捕获每吨 CO_2 的成本为 31～32 美元。如果需要脱硫和脱氮，捕获成本将增加到每吨 CO_2 41～42 美元。这种捕获成本与最先进的 MEA 溶剂技术相比具有竞争力，可用于从褐煤发电厂捕获 CO_2。Belaissaoui 等[142] 提出了一种结合膜和低温单元的新型 CO_2 捕获工艺。模拟结果表明，当 CO_2 浓度在 15%～30% 之间时，总能量需求低于 3 MJ/kg（包括 CO_2 压缩至 110 bar），CO_2 回收率在 85% 以上，CO_2 纯度在 89% 以上。与 MEA 吸收技术相比，该值降低了能量需求。

表 8-11 总结和比较了现有的基于低温的 CO_2 混合捕获工艺的性能。基于低温的混合工艺是最有前途的选择之一，可以在低能耗（1.163 MJ/kg）的燃煤电厂捕获压缩后的液态 CO_2 产品。Belaissaoui 表示，CO_2 浓度在 11%～30% 的范围，低温-膜混合过程的能耗从 2.0 MJ/kg 变化到 4.0 MJ/kg，低于 MEA 吸收（4.0 MJ/kg）、单级膜分离（2.0～6.0 MJ/kg）和一个独立的低温过程（2.5～12 MJ/kg）。

表 8-11 现有基于低温的 CO_2 混合捕获工艺

混合工艺	气源	产品纯度	成本消耗	相态
低温-膜	火力发电厂	98.3%	1.215 GJ/t	液态
	沼气	99.9% CH$_4$	—	液态
	火力发电厂	65%～67%	48 欧元/t	液态
	火力发电厂	94.1%	1.249 GJ/t	液态
低温-水合物	IGCC 电站	95%～97% CO$_2$	—	液态
低温-吸附	天然气	99.9992% CO$_2$ 和 99.9995% CH$_4$	—	气态
低温-吸收	火力发电厂	93.8%	1.163 GJ/t	气态

注：产品纯度%均为体积分数；IGCC 全称为整体煤气化联合循环发电系统。

8.3.4 膜分离技术

8.3.4.1 膜分离机理

膜法气体分离的基本原理是根据混合气体中各组分在压力的推动下透过膜传递速率不同，而达到分离的目的。不同类型的膜，气体通过膜的传递扩散方式不同，因而分离机理也不同。CO_2 膜分离法是当今世界上发展迅速的一种节能的 CO_2 分离技术。膜分离法具有装置简单、操作容易、投资费用低等优点，这就使得膜法气体分离更具竞争力。膜分离法与传统分离方法的比较如表 8-12 所示。

表 8-12　CO_2 分离工艺比较

分离工艺	优点	缺点
变压吸附分离法	循环周期短、吸附剂利用率高、CO_2 产品纯度高，主要用于气量大、组分复杂的原料气分离提纯	考虑到经济效益，原料气中 CO_2 的初始浓度不能过低，需多工艺段耦合初步提纯后，再进吸附塔
溶液吸收法	投资成本低，操作简单	能耗高，管路维护成本高，吸附液易挥发等
膜分离法	装置简单、操作容易、投资费用低	CO_2 产品纯度低，处理量小

根据大量的文献报道，气体分离膜是通过分离膜材料本征的结构与性质，通过不同的分离机制对某特定气体组分进行优先选择透过，从而达到分离不同组分气体的目的。气体分离膜的分离机制主要包括溶解扩散、Knudsen（克努森）扩散、表面扩散、毛细管冷凝和分子筛分（图 8-38）。

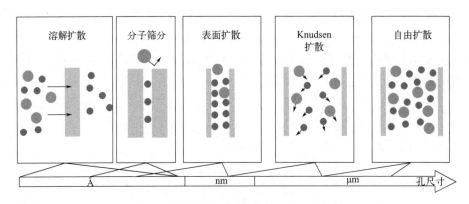

图 8-38　气体分离膜中的气体输运机理示意

8.3.4.2 CO_2 分离膜种类

CO_2 膜分离过程中为了实现高渗透性和选择性，已经研究了各种膜材料，根据膜材料的结构属性和分离原理的不同可以分为无机膜、聚合物膜、混合基质膜等。无机膜通常通过调控孔径来分离气体，这种膜通常包括陶瓷膜、碳膜和沸石膜。此类分离膜基于从小到大的孔径利用分子筛分效应选择性地分离气体，此类膜中气体扩散类型主要为克努森扩散和分子扩散[143]。聚合物膜广泛用于气体分离，其主要分离原理是气体分子在膜结构中的溶解和扩散。用于分离 CO_2 的聚合物膜材料主要包括聚砜和聚二甲基硅氧烷等[144]。绝大部分膜分离材料都会受限于渗透性和选择性之间的权衡关系，因此需要进一步改进以实现更高的性能。混合基质膜成为解决这一问题的有前途的方法。其通过将具有精细控制结构的纳米材料引入聚合物基质，可将有机聚合物的可加工性与不同填料的出色分离性能相结合[145]。

8.3.4.3　气体膜法捕集 CO_2 系统的组成及应用实例

天然气膜分离脱碳是利用混合气体在压差作用下通过薄膜时各组分渗透率的差异来进行的。H_2O、H_2、He、CO_2 和 H_2S 渗透速度较快，而烃类渗透速度较慢。天然气中酸性气体就可以得到脱除，烃类的浓度就可以得到提高。图 8-39 为天然气膜分离过程示意。

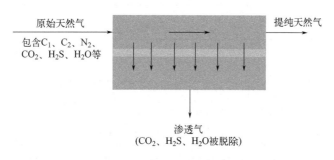

图 8-39　天然气膜分离过程示意

天然气膜分离脱碳的工艺流程分为一级、二级和多级膜分离工艺流程，见图 8-40。一级膜分离流程是最简单的流程。原料气经膜分离处理系统后分离为低压富含 CO_2 的渗透气和高压富含烃类的渗余气。此工艺流程无旋转部件，维护少，适用于气体流量较小的工况，多用于高压（>3.4 MPa）天然气的处理。缺点是烃类气体的损失较大，甲烷损失率通常为 10%～15%。当需要大量脱除天然气中的 CO_2 时，不宜采用该流程，可采用渗余气二级膜分离工艺流程，以降低烃损失率并大幅降低产品气中的 CO_2 含量。甲烷损失可降低到 10% 以内，与胺吸收处理工艺相当，可适用于大气流，并且该工艺配备压缩机，可用于低压天然气的处理。为了降低天然气中烃类损失或当原料气压力较低时，可采用渗透气二级或三级膜分离工艺流程。此时，甲烷损失率约 7%，可使用大型压缩机或增大一级膜系统，或通过增加第二级压缩机和处理某些第一级渗透物的膜单元的尺寸将甲烷损失率降低到 3%～4%，适用于陆上处理厂。

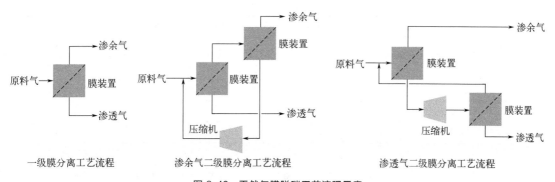

图 8-40　天然气膜脱碳工艺流程示意

20 世纪 70 年代开始，世界上许多国家对膜分离技术用于气体分离进行了工业试验。利用膜分离技术对天然气进行处理的主要集中在美国、加拿大的 5 家公司。龙晓达等[146] 对这 5 家公司利用膜分离技术处理天然气的一些基本情况进行了总结，见表 8-13 和表 8-14。

表 8-13   膜分离技术公司的基本情况

公司	膜分离器的商业名称	材料	膜	膜单元类型
Monsanto	PRISMTM	聚砜	非对称复合膜	中孔纤维
Separex	SeparexTM	醋酸纤维素	非对称复合膜	螺旋卷
Envirogenics systems	GASEPTM	醋酸纤维素	非对称复合膜	螺旋卷
Grace membrane systems	GracesepTM	醋酸纤维素	非对称复合膜	螺旋卷
Delta projects	DelsepTM	醋酸纤维素	非对称复合膜	螺旋卷

表 8-14   膜分离技术公司对应的原料气处理条件

公司	处理量 /(m³/d)	温度 /℃	压力 /MPa	酸气摩尔分数 /%	水分
Monsanto	$2.7 \times 10^3 \sim 2.0 \times 10^6$	约 7	1.4~6.9	10~90	饱和
Separex	$1.4 \times 10^3 \sim 2.8 \times 10^6$	0~60	1.7~8.3	10~85	饱和
Envirogenics systems	5.7×10^5	24~52	1.4~7.6	75	除去水分
Grace membrane systems	$2.1 \times 10^3 \sim 2.4 \times 10^5$	0~49	4.8~8.3	2.24~33	饱和
Delta projects	5.7×10^5	7~46	1.4~7.6	10~80	除去部分水分

此外，陈赓良[147] 对美国格雷斯（Grace）膜系统公司的三套处理天然气的装置进行了详细介绍。这三套装置分别位于怀俄明、得克萨斯和密西西比。怀俄明装置的原料气来自一口含有大量 CO_2 和 N_2 的天然气井，同时含一定量的 H_2S。由于实际处理量低于预测值，故净化气中 CO_2 和 H_2S 实际含量均低于预测值。得克萨斯装置原料气中 CO_2 分压高达 2641 kPa，操作温度为 49 ℃。运转结果表明，这些因素对分离效率和膜寿命无不良影响。密西西比装置的上游已建有海绵铁法脱 H_2S 装置和甘醇法脱水装置，原设计膜分离装置主要是分离 CO_2。运转中发现，膜分离装置对 H_2S 和水分的脱除也很有效，故上游的两个装置均可去掉。

处理天然气的另一个重要参数是烃损失率。由于在渗透过程中必然有部分烃类（主要是 CH_4）随 CO_2 或 H_2S 进入渗透气中。膜分离器在现场试验中测得的烃损失率为 6.3%~7.5%。一般损失率随原料气压力升高而增大。Grace 三套膜分离脱碳装置的操作情况见表 8-15。

表 8-15   Grace 三套膜分离脱碳装置的操作情况

项目		怀俄明装置		得克萨斯装置		密西西比装置	
膜单元数目		36		1		12	
原料气参数	流量/(m³/h)	3006		184.1		1354	
	压力/kPa	6819		5895		6185	
	CO_2 摩尔分数/%	33		43.8		4.5~4.8	
	H_2S 体积分数/$\times 10^{-6}$	2606		/		18	
	水分/(mg/m³)	441		2864		525	
	实际/预测	实际	预测	实际	预测	实际	预测
净化气参数	流量/(m³/h)	1308	1701	112.7	123.7	1189	1271
	CO_2 摩尔分数/%	1.4	1.9	21.2	21.0	2.8	2.4
	H_2S 体积分数/$\times 10^{-6}$	120	152	/	/	9	10
	水分/(mg/m³)	7.6	8.5	81.3	/	72.9	69.5

随着膜材料和预处理技术的进步，膜分离脱碳技术现在变得更加成熟。随着时代的发展，中国各高含 CO_2 气田的开发应用以及油田 CO_2 驱伴生气循环利用也提上了日程，因此对各种天然气脱碳技术的掌握和储备越显重要。目前，大连欧科膜技术工程有限公司提出一种膜分离法天然气脱 CO_2 工艺，能够将天然气中 CO_2 的摩尔分数由 15%～60% 降至 10%以下，已在乐东 15-1 平台得到应用[148]。王远江等[149] 介绍了国内某气田膜分离脱碳试验装置的应用情况，该装置最大处理量 $5×10^4$ m^3/d，可将 CO_2 摩尔分数由 3%～80% 降至 3%以下。

8.3.4.4　基于膜分离法的耦合脱碳技术

将两种或两种以上的单一脱碳技术相结合的耦合脱碳技术，既集成了单一脱碳技术的优势，又弥补了各自技术上的不足，能够实现比单一脱碳技术更高效的分离过程[150]。膜分离技术高效节能且投资成本较低，灵活调变的级数工艺也使其能够实现高 CO_2 脱除率和低烃损失。因此，基于膜分离法的耦合脱碳技术是极具发展潜力的，如膜分离法+低温蒸馏法、膜分离法+溶剂吸收法、膜分离法+PSA 法等。

现阶段，实际工业应用的天然气耦合脱碳技术以膜分离法与醇胺吸收法的结合为主。这种联合脱除 CO_2 的技术是将原料气先送入膜分离系统粗脱 CO_2，高 CO_2 含量的渗透气在膜的渗透侧富集，低 CO_2 含量的渗余气再送入醇胺吸收塔中精脱 CO_2，从而使产品气的规格达到后续管网输送的标准；而渗透气与吸收液再生气混合后，经简单的低温分离操作，既可得到高纯度液态 CO_2，同时也能进一步降低 CH_4 损失。图 8-41 是 UOP 公司开发的单级膜系统与胺吸收系统耦合的脱碳工艺流程，该工艺不仅大幅减小了胺吸收装置的规模，有效降低了能耗，也在最小化投资成本和运行成本的基础上，实现更优的 CO_2 脱除效果[151]。目前，这种耦合脱碳技术在国外已成功实现工业应用，它既能达到比单一膜法更高的 CO_2 脱除率，又具有比单一醇胺吸收法更宽的适用范围。如美国的 Mattlet 天然气处理厂，耦合脱碳装置日处理量约 $2.89×10^6$ m^3（标准工况），成功将高 CO_2 含量水平（约 90%，摩尔分数）的天然气稳定脱除至 1.5%以下；印度尼西亚的 Grissik 天然气处理厂，耦合脱碳装置日处理量约 $8.78×10^6$ m^3（标准工况），可将天然气中的 CO_2 含量（约 30%，摩尔分数）脱除至 3%以下[152]。

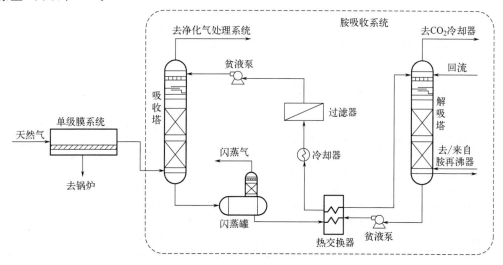

图 8-41　UOP 公司单级膜与胺吸收耦合脱碳工艺流程

在我国天然气净化领域，基于膜分离法的耦合脱碳技术也有一定应用。中国石油化工股份有限公司石油勘探开发研究院在松南气田天然气脱碳工艺技术研究中，设计了一种高处理量且适用于中高压（4～10 MPa）原料气的膜分离法与 MDEA 吸收法耦合的脱碳工艺，如图 8-42 所示。该工艺先利用单级膜系统脱除原料气中大部分的 CO_2，以降低下游工段 MDEA 溶剂吸收系统的脱碳负荷（可降低 45％以上）和解吸能耗；含 12％（摩尔分数，下同）CO_2 的粗产品气经 MDEA 吸收后，可得到 CO_2 含量≤3％的产品气；含 73％ CO_2 的渗透气与含 99％ CO_2 的再生气混合后，再利用低温分离技术将 CO_2 与烃组分分离，分离出的烃组分用作燃料，而得到的高纯度液态 CO_2 可直接作为产品[153]。该脱碳工艺按照 3.90×10^6 m^3/d（标准工况）的装置处理量，分别与单一的 MDEA 吸收技术和膜分离技术进行经济成本核算比较，经比较得出，该耦合技术的脱碳成本最低，但其投资成本较高，需结合 CO_2 精制工艺回收烃组分。

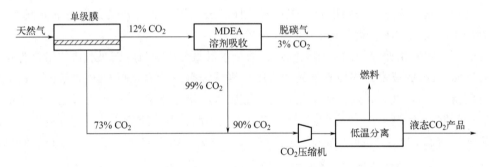

图 8-42　单级膜与 MDEA 吸收法耦合脱碳流程

参考文献

[1] U. S. Energy Information Administration. International energy outlook 2011 [R/OL]. （2011-11-09）[2023-10-31]. https：//www. eia. gov/pressroom/presentations/howard _ 09192011. pdf.

[2] Rao A B, Rubin E S. A technical, economic, and environmental assessment of amine-based CO_2 capture technology for power plant greenhouse gas control [J]. Environ. Sci. Technol. , 2002, 36, 4467-4475.

[3] 冯孝庭. 吸附分离技术 [M]. 北京：化学工业出版社，2000：5-6.

[4] 杨超. 整体式多孔炭的合成及其 CO_2 吸附性能研究 [D]. 大连：大连理工大学，2016.

[5] 王帅. 基于酚醛胺体系多孔炭材料的可控制备 [D]. 大连：大连理工大学，2014.

[6] Benzigar M R, Talapaneni S N, Joseph S. Recent advances in functionalized micro and mesoporous carbon materials：synthesis and applications [J]. Chem. Soc. Rev. , 2018, 47 (8)：2680-2721.

[7] Maria-Magdalena T, Robin J W, Nicolas B, et al. Sustainable carbon materials [J]. Chem. Soc. Rev. , 2015, 44 (1)：250-290.

[8] Gema D, Vitaliy L B, Castro-Osma J A, et al. Importance of micropore-mesopore interfaces in carbon dioxide capture by carbon-based materials [J]. Angew. Chem. Int. Ed. , 2016, 55 (32)：9173-9177.

[9] Shuji K H, Shoichi T F. High-pressure adsorption equilibria of methane and carbon dioxide on several activated carbons [J]. J. Chem. Eng. Data, 2005, 50 (2)：369-376.

[10] Wang S A, Li W C, Ling Z. Polybenzoxazine-based monodisperse carbon spheres with low-thermal shrinkage and their CO_2 adsorption properties [J]. J. Mater. Chem. A, 2014, 2：4406-4412.

[11] Oschatz M, Antonietti M. A search for selectivity to enable CO_2 capture with porous adsorbents [J]. Energy Environ. Sci. , 2018, 11 (1)：57-70.

[12] He J J, John W F T, Psarras P C. Tunable polyaniline-based porous carbon with ultrahigh surface area for CO_2 capture at elevated pressure [J]. Adv. Energy Mater. , 2016, 6 (14)：1502491.

［13］　Abdelmoaty Y H，Tessema T D，Norouzi N，et al. Effective approach for increasing the heteroatom doping levels of porous carbons for superior CO_2 capture and separation performance ［J］. ACS Appl. Mater. Interfaces，2017，9 (41)：35802-35810.

［14］　Babak A，Pezhman A，Alyson V，et al. From azo-linked polymers to microporous heteroatom-doped carbons：tailored chemical and textural properties for gas separation ［J］. ACS Appl. Mater. Interfaces，2016，8 (13)：8491-8501.

［15］　Hao G P，Li W C，Qian D，et al. Rapid synthesis of nitrogen-doped porous carbon monolith for CO_2 capture ［J］. Adv. Mater. ，2010，22 (7)：853-857.

［16］　John W F T，He J J，Mei J G，et al. Hierarchical N-doped carbon as CO_2 adsorbent with high CO_2 selectivity from rationally designed polypyrrole precursor ［J］. J. Am. Chem. Soc. ，2016，138 (3)：1001-1009.

［17］　Oh Y，Viet-Duc L，Maiti U N，et al. Selective and regenerative carbon dioxide capture by highly polarizing porous carbon nitride ［J］. ACS Nano，2015，9 (9)：9148-9157.

［18］　Tan X，Kou L Z，Tahini H A，et al. Conductive graphitic carbon nitride as an ideal material for electrocatalytically switchable CO_2 capture ［J］. Sci. Rep. ，2015，5：17636.

［19］　Tian W J，Zhang H Y，Sun H Q，et al. Heteroatom (N or N-S) -doping induced layered and honeycomb microstructures of porous carbons for CO_2 capture and energy applications ［J］. Adv. Funct. Mater. ，2016，26 (47)：8651-8661.

［20］　Wang M，Fan X Q，Zhang L X，et al. Probing the role of O-containing groups in CO_2 adsorption of N-doped porous activated carbon ［J］. Nanoscale，2017，9 (44)：17593-17600.

［21］　Liu C，Kai L. Design，construction，and testing of a supercapacitive swing adsorption module for CO_2 separation ［J］. Chem. Commun. ，2017，53 (26)：3661-3664.

［22］　Berenika K，Jarrah N K，Liu C，et al. Supercapacitive swing adsorption of carbon dioxide ［J］. Angew. Chem. ，Int. Ed. ，2014，53 (14)：3698-3701.

［23］　Liu C，Landskron K. Design，construction，and testing of a supercapacitive swing adsorption module for CO_2 separation ［J］. Chem. Commun. ，2017，53 (26)：3661-3664.

［24］　Ralser S，Kaiser A，Probst M，et al. Experimental evidence for the influence of charge on the adsorption capacity of carbon dioxide on charged fullerenes ［J］. Phys. Chem. Chem. Phys. ，2016，18 (4)：3048-3055.

［25］　Song J，Shen W，Wang J，et al. Superior carbon-based CO_2 adsorbents prepared from poplar anthers ［J］. Carbon，2014，69：255-263.

［26］　Guo L P，Li W C，et al. Interfacial assembled preparation of porous carbon composites for selective CO_2 capture at elevated temperatures ［J］. J. Mater. Chem. A，2019，7：5402-5408.

［27］　Balahmar N，Mitchell A C，Mokaya R. Generalized mechanochemical synthesis of biomass-derived sustainable carbons for high performance CO_2 storage ［J］. Adv. Energy Mater. ，2015，5 (22)：1500867.

［28］　Adeniran B，Mokaya R. Compactivation：a mechanochemical approach to carbons with superior porosity and exceptional performance for hydrogen and CO_2 storage ［J］. Nano Energy，2015，16：173-185.

［29］　Qian D，Lei C，Wang E M，et al. A method for creating microporous carbon materials with excellent CO_2-adsorption capacity and selectivity ［J］. ChemSusChem，2014，7 (1)：291-298.

［30］　Liu R L，Ji W J，He T，et al. Fabrication of nitrogen-doped hierarchically porous carbons through a hybrid dual-template route for CO_2 capture and haemoperfusion ［J］. Carbon，2014，76：84-95.

［31］　Xia Y D，Mokaya R，Walker G S，et al. Superior CO_2 adsorption capacity on N-doped，high-surface-area，microporous carbons templated from zeolite ［J］. Adv. Energy Mater. ，2011，1 (4)：678-683.

［32］　Jaroniec M，Gorka J，Choma J，et al. Synthesis and properties of mesoporous carbons with high loadings of inorganic species ［J］. Carbon，2009，47 (13)：3034-3040.

［33］　Zhu B J，Li K，Liu J，et al. Nitrogen-enriched and hierarchically porous carbon macro-spheres-ideal for large-scale CO_2 capture ［J］. J. Mater. Chem. A，2014，2 (15)：5481-5489.

［34］　Zhao C J，Zhou Z M，Cheng Z M. Sol-gel-derived synthetic CaO-based CO_2 sorbents incorporated with different inert materials ［J］. Ind. Eng. Chem. Res. ，2014，53 (36)：14065-14074.

［35］　Presser V，McDonough J，Yeon S H，et al. Effect of pore size on carbon dioxide sorption by carbide derived carbon ［J］. Energy Environ. Sci. ，2011，4 (8)：3059-3066.

［36］　Casco M E，Martínez-Escandell M，Silvestre-Albero J，et al. Effect of the porous structure in carbon materials for CO_2 capture at atmospheric and high-pressure ［J］. Carbon，2014，67：230-235.

［37］　Yang X Y，Chen L H，Li Y，et al. Hierarchically porous materials：synthesis strategies and structure design ［J］.

Chem. Soc. Rev. ，2017，46（2）：481-558.

[38] Ma T Y，Lei L，Yuan Y Z. Direct synthesis of ordered mesoporous carbons [J]. Chem. Soc. Rev. ，2013，42（9）：3977-4003.

[39] Jin Z Y，Li T，Lu A H. Nitrogen-enriched hierarchical porous carbon for carbon dioxide adsorption and separation [J]. Acta Physico-Chimica Sinica，2015，31（8）：1602-1608.

[40] Hao G P，Li W C，Wang S，et al. Lysine-assisted rapid synthesis of crack-free hierarchical carbon monoliths with a hexagonal array of mesopores [J]. Carbon，2011，49：3762-3772.

[41] Sun M H，Huang S Z，Chen L H，et al. Applications of hierarchically structured porous materials from energy storage and conversion，catalysis，photocatalysis，adsorption，separation，and sensing to biomedicine [J]. Chem. Soc. Rev. ，2016，45（12）：3479-3563.

[42] Zhang Z H，Schott J A，Liu M M，et al. Prediction of carbon dioxide adsorption via deep learning [J]. Angew. Chem. ，Int. Ed. ，2019，131（1）：265-269.

[43] Geim A K. Graphene：status and prospects [J]. Science，2009，324（5934）：1530-1534.

[44] Hao G P，Jin Z Y，Sun Q，et al. Porous carbon nanosheets with precisely tunable thickness and selective CO_2 adsorption properties [J]. Energy Environ. Sci. ，2013，6（12）：3740-3747.

[45] Zhang L H，Li W C，Liu H，et al. Thermoregulated phase transition synthesis of two-dimensional carbon nanoplates rich in sp^2 carbon and unimodal ultramicropores for kinetic gas separations [J]. Angew. Chem. ，Int. Ed. ，2018，130（6）：1648-1651.

[46] Wang M，Li Y，Pan M，et al. Shape-customizable macro-/microporous carbon monoliths for structure-to-functionality CO_2 adsorption and novel electrical regeneration [J]. Advanced Materials Technologies，2017，2（10）：1700088.

[47] Hao G P，Li W C，Qian D，et al. Structurally designed synthesis of mechanically stable poly（benzoxazine-co-resol）-based porous carbon monoliths and their application as high-performance CO_2 capture sorbents [J]. J. Am. Chem. Soc. ，2011，133（29）：11378-11388.

[48] Qian D，Lei C，Hao G P，et al. Synthesis of hierarchical porous carbon monoliths with incorporated metal-organic frameworks for enhancing volumetric based CO_2 capture capability [J]. ACS Appl. Mater. Interfaces，2012，4（11）：6125-6132.

[49] Slater A G，Cooper A I. Function-led design of new porous materials [J]. Science，2015，348（6238）：aaa8075.

[50] Zeolite Framework Types [DS/OL]. [20231031]. https：//america. iza-structure. org/IZA-SC/ftc _ table. php.

[51] Pour A A，Sharifnia S，NeishaboriSalehi R，et al. Performance evaluation of clinoptilolite and 13X zeolites in CO_2 separation from CO_2/CH_4 mixture [J]. J Nat Gas Sci Eng，2015，26：1246-1253.

[52] Garcia-Sanchez A，Ania C O，Parra J B，et al. Transferable force field for carbon dioxide adsorption in zeolites [J]. J. Phys. Chem. C，2009，113（20）：8814-8820.

[53] Golchoobi A，Pahlavanzadeh H. Molecular simulation，experiments and modelling of single adsorption capacity of 4A molecular sieve for CO_2-CH_4 separation [J]. Sep. Sci. Technol. ，2016，51（14）：2318-2325.

[54] Garshasbi V，Jahangiri M，Anbia M. Equilibrium CO_2 adsorption on zeolite 13X prepared from natural clays [J]. Appl. Surf. Sci. ，2017，393：225-233.

[55] Frantz T S，Ruiz W A，da Rosa C A，et al. Synthesis of ZSM-5 with high sodium content for CO_2 adsorption [J]. Microporous Mesoporous Mater. ，2016，222：209-217.

[56] Davis M E. Ordered porous materials for emerging applications [J]. Nature，2002，17（6891）：813.

[57] Bae T H，Hudson M R，Mason J A，et al. Evaluation of cation-exchanged zeolite adsorbents for post-combustion carbon dioxide capture [J]. Energy Environ. Sci. ，2013，6（1）：128-138.

[58] Kim E，Hong S，Jang E，et al. An oriented，siliceous deca-dodecasil 3R（DDR）zeolite film for effective carbon capture：insight into its hydrophobic effect [J]. J. Mater. Chem. A，2017，5（22）：11246-11254.

[59] Xu X C，Song C H，Andresen J M，et al. Novel polyethylenimine-modified mesoporous molecular sieve of MCM-41 type as high-capacity adsorbent for CO_2 capture [J]. Energy Fuels，2002，16（6）：1463-1469.

[60] Nguyen T H，Kim S，Yoon M，et al. Hierarchical zeolites with amine-functionalized mesoporous domains for carbon dioxide capture [J]. ChemSusChem，2016，9（5）：455-461.

[61] Zhao A，Samanta A，Sarkar P，et al. Carbon dioxide adsorption on amine-impregnated mesoporous SBA-15 sorbents：experimental and kinetics study [J]. Ind. Eng. Chem. Res. ，2013，52（19）：6480-6491.

[62] Chen C，Kim S S，Cho W S，et al. Polyethylenimine-incorporated zeolite 13X with mesoporosity for post-combustion CO_2 capture [J]. Appl. Surf. Sci. ，2015，332：167-171.

［63］ Lee C H，Hyeon D H，Jung H，et al. Effects of pore structure and PEI impregnation on carbon dioxide adsorption by ZSM-5 zeolites ［J］. J Ind Eng Chem，2015，23：251-256.

［64］ Datta S J，Khumnoon C，Lee Z H，et al. CO_2 capture from humid flue gases and humid atmosphere using a microporous coppersilicate ［J］. Science，2015，350：302-306.

［65］ Li H，Eddaoudi M，Groy T L，et al. Establishing microporosity in open metal organic frameworks：gas sorption isotherms for Zn（BDC）（BDC 1,4-benzenedicarboxylate）［J］. J. Am. Chem. Soc.，1998，120（33）：8571-8572.

［66］ Eddaoudi M，Li H，Yaghi O M. Highly porous and stable metal-organic frameworks：structure design and sorption properties ［J］. J. Am. Chem. Soc.，2000，122（35）：1391-1397.

［67］ Koh K，Wong-Foy A G，Matzger A G. A porous coordination copolymer with over 5000 m^2/g BET surface area ［J］. J. Am. Chem. Soc.，2009，131（12）：4184-4185.

［68］ Furukawa H，Ko N，Go Y B，et al. Ultrahigh porosity in metal-organic frameworks ［J］. Science，2010，329（5990）：424-428.

［69］ Yazaydın A Ö，Snurr R Q，Park T H，et al. Screening of metal-organic frameworks for carbon dioxide capture from flue gas using a combined experimental and modeling approach ［J］. J. Am. Chem. Soc.，2009，131：18198-18199.

［70］ Caskey S R，Wong-Foy A G，Matzger A J. Dramatic tuning of carbon dioxide uptake via metal substitution in a coordination polymer with cylindrical pores ［J］. J. Am. Chem. Soc.，2008，130（33）：10870-10871.

［71］ Nugent P，Belmabkhout Y，Burd S D，et al. Porous materials with optimal adsorption thermodynamics and kinetics for CO_2 separation ［J］. Nature，2013，495（7439）：80.

［72］ Vaesen S，Guillerm V，Yang Q Y，et al. A robust amino-functionalized titanium（Ⅳ）based MOF for improved separation of acid gases ［J］. ChemComm，2013，49（86）：10082-10084.

［73］ Xu H，He Y B，Zhang Z J，et al. A microporous metal-organic framework with both open metal and Lewis basic pyridyl sites for highly selective C_2H_2/CH_4 and C_2H_2/CO_2 gas separation at room temperature ［J］. J. Mater. Chem. A，2013，1（1）：77-81.

［74］ Zornoza B，Martinez-Joaristi A，Serra-Crespo P，et al. Functionalized flexible MOFs as fillers in mixed matrix membranes for highly selective separation of CO_2 from CH_4 at elevated pressures ［J］. ChemComm，2011，47（33）：9522-9524.

［75］ Yu M H，Zhang P，Feng R，et al. Construction of a multi-cage-based MOF with a unique network for efficient CO_2 capture ［J］. ACS Appl. Mater. Interfaces，2017，9（31）：26177-26183.

［76］ Couck S，Denayer J F M，Baron G V，et al. An amine-functionalized MIL-53 metal organic framework with large separation power for CO_2 and CH_4 ［J］. J. Am. Chem. Soc.，2009，131（18）：6326-6327.

［77］ Zheng B，Bai J，Duan J，et al. Enhanced CO_2 binding affinity of a high-uptake rht-type metal-organic framework decorated with acylamide groups ［J］. J. Am. Chem. Soc.，2011，133（4）：748-751.

［78］ Si X L，Jiao C L，Li F，et al. High and selective CO_2 uptake，H_2 storage and methanol sensing on the amine-decorated 12-connected mof CAU-1 ［J］. Energy Environ. Sci.，2011，4（11）：4522-4527.

［79］ Demessence A，D'Alessandro D M，Foo M L，et al. Strong CO_2 binding in a water-stable，triazolate-bridged metal-organic framework functionalized with ethylenediamine ［J］. J. Am. Chem. Soc.，2009，131（25）：8784-8786.

［80］ Llewellyn P L，Bourrelly S，Serre C，et al. How hydration drastically improves adsorption selectivity for CO_2 over CH_4 in the flexible chromium terephthalate MIL-53 ［J］. Angew. Chem. Int. Ed.，2006，45（46）：7751-7754.

［81］ Maji T K，Matsuda R，Kitagawa S. A flexible interpenetrating coordination framework with a bimodal porous functionality ［J］. Nat. Mater.，2007，6（2）：142-148.

［82］ Ding N，Li H，Feng X，et al. Partitioning MOF-5 into confined and hydrophobic compartments for carbon capture under humid conditions ［J］. J. Am. Chem. Soc.，2016，138（32）：10100-10103.

［83］ Phan A，Dooanan C J，Uribe-Romo F J，et al. Synthesis，structure，and carbon dioxide capture properties of zeolitic imidazolate frameworks ［J］. Acc. Chem. Res.，2010，43（1）：58-67.

［84］ Millward A R，Yaghi O M. Metal-organic frameworks with exceptionally high capacity for storage of carbon dioxide at room temperature ［J］. J. Am. Chem. Soc.，2005，127（51）：17998-17999.

［85］ Banerjee R，Phan A，Wang B，et al. High-throughput synthesis of zeolitic imidazolate frameworks and application to CO_2 capture ［J］. Science，2008，319（5865）：939-943.

［86］ Peng Y，Li Y，Ban Y，et al. Metal-organic framework nanosheets as building blocks for molecular sieving membranes ［J］. Science，2014，346：1356-1359.

［87］ Morris W，Leung B，Furukawa H，et al. A combined experimental-computational investigation of carbon dioxide capture in a series of isoreticular zeolitic imidazolate frameworks ［J］. J. Am. Chem. Soc.，2010，132（32）：11006-

11008.

[88] Wang B，Cote A P，Furukawa H，et al. Colossal cages in zeolitic imidazolate frameworks as selective carbon dioxide reservoirs [J]. Nature，2008，453：207-211.

[89] Hayashi H，Côté A P，Furukawa H，et al. Zeolite A imidazolate frameworks [J]. Nature Mater.，2007，6：501-506.

[90] Banerjee R，Furukawa H，Britt D，et al. Control of pore size and functionality in isoreticular zeolitic imidazolate frameworks and their carbon dioxide selective capture properties [J]. J. Am. Chem. Soc.，2009，131（11）：3875-3877.

[91] Côté A P，Benin A I，Ockwig N W，et al. Porous，crystalline，covalent organic frameworks [J]. Science，2005，310（5751）：1166-1170.

[92] Hani E K M，Hunt J R，Mendoza-Cortés J L，et al. Designed synthesis of 3D covalent organic frameworks [J]. Science，2007，316（5822）：268-272.

[93] Furukawa H，Yaghi O M. Storage of hydrogen，methane，and carbon dioxide in highly porous covalent organic frameworks for clean energy applications [J]. J. Am. Chem. Soc.，2009，131（25）：8875-8883.

[94] Yuan Y Q，Li Z C. Molecular simulation study of the stepped behaviors of gas adsorption in two-dimensional covalent organic frameworks [J]. Langmuir，2009，25（4）：2302-2308.

[95] Ben T，Ren H，Ma S，et al. Targeted synthesis of a porous aromatic framework with high stability and exceptionally high surface area [J]. Angew. Chem. Int. Ed.，2009，48（50）：9457-9460.

[96] Dawson R，Stöckel E，Holst J R，et al. Microporous organic polymers for carbon dioxide capture [J]. Energy Environ. Sci.，2011，4（10）：4239-4245.

[97] Martín C F，Stöckel E，Clowes R，et al. Hypercrosslinked organic polymer networks as potential adsorbents for precombustion CO_2 capture [J]. J. Mater. Chem.，2011，21（14）：5475-5483.

[98] Prathap A，Shaijumon M M，Sureshan K M. CaO nanocrystals grown over SiO_2 microtubes for efficient CO_2 capture：organogel sets the platform [J]. ChemComm，2016，52（7）：1342-1345.

[99] Harada T，Hatton T A. Colloidal nanoclusters of MgO coated with alkali metal nitrates/nitrites for rapid，high capacity CO_2 capture at moderate temperature [J]. Chem. Mater.，2015，27（23）：8153-8161.

[100] Douglas A，Costas T. Separation of CO_2 from flue gas：a review [J]. Sep. Purif. Technol.，2005，40（1-3）：321-348.

[101] Stephenson P，Wang M，Lawal A. Post-combustion CO_2 capture with chemical absorption：a state-of-the-art review [J]. Chemical Engineering Research & Design：Transactions of the Institution of Chemical Engineers，2011，89（9）：1609-1624.

[102] Yu C H，Hung C H，Tan C S. A review of CO_2 capture by absorption and adsorption [J]. Aerosol Air Qual Res，2012，12（5）：745-769.

[103] Sánchez L M G，Meindersma G W，de Haan A B. Solvent properties of functionalized ionic liquids for CO_2 absorption [J]. Chem Eng Res Des，2007，85（1）：31-39.

[104] D′Alessandro D M，Berend S，Jeffrey L R. ChemInform abstract：carbon dioxide capture：prospects for new materials [J]. Angew. Chem. Int. Ed.，2010，49（35）：6058-6082.

[105] Meisen A，Shan S X. Research and development issues in CO_2 capture [J]. Energy Convers. Manag.，1997，38：S37-S42.

[106] 巩守龙. 低温甲醇洗工艺发展及国内研究进展 [J]. 化工管理，2016，406（09）：121.

[107] 祝绶纲. 热钾碱法脱碳生产技术进展现状 [J]. 辽宁化工，1982，02：14-19.

[108] 宿辉，崔琳. 二氧化碳的吸收方法及机理研究 [J]. 环境科学与管理，2006，08：79-81.

[109] Sharma M M. Absorption of CO_2 and COS in alkaline and amine solutions [D]. Cambridge：University of Cambridge，1964.

[110] 陈思铭，张永春，郭超，等. 醇胺溶液吸收 CO_2 的动力学研究进展 [J]. 化工进展，2014，33（S1）：1-13.

[111] Nwaoha C，SupapT，Idem R，et al. Advancement and new perspectives of using formulated reactive amine blends for post-combustion carbon dioxide（CO_2）capture technologies [J]. Petroleum，2017，3（1）：10-36.

[112] 蒋伍三. 交互作用对混合胺溶液吸收 CO_2 动力学性能影响的研究 [D]. 长沙：湖南大学，2018.

[113] 王晴. 基于离子液体的 CO_2 捕集技术研究 [D]. 北京：北京化工大学，2017.

[114] 郑文涛. 质子型离子液体捕集 H_2S 和 CO_2 气体的性能研究 [D]. 南京：南京大学，2018.

[115] Wang Y J，Zhao L，Otto A，et al. A review of post-combustion CO_2 capture technologies from coal-fired power plants [J]. Energy Procedia，2017，114：650-665.

[116] Zhang X P，Zhang X C，Dong H F，et al. Carbon capture with ionic liquids：overview and progress [J]．Energy Environ. Sci. ，2012，5：6668.

[117] Tuinier M J，van Sint Annaland M. Biogas purification using cryogenic packed-bed technology [J]．Ind. Eng. Chem. Res. ，2012，51：5552-5558.

[118] Abatzoglou N，Boivin S. A review of biogas purification processes [J]．Biofuels Bioprod Biorefin，2009，3：42-71.

[119] Baxter L，Baxter A，Burt S. Cryogenic CO$_2$ capture as a cost-effective CO$_2$ capture process [C/OL] //．Proceedings of the International Pittsburgh Coal Conference，2009. https：//www. semanticscholar. org/paper/Cryogenic-CO-2-Capture-as-a-Cost-Effective-CO-2-Baxter-Baxter/824f037a51495904588e66fbfebf2a13d094af1e.

[120] Jensen M. Energy processes enabled by cryogenic carbon capture [D]．Provo：Brigham Young University，2015.

[121] Safdarnejad S M，Hedengren J D，Baxter L L. Plant-level dynamic optimization of cryogenic carbon capture with conventional and renewable power sources [J]．Appl. Energy，2015，149：354-366.

[122] Clodic D，Younes M. A new method for CO$_2$ capture：frosting CO$_2$ at atmospheric pressure [J]．Greenhouse Gas Control Technologies-6th International Conference，2003，1：155-160.

[123] Clodic D，Younes M，Bill A. Test result of CO$_2$ capture by anti-sublimation capture efficiency and energy consumption for boiler plants [M] //Wilson E S，Rubin D W，Keith CF，et al. Greenhouse Gas Control Technologies 7. London：Elsevier Science Ltd，2005，1775-1780.

[124] Clodic D，Hitti R E，Younes M，et al. CO$_2$ capture by anti-sublimation-thermo-economic process evaluation [C/OL] //Proceedings of the Fourth Annual Conference on Carbon Capture & Sequestration，2005. https：//www. researchgate. net/publication/239554694_CO2_capture_by_anti-sublimation_Thermo-economic_process_evaluation.

[125] Song C F，Yutaka K，Li S H. Energy analysis of the cryogenic CO$_2$ capture process based on Stirling coolers [J]．Energy，2014，65：580-589.

[126] Holmes A S，Ryan J M. Cryogenic distillative separation of acid gases from methane：US 4318723 [P]．1982-03-09.

[127] Li G Z，Bai P. New operation strategy for separation of ethanol-water by extractive distillation [J]．Ind. Eng. Chem. Res. ，2012，51：2723-2729.

[128] Ebrahimzadeh E，Matagi J，Fazlollahi F，et al. Alternative extractive distillation system for CO$_2$-ethane azeotrope separation in enhanced oil recovery processes [J]．Appl. Therm. Eng. ，2016，6：39-47.

[129] Kazemi A，Hosseini M，Mehrabani-Zeinabad A，et al. Evaluation of different vapor recompression distillation configurations based on energy requirements and associated costs [J]．Appl. Therm. Eng. ，2016，94：305-313.

[130] Jana A K. A new divided-wall heat integrated distillation column (HIDiC) for batch processing：feasibility and analysis [J]．Appl. Energy，2016，172：199-206.

[131] Maqsood K，Mullick A，Ali A，et al. Cryogenic carbon dioxide separation from natural gas：a review based on conventional and novel emerging technologies [J]．Rev. Chem. Eng. ，2014，30：453-77.

[132] Maqsood K，Ali A，Shariff A B M，et al. Synthesis of conventional and hybrid cryogenic distillation sequence for purification of natural gas [J]．J. Appl. Phys. ，2014，14：2722-2729.

[133] Maqsood K，Pal J，Turunawarasu D，et al. Performance enhancement and energy reduction using hybrid cryogenic distillation networks for purification of natural gas with high CO$_2$ content [J]．Korean J Chem Eng，2014，31：1120-1135.

[134] Maqsood K，Ali A，Shariff A B M，et al. Process intensification using mixed sequential and integrated hybrid cryogenic distillation network for purification of high CO$_2$ natural gas [J]．Chem Eng Res Des，2017，117：414-438.

[135] Rufford T E，Smart S，Watson G C Y，et al. The removal of CO$_2$ and N$_2$ from natural gas：a review of conventional and emerging process technologies [J]．J. Pet. Sci. Eng. ，2012，94-95：123-154.

[136] Kelley B T，Valencia J A，Northrop P S，et al. Controlled freeze zone (TM) for developing sour gas reserves [J]．Energy Procedia，2011，4：824-829.

[137] Parker M E，Northrop S，Valencia J A，et al. CO$_2$ management at ExxonMobil's LaBarge field，Wyoming，USA [J]．Energy Procedia，2011，4：5455-5470.

[138] Thomas E R，Denton R D. Conceptual studies for CO$_2$/natural gas separation using the Controlled Freeze Zone (CFZ) process [J]．Gas Sep Purif. ，1988，2：84-89.

[139] Farhad F，Alex B，Edris E，et al. Design and analysis of the natural gas liquefaction optimization process-CCC-ES (energy storage of cryogenic carbon capture) [J]．Energy，2015，90：244-257.

[140] Farhad F, Alex B, Edris E, et al. Transient natural gas liquefaction and its application to CCC-ES (energy storage with cryogenic carbon capture[TM]) [J]. Energy, 2016, 103: 369-384.

[141] Scholes C A, Ho M T, Wiley D E, et al. Cost competitive membrane—cryogenic post-combustion carbon capture [J]. Int J Greenh Gas Control, 2013, 17: 341-348.

[142] Belaissaoui B, le Moullec Y, Willson D, et al. Hybrid membrane cryogenic process for post-combustion CO_2 capture [J]. J. Membr. Sci. Res. , 2012, 415: 424-434.

[143] Sabarish R, Unnikrishnan G. Polyvinyl alcohol/carboxymethyl cellulose/ZSM-5 zeolite biocomposite membranes for dye adsorption applications [J]. Carbohydr. Polym. , 2018, 199: 129-140.

[144] Chehrazi E. Theoretical models for gas separation prediction of mixed matrix membranes: effects of the shape factor of nanofillers and interface voids [J]. J. Polym. Eng. , 2023, 43 (3): 287-296.

[145] Lian S H, Zhao Q, Zhang Z Z, et al. Tailored interfacial microenvironment of mixed matrix membranes based on deep eutectic solvents for efficient CO_2 separation [J]. Sep. Purif. Technol. , 2023, 307: 122753.

[146] 龙晓达, 龙玲. 膜分离技术在天然气净化中的应用现状 [J]. 天然气工业, 1993, 13 (1): 100-105.

[147] 陈赓良. 膜分离技术在天然气净化工艺中的应用 [J]. 天然气工业, 1989, 9 (2): 57-62.

[148] 孟兆伟, 刘宇, 任少科. CO_2 分离膜在海上平台的使用 [J]. 低温与特气, 2015, 33 (5): 41-44.

[149] 王远江, 孟凡丽, 李海荣, 等. 某气田膜分离脱碳试验装置的研制 [J]. 天然气与石油, 2013, 31 (6): 45-48.

[150] Song C F, Liu Q L, Ji N, et al. Alternative pathways for efficient CO_2 capture by hybrid processes—a review [J]. Renew. Sust. Energ. Rev. , 2018, 82: 215-231.

[151] 洪宗平, 叶楚梅, 吴洪, 等. 天然气脱碳技术研究进展 [J]. 化工学报, 2021, 12: 6030-6048.

[152] Hu S Y, Hua Y H, Li Q Y, et al. Review on membrane separation and decarbonization technology of natural gas [J]. Petrochemical Industry Technology, 2021, 28 (5): 54-55, 57.

[153] Sun J, Xu Z. B. Research on natural gas decarbonization technologies in Songnan gas field [J]. Journal of Oil and Gas Technology, 2010, 32 (4): 325-327, 434.

思考题

1. 二氧化碳主要来源有哪些?

2. 二氧化碳捕集分离的主要技术方法有哪些? 并分别简要描述其原理。

3. 吸附分离技术的分离原理有哪几种? 并分别简要描述其分离机理。

4. 吸附剂实际应用中需要考察哪几个方面的性能? 并简要说明相关要求。

5. 吸附剂的种类有哪些? 请简要介绍。

第9章

环保与脱硫

9.1 引言

传统化工行业造成的环境污染不仅面广、量大，而且极其复杂，导致治理过程难度巨大，远远超出其他产业。目前，不论是发达国家还是发展中家，都在探索新的发展模式和合理的发展战略，试图寻找一条经济与环境兼顾的可持续发展道路，而不再盲目牺牲环境换取经济利益。

化工行业原料来源广泛、工艺种类繁多，其废气具有种类多、成分复杂、污染面广、污染物浓度高、危害大的特点。根据所含元素废气可以分为五大类：含硫化合物、含氮化合物、碳的氧化物、烃类化合物和含卤素化合物；按所含污染物性质可分为三大类：第一类为既含有有机污染物，又含有无机污染物的废气，主要来自氯碱、炼焦等行业；第二类为仅含无机污染物的废气，主要来自氮肥、磷肥（含硫酸）、无机盐等行业；第三类是仅含有有机污染物的废气，主要来自有机原料及合成材料、农药、染料等行业。低碳资源催化转化过程中产生的废气以有机污染物为主，属于第三类。

9.1.1 含硫化合物简介

含硫化合物是化工废气污染物中最主要的成分之一。天然气、石油气、焦炉气、水煤气和半水煤气等被广泛应用于各种能源和化工过程的原料气体中都含有含硫化合物，含硫化合物的存在会给工业生产和人民生活带来多种危害。由于制备原料和工艺的不同，这些气体中硫化物的种类和含量也不相同。总的来说，气相含硫化合物一般包括含硫氧化物、还原性硫化合物、二硫化碳、含硫卤化物和硫酸雾等。

二氧化硫（SO_2）是最具有代表性的含硫氧化物，其现存数量大、影响面广，是大气主要污染物之一。世界上很多城市发生过由于二氧化硫和烟尘引发的严重危害事件，导致很多人中毒或死亡。如 1930 年比利时的马斯河谷烟雾事件、1948 年美国多诺拉烟雾事件、1952 年英国伦敦烟雾事件、1961 年日本四日市事件等。为此，世界上很多国家和地区将 SO_2 作为衡量大气质量状况的重要指标之一。近些年，我国一些城镇也出现了比较严重的 SO_2 污染现象。SO_2 进入人体呼吸道后，因其易溶于水，大部分被阻滞在上呼吸道，在上呼吸道湿润的黏膜上生成具有腐蚀性的亚硫酸、硫酸和硫酸盐，刺激上呼吸道平滑肌的末梢神经，使气管和支气管的管腔缩小，气道阻力增加，导致呼吸困难。此外，SO_2 可被吸收进入血液，破坏酶的活力，从而明显地影响碳水化合物及蛋白质的代谢，对肝脏和全身产生毒副作用。动物试验也证明，SO_2 中毒后机体的免疫功能受到明显抑制。

还原性硫化合物包括硫化氢（H_2S）、甲硫醇、二甲基硫醚等，这类化合物能产生恶臭气味，对空气质量影响巨大，严重危害人体健康[1]。在所有由还原性硫化合物造成的污染中，H_2S 占据最多。H_2S 无色，毒性几乎与 HCN 相同，大约是 CO 的 5～6 倍。人为产生的 H_2S 主要来自人造纤维、天然气尾气脱硫、硫化染料、炼油废气、煤气制造、污水处理、制药、合成氨工业和造纸等生产工艺。我国对环境大气、车间空气及工业废气中 H_2S 浓度有严格标准，要求居民区环境大气中 H_2S 最高浓度不得超过 0.01 mg/m³；车间工作地点空气中 H_2S 最高浓度不得超过 10 mg/m³；城市煤气中 H_2S 浓度不得超过 20 mg/m³；油品炼厂废气中 H_2S 浓度不得超过 10～20 mg/m³。

羰基硫（COS）是工业气体中有机硫存在的主要形式，其稳定性远高于 SO_2 和 H_2S。微量的 COS 即会导致反应过程中催化剂失活。因此，脱除 COS 是众多化工生产中的重要步骤。二硫化碳（CS_2）是一种常用有机溶剂，主要在人造纤维、四氯化碳、杀虫剂和硫化物的生产及其他化学药品的制造过程中排放。常温下 CS_2 是一种无色、透明、有芳香气味且极易挥发的可燃性液体，CS_2 气体与空气混合能形成易爆混合物，爆炸上下限分别为 50% 和 1%。常用的处理方法有冷凝法、吸收法、吸附法、催化氧化法等，常用的吸附设备有固定床和沸腾床两种。

气相含硫化合物也可按来源分为有机硫和无机硫两大类。无机硫主要为 H_2S 和 SO_2，有机硫则包括 COS、CS_2、硫醇和硫醚等气相污染物。在低碳资源催化转化过程中产生的废气以有机硫污染物为主，比如在甲醇、低碳醇、费托合成制油、合成氨、食品级 CO_2 和聚丙烯生产等过程中均涉及有机含硫化合物的脱除。然而，除部分吸收法和吸附法，大部分有机含硫化合物在脱硫过程中也会通过氧化或还原反应生成 SO_2 或 H_2S。因此，对 SO_2 或 H_2S 的深度脱除是保证总硫含量达标的基础。本章将选取 COS、SO_2 和 H_2S 三种典型含硫化合物，分别从催化剂、反应器和反应工艺三个方面为例进行介绍。

9.1.2 含硫废气治理技术

废气治理的分类方法众多。本节选取吸收法、吸附法和催化法这三种典型的气体净化技术进行概述。此外，对氧化锌法也进行了简单的介绍。

9.1.2.1 吸收法

吸收法是指用适当的液体吸收剂来处理废气，使气相中的特定组分溶解到液体吸收剂中或与液体吸收剂中某种组分发生化学反应而进入液相，从而使气相污染物从废气中分离出来的方法。吸收过程主要是利用混合气体中各组分在吸收剂中的溶解度或者与吸收剂的反应程度不同来实现，是一种典型的气液多相反应。吸收过程常被分为物理吸收和化学吸收。在物理吸收过程中，被溶解的分子不发生化学反应，吸附剂与吸附质之间仅存在微弱的分子间吸引力，对气体的选择性差，吸收量少，但被吸收的溶质可通过解吸（吸收的逆过程）加以回收；对于化学吸收，吸附质和吸附剂会发生化学反应，选择性较好，吸收量大，但消耗掉的吸附剂很难回收循环使用，一般需要持续补充。物理吸收或化学吸收，都遵循相平衡定律。

9.1.2.2 吸附法

吸附法是利用多孔性固体吸附剂处理废气，使其中所含的特定组分吸附于固体表面，以达到分离的目的。吸附过程在化工领域是一项十分重要的工艺，已被广泛地应用于环境保护、化工生产以及有机气体分离、净化及存储等多个领域。该方法选择性高，能分离其他过程难以分离的混合物；处理深度高，能有效地清除或回收浓度很低的组分。除此之外，还具有设备简单、操作方便、净化效率高和能实现自动控制等优点。吸附法是气相分离过程中的一种重要手段，其研究热点主要包括气体在固体表面的吸附规律，吸附剂、吸附设备和吸附工艺的开发。

9.1.2.3 催化法

催化法是在催化剂的作用下，将气相污染物转化为无害物质或易于处理和回收利用的物质的一种净化方法。在吸收过程或吸附过程中，常常伴随着一定的催化反应。因此，催化法常常是与吸收法或吸附法共同起到废气净化的作用。相比其他方法，催化法的产物通常可以回收，既能有效避免二次污染物质的生成，也能简化对二次污染物处理的操作。同时，催化法对不同浓度的污染物都具有很高的转化率。其缺点是催化剂价格较高，反应前需要对废气进行预热，会消耗一定的能量。

催化法按反应类型一般可分为催化还原法、催化氧化法和催化光解法等。催化还原法是使废气中的污染物在催化剂的作用下，与还原性气体发生反应的净化过程。如 COS 在 Co-Mo/γ-Al_2O_3 催化剂上被还原为 H_2S，再进一步脱除的过程。催化氧化法是使废气中的污染物在催化剂的作用下被氧化。如废气中的 SO_2 在 V_2O_5 催化剂作用下被氧化成 SO_3，进而被水吸收生成可被回收的硫酸的过程。催化光解法一般指光催化氧化反应，是在紫外光或可见光的作用下，在光催化剂表面将有机污染物氧化降解的过程。当光照射在半导体催化剂表面，会使催化剂表面产生光生-电子空穴对，其与表面吸附的水分和氧气反应生成氧化性很强的氢氧自由基（OH^-）和超氧离子自由基（O^{2-}、O^-），从而将各种废气组分，如硫化物、氮氧化物、醛类、苯类、氨类、胺类、酚类、其他碳氢化合物及其他挥发性有机化合物（VOC）类有机物氧化成可以回收或无毒无害的物质。光催化氧化法可在常温下进行，能够处理高浓度、气量大、稳定性好的有机废气。其能耗小，还可利用空气中的水和氧作为原料产生氧化剂，对难以降解的有机物具有较强的反应能力。

9.1.2.4 氧化锌法

氧化锌法是一种传统的脱硫方法，其以 ZnO 为主要组分，选择性添加 CuO、MnO、Al_2O_3 等助剂。该方法具有脱硫精度高、使用简便、性能稳定可靠、硫容高的特点，被广泛地应用在合成氨、制氢、合成甲醇、煤化工、石油炼制、饮料生产等领域，以及天然气、石油馏分、油田气、炼厂气、合成气、二氧化碳等原料中的硫化氢及某些有机硫的脱除。ZnO 可与 H_2S 反应生成难以离解的 ZnS，该反应的标准摩尔焓变为 -76.62 kJ/mol，是放热反应，易于发生，且 ZnO 可将 H_2S 浓度降低到 10^{-6} 数量级。对 COS 等有机硫的脱除，ZnO 具有更优异的性能，可将总的硫含量降到 10^{-9} 数量级，是公认脱硫精度最高的方法，可发挥"把关"和"保护"的作用。

氧化锌法主要用于脱除 H_2S、COS 和某些有机硫化物反应，如甲硫醇等，而对于 SO_2 其脱除能力并不显著。在 SO_2 脱除中，氧化锌法常用来净化锌精矿冶炼过程中的尾气。使用锌精矿冶炼制锌的过程中，从锌精矿沸腾焙烧炉排出烟气中的氧化锌颗粒刚好可以作为配制吸收浆液的原料，在适宜的净化条件下该方法可以达到 95% 的脱硫效率。

此外，氧化锌脱硫技术也存在着一些要求和问题。单一相 ZnO 脱硫温度一般在 350～400 ℃，如果脱硫温度超过 500 ℃，在还原气氛中会使 ZnO 还原成单质 Zn，进而气化损失，导致 ZnO 中高温脱硫剂的稳定性降低；当温度低于 200 ℃，ZnO 脱硫速度变慢，硫容量降低。另外，氧化锌脱硫剂的再生温度要超过 650 ℃，容易因烧结和高温锌流失致使循环脱硫剂的性能下降。

9.1.2.5 废气治理技术选用标准

废气治理技术的发展与环保政策息息相关，随着含硫化合物排放界限值的逐渐降低，对脱硫技术的要求也变得越来越严格。溶剂吸收法是传统气相脱硫方法中最为主要的技术，但随着绿色化学的提出，不用或者少用有机溶剂，或将有机溶剂回收后循环再利用变得尤为重要。同时，积极开发新的脱硫手段或将各类脱硫方法有机组合，也是改善脱硫技术的重要方法。

总之，各种净化方法都有自己的特点和不足之处，须综合考虑各方面因素，权衡利弊，取长补短，选择一种经济上较合理、符合生产实际、达到排放标准的最佳方案。具体需要考虑以下几点因素。a. 污染物的性质，不同处理物料中含硫化合物的种类以及其他气相成分的组成不同，如当脱除的原料中包含 CO_2 等酸性气体时，就不能通过低温甲醇洗法进行脱除，否则会造成 CO_2 等酸性气体的严重损失。同样，当 CO_2 是原料气中微量杂质时，也不能使用会产生 CO_2 产物的水解法脱除原料气中的 COS 组分。b. 污染物的浓度。如克劳斯工艺一般仅能适应较高硫含量时的脱硫过程；而氧化锌法因其再生困难，常用来作为其他脱硫法的补充，起到"把关"和"保护"的作用。c. 结合生产的具体情况及净化要求，尽可能简化净化工艺。d. 考虑运行过程中设备投资和运转费等总体的经济性，尽可能回收有价值的产物或能量。另外，治理的最佳方案也不是一成不变的，它随着场址的差异（如是否有充足的水源）、上下游工艺的变更（如是否有充足的余热或氢源）和市场变化（如生成的可回收物是否有足够的销售市场）等众多因素的变化而逐渐变化。

9.2 羰基硫净化技术

羰基硫（COS）是工业气体中有机硫存在的主要形式，不经处理排放到大气中的 COS 可以较高浓度保留在对流层中，相比于大气中其他挥发性含硫化合物，COS 其存在时间要长得多（COS 约 2 年，H_2S 和 SO_2 约 2 天）。当 COS 扩散到平流层后，会通过光解离和光氧化作用形成 SO_2 等硫化物，并最终转化为硫酸盐气溶胶[2]。由 COS 产生的气溶胶是平流层含硫气溶胶的主要来源，为平流层多相反应提供界面，对全球大气辐射平衡有十分重要的影响，并产生严重的环境问题[3]。此外，工业生产时原料气中微量的 COS 就可能引起催化剂的中毒失活[4]，如在费托合成中，商业催化剂（Fe-Cu-K 类）对原料气中有机硫的最大耐受极限约为 6.9 mg/m³。COS 还对工业生产的设备有腐蚀作用。

COS 分子结构简单，属线性分子结构，氧碳、碳硫原子之间彼此以双键相连（S═C═O），近似呈一头大一头小的椭圆形（如图 9-1 所示）。在室温条件下，COS 气体无色无味，物理化学性质稳定，微溶于水，酸性和极性均弱于 H_2S，化学活性也远小于 H_2S。COS 既不易解离，也不易液化，一般用于脱除 H_2S 的方法不能有效地深度脱除 COS。所以，脱除 COS 是实现气体精脱硫的关键，只有解决了 COS 的脱除才有可能使工业气体的总硫量降至使用要求。

虽然 COS 化学性质稳定，但能快速溶于醇、醇的碱溶液及甲苯等溶剂[5]，且在一定催化剂作用下可发生还原、氧化、水解和分解等反应，上述这些性质在脱除 COS 时是非常重要的。

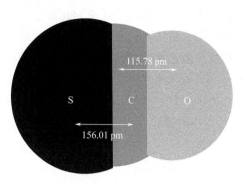

图 9-1 COS 分子结构示意

① 与碱性物质发生快速反应

COS 与氢氧化钠或碳酸钠反应：

$$COS + 4NaOH \longrightarrow Na_2S + Na_2CO_3 + 2H_2O \tag{9-1}$$

$$COS + 2Na_2CO_3 + H_2O \longrightarrow Na_2CO_2S + 2NaHCO_3 \tag{9-2}$$

COS 可以被氨水溶液吸收，生成硫代氨基甲酸铵：

$$COS + 2NH_3 \longrightarrow NH_2COSNH_4 \tag{9-3}$$

COS 和伯、仲、叔三种醇胺的反应：

$$COS + RNH_2 \longrightarrow RNH_2^+ COS^- \tag{9-4}$$

$$COS + R_2NH \longrightarrow R_2NH^+ COS^- \tag{9-5}$$

$$COS + R_3N + H_2O \longrightarrow R_3NH^+ + HCO_2S^- \tag{9-6}$$

或 $$COS + 2R_3N + 2H_2O \longrightarrow 2R_3NH^+ + HS^- + HCO_3^- \tag{9-7}$$

② 还原反应

COS 被氢气还原为 H_2S：

$$COS + H_2 \longrightarrow CO + H_2S \tag{9-8}$$

③ 氧化反应

COS 被氧气氧化为 SO_2：

$$2COS + 3O_2 \longrightarrow 2SO_2 + 2CO_2 \tag{9-9}$$

④ 水解反应

$$COS + H_2O \longrightarrow CO_2 + H_2S \tag{9-10}$$

⑤ 分解反应

$$COS \longrightarrow CO + S \tag{9-11}$$

$$2COS \longrightarrow CO_2 + CS_2 \tag{9-12}$$

第一个反应非常迅速，在 900 ℃时可以达到最大反应速率，而第二个反应分解十分缓慢，在 600 ℃时可以达到最大值。

9.2.1 羰基硫的脱除方法

COS 的脱除包括湿法脱硫和干法脱硫两种方法。湿法脱硫一般指吸收法脱除 COS，包括物理吸收法、化学吸收法、物理-化学吸收法和转化吸收法等。湿法脱硫技术是在 COS 净化领域工业化应用最广泛、最成熟的方法，具有脱硫效率高、反应条件温和、工艺流程短、易操作等优点。与湿法脱硫相比，干法脱硫具有更高的脱硫精度，但干法脱硫不如湿法的工作弹性大、硫容高。干法脱硫一般包括吸附法、水解法、还原法、氧化法以及光解法、等离子体法等新技术。脱除 COS 的方法中吸收法催化剂性能好，但净化度低；还原法和氧化法脱除有机硫效率高，但工艺路线复杂、操作条件苛刻、投资费用大等，这些因素制约了其在工业上的发展；水解法和吸附法因其脱除效率高，操作简单是目前脱除有机硫的主要方法。COS 的各种脱除方法都有各自的优缺点，在实际生产设计中应予以综合考虑，选择适宜的脱除方法。

9.2.1.1 吸收法

(1) 物理吸收法

物理吸收法是利用不同温度和压力下 COS 在溶剂中的溶解度不同来实现的。一般在低温、高压的条件下将气体吸收，然后采用升温、闪蒸、汽提等方法将气体解析，送至下段工艺进行后续的处理，同时实现溶剂的再生。物理溶剂对酸性气体的吸收选择性较差，且对烃类（乙烷、丙烷、丁烷等）有共吸收性，会降低溶剂对 COS 的吸收能力。通过物理吸收法脱除 COS 常用的溶剂有甲醇、聚乙二醇二甲醚、N-甲基吡咯烷酮、碳酸丙烯酯等[6]。

Rectisol 法，又称低温甲醇洗法，是一种非常有效且被广泛应用的气体净化工艺。该工艺采用低温甲醇作为溶剂，在低温高压下进行吸收操作，可以同时脱除 CO_2、H_2S、COS 等酸性气体。其工艺流程主要包含吸收设备、解析设备等，酸性气体一般经过吸收设备吸收后，气体进一步经解析装置解析出，贫液送回吸收设备，实现甲醇的循环使用。低温甲醇洗法能耗较低，对 COS 吸收能力强，且吸收过程无副反应，对设备无腐蚀作用。但该方法也存在一定的缺点，如：甲醇有毒且极易挥发，因此对整个装置的密封性要求非常严格；对以 CO_2 等酸性气体为原料的气体净化过程选择性脱除 COS 性能较差。

(2) 化学吸收法

化学吸收法通常使用碱性溶液对有机含硫气体进行吸收，有机硫与碱性物质发生反应，转化为可溶性盐溶解于溶液中，从而实现有机硫去除。主要包括醇胺吸收法、钠碱法和催化氧化法。

醇胺吸收法是化学吸收法中应用最广泛的方法，该方法工艺流程简单，适应范围广，对 H_2S、CO_2、COS 等酸性气体均具有良好的脱除和吸收选择性。醇胺是一类含有氨基和羟基的碱性化合物，氨基提供吸收酸性气体所需的碱度，增加吸收容量；羟基增加其亲水性，降低溶液的饱和蒸气压，降低再生能耗[7]。按氮原子上连接的氢原子个数，可将醇胺分为伯胺、仲胺、叔胺。工业中常用的伯胺有一乙醇胺（monoethanolamine，MEA）、二甘醇胺 [2-(2-aminoethoxy) ethanol，DGA] 等；仲胺有二乙醇胺（diethanolamine，DEA）、二异丙醇胺（diisopropanolamine，DIPA）、N-甲基单乙醇胺（2-Methylaminoethanol，MMEA）等；叔胺有三乙醇胺（diethanolamine，TEA）、N-甲基二乙醇胺（N-methyldiethanolamine，MDEA）等。

伯胺和仲胺是早期常用的醇胺吸收剂，其氮原子上的活泼氢可以与 COS 作用形成两性离子（中间产物，$RNH_2^+COS^-$ 或 $R_2NH^+COS^-$），两性离子在醇胺分子的催化作用下通过不可逆反应脱去质子生成硫代氨基甲酸盐，导致胺液易发生降解，溶剂损失严重。如 MEA、DEA 作为伯胺和仲胺的代表，具有碱性强、与酸气反应迅速、价格相对便宜等优点，但也存在脱硫选择性差、易降解、易腐蚀和能耗高等缺点。叔胺的氮原子上无活泼的氢，不能直接与 COS 发生反应，而是通过碱催化的方式催化羰基硫水解，有效地避免醇胺降解的问题。同时，相比于伯胺、仲胺，叔胺具有碱性较小、设备的腐蚀性低、酸气负荷高等优点。此外，在醇胺分子的氮原子上连接一个体积较大的非链状取代基团构成空间位阻胺（如 2-氨基-2-甲基-1,3-丙二醇），通过空间位阻效应使氮原子具有一定的化学活性，起到活化醇胺的作用[8]。

20 世纪 80 年代以来，DIPA 和 MDEA 应用较为普遍。DIPA 具有以下优点：对 H_2S 有较高的选择吸收性能；蒸气压低、化学性质稳定，保证溶剂损失量少；碱性低，腐蚀性小；与 H_2S、CO_2 的反应热最小，节能；对 H_2S 选择性好，可以在 40%～50% 的高浓度下使用，降低溶剂循环量和反应体积，节省投资。MDEA 除了可以脱除酸性含硫化合物外，也是一种优异的脱除 CO_2 的脱碳溶剂。MDEA 脱碳工艺也是世界上最经济的脱碳工艺之一[9]。

钠碱法是在加热的条件下，以强碱性的氢氧化钠或碳酸钠水溶液为脱硫剂，与 COS 反应生成硫化钠等无机盐，进而实现脱硫的目的。该方法可以同时脱除 H_2S、COS、RSH 等含硫气体，脱硫效率达 90% 以上。但反应过程会不断消耗脱硫液中的钠离子，造成有效成分的流失，需要定期更换和补充脱硫液以保证净化要求；反应会生成硫酸钠、亚硫酸钠、硫代硫酸钠等副盐，极大地增加碱耗；此外，脱硫液具有极强的腐蚀性，同时有大量废水的产生，易造成二次污染。

催化氧化法是将一定氧化催化剂溶解到碱性水溶液中，构成具有高效吸收和催化氧化 COS 的复配溶液，其中常用的溶剂有氢氧化钠、碳酸钠、氨水等。工艺过程分为化学吸收和氧化再生两个部分：a. 气相中 COS 经碱液吸收后进入液相，与碱液反应生成无机硫，反应机理与钠碱法相同；b. 转化后的无机硫在催化剂的作用下，与氧气发生作用生成硫黄，碱液再生后可循环使用。催化氧化法的脱硫过程仍发生在水溶液中，尽管碱液可以循环使用，相对钠碱法碱耗较低，但无法完全避免盐类副产物的产生，且硫黄颗粒在碱液中积累，会降低脱硫效率，同时会引起严重的发泡，且造成管道设备堵塞。

(3) 物理-化学吸收法

物理吸收法和化学吸收法各有优缺点，将物理溶剂与化学溶剂结合形成混合溶剂，可以提高对含硫气体的吸收性能，使其兼具物理溶剂和化学溶剂的优点，这种脱硫方法称为物理-化学吸收法。目前，关于混合溶剂配方及其气体净化工艺的开发已成为当前 COS 脱除技术的主要研究方向之一。环丁砜法是物理-化学吸收法中的一类代表性方法。环丁砜又称 1,1-二氧化四氢噻吩，是一种优良的非质子极性溶剂，其兼具物理溶剂和醇胺化学吸收溶剂的特性。物理特性来自环丁砜，而化学特性来自二异丙醇胺 DIPA 和水。环丁砜溶剂脱硫法不仅可脱除有机硫，还可以脱除 H_2S 等酸性气体。

吸收法由于其反应平衡等因素的限制，脱硫净化度很难达到 10^{-6}（体积分数）数量级。此外，由于吸收法的特点，其脱除过程中选择性较差，会同时除掉 CO_2 等非含硫气体，在进行含 CO_2 等的原料气脱除时，会导致原料的损失和吸收剂的快速饱和。

9.2.1.2　吸附法

吸附法是利用多孔性固体材料吸附 COS，使其在固体表面富集，实现与其他组分分离的方法。吸附法具有操作简单、脱除效率高等优点，是目前脱除有机硫的主要方法之一。常用的吸附剂材料主要有炭材料（如活性炭、活性炭纤维）、硅胶、分子筛以及金属氧化物

（如活性氧化锌、氧化铝、氧化铁、氧化锰）等。由于使用的吸附剂及反应条件不同，吸附法脱除 COS 的机理也不同。当以活性炭或分子筛为吸附剂时，通常负载铁、钴、镍、铜、锌等重金属，通过金属的催化氧化作用，将吸附后的 COS 转化为硫化氢或者硫黄，实现羰基硫的最终脱除和资源化利用。金属氧化物吸附法是通过金属氧化物和硫化物反应生成金属硫化物进行脱硫，一般作为常规脱硫工艺后续的超深度脱硫工艺。

（1）活性炭和分子筛吸附法

活性炭具有丰富的微孔结构和良好的电子传导能力，常作为吸附剂和催化剂载体使用。活性炭对 COS 的吸附作用主要是通过活性炭表面的自由力场，通过活性炭与 COS 之间的分子力而产生的一种物理吸附。COS 的动力学直径为 0.5～0.9 nm，很可能无法进入部分活性炭的微孔中，导致物理吸附减弱。因此，常通过掺杂碱金属、碱土金属和稀土金属等活性组分对活性炭进行改性，从而提高吸附剂对 COS 的脱出率。如 KOH 改性的活性炭吸附剂可脱除低浓度 COS，脱附机理包含两种解释。一种为 COS 与微孔中碱活性位（OH^-）发生反应，最终形成 S 和 SO_4^{2-} 沉积在活性炭吸附剂上；另一种解释为负载的 K^+ 以 K_2CO_3 的形式存在于活性炭表面，COS 通过与两个 K^+ 形成螯合键，从而完成对一个 S^{2-} 的强烈结合[10]。该作用可阻止活性炭表面因吸附饱和而发生硫的解吸，COS 在吸附剂表面的吸附速率随吸附温度呈准一级变化。

鉴于活性炭的吸附容量和吸附稳定性，对于活性炭脱除 COS 而言，大多数是通过催化还原法或催化氧化法作用实现的。催化还原法是指在活性炭中加入铁、钴、镍、金和银等金属或金属化合物催化剂，通过催化加氢反应将 COS 转化为 H_2S 后再被活性炭吸附脱除的一种方法。催化氧化法是指在氨和氧的存在下，COS 在活性炭表面进行氧化反应。

分子筛的脱硫机理与活性炭相似，可用于脱除天然气等各种原料气中的有机硫而不会使原料气引入其他杂质。沸石就是一种典型的分子筛，其脱硫特点仍然是以物理吸附为主，但是再生温度高（需要在 260～290 ℃温度范围内再生），增大了再生过程的操作成本。分子筛也可以通过碱土或过渡金属离子改性，如将沸石中至少 20% 的钠置换成钙等二价金属，可以同时增强对 COS 和硫醇的脱除能力[11]。过渡金属改性时通常以金属氧化物或金属离子（原子）的形式存在于吸附剂载体上，在吸附过程中与 COS 发生 π 络合吸附、酸碱吸附等作用脱除 COS。掺杂稀土金属可减小金属氧化物的晶粒尺寸，改善吸附剂的孔隙结构，增强活性中心在载体上的分散度，等等。过渡金属离子改性的分子筛常被用于脱除汽油等油品中的硫化物，因其选择性高、再生力强而被广泛应用于气体分离和纯化领域。

（2）金属氧化物吸附法

氧化锌法是世界上公认的脱硫精度最高的脱硫剂，经它处理过的原料气含硫可以小到 10^{-9}（体积分数）级。此外，氧化锌法使用简便、稳定可靠，经常用作还原法和水解法的后续脱硫剂，对气体脱硫可以起着"把关"和"保护"作用。氧化锌可以直接与 COS 发生反应，反应机理如下。

$$ZnO + COS \longrightarrow ZnS + CO_2 \tag{9-13}$$

氧化锌也可以负载在活性炭等吸附剂上制备复合吸附剂，如采用基质辅助法制备了 ZnO/AC 吸附剂，可将浓度为 10 mg/m³ 的 COS 脱除，吸附量达到 5.6 mg/g[12]。然而，氧化锌法脱除 COS 需要在 350～450 ℃ 的温度范围内进行，同时氧化锌脱硫剂价格昂贵且不能用简单的方法再生，因此只适用于低浓度硫的脱除。

　　氧化铁与氧化锰也可以与 COS 发生反应。氧化铁与氧化锰价廉易得，一般用作 COS 加氢还原的后续脱硫剂，用于吸附还原生成的 H_2S[13]。金属氧化物吸附法脱除 COS 效率较高，但需要在较高温度范围内再生，增加了再生过程的操作成本，且该方法资金投入量大，还会伴有一定的副反应[14]。

9.2.1.3　水解法

　　水解法主要是利用 COS 与 H_2O 反应生成 H_2S 和 CO_2 后，再通过脱除 H_2S 的方法脱硫。其反应方程式为：

$$COS + H_2O \longrightarrow CO_2 + H_2S \tag{9-14}$$

　　水解法相比其他方法具有很多优势。如反应温度低（常温下即可进行）、使用温度阈值宽、不消耗氢气、抗中毒性强、转化吸收有机硫效率高等。此外，水解催化剂价格比较便宜，且一般原料气中都含有水解所需的水蒸气，而且在低温条件下水解无副反应。因而，水解法被广泛应用于甲醇合成气、丙烯、二氧化碳、煤气和变换气等各种气体中 COS 的脱除[15]。但自然条件下 COS 固有的水解速率常数是非常低的，在 25 ℃时仅为 $0.001~s^{-1}$。研究表明，COS 的水解反应可被碱催化。COS 水解法的发展趋势是需要开发稳定性好、活性高和耐中毒的新型催化剂，对 COS 水解转化的研究主要集中在 2 个互相促进的方面：水解催化剂的研究与开发、反应动力学和反应机理的研究。

9.2.1.4　其他工艺

(1) 还原法

　　还原法，又称加氢转化法。主要是利用 H_2 在催化剂的作用下将 COS 还原成 H_2S 后，再通过脱除 H_2S 的方法加以脱除。其反应原理为[16]：

$$COS + 4H_2 \longrightarrow CH_4 + H_2S + H_2O \tag{9-15}$$

　　由于还原法需要大量的氢源，因此常用于石油炼制过程中。常用的催化剂目前可主要分为三类：第一类是传统的镍、钴、钼系复合金属催化剂，其成分主要是 $\gamma\text{-}Al_2O_3$ 负载的 Co-Mo 基和 Ni-Mo 基催化剂，其中以 Co-Mo/$\gamma\text{-}Al_2O_3$ 体系最为常见；第二类是近年开发的具有转化和吸收双功能的金属氧化物催化剂；第三类是改性活性炭基催化剂[17]。还原法的优点是转化率高，如可使石油裂化气中的 COS 的体积分数从 10^{-3} 降低到 4×10^{-8}。但催化剂使用前需要预硫化作用，而且床层的硫化温度要在一定范围内[15]，否则一部分金属氧化物会被还原成低价金属氧化物或金属元素，使硫化不完全。COS 加氢还原也同样需要在较高操作温度下进行，COS 转化成 H_2S 再由 ZnO 高温脱除，易带来流程上的"冷热病"[18]。此外，Co-Mo/$\gamma\text{-}Al_2O_3$ 系催化剂价格高，工艺路线复杂、操作条件苛刻、投资费用大。当原料气中含有氧、CO、CO_2 时，还伴有脱氧反应和甲烷化等副反应。

(2) 氧化法

　　COS 可以燃烧氧化成 SO_2，在高温条件下，过量的 SO_2 也可以氧化 COS[19]。

$$2COS + 3O_2 \longrightarrow 2SO_2 + 2CO_2 \tag{9-16}$$

$$2COS + SO_2 \longrightarrow 3S + 2CO_2 \tag{9-17}$$

　　但是 1 体积 COS 气体与 1.5 体积的氧混合燃烧时会发生轻微爆炸，与 7.5 体积的氧混合燃烧时不发生爆炸。所以，在操作过程中应注意气体配比。氧化法和还原法类似，也具有脱硫效率高的优点，但投资费用大。当原料气中含有其他可能被氧化的还原性气体时，会将还原性气体一并氧化。

(3) 光解法

光解法是在催化剂存在下利用紫外光对 COS 进行照射，使其被氧化成 SO_2 或进一步氧化成单质硫或硫酸盐的一种方法。如在 Ag(111) 晶面上，COS 可被光解生产 CO 和 S[20]。潮湿空气气氛中的微量水汽同样会对 COS 的光解产生影响，H_2O（g）吸收 185 nm 波长的光子，引起如下反应[16]。

$$H_2O + h\nu \longrightarrow H + \cdot OH \tag{9-18}$$

$$\cdot OH + COS \longrightarrow CO_2 + SH \tag{9-19}$$

$$SH + O_2 \longrightarrow SO + \cdot OH \tag{9-20}$$

$$\cdot OH + CO \longrightarrow CO_2 + H \tag{9-21}$$

$$H + O_2 \longrightarrow \cdot OH + O \tag{9-22}$$

式中，h 为普朗克常数，$J \cdot s$；ν 为光子的频率，Hz。

各类脱硫方法的比较见表 9-1。

表 9-1　各类脱硫方法的比较

脱硫方法	脱硫效率/%	优点	缺点
吸收法	60～85	处理量大 吸收液成本低 设备简单	产生大量废吸收液 废吸收液处理难度大
吸附法	50～80	脱硫效率较高 设备简单 操作成本低 吸附剂来源广泛	初始投资成本高 废吸附剂处置难度大 部分吸附剂需要在较高温度下再生
水解法	85～100	反应成本低 使用温域宽 抗中毒能力强 脱硫效率高 副产物少	反应速度慢 对气氛中的氧和水含量敏感
还原法	80～90	脱硫效率高	催化剂需要在一定温度下预硫化 原料有含氧化合物时，会有副反应 催化剂价格高
氧化法	70～95	脱硫效率高 反应温度低	催化剂价格高 催化剂容易失活 会同时脱除原料中其他还原性气体

9.2.2　羰基硫水解催化剂

目前，COS 的水解催化剂的水解活性中心均为催化剂表面的碱活性位[21]。COS 水解催化剂的载体可分为三类：第一类是以 $\gamma\text{-}Al_2O_3$、TiO_2 和类水滑石等为代表的金属氧化物载体；第二类是以活性炭为代表的碳系材料；第三类是硅藻土、分子筛等为代表的硅系材料。催化剂的活性组分主要是碱金属、碱土金属、过渡金属氧化物、复合金属氧化物、稀土氧硫化物和纳米金属氧化物等。目前国内外已经研究开发出了一些性能比较优异的催化剂，如美国 VCI 公司的 C53-2-01、丹麦托普索公司的 CKA、太原理工大学的 TGH-3Q、湖北化学研究院的 T104 和 T504 等。

COS 水解催化剂主要在中低温范围内使用，催化剂在使用一段时间后，会发生失活，导致转化率下降。一般认为失活的原因是硫沉积或硫酸盐化导致了催化剂的比表面积下降。总而言之，现有技术存在的问题主要包括：有机硫脱除精度低；脱硫过程中存在废碱液等二次污染物；净化材料硫容有限，需要经常更换；脱硫工艺复杂，需要对各种有机硫单独脱除。因此，COS 水解技术的发展趋势仍然是具有高活性、高硫容量、高稳定性和耐中毒的新型催化剂的研制开发。下面将从催化剂的载体、活性组分、反应机理和反应动力学、催化剂的失活与再生四个方面进行介绍。

9.2.2.1 载体

催化剂载体应该具有合适的比表面积、较好的热稳定性、较高的机械强度。其中，γ-Al_2O_3 基催化剂具有较大比表面积的多孔结构，且表面活性较高、抵抗压力变形的性能好、吸附性能好和耐热稳定性强等，但其容易被硫酸盐等物质腐蚀，且抗毒性的能力不强[18]。碳系材料具有较好的吸附能力，但是制备过程对成品碳的结构影响较大，且碳系材料的抗硫性较低[22]。硅系材料具有良好的机械强度和热稳定性，但不适合用于负载碱性活性中心[23,24]。

(1) 金属氧化物

有机硫水解催化剂中的金属氧化物载体主要包括 γ-Al_2O_3、TiO_2 及铁锰等复合金属氧化物等[25,26]。在这些催化剂载体中，γ-Al_2O_3 作为目前研究较为深入和应用广泛的催化剂，具有比表面积大、表面活性高、热稳定性好等特点。γ-Al_2O_3 本身也对 COS 具有一定的催化水解作用，单纯使用 γ-Al_2O_3 作为催化剂水解脱除 COS 时，水解转化率可以达到 51.2%。然而，这种催化剂的抗硫性较差，一旦催化剂表面有硫酸盐生成，催化活性急剧下降。TiO_2 和 ZrO_2 与 γ-Al_2O_3 一样也具有催化水解 COS 的能力，其抗硫性能比 γ-Al_2O_3 更高。虽然 TiO_2 和 ZrO_2 具有较高的催化活性和较高的力学性能，但其比表面积较低、成本较高，不能直接大规模地在工业中应用。因此，向廉价的 γ-Al_2O_3 中掺入少量的 TiO_2 或 ZrO_2，制备 TiO_2-Al_2O_3 和 ZrO_2-Al_2O_3 二元氧化物载体，在获得高比表面积的同时，能够极大地提高催化剂的抗硫中毒性能。而且通过扫描电镜还可以发现，复合载体颗粒的分布均匀，分散性也较高。通过在催化剂表面加入一定量的碱性组分，可以提高催化剂表面碱性位点的强度、增加碱性位点的数量，这能够进一步提高催化剂对 COS 的催化水解活性，同时也能提高催化剂的抗中毒能力，延长使用寿命。

(2) 类水滑石材料

类水滑石 (hydrotalcite-like compounds，HTLCs) 材料是一类具有层状结构的阴离子型黏土，由金属离子与羟基配位形成八面体结构，层板之间充填水合阴离子起电荷平衡作用。HTLCs 的阳离子可与其他同价离子同晶取代，使其具有孔径可变的选择性吸附的催化性质。此外，HTLCs 还具有独特的"结构记忆效应"，即 HTLCs 在高温焙烧时，层间的阴离子、层板上的羟基等逸出，进而 HTLCs 结构遭到破坏，但其主体双层结构依旧保持。将焙烧产物加入到水中或含有所需功能阴离子的溶液中，HTLCs 层状结构会重建，羟基或者功能性离子会进入 HTLCs 层间，进而形成新型 HTLCs 材料。一般煅烧温度依据不同 HTLCs 金属离子而不同，煅烧极限温度是不能形成尖晶石材料。近年来，源于类水滑石的金属氧化物因其独特的结构特性受到了广泛的关注。目前，对类水滑石 COS 水解催化剂的研究主要有两个方向：其一是以 HTLCs 为前驱体，在层间嵌入其他的物质，以期获得大孔径的多层柱功能催化材料；其二是直接利用水滑石作为催化剂，或以水滑石为前体将煅烧获得的混合氧化物作为催化剂。

（3）碳系材料

活性炭具有较大的比表面积、较高的孔容、丰富的微孔结构和表面含氧官能团，在低温精脱硫过程中，活性炭具有重要的作用[25]。市售活性炭主要是以煤和木质为原材料制备得到的。以煤为原料制得的活性炭强度高、孔隙发达、比表面积大、微孔容积大。以木材、木屑、木块等为原料制得的活性炭具备更发达的纤维结构和更少的杂质含量，还具有高强度、低灰分、孔径分布易调整的特点。生物质活性炭的原料包括椰壳、果壳、秸秆、烟秆、核桃壳、花生壳、竹子等，这类活性炭根据原料的性质各有特点。酸洗和碱洗可以改善活性炭表面的官能团种类和数量，有助于改变活性炭表面的物理化学特性、提高活性炭的化学吸附能力。

通过改变活性炭的制备条件能够调整活性炭的吸附性能和表面物化特性，可以在一定程度上提高活性炭对 COS 的脱除效率。但对活性炭进行改性是提高其 COS 脱除效率的更有效手段。常用的改性方式包括物理改性和化学改性。物理改性通常是采用热处理法、微波法和低温等离子体法等对催化剂的表面物理结构进行改性，可以改善活性炭表面的孔结构和孔体积，同时影响表面部分官能团的分布[27]。化学改性通常是采用表面氧化法、化学气相沉积法和浸渍法等改善催化剂表面官能团和表面活性位点，从而改变活性炭对不同污染物的吸附性能，增强选择性和吸附容量[28]。

9.2.2.2 活性组分

（1）碱金属和碱土金属

通过在载体上负载碱金属或碱土金属，可以调节载体表面的碱性位点分布和碱性强度。碱金属对碱性强度有较大影响，碱土金属对碱性位点的分布有较大的影响。当碱金属氧化物作为活性组分时，分别可以以碱或盐的形式负载，负载的形式不同，催化剂表现出不同的活性。Xin 等[29] 向改性活性炭表面浸渍 KOH 发现 K 的加入能够增强活性炭表面活性组分的分布，同时提高改性活性炭的催化水解活性和化学吸附能力。王国兴等分别以 K_2CO_3、Na_2CO_3、KOH、NaOH、CH_3COOK 和 KNO_3 作为活性组分负载于球状活性氧化铝载体上，证明添加 K_2CO_3 的催化剂在处理 COS 气体时具有最高的水解转化率（＞91.8%），最佳的 K_2CO_3 添加量为载体质量的 4%～16%。谈世韶等[30] 用碱金属和碱土金属氧化物作为活性组分负载于 $\gamma\text{-}Al_2O_3$ 上制得水解催化剂，得到催化剂的活性大小顺序为 $Cs_2O/\gamma\text{-}Al_2O_3$＞$K_2O/\gamma\text{-}Al_2O_3$，$BaO/\gamma\text{-}Al_2O_3$＞$Na_2O/\gamma\text{-}Al_2O_3$，$CaO/\gamma\text{-}Al_2O_3$＞$MgO/\gamma\text{-}Al_2O_3$，且除 Cs_2O 外，其他金属氧化物的摩尔分数为 5% 时催化剂达到最佳活性，而用 Cs_2O 作为负载的催化剂，活性提高量和负载量成正比。

（2）过渡金属、复合金属氧化物和纳米金属

过渡金属、复合金属氧化物和纳米金属作为活性中心时，根据其活性中心类型、载体种类、负载方式等情况的不同会对活性产生不同的影响。West 等[31] 将 Fe^{3+}、Co^{2+}、Ni^{2+}、Zn^{2+}、Cu^{2+} 等离子负载到 $\gamma\text{-}Al_2O_3$ 上，发现只有 Ni^{2+} 和 Zn^{2+} 表现出稳定的催化促进性能。Cu^{2+} 只在反应初期对 COS 水解活性有促进作用，中、后期对水解活性反而有抑制作用。

Huang 等使用 ZnO 和 γ-Al_2O_3 复合金属氧化物制备 COS 水解催化剂[32]，ZnO 的添加能够降低催化剂中毒的速率，延长催化剂的使用寿命。Ning 等[33] 发现在活性炭表面，Fe_2O_3 在所有单一金属氧化物改性催化剂中表现出最高的催化水解效率。Li 等将 Cu 负载在类水滑石载体上，发现 Cu 能够减少水解产物 H_2S 的氧化，提高催化剂的抗中毒性能和延长催化剂使用寿命。另外，也有报道认为过渡金属对 γ-Al_2O_3 催化剂活性的促进作用与金属-硫键的结合能力有关。

(3) 稀土金属氧化物

稀土元素的引入能提高 COS 催化剂的催化水解活性，Colin 等研究认为稀土元素对 γ-Al_2O_3 催化脱硫的促进作用来自催化剂表面能够产生更多的—OH 官能团。此外，稀土硫氧化合物能够提升催化剂的抗氧化能力，虽然含硫物质会导致催化剂失活，但是稀土元素的加入能够可逆地恢复催化剂的活性。如张益群等[34] 将稀土氧硫化物负载在氧化铝上，发现催化剂在较低氧浓度下显示出优异的抗氧性能；Wang 等[35] 向 CoNiAl 水解催化剂中加入 Ce，认为 Ce 能够抑制硫酸盐和单质硫在催化剂表面的形成，延长催化剂的使用寿命，抑制水分子在催化剂表面产生水膜，提高催化剂的吸附能力。

9.2.2.3 反应机理和反应动力学

反应机理和反应动力学的研究一方面有助于开发性能好、活性高的水解催化剂，另一方面还可为反应器的设计提供理论依据。然而，由于影响催化水解的因素较为复杂，导致不同反应条件下的催化水解机理和动力学结论是不同的[36,37]。

COS 固体催化水解的反应机理一般可概括为 COS 与水蒸气吸附在催化剂表面的碱性中心位点上进行反应。如发现改性 γ-Al_2O_3 表面碱强度的分布与 COS 表面能量分布相对应，导致反应的活性中心 pH 值在 4.8 到 9.8 之间时，催化剂的水解转化效率最高[38]。FTIR 光谱证实较弱的碱性中心是 COS 催化水解反应的活性中心[39]。一种机理认为 COS 先在弱碱性位点上吸附，然后再和—OH 官能团发生水解反应；另一种机理认为水解催化剂的表面覆盖有—OH 官能团和吸附态的 H_2O，两者通过离子偶极作用吸附 COS，进而发生反应[40]。对于 COS 水解反应速控步骤由于 COS 浓度、反应温度、水空气比、反应气氛等反应条件不同，也存在着多种理论：一种是 Langmuir-Hinshelwood 理论[26]，认为反应物吸附在催化剂表面，吸附态的 COS 与 H_2O 的反应是水解反应的控制步骤；另一种理论认为 COS 属于解离吸附，且符合 Freundlich 方程，即 COS 的脱附是反应的控制步骤[36]；还有一种理论认为水首先吸附在催化剂表面，气态 COS 与水的反应是水解反应的控制步骤。随着计算机科技水平的不断发展，量子化学成为了探究反应过程和反应机理的另一个重要方法。在 Gaussian、VASP、Materials Studio 等量子化学软件的帮助下能够模拟化学实验中原子层面的迁移和反应过程，还能通过设定反应条件达到预测反应产物和优化反应过程的目的。因此，还需要结合实验和理论计算结果深入研究 COS 水解反应的机理。

目前，大多数研究者认为 COS 的催化水解反应对 COS 是一级反应，随着反应条件的改变，对水的反应级数会发生变化。研究表明，常温且水气比值不高的情况下 COS 的催化水解只与 COS 有关，H_2O 的反应级数为零级，如在氧化铝[41] 和 Co-Mo-Al[42] 催化剂上均观察到了相似的结论；在中温条件下，COS 的水解反应反应级数还与 H_2O 的分压有关，当 H_2O 的分压在 0.1～0.26 时，对 H_2O 的反应级数为 0.4；当 H_2O 的分压高于 0.26 时，对水的反应级数变为负数，为－0.6。说明在水解过程中，一定量的水作为反应物是必须存在的，但水过量则会导致转化率快速降低。

9.2.2.4 催化剂的失活与再生

水解催化剂失活的原因，主要是含硫物种在催化剂表面的沉积引起催化剂活性表面积减小所致。当反应气氛中有氧存在时，氧会在载体表面吸附，并与吸附于催化剂表面的 COS 或水解产物 H_2S 发生反应生成单质硫。此外，H_2O 不仅会在催化剂表面产生催化水解的作用，也能在一定条件下提供氧原子，从而产生硫单质。当温度上升至 200 ℃ 以上后，单质硫会继续氧化生成 SO_2，继而生成硫酸盐。含硫物种会在催化剂表面累积，覆盖催化剂表面的活性位点，逐渐减弱催化剂的催化活性，随着含硫物种的增多，催化剂最终失活。另一个导致催化剂失活的原因是活性组分的消耗，硫酸盐的生成会导致催化剂表面的酸性位点增加，消耗掉催化剂表面的活性中心，这对于催化活性的减弱是不可逆的。此外，催化剂的失活也受到硫酸盐物种的积累和表面官能团的变化。在失活过程中，温度越高，失活行为越严重。因此要克服水解催化剂的中毒失活，首先要降低反应温度，这也是目前国内外致力于开发常、低温有机硫水解催化剂的原因。

目前，已经有多种方法对 COS 水解催化剂进行再生，如化学处理法、溶剂清洗法、微波和热处理法[41-47]。这些再生方法可以将催化剂表面的失活组分带离催化剂，或者通过化学作用转换表面物种。针对不同的失活原因，所采用的再生方法也不尽相同。虽然经过这些再生方法能够使催化剂的活性恢复 70% 以上，但单一的再生方法并不能很好地完成再生过程。目前，对催化剂的再生过程还尚不明确，再生方法仍需改进。

9.2.3 应用案例

9.2.3.1 聚丙烯合成原料中微量 COS 的脱除

在聚丙烯生产过程中，丙烯中的微量 COS 即会使丙烯聚合催化剂中毒，使产品中催化剂残留灰分增加，并产生大量的无规副产物。一般要求将 COS 的体积分数控制在 0.1×10^{-6}，或更低。由于 COS 与丙烯的沸点只相差 3.4 ℃，因此，常规脱硫方法很难使丙烯中的 COS 含量满足要求。

传统脱除丙烯中 COS 的方法是先用低温甲醇洗法预除原料气中的有机硫，然后，液态甲醇与原料的混合物与固态氢氧化钾接触，可脱除碳基硫至小于 1 mg/kg。之后再通过以氧化锌为主体的净化剂脱除 COS。氧化锌脱硫法有高温（400～500 ℃）脱除、中温（约 200 ℃）脱除及低温（室温）脱除三类方法，该方法不需要预处理，并具有硫容量大（20% 以上）、原料硫含量不影响其硫容量以及净化效果好（COS<0.1 mg/kg 或更低至 0.005 mg/kg）、操作方便等特点。因此，采用低温甲醇洗法串联氧化锌法脱除丙烯中的 COS 是较理想的净化方法之一。

此外，还有一些技术可用来深度脱除丙烯中微量的 COS。如美国 Steel Corporation 公司将硫化铂负载在氧化铝载体上作为净化剂用于脱除丙烯中的 COS，其脱除效果可达 0.3 mg/kg 以下。此净化过程既包括吸附脱除，也包括 COS 在多于其两倍水的作用下水解转化为易于脱除的硫化氢。拉博菲纳公司将镍沉积于硅石、氧化铝、硅藻土或其他类似的载体上作为净化剂，可使 COS 含量降至 0.05 mg/kg 或更低。此类净化剂以液相脱除 COS 为宜，净化剂中既含有金属镍也含有氧化镍，净化剂中总镍量为 40%～70%，金属镍占总镍量的 35%～70%。脱除效果主要取决于镍晶粒的尺寸，一般要求晶粒尺寸控制在 1～20 nm。

9.2.3.2 天然气中高浓度 COS 的脱除

天然气是重要的清洁能源和化工原料。然而，油气田开采的天然气中除 H_2S 和 CO_2 含量较高以外，有机硫质量浓度普遍偏高（大于 200 mg/m^3），其中 COS 是有机硫的重要组成成分。目前，天然气中 COS 的脱除主要是以醇胺溶剂的吸收法为基础，通过对醇胺溶剂的优化（如与砜胺溶液复配或使用添加剂），增加 COS 在溶液中的溶解度。一般有 4 种工艺：以 MDEA 水溶液为代表的化学吸收法；活化 MDEA 溶液作为吸收剂的化学吸收法；溶剂吸收法＋分子筛＋硅胶吸附法；物理化学混合溶剂吸收法。然而，当有机硫含量特别高且脱除精度要求较高时，国内在此方面的应用实例较少。一般认为，当有机硫质量浓度大于 100 mg/m^3 时，要实现总硫质量浓度小于 20 mg/m^3 则较为困难。

此时，采用固定床催化转化的方法衔接吸收法进行深度脱硫是一种常用的脱硫工艺。传统脱除 COS 深度脱硫方法是高温条件下利用钴、钼加氢串联氧化锌工艺，该工艺使用温度较高。近年来，开发出的对天然气中高浓度 COS 水解的催化剂可以在较低温度下完成该反应[48]。该工艺如图 9-2 所示，采用了胺液吸收串联 COS 水解再串联胺液吸收工艺[49]，通过在第一级胺液吸收塔中粗脱大量 H_2S 和 CO_2，然后在有机硫水解部分利用催化剂将 COS 催化水解，转化为 H_2S 和 CO_2，最后在第二级胺液吸收塔中精脱 COS 水解生成的 H_2S，利用醇胺溶液对 H_2S 的高选择性和 COS 固定床水解转化率高两种特点的技术组合使用，满足了湿净化气中总硫含量的达标。该工艺的核心部分是 COS 水解催化剂，其对天然气中的 COS 具有很高的转化率，但对硫醇、硫醚类含硫化合物则没有催化转化作用，同时，该有机硫水解工艺对进入反应器中的 H_2S 和 CO_2 含量及水与 COS 的物质的量之比有一定的要求，确保 COS 能够得到最大程度的水解。

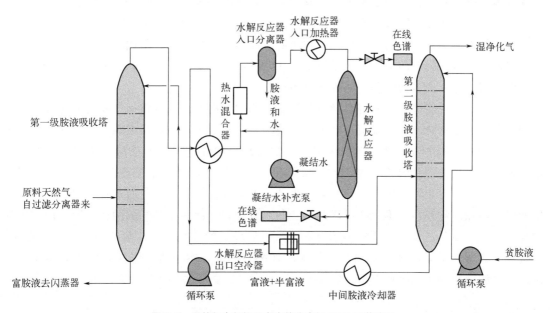

图 9-2 天然气中气相固定床催化水解 COS 工艺流程

9.3　二氧化硫净化技术

SO_2 排放是大气环境污染及酸雨不断加剧的最主要原因。大气中的二氧化硫主要来源于两个方面：一是火山喷发等天然来源，二是人类生产生活导致的人为来源。人为来源主要包括矿物燃料的燃烧和含硫矿石的冶炼以及工业生产过程，如燃煤、金属冶炼和化工等行业的排放。与天然来源相比，人为来源排放的硫含量约占大气中二氧化硫总含量的三分之二，且人为来源排放相对集中、排放过程可控。

有色金属冶炼厂等生产过程所排放的二氧化硫废气浓度较高，这类高浓度 SO_2 废气一般采用接触氧化法制取硫酸，工艺成熟。化工行业单元操作和燃料燃烧废气中硫含量较低，这类低浓度的 SO_2 废气回收过程不经济，但排放总量大，对大气质量影响也很大，因此必须给予治理。化工行业单元操作产生的低浓度的 SO_2 废气治理方法中，虽然可采用的防治手段很多（如可以采用低硫燃料、燃料脱硫、高烟囱排放等方法），但从技术、成本等方面综合考虑，将硫富集后通过烟气脱硫仍是防治大气中 SO_2 的主要方法之一。烟气脱硫（flue gas desulfurization，FGD）是世界上大规模商业化应用的脱硫方法，已拥有数十种行之有效的脱硫技术，但是，其基本原理都是以一种碱性物质对 SO_2 吸收的过程。按照碱性吸收剂的种类，可将烟气脱硫技术划分为：以 $CaCO_3$（CaO）为基础的钙法；以 Na_2SO_3 为基础的钠法；以 MgO 为基础的镁法；以有机碱为基础的有机碱法；以 NH_3 为基础的氨法。钙法使用最广的国家是日本，众所周知，日本的煤资源和石油资源都很缺乏，也没有石膏（$CaSO_4$）资源，而其石灰石（CaO）资源却极为丰富。因此，能够生产石膏产品的钙法在日本得到广泛的应用。钙法也是世界上使用最广的烟气脱硫商业化技术，所占比例在 90% 以上。在美国，镁法和钠法得到了较深入的研究，但实践证明，这两种方法都不如钙法。我国的特点是人口众多，化肥需求量大，氨法的产品本身就是化肥，因此，氨法在我国有很好的应用价值。烟气脱硫的另一种分类方法是以脱硫产物的用途为根据，分为抛弃法和回收法。在我国，抛弃法多指钙法，回收法多指氨法。

此外，根据脱硫过程是否有水参与及脱硫产物的干湿状态可以将烟气脱硫分为湿法、干法和半干（半湿）法。湿法脱硫是烟气脱硫技术中应用最多、技术最成熟、运行状况最稳定的一种方法，使用率占总脱硫技术的 85% 以上。湿法脱硫技术具有处理烟气量能力大、适用性强、脱硫程度高且脱硫后的产物一般可以利用等优点，但也存在着投资巨大、能耗高、占地面积大、塔内装置容易腐蚀等问题。因此，开发和优化新型烟气脱硫技术仍是烟气脱硫中的研究热点。此外，由于湿法脱硫和干法脱硫分别以气液两相和气固两相进行反应，反应过程中的"三传"过程是重要的影响因素。由于反应器的种类和操作形式对反应的"三传"过程具有显著的影响，进而影响烟气脱硫的效率。因此，本节将以湿法、干法和半干（半湿）法为例分别介绍几种典型的反应器。

9.3.1　湿法脱硫

湿法脱硫是通过向反应器内加入碱性浆液，使其与 SO_2 发生气液反应，从而达到脱除

SO_2 的一种脱硫方法。石灰石/石灰是目前使用最为广泛的浆液,其反应原理是在气液反应塔内用石灰或石灰浆液吸收和氧化被净化气中的 SO_2 并副产石膏。湿法脱硫过程是反应速度很快的气液反应,气液相间传质作用对反应起主导作用。因此,其效率和成本不仅取决于脱硫剂和脱硫工艺,脱硫设备的性能也会起到重要影响。其中,防结垢堵塞、防腐、气水分离、灰分分离等均是其中的关键技术。传统湿法脱硫设备的核心装置是吸收塔,主流的脱硫吸收塔有喷淋塔、填料塔和鼓泡塔等,对脱硫设备的研究主要集中在对吸收塔结构的优化和改造。同时,为了更好地促进气固相之间的"三传"过程,新型反应器也越来越多地被应用到湿法脱硫之中。本节将从传统的塔式反应器及其优化和新型过程强化反应器两个方面进行介绍。

9.3.1.1　塔式反应器

(1) 喷淋塔

喷淋塔在气液反应器的分类中常被称为喷雾塔,是通过在空塔内设置喷嘴,将液体从塔体合适位置经过喷嘴喷成雾状或雨滴状与从塔下部进入的气体密切接触进行气液交换的一种塔式反应器。在塔体内,液体为分散相,气体为连续相。喷雾塔结构简单,塔内无填料或塔板,故不易被堵塞,阻力小,操作维修方便。此外,由于喷雾塔为空塔,反应过程中如有固相生成也能适应。但其具有储液量低、液侧传质系数小以及气相和液相的返混都比较严重等缺点,一般在气固相反应中应用并不广泛。

在烟气脱硫技术的发展过程中,喷淋塔是最早采用的脱硫反应装置,也是用于气体吸收最简单的设备。因其结构简单,塔内不易结垢和堵塞,压力损失小和运行可靠性高,成为传统湿法脱硫工艺的主流塔型。喷淋塔的工作过程为:烟气从喷淋区下部进入吸收塔,并向上运动;吸收浆液通过循环泵送至塔中不同高度布置的喷淋层,由喷嘴雾化形成分散的雾滴或小液滴(直径 1320~2950 μm)[50],均匀地喷淋于塔中;雾滴或小液滴在塔内与烟气进行充分逆流接触,达到净化目的;净化后的烟气通过除雾器除雾后排出。气液进料多采用逆流方式布置,烟气流速约为 3 m/s,液气比与气体中含硫量和脱硫率有较大关系,一般在 8~25 L/m^3,吸收区高 5~15 m,接触反应时间为 2~5 s。

(2) 填料塔

填料塔因其结构简单、压力降小、易于适应各种腐蚀介质和不易造成溶液起泡的特点,成为工业上进行气液反应最常用的反应器。填料反应器内部装有较大比表面积、较高的空隙率、较强的耐腐蚀性、较好的耐久性、良好的可润湿性且价格低廉的填料,常见的有拉西环、鲍尔环、矩鞍形、阶梯环和板波纹规整形等。填料的存在保证了气液间充分的接触面积和传质能力,使塔内的气相和液相均以接近活塞流的形式流动,但也导致塔内存液量较小。一般,填料塔适用于瞬时反应、快速和中速反应过程,多采用逆流操作,当进行不可逆反应时也可采用更简单的并流操作。填料反应器也存在缺点,如:无法从塔体中直接移去热量,当反应热较高时,必须借助增加液体喷淋量以显热形式带出热量;由于存在最低润湿率的问题,在很多情况下需采用自身循环才能保证填料的基本润湿,但这种自身循环破坏活塞流的流型,降低了反应效率;若反应过程中有固相生成,容易产生堵塞,不宜采用填料塔。尽管如此,在常压和低压下压降成为主要矛盾和反应溶剂易于起泡时,填料塔反应器仍是最为适合的选择。

(3) 鼓泡塔

鼓泡塔的特点是气相高度分散在液相之中,液体为连续相,气体为分散相。反应体系具有大的持液量，传热效率较高，适用于缓慢化学反应速率或伴有大量热效应的情况。此外，鼓泡反应器具有结构简单、操作稳定、投资和维修费用低等优点。它的缺点是液相有较大的返混及气相有较大的压降。鼓泡反应器按其结构可分为：空心式、多段式、气体提升式和液体喷射式等。空心式是最简单的鼓泡反应器；多段式可以克服高径比较大的鼓泡反应器中的液相返混现象，从而提高反应效果；气体提升式或液体喷射式可以通过形成有规律的循环流动，强化反应器传质效果和固体催化剂的悬浮程度，适合于高黏性反应物的体系；当热效应较大时，还可在塔内或塔外装备热交换单元增强传热性能。然而，鼓泡塔也存在着液相有较大返混和气相有较大压降的缺点。同时，鼓泡塔单位体积的相界面积是所有塔式反应器中最小的一种。

9.3.1.2 过程强化反应器

（1）喷射反应器

为了改善气液传质性能，可以采用喷射反应器。该反应器是近几十年发展起来的一种多相反应器，常用于气液、液液或气液固相反应。其原理是利用高速射入的流动相来卷吸另一相态物质，从而达到各相密切接触混合，在反应器内均匀分散混合并完成反应。喷射反应器的核心部件是喷嘴（图 9-3），为保证喷入物料的均匀性，喷嘴的种类繁多，如文丘里喷嘴、环状喷嘴、槽状喷嘴、单孔喷嘴、多孔喷嘴、单级喷嘴和多级喷嘴等。喷射反应器具有传质和传热性能好、密封性

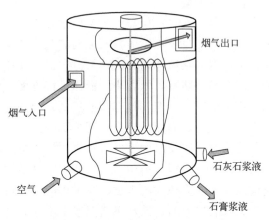

图 9-3 喷射鼓泡反应器核心部件——喷嘴

好、便于高压反应、单位体积输入功率大、工作体积大、操作弹性好、反应器结构简单、节约能耗且便于反应过程的连续化等优点。目前，已被用在催化加氢、烷氧基化、胺化、磺化、氯化和氧化等多种反应类型中，但对喷射反应器的相分散、传质和气含率等方面的研究仍不透彻，对反应器内的动力学、热力学特征，反应器结构及物系特征对反应器性能的影响仍研究较少。

喷射反应器用于烟气脱硫时包含两种类型。一种是喷射鼓泡反应器，该反应器的吸收原理是将烟气经喷嘴加速喷入碱性浆液中，激起大量气泡将烟气细化，使液相吸收剂成为连续相而气相吸收质成为分散相，增加气液接触面积，降低传质阻力，提高反应速度。通过喷射管的折流作用，将冲击、惯性碰撞、离心喷射、气泡涡流搅拌、水膜等除尘脱硫机理结合在一起，完成整个脱硫氧化除尘过程。喷射鼓泡反应器可以将脱硫、氧化、除尘于一体；设备简单，投资少，操作容易，运行稳定，处理能力高，能达到 90% 以上的脱硫率和 95% 以上的除尘率。

另一种是喷射相为液相的液柱喷射反应器。这种反应器的原理是将液体以一定速度通过喷射口，由于射流作用在局部形成负压，用于卷吸气体，使气液两相在混合管内剧烈混合，增强气液传质系数。严格上讲，液柱喷射反应器并不属于鼓泡塔反应器，而是一种高速湍动反应器（如喷射、文氏、湍动浮球反应器等）。一般适用于处于气膜控制的瞬时反应，喷射液体湍动过程可以加速气膜传递过程的速率，因而可获得很高的反应速率。液柱喷射烟气脱

硫塔由日本三菱公司开发，在脱硫反应区域，液柱从下向上喷射并由于重力作用散开回落，使整个反应区域布满滴状或膜状的脱硫循环浆液，浆液之间不断碰撞，产生新的表面；烟气从脱硫塔的下部进入，在反应塔内上升的过程中与循环浆液接触而被除去；脱硫后的烟气经过高效除雾器除去其中的液滴和细小浆滴。

（2）撞击流反应器

20 世纪 60 年代，苏联教授 Elperin 率先提出撞击流的概念，其后，众多研究学者发现，撞击流可极大促进化学反应进行。撞击流反应器是利用等量的两股流体同轴相向流动，在中点处撞击，形成一个高速湍动的撞击区，能显著强化微观混合和相间传递，传质系数是传统塔设备的几倍到十几倍[51]。这种强化传递主要表现在：a. 颗粒通过多次振荡和渗入反向流，从而增加了反应物料在撞击区中的平均停留时间；b. 对于液相为分散相的体系来说，相间或液滴间通过碰撞产生的剪切力将导致液滴破碎，从而增大了相间接触面积，进而增大了传质速率；c. 两股流体之间相互撞击，将产生强烈的轴向和径向湍流速度分量，从而能够使各相在撞击区中形成良好的混合，颗粒多次往返渗透在浓度最高的撞击区中，使混合作用得到了加强；d. 良好的混合效果使反应体系温度和浓度更均匀，进一步强化了传递过程。气液撞击流反应器的结构如图 9-4 所示，包含吸收室、导流筒、旋涡压力喷嘴、除沫挡板、排气管和排液管六大部分。

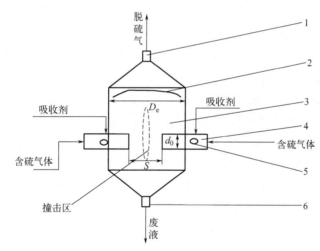

图 9-4　气液撞击流反应器结构示意
1—排气管；2—除沫挡板；3—吸收室；4—导流筒；5—旋涡压力喷嘴；6—排液管

研究人员在实验室中模拟撞击流反应器进行烟气脱硫反应（图 9-5），首先将模拟烟气分两股，以相同流量通过进气管，携带由喷嘴分散成滴状的吸收剂（吸收剂也均匀分成两股进入进气管）从进气管射出进入撞击流吸收室后在中心处相向撞击，形成高度湍动的撞击区，在其中完成吸收。吸收 SO_2 后的液相依靠重力下落，经排液管排出，排液管下游设置液封装置。分离绝大部分的悬浮体微粒后的气体向上流动，经过除沫挡板和丝网后通过排气管放空。为适应处理大气量的要求，还设计了沿塔不同高度安装多套撞击流组件的大气量撞击流气液反应器。当以 $Ca(OH)_2$ 浆液为吸收剂进行脱硫实验，在液气比 0.84 L/m³、进口烟气中 SO_2 浓度 3200 mg/m³、烟气流速 7 m/s、雾化压力 1.0 MPa、钙硫物质的量比 1.4 时，吸收剂利用率为 55%～64%，脱硫效率达 92%～94%，总体积传质系数达 0.5～1 s⁻¹，证明了撞击流反应器优良的传质性能[52]。撞击流技术在烟气脱硫方面具有体积传质系数高、所需设备体积小、流体阻力小等优势，适用于碱液脱硫的快速不可逆化学吸收过程，但其传质过程仍需深入定量研究，其脱硫率还需进一步提高。

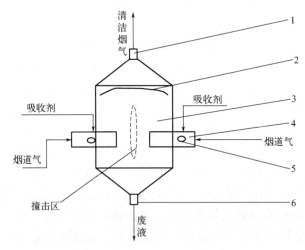

图 9-5　撞击流反应器烟气脱硫反应示意
1—排气管；2—除沫挡板；3—吸收室；4—导流筒；5—旋涡压力喷嘴；6—排液管

(3) 旋转填充床反应器

1979 年 ICI 公司的 Colin Rmshaw 教授受美国宇航局在太空失重状态下气液不能分离、气液间传质不发生这一实验结果启发，率先提出超重力反应器概念。由于一般超重力过程是通过高速旋转的填料来产生，因此，这种设备又被称为旋转填充床反应器。高速旋转的离心力可以产生几百至几千倍于重力加速度的超重力场，使液膜流速比在重力场中提高 10 倍。当液膜与气体进行逆流、并流或错流接触，会大大强化气液两相间的微观混合和气液间的传质，体积传质系数可比重力场中提高 1～2 个数量级。旋转填充床反应器这种独特的操作方式，可以保证液体在填充料层中高分散、高湍动、强混合，气液流速及填料的有效比表面积大大提高而不产生液泛，使反应条件的操作范围扩大，最终使液相体积传质系数增大，从而使传质过程得到极大的强化。同时，旋转填充床反应器还具有设备体积小、气相压降小、安装维护方便、开停车方便等优点。

现有旋转填充床反应器的机械结构区别较小，主要的区别体现在转子使用的填料不同。一般而言，转子填料主要采用高空隙率、高比表面积的多孔性介质填料、板填料和转鼓填料等。根据气液在转鼓填料中的接触形式，旋转填充床反应器可以分为多种类型。图 9-6 是典型的逆流型旋转填充床脱硫反应器结构。吸收液由旋转填充床中心的液体分布器喷洒在转鼓内腔填料表面，在离心力作用下，自中心沿径向穿过填料，与烟气在填料层中进行逆流接触反应，吸收 SO_2 后的富液在外腔汇集于底部的液体出口管排出。气、液在穿过旋转填料层的过程中被多次分割、聚并成极微小的液膜、液丝和液滴，形成巨大且快速更新的相界面，实现高效脱硫。然而，逆流型旋转填充床的气体流通截面积变化较大，气体从填料外环向内环流动需克服离心阻力，导致气体流通阻力过大，操作气速偏低。

螺旋通道型旋转填充床反应器是在空腔到转鼓外缘开有 4 条螺旋型通道，从而增加其脱硫能力。实验研究了直径为 250 mm、高 76 mm 的转鼓，在转速 500～1220 r/min、比相界

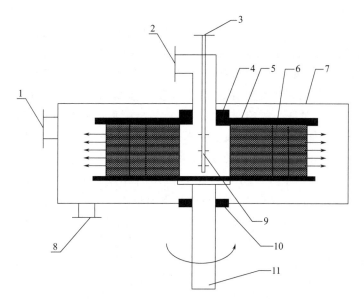

图 9-6　逆流型旋转填充床脱硫反应器结构示意

1—排气口；2—进气口；3—进液口；4—动密封口；5—不锈钢盘；6—填充物；
7—反应器器壁；8—出液口；9—液体分布器；10—静密封口；11—转轴

面积 700 m^2/m^3、气量 20 m^3/h、入口 SO_2 浓度 3000~4000 mg/m^3 的操作条件下，以水为吸收剂时，脱硫效率可达 60%~80%。脱硫效率比普通旋流板塔高 1 倍，气相和液相总体积传质系数比相近条件下的填料塔高出 1~2 个数量级，且设备体积比一般吸收塔小得多[53]。多级雾化旋转填充床反应器属气液错流（气液成 90°）接触，气体沿轴向流动，无须克服离心阻力，气阻低，操作气速高[54]，但脱硫率尚难以满足要求。这主要是由于吸收 SO_2 过程多属气膜控制过程，而多级雾化旋转填充床内气体与填料间的相对滑移速度很小，气体呈整体螺旋上升，气相体积传质系数相比传统塔设备提高不大[55]。因此，可设计多层填料转子和填料定子，使气体沿轴向交替通过，每经过一次填料定子都能增大气相湍动及其再分布。这样既能强化气相传质过程，又具备错流旋转床高气速大通量的优势。

9.3.2　干法脱硫

干法脱硫是通过向炉内加入干性脱硫剂，使其与 SO_2 发生气固反应，从而达到脱除 SO_2 的一种脱硫方法。由于反应原料和反应产物都为固态，因此不会对设备产生腐蚀和结垢等问题，也不会产生废水；此外，固态产物无须安装除雾器及烟气再热器，设备装置简单、占地少、投资费用低；在反应过程中，干法脱硫还具有烟气的温度变化小、对烟囱排气扩散比较有利等优点。传统干法脱硫的缺点主要是反应容易受扩散因素的影响，导致脱硫效率低，因此，如何提高干法脱硫过程中的传质能力至关重要。

9.3.2.1　炉内喷钙技术

（1）炉膛干粉喷射脱硫技术

炉膛干粉喷射脱硫技术使用的反应器类似于喷射反应器，但喷射的是固体颗粒而非液体雾滴。其中，炉内喷钙脱硫法是目前最常用的干法烟气脱硫工艺。该方法工艺简单，脱硫费用低，当 Ca 和 S 之比在 2 以上时，用石灰石和消石灰作吸收剂，烟气脱硫效率可达 40%~

60%。该方法的原理是直接将石灰（CaO）或石灰石（CaCO$_3$）粉料喷射进反应器内进行脱硫，CaCO$_3$ 的粉料可以在反应器内被高温煅烧为 CaO，烟气中的 SO$_2$ 会与 CaO 发生反应，从而被吸收。反应温度对脱硫具有明显的影响，从图 9-7 中可以看出，当反应温度超过 1160 ℃时，SO$_2$ 平衡浓度过高，脱硫反应很难进行。反应温度越低，CaO 和 SO$_2$ 反应时 SO$_2$ 的平衡浓度也越低，越有利于脱硫反应的进行，但反应温度低，反应速率慢。因此，实际上CaO 与 SO$_2$ 的有效反应温度一般选择 950～1100 ℃。喷射的石灰或石灰石在反应器内的停留时间很短，反应的本征反应速率很快，气固相之间的传质是限制该技术脱硫深度的主要因素。为保证吸收量和吸收速率，喷出的 CaO 需要具有高孔隙率和较大的比表面积。一般认为，CaO 的理想孔径为 0.2～0.3 μm，直径小于 0.1 μm 的细孔在反应中易被反应生成物堵塞；而直径大于 0.3 μm 时，又会使反应表面积迅速减小，不利于吸收 SO$_2$ 反应的进行。此外，反应器内温度过高，会导致煅烧的 CaO 比表面积减小，降低气固相之间的传质作用。因此，CaO 的喷射温度和喷入位置的选择是非常重要的。然而，传统炉膛干粉喷射脱硫技术喷射的固体很难以极小的颗粒状均匀地进入反应体系。因此，该方法气固混合和传质效果不好，一般脱硫效率较低。

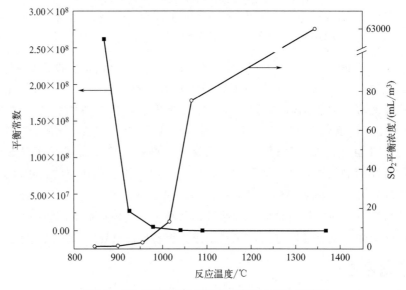

图 9-7　SO$_2$ 吸附平衡常数和平衡浓度与反应温度关系

（2）荷电干式喷射技术

为了改善传统的炉膛干粉喷射脱硫技术中 CaO 或 CaCO$_3$ 粉料在反应器内分布不均匀的问题，美国阿兰柯环境资源公司在 20 世纪 90 年代开发了荷电干式喷射技术。该技术原理如下：首先使钙基吸收剂高速流过喷射单元产生的高压静电电晕充电区来获得强大的静电荷（通常是负电荷）。当吸收剂通过喷射单元的喷管被喷射到烟气中，吸收剂由于都带同种电荷，因而相互排斥，可以更好地在烟气中扩散，形成均匀的悬浮状态，使每个吸收剂粒子的表面充分暴露在烟气中，增大吸收剂与 SO$_2$ 的接触面积，从而提高了脱硫效率。由于荷电吸收粒子的比表面积和活性大大提高，增强了吸收剂和 SO$_2$ 间的气固传质能力，从而有效地提高了 SO$_2$ 的脱除率。除了提高气固传质能力，荷电干式喷射技术对小颗粒（亚微米级PM$_{10}$）粉尘的去除率也很有帮助，带电的吸收剂粒子把小颗粒吸附在自己的表面，形成较大颗粒，提高了烟气中粉尘的平均粒径，这样就提高了相应除尘设备对亚微米级颗粒的去除率。

综上所述，荷电干式喷射技术具有以下优点：a. 增大钙基吸收剂的扩散作用。荷电粉末可以在任何温度下迅速扩散。由于粉末带有同种电荷，因而相互排斥迅速地在烟道中扩散，形成均匀分布的气溶胶悬浮状态，从而增大吸收剂与 SO_2 的反应机会，提高吸收剂的利用率。b. 增强 SO_2 在吸收剂表面的吸附能力。由于吸收剂粉末的荷电作用，提高了吸收剂对 SO_2 的吸收活性，缩短其与 SO_2 反应所需要的气固接触时间，从而大幅度地提高脱硫效率。c. 除尘作用。带电的吸收剂粒子把小颗粒吸附在自己的表面，形成较大颗粒，提高了烟气中尘粒的平均直径，这样就提高了相应除尘设备对微米级颗粒的去除率。荷电干式喷射技术可以将 SO_2 的脱除率提高到 $60\%\sim70\%$。

（3）循环流化床反应器技术

流化床是指床层内颗粒处于运动状态而床层又具有明显界面的反应器。气固流化床反应器是除固定床外使用最广泛、研究最深入的气固催化反应器。气固流化床内气固流动状态直接影响着反应器内的传热、传质和化学反应。当流体自下而上地通过固体颗粒床层时，在低流速范围内，床层内的颗粒处于静止状态，床层压力降随着流速的增加而增大，属于固定床范围；当流速增大到某一值（临界流化速度）时，床层内颗粒开始松动；流速继续增加，床层膨胀，床层空隙率增大，在相当宽的流速范围内，床层压力降几乎保持为一定值，此时床层处于气泡流化床范围；超出此范围，随着流速增加，床层内的颗粒开始被气体带离床层，流速越大，带走的颗粒越多，流速提高到一定数值会将床层内颗粒全部带走，变成空床，此时的流速称为带走速度。若将带离的固体颗粒经处理后重新循环回反应器，则称为循环流化床反应器。床层的流化状态除与流速有关外，还与反应器的结构和物料的性质等因素有关。比如，床层的直径较小时易形成节涌现象；当粒子间附着性强或分布板的压降较小时，容易发生沟流现象。因此，研究气固流化床反应器内的流动结构对反应器设计和放大有着重要的意义。流化床反应器中催化剂在反应器内可处于活塞流、全混流或介于活塞流和全混流之间。当处于全混流状态，催化剂密度、温度均处于均匀分布，但反应器内物料高度返混，导致床层效率较低。为了满足反应强度的要求，可以通过使用多层流化床、多室流化床、多器流化床等较为复杂的流化床反应器形式，限制固体颗粒的返混，改善两相的停留时间分布。

德国 Simmering Graz Pauker/Lurgi Gmbh 公司结合干粉喷射脱硫技术和循环流化床技术开发了炉内喷钙循环流化床反应器脱硫技术。其基本原理是将石灰粉以固态或粉状的形式直接喷射到反应器内，在适当的部位发生气固化学反应，脱去烟气中大部分的二氧化硫气体。将循环流化床反应器装到尾部烟道电除尘器前，随着飞灰将未反应的 CaO 输送回循环流化床反应器内，大颗粒 CaO 在循环流化床反应器中被湍流破碎，一方面增大了 SO_2 的反应表面积，提高了整个系统的脱硫效率，另一方面提高了 CaO 的利用率。

改善循环流化床反应器气固相的分布也会对脱硫效率产生重要的影响。如采用 W 型循环流化床法进行烟气脱硫。该技术主要把烟气分成两部分：一部分烟气经过加速后由脱硫塔的底部以一定的角度喷射到塔的内部；另一部分在脱硫塔的底部区域均匀给风，并且保持一定的速度。这样能够促进烟气先在塔内的下半部分向下运动，然后带着脱硫剂一起向塔的上半部分运动，促使其形成 W 型的烟气流场，两者一起进到塔内的上半部分区域，使烟气与脱硫剂颗粒发生剧烈混合和反应，从而达到脱硫的目的。

9.3.2.2 活性炭吸附法

活性炭吸附法是干法脱硫中应用最广的一种方法。该方法原理是利用活性炭吸附烟气中 SO_2，使烟气得到净化，然后通过对活性炭的再生，获取相应产品。活性炭对烟气中 SO_2 的吸附，既有物理过程，也有化学过程，特别是当烟气中存在氧和水蒸气时，化学过程表现得尤为明显。这是因为活性炭表面官能团对 O_2 氧化 SO_2 的反应具有催化作用，反应生成的 SO_3 易溶于水生成硫酸，从而使 SO_2 在活性炭表面的吸附量较纯物理吸附增大。活性炭吸附法可在一个设备上同时完成脱硫、除尘、脱硝、脱汞以及脱除二噁英等多种净化过程，且没有二次污染；该方法还可以浓缩 SO_2，进而回收工业用硫酸或硫黄；此外，该方法对工业用水需求量很小（仅硫酸设备以及脱硫浓缩烟气洗净用水），特别适合于工业用水困难或缺乏地区。然而，虽然在有 SO_x 存在时，SO_x 会优先吸附在活性炭表面，但该方法仍存在吸附选择性差的问题，当仅需要脱除含硫化合物时，表现尤为明显。由于活性炭制备要求和价格高、运行费用高、占地面积大，导致活性炭脱硫总体成本较高。

SO_2 的脱附和对活性炭的再生是活性炭吸附脱硫法的重要环节，脱附方法的选择也决定了活性炭吸附脱硫法对工艺路线和反应器的要求。一般而言，活性炭吸附法包含在不同温度下进行吸附-脱附操作的变温吸附法和在不同压力下进行吸附-脱附操作的变压吸附法两种。根据对活性炭再生条件的要求，两种方法分别选用移动床和固定床作为净化反应器，下面将分别予以介绍。

(1) 移动床变温吸附法

变温吸附法是利用气体组分在固体材料上吸附性能和吸附容量随温度变化而将气体组分分离的方法。该方法主要以化学吸附为主，在相对低温下吸附，相对高温下解吸。该方法吸附和脱附分别在两个设备内完成，设备内均设有垂直管组。粒径为 $2.5\sim7.5$ mm 的活性炭吸附剂在管内均匀向下移动，并用加料斗控制活性炭吸附剂下移的流量。烟气由升压鼓风机送入移动床吸收塔，在 $100\sim160$ ℃条件下，与活性炭吸附剂逆向流动，脱去 SO_2 后排空；SO_2 在活性炭表面反应生成硫酸，吸附后的活性炭送入脱离塔加热至 400 ℃后，SO_2 可以以很高的浓度被解析出来，用来生成高纯度硫黄（99.95%以上）或浓硫酸（98%以上）；再生后的活性炭经冷却、除杂并补充新活性炭后送回吸收塔进行循环使用。该方法所处理的烟气气体不需预处理，且烟气温度在脱硫过程中没有下降，不用先加热烟气再排放，这是该脱硫技术相比于其他脱硫技术的优势之一。但该方法需要烟气中 SO_2 含量和温度稳定，再生过程会损失活性炭，且加热解吸时能耗高、容易发生自燃爆炸。

由于吸附操作和解析操作温度差异较大，吸附和反应过程需要的停留时间较长，因此，该方法常选用移动床作为脱硫反应器。移动床反应器是一种典型的气固相或液固相反应器，广泛应用于冶金、石油化工和环保工程等行业中。操作时在反应器一侧连续加入颗粒状或块状固体反应物或催化剂，随着反应进行，固体物料逐渐移动，最后自另一侧连续卸出。流体则以逆流（气固同相运动）、并流（气固反相运动）或错流（气固垂直运动）的方式通过固体床层进行反应。如冶金行业的炼铁高炉和干熄炉是典型的气固逆流式移动床，环保工程中使用的矩形脱硫塔和除尘器均是典型的错流移动床反应器。典型的移动床反应器具有如下优点：a. 固体和流体的停留时间可以在较大范围内改变；b. 返混较小，与固定床反应器相近；c. 对固体物料性状以中等速度变化的反应过程也能适用。其缺点主要是控制固体颗粒的均匀下移比较困难。移动床内的颗粒流动十分缓慢，且颗粒堆积十分密集，操作过程要求尽量保证床层内颗粒呈整体流的流动状态，从而使颗粒停留时间分布均匀，颗粒所承受的反应负荷均匀。因此，移动床反应器内颗粒流动是影响移动床结构设计的关键因素。

美国的 Westvaco 公司于 1980 年开发了一种流化床活性炭脱除烟气中 SO_2 的方法，即活性炭在多段流化床内进行烟气 SO_2 的脱除。该方法虽然改善了烟气与活性炭的接触效率，但是增加了设备投资、维修费；同时活性炭磨损严重、用量大，目前未见该工艺的工业化报道。

（2）固定床变压吸附法

变压吸附法是美国联合碳化物公司于 20 世纪 60 年代开发的一种技术。截至目前，国内外先后开发出变压吸附提纯工业级一氧化碳、制富氧、制纯氮、提纯工业级二氧化碳、精制合成气或脱碳（生产液氨过程中）等技术。该方法主要为物理吸附，净化含 SO_2 气体时，吸附温度低于变温吸附法的吸附温度，一般控制在 $20\sim100$ ℃。经典的变压吸附循环为 2 床 4 步式循环（图 9-8），即相同的两个变压吸附床 A 和 B 并联连接，通过充压、吸附、放空和吹扫四步循环使用，完成 SO_2 净化过程。其中，充压和吸附步骤合称为加压吸附阶段，放空和吹扫步骤合称为泄压吹扫阶段。变压吸附过程中吸附床内的压力是周期性变化的，当 A 吸附床处于加压吸附阶段（略高于大气压）时，B 吸附床先处于低压吹扫脱附状态（比大气压约低 0.5 atm），随后 B 吸附床处于真空低压脱附状态（比大气压约低 0.9 atm）；当吸附和脱附过程完成时，两个吸附床内压力在短时间迅速达到平衡，之后 A 床和 B 床交换进行吸附和脱附过程。

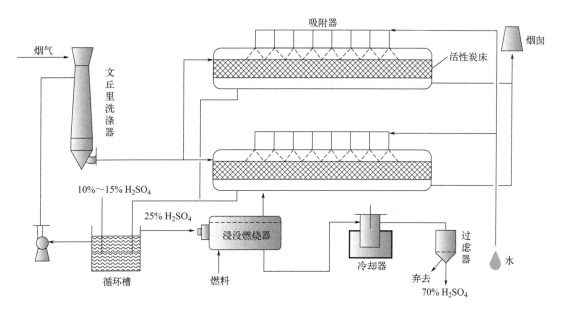

图 9-8 固定床变压吸附法示意

此外，当活性炭吸附脱硫法的吸附温度控制在 $20\sim100$ ℃时，还可以通过水洗活性炭产生硫酸或氨水洗涤活性炭产生硫酸铵的方法进行再生，该方法在卧式固定床反应器中进行。反应过程为含 SO_2 烟气先在文丘里洗涤器内被来自循环槽的稀酸洗涤，进行冷却和除尘；洗涤后的气体进入固定床式活性炭吸附器，经活性炭吸附净化后的气体排空；在气流连续流动的情况下，从吸附器顶部间歇喷水（或氨水），洗去在吸附剂上生成的硫酸，此时得到 10％～15％的稀酸。此稀酸在文丘里洗涤器冷却尾气时，被蒸浓到 25％～30％，再经浸没式燃烧器等的进一步提浓，最终浓度可达 70%。该流程脱硫效率可以达到 90% 以上。

固定床反应器是气固相反应中应用最为广泛的一种反应器，具有返混小、停留时间可控、催化剂机械损耗小、结构简单、操作容易等优点。但固定床反应器操作过程中催化剂不能更换，若催化剂需要频繁再生，常使用流化床反应器或移动床反应器；固定床反应器传热差，当反应放热量很大时，即使是列管式反应器也可能出现飞温情况。

9.3.3 半干（半湿）法脱硫

半干法烟气脱硫工艺是在塔式反应器内完成脱硫过程的。其工艺是将生石灰粉（或小颗粒）经制浆系统掺水、搅拌、消化后制成低湿状态的熟石灰 $[Ca(OH)_2]$ 浆液，在烟气上升的过程中将浆液喷入反应塔中，借助烟气自身的热量使雾状石灰浆液中大部分水分绝热蒸发，而后随烟气排出；与 SO_2 反应后的熟石灰变成含有少量水分的微粒灰渣。半干法脱硫效率高于干法脱硫效率，是目前除湿法脱硫工艺外，应用最广泛的脱硫技术，但不适合大容量的燃烧设备。干法脱硫效率低的原因是石灰干粉与 SO_2 的活性低，而石灰料浆的活性会显著增加，特别是在接近饱和温度时活性最大。因此，半干法脱硫需要将烟气预热，且需尽量准确地把反应温度控制在饱和温度以上 $11\sim16\ ℃$，以尽量减少烟气在管道和布袋过滤器内结雾。其中，有两种较为成熟的工艺方法：旋转喷雾干燥法和气体悬浮吸收法。

9.3.3.1 旋转喷雾干燥法

在半干法工艺中，应用最广泛的方法是旋转喷雾干燥法，该方法在喷雾塔中进行。该工艺系统基本组成为：吸收剂浆液制备系统、喷雾干燥吸收塔、布袋除尘器或电除尘器等。其中，核心构件是喷雾干燥吸收塔，它既需要合理地控制烟气分布，也要控制浆液流量和液滴尺寸，以确保液滴在接触喷雾干燥吸收塔塔壁之前被干燥。一部分干燥产物，包括飞灰和吸收反应产物，落入吸收塔底部，进入粉尘输送系统；处理后的烟气进入颗粒收集器（布袋除尘器或电除尘器），将固体颗粒收集下来；从颗粒收集器出来的烟气通过引风机送入烟囱排空。喷嘴的设计也会显著影响反应过程，如双流体雾化喷嘴相比旋转雾化喷嘴具有如下特点：结构简单；使雾化粒度达到更好，雾化质量更佳；可以将由颗粒收集器回送回来的吸收剂活化并且增湿，使脱硫效率升高，达到 81% 左右；单塔烟气的处理量比较小。总体来看，旋转喷雾干燥法相比于湿法烟气脱硫工艺而言，具有设备简单、投资和运行费用低、占地面积小、运行可靠、不会产生结垢和堵塞、干式产物易于处理等优点。此外，只要控制好干燥吸收器出口处的烟气温度，其对设备的腐蚀性也远低于湿法脱硫，而且烟气脱硫率可达 75%~90%。

9.3.3.2 气体悬浮吸收法

气体悬浮吸收法是借鉴干法脱硫中的循环流化床反应器技术，将吸收剂由固态的消化石灰更换为液态的石灰浆。其吸收塔的结构相当于一个处于气流输送状态的流化床，烟气流速很大，可夹带出所有石灰浆液滴，先后经过旋风除尘器和电除尘器，完成脱硫过程，其脱硫率可高达 90% 以上。脱硫混合物经再造浆后，循环喷入输送管。该工艺脱硫混合物的循环率很高（约 100 倍），以保证吸收剂与烟气充分接触，提高吸收剂的利用率。该技术吸收剂利用率高，运行可靠，操作简便，维护工作量少，基础建设投资相对较低，常用于焚烧厂和垃圾电站脱硫。

9.4 硫化氢净化技术

　　硫化氢无色，有剧毒，高浓度时无味，低浓度时有臭鸡蛋气味，浓度极低时有硫黄味，是一种重要的化学原料。硫化氢易燃，爆炸上限为 45.5%，下限为 4.3%，与空气混合能形成爆炸性混合物，遇明火、高热能引起燃烧爆炸。硫化氢显酸性，化学性质不稳定，易溶于醇类、石油溶剂和原油，能溶于水。水溶液为氢硫酸，酸性较弱。

　　自然界中的 H_2S 主要来自火山活动以及沼泽、下水道等处的蛋白质腐烂。工业上，H_2S 主要来自天然气净化、石油精炼、炼焦及煤气发生等能源加工过程。H_2S 的毒性几乎与 HCN 相同，较 CO 大 $5\sim6$ 倍，主要从呼吸道进入人体，阻断细胞内呼吸导致全身性缺氧，严重时可以造成心脏缺氧而死亡。H_2S 与湿润黏膜接触后产生的酸性，以及分解形成的硫化钠也会导致对黏膜的局部刺激作用。在有氧或湿热条件下，H_2S 溶于水形成的氢硫酸具有很强的腐蚀性，有可能会严重腐蚀金属管道，烧毁设备及计量仪表，输气管网受 H_2S 腐蚀开裂造成的破坏事故也时有发生。当含 H_2S 原料用作化工生产时，会影响产品或中间产品的质量。在如加氢、合成氨和燃料电池等许多工艺过程中，极微量的 H_2S 就会导致催化剂的失活，从而造成生产效率锐减。一般天然气净化、石油精炼尾气等工艺过程废气总量很大，H_2S 的浓度也很高；硫化燃料、人造纤维、二硫化碳等化工工业，以及医药、农药、造纸、制革等轻工业，虽然废气总量较小，但 H_2S 浓度往往很高。

　　对 H_2S 的脱除方法主要是依据其弱酸性和强还原性。一般化工、轻工等行业排出的含 H_2S 浓度高、总量小的废气，常用化学吸收法和物理吸收法处理；而天然气、炼化厂等含 H_2S 浓度高而且总量也很大的废气，应以回收硫黄为目标，常用克劳斯法或湿式氧化法处理；对于低浓度 H_2S 气体，一般使用化学吸收法或吸收氧化法来净化。

9.4.1 干法脱硫

　　干法脱硫是利用 H_2S 的还原性和可燃性，用氧化剂或吸附剂，或者直接使之燃烧来脱硫的一种方法。常用的方法有改进的克劳斯法、活性炭吸附法、氧化铁吸附法和氧化锌法。所用的脱硫剂和催化剂有活性炭、氧化铁、氧化锌、二氧化锰、铝矾土、分子筛和离子交换树脂等。干法脱硫一般可回收硫黄、二氧化硫、硫酸和硫酸盐。

9.4.1.1 常温吸附法

　　常温吸附法具有低能耗、脱硫剂粉化率小、再生操作简单等优点。主要分为氧化铁吸附法和活性炭吸附法。

　　(1) 活性炭吸附法

　　活性炭是一种常用的固体脱硫吸附剂。当净化气中氧气充分时，活性炭表面的官能团可作为催化剂在常温下将 H_2S 氧化为单质硫，生成的单质硫会吸附在活性炭表面上。氧化反应如下：

$$2H_2S + O_2 \longrightarrow 2H_2O + 2S \tag{9-23}$$

该反应为放热反应，反应速度较慢，添加硫酸铜、氧化铜、碱金属或碱土金属盐类等化合物能加速该反应。为了提高 H_2S 的氧化速率，反应的实际需氧气量远高于化学计量比。

在活性炭上沉积的硫，可通过 $12\% \sim 14\%$ 的硫化铵 $[(NH_4)_2S]$ 溶液萃取回收，再用蒸汽加热多硫化铵溶液就可重新获得 $(NH_4)_2S$ 和硫黄。$(NH_4)_2S$ 循环使用，硫黄作为产品回收。硫化铵溶液萃取回收后的活性炭则可以重复使用。

活性炭法一般为两个吸附器并联使用，分别进行吸附和再生操作。其操作过程简单、作为产品回收的硫纯度高，如果选择合适的炭，还可以除去有机硫化物。但当原料气体中含有焦油和聚合物时，若要使用活性炭吸附法需要预先除去聚合物和焦油。活性炭法脱硫反应速度快、接触时间短、处理气体量大，适合处理天然气和其他不含焦油物质的废气、粪便臭气等。为完全除去 H_2S 废气，床层温度应保持在 $60\,^\circ\!C$ 左右。因为 H_2S 与活性炭反应热效应大，所以该方法不宜处理 H_2S 浓度大于 $900\ g/m^3$ 的气体。

（2）氧化铁吸附法

氧化铁吸附法常采用水合氧化铁作为吸附剂，其氧化铁的形态一般是 $\alpha\text{-}Fe_2O_3 \cdot H_2O$ 和 $\gamma\text{-}Fe_2O_3 \cdot H_2O$，通常需要在氧化铁中加水以保持氧化铁的水合形式。由于氧化铁吸附法的操作需要在 pH 值 $7 \sim 8$ 之间进行，因此常添加纯碱来保持碱性环境，反应体系的水也有助于纯碱的添加。此外，操作温度要控制在 $60\,^\circ\!C$ 以下来阻止氧化铁中结晶水的蒸发。

氧化铁的脱硫原理如下：

$$Fe_2O_3 \cdot H_2O + 3H_2S \longrightarrow Fe_2S_3 + 4H_2O \tag{9-24}$$

$$Fe_2O_3 \cdot H_2O + 3H_2S \longrightarrow 2FeS + S + 4H_2O \tag{9-25}$$

上述反应受反应条件影响，应尽量避免生成难以再生的 FeS。

氧化铁吸附法在脱硫塔中进行，使用后的脱硫剂用全氯乙烯抽提再生，再生后的脱硫剂可循环使用。含硫全氯乙烯在分解塔中遇热分解出硫，分解得到的熔融硫排出塔外进行收集，全氯乙烯冷却后循环使用。

氧化铁吸附法比较适合处理焦炉煤气，硫化氢的净化效率可达 99%。但该方法设备庞大笨重、占地面积较大、阻力大、脱硫剂需定期再生或更换，总体上经济效益较低。

9.4.1.2 高温吸附法

（1）氧化锌法

ZnO 价格贵、硫容低，常用于对 H_2S 的精脱硫过程，脱硫效率可达 99%，净化对象多为 H_2S 浓度较低的气体。氧化锌处理 H_2S 的主要问题是不能用简单的办法原位恢复脱硫剂的脱硫性能，硫容量饱和后需要更换新的吸附剂。且脱硫剂的再生温度较高，吸附剂比表面积会因为烧结而明显减少，机械强度大大降低。另外，当 O_2 体积分数大于 0.5 时，会导致氧化锌脱硫剂的硫容量降低而影响脱硫效果。此外，ZnO 脱硫过程容易使表面形成 ZnS 膜，覆盖 ZnO 活性中心，导致反应速度受内扩散和晶格扩散的制约。

（2）氧化锰法

MnO 法主要的机理是：

$$MnO + H_2S \Longrightarrow MnS + H_2O \tag{9-26}$$

该反应为可逆反应，温度过高时反应逆向进行，操作温度控制在 $400\,^\circ\!C$ 左右为宜。氧化锰法同样可以脱除有机硫，其效率可达 $90\% \sim 95\%$。天然锰矿中主要成分是 MnO_2，可通过还原将锰矿转化为二价的 MnO 后作为脱硫剂使用。氧化锰法作为高温脱硫剂也存在高能耗、再生和粉化的问题，且氧化锰法饱和的吸附剂一般要废弃。

9.4.1.3 干式氧化法

(1) 克劳斯法

克劳斯法自 1883 年建立，虽经过多次改进优化，其基本原理都是将 H_2S 在克劳斯燃烧炉部分氧化生成 SO_2，SO_2 与剩余的 H_2S 反应生成硫黄加以回收。克劳斯法适合于 H_2S 浓度较高的废气，一般要求 H_2S 的初始浓度应大于 15%，以便通过 H_2S 的燃烧来提供足够的热量以维持反应所需的温度。该方法的基本原理如下：

$$H_2S + 1/2O_2 \longrightarrow H_2O + S \tag{9-27}$$

$$H_2S + 3/2O_2 \longrightarrow H_2O + SO_2 \tag{9-28}$$

$$2H_2S + SO_2 \longrightarrow 2H_2O + 3S \tag{9-29}$$

其中，前两个反应为 H_2S 的燃烧反应，在燃烧炉内进行。第三个反应若不存在催化剂时，需要在 1000 ℃以上的高温下才能进行，当使用催化剂时，反应所需温度可降低至 200~400 ℃。因此，第三个反应在催化转化器内发生。催化剂一般是球形的天然矾土、氧化铝、硅酸铝或铝硅酸钙等，催化剂用量常为反应混合物的 0.1%~0.2%（质量分数）。

根据化学反应计量比，在克劳斯法的工艺流程中，操作时应尽量控制将 1/3 的 H_2S 燃烧生成 SO_2，以保证 H_2S 和 SO_2 气体物质的量比为 2:1。该方法其净化的效率可以超过 97%。对克劳斯工艺的具体介绍详见本章第 9.4.3 节。

(2) 选择性氧化法

选择性氧化法是对克劳斯工艺的一种改进，该方法是通过 Fe_2O_3 和 Cr_2O_3 等多组分氧化物催化剂将 H_2S 高效、直接氧化为硫。开发选择性好、对 H_2O 和 O_2 不敏感的高活性催化剂是该方法的研究重点。该工艺的操作条件为温度在 220~260 ℃，混合气空速为 3000~15000 h^{-1}，H_2S 与 O_2 体积比为 1:5，其中硫的回收率可达 95%~99%。选择性氧化法也常被划分为超级克劳斯工艺，通过改善催化剂和调整克劳斯硫回收装置空气进量，将 H_2S 选择性氧化为硫黄，而不产生 SO_2，该工艺相比克劳斯工艺不需要脱水，使其更为简单、易于操作。

(3) 电化学氧化法

电化学氧化法是通过电极氧化反应将 H_2S 脱除的一种有效途径。电解碱性水溶液制取氢气已是一种广为熟知的制氢技术，但与电解水过程相比，电化学法应用于 H_2S 分解过程会产生硫黄从而会引起电极的钝化。采用电化学法分解 H_2S 可归纳为直接电解法、间接电解法和高温电解法。

(4) 低温等离子体分解法

等离子体是一种由带电的正负离子、激发态粒子（分子和原子）、电子和光子等活性物种和基态粒子组成的宏观上表现为电中性的导电流体。低等离子体条件下化学反应实质是通过不同形式的气体放电，在外电场作用下产生空间富集的电子、离子、激发态原子、分子以及自由基等粒子，这些活性粒子之间会发生各种化学反应生成新的化合物。低温等离子体分解 H_2S 的过程复杂多变，主要包含以下过程。H_2S 分子首先在放电区内各种激发态粒子 M 作用下裂解生成 H 与 HS 基，H 同 H_2S 分子、HS 基或 H 发生反应生成 H_2；而 HS 基之间相互作用既可以得到 H_2 和 S_2，也可生成产物 H_2 和 S_2。当前低温等离子体技术应用于 H_2S 分解的研究仍停留于实验室阶段，实现工业应用仍有很多理论及工程问题有待解决。

9.4.2　湿法脱硫

湿法脱除 H_2S 处理能力大，常用于石油炼制、天然气及煤气净化，最显著的特点是操作弹性大、脱硫效率高、尾气中 H_2S 含量低，可达环保要求。

9.4.2.1　物理吸收法

物理吸收法脱除 H_2S 的同时，同样可以脱除 COS，因此，对含硫化合物的物理吸收法基本相同。物理吸收法要求有机溶剂对 H_2S 的溶解度高，而对气体中的其他成分（如氢和烃类）的溶解度较低。此外，溶剂应该具有较低的蒸气压、低黏度和低的吸湿性，对普通金属不蚀。根据使用的溶剂，常分为冷甲醇法、聚乙二醇二甲醚法、碳酸丙烯酯法和 N-甲基吡啶烷酮法等。为了增加对 H_2S 的溶解度，物理吸收过程一般在低温高压下进行吸收操作；相反解吸过程则在高温低压下进行。但过低的温度，会增加吸收剂的黏度，使流动阻力增加，同时降低化学反应速率和气液传质过程，反而不利于吸收。因此，工业上一般在常温下吸收，在常温或者加热条件下再生；加压或常压下吸附，常压或真空下再生。

低温甲醇洗法是常用的物理吸收法。首先是因为甲醇作为吸收剂具有非常多的优点，如甲醇具有较小的黏度，不容易产生泡沫，可以保证较好的流动和分布性能，使吸收塔内的气液接触和塔顶的气液分离良好。甲醇沸点较低，加热再生能耗就比较低。甲醇的比热比其他绝大部分有机溶剂的比热都大，在吸收过程中温度变化小，不会因为吸附放热而导致操作温度的波动。甲醇价格低廉，具有很好的化学稳定性和热稳定性，也不会腐蚀设备。其次，低温甲醇洗工艺中浓缩硫化氢的过程比较简单，只要有适当的流程配置，即使在生产中出现原料气中硫含量的较大波动，也能够得到符合硫回收工艺要求的硫化氢浓度。再次，低温甲醇洗的净化工艺可以匹配下游的深冷分离系统，还可以清除深冷装置原料气中所含的微量水，防止由于结冰而导致的管道堵塞。该方法的主要缺点是：甲醇对人体有强烈的毒性，且低温下甲醇的蒸气压仍然很高，蒸发损失相当大；即使低温时碳氢化合物在甲醇中的溶解度也非常大，如低温甲醇对丙烷的吸收能力就比吸收二氧化碳的能力强。该工艺一般在低温（-30～-75 ℃）和高压（2.229 MPa）下吸收 H_2S。

德国林德公司和鲁奇公司是低温甲醇洗工艺的创始者，二者的技术也是目前发展最为成熟的。林德、鲁奇两家公司的低温甲醇洗技术原理并无太大差别，但其分别持有的专利在低温甲醇洗工艺的流程和设备设计、工程实施上各有特点。林德公司的低温甲醇洗装置采用了"一步法五塔流程"，分别包括：洗涤塔，用低温甲醇洗涤原料气，脱除其中的二氧化碳、硫化氢和羰基硫等；解析塔，通过减压的方法解吸溶解于甲醇中的二氧化碳，得到二氧化碳产品气并回收冷量；浓缩塔，进一步解吸二氧化碳和回收冷量，并同时浓缩溶解在甲醇中的硫化氢；热再生塔，通过加热升温的方法彻底解吸甲醇中的硫化氢和少量二氧化碳，得到富硫化氢酸气，实现吸收剂甲醇的再生；甲醇水分离塔，分离甲醇中含有的少量水，防止系统结冰堵塞。鲁奇工艺未设置中间循环甲醇来补充系统所需的冷量，所以需要由装置外部的工艺来全部提供。鲁奇工艺主要为七塔工艺，除包含林德公司工艺中的五塔外，另在吸收塔之前设有脱氨塔对原料气中的氨气进行脱除，并在甲醇水塔之后设有尾气洗涤塔，用脱盐水洗去尾气中夹带的甲醇后排入大气，使其符合环保标准。大连理工大学在低温甲醇洗方面也具有成熟的技术成果和相关专利，并已成功开车投产十余套装置，其工艺特点主要是通过系统的合理匹配调整甲醇水塔参数和工艺条件，节省了装置的运行成本。

9.4.2.2 化学吸收法

化学吸收法是采用某种溶剂或碱性溶液对含 H_2S 气体进行处理,处理后的吸收剂经再生后循环使用。由于 H_2S 的水溶液中可以电离出 H^+,会影响净化过程的化学平衡,当 pH 值增加时,溶解度也会相应增加,但一般吸收能力强的溶剂的再生也较困难,所以一般采用 pH 值在 9～11 之间的强碱弱酸盐溶液作为碱性吸收液。此外,为了使吸收剂的 pH 值不随 H_2S 的吸收产生较大变化而影响操作的稳定性,所选用的吸收剂应该是缓冲溶液。常见的强碱弱酸盐缓冲溶液包括碳酸盐、硼酸盐、磷酸盐、酚盐和酚的衍生物、氨基酸等有机盐以及弱碱溶液,如氨、乙醇胺等。

(1) 有机胺吸收法

有机胺吸收法吸收 H_2S 的过程与吸收 COS 的过程类似,在低温下吸收,高温下解吸,其溶剂同样以醇胺为主。因为醇胺类化合物中所含的羟基能够降低化合物的蒸气压,增加其在水中的溶解度,所含的氨基可以在水溶液中提供碱度,以促进对 H_2S 吸收。一般来说,醇胺法提浓后的 H_2S 需作进一步处理,如氧化为硫黄进行回收,醇胺溶液再生后经换热器冷却可以循环利用。常使用的醇胺类溶剂有乙醇胺、二乙醇胺、二异丙醇胺、改良二乙醇胺、甲基二乙醇胺、N-甲基二乙醇胺法等。由于烷醇胺类的反应活性好且廉价易得,特别是 MEA 和 DEA,已在脱硫工业中占有突出的地位。各种胺类中 MEA 的碱性最强,与酸性气体的反应最迅速,但会同时脱除 H_2S 和 CO_2 气体,没有选择性。DEA 也会同时脱除 H_2S 和 CO_2,但 DEA 对 COS 具有更好的吸收能力,可用于原料气中含有 COS 的场合,能适应两倍以上 MEA 的负荷。近年来,对烷醇胺脱硫液也做了许多改进,如往烷醇胺溶液中添加醇、硼酸或 N-甲基吡咯烷酮或 N-甲基-3-吗啉酮等,来提高同时脱除 H_2S、CO_2、COS 等酸性气体的效率。

(2) 热碱吸收法

H_2S 为酸性物质,可以用碱液吸收,吸收后的富液可以经过加热减压处理脱除 H_2S 后循环利用。吸收液一般采用强碱弱酸盐,因为这类盐呈碱性,能吸收酸性气体,又由于弱酸的缓冲作用,使 pH 值不会快速发生变化,保证了系统的操作稳定性。该类方法所用的吸收液较多,其中碳酸钠、碳酸钾和氨水均是常用的吸收剂。

当使用碳酸钠作为吸收剂时,其吸收 H_2S 比吸收 CO_2 快,可以部分地选择性吸收 H_2S,反应方程式为

$$Na_2CO_3 + H_2S \longrightarrow NaHCO_3 + NaHS \tag{9-30}$$

吸收剂还能将气体中的氰化氢吸收,并且有很大一部分被通入的空气所氧化,其反应为

$$2NaHS + 2HCN + O_2 \longrightarrow 2NaSCN + 2H_2O \tag{9-31}$$

碳酸钠作为吸收剂的主要缺点是吸收过程中一部分碳酸钠转变成碳酸氢钠和硫酸盐,导致吸收效率降低。

使用碳酸钾作为吸收剂的工艺常用于从气体中脱除大量 CO_2,或脱除天然气中 CO_2 和 H_2S 等酸性气体,其反应原理为

$$K_2CO_3 + CO_2 + H_2O \longrightarrow 2KHCO_3 \tag{9-32}$$

$$K_2CO_3 + H_2S \longrightarrow KHCO_3 + KHS \tag{9-33}$$

由于 KHS 单独再生困难,若被脱除气体中 CO_2 含量较低时,一般不适用于该工艺。此外,碳酸钾作为吸收剂的主要缺点是溶剂会导致装置的腐蚀和吸附塔操作容易不稳定等。

（3）湿式氧化法

湿式氧化法的脱硫机理与干式氧化法相同，而操作过程又与化学吸收法类似。该法一般都是在吸收液中加入氧化剂或催化剂，先用碱性吸收液（常用碳酸钠、碳酸钾和氨水等）吸收 H_2S 生成氢硫化物，之后在催化剂的作用下使吸收的 H_2S 在氧化塔（再生塔）中氧化成硫黄，其工艺的重点是高效选择性氧化催化剂的选择。常用的催化剂有铁氰化物、氧化铁、对苯二酚、氢氧化铁、硫代砷酸的碱金属盐类、蒽醌二磺酸盐、苦味酸等。根据催化剂种类的差别，可以将其分为如下几种方法。

① 铁基催化剂氧化法

该方法早期主要是使用氧化铁悬浮液进行吸收，利用硫氰化物与水合氧化铁的反应进行脱硫，再通过吹入空气使硫化铁转化为硫和氧化铁进行再生。整个过程的反应为

$$Na_2CO_3 + H_2S \longrightarrow NaHS + NaHCO_3 \tag{9-34}$$
$$Fe_2O_3 \cdot 3H_2O + 3NaHS + 3NaHCO_3 \longrightarrow Fe_2S_3 \cdot 3H_2O + 3Na_2CO_3 + 3H_2O \tag{9-35}$$
$$2Fe_2S_3 \cdot 3H_2O + 3O_2 \longrightarrow 2Fe_2O_3 \cdot 3H_2O + 6S \tag{9-36}$$

该方法的代表性工艺是 1926 年美国宾夕法尼亚州匹兹堡科伯斯公司发明的费罗克斯法，其脱硫效率可达 $85\% \sim 99\%$，能够媲美干式氧化铁法，同时减少了占地面积。但由于操作条件和被处理气体的组成不同，不可避免地会发生一些副反应，生成一定量难以回收的硫代硫酸盐；当气体中含有氰化物时，同样因为副反应，会降低硫化物的回收率。

20 世纪 70 年代，美国空气资源公司开发了 LO-CAT 工艺，该方法采用铁螯合物克服费罗克斯法中铁容易生成副产物的缺陷。该方法吸收液中铁的浓度一般在 $500 \sim 1500$ $\mu L/L$ 之间，pH 值在 $8 \sim 8.5$ 之间。Sulferox 工艺是对 LO-CAT 工艺的改进，主要采用较高的铁浓度和能改善硫结晶和稳定的试剂，从而使吸收液具有较高的硫容量。当操作温度低于 50 ℃，原料气含硫体积分数为 $0.3\% \sim 0.4\%$ 时，Sulferox 工艺可以使气体中 H_2S 的含量降低至 1 mg/kg 以下。该方法的缺点是当原料气中含有 HCN、NH_3 和 SO_2 时，会降低脱硫能力。国内最典型的相关工艺是福州大学开发的一种新型脱硫工艺，该工艺已经完成工业化，主要是使用磺基水杨酸络合的铁盐作为脱硫剂。磺基水杨酸价格较低，该工艺相比于上述工艺，可将脱硫原料费用降低 50%，但该工艺再生需要的时间较长。

② 钒基催化剂氧化法

1959 年美国西北煤气公司开发的 Stretford 工艺使用钒基化合物作为催化剂，并采用蒽醌-2,7-二磺酸钠（ADA）作为还原态钒的再生载体。其脱硫原理为：

$$Na_2CO_3 + H_2S \longrightarrow NaHS + NaHCO_3 \tag{9-37}$$
$$2NaHS + 4NaVO_3 + H_2O \longrightarrow Na_2V_4O_9 + 4NaOH + 2S \tag{9-38}$$
$$Na_2V_4O_9 + 2NaOH + 4ADA + H_2O \longrightarrow 4NaVO_3 + 4HADA \tag{9-39}$$
$$O_2 + 4HADA \longrightarrow 4ADA + 2H_2O \tag{9-40}$$

Stretford 工艺的操作条件为：温度 $32 \sim 46$ ℃，操作压力可以在很宽的范围内选择。该工艺方法可以选择性地脱除 H_2S，而对 CS_2、COS、硫醇和 CO_2 的脱除能力很差。但该工艺会产生较多的副产物，导致吸收剂的大量消耗。此外，悬浮的硫颗粒回收困难，回收的硫质量较差。针对 Stretford 工艺中有盐类副产物沉淀生成的问题，对 Stretford 工艺进行了优化。如 1985 年实现工业化的 Sulfolin 工艺在室温、0.5 MPa 条件下，加入一种有机氮化物，并将反应罐和吸收塔分离操作。Unisulf 工艺不采用硫熔融炉，可以保证对硫较高的选择性，在 CO_2 含量高达 99% 时仍可将硫含量降低至 1 mg/kg。改良的 ADA 工艺以偏钒酸钠为催

化剂，利用蒽醌二磺酸钠的氧化性进行脱硫操作。

③ 砷基催化剂氧化法

砷基催化剂氧化法的早期工艺主要是 Giammarco-Vetrocoke 法，其吸收剂主要是由碳酸钾或碳酸钠与 As_2O_3 组成，以砷酸盐或硫代砷酸盐为催化剂，该工艺脱硫效率低，操作复杂，已基本被淘汰。G. V-Sulphur 工艺使用钾或钠的砷酸盐，可深度脱硫至 1×10^{-6}，但该工艺生产能力较小。由于砷溶液的高毒性，砷基催化剂氧化法均存在一定的安全隐患，且产品硫若不经深度净化很难回收利用。

④ 有机催化剂氧化法

有机催化剂氧化法采用适量水溶性有机化合物作催化剂，这些有机化合物能借氧化态转变为还原态而将 H_2S 氧化为硫，而本身与空气接触时很容易再氧化，从而循环使用。对苯二酚催化法是采用含 0.3 g/L 对苯二酚的氨水溶液作为吸收剂，将 H_2S 转变为氢硫化铵，再通过与空气接触转化为硫。其脱硫效率可达 99%、操作简便、动力消耗小、回收硫的纯度高、可在室温下再生。APS 法以氨水为吸收剂，苦味酸（2,4,6-三硝基苯酚）为催化剂，其脱硫效率可达 94%～95%，并可同时脱除 HCN。萘醌法是以碳酸钠或氨水为吸收剂，以 1,4-萘醌-2-磺酸钠为催化剂的工艺，也可以同时完成脱硫和脱氰。与其他吸收氧化法相比，该类方法的吸收液无毒且排出物无污染，副产硫的质量好，净化效率高。

近年来湿式氧化法发展较快，一般认为其具有以下优点：a. 既可以常温下操作，又可以在加压下操作；b. 可将 H_2S 一步转化为单质硫，无二次污染；c. 脱硫效率高，可使净化后的气体含硫量低于 10 μL/L(13.3 mg/m³)，甚至可低至 1～2 μL/L(1.33～2.66 mg/m³)；d. 大多数脱硫剂可以再生，运行成本低。但当原料气中 CO_2 含量过高时，会由于溶液 pH 值下降而使液相中 H_2S 的吸收速度减慢，从而影响 H_2S 吸收的传质速率和装置的经济性。

9.4.2.3 环丁砜法

环丁砜溶剂脱硫过程与 COS 脱硫类似，不仅吸收力强、净化率高，使用过程中胺变质损耗少、稳定性好、溶液不易发泡、腐蚀性小，而且溶液加热再生较容易，耗热量低，特别当 H_2S 分压高时，该法更适用。但由于其吸收能力强，所以溶液循环量低。

环丁砜法常采用环丁砜与烷基醇胺（如乙醇胺、二异丙醇胺等）混合液作为吸收剂，通过吸收作用将酸性气体溶于环丁砜中，流程如图 9-9 所示。从装置塔的上方位置喷洒大量的吸收溶剂，气体由吸收装置下部进入装置内部，溶液与原料气逆向接触后发生物理和化学吸收反应，去除原料气中 COS、H_2S 等气体，干净的气体由吸收装置的顶部引出。环丁砜法特别适用于原料气中酸性气体含量高、压力高，并含有机硫的天然气脱硫。

9.4.3 克劳斯工艺

9.4.3.1 典型克劳斯工艺

典型的克劳斯工艺中，每个单元包括管道燃烧器、克劳斯反应器和冷凝器（废热锅炉）3 个部分。其工艺过程是先用燃烧空气将 1/3 的进气氧化为 SO_2，然后在 2～3 个催化剂床中与未被氧化的 H_2S 进行克劳斯反应生成硫。进行克劳斯工艺的操作时，一方面要保持 $H_2S:SO_2$（摩尔比）为 2:1；其次要控制适当温度以防系统中有液相凝结（凝结的液相会强烈腐蚀设备）；再次需要安装除雾器脱除气流中的硫并提高硫回收量。克劳斯工艺实际能达到的转化率主要与操作条件和反应设备所造成的动力学因素有很大关系。从理论上讲，温

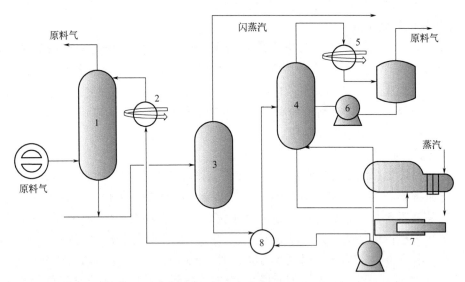

图 9-9 环丁砜法工艺流程
1—吸收设备；2,5—冷却设备；3—闪蒸槽；4—汽提设备；
6—再沸装置；7—回收装置；8—热交换装置

度越低，转化率越高，但是受硫露点的影响，转化温度应控制到 170～350 ℃。工业上常采用增加转化器数目，并在两级转化器中设置硫冷凝器，分离出过程气中的硫蒸气来提高最终转化率。

克劳斯工艺需要通过 H_2S 的燃烧提供足够的热量来维持反应所需的温度，因此，气体中 H_2S 的含量不能过低，当 H_2S 含量不足时可以通过不同的操作工艺来进行。根据进气中 H_2S 含量的高低，分别采用直流克劳斯法、分流克劳斯法和直接氧化克劳斯法（图 9-10）。当原料气中 H_2S 浓度大于 55％时一般使用直流克劳斯法。此工艺是使全部原料气进入燃烧器，空气的供给量仅够原料气中 1/3 体积的 H_2S 燃烧生成 SO_2。之后，H_2S 和 SO_2 混合气在克劳斯反应器内转化为硫蒸气，未充分反应完的 H_2S 将在第二段克劳斯反应器内继续反应，总转化率一般可达到 95％左右。传统工艺上一般认为当 H_2S 浓度低于 50％时就应该使用分流克劳斯法。但其关键因素是燃烧器的操作温度，而非 H_2S 的浓度。实践证明，燃烧器中最低的操作温度不能低于 930 ℃，否则火焰不能稳定，且因炉内反应速率过低而导致废热锅炉出口气流中经常出现大量游离氧，导致装置运行不稳定。但分流克劳斯法由于大量原料气未经管道燃烧器直接进入克劳斯反应器，会产生一系列操作问题。尤其对于富含 NH_3、芳烃、烯烃等杂质的炼厂气，一般不宜采用分流法流程。此时对 H_2S 浓度为 30％～55％的原料气，可以采用预热原料气和/或空气的措施来维持克劳斯反应器温度，尽量避免采用操作控制较困难的分流法流程。

一般原料酸气中 H_2S 浓度在 15％～30％范围内需要使用分流克劳斯法，分流克劳斯法是先将 1/3 体积的硫化氢送入燃烧炉，配以适量的空气进行完全燃烧而全部生成 SO_2，后者与其余 2/3 H_2S 混合后在下游的转化器内进行催化转化反应而生成元素硫。分流克劳斯装置常采用两级催化转化，H_2S 的总转化率为 89％～92％。当原料酸气中的 H_2S 浓度为 2％～12％时推荐采用直接氧化克劳斯法。该法是将酸气和空气分别预热至适当温度后，直接送入克劳斯反应器内进行催化反应，配入空气量仍为使 1/3 体积 H_2S 转化为 SO_2 所需的量，生

成的 SO_2 进一步与其余的 H_2S 反应而生成元素硫。该方法实质上是将在管道燃烧器中进行的 H_2S 氧化为 SO_2 反应和克劳斯反应器中进行的克劳斯反应合并在一个反应器中进行。

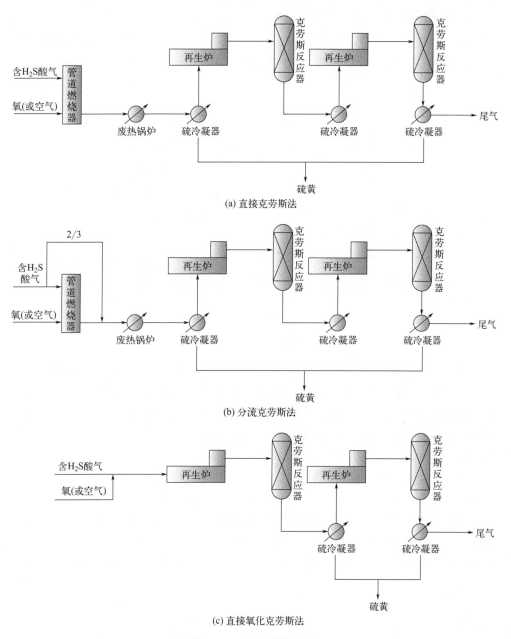

图 9-10　三种克劳斯工艺

氧基硫黄回收工艺是近几十年来发展起来的一种新型克劳斯工艺,其工艺建立在近年来变压吸附等富氧空气生产技术日趋成熟的基础上。该工艺以氧气或富氧空气代替空气从而提高管道燃烧器中的反应温度,进而提高装置处理量。典型的氧基硫黄回收工艺有德国 Lurgi 公司开发的 OxyClaus 工艺、英国 BOC 公司的 SURE 工艺和美国 Air Products & Chemi-calInc 公司的 COPE 工艺等。理论上不同浓度的富氧空气均可应用,实际上反应炉耐火材料要求炉温不超过 1550 ℃,火嘴的适应性和废热锅炉的负荷也有一定限制,需要通过工艺设计来调节适宜的反应条件。如 COPE 工艺一方面使用特殊设计的火嘴以保持火焰稳定；另一方面用循环风机将第一级废热锅炉排出的部分过程气返回管道燃烧器以调节炉温。

9.4.3.2　不同克劳斯工艺的选择原则

脱硫工艺的选择不仅与被脱除气体中 H_2S 浓度有关，也需要考虑回收装置的规模，即可回收硫的产量。根据图 9-11 所示，对于装置规模的影响大致可以归纳出如下原则。

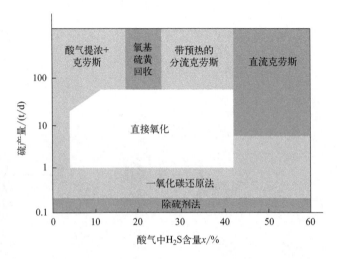

图 9-11　装置规模与工艺流程选择的关系

当原料气中潜硫含量较低时，不论原料气中 H_2S 浓度如何，原则上不使用克劳斯法制硫工艺回收硫黄，一般使用非再生型脱硫技术，如 Fe_2O_3 吸附法脱硫。

当原料酸气中潜硫含量较高时，可以采用不同的克劳斯工艺进行脱硫。若 H_2S 浓度和潜硫含量均较适中时，可采用直接氧化克劳斯法进行脱硫；若潜硫含量过高时，直接氧化克劳斯法控制较困难，不易获得高的转化率。此时，当 H_2S 浓度高于 50％（体积分数）时，可以直接使用直流克劳斯法进行脱硫；H_2S 浓度介于 30％～55％（体积分数）时，可以采用上一节介绍的预热原料气和/或空气的方法脱硫；H_2S 浓度介于 15％～30％（体积分数）时，可以采用氧基硫黄回收工艺。而对于化工行业单元操作中硫含量较低，但总气量大，导致潜硫含量很大的体系，宜采用酸气提浓技术将 H_2S 浓度提高至能适应分流克劳斯工艺的含硫范围。低温甲醇洗、甲基二乙醇胺法及以甲基二乙醇胺法为基础的加强型配方溶剂都是理想的原料气提浓溶剂。

参考文献

[1]　Cáceres M，Morales M，Martín R S，et al. Oxidation of volatile reduced sulphur compounds in biotrickling filter inoculated with Thiobacillus thioparus [J]. Electron. J. Biotechnol.，2010，13（5）：292-300.

[2]　刘永春，刘俊锋，贺泓，等 . 羰基硫在矿质氧化物上的非均相氧化反应 [J]. 科学通报，2007，52：525-533.

[3]　王蕊 . 羰基硫参与环化及聚合反应研究 [D]. 大连：大连理工大学，2021.

[4]　Svoronos P D N，Bruno T J. Carbonyl sulfide：a review of its chemistry and properties [J]. Ind. Eng. Chem. Res.，2002，41：5321-5336.

[5]　王红妍 . 类水滑石衍生复合氧化物催化水解羰基硫研究 [D]. 昆明：昆明理工大学，2011.

[6]　Zhang F，Shen B X，Sun H，et al. Rational formulation design and commercial application of a new hybrid solvent for selectively removing H_2S and organosulfurs from sour natural gas [J]. Energy & Fuels，2015，30：12-19.

［7］　陆建刚，郑有飞，陈敏东，等．有机醇胺溶液吸收选择性脱除 H_2S ［J］．天然气化工（C_1 化学与化工），2007，6：63-69.

［8］　Vaidya P D，Kenig E Y. Kinetics of carbonyl sulfide reaction with alkanolamines：a review ［J］. Chem. Eng. J.，2009，148：207-211.

［9］　Alper E. Reaction mechanism and kinetics of aqueous solutions of 2-amino-2 methyl-1,3-propanediol and carbonyl sulphide ［J］. Turk J Chem.，2001，25：209-214.

［10］　Zeng Y，Kaytakoglu S，Harrison D P. Reduced cerium oxide as an efficient and durable high temperature desulfurization sorbent ［J］. Chem. Eng. Sci.，2000，55：4893-4900.

［11］　朱建华，方文骥．Fe(Ⅲ)-EDTA 吸收羰基硫动力学研究 ［J］．化工学报，1990，4：515-518.

［12］　Lee Y J，Park N K，Han G B，et al. The preparation and desulfurization of nano-size ZnO by a matrix-assisted method for the removal of low concentration of sulfur compounds ［J］. Curr Appl Phys.，2008，8：746-751.

［13］　梁丽彤．改性氧化铝基高浓度羰基硫水解催化剂研究 ［D］．太原：太原理工大学，2005.

［14］　邱晓林．炼油厂 LPG 脱硫技术新进展 ［J］．化工进展，2000，2：55-59.

［15］　杜彩霞．有机硫加氢转化催化剂的使用 ［J］．工业催化，2003，9：13-17.

［16］　方磊，张永春，周锦霞，等．脱除工业废气中微量 COS 杂质的研究进展 ［J］．低温与特气，2007，4：15-18.

［17］　赵顺征．镍基 COS 深度净化材料的微观构型设计与实验研究 ［D］．北京：北京科技大学，2016.

［18］　李新学，刘迎新，魏雄辉．羰基硫脱除技术 ［J］．现代化工，2004，8：19-22.

［19］　陈杰，李春虎，赵伟，等．羰基硫水解转化脱除技术及面临的挑战 ［J］．现代化工，2005，S1：293-295.

［20］　Kidd R T，Lennon D，Meech S R. Surface plasmon enhanced substrate mediated photochemistry on roughened silver ［J］. J. Chem. Phys.，2000，113：8276-8282.

［21］　上官炬，郭汉贤．氧化铝基 COS、CS_2 水解催化剂表面碱性和催化作用 ［J］．分子催化，1997，5：18-23.

［22］　Yi H H，Li K，Tang X L，et al. Simultaneous catalytic hydrolysis of low concentration of carbonyl sulfide and carbon disulfide by impregnated microwave activated carbon at low temperatures ［J］. Chem. Eng. J.，2013，230：220-226.

［23］　Li S，Li K，Hao J M，et al. Acid modified mesoporous Cu/SBA-15 for simultaneous adsorption/oxidation of hydrogen sulfide and phosphine ［J］. Chem. Eng. J.，2016，302：69-76.

［24］　Liu G Q，Huang Z H，Kang F Y. Preparation of ZnO/SiO_2 gel composites and their performance of H_2S removal at room temperature ［J］. J. Hazard. Mater.，2012，215-216：166-72.

［25］　Rhodes C，Riddel S A，West J，et al. The low-temperature hydrolysis of carbonyl sulfide and carbon disulfide：a review ［J］. Catal. Today，2000，59：443-464.

［26］　Huang H M，Young N，Williams B P，et al. Purification of chemical feedstocks by the removal of aerial carbonyl sulfide by hydrolysis using rare earth promoted alumina catalysts ［J］. Green Chem.，2008，10：571-577.

［27］　蒋绪，侯党社，张芸．活性炭改性技术新进展 ［J］．广东化工，2016，43：161-163.

［28］　马俊．表面化学改性气相吸附用活性炭的研究进展 ［J］．资源节约与环保，2015，9：44-46.

［29］　Sun X，Ning P，Tang X L，et al. Simultaneous catalytic hydrolysis of carbonyl sulfide and carbon disulfide over Al_2O_3-K/CAC catalyst at low temperature ［J］. J. Energy Chem.，2014，23：221-226.

［30］　谈世韶，李春虎，郭汉贤，等．碱改性 γ-Al_2O_3 催化剂上羰基硫的低温水解反应Ⅰ．催化剂活性及补偿效应 ［J］．催化学报，1993，3：191-197.

［31］　West J，Williams B P，Young N，et al. Ni- and Zn-promotion of γ-Al_2O_3 for the hydrolysis of COS under mild conditions ［J］. Catal Commun.，2001，2：135-138.

［32］　Huang H M，Young N，Williams B P，et al. COS hydrolysis using zinc-promoted alumina catalysts ［J］. Catal. Letters，2005，104：17-21.

［33］　Ning P，Yu L L，Yi H H，et al. Effect of Fe/Cu/Ce loading on the coal-based activated carbons for hydrolysis of carbonyl sulfide ［J］. J. Rare Earths，2010，28：205-210.

［34］　张益群，肖忠斌，马建新，等．O_2 和 SO_2 对稀土氧硫化物上羰基硫水解反应的影响 ［J］．复旦学报（自然科学版），2003，3：379-381.

［35］　Wang H Y，Yi H H，Tang X L，et al. Catalytic hydrolysis of COS over calcined CoNiAl hydrotalcite-like compounds modified by cerium ［J］. Appl. Clay Sci.，2012，70：8-13.

［36］　梁美生，李春虎，郭汉贤，等．低温条件下羰基硫催化水解反应本征动力学的研究 ［J］．催化学报，2002，4：357-362.

［37］　梁美生，李春虎，郭汉贤，等．低温条件下二氧化碳存在时羰基硫催化水解本征动力学 ［J］．燃料化学学报，2003，2：149-155.

[38] 李春虎，郭汉贤，谈世韶，等．碱改性 γ-Al_2O_3 催化剂表面碱强度分布与 COS 水解活性的研究 [J]．分子催化，1994，8：305-311.

[39] Hoggan P E，Aboulayt A，Pieplu A，et al. Mechanism of COS hydrolysis on alumina [J]. J. Catal.，1994，149：300-306.

[40] George Z M. Effect of catalyst basicity for COS-SO_2 and COS hydrolysis reactions [J]. J. Catal.，1974，35：218-224.

[41] Fiedorow R，Leaute R，Lana I G D. A study of the kinetics and mechanism of COS hydrolysis over alumina [J]. J. Catal.，1984，85：339-348.

[42] George Z M. Kinetics of cobalt-molybdate-catalyzed reactions of SO_2 with H_2S and COS and hydrolysis of COS [J]. J. Catal.，1974，32：261-271.

[43] Pan H，Jian Y F，Yu Y K，et al. Regeneration and sulfur poisoning behavior of In/H-BEA catalyst for NO_x reduction by CH_4 [J]. Appl. Surf. Sci.，2017，401：120-126.

[44] He X X，Elkouz M，Inyang M，et al. Ozone regeneration of granular activated carbon for trihalomethane control [J]. J. Hazard. Mater.，2017，326：101-109.

[45] Sheintuch M，Matatov-Meytal Y I. Comparison of catalytic processes with other regeneration methods of activated carbon [J]. Catal. Today，1999，53：73-80.

[46] Wilburn M S，Epling W S. Sulfur deactivation and regeneration of mono- and bimetallic Pd-Pt methane oxidation catalysts [J]. Appl. Catal. B：Environ.，2017，206：589-598.

[47] Sabio E，Gonzalez E，Gonzalez-Garcia C M，et al. Thermal regeneration of activated carbon saturated with p-nitrophenol [J]. Carbon，2004，42：2285-2293.

[48] 黄坤，魏荆辉，张文斌，等．水解催化剂 PURASPEC^{TM}2312 在高含硫天然气净化厂的应用 [J]．石油与天然气化工，2018，47：36-40.

[49] 周家伟，吴静．有机硫水解技术在普光净化厂的应用 [J]．化学工程与装备，2011，2：57-58.

[50] 吴国华，王玉军，朴香兰，等．湿法烟气脱硫工艺中吸收塔传质性能及其强化 [J]．现代化工，2003，23：236-238.

[51] Mahajan A J，Donald J K. Micromixing effects in a two-impinging-jets precipitator [J]. AIChE J.，1996，42：1801-1814.

[52] 李勤，徐成海，伍沅，等．撞击流气液反应器湿法脱硫的试验研究 [J]．化工机械，2006，33：79-82.

[53] 陈昭琼，童志权．螺旋型旋转吸收器（Ⅱ）：烟气脱硫传质系数 [J]．化工学报，1996，47：758-762.

[54] 王俊．超重力烟气脱硫工艺研究 [D]．北京：北京化工大学，2009.

[55] Sandilya P，Rao D P，Sharma A，et al. Gas-phase mass transfer in a centrifugal contactor [J]. Ind. Eng. Chem. Res.，2001，40：384-392.

●·················· **思考题** ··················●

1. 气相含硫化合物包含哪些成分？哪类含硫化合物是低碳资源转化时最为重要的含硫杂质？

2. 简述废气治理的典型技术。

3. 简述羰基硫的脱除方法。

4. 简述水解法脱除羰基硫的原理和优缺点。

5. 简述水解法脱除羰基硫催化剂的种类。

6. 列举湿法脱硫中典型的塔式反应器。

7. 简述典型的硫化氢脱除工艺。